follow Spain Portugal

정꽃나래
정꽃보라 지음

024-2025
최신 개정판

팔로우 스페인·포르투갈

1

여행 준비의 모든 것을 한 권에! 최강의 플랜북

Travelike

여행 준비, 뭐 빠트린 것 없으세요?

팔로우! 출국 전 파이널 체크 리스트 35

여행을 떠나기 전 잊지 말고 꼭 확인해야 하는 필수 사항부터 경비를 줄이는 꿀팁, 소소한 궁금증 해결까지 꼼꼼하게 짚어주는 파이널 체크 리스트를 스마트폰에 담아보세요. 최종 점검 한 번으로 여행 준비가 완벽해집니다.

➔ 스마트폰으로 QR코드를 스캔하면 '트래블라이크' 계정의 포스트로 연결됩니다.

네이버 포스트 http://post.naver.com/travelike1

2024-2025
최신 개정판

팔로우 스페인·포르투갈

팔로우 스페인·포르투갈

1판 1쇄 발행 2023년 5월 2일
2판 1쇄 인쇄 2024년 5월 20일
2판 1쇄 발행 2024년 5월 28일

지은이 | 징꽃나래·징꽃보라
발행인 | 홍영태
발행처 | 트래블라이크
등 록 | 제2020-000176호(2020년 6월 24일)
주 소 | 03991 서울시 마포구 월드컵북로6길 3 이노베이스빌딩 7층
전 화 | (02)338-9449
팩 스 | (02)338-6543
대표메일 | bb@businessbooks.co.kr
홈페이지 | http://www.businessbooks.co.kr
블로그 | http://blog.naver.com/travelike1
ISBN 979-11-987272-1-3 14980
979-11-982694-0-9 14980(세트)

팔로우
스페인
포르투갈

정꽃나래·정꽃보라 지음

follow
SPAIN
PORTUGAL

Travelike

정꽃나래

정꽃보라

글·사진

정꽃나래 · 정꽃보라

쌍둥이 자매로 일본에서 대학을 나왔다. 10년간의 일본 생활을 정리하고 2년 반 동안 세계 일주를 했다. 이후 다년간의 여행 경험을 살리고자 여행작가의 길로 들어서서 활발히 활동 중이다.
공동 저서로는《프렌즈 후쿠오카》,《프렌즈 홋카이도》,《베스트 프렌즈 오사카》,《베스트 프렌즈 교토》,《리얼 일본 소도시》,《하와이 셀프 트래블》,《오키나와 셀프 트래블》 등이 있다.

특별히 감사를 표하고 싶은 분들이 계십니다. 우선 처음부터 마지막까지 함께 달려 주신 손모아 에디터님, 이미아 디자이너님, 한정아 교정자님 진심으로 고생 많으셨습니다.
그리고 단 한 푼의 협찬 없이 순수하게 골라서 방문한 곳이었으나 최고의 추억을 선물해주신 바르셀로나의 컴백홈 민박 백찬이 · 최세빈 사장님, 리스본의 벨라 리스보아 사장님들 감사합니다.

스페인 땅에 처음 발을 디딘 건 2007년
12월, 대학 졸업을 목전에 두고
일주일간 방문한 바르셀로나였습니다.
한국인에게 스페인은 아직 인기 여행지가 아니라 정보가 많지 않은 시절이었죠.
친구들에게 곧 바르셀로나로 떠난다고 말했을 때
특이한 곳을 간다는 반응이었고, 다녀온 후 가우디의 건축물에 완전히 매료된 저는
바르셀로나를 여행지로 적극 추천했지만 주변 반응은 시큰둥했어요.
그리고 7년 후인 2014년 tvN 〈꽃보다 할배〉 스페인 편이 방영되었습니다.
바르셀로나는 '특이한 곳'에서 '가보고 싶은 곳'으로 바뀌었어요.
놀라웠습니다. 너도나도 바르셀로나 노래를 불렀었죠.

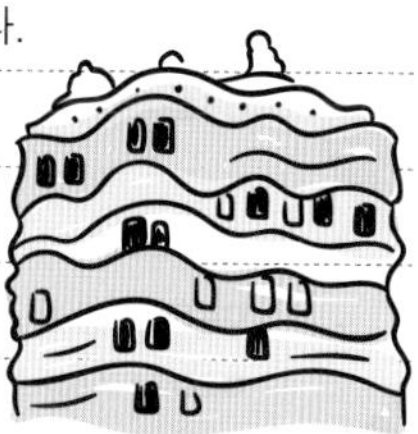

가이드북 집필을 위해 2019년 여름에 다시 스페인으로 떠났습니다.
사그라다 파밀리아는 다시 봐도 감탄사를 자아내는 경이로운 건축물이었어요.
정돈된 성당 안을 살피며 세월이 꽤나 흘렀음을 실감했고 자재가 뒹굴던 성당 한쪽은
전 세계에서 몰려온 방문객들로 꽉 들어차 있었습니다.
인간이 빚어내는 위대한 유산의 과정을 현재진행형으로 지켜본다는 것,
참으로 특별한 일이라고 느꼈죠. 인지도가 높아지고 미디어 노출이 늘어남에 따라
이제는 누구나 한 번은 가고 싶은 여행지로 스페인과 포르투갈이 높은 순위를 차지하게
되었습니다. 덕분에 이렇게 가이드북을 쓰게 되었고요. 2007년 첫 방문 때는 이런 미래를 전혀
상상조차 못 했던지라 이곳의 매력을 많은 사람들이 알게 된 것에 남모를 뿌듯함을 느낍니다.
더 많은 분들이 이 책과 함께 두 나라의 매력을 만끽하시길 바랍니다.

정꽃나래, 정꽃보라

1권 최강의 플랜북

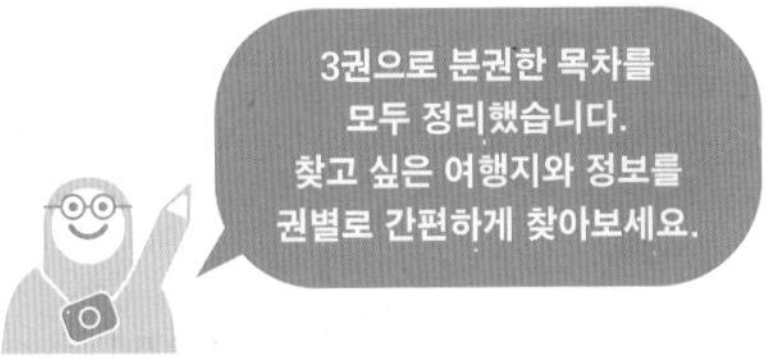
3권으로 분권한 목차를
모두 정리했습니다.
찾고 싶은 여행지와 정보를
권별로 간편하게 찾아보세요.

BUCKET LIST

스페인 · 포르투갈 여행 버킷 리스트

ATTRACTION

EXPERIENCE

EAT & DRINK

SHOPPING

PLANNING 1

꼭 알아야 하는 스페인 여행 기본 정보

PLANNING 2

스페인 · 포르투갈 추천 일정과 예산

PLANNING 3

떠나기 전에 반드시 준비해야 할 것

FAQ

알아두면 쓸모 있는 스페인 · 포르투갈 여행 팁

2권 스페인 실전 가이드북

바르셀로나와 주변 도시

마드리드와 주변 도시

세비야와 주변 도시

빌바오와 주변 도시

3권 포르투갈 실전 가이드북

리스본과 주변 도시

포르투와 주변 도시

《팔로우 스페인·포르투갈》 사용법

HOW TO FOLLOW SPAIN·PORTUGAL

01 일러두기

- 이 책에 실린 정보는 2024년 5월 초까지 수집한 정보를 바탕으로 하며 이후 변동될 가능성이 있습니다. 현지 교통편과 관광 명소, 상업 시설의 운영 시간과 비용 등은 현지 사정에 따라 수시로 바뀔 수 있으니 여행을 떠나기 전 다시 한번 확인하기 바랍니다.
- 스페인과 포르투갈의 화폐 단위는 유로Euro(€)입니다. 모든 요금은 유로(€)로 표기했습니다.
- 본문에 사용한 지명, 상호명 등은 국립국어원의 외래어표기법을 최대한 따랐으나, 현지 발음과 현저한 차이가 있는 일부 명칭은 통상적인 발음으로 표기해 독자의 이해와 인터넷 검색이 편리하도록 도왔습니다. 또한 관광 명소는 해당 국가에서 사용하는 현지어를 기준으로 표기했습니다.
- 추천 일정의 차량 및 도보 이동 시간, 대중교통 정보는 현지 사정이나 개인의 여행 스타일에 따라 달라질 수 있다는 점을 고려해 일정을 계획하기 바랍니다. 예상 경비 또한 성인 기준 최소 경비라는 점을 감안하여 예산을 계획하기 바랍니다.
- 관광 명소 요금은 대개 일반 성인 요금을 기준으로 했으며, 일부 명소는 학생 및 어린이 요금도 함께 표기했습니다. 운영 시간은 여행 시즌에 따라 변동되므로 방문 전 홈페이지를 참고하기 바랍니다.
- 이 책에는 구역별 상세 지도를 제공합니다. 지도에 관광 명소와 교통, 편의 시설 등의 위치를 표기했습니다. 지도 P.023은 본문 지도 페이지 번호를 의미합니다.

02 책의 구성

- **이 책은 크게 세 파트로 나누어 분권했습니다.**

1권 스페인 · 포르투갈 여행을 준비하는 데 필요한 정보와 꼭 경험해봐야 할 여행법을 제안합니다.

2권 스페인의 핵심 여행지인 바르셀로나, 마드리드, 세비야, 발바오를 중심으로 함께 둘러보기 좋은 주변 소도시의 여행 정보를 소개합니다.

3권 포르투갈의 핵심 여행지인 리스본, 포르투를 중심으로 함께 둘러보기 좋은 주변 소도시의 여행 정보를 소개합니다.

03 본문 보는 법

- **대도시는 관광 명소로 구분**
  볼거리가 많은 대도시의 핵심 명소를 중심으로 주변 명소를 연계해 여행자의 동선이 편리하도록 안내했습니다. 핵심 볼거리는 매력적인 테마 여행법으로 세분화하고 풍부한 읽을거리, 사진, 지도 등을 함께 소개해 알찬 여행을 할 수 있습니다.

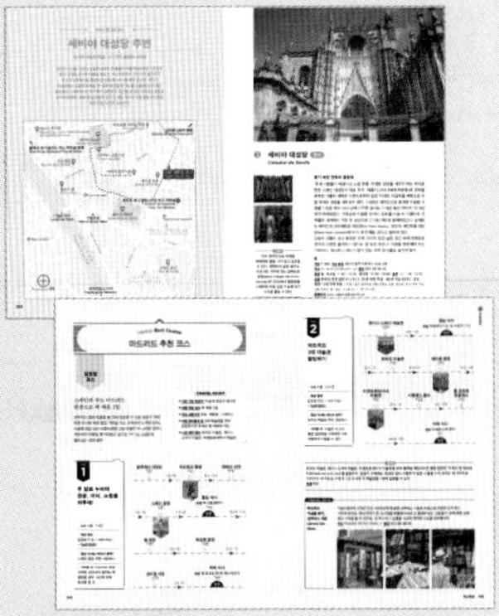

- **일자별 · 테마별로 완벽한 추천 코스**
  추천 코스는 일자별 평균 소요 시간은 물론 아침부터 저녁까지의 이동 동선과 식사 장소, 꼭 기억해야 할 여행 팁을 꼼꼼하게 기록했습니다. 어떻게 여행해야 할지 고민하는 초보 여행자를 위한 맞춤 일정으로 참고하기 좋으며 효율적인 여행이 가능하도록 도와줍니다.

- **실패 없는 현지 맛집 정보**
  한국인의 입맛에 맞춘 대표 맛집부터 현지인의 단골 맛집, 인기 카페 정보와 이용법, 대표 메뉴, 장 · 단점 등을 한눈에 보기 쉽게 정리했습니다. 스페인 · 포르투갈의 식문화를 다채롭게 파악할 수 있는 전통 요리와 미식 정보도 다양하게 실었습니다.

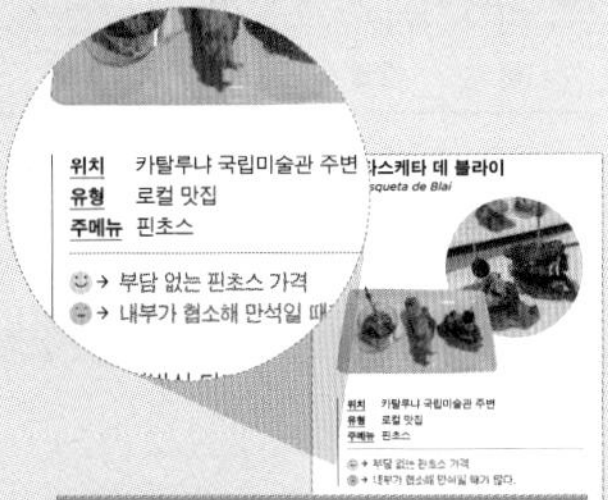

위치 해당 장소와 가까운 명소 또는 랜드마크
유형 유명 맛집, 로컬 맛집, 신규 맛집 등으로 분류
주메뉴 대표 메뉴나 인기 메뉴
😊 😐 좋은 점과 아쉬운 점에 대한 작가의 견해

- **알고 보면 더 재미있는 문화 이야기 대방출**
  도시별 관광 명소와 건축물, 거리, 음식, 미술품에 얽힌 풍부한 이야깃거리는 물론 역사 속 인물과 관련한 스토리를 페이지 곳곳에 실어 읽는 즐거움과 여행의 흥미를 더합니다. 또한 여행 전 알아두면 좋은 여행 꿀팁도 콕콕 찍어 알려줍니다.

지도에 사용한 기호 종류

관광 명소	공항	기차역	버스 터미널	메트로역	버스 정류장	트램 정류장
푸니쿨라르 정류장	항구	관광안내소	공원	분수대	와이너리	병원

Spain·Portugal Preview
스페인 · 포르투갈 여행 미리 보기

● 여행 기간

5박 7일

A타입 스페인
바르셀로나 2박 · 그라나다 1박 · 세비야 1박 · 마드리드 1박

B타입 포르투갈
리스본 3박 · 포르투 2박

12박 14일

바르셀로나 3박 · 그라나다 1박 · 말라가 2박 · 세비야 2박 · 리스본 2박 · 포르투 1박 · 마드리드 1박

● 여행 시기

1월 2월 3월 4월 5월 6월 7월 8월 9월 10월 11월 12월

비수기 · 최적기 · 성수기 · 최적기 · 비수기

● 1인 여행 경비 5박 7일 기준

※포함 내역 : 항공료(최성수기 제외), 숙박비(3성급 호텔 또는 호스텔 1인 기준), 식비, 입장료, 교통비

알뜰파
220만 원대

평균
300만 원대

허니문
500만 원대

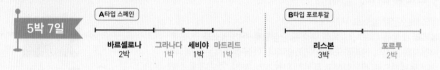

국가별 체감 물가

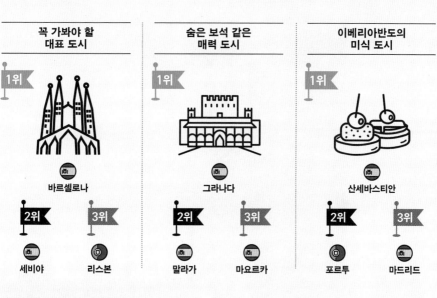

여행 메이트

1위 나 홀로

2위 커플, 가족

3위 친구

인기 여행지

꼭 가봐야 할 대표 도시	숨은 보석 같은 매력 도시	이베리아반도의 미식 도시
1위 바르셀로나	1위 그라나다	1위 산세바스티안
2위 세비야	2위 말라가	2위 포르투
3위 리스본	3위 마요르카	3위 마드리드

주요 도시별 체류 일수

스페인

바르셀로나	세비야	마드리드
3박	2박	1박

포르투갈

리스본	포르투	신트라
3박	2박	당일치기

ATTRACTION
EXPERIENCE
EAT & DRINK
SHOPPING

Bucket List

스페인 · 포르투갈
여행 버킷 리스트

일몰 & 야경 뷰 포인트에서 낭만 즐기기

Bucket List in Spain & Portugal

원데이 클래스로 나만의 여행 아이템 만들기

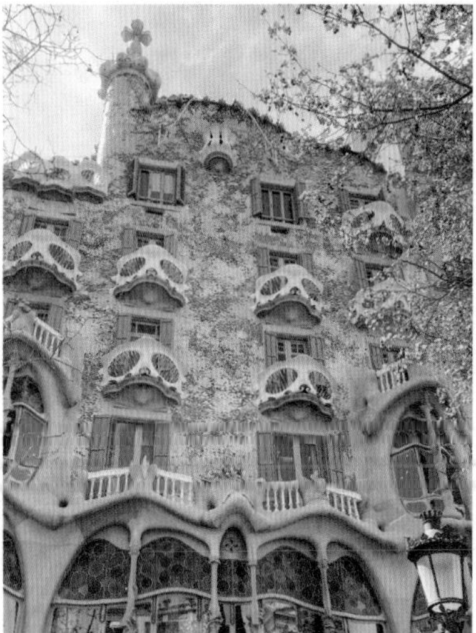

바르셀로나에서 가우디의 예술 노트 엿보기

명물 술 마시며 스피릿 로드 즐기기

타파스 바르에서 푸짐하게 배 채우기

스페인 · 포르투갈 대표 도시 매력 탐구하기

특별한 기념품으로 캐리어 가득 채우기

ATTRACTION

☑ BUCKET LIST 01

여긴 꼭 가봐야 해!

스페인·포르투갈 대표 도시 매력 탐구하기

다채로운 문화가 융합해 독자적인 색을 차곡차곡 쌓아 올린 정열의 나라 스페인,
그리고 유럽 문화와 상업의 통로로 긴 시간 자리매김해온 유라시아 대륙의 끝 포르투갈.
두 나라의 매력 넘치는 도시들을 하나하나 음미하며 서서히 빠져들어보자.

스페인
바르셀로나
Barcelona

매력 지수

관광 ★★★★★

미식 ★★★★★

쇼핑 ★★★★★

베스트 명소

사그라다 파밀리아 ▶ 2권 P.027
카사 바트요 ▶ 2권 P.036
카사 밀라 ▶ 2권 P.040
구엘 공원 ▶ 2권 P.046
카탈루냐 음악당 ▶ 2권 P.058

여행 키워드

#스페인제2의도시 #사그라다파밀리아 #가우디건축 #피카소 #타파스투어 #FC바르셀로나 #쇼핑

지중해에 면한 스페인 최대의 항구도시. 볼거리, 먹거리, 쇼핑까지 여행 3요소를 모두 충족시키는 스페인의 대표적인 관광도시이다. 가우디, 피카소, 달리, 미로 등 스페인이 자랑하는 당대 최고 예술가들의 빛나는 결과물이 도시 곳곳을 수놓고 있다.

Don't Miss! 가우디의 예술혼이 오롯이 담긴 사그라다 파밀리아 방문하기

스페인
마드리드
Madrid

매력 지수

관광 ★★★☆☆

미식 ★★★★☆

쇼핑 ★★★★☆

베스트 명소

프라도 미술관 ▶ 2권 P.155
티센보르네미사 미술관 ▶ 2권 P.161
레티로 공원 ▶ 2권 P.164
레이나 소피아 미술관 ▶ 2권 P.165

여행 키워드

#스페인수도 #미술관산책 #왕궁 #투우 #쇼핑 #레알마드리드

1561년 스페인의 수도로 지정된 이래 정치, 경제, 문화의 중심지로 발전해온 도시. 화려한 왕궁과 녹음이 짙은 레티로 공원 등의 명소와 함께 세계 3대 미술관 중 하나이자 유네스코 세계문화유산인 프라도 미술관을 품고 있는 대도시이다.

Don't Miss! 세계적인 예술 작품이 모여 있는 프라도 미술관 관람하기

스페인
세비야
Sevilla

매력 지수

관광 ★★★★☆
미식 ★★★★☆
쇼핑 ★★☆☆☆

베스트 명소

세비야 대성당 ▶ 2권 P.207
세비야 알카사르 ▶ 2권 P.212
스페인 광장 ▶ 2권 P.216
메트로폴 파라솔 ▶ 2권 P.222

여행 키워드

#축제의도시 #플라멩코 #무데하르 양식 #타파스투어 #석양 #오렌지

안달루시아 지방의 정치와 경제 중심지. 8세기부터 500년간 이슬람 세력의 지배를 받았으며 이슬람의 영향을 받아 발전한 문화가 도시 곳곳에 남아 있다. 스페인 최대 규모의 가톨릭 시설인 세비야 대성당과 이슬람풍 궁전인 세비야 알카사르가 대표적이다.

Don't Miss! 어디서 찍어도 화보가 되는 스페인 광장에서 인증샷 찍기

스페인
그라나다
Granada

매력 지수

관광 ★★★★★
미식 ★★★★☆
쇼핑 ★☆☆☆☆

베스트 명소

알람브라 궁전 ▶ 2권 P.263
산니콜라스 전망대 ▶ 2권 P.284

여행 키워드

#이슬람문화 #전망대 #뷰맛집 #무료타파스 #동굴플라멩코

스페인의 이슬람 최후 왕조인 나스르 왕조의 수도였던 곳으로 중세 이슬람 문화의 영향을 받은 흔적이 고스란히 남아 있다. 이베리아반도에서 이슬람 번영을 상징하는 화려하고 환상적인 알람브라 궁전이 자리한 알바이신 지역은 이국의 정취가 물씬 풍긴다.

Don't Miss! 알람브라 궁전에서 이슬람 왕조 시대로 시간 여행 떠나기

스페인
말라가
Málaga

매력 지수
관광 ★★☆☆☆
미식 ★★★☆☆
쇼핑 ★☆☆☆☆

베스트 명소

말라가 알카사바 ▶ 2권 P.304
히브랄파로성 ▶ 2권 P.305
엥카르나시온 대성당 ▶ 2권 P.307
말라가 피카소 미술관 ▶ 2권 P.308

여행 키워드
#지중해 #피카소의고향 #휴양 #태양의해변 #아름다운휴가지

안달루시아 지방의 관문으로 '태양의 해변'이라 불리는 지중해 연안의 대표 도시. 전 세계에서 바캉스를 즐기러 온 여행자들로 북적거리는 국제적인 휴양지이다. 천재 화가 피카소가 나고 자란 곳이기도 해서 스페인에서 문화 · 예술의 도시로 손꼽히기도 한다.

Don't Miss! 말라게타 해변에 누워 휴식 즐기기

스페인
빌바오
Bilbao

매력 지수
관광 ★★☆☆☆
미식 ★★★★☆
쇼핑 ★☆☆☆☆

베스트 명소

빌바오 구겐하임 미술관 ▶ 2권 P.339
빌바오 순수 미술관 ▶ 2권 P.342

여행 키워드
#현대미술 #현대건축 #핀초스 #구겐하임 #도시재생 #미식의도시

과거 공업 도시로 명성을 얻었지만 점차 쇠퇴해 침체기를 겪다가 어느 순간 근대건축과 현대미술을 앞세운 예술 도시로 변모했다. 덕분에 한발 앞서 나가는 혁신적인 도시의 대표 격으로 자리 잡았다. 현재 이미지의 일등 공신인 빌바오 구겐하임 미술관은 묵직한 존재감을 드러낸다.

Don't Miss! 빌바오 구겐하임 미술관에서 현대미술에 푹 빠져보기

포르투갈 리스본 *Lisbon*

매력 지수

관광 ★★★★★
미식 ★★★★★
쇼핑 ★★★★★

베스트 명소

산타주스타 엘리베이터 ▶ 3권 P.042
벨렝 탑 ▶ 3권 P.049
제로니무스 수도원 ▶ 3권 P.050
상조르즈성 ▶ 3권 P.055

여행 키워드

#포르투갈수도 #언덕의도시 #뷰포인트 #노란색트램 #에그타르트 #파두

대항해 시대의 번영이 짙게 배어 있는 포르투갈의 수도. 화려한 과거의 영광을 확인할 수 있는 벨렝 지구의 명소와 7개의 언덕 사이로 파스텔 톤 집들이 옹기종기 모여 있는 정겨운 풍경을 마주할 수 있는 다양한 매력이 넘치는 도시이다.

Don't Miss! 언덕 위 전망대에서 붉은 벽돌 건물의 도시 전경 감상하기

포르투갈 포르투 *Porto*

매력 지수

관광 ★★★★☆
미식 ★★★★★
쇼핑 ★★★☆☆

베스트 명소

동 루이스 1세 다리 ▶ 3권 P.095
히베이라 광장 ▶ 3권 P.096
렐루 서점 ▶ 3권 P.106
클레리구스 성당 ▶ 3권 P.108

여행 키워드

#유네스코세계문화유산 #아줄레주 #포트와인 #렐루서점 #석양맛집

포르투갈 제2의 도시이자 북부 지방의 이름난 항구도시. 달콤한 맛에 풍미가 깊은 포르투만의 주정 강화 와인, 포트와인의 발상지로 국제적 명성을 얻었다. 도시가 한눈에 보이는 풍경을 배경으로 일몰을 감상하는 석양 맛집으로도 인기가 높다.

Don't Miss! 와이너리 투어에 참여해 포트와인에 취해보기

ATTRACTION

☑ BUCKET LIST 02

이국적인 세계유산 섭렵!

가장 스페인·포르투갈다운 이색 명소 가보기

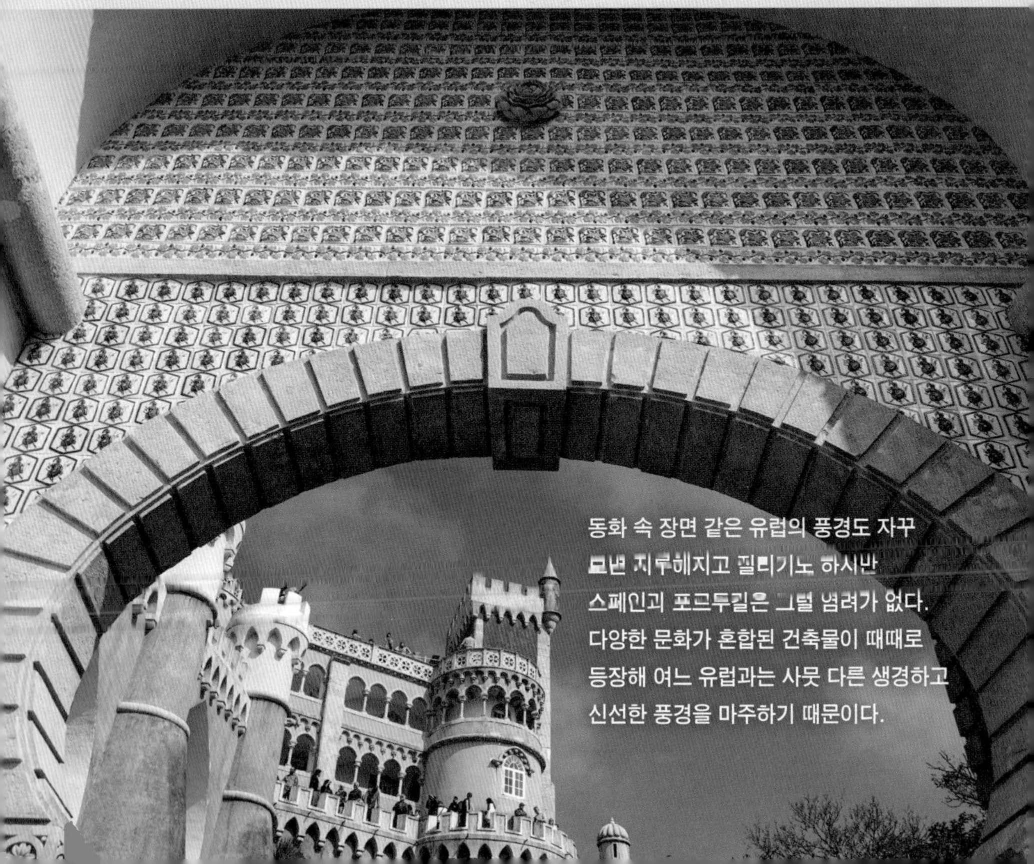

동화 속 장면 같은 유럽의 풍경도 자꾸 보면 지루해지고 질리기도 하지만 스페인과 포르투갈은 그럴 염려가 없다. 다양한 문화가 혼합된 건축물이 때때로 등장해 여느 유럽과는 사뭇 다른 생경하고 신선한 풍경을 마주하기 때문이다.

스페인 세비야

세비야 알카사르 *Real Alcázar de Sevilla*

▶ 2권 P.212

SECRET TALK

세비야 알카사르를 완성시킨 카스티야 연합 왕국의 왕 페드로 1세는 자신에게 복종하지 않고 법률을 따르지 않는 이들을 잔혹하게 처벌하고 생모와 형제조차도 정치적 반대 세력이라는 이유만으로 배척해 '잔혹왕El Cruel'이라는 무시무시한 별명을 얻었다. 또 귀족계급을 우선시하지 않고 신분이 낮은 이들을 우대하는 등 비교적 공정한 정책을 펼쳐 '공정왕El Justo'이라는 정반대 의미의 별칭으로 불리기도 했다.

산책 미션

☑ 알람브라 궁전의 사자의 궁과 판박이인 '소녀의 중정'과 비교하기

☑ 별이 쏟아지는 우주를 형상화한 '대사의 방' 천장 바라보기

스페인 론다

누에보 다리 *Puente Nuevo Ronda*

▶ 2권 P.243

SECRET TALK

과달레빈강의 침식으로 갈라진 절벽 사이에 자리한 누에보 다리 일대는 과거 로마인이 살았으며 이후 이슬람교도들이 외부 침략을 피해 울퉁불퉁한 바위 절벽 주변에 거주하며 천연 요새로 이용했다. 15세기에 기독교 세력에 함락당한 뒤에도 산적이 이곳으로 이주해 와 자주 전투가 벌어졌다. 98m 다리 아래로 아찔한 풍경을 내려다보면 천연 요새로 이용한 이유가 짐작될 정도이다.

산책 미션

☑ 다리 위에서 광활한 벌판의 절경 바라보기

☑ 다리 아래에서 박진감 넘치는 형태의 다리 올려다보기

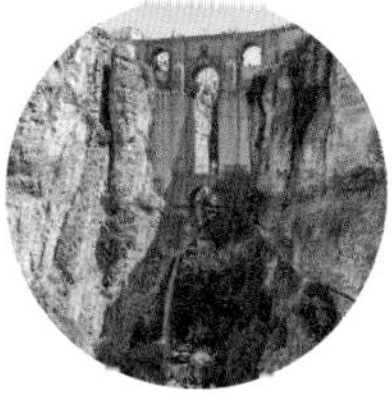

스페인 코르도바

메스키타 대성당 *Mezquita-Catedral de Córdoba*

▶ 2권 P.231

산책 미션

☑ 856개의 기둥과 아치로 이루어진 '원주의 숲' 감상하기

☑ 메카의 방향을 알려주는 미흐랍 찾아보기

SECRET TALK

본래 메스키타가 세워진 장소에는 성당이 있었는데 이슬람 세력이 집권한 후에도 기독교에 관대했기에 성당을 파괴하지 않고 개축해 모스크로 사용했다. 이후 인구가 증가하면서 확장 공사를 명목으로 새롭게 건설하기 시작했으며, 코르도바의 발전과 함께 여러 차례 개축과 보수를 거쳤다. 한번에 2만 5000명의 신자를 수용할 수 있어 이슬람의 성지인 메카를 넘어서는 세계 최대 규모의 모스크였다고 한다.

스페인 사라고사

알하페리아 궁전 *Palacio de la Aljafería*

▶ 2권 P.361

산책 미션

☑ 레이스 같은 섬세한 장식 관찰하기

☑ 금으로 도금하고 채색한 천장 올려다보기

SECRET TALK

스페인 각지에서 볼 수 있는 이슬람교와 기독교 예술이 융합된 무데하르 양식 가운데 원조 격인 건축물로, 그라나다의 알람브라 궁전 역시 이곳의 영향을 크게 받았다고 한다. 레이스 원단이 연상되는 이슬람 양식의 기하학무늬와 꽃 모양이 세세하게 조각된 기둥과 벽은 이슬람 세력이 위세를 떨치던 시절의 상징이다. 또한 안뜰 주변에 배치된 방들의 휘황찬란한 천장은 가톨릭 세력이 정권을 잡은 이후 시대를 상징한다.

포르투갈 신트라

페나성 *Parque e Palácio Nacional da Pena* ▶ 3권 P.076

SECRET TALK 국왕 페르난도 2세는 독일 낭만주의의 영향으로 라이헨슈타인성, 호엔슈방가우성, 조네크성 등 독일의 성에서 영감을 받아 성을 건축했다. 궁전의 상징인 탑은 무데하르 양식으로 건축했다. 내부는 고딕 양식의 중요한 특징인 꼭대기가 뾰족한 첨두 아치와 르네상스 양식의 아케이드 회랑, 지나치게 화려하고 사치스러운 마누엘 양식의 장식 등 온갖 건축양식을 도입해 이곳만의 독창적인 양식이 탄생했다.

산책 미션

☑ 노란색 아치형 성벽 사이로 풍경 감상하기

☑ 상반신은 인간, 하반신은 물고기인 바다의 신 트리톤 장식 찾기

포르투갈 포르투

카르무 성당 *Igreja do Carmo* ▶ 3권 P.111

SECRET TALK 포르투갈에서 가장 크고 화려한 아줄레주를 감상할 수 있는 곳. 1912년 성당 건물 우측에 아줄레주 장식을 더해 현재의 모습이 되었다. 예술가 실베스트로 실베스트리가 디자인한 도안을 바탕으로, 도루강 남쪽 포트와인 저장고가 모여 있는 빌라노바드가이아Vila Nova de Gaia의 공장에서 제작한 아줄레주 타일로 꾸몄다. 이스라엘의 카르멜산에서 가르멜 수도회를 설립하는 모습을 묘사한 것이라고 한다.

산책 미션

☑ 아줄레주로 가득한 외벽을 배경으로 인증샷 찍기

☑ 카르무 성당 사이에 숨은 집 발견하기

ATTRACTION

☑ BUCKET LIST **03**

천재 건축가를 만나러 타임슬립!

바르셀로나에서 가우디의 예술 노트 엿보기

바르셀로나가 이름난 예술과 건축의 도시로 거듭날 수 있었던 건 가우디 단 하나만으로도 충분히 설명된다. 기발한 아이디어와 세밀한 기술력이 결합된 그의 작품은 바르셀로나 중심가 여기저기, 발 딛는 곳곳에서 자연스레 마주하게 된다.

안토니 가우디 Antoni Gaudí

미완의 걸작인 사그라다 파밀리아를 비롯해 바르셀로나에 세워진 성당, 공원, 저택 등 그가 설계한 7개의 건축물이 세계문화유산에 등재될 만큼 건축사에 한 획을 그은 천재 건축가. 카탈루냐 지방 레우스Reus에서 금속 세공사의 아들로 태어나 16세에 건축 학교 입학을 위해 바르셀로나로 이주하면서 본격적인 건축학도의 길에 들어서게 된다. 그는 인공적인 선에서 벗어나 자연에서 영감받은 유기적인 곡선과 화려한 색채를 이용한 독자적인 스타일을 구축했다. 기술적 측면에서도 기발함에 그치지 않고 기능적이고 합리적인 구조와 형태를 이루었다.

TRAVEL TALK

스페인 예술의 새 물결, 모데르니스모

19세기 말 프랑스의 아르누보와 독일의 유겐트슈틸, 미국의 모던 스타일 등 기존 예술과는 다른 새로운 예술을 하겠다는 범세계적 움직임이 일어났어요. 스페인에서도 바르셀로나를 중심으로 이러한 예술의 물결이 퍼져나갔는데 이를 모데르니스모Modernismo라고 해요. 고전과 현대 양식을 융합하고 서양과 동양 미술을 절충한 형태로, 건물 전체적으로 대담한 곡선을 사용하고 천장, 창문, 기둥 등에 화려한 장식으로 포인트를 준 것이 특징입니다. 모데르니스모를 대표하는 인물로는 가우디를 비롯해 카탈루냐 음악당과 산트파우 병원을 설계한 류이스 도메네크 이 몬타네르Lluís Domènech i Montaner, 카사 아마트예르를 설계한 호셉 푸이그 이 카다팔크Josep Puig i Cadafalch가 있습니다.

가우디의 작업 노트 훔쳐보기

가우디의 작품에는 기존 건축양식에서 벗어난 그만의 독특한 기술과 공법, 장식 스타일이 담겨 있다. 그가 고집한 요소 하나하나를 살펴보면 저절로 감탄사가 나올 만큼 천재성이 엿보인다.

1 조각

가우디는 사그라다 파밀리아 건설 당시 파사드의 조각을 생동감 있고 사실적으로 묘사하기 위해 실제 살아 있는 사람과 죽은 사람의 몸을 석고로 본떠 연구했다고 한다.

대표작 사그라다 파밀리아

2 다중 현수선 구조

가우디는 천장 양 끝을 끈으로 고정하고 어러 개의 끈을 연결해서 추를 매달아 아치 형태를 만든 뒤 현수선을 만들어 상하 반전시킨 구조가 가장 튼튼하다고 생각했다.

대표작 사그라다 파밀리아, 카사 밀라

HINT **푸니쿨라르 구조**
Funicular Structure
자연스러움이 곧 이상적인 구조라고 생각한 가우디는 수학과 방정식을 일절 사용하지 않고 실험을 통해 모형을 만들었다. 그는 설계도보다 모형을 중시했다고 한다.

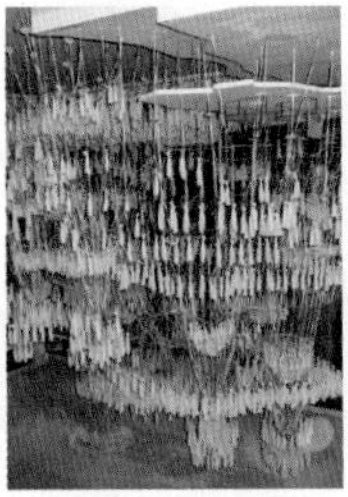

3 자연

자연 속에 최고의 조형미가 있다고 믿은 가우디는 구조는 자연에서 배워야 한다고 생각했다. 그의 건축물을 살펴보면 꽃, 나무, 바다, 곤충, 동물에게서 영감을 받았다는 걸 알 수 있다.

대표작 구엘 공원, 카사 밀라

HINT **친환경**
고급 주택단지로 조성된 구엘 공원에는 주민들의 예비 생활용수를 모으는 지하 저수조가 있다. 빗물이 모인 기둥 아래로, 모래 사이로 여과된 물이 도마뱀 조형물의 입을 통해 흘러나온다.

4 색채

가우디는 자연에 색깔이 없는 건 아무것도 없으므로 건축물 역시 색깔이 있어야 한다고 생각했다. 그래서 재료 본연의 색을 살리고 풍부한 색채감을 더해 아름다움을 추구했다.

대표작 카사 바트요, 구엘 공원

> HINT
> **트렌카디스**Trencadís **기법**
> 유리 공장에서 얻은 유리 조각과 다양한 장소에서 모은 깨진 그릇을 모자이크 방식으로 붙여 건물 곳곳에 화사함을 불어넣었다.

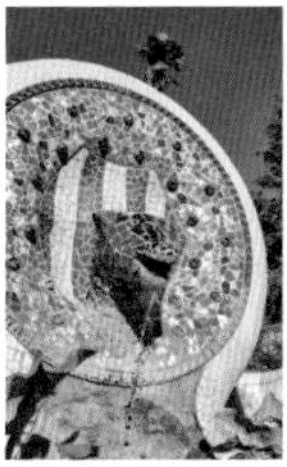

6 빛

스테인드글라스로 장식한 커다란 창을 통해 들어오는 햇빛이 실내에 색채를 드리우게 만들기 위해 심혈을 기울였다.

대표작 사그라다 파밀리아, 카사 바트요

5 곡선

바다 풍경, 물결치는 파도, 해저 동굴 등 곡선이 두드러진 자연 형태에서 영감을 받아 건축한 건물이 많다. 건물에 생명이 있음을 표현한 것이기도 하다.

대표작 카사 밀라, 카사 바트요, 구엘 공원

> HINT **볼타 카탈루냐** Volta Catalana
> 가우디는 얇게 구운 벽돌로 완만한 아치를 만드는 카탈루냐 지방의 전통 공법을 즐겨 사용했다. 건축 공법을 단순화하면서 값싼 재료로 매끄러운 곡선을 표현할 수 있었다.

7 무데하르 양식

가우디가 아직 스타일을 확립하기 전인 초기에 적용한 양식으로 이슬람과 기독교 건축양식이 융합된 스페인의 독자적인 건축양식이다.

대표작 카사 비센스, 구엘 저택

> HINT **기하학무늬** Geometric Pattern
> 벽돌, 세라믹, 석고 등 다양한 소재를 사용해 알록달록한 기하학무늬로 건물을 장식하는 것이 무데하르 양식의 가장 큰 특징이다.

원데이 가우디 건축 산책 코스

09:30 구엘 공원 ➤ 11:00 카사 비센스 ➤ 13:30 사그라다 파밀리아 ➤ 15:00 카사 바트요 ➤ 16:00 카사 밀라 ➤ 17:00 구엘 저택

ATTRACTION

☑ BUCKET LIST 04

흔한 관광에 지친 당신을 위한

로르카 & 페소아의 소설 속 그곳으로 떠나기

스페인과 포르투갈이 사랑하는 작가들을 따라 두 도시로 떠나는 여행을 소개한다. 스페인의 국민 시인 로르카는 그라나다를, 포르투갈의 국민 작가 페소아는 리스본을 안내한다. 그들이 남긴 서정적인 문장과 정확한 묘사는 사진이나 영상과는 또 다른 색다른 즐거움을 선사할 것이다.

PESSOA

스페인을 대표하는 작가

페데리코 가르시아 로르카 Federico Garcia Lorca

20세기 스페인을 대표하는 작가이자 국민 시인으로 칭송받는 인물로 그라나다 인근 푸엔테바케로스Fuente Vaqueros에서 태어났다. 그는 이슬람 문화와 플라멩코 등 다양한 문화가 어우러진 스페인을 사랑했다. 또한 가난한 이와 여성 등 사회적 약자의 자유와 평등을 위해 시와 연극을 통해 힘이 되고자 노력했다. 스페인 내전이 발발하고 얼마 지나지 않아 파시스트 세력에 의해 38세의 젊은 나이에 죽음을 맞이하기까지 끊임없이 작품 활동을 했다.

《인상과 풍경》 중 그라나다를 묘사한 구절

- 저 먼 곳의 산들은 뱀처럼 부드러운 곡선을 그리며 솟아 있다. 산 너머로부터 번지는 수정처럼 투명한 새벽빛을 이기지 못해, 세상도 자신의 윤곽을 드러내기 시작한다. 무슨 미련이 남았는지 밤의 그림자가 숲을 떠나지 못하고 나뭇잎 사이로 어슬렁거리는 사이, 도시는 서서히 밤의 베일을 벗기 시작한다. 부드러운 금빛 세례를 받자 오래된 성곽과 탑, 그리고 성당의 원형 지붕이 기지개를 켜며 잠에서 깨어난다. - P.135

- 안달루시아의 햇빛은 너무도 찬란하고 화려해서, 하늘을 가로질러 날아가는 새들도 귀금속이나 무지개 혹은 장밋빛 보석처럼 보인다. - P.136

- 언덕에 자리한 알바이신 마을 여기저기 솟아 있는 우아한 무데하르 양식의 탑들이 시선을 끈다. 멀리서 보는 알바이신은 색이나 구도의 조화가 예사롭지 않은 한 폭의 그림과 같다. - P.138

- 청명하고 화사한 날이면 알바이신은 그라나다의 파란 하늘을 바탕으로 하얀 자태를 더욱 선명히 드러낼 뿐 아니라, 고즈넉한 전원의 매력을 마음껏 과시한다. - P.139

로르카와 그라나다 걷기

페데리코 가르시아 로르카 공원

페데리코 가르시아 로르카 공원
Parque Federico García Lorca

로르카의 이름을 딴 공원으로, 공원 내에 있는 로르카의 가족이 여름을 보냈던 주택을 박물관으로 개조해 운영하고 있다.

페데리코 가르시아 로르카 센터
Centro Federico Garcia Lorca

로르카의 생애와 문학을 연구하며 그의 작품을 보급하는 데 힘쓰는 문화 기관.

알람브라 궁전

알람브라 궁전
Alhambra

로르카는 알람브라 궁전에서 바라본 알바이신의 정경은 사람의 마음을 끄는 신비로움이 숨어 있다고 말했다.

알히베스 광장

알히베스 광장
Plaza de los Aljibes

나스르 궁전에서 알카사바로 가는 길목에 자리한 알히베스 광장에서 로르카가 기획한 첫 플라멩코 대회가 열렸다.

산니콜라스 전망대
Mirador San Nicolás

젊은 시절 로르카가 즐겨 산책했던 곳이다.

산니콜라스 전망대

다로강 변
Carrera del Darro

로르카는 그라나다의 소리가 이곳에서 시작된다고 했다.

다로강 변

여행의 벗

《인상과 풍경》
로르카가 그라나다를 비롯해 안달루시아, 카스티야, 갈리시아 등 스페인 남부 지방을 여행하며 느낀 것을 시적 표현으로 담은 산문집.

《로르카 시 선집》
로르카가 생전에 남긴 9권의 시집 가운데 엄선한 시로 이루어진 선집. 작가의 서정적이면서 신비로운 표현을 음미할 수 있다.

포르투갈을 대표하는 작가

페르난두 페소아 Fernando Pessoa

한때 포르투갈 지폐에도 등장했던 리스본이 낳은 국민 작가. 페소아는 이명(異名)을 사용한 것으로 유명한데, 가공인물을 창조해 본인 작품의 필자로 삼는 독특한 작품 세계를 구현했다. 무역 회사 해외 통신원으로 근무하며 틈틈이 작품을 기고하고 잡지를 발간하기도 했지만 평생을 무명으로 보내다 생을 마감했다. 사후 그의 방대한 유작이 대거 발굴되면서 대표작인 《불안의 서》를 비롯해 다양한 작품이 출간되었고 유럽 독자들의 마음을 단숨에 사로잡으며 큰 주목을 받았다.

《페소아의 리스본》 중 리스본을 묘사한 구절

- 눈부시게 아름다운 경치를 내려다볼 수 있는 전망대가 쭉 늘어선 일곱 언덕 위로, 들쭉날쭉 튀어나온 다채로운 건물들이 여기저기 흩어져 리스본이라는 도시를 이룬다. - P.029

- (코메르시우 광장을 설명하며) 이 광장은 꽤나 까다로운 종류의 이방인에게도 상당히 좋은 인상을 주는 그런 곳이다. - P.037

- (산타주스타 엘리베이터를 설명하며) 엘리베이터에서 보는 '전망'은 출신지를 막론하고 전 세계 관광객의 찬탄을 자아낸다. - P.038

- (세뇨라 두 몬테 전망대를 설명하며) 이 언덕 위에는 리스본 전경을 내려다볼 수 있는 최고의 전망대가 있다. 이곳은 야경도 야경이지만 일출과 일몰 때도 장관이다. - P.056

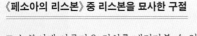

페소아와 리스본 걷기

페르난두 페소아의 집

코메르시우 광장

상카를루스 광장

페르난두 페소아 동상

산타주스타 엘리베이터

세뇨라 두 몬테 전망대

페르난두 페소아의 집
Casa Fernando Pessoa

페소아가 사망하기 전 마지막 몇 년을 보낸 건물을 박물관으로 개조한 곳이다. 작가가 남긴 물건과 침실, 서재의 모습을 볼 수 있다.

코메르시우 광장
Praça do Comércio

페소아가 쓴 여행 가이드북에 자세히 소개된 리스본의 대표 관광 명소.

상카를루스 광장
Largo de São Carlos

페소아는 음악평론가인 아버지가 일했던 상카를루스 국립극장 바로 맞은편 건물에서 태어났다. 건물 앞에 페소아 동상이 서 있다.

페르난두 페소아 동상
Estátua Fernando Pessoa

페소아는 카페 '브라질레이라A Brasileira' 테라스에서 많은 시간을 보냈다고 한다. 페소아 동상이 카페 앞을 지키고 있다.

산타주스타 엘리베이터
Elevador de Santa Justa

페소아가 코메르시우 광장 다음으로 소개한 곳이다.

세뇨라 두 몬테 전망대
Miradouro da Senhora do Monte

페소아가 최고의 전망대라고 극찬했으니 가보지 않을 수 없다.

여행의 벗

《페소아의 리스본》
페소아가 고향 리스본을 직접 소개한 여행 가이드북. 그의 눈에 비친 리스본은 어떤 풍경이었는지 짐작할 수 있다.

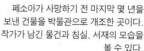

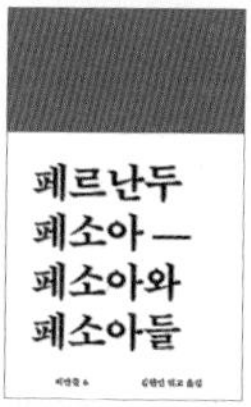

《페소아와 페소아들》
페소아가 창조한 70여 개의 이명(異名)으로 남긴 글 일부와 본명으로 발표한 글을 엮은 책.

ATTRACTION

BUCKET LIST 05

SNS 속 그곳이 여기에!

일몰 & 야경 뷰 포인트에서 낭만 즐기기

숙소에서 침대와 한 몸이 되어 눕고 싶은 마음이 간절할 테지만 느긋한 휴식은 잠시 미뤄두고 마지막 에너지를 쥐어짜 밤 마실을 다녀오자. 낮에 본 풍경만큼이나 아름다운 모습을 만날 수 있으니 이를 놓치면 두고두고 후회할지도 모른다.

BEST VIEWPOINTS

스페인 마드리드

시벨레스 궁전 *Palacio de Cibeles* ▸ 2권 P.168

16세기 중반부터 문화, 과학, 자연이 공존하는 도시의 풍경을 담고 있어 '빛의 경관El paisaje de la Luz'이라 부르는 프라도 거리는 시벨레스 궁전에서 시작된다. 스페인 영화의 거장 페드로 알모도바르의 영화 촬영지로도 쓰인 궁전 최상층 전망대에서 아름다운 풍경을 감상해보자.

전망대 아래 6층에 자리한 바에서는 와인이나 커피를 마시며 마드리드 전경을 감상할 수 있다.

스페인 그라나다

알바이신 지구

Albaicín ▸ 2권 P.283, 287

그라나다의 랜드마크 알람브라 궁전의 밤 풍경을 감상하기에 가장 좋은 곳은 사크로몬테 전망대와 다로강 변이다. 왠지 모를 쓸쓸함이 느껴질 만큼 적막하지만 풍경을 벗 삼아 고독을 씹기 좋은 장소이다.

동굴 플라멩코를 감상한 후 알바이신을 돌아보며 알람브라 궁전 야경을 즐기는 한인 투어도 있으니 참고하자.

스페인 바르셀로나

벙커 *Turó de la Rovira* ► 2권 P.050

시원하게 펼쳐진 바르셀로나 전경을 바라보기에 여기만큼 좋은 곳이 없다고 소문이 자자한 곳. SNS에서 '전망 맛집'으로 알려진 데 비해 정돈되지 않은 환경에 편의 시설도 미비한 편이지만 청춘의 낭만과 멜랑콜리가 느껴지는 분위기는 어느 곳도 따라올 수 없다.

> 일몰 전후 30분, 오묘한 황혼이 물드는 매직 아워에 맞춰 방문하면 더욱 아름다운 풍경을 마주할 수 있다.

스페인 세비야

메트로폴 파라솔 *Metropol Parasol* ► 2권 P.222

'세비야의 버섯'이라는 별명으로 불리는 메트로폴 파라솔 지붕에서 바라보는 야경은 내가 알고 있던 세비야와 사뭇 다른 모습을 선사한다. 과거로 돌아간 듯한 분위기의 구시가지와 달리 현대적인 세비야를 만날 수 있기 때문이다. 풍경 속에서 불쑥 튀어나온 옛 건물이 한데 어우러져 신구 조화를 이룬다.

> 어둠이 내리고 밤이 되면 각양각색의 조명이 밝히는 불빛으로 건물 지붕 전체가 반짝이는 '라이트 쇼'가 펼쳐진다.

포르투갈 리스본

포르타스 두 솔 전망대 *Miradouro Portas do Sol*

► 3권 P.059

7개 언덕 위 전망대 중 접근성이 가장 좋은 곳. 주황색 지붕으로 수놓인 리스본의 아기자기한 도시 풍경도 아름다운데 저 멀리 테주강이 눈에 들어와 감동이 배가된다. 반짝반짝 빛나는 포르투갈의 야경을 즐기기에 제격이다.

> 다른 언덕의 전망대보다 훨씬 시원하고 넓은 화각으로 리스본을 조망할 수 있어 가장 추천하는 전망대이다.

포르투갈 포르투

포르투 역사 지구 *Centro Histórico do Porto*

▶ 3권 P.096~101

포르투의 야경 명소를 한 군데만 꼽기는 어렵다. 히베이라 광장부터 모후 정원을 거쳐 세하 두 필라르 수도원까지 어느 곳 하나 빼놓을 수 없이 아름답다. 장소를 옮겨가며 풍경을 감상하다 보면 시간 가는 줄 모른다.

미리 준비해 간 돗자리를 잔디밭에 펴고 앉아 인근 와이너리에서 구입한 포트와인을 마시며 석양이 지는 모습을 감상하자.

TIP

✓ 스마트폰으로 야경 촬영하기

최신 기종의 스마트폰이라면 일반 촬영으로도 충분히 만족스러운 결과물을 얻을 수 있지만 좀 더 욕심을 내면 더욱 멋진 야경 사진을 찍을 수 있다. 기종별로 설정이 필요해 번거로운 점도 있지만 간단한 조작만으로도 스마트폰의 한계를 어느 정도 극복할 수 있다. 중요한 건 사진 찍을 때 최대한 스마트폰이 움직이지 않게 고정하는 것이다. 야간에는 사진 촬영에 필요한 빛의 확보가 어려워 조금만 움직여도 사진이 흔들리기 때문이다.

✓ 일몰 시간 확인 방법

구글 검색창에 '현 위치 이름 + sunset'을 입력하면 결과 상단에서 바로 확인할 수 있다. 참고로 일몰 사진 찍기에 최적의 시간은 일몰 시간 전후 30분이다.

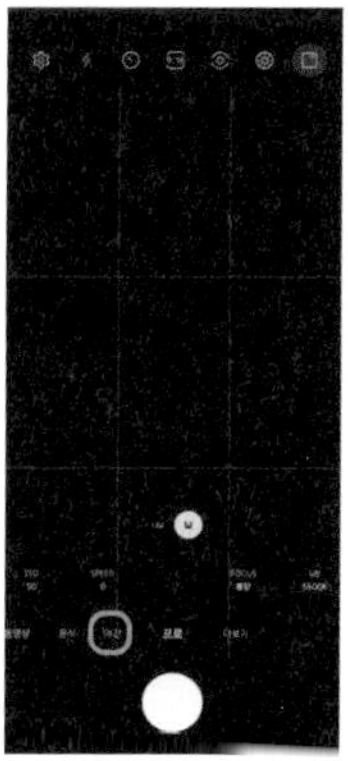

안드로이드 폰 – 자체 기능인 '야간 모드'를 이용해도 좋다. 좀 더 디테일한 사진을 원한다면 '프로 모드'를 켜서 ISO 감도를 낮추고 셔터 스피드를 느리게 설정해 사진을 찍는다.

아이폰 – 자체 기능인 '야경 모드'를 켜고 왼쪽 상단에 있는 촬영 시간(초수)을 길게 잡은 후 피사체를 고정시키고 사진을 찍는다.

☑ BUCKET LIST **06**

ATTRACTION

꿈에 그리던 바다가 눈앞에!

해변에서 유러피언처럼 완벽한 휴가 즐기기

지중해와 대서양이 끝없이 펼쳐지는 스페인 또는 포르투갈 해변에 누워 한가로이 보내는 휴식은 유럽인이 바캉스를 보내는 방법 중 하나이다. 그들이 사랑해 마지않는 휴양지라면 틀림없이 즐거운 휴가를 보낼 것 같은 예감이 든다.

Best Secret Beach

베스트 시크릿 비치

마요르카 *Mallorca*

BEST SEASON 6~9월

팔마 해변 Platja de Palma ▶ 2권 P.119
호캉스와 해수욕을 만끽하기에 안성맞춤인 곳

소예르 해변 Sóller Playa ▶ 2권 P.123
해변을 바라보며 느릿느릿 산책하기 좋은 곳

사칼로브라 Sa Calobra ▶ 2권 P.123
하이킹을 즐기며 쇼트 트립 기분으로 찾는 곳

칼라 욤바르드스 Cala Llombards ▶ 2권 P.125
수심이 얕아 아이들과 물놀이하기 좋은 곳

칼로 델 모로 Caló del Moro ▶ 2권 P.125
SNS 인증샷을 남기기에 더할 나위 없는 곳

칼라 알무니아 Cala s'Almunia ▶ 2권 P.125
상업 시설 하나 없이 오로지 수영만을 위한 곳

시체스 *Sitges*

BEST SEASON 6~8월

▶ 2권 P.098

리베라 해변 Platja de la Ribera
일광욕, 해수욕, 액티비티, 산책로 모든 것을 갖춘 퍼펙트한 곳

산트세바스티아 해변
Platja de Sant Sebastià
음식점과 카페가 즐비한 해변

발민스 해변
Platja dels Balmins
새로운 경험을 선사할 누드 비치

산세바스티안 *San Sebastián*

BEST SEASON 5~7월

▶ 2권 P.351~352

라 콘차 La Concha
'여름의 수도'라는 별칭으로 불리는 해변으로 해수욕과 해변가 산책 모두 가능한 곳

온다레타 해변
Ondarreta Hondartza
번잡한 해변 바로 옆에 있는, 상반된 분위기의 한산한 해변

수리올라 해변 Zurriola Hondartza
파도가 높아 서핑을 즐기기에 최적인 곳

네르하 *Nerja*

BEST SEASON 5~9월

▶ 2권 P.321

부리아나 해변
Playa de Burriana
보트, 요트 등 액티비티 시설이 잘 갖춰진 해변

칼라온다 해변
Playa Calahonda
독서와 사색에 잠기기 좋은 작은 해변

살롱 해변
Playa el Salón
인적이 드물어 조용히 해수욕을 즐길 수 있는 자그마한 해변

카라베오 해변
Playa Carabeo
프라이빗한 분위기의 숨은 해변

카스카이스 *Cascais*

BEST SEASON 5~9월

▶ 3권 P.080

두케사 해변 Praia da Duquesa
시내에서 가까워 접근성이 좋은 해변

하이냐 해변 Praia da Rainha
따스한 햇살을 받으며 일광욕을 누리기 좋은 해변

TRAVEL TALK

도심 속 짧은 일광욕

대도시 위주로 일정을 잡은 여행자라도 도심 속에서 휴양을 즐길 수 있답니다. 바르셀로나의 바르셀로네타 해변(2권 P.068)은 해수욕, 해양 스포츠, 산책, 맛집 등 모든 요소를 충족하는 도심 속 해변이에요. 한적한 도시에서의 휴양이 어렵다면 아쉬움을 달래줄 최선의 선택일 거예요.

해변 이용 방법과 주의 사항

입수 불가 시기
연중 따스한 기온이 계속되는 스페인과 포르투갈도 11~2월, 늦가을부터 겨울까지는 수온이 낮아 물이 차갑고 날씨도 쌀쌀해 입수 하기에는 적합하지 않다.

물놀이 준비물
수영복, 비치 샌들(아쿠아슈즈), 비치 타월, 모자, 돗자리, 젖어도 되거나 방수 처리된 가방, 차단 지수가 높은 자외선 차단제, 스마트폰 방수 팩, 태닝 크림 등

파라솔과 선베드 대여
보통 해변에서 파라솔과 선베드를 대여할 수 있다. 가격은 €6~30 선. 성수기에 비싸고 파라솔이 대거 모여 있으면 바다와 가까울수록 가격이 올라간다.

해파리
해파리에 쏘이지 않도록 입수 전 주변을 확인하는 것이 좋다. 만약 쏘였을 경우에는 약국에서 'Crema Para Picadura de Medusa'를 구입해 바른다.

라이프가드
인파가 많은 큰 해변에는 라이프가드가 있지만 소규모의 한적한 해변에는 없는 경우가 많다. 아이를 동반한 물놀이는 규모가 큰 해변이 적당하다.

깃발
해변에 꽂혀 있는 깃발은 파도 높이와 바람 세기에 따라 수영이 가능한지 알려주는 표지이다. 녹색은 안전, 노란색은 주의, 빨간색은 입수 금지를 뜻한다.

EXPERIENCE

☑ BUCKET LIST 07

플라멩코 vs 파두

여행 중 한 번쯤 특별한 공연 감상하기

한국인의 '한의 정서'와 일맥상통하는 문화 · 예술은
이역만리 이베리아반도에서도 만날 수 있다.
애달프고 구슬픈 마음을 춤과 노래로 표현하는
것마저 슬픔을 흥으로 표출하는 우리네와 닮았다.

스페인의 심장
플라멩코 *Flamenco*

격렬한 발놀림과 심장을 두드리는 듯한 리듬, 불꽃 튀는 눈빛으로 용암이 분출하듯 쏟아내는 움직임은 희로애락이 담긴 스페인의 서사를 품은 하나의 드라마와 같다. 보는 이의 시각과 청각을 모두 사로잡으며 가슴을 뜨겁게 만드는 플라멩코는 '스페인의 심장'이라 불릴 만하다.
플라멩코는 아랍 음악과 집시 음악이 만나 형성된 민속음악에 맞춰 우아하면서 절도 있는 움직임을 보여주는 전통 춤으로 음악과 노래, 심지어 시까지 아우르는 종합예술이다. 남부 안달루시아 지방에서 시작되었지만 현재는 스페인 문화의 중요한 유산으로 발전했다. 플라멩코를 관통하는 정서는 신내림을 받은 듯이 몰입한 상태인 '두엔데Duende'라고 하는데, 무용수가 폭발하는 듯한 격렬한 움직임으로 무아지경에 빠지는 감정을 '절정의 황홀경'이라 표현한다. 관객이 숨 막힐 듯한 클라이맥스를 느낄 수 있는 곳은 스페인이 유일할 것이다.

✓ 플라멩코 기초 지식

플라멩코는 ①기타리스타Guitarrista와 ②노래하는 칸타오르Cantaor, ③무용수 바일라오라Bailaora가 한 팀으로 구성된다. 무용수가 손뼉을 치고(④팔마스Palmas) 손가락을 튕기고(⑤피토스Pitos) 구두 소리를 내며 춤을 추면(⑥사파테아도Zapateado) 여기에 관객이 장단에 맞춰 지르는 함성인 ⑦할레오Jaleo까지 플라멩코를 이루는 주요 요소이다.

TIP

간단히 배워보는 추임새
올레 Ole(잘한다)
비엔 Bien(좋다)
보니따 Bonita(예쁘다)
구아빠 Guapa(멋지다)
에세 Eso es(그렇지)

✓ 플라멩코 감상하기

플라멩코 공연이 열리는 지역은 플라멩코의 발상지인 세비야와 그라나다 그리고 마드리드, 바르셀로나이다. 술을 마시며 플라멩코 쇼를 감상할 수 있는 곳을 '타블라오Tablao'라고 하는데 식사가 포함된 곳도 있다. 특히 그라나다에서는 동굴 속에서 플라멩코 공연이 펼쳐져 더욱 진귀한 경험이 될 것이다. 예약이 필수는 아니지만 성수기나 인기가 많은 곳은 미리 예약하는 것이 좋다. 공연 중 자리를 비우는 행위는 삼가도록 한다.

✓ 세비야와 그라나다의 플라멩코 특징 비교

세비야 플라멩코

화려한 색상과 무늬의 의상을 입고 밝고 경쾌한 분위기에서 기쁨과 즐거움을 표현한다.

그라나다 플라멩코

춤사위가 활기차고 움직임이 빠르지만 느리고 서정적인 노래에 맞춰 표현한다.

플라멩코 추천 공연장

세비야

01 플라멩코 박물관
Museo del Baile Flamenco

주소 Calle Manuel Rojas Marcos, 3
문의 954 34 03 11
운영 플라멩코 쇼 17:00, 19:00, 20:45
홈페이지 museodelbaileflamenco.com

세비야

02 타블라오 플라멩코 엘 팔라시오 안달루스
Tablao Flamenco el Palacio Andaluz

주소 Calle Matemáticos Rey Pastor y Castro, 4
문의 954 53 47 20
운영 플라멩코 쇼 19:00, 19:40, 21:30, 22:10
홈페이지 elflamencoensevilla.com

그라나다

03 구에바 라 로시오 플라멩코 그라나다
Cueva la Rocio Flamenco Granada

주소 Cam. del Sacromonte, 70
문의 958 22 71 29
운영 플라멩코 쇼 20:00, 21:00, 22:00, 23:00
홈페이지 www.cuevalarocio.es

그라나다

04 타블라오 플라멩코 라 알보레아 그라나다
Tablao Flamenco la Alborea Granada

주소 C. Pan, 3
문의 858 12 49 31
운영 플라멩코 쇼 19:00, 20:45
홈페이지 alboreaflamenco.com

포르투갈의 영혼
파두 *Fado*

파두는 사랑, 상실, 그리움이 짙게 묻어나는 감정을 노래로 전달하는 영혼의 표현이다. 파두라는 이름은 운명 또는 숙명을 뜻하는 라틴어 파툼Fatum에서 유래했다. 대항해 시대 출항지였던 리스본은 만남과 헤어짐이 반복되던 슬픔의 도시였다. 바다로 남자를 보내야 했던 아내와 연인들은 자신의 처지를 숙명으로 받아들이지만 슬픔을 주체할 수 없었다. 바다는 포르투갈의 눈물이라 했던가. 여인들은 바닷가에서 눈물을 흘리며 노래로 애타는 심정과 애절함을 표현했고, 구슬픈 목소리와 절절한 감정이 담긴 파두는 그렇게 구전으로 이어져 포르투갈의 영혼을 담은 민속음악이 되었다. 우리의 정서를 '한'이라 하듯 포르투갈 사람들은 그들만의 애달픈 정서를 '사우다지Saudade'라고 표현한다. 그들이 겪은 상실감과 고통의 표현은 가사를 전혀 알지 못하는 우리의 감정선까지 톡 하고 건드려 심금을 울린다.

✓ 파두 기초 지식

파두는 포르투갈의 수도 리스본에서 시작된 리스본 파두와 코임브라 대학교를 중심으로 발전한 코임브라 파두로 나뉜다. 리스본 파두가 일반 대중이 좋아하는 통속적이고 낭만적인 느낌인 반면 코임브라 파두는 주로 교수와 대학생, 수사들이 부르며 서정적이고 예술성이 높다. 가사 또한 리스본 파두는 민중의 정서를 표현한 구전 텍스트인 데 비해 코임브라 파두는 유명한 고전 시를 가사로 사용한다.

음식점에서 즐기는 파두

파두를 감상하며 식사나 음주를 즐길 수 있는 카자 데 파두Casa de Fado는 음식점, 술집, 라이브 하우스의 요소가 합쳐진 곳이다. 리스본 파두가 시작된 알파마 지구와 바이후 알투 지구에 밀집해 있으며 밤 9시에서 10시 사이에 공연이 시작된다. 본격적인 공연 시간이 되면 어디든 붐비는 편이므로 미리 예약하고 가는 게 좋다. 파두 연습생부터 프로 가수까지 한데 모여 파두 잔치를 벌이는 타스카 두 시쿠Tasca do Chico에서 가볍게 즐겨보자.

가는 방법 메트로 바이샤-시아두Baixa-Chiado역에서 도보 4분 **주소** R. do Diário de Notícias 39 **문의** 961 339 696 **영업** 일~목요일 19:00~02:00, 금 · 토요일 19:00~03:00 **휴무** 부정기

박물관에서 즐기는 파두

포르투갈의 정서가 담긴 파두는 1930년대에 해외로 알려지기 시작해 1950년대에 아말리아 호드리게스에 의해 포르투갈의 대표 음악으로 자리 잡았다. 이러한 내용을 확인할 수 있는 파두 박물관이 알파마 초입 테주강 가에 있다. 박물관에서는 파두의 유래와 역사, 파두에 사용하는 악기와 공연 의상, 자료 영상, 미술 작품 등을 살펴볼 수 있으며 파두 가수들의 대표곡도 들어볼 수 있다.

가는 방법 메트로 산타아폴로니아Santa Apolónia역에서 도보 5분 **주소** Largo do Chafariz de Dentro 1 **문의** 21 882 3470 **영업** 10:00~18:00 ※문 닫기 30분 전 입장 마감 **휴무** 월요일, 1/1, 5/1, 12/25 **요금** 일반 €5, 13~25세 €2.50, 65세 이상 €4.30, 12세 이하 무료 **홈페이지** www.museudofado.pt

EXPERIENCE

☑ BUCKET LIST 08

새로운 취향을 찾는 재미!

원데이 클래스로 나만의 여행 아이템 만들기

여행을 즐기는 방식이 다양해짐에 따라 더욱 새로운 경험에 목말라하는 이들이 많아졌다. 보는 것과 먹는 것에 그치지 않고 직접 부딪쳐 몸으로 체험하며 즐길 수 있는 것을 원하는 것이다. 그런 욕구를 해소시켜줄 단 하루 동안의 체험을 소개한다.

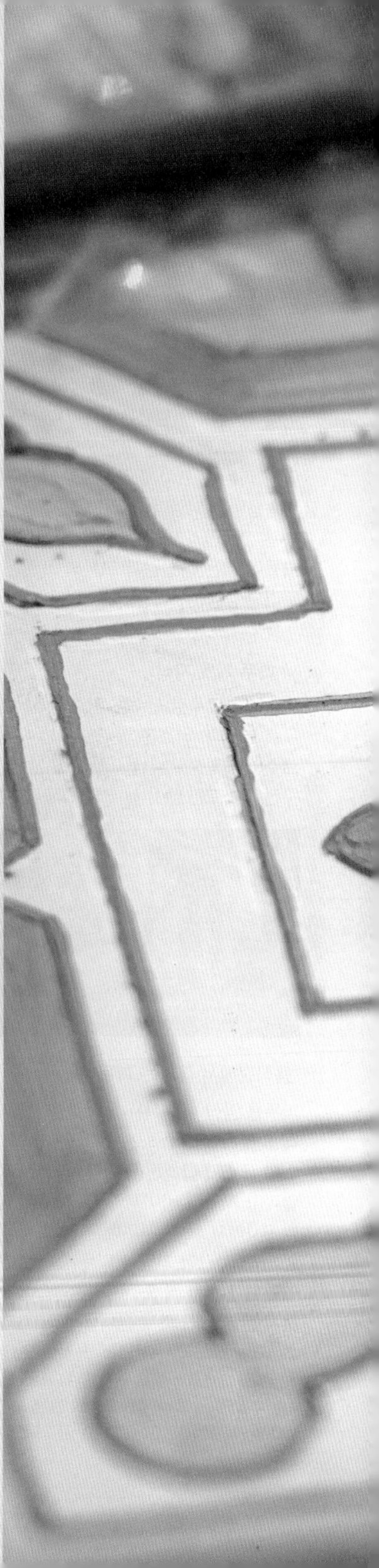

THEME 1

파에야 · 상그리아 · 판 콘 토마테 쿠킹 클래스

요샛말로 한국인은 음식에 진심인 민족이다. 음식을 먹고 배우고 즐기는 열정이 그만큼 대단하다는 의미인데, 여행지에서 향토 음식을 배워보는 시간은 더할 나위 없이 즐거운 순간으로 기억될 것이다. 한국인이 사랑하는 파에야에 상그리아, 판 콘 토마테까지 현지인의 노하우와 비법을 습득할 절호의 기회이다.

STEP 01 →

예약하기

‘에어비앤비 체험’ 사이트에서 다양한 쿠킹 클래스를 예약할 수 있다. 자세한 내용을 확인한 후 결제하면 추후 예약이 완료되었다는 안내 메일이 도착한다.

STEP 02 →

오늘의 요리 소개

안내 메일에 적힌 장소에 도착해 참가자들과 인사를 나눈다. 강사에게 오늘 요리할 음식의 준비물과 대략적인 요리 과정을 들으며 클래스가 시작된다.

STEP 03 →

상그리아 만들기

강사가 깍둑썰기한 오렌지와 사과를 레드 와인이 담긴 병에 넣는 것을 시연한다. 어느 정도 시간이 지난 후 숙성한 상그리아를 다 같이 즐긴다.

STEP 04 →

판 콘 토마테 만들기

빵에 마늘과 토마토를 차례로 문지르기만 하면 완성되는 매우 간단한 요리를 만들어본다. 소스를 뿌리지 않고 프라이팬에 굽지 않아도 맛있다.

STEP 05 →

파에야 만들기

오늘의 하이라이트! 재료를 썰고 해산물을 굽고 올리브 오일을 뿌리는 등 모두가 참여해 만든다. 20분 정도 익히는 동안 수다를 떨다 보면 분위기도 무르익는다.

STEP 06

완성되면 다 같이 냠냠

완성되면 숟가락으로 파에야를 떠서 각자 그릇에 담는다. 내가 만든 요리라는 게 믿기지 않을 만큼 맛있다. 상그리아와 함께 즐기니 더욱 맛있다.

THEME 2

포르투갈 아줄레주 공예 클래스

과거에 리스본과 포르투 시내를 수놓던 장인이 된 기분으로 아줄레주 전통 공예품을 만들어본다. 새하얀 타일을 도화지 삼아 손으로 하나하나 정성 들여 색을 채우다 보면 어느덧 점과 선이 만나 근사한 결과물이 짠 하고 나타난다. 즐거운 시간을 보내 만족스러운데 덤으로 추억을 담아 가지고 돌아갈 기념품까지 생긴다.

STEP 01 →

예약하기

'에어비앤비 체험' 사이트에서 다양한 공예 클래스를 예약할 수 있다. 자세한 내용을 확인한 후 결제하면 추후 예약 완료되었다는 안내 메일이 도착한다.

STEP 02 →

아줄레주 소개와 재료 준비

안내 메일에 적힌 장소에 도착해 참가자들과 인사를 나눈다. 강사의 인사와 함께 아줄레주의 유래를 듣고 본격적인 제작에 앞서 재료를 준비한다.

STEP 03 →

제작 방법 배우기

아줄레주의 자세한 제작 과정에 대한 설명을 듣는다. 강사가 시범을 보이며 그리는 방법을 가르쳐 주기 때문에 어렵게 생각할 필요는 없다.

STEP 04 →

밑그림 그리기

클래스에 준비된 도안 중 원하는 걸 고른 다음 타일에 그대로 밑그림을 그린다. 그림이 매끄럽지 않고 서툴러도 주눅 들지 말고 열심히 따라 그린다.

STEP 05 →

색칠하기

밑그림 그리기가 끝나면 준비된 물감으로 알록달록 색을 입혀 완성한다. 예시대로 따라 해도 좋고 느낌 가는 대로 자기만의 개성 있는 스타일로 칠해도 좋다.

STEP 06

완성된 아줄레주 찾아가기

색칠을 끝낸 그림은 말린 후 가마에 구워야 완성되므로 하루나 이틀 후 클래스 장소에 재방문해 찾아간다. 당일에 가져갈 수 없으니 참고하자.

EXPERIENCE

☑ BUCKET LIST 09

짜릿한 경험!

스페인 경기장에서 축구 & 투우 직관하기

월드컵으로 한층 관심이 높아진 축구와 스페인의 전통 의식에서 비롯된 국기 투우 등 스페인에서 스포츠를 직접 관전하는 것도 여행을 즐기는 색다른 묘미이다.

축구 직관하기

스페인은 월드컵과 유로 등 굵직한 축구 대회에서 좋은 성적을 거두며 막강한 자국 리그를 거느리는 축구 강국이다. 잉글랜드, 독일, 이탈리아와 함께 4대 프로 축구 리그로 꼽히는 라리가LaLiga는 레알 마드리드, FC 바르셀로나, 아틀레티코 마드리드, 세비야 FC 등 이름난 팀들이 대거 포진해 있으며 스타 선수들이 즐비해 수많은 축구 선수들이 꿈꾸는 리그이기도 하다.

✓ 경기장에서 직접 관람하기

천문학적인 몸값을 자랑하는 선수들의 격한 몸싸움과 그들의 거친 호흡 소리를 가까이에서 느끼며 축구 경기를 관람하는 건 누구에게나 가슴 떨리는 경험이다. TV에서나 보던 스타들이 눈앞에서 치열한 경기를 펼치고 있다니 상상만 해도 흥분되는 일이 아닐 수 없다. 생생한 현장감과 생동감 넘치는 스타들의 플레이는 인생 최고의 추억이 될 수도 있으니 놓치지 말자.

스페인 리그의 양대 산맥이자 명실상부 세계 최고 팀으로 꼽히는 레알 마드리드와 FC 바르셀로나의 경기를 직접 보고 싶다면 우선 티켓 구입부터 하자. 시즌은 보통 8월에 시작해 다음 해 5월에 끝난다. 회원에게만 티켓을 판매하던 예전과 달리 현재는 각 팀의 공식 홈페이지를 통해 쉽게 구입할 수 있다. 물론 빅 팀 간의 경기는 빨리 매진되어 구하기 어렵다.

티켓을 구입했으면 경기 당일 늦어도 킥오프 1시간 전에는 도착하도록 여유롭게 움직인다. 보통 6만~8만 명의 관중이 한꺼번에 이동해 교통난이 심하기 때문에 차라리 일찌감치 서둘러 미리 도착하는 것이 좋다. 기념품점이나 경기장 구경을 하면서 여유 있는 마음으로 경기를 기다리다

주요 경기장

▶ 2권 P.153

산티아고 베르나베우 스타디움
Estadio Santiago Bernabéu
▸ 레알 마드리드의 홈경기장

▶ 2권 P.076

캄프 노우 Camp Nou
▸ FC 바르셀로나의 홈경기장
※ 현재 재개발 공사로 인해 [illegible] 경기장에서 경기 실시

TIP

티켓은 호스피탈리티 티켓Hospitality Ticket이라 불리는 VIP 좌석부터 선판매를 시작한다. 일반 판매는 경기 10일 전 유료 클럽 멤버십 가입자를 대상으로 먼저 판매를 시작하며(20% 할인), 경기 일주일 전부터는 일반인에게 판매한다. 확실하게 티켓을 확보하고 싶다면 가격이 다소 비싸더라도 호스피탈리티 티켓 구입을 권장한다. 레알 마드리드와 FC 바르셀로나의 빅매치인 엘 클라시코El Clásico를 제외하고는 경기 직전까지 취소 표가 풀리므로 수시로 확인하는 것이 좋다.

✓ 펍에서 즐기기

방문한 시기에 열리는 경기 티켓을 구하지 못했거나 홈경기가 없더라도 아쉬워할 필요 없다. 시내에 축구 경기를 시청할 수 있는 펍과 음식점이 많아 현지인과 함께 경기를 즐길 수 있기 때문이다. 오늘 처음 본 사이라도 같은 팀을 응원하는 순간 가장 절친한 사이로 발전할 수 있다. 지구 반대편에 사는 이들과 축구라는 공통분모 하나만으로 친구가 될 수 있다는 것, 그것이 스포츠가 가진 최고의 매력이다.

펍은 입장료(€10 내외)를 내면 음료 한 잔을 제공하는 곳과 입장료 없이 음식값만 지불하는 곳으로 나뉜다. 빅매치가 있는 날은 경기 시작 직전에 가면 자리가 없을 수도 있으니 미리 가서 자리를 잡아야 한다. 반드시 보고 싶은 경기라면 일찌감치 방문해 햄버거, 피자 등 펍 메뉴로 끼니를 해결하며 경기를 기다리는 것도 방법이다.

추천 펍 리스트

스페인 바르셀로나

01 조지 페인 아이리시 펍

The George Payne Irish Pub

가는 방법 카탈루냐 광장에서 도보 4분

주소 Pl. d'Urquinaona, 5 **문의** 934 81 52 94

영업 월~수요일 13:00~02:30, 목 · 일요일 13:00~03:00, 금 · 토요일 13:00~03:30

홈페이지 thegeorgepayne.com

스페인 바르셀로나

02 벨루시스 바르셀로나

Belushi's Barcelona

가는 방법 카탈루냐 광장에서 도보 4분

주소 C. de Bergara, 3

문의 931 75 14 01 **영업** 11:00~02:00

홈페이지 www.belushis.com/bars/barcelona

스페인 마드리드

03 제임스 조이스 아이리시 펍 마드리드

James Joyce Irish Pub Madrid

가는 방법 시벨레스 광장에서 도보 2분

주소 C. de Alcalá, 59

문의 915 75 49 01 **영업** 월요일 12:00~00:00, 화요일 12:00~00:30, 수요일 12:00~01:00, 목요일 12:00~01:30, 금 · 토요일 12:00~02:30, 일요일 12:00~01:00

홈페이지 www.jamesjoycemadrid.com

포르투갈 리스본

04 더 조지 The George

가는 방법 코메르시우 광장에서 도보 4분

주소 R. do Crucifixo 58 66

문의 960 301 718 **영업** 월~목요일 17:00~01:00, 금요일 17:00~02:00, 토요일 12:00~02:00, 일요일 12:00~01:00

홈페이지 instagram.com/the_george_lisbon

포르투갈 포르투

05 아데가 스포츠 바 Adega Sports Bar

가는 방법 렐루 서점에서 도보 5분

주소 R. de José Falcão 180 **문의** 939 955 597

영업 월~금요일 16:00~ 02:00, 토요일 14:00~02:00, 일요일 14:00~24:00

투우 직관하기

투우는 18세기부터 이어져온 스페인의 전통 국기로, 매년 부활절이 있는 봄부터 11월까지 매주 일요일에 경기가 개최된다. 그해의 풍요를 기원하며 신에게 황소를 바친 것이 시초라고 전해진다. 투우사는 목숨을 걸고 소가 죽을 때까지 대결하는 단순하지만 아찔한 방식으로 경기를 진행한다. 여러 이슈로 금지된 지역이 늘어나며 투우를 관전할 수 있는 곳이 점차 줄어들고 있다.

✓ 투우 관전 포인트

❶ 투우사 입장
행진곡인 파소 도블레Paso Doble에 맞춰 메인 투우사인 마타도르Matador 1명, 조수 피카도르Picador 2명과 반데리예로Banderillero 3명이 등장한다.

❷ 카포테의 연기
소가 등장하면 조수들이 앞은 핑크색, 뒤는 노란색 망토 카포테Capote를 휘두르며 소를 도발한다. 이때 소의 스피드와 습관, 성질 등을 재빠르게 파악해야 한다.

❸ 피카도르의 등장
창으로 소를 찌르는 조수 피카도르가 등장해 소 목 뒷부분을 창으로 찌른다. 자칫 잘못 찌르면 소의 신경을 건드려 소가 돌진력과 기력을 잃게 된다.

❹ 반데리예로의 등장
소 등에 작살을 꽂는 조수 반데리예로가 등장해 소와 정면으로 마주하고 있다가 소 등에 작살을 2개씩 총 6개 꽂는다.

❺ 무레타의 등장
마타도르가 새빨간 망토 무레타를 들고 등장한다. 무레타는 소의 시선을 속이기 위해 사용하는 것으로 약 20분간 소와 일대일로 진검승부를 펼친다.

❻ 진실의 순간
투우의 클라이맥스. 함성과 음악이 멈추고 마타도르가 소 좌우 어깨뼈 사이에 칼을 꽂는다. 심장이 이어지는 근육이 절단되면 소가 쓰러진다.

TIP

관전 시 주의 사항

① **투우장 좌석표** 햇볕이 내리쬐는 좌석일수록 저렴하고 그늘진 곳일수록 비싸다. 처음에는 해가 들다가 시간이 지나면서 그늘이 지는 경계선 좌석도 저렴한 편이다. 또 투우가 벌어지는 경기장에서 가까운 좌석일수록 가격이 올라간다.

② **방석 대여** 돌덩이로 된 투우장 좌석은 딱딱하고 차갑기 때문에 그대로 앉아서 경기를 관람하면 불편하다. 경기장에 들어서기 전 반드시 매대에서 대여하는 방석을 빌린다.

③ **주류 판매** 경기장 내 음주가 가능하다. 경기장 매점에서 다양한 종류의 술과 탄산음료를 판매한다.

☑ BUCKET LIST 10

EXPERIENCE

낯선 여행지에서 보내는 우아한 밤

아름다운 공연장에서 클래식 감상하기

평소 클래식 음악을 듣지 않거나 생소하게 느낀다 해도 유럽에서만큼은 반드시 경험해보는 게 좋다. 한국과 비교가 안 될 만큼 저렴한 가격에 최고의 음악가들을 만날 수 있다.

클래식 공연 알차게 즐기는 법

공연 정보 및 티켓 예약 전문 사이트 클래식틱닷컴Classictic.com과 바흐트랙Bachtrack에서 방문하는 도시와 날짜를 입력하면 그날 열리는 공연 정보를 한눈에 볼 수 있다. 대부분의 공연을 확인할 수 있지만 사이트와 정보 공유를 계약하지 않은 곳도 있으므로 모든 정보를 알 수 있는 것은 아니다. 방문할 공연장이 정해졌다면 공식 홈페이지를 확인하는 것이 가장 빠르다.

예약 사이트 클래식틱닷컴 www.classictic.com / 바흐트랙 bachtrack.com

알아두면 쓸모 있는 소소한 클래식 정보

리사이틀과 오케스트라

한 사람이 연주하는 음악회를 '리사이틀Recital', 관악기, 타악기, 현악기 등 다양한 악기 연주자가 한데 모여 연주하는 음악회를 '오케스트라Orchestra'라고 한다.

인터미션

인터미션Intermission은 공연 중간에 10~20분 정도 갖는 휴식 시간. 이때 화장실을 가거나 로비에서 음료를 즐길 수 있다. 공연이 짧은 경우에는 인터미션이 없다.

할인

공연장마다 기준이 다르나 일반적으로 25~30세 이하의 젊은 층이나 65세 이상의 중장년층에게는 각각 유스Youth와 시니어Senior 할인 요금을 적용해준다.

드레스 코드

단정한 차림이면 된다. 여름에는 공연장 내부의 울림을 위해 낮은 온도로 냉방을 유지하는 경우가 있으니 얇은 카디건을 준비해 가는 것이 좋다.

박수 타이밍

지휘자가 지휘봉을 내리거나 연주자가 연주를 멈춘 후 고개를 들었을 때 곡이 끝났음을 짐작할 수 있다. 충분히 여운을 느낀 다음 박수를 치도록 하자.

사진 촬영

공연 도중 촬영은 금지되어 있다. 공연이 모두 끝난 후 연주자가 재입장해 인사하는 커튼콜 시에만 촬영할 수 있다. 연주 녹음 역시 금지되어 있다.

TIP

스페인 추천 공연장

카탈루냐 음악당 Palau de la Música Catalana 바르셀로나

바르셀로나를 상징하는 건물로 관광 명소로 널리 알려진 곳

홈페이지 www.palaumusica.cat

국립 음악 오디토리움 Auditorio Nacional de Musica 마드리드

수도 마드리드의 주요 공연이 펼쳐지는 대극장

홈페이지 www.auditorionacional.mcu.es

포르투갈 추천 공연장

굴벤키안 무지카 Gulbenkian Música 리스본

유명 음악가들의 리사이틀이 주로 열리는 공연장

홈페이지 gulbenkian.pt/musica

카사 다 무지카 Casa da Música 포르투

포르투갈의 유명 건축가 알바로 시자가 설계한 공연장

홈페이지 www.casadamusica.com

EAT & DRINK

☑ BUCKET LIST 11

안 먹으면 서운해!

스페인·포르투갈 대표 음식으로 하루 다섯 끼 먹기

'금강산도 식후경'이라는 말처럼 제아무리 멋진 풍경이 펼쳐진다 해도 허기진 상태에서는 흥이 나지 않는 법. 볼거리가 다채로운 만큼 먹거리도 풍성한 스페인과 포르투갈에서라면 관광 명소 이상의 감흥을 느낄 수 있는 곳이 바로 음식점이다. 하루에 다섯 끼를 먹는다는 그들처럼 부지런히 움직여 지중해의 참맛을 제대로 느껴보자.

스페인 대표 음식

파에야 Paella

해산물, 육류, 채소, 향신료 등 다채로운 식재료를 쌀과 함께 조려 만든 요리

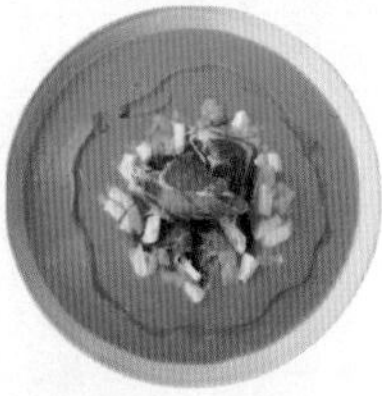

가스파초 Gazpacho

스페인식 냉채 수프로 토마토, 오이, 양파, 마늘, 피망, 빵을 갈아 만든 요리

피스토 Pisto

가지, 애호박, 토마토, 파프리카, 양파, 고추 등 채소를 듬뿍 넣은 찜 요리

코시도 Cocido

각종 육류와 채소로 만든 스페인식 스튜

라보 데 토로 Rabo de Toro

소꼬리, 와인, 토마토를 넣고 푹 삶아 만든 소꼬리찜

엠파나다스 Empanadas

빵 반죽 안에 고기, 생선, 채소, 치즈, 과일 등을 넣어 구운 요리

마르미타코 Marmitako

깊은 냄비에 토마토와 함께 참치와 감자를 넣어 삶은 요리

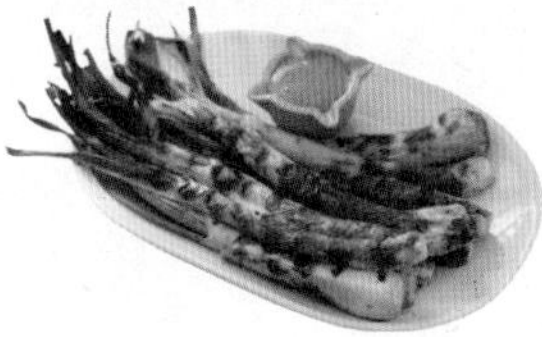

칼솟 Calçot

11~4월에만 먹을 수 있는 대파구이로 카탈루냐 지방의 명물 요리

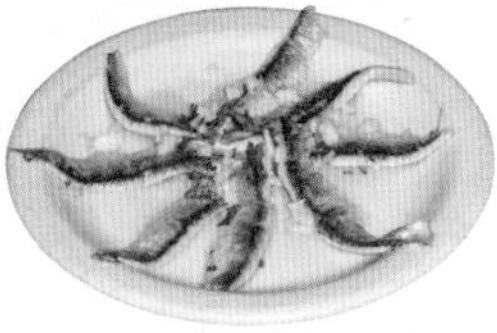

보케로네스 엔 비나그레 Boquerones en Vinagre

멸치를 와인 비니거에 절인 다음 올리브 오일에 담가 먹는 요리

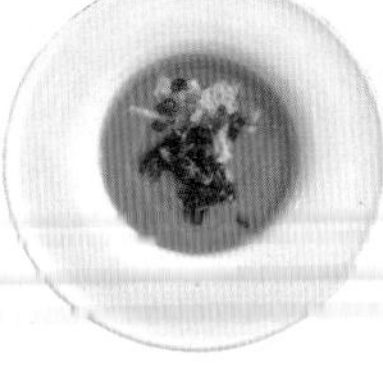

살모레호 Salmorejo

스페인식 토마토 냉수프

소파 데 아호 Sopa de Ajo

마늘과 빵을 넣어 만든 수프

치카론 Chicaron

삼겹살과 돼지 껍질을 튀긴 요리

스페인의 식사 시간

다양한 매체를 통해 스페인 사람들은 하루 다섯 끼를 먹는다는 얘기를 들었을 것이다. 그야말로 일하는 시간과 잠자는 시간을 제외하곤 입에서 음식이 떠나질 않는다는 것이다. 스페인 먹거리를 최대한 즐기고 싶은 여행자에게 하루 다섯 끼는 딱 적당한 횟수이다.

데사유노 Desayunno

07:00~09:00

조식 시간. 추로스, 과자, 빵, 시리얼 등에 오렌지 주스나 우유를 넣은 커피를 곁들여 간단히 해결한다. 토마토 간 것과 올리브 오일을 올린 판 콘 토마테Pan con Tomate도 많이 먹는 메뉴.

알무에르조 Almuerzo

10:00~11:00

간식이라기보다는 두 번째 조식이라고 하는 게 더 맞을 듯한 시간대. 오믈렛이나 햄, 초리소, 치즈 등을 바게트 사이에 끼운 스페인식 샌드위치 보카디요Bocadillo를 주로 먹는다.

코미다 Comida

14:00~16:00

하루 식사 중 가장 메인인 점심은 풀코스로 즐긴다. 맥주나 와인을 곁들여 친구나 동료와 함께 천천히 식사하며 주말 같은 평일 오후를 보낸다.

① **아페리티보**Aperitivo : 식욕을 돋우는 식전주 또는 안줏거리
② **프리메르 플라토**Primer Plato : 수프, 샐러드, 파스타, 파에야 중 선택하는 첫 번째 요리
③ **세군도 플라토**Segundo Plato : 육류 또는 생선으로 만든 메인 요리
④ **포스트레**Postre : 디저트
⑤ **디게스티보**Digestivo / **카페**Café : 식후주, 커피

메리엔다 Merienda

17:00~20:00

저녁 식사를 하기 전 즐기는 간식이다. 추로스나 케이크 등 달달한 음식과 함께 커피를 즐기기도 하고 바르에서 가볍게 맥주를 마시기도 한다.

세나 Cena

21:00~23:00

스페인에서는 점심이 메인 식사이므로 저녁은 가볍게 먹는 경우가 많다. 집에서 수프와 샐러드로 간단히 때우거나 바르에서 타파스를 먹는 것이 일반적이다.

TRAVEL TALK

스페인 사람들은 점심을 푸짐하게!

스페인 사람들이 가장 신경 쓰는 식사는 점심이에요. 음식점에서도 자신 있게 내세우는 메뉴는 대개 점심시간에 내며, 날마다 메뉴가 달라지는 코스 요리인 메누 델 디아Menú del Día도 점심시간에만 제공해요. 보통 첫 번째 접시와 메인 식사인 두 번째 접시를 거쳐 디저트까지 세 코스로 이루어져 있어요. 메누 델 디아는 가격도 합리적이에요.

포르투갈 대표 음식

바칼라우 Bacalahu

포르투갈어로 대구라는 뜻이다. 말린 대구를 굽거나 볶아 먹고 그라탱, 크로켓 등 다양하게 만들어 먹는다.

카타플라나 Cataplana

해물밥이 국밥에 가깝다면 카타플라나는 해물탕에 가깝다. 밀폐된 전용 냄비에 각종 해산물을 담아 푹 삶는다.

폴부 Polvo

한국인 입맛에 잘 맞아 인기가 많은 문어 요리이다. 문어밥, 문어구이, 문어튀김, 샐러드 등 다양한 방식으로 먹는다.

아호스 드 마리스쿠
Arroz de Marisco

문어, 새우, 홍합 등 해산물을 넣고 지은 밥. 한국인 여행자에게는 '해물밥'으로 통한다.

사르디냐스 아사다스
Sardinhas Assadas

정어리에 소금을 뿌려 숯불에 구운 뒤 식초나 올리브 오일을 뿌려 먹는 요리

카르네 드 포르쿠 아 알렌테자나
Carne de Porco a Alentejana

돼지고기와 모시조개볶음. 화이트 와인, 마늘, 레몬즙, 파프리카 가루, 올리브 오일, 고수를 넣어 맛을 낸다.

코지두 아 포르투게사
Cozido a Portuguesa

소고기, 돼지고기, 닭고기, 내장, 채소, 소시지를 듬뿍 넣은 스튜

레이탕 다 바이하다
Leitão da Bairrada

생후 8주 정도된 새끼 돼지를 통째로 오븐에 구운 요리

알례이라 Alheira

송아지, 닭, 오리, 토끼 등의 고기와 빵을 반죽해 만든 포르투갈식 소시지

칼두 베르데 Caldo Verde

감자와 케일을 넣은 수프. 주로 생일, 결혼식, 축제 때 먹는다.

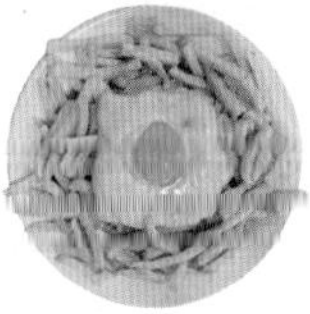

프란세지냐 Francesinha

포르투에서 탄생한 포르투갈식 크로크무슈

비파나 Bifana

얇게 저민 돼지고기를 익힌 다음 빵 사이에 끼워 만든 샌드위치

포르투갈의 식사 시간

따스한 햇살 아래 산과 바다로 둘러싸여 있어 신선한 먹거리가 풍부한 포르투갈 역시 스페인처럼 올리브 오일과 마늘, 소금으로 심플하게 간해 식재료 본연의 맛을 살린 요리가 많다. 잘 알려져 있지 않지만 포르투갈도 스페인과 마찬가지로 하루에 다섯 끼를 먹는다. 스페인이 이웃 나라인 만큼 식문화도 다른 듯 비슷한 구석이 많다.

페케노 알모소 Pequeno Almoço

07:00~10:00

포르투갈어로 '작은 점심'이란 뜻이지만 실제로는 아침 식사 시간. 빵이나 토스트, 과일 정도로 간단하게 때우거나 커피만 마시기도 한다.

알모소 Almoço

12:00~15:00

점심 식사 시간. 보통 스테이크, 생선구이, 파스타 등 메인 요리에 감자튀김, 샐러드를 곁들여 먹는다. 샌드위치로 가볍게 먹는 경우도 많다.

란시 Lanche

16:00~17:30

오후 간식 시간. 크루아상이나 치즈 토스트, 케이크에 커피를 곁들인다.

잔타 Janta

19:00~21:00

하루 중 가장 푸짐하게 먹는 저녁 식사 시간. 수프-메인-디저트 순으로 먹는다. 점심때 가장 풍족하게 먹는 스페인과 결정적으로 다른 점이다.

세이아 Ceia

21:30~23:00

자기 전 먹는 야식 시간. 비스킷과 함께 코코아나 따뜻한 우유를 마신다.

EAT & DRINK

☑ BUCKET LIST 12

이건 꼭 먹어야 해!

파에야 종류별로 도장 깨기

쌀이 주식인 한국인의 입맛에 가장 잘 맞으면서 스페인을 대표하는 요리인 파에야는 발렌시아에서 시작되어 지금은 스페인 전역 어디서든 맛있는 파에야를 먹을 수 있다. 보통 2인분부터 주문 가능하며, 가격대가 다소 높지만 싱싱한 재료와 쌀밥의 완벽한 조화는 반드시 경험해봐야 한다.

파에야

15세기에 벼농사를 짓던 농부들이 땅바닥에 불을 지피고 쌀과 닭고기, 토끼고기, 채소를 넣어 볶아 먹은 데에서 파에야Paellas가 탄생했다. 지금은 평평한 파에야 전용 팬에 생쌀과 함께 다양한 종류의 해산물, 육류, 채소와 사프란 같은 향신료를 넣어 쌀알이 약간 단단한 식감이 느껴지는 상태의 알 덴테Al Dente로 익힌다.

파에야 종류

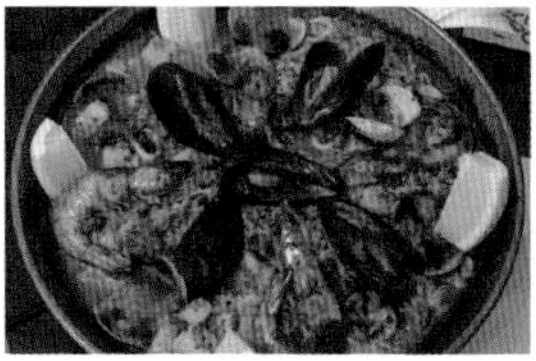

파에야 데 마리스코
Paella de Marisco
새우, 오징어, 홍합, 조개 등 해산물이 주재료인 파에야

아로스 네그로
Arroz Negro
오징어, 새우와 함께 오징어 먹물을 넣어 새까맣게 만든 파에야

파에야 발렌시아나
Paella Valenciana
닭고기, 토끼고기, 강낭콩이 주재료인 원조 파에야

파에야 데 포요 Paella de Pollo
닭고기가 주재료인 파에야

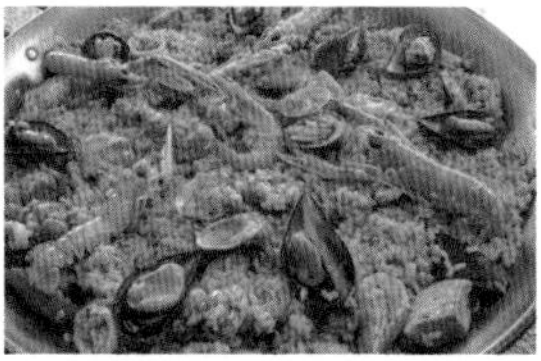

파에야 믹스타 Paella Mixta
해산물, 고기가 함께 들어가 건더기가 많은 파에야

피데우아 Fideua
쌀 대신 파스타 면을 넣고 파에야와 동일한 조리법으로 만든 요리

파에야는 한국인 입맛에 많이 짠 편이에요.
주문할 때 이렇게 말해보세요. Sin sal, por favor.
씬 쌀 뽀르 빠보르.(소금 빼주세요)

파에야에 관한 흥미로운 사실

❶ 파에야는 저녁에 먹지 않는다

스페인 사람들은 저녁 식사에 가볍게 술을 곁들이는 게 일반적이라 칼로리가 높은 음식은 피하는 편이다. 따라서 보통 파에야는 하루 식사 중 메인인 점심 때 즐긴다고 보면 된다.

❷ 파에야는 목요일에 먹는다

스페인을 36년간 통치했던 프랑코가 매주 목요일에 파에야를 먹었다는 설과 바다에서 잡은 해산물이 내륙에 도착하는 날인 목요일에 맞춰 먹었다는 설 등 다양한 이야기가 전해진다.

❸ 파에야는 일상식이 아니다

파에야는 가족 모임이나 친구 초대 등 행사나 이벤트가 있을 때 먹는 요리로 특별한 날 집에 가족과 친지가 모이면 모두 식탁에 둘러앉아 팬에 담긴 파에야를 그대로 나무 숟가락으로 긁어 먹는 옛 방식을 고수한다.

❹ 국물 없이 졸인 것만이 파에야가 아니다

국물 없이 졸여 바닥에 누룽지가 생긴 것이 파에야이기는 하나 바르셀로나가 속한 카탈루냐 지방의 파에야는 국물이 자박하게 졸여 누룽지가 없는 형태이다.

☑ BUCKET LIST 13

EAT & DRINK

골라 먹는 재미가 있다

타파스 바르에서 푸짐하게 배 채우기

스페인에서 반드시 먹어봐야 할 필수 요리를 꼽자면 타파스이다. 타파스를 통해 스페인의 전통 음식을 경험하고 맛있는 술을 마시며 스페인 사람들의 사랑방인 바르Bar도 체험하면서 스페인 문화를 제대로 경험할 수 있다.

타파스

타파스Tapas는 원래 술에 곁들이는 안줏거리를 담는 작은 접시를 뜻한다. 13세기 알폰소 10세가 과음 방지를 위해 '술을 제공할 때는 반드시 소량의 음식을 함께 내야 한다'는 규칙을 만든 것이 타파스 역사의 시작이다. 와인에 먼지나 벌레가 들어가는 것을 막기 위해 빵이나 햄 같은 안주를 담은 뚜껑을 잔 위에 얹은 것이 시초이며, 뚜껑을 의미하는 스페인어 '타파Tapa'에서 비롯돼 타파스라 불리게 되었다. 여기서 파생된 '타페아르Tapear'는 타파스를 즐길 수 있는 바르를 여러 군데 전전하며 술을 마시는 것을 의미한다.

타파스 종류

판 콘 토마테 Pan con Tomate
마늘, 토마토, 올리브 오일을 얹은 빵

토르티야 에스파뇰라 Tortilla Española
스페인식 오믈렛

아세이투나스 Aceitunas
올리브

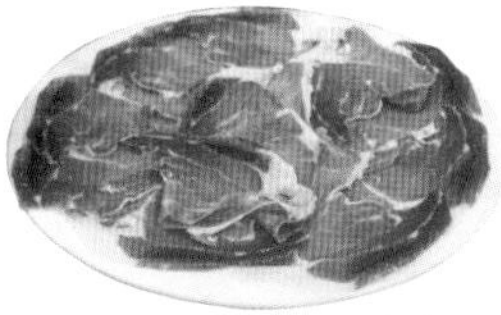

하몽 Jamón
스페인의 전통 햄

수르티도 데 케소스 Surtido de Quesos
치즈 모둠

감바스 알 아히요 Gambas al Ajillo
올리브 오일에 마늘, 해산물과 채소를 넣어 끓인 음식

치피로네스 프리토스 Chipirones Fritos
꼴뚜기튀김

칼라마레스 프리토스 Calamares Fritos
오징어튀김

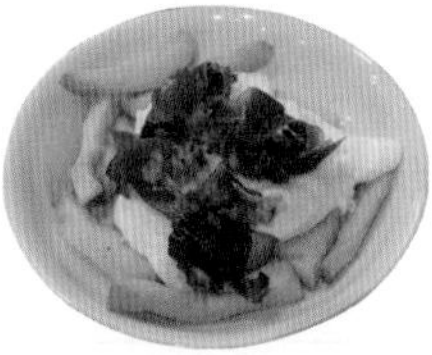

우에보스 로토스 Huevos Rotos

노른자가 반숙 상태인 달걀 프라이를 햄과 감자튀김 위에 얹은 음식

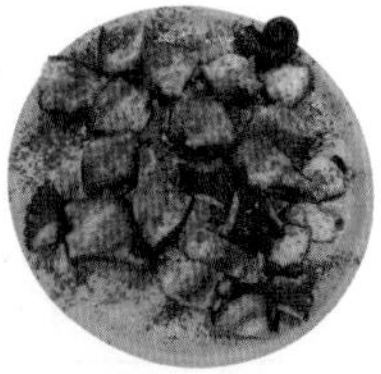

풀포 아 라 가예가 Pulpo a la Gallega

삶은 문어 위에 파프리카 가루와 올리브 오일을 뿌린 음식

알본디가스 Albondigas

스페인식 미트볼

피미엔토스 데 파드론 Pimientos de Padrón

꽈리고추볶음

크로케타스 Croquetas

스페인식 크로켓

참피뇨네스 Champiñones

구운 양송이버섯 위에 초리소를 얹은 음식

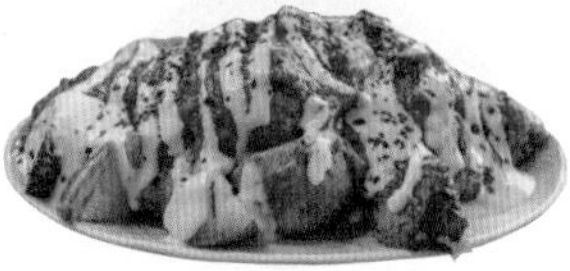

파타타스 브라바스 Patatas Bravas

올리브 오일에 튀긴 감자 위에 알리올리 소스와 브라바 소스를 끼얹은 음식

엔살라디야 루사 Ensaladilla Rusa

감자, 참치, 콩, 달걀, 마요네즈 등을 넣은 러시아식 샐러드

크레마 카탈라나 Crema Catalana

스페인식 크렘 브륄레

초리소 Chorizo

파프리카와 칠리 가루를 넣어 만든 매콤한 소시지

알메하스 아 라 마리네라 Almejas a la Marinera
바지락에 마늘, 양파, 파프리카, 화이트 와인을 넣어 함께 구운 음식

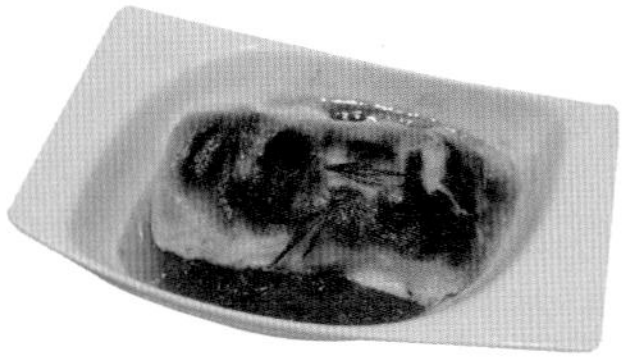

바칼라오 알리 올리 멜 Bacalao Ali Oli Mel
구운 대구 살 위에 치즈와 꿀을 얹은 음식으로 일명 꿀대구

에스칼리바다 Escalivada
가지, 피망, 양파 등의 채소를 센 불에 구운 음식

나바하스 아 라 플란차 Navajas a la Plancha
바질과 함께 익힌 키조개 요리

일다 Hilda
안초비, 올리브, 고추를 꼬치에 꽂은 대표 핀초스

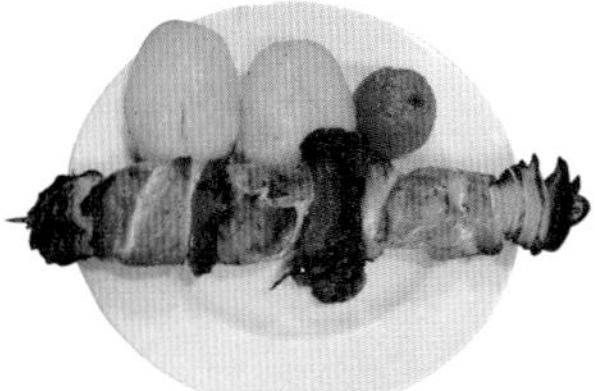

핀초 모루노 Pincho Moruno
스페인식 닭꼬치

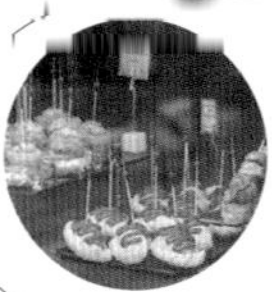

스페인 북부 바스크 지방에서는 다양한 식재료를 칵테일 스틱에 꽂아 한입 거리로 제공하는 핑거 푸드를 '핀초스Pintxos(Pinchos)'라고 해요. 카운터 위에 큰 쟁반이나 접시를 올려놓고 보기 좋게 진열해 식욕을 돋우는 역할을 한답니다.

타파스 바르 똑똑하게 이용하기

바르는 밥집, 선술집, 카페 등의 역할을 하며 스페인 사람들의 식생활을 책임지는 곳이다. 타파스는 바르의 주메뉴라 할 수 있으며, 바르는 다양한 종류의 음식과 음료를 갖추고 있어 선택지가 많다. 타파스 한 접시에 €1~4 정도로 부담 없는 가격도 장점이다. 원래 한 손에는 음료를 들고 다른 한 손으로 포크나 스틱 또는 스푼을 사용해 타파스를 먹는 것이라고 하는데, 그냥 자유롭게 즐기면 된다. 보통 타파스는 본격적인 식사 전 식욕을 돋우기 위해 식전주와 함께 한두 접시 즐기는 전채요리Aperitivo로 먹거나 가벼운 저녁 식사로 먹는 것이 일반적이며 커피나 콜라와 함께 간식으로 먹기도 한다.

STEP 01 **인사하며 입장**

바르에 들어서면 종업원에게 "Hola!(올라)"라고 인사해 자신이 손님으로 왔다는 사실을 알린다. 종업원이 자리를 안내하는 경우도 있고, 그렇지 않은 경우에는 빈자리를 찾아 앉는다.

STEP 02 **눈 맞춤으로 주문**

테이블에 앉은 경우 손을 들거나 부르지 말고 종업원이 올 때까지 기다린다. 종업원과 눈이 마주치면 종업원이 다가와 주문을 받으므로 너무 서두르지 않는 것이 예의이다.

STEP 03 **메뉴 고르기**

메뉴판에서 타파스와 음료를 골라 주문한다. 카운터에 진열된 타파스나 핀초스를 주문해도 된다.

STEP 04 **계산하기**

종업원과 눈이 마주치면 계산을 부탁한다. 계산은 카운터 또는 테이블에서 한다.

TIP

접시 크기를 이용한 타파스 주문 단위

- 플라토 Plato ▸ 집에서 먹는 1인분 접시
- 라시온 Ración ▸ 플라토보다 약간 작은 크기의 접시
- 메디아 라시온 Media Ración ▸ 플라토의 절반 크기 접시
- 타파 Tapa ▸ 메디아 라시온보다 작은 크기로 일반 타파스 접시
- 포르시온 Porcion ▸ 피자나 케이크 한 조각을 담을 수 있는 크기의 접시

지역마다 다르다 바르의 특징

✓ 그라나다 나바사 거리 Calle Navasa

그라나다의 바르에서는 음료 한 잔 주문 시 타파스 하나를 무료로 제공한다. 메뉴판에서 무료 타파스를 고를 수 있는 곳도 있고, 바르에서 메뉴를 정해 제공하기도 한다. 음료값이 다른 도시에 비해 약간 비싸지만 음료 두세 잔 값으로 포만감 있게 먹을 수 있어 만족스러운 편이다.

✓ 말라가와 세비야 시내 중심가

안달루시아 지방의 바르에서 계산할 때 보게 되는 재미있는 풍경이 있다. 종업원이 카운터에 분필로 주문한 메뉴와 금액을 일일이 적는데, 계산기를 사용하지 않고 정확한 금액을 재빨리 계산해낸다. 마지막에 적은 숫자가 음식값으로 지불해야 할 금액이다.

✓ 바르셀로나 블라이 거리 Calle Blai

핀초스를 맛보고 싶은데 바스크 지방까지 갈 여유가 없을 때 반가운 곳이 있다. 몬주이크 공원 인근의 블라이 거리에 핀초스 바르가 밀집해 있다. 관광객은 물론이고 현지인에게도 인기가 높아 어느 곳이든 늘 붐빈다.

✓ 산세바스티안 구시가지

미식의 도시 산세바스티안에서 바르 맛집을 찾아내는 방법! 바로 카운터 밑에 휴지가 얼마나 많이 떨어져 있는지 확인하는 것이다. 산세바스티안에서는 음식을 먹을 때 사용한 휴지를 휴지통에 버리지 않고 바닥에 떨어뜨린다. 바닥에 떨어진 휴지가 많을수록 그만큼 많은 손님이 방문했다는 증거!

✓ 마드리드 카바 바하 거리

Calle Cde la Cava Baja

마드리드의 라라티나La Latina 지구는 중세 시대에 도시 중심부였던 전통 거리가 있는 곳으로 좁고 구불구불한 골목 사이로 바르가 즐비하다. 특히 카바 바하 거리는 맛집 옆에 맛집이 있다고 할 정도로 맛집이 많고 이름난 바르도 많다. 아무런 정보 없이 마드리드 맛집을 찾는다면 이곳으로 가자.

하루에 이곳저곳 바르를 돌아다니는 먹는 타파스 투어는 현지인에게 옛말이에요. 이제는 한곳에 진득하게 머물며 즐기는 방식을 선호한답니다.

EAT & DRINK

☑ BUCKET LIST 14

여행의 순간을 황홀하게!

명물 술 마시며 스피릿 로드 즐기기

맛있는 음식에 술이 빠지면 섭섭하다. 더욱이 술값이 물값보다 저렴하다는 스페인과 포르투갈에서라면 식사 때마다 술을 조금씩 곁들여야 할 것만 같다. 맥주부터 와인까지 무궁무진한 술의 세계로 빠져보자.

스페인 맥주 종류

마오우 Mahou
생산지 마드리드
인기 지역 마드리드, 아스투리아스, 칸타브리아, 라리오하, 카스티야이레온, 발렌시아, 카스티야라만차
도수 5.5%

에스트레야 갈리시아 Estrella Galicia
생산지 라코루냐
인기 지역 갈리시아
도수 5.5%

에스트레야 담 Estrella Damm
생산지 바르셀로나
인기 지역 카탈루냐
도수 4.6%

크루스캄포 Cruzcampo
생산지 세비야
인기 지역 안달루시아, 에스트레마두라
도수 5.6%

암스텔 Amstel
생산지 세비야
인기 지역 파이스바스코, 무르시아
도수 5%

암바르 Ambar
생산지 사라고사
인기 지역 아라곤
도수 5.2%

산미구엘 San Miguel
생산지 토레비에하
인기 지역 나바라
도수 5.4%

TIP

세르베사Cerveza는 스페인에서 맥주를 가리키는 말이다. 맥주잔 사이즈와 맥주병 용량에 따라 호칭이 달라진다. 알아두면 현지에서 주문할 때 편리하다.

생맥주잔 사이즈에 따른 호칭

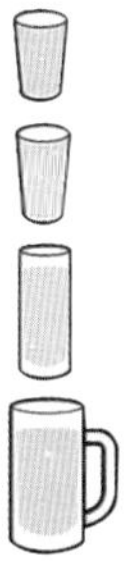

코르토 Corto ▸ 100~140ml의 작은 용량. 바스크 지방에서는 '수리토Zurito', 아라곤 지방에서는 '페날티Penalti'라고 부른다.

카냐 Caña ▸ 200ml 용량

도블레 Doble ▸ 330ml 용량

하라 Jarra ▸ 500ml 용량. 손잡이가 없는 유리잔에 낼 때는 '핀타Pinta'라고 부른다.

병맥주 사이즈에 따른 호칭

보테인 Botellín ▸ 200ml 용량. 북부 지방에서는 '킨토Quinto'라고 부른다.

테르시오 Tercio ▸ 330ml 용량. 얇고 긴 유리잔에 낼 때는 '투보Tubo'라고 하며 [illegible] '메디아나Mediana'라고 부른다.

리트로나 Litrona ▸ 1000ml 용량

※스페인의 슈퍼마켓은 밤 10시부터 아침 8시까지 주류 판매가 금지되어 있다.

스페인 술 종류

시드라 Sidra

으깬 사과의 과즙을 발효해 만든 발포주. 알코올 도수가 낮고 사과 맛과 향이 느껴져 술이 약한 이들이 마시기 좋다.

강한 신맛을 억제해 더욱 맛있게 마실 수 있도록 높은 위치에서 잔에 따라요.

비노 Vino

스페인에서 와인을 부르는 말. 스페인은 프랑스, 이탈리아와 함께 와인 원산지로 유명한 나라이다. 레드 와인은 '비노 틴토Vino Tinto', 화이트 와인은 '비노 블랑코Vino Blanco'라 한다.

틴토 데 베라노 Tinto de Verano

'여름의 와인'이란 뜻을 가진 이름대로 차가운 탄산수 또는 레모네이드와 얼음을 넣고 레몬을 얹은 와인

클라라 Clara

맥주와 레몬 풍미의 탄산수 또는 레몬 주스를 섞어 알코올 특유의 쓴맛이 연해지고 개운한 맛이 느껴지는 음료

TIP

일반 슈퍼마켓에서 판매하는 맥주 중 'Cerveza(맥주)'와 'Limon(레몬)'이라는 단어가 함께 적혀 있거나 맥주에 레몬 그림이 그려져 있으면 클라라이다.

셰리 Sherry

안달루시아 지방에서 생산하는 화이트 와인으로 브랜디를 첨가해 알코올 도수가 높다. 포르투갈의 포트와인과 함께 주정 강화 와인의 대표 격으로 불리며 보통 식전주로 마신다.

베르무트 Vermút

화이트 와인에 약초와 향신료를 배합해 만든 식전주. 오렌지와 올리브를 곁들여 먹는 방식이 일반적이다.

카바 Cava

카탈루냐 지방에서 마시는 스파클링 와인. 산뜻한 맛과 저렴한 가격이 장점이다.

상그리아 Sangria

빨간 피를 의미하는 단어 'Sangre'에서 유래했다. 레드 와인에 오렌지와 레몬 등 과일을 첨가해 만든 과실주이다.

오루호 Orujo

와인 양조 후 남은 포도 찌꺼기로 만든 증류주. 원래는 약으로 쓰기 위해 만들었으나 소화 촉진을 위해 식후주로 많이 즐긴다.

칼리모초 Kalimotxo

레드 와인과 콜라를 섞은 음료로 레드 와인의 산미와 콜라의 달콤함이 어우러져 누구나 부담 없이 마시기 좋다.

차콜리 Txakoli

바스크 지방에서 마시는 스파클링 와인. 산미가 강하고 알코올 도수가 낮아 식전주로 많이 즐긴다.

모스토 Mosto

와인 양조 시 나오는 포도 과즙으로 만든 무알코올 음료. 진하고 달달한 맛이 특징이다.

스페인에서 야외 음주는 원칙적으로 금지되어 있다. 그러나 술집이나 클럽에 가기에는 경제적으로 부담 되는 10~20대 젊은 청춘들은 밤에 공원이나 광장, 강변 등지에 모여 술을 마시는 보테욘Botellón을 즐기기도 한다.

포르투갈 술 종류

모스카텔 Moscatel

머스캣으로 만드는 달콤한 술로 단맛과 산미가 적절하게 어우러진다.

비뉴 베르데 Vinho Verde

매년 7월 2~3년밖에 안 된 포도나무 열매를 수확해 만든 와인. 도수가 낮아 마시기 쉽다.

진자(진자냐) Ginja(Ginjinha)

주로 오비두스 지방의 체리를 원료로 만든 술. 알코올 도수가 높고 달달한 편이다.

마데이라 Madeira

마데이라 제도에서 만든 주정 강화 와인. 포도 과즙을 발효시킨 뒤 알코올 도수 96% 브랜디를 첨가해 만든다.

리코르 베이롱 Licor Beirão

허브, 시나몬, 민트, 라벤더, 로즈메리, 카너몬 등을 조합해 만든 증류주. 과거에는 복통 약으로 쓰기도 했다.

포르투 토닉 Porto Tonic

진토닉의 포트와인 버전으로 화이트 포트와인에 토닉워터를 섞어서 레몬이나 민트를 곁들여 마신다.

폰샤 Poncha

사탕수수 주스를 증류한 마데이라 럼으로 만든 달콤한 술. 얼음을 띄워 차갑게 즐긴다.

슈퍼 복 Super Bock

1927년부터 생산해온 필스너 맥주로 포르투갈인이 가장 사랑하는 국민 맥주이다.

사그레스 Sagres

슈퍼 복과 함께 포르투갈의 대표 맥주로 자리매김한 라거 맥주로 인기 있다.

TIP

포르투갈 맥주잔에 따른 호칭

- 임페리얼 Imperial ➤ 200ml 용량으로 맥주 한 잔의 표준 크기
- 피노 Fino ➤ 포르투갈 북부에서 임페리얼 대신 쓰는 말
- 람브레타 Lambreta ➤ 임페리알보다 작은 150ml 용량
- 미니 Mini ➤ 250ml 용량 병
- 카네카 Caneca ➤ 500ml 용량
- 지라파 Girafa ➤ 1000ml 용량

포트와인 즐기기

도루강 상류 계곡의 언덕 밭에서 재배한 포도는 가을에 수확한 후 겨울 한 철 나무통에 보관한다. 이후 포르투 중심가 건너편에 위치한 빌라노바드가이아Vila Nova de Gaia의 와이너리로 옮겨 숙성을 거친 다음 항구 주변 업체를 통해 판매하는 것이 바로 포르투의 포트와인이다.

✓ 포트와인이란?

포트와인은 증류한 주정을 첨가해 알코올 도수를 높여 제조한 주정 강화 와인의 대표 격이다. 발효 중 당도가 어느 정도 떨어지면 포도의 달달함을 유지하고자 주정을 넣어 발효를 막는데, 최저 3년은 숙성해야 포트와인으로 분류된다. 도루강 포도는 20~30종류를 같은 밭에서 혼식 재배하는 전통이 있어 포도 품종과 숙성 기간에 따라 다양한 맛이 난다. 도수가 12~14도인 일반 와인에 비해 포트와인은 20도 전후로 도수가 높지만 당도도 높아 달콤하고 진한 향을 풍긴다. 달달한 맛이 큰 만큼 칼로리도 높은 편. 식사하면서 마시기보다는 식전 또는 식후에 견과류, 치즈, 초콜릿, 과일 등을 곁들여 마시기 좋은 와인이다. 개봉 후 냉장고에 보관하면 1개월 정도 맛이 유지되니 알코올에 약한 사람도 조금씩 찬찬히 음미해보자.

✓ 포트와인 라벨 읽는 법

❶ 와이너리(업체명)
❷ 포도를 수확한 해(빈티지)
❸ 와인을 병에 담은 해
❹ 와이너리 소재지
❺ 생산자 서명
❻ 용량
❼ 알코올 도수

✓ 포트와인 종류

❶ **화이트 포트** White Port ▸ 화이트 와인을 원료로 한 저온 발효 와인, 투명한 색, 식전주
❷ **루비 포트** Ruby Port ▸ 2~3년 숙성, 영롱한 붉은빛 루비색, 식후주
❸ **토니 포트** Tawny Port ▸ 짧게는 3년, 길게는 40년 숙성, 황갈색, 식후주
❹ **콜레이타** Colheita ▸ 7년 이상 숙성, 오렌지빛 벽돌색, 식전주

☑ BUCKET LIST 15

1일 1 카페인은 필수!

바쁜 여정 속에서 커피 한잔의 여유 즐기기

이른 아침부터 늦은 밤까지 빼곡한 일정을 소화하며 쫓기듯 정신없이 돌아다니는 여행자에게 카페는 큰 활력이 될 카페인 수혈의 장소이자 마음의 쉼표를 찍어줄 공간이다. 스페인과 포르투갈에서만 즐길 수 있는 커피와 디저트로 제대로 기력 보충을 해보자.

스페인식 커피 & 논커피 종류

카페 솔로 Café Solo
에스프레소

카페 아메리카노
Café Americano
아메리카노, 커피 5 : 물 5 비율

코르타도 Cortado
소량의 우유를 첨가한 커피,
커피 7.5 : 물 2.5 비율

카페 콘 레체 Café con Leche
카페라테,
커피 5 : 우유 5 비율

카페 만차도 Café Manchado
우유가 많이 들어가는 커피,
커피 2.5 : 우유 7.5 비율

카페 봄본 Café Bombón
에스프레소에 연유를
넣은 커피

카페 콘 이엘로 Café con Hielo
에스프레소와 얼음을 따로
제공하는 커피

카라히요 Carajillo
럼주, 위스키, 브랜디 등
리큐어를 첨가한 커피

카페 데스카페이나도
Café Descafeinado
디카페인 커피

오르차타 Horchata
추파라는 식물을 갈아서
마시는 차가운 음료

수이소 Suizo
크림을 얹은 따뜻한 핫초코

테 Té
홍차

손잡이가 달린 머그잔을 '타사Taza', 손잡이가 없는 유리컵을 '바소Vaso'라 해요. 스페인에서는 바소에 커피를 제공하는 경우가 많아요.

포르투갈식 커피 & 논커피 종류

비카 / 카페 Bica / Café
에스프레소

셰이오 Cheio
컵에 가득 담은 에스프레소

아바타나도 Abatanado
아메리카노

가로토 Garoto
커피를 첨가한 우유

핑가도 Pingado
에스프레소에 우유를 몇 방울
첨가한 커피

갈랑 Galão
카페라테로, 긴 유리컵에 제공

메이아 드 레이트
Meia de Leite
커피 5 : 우유 5 비율의 카페오레

카페 콩 셰이리뇨
Café com Cheirinho
브랜디를 첨가한 커피

데스카페이나도
Descafeinado
디카페인 커피

카리오카 드 리망
Carioca de Limão
껍질 벗긴 레몬을 첨가한 물

레이트 콩 쇼콜라트
Leite com Chocolate
초코우유

샤
Chá
홍차

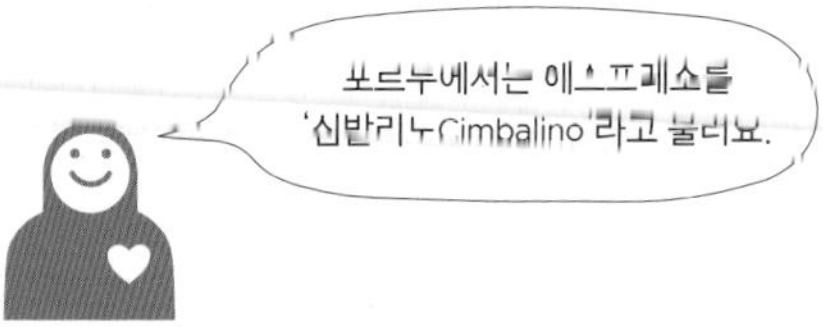

포르투에서는 에스프레소를
'심발리노Cimbalino'라고 불러요.

커피와 함께 즐기는 디저트

추로스

Churros

밀가루 반죽을 기다란 막대 형태로 만들어 기름에 튀긴 스페인 전통 과자. 아침 식사나 간식으로, 또는 음주 후 숙취 해소용으로 먹고 축제에서도 즐기는 등 스페인 식생활에서 빼놓을 수 없는 음식이다. 중국의 튀김 빵에서 유래했다거나 아랍의 튀김 과자에서 유래했다는 등 다양한 설이 존재하나 어느 것도 확실한 근거는 없다. 주문하면 한 개가 아닌 여러 개가 나오며, 주문 후 바로 조리해 바삭하고 쫄깃한 식감이다. 보통 진득한 핫초코(초콜라테)에 찍어 먹거나 설탕을 뿌려 먹는다.

알고 먹으면 더 맛있는 추로스 상식

❶ 스페인 사람들은 보통 추로스를 아침 식사로 먹어 이른 아침부터 판매하는 곳이 많다. 아침을 간단하게 때우고 싶다면 추천한다.

❷ 스페인에서 '추로스처럼 팔린다(Venderse como churros)'는 표현이 있는데, 이는 '날개 돋친 듯 팔린다', '불티나게 팔린다'는 뜻으로 자주 사용한다.

❸ 추로스와 비슷한 먹거리

포라스Porras ➤ 추로스보다 두껍고 더욱 쫄깃하면서 묵직한 맛이 난다.

추로 레에노 Churro Relleno ➤ 추로스 또는 포라스 안에 다양한 맛의 크림을 넣었다.

부뉴엘로Buñuelo ➤ 동그란 모양의 튀김 빵으로 도넛 맛에 가깝다.

파스텔 드 나타

Pastel de Nata

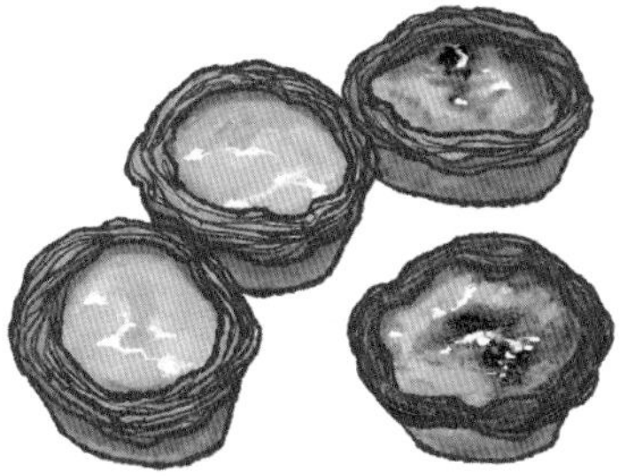

우리에게는 '에그타르트'란 이름으로 더욱 친숙한 포르투갈 전통 과자. 18세기 제로니무스 수도원의 수녀들이 남은 달걀노른자로 만들었던 것이 시초로, 이후 기술을 계승받은 이들이 소량으로 판매했다. 이것이 인기를 끌자 현재까지 벨렝 지구에서 굳건히 자리를 지키고 있는 전문점 '파스테이스 드 벨렝Pastéis de Belém'이 탄생하게 되었다. 오븐에 고온으로 구운 과자는 겉은 바삭바삭하고 속은 걸쭉한 커스터드 크림이 한가득 들어 있어 '겉바속촉'의 정석을 보여준다.

알고 먹으면 더 맛있는 파스텔 드 나타 상식

❶ 가게에는 다양한 입맛을 고려해 시나몬 가루와 슈거 파우더를 구비해놓아 취향대로 즐길 수 있다.

❷ 에그타르트는 시간이 지날수록 딱딱해져 본연의 맛을 느끼기 어려우니 구입 후 가급적 빨리 먹는 게 좋다.

❸ 에그타르트 1개에 150kcal 정도 되니 너무 많이 먹지는 말자.

추로스 & 파스텔 드 나타 추천 맛집

- **수레리아**Xurreria ▶ 2권 P.086
- **초콜라테리아 산히네스**Chocolatería San Ginés ▶ 2권 P.173
- **파스테이스 드 벨렝**Pastéis de Belém ▶ 3권 P.068

BARCELONA
BARCELONA

SHOPPING

☑ BUCKET LIST **16**

이건 꼭 사야 해!

특별한 기념품으로 캐리어 가득 채우기

귀국 후 여행지에서의 추억을 곱씹으며 여운을 길게 느낄 수 있게 해주는 기념품을 본격적으로 찾아가는 시간. 멀리 갈 필요 없이 슈퍼마켓과 관광지 부근 기념품점에서 구매할 수 있다. 스페인과 포르투갈이 자랑하는 특산품과 이색 기념품을 두 손 무겁게 들고 돌아오자.

스페인 vs 포르투갈 기념품 대결

올리브 오일

카르보넬 Carbonell

전 세계 올리브 오일 생산 1위에 빛나는 스페인에서 우수한 품질의 제품을 값싸게 구매할 수 있다. 사용이 편리한 스프레이형 제품도 판매한다.

갈로 Gallo

스페인에 가려져 있지만 포르투갈도 세계 유수의 올리브 생산지라 고품질의 올리브 오일을 저렴하게 구매할 수 있다. 스페인에서 놓쳤다면 포르투갈에서 구매하자.

매운 소스

브라바 Brava

타파스 인기 메뉴 중 하나인 파타타스 브라바스의 메인 소스. 갓 구운 감자튀김에 토마토와 파프리카로 만든 매콤한 브라바 소스를 뿌려 먹으면 맛있다.

피리 피리 Piri Piri

포르투갈어로 '고추'를 뜻하는 피리 피리는 매콤한 칠리 소스를 말한다. 완성된 요리에 뿌려 먹거나 육고기나 생선을 매리네이드해 구워 먹기도 한다.

통조림

쿠카 Cuca

포르투갈 못지않게 스페인도 통조림 천국이다. 꼴뚜기, 문어, 조개관자, 안초비, 홍합 등 다양하다. 집에서 간단히 타파스를 즐기려고 할 때 유용하다.

라 곤돌라 La Gondola

시내 곳곳에 통조림 전문점이 있을 정도로 포르투갈 사람들의 통조림 사랑은 대단하다. 패키지도 예뻐서 먹기 아까울 정도다.

과자

구욘 Gullon

무설탕에 글루텐 프리라 건강을 염려하거나 다이어트 중인 사람들의 간식으로 인기가 높다. 예상 밖의 맛에 놀라게 될 것이다.

마리아 Maria

포르투갈 국민 과자. 예부터 포르투갈 사람들은 배탈이 나면 홍차에 마리아를 담가 먹었다고 한다. 건빵같이 심심하면서 심플한 맛이 특징이다.

초콜릿

발로르 Valor

150년 가까이 사랑받는 스페인의 대표 초콜릿 브랜드. 추로스에 찍어 먹는 초콜라테를 만들 수 있는 분말도 판매하니 커피 코너에서 확인해보자.

레지나 Regina

1932년에 탄생한 포르투갈의 초콜릿 브랜드. 다양한 라인업 중 파인애플, 딸기, 패션 프루트, 오렌지 등 과일 맛이 첨가된 것이 인기가 많다.

비누

사바테르 노스 Sabater Hnos

바르셀로나의 유명 수제 비누 전문점. 방부제를 일절 사용하지 않고 오로지 천연 첨가물과 향료를 사용하고 식물성 기름을 고집한다.

어디서 살까? 바르셀로나 고딕 지구 본점

카스텔벨 Castelbel &

클라우스 포르투 Claus Porto

고급스러운 패키지가 눈길을 끄는 비누 브랜드. 한국 편집매장에서도 흔하게 보이지만 현지에서 보다 저렴하게 구매할 수 있다.

어디서 살까? 리스본 & 포르투 시내 직영점

화장품

알바레스 고메스 Álvarez Gómez

천연 소재를 엄선해 만든 고품질의 화장품 브랜드로 100년 이상 전통을 이어오며 같은 제법으로 생산한다. 특히 욕실용품과 향수 제품이 인기가 높다.

어디서 살까? 바르셀로나 엘 코르테 잉글레스

베나모르 1925 Benamôr 1925

브랜드명의 1925라는 숫자에서 알 수 있듯 100년 가까운 역사를 자랑하는 리스본의 뷰티 브랜드이다. 천연 재료와 성분으로 만든다.

어디서 살까? 리스본 & 포르투 시내 직영점

치약

라세르 Lacer

스페인의 생활용품 전문 브랜드로 다양한 라인업 가운데 잇몸 통증과 치아 미백에 효과적인 치약이 유명하다. 슈퍼마켓에서 빨간 패키지를 찾아볼 것.

어디서 살까? 약국이나 까르푸 슈퍼마켓

코투 Couto

불소와 파라벤이 없는 포르투갈 국민 치약. 동물실험을 하지 않고 플라스틱이 아닌 알루미늄 튜브를 사용하는 등 지구를 생각하는 브랜드이다.

어디서 살까? 포르투 시내 본점

스페인

① **꿀국화차** Manzanilla con Miel
캐모마일에 꿀을 넣어 달달한 향이 은은하게 퍼지는 국화차. 오르니만스Hornimans, 하센다도Hacendado 브랜드가 유명하다.

② **알리올리 소스** Alioli
진한 마늘 풍미가 더해진 마요네즈 소스로 바르셀로나가 속한 카탈루냐 지방에서 즐겨 먹는다. 고기, 생선, 채소, 어느 것을 찍어 먹어도 맛있다.

③ **프링글스(하몽 맛)** Pringles(Sabor Jamón)
감자칩의 대명사 프링글스의 스페인 한정판인 하몽 맛. 하몽은 국내 반입 금지이므로 아쉬운 마음을 달랠 수 있는 기념품이다.

④ **콜라카오** ColaCao
스페인의 국민 코코아라 불리는 초코 분말 가루. 간혹 일반 음식점이나 술집의 드링크 메뉴에서도 볼 수 있을 정도로 유명하다.

⑤ **노시아** Nocilla
스페인판 누텔라라 할 수 있는 초코 스프레드. 빵에 발라 먹거나 쿠키를 찍어 먹는다. 무설탕과 글루텐 프리 버전인 '신 아세이테 데 팔마Sin Aceite de Palma'도 있다.

포르투갈

① **마르멜라다 잼** Marmelada
다른 나라에서는 쉽게 찾아볼 수 없는 포르투갈만의 잼을 꼽자면 모과, 단호박, 토마토 맛 잼이다. 젤리 형태의 모과 잼은 기내 수하물로도 가능하다.

② **닥터 바야드** Dr. Bayard **& 닥터 벤테스** Dr. Bentes
기침하는 모습의 일러스트가 그려진 패키지가 재미있는 두 제품은 포르투갈의 오랜 역사를 자랑하는 목 캔디이다.

③ **델타** Delta
새빨간 삼각 로고가 인상적인 커피 브랜드. 나라별 원두를 선보이는가 하면 공정무역 커피도 라인업으로 구성되어 있다.

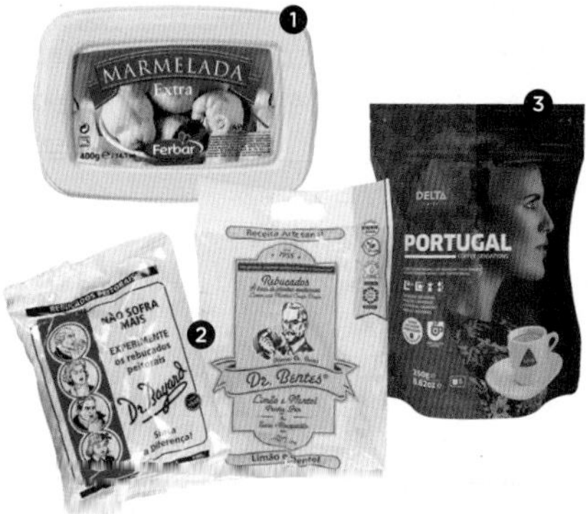

TIP
하몽은 아쉽게도 육가공품의 국내 반입 금지로 인해 스페인 내에서만 즐길 수 있다.

전문점 기념품

스페인

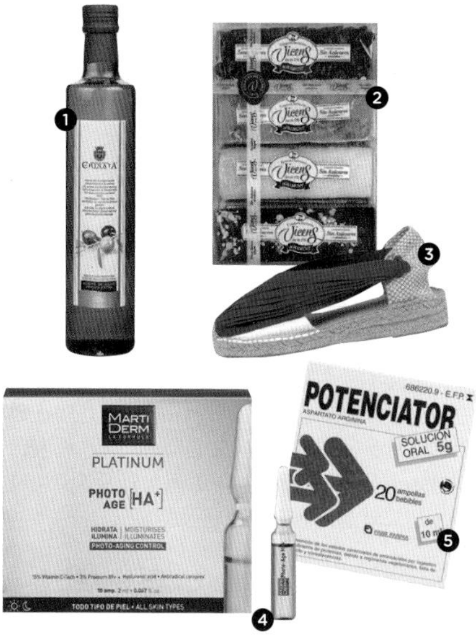

① **올리브 오일**
전 세계 생산량 1위를 차지하는 스페인에서 올리브 오일을 빼놓는다면 섭섭할 일. 라 치나타La Chinata에서 다양한 올리브 오일 제품을 만날 수 있다.
어디서 살까? 바르셀로나와 마드리드 시내 직영점

② **투론** Torron
이슬람의 스페인 통치 시절에 아랍권에서 전해진 전통 과자. 크리스마스에 주로 먹는다. 대표 브랜드로는 비센스Vicens와 사보르 아 에스파냐Sabor a España가 있다.
어디서 살까? 바르셀로나와 마드리드 시내 지점

③ **에스파드리유** Espadrille
스페인과 프랑스의 국경 지대에서 유래한, 한국의 짚신과 흡사한 전통 신발. 바람이 잘 통해 더운 날씨에도 땀이 잘 차지 않아 여름 신발로 제격이다.
어디서 살까? 라 마누엘 알파르가테라La Manual Alpargatera(바르셀로나)

④ **마티덤** Martiderm
스페인표 약국 화장품. 고농축 에센스가 함유된 앰풀이 인기가 많다. 미백, 주름 개선, 피부 장벽 강화, 수분 보습 등의 효능이 있다고 한다.
어디서 살까? 시내 약국

⑤ **포텐시에이터** Potenciator
승무원들의 피로 해소제로 알려진 영양제. 단백질을 구성하는 필수 아미노산인 아르기닌이 고함량 함유된 제품이다.
어디서 살까? 시내 약국

포르투갈

① **메이아 두지아** Meia Dúzia
그림물감에서 영감을 받아 디자인했다는 잼 전문점. 물감 형태의 잼이 시그너처 제품이다.
어디서 살까? 리스본과 포르투 시내 본점

② **코르크** Cork
포르투갈은 코르크의 원재료인 나무가 자라기에 가장 적합한 기후로 전 세계 코르크 생산량의 절반 이상을 차지하며 코르크로 만든 제품이 다양하다.
어디서 살까? 리스본과 포르투 시내 기념품점

③ **큐티폴** Cutipol
한때 한국인의 주방에 단골로 등장했던 커트러리 브랜드. 가는 곡선 형태의 손잡이가 특징인 고아Goa가 가장 유명하다.
어디서 살까? 리스본과 포르투 시내 직영점

여행을 추억할 소소한 기념품

상징

너무 뻔하다고 생각할 수도 있겠지만 여행한 나라를 추억하기에는 마그넷, 스노볼, 인형만 한 것도 없다. 특히나 자신에게 주는 선물이라면 더더욱 그렇다. 한국에서는 구할 수 없는 독특한 것을 찾는다면 좋은 의미가 담긴 기념품을 추천한다.
스페인에는 배변 보는 인형 카가네르Caganer가 있다. 변이 땅을 풍요롭게 해 번영과 행운을 가져다준다는 믿음에서 유래했다. 카탈루냐 지방의 산타클로스 카가 티오Caga Tio el Tio de Nadal는 통나무가 춥지 않게 담요를 덮어주고 크리스마스 전날 막대기로 때리면 선물을 낳는다고 한다.
포르투갈에는 수탉 모양의 인형 갈로Galo가 있다. 순례자를 구한 수탉의 전설에서 유래했다는데 신의 가호와 행운을 가져다준다고 한다. 정어리, 즉 사르디냐Sardinha는 포르투갈 대표 음식의 주재료이자 전통 민요와 놀이에도 자주 등장한다.

어디서 살까? 주요 도시 관광지 주변 기념품점

문구류

당장 쓸 수 있는 기념품으로 가장 실용적인 제품은 문구류가 아닐까. 스페인과 포르투갈의 기념품점이나 백화점, 서점, 음반점에서 쉽게 구할 수 있고 가격도 저렴한 편이라 부담 없다. 스페인의 문구 브랜드로는 지우개로 유명한 밀란Milan, 감각적인 디자인의 옥타에보Octaevo, 오랜 역사를 지닌 알피노Alpino와 피노캄Finocam이 있다. 포르투갈은 고급 노트 브랜드인 에밀리오 브라가Emílio Braga, 가장 오래된 연필 브랜드 비아르코Viarco, 오랜 전통의 브랜드 피르모Firmo, 깜찍한 디자인의 노트 브랜드 세호트Serrote가 있다.

어디서 살까? 스페인의 엘 코르테 잉글레스, 프낙 / 포르투갈의 아 비다 포르투게사

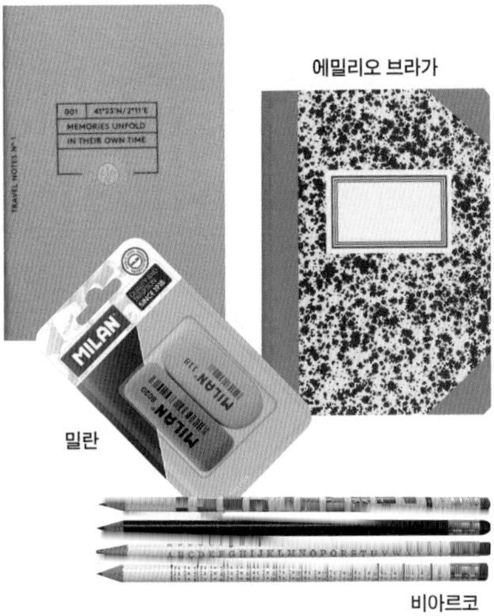

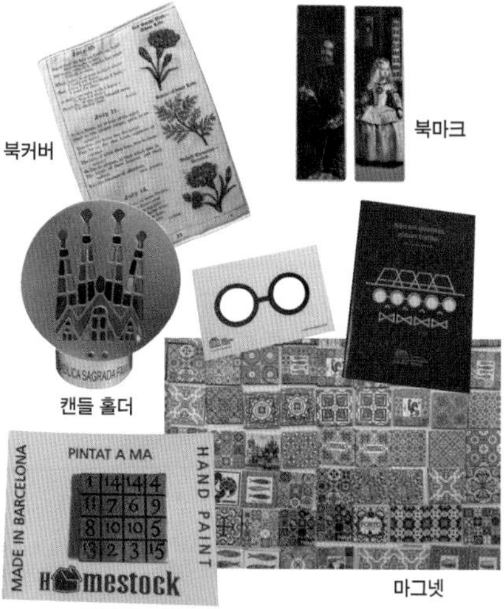

북커버
북마크
캔들 홀더
마그넷
핀배지

박물관과 미술관 기념품

여행 중 수많은 박물관과 미술관을 방문하게 될 텐데 관람 후 마지막 코스라 할 수 있는 관내 기념품점에서 파는 제품의 퀄리티가 생각보다 괜찮다. 디자인은 물론이고 일상생활에서 사용 가능한 실용적인 제품도 있다. 제품 종류가 다양하고 감각적인 디자인이 눈에 띄는 곳은 사그라다 파밀리아(바르셀로나)와 페르난두 페소아의 집(리스본)이다. 프라도 미술관과 피카소 미술관에서는 대표 작품의 엽서와 북마크 코너를 주목하자.

어디서 살까? 스페인의 사그라다 파밀리아 지하 기념품점 / 포르투갈의 페르난두 페소아의 집 1층 티켓 오피스

축구 기념품

레알 마드리드와 FC 바르셀로나는 축구에 관심 없는 사람도 알 수 있을 만큼 인지도가 높은 스페인 리그의 대표적인 팀이다. 축구는 스페인을 말할 때 빼놓을 수 없는 스포츠이기 때문에 공식 스토어를 방문하면 스페인의 축구 문화를 알아가는 좋은 경험이 될 수 있다. 스타 선수들의 이름이 프린트된 유니폼을 비롯해 모자, 목도리, 축구용품, 인형, 잡화 등 제품 종류도 비교적 다양하다.

어디서 살까?

레알 마드리드 공식 스토어
가는 방법 메트로 1 · 5호선 그란 비아Gran Vía역에서 도보 1분 **주소** C/ Gran Vía, 31
홈페이지 shop.realmadrid.com

FC 바르셀로나 공식 스토어
가는 방법 사그라다 파밀리아에서 도보 1분
주소 C/ de Mallorca, 406
홈페이지 store.fcbarcelona.com

TIP
사그라다 파밀리아 부근에 있는 FC 바르셀로나 메가스토어 2층에는 FC 바르셀로나 역사가 고스란히 담긴 사진과 포스터를 전시하고 있으니 함께 들러보자.

SHOPPING

☑ BUCKET LIST 17

현지 맛 그대로!

슈퍼마켓 인기 아이템으로 푸짐한 식탁 차리기

숙박 공유 플랫폼에서 스페인의 근사한 숙소를 빌렸는데 잠만 자기에는 좀 아쉽다. 현지인처럼 숙소에서 한 끼 식사를 즐기는 방법은 없을까? 비법은 바로 슈퍼마켓에서 판매하는 먹거리에 있다.

가성비 아이템으로 한 상 차림하는 법

혹자는 슈퍼마켓에 가면 그 나라 사람들의 삶이 보인다고 했다. 슈퍼마켓에서 판매하는 제품만 훑어봐도 스페인의 식문화를 대충은 알 수 있으니 틀린 말은 아닌 듯하다. 현지인이 즐겨 먹는 먹거리로 그들의 일상 깊숙이 파고들어 가보자.

① 토르티야 Tortilla
스페인식 오믈렛을 간단하게 즐기는 방법. 바게트 사이에 토르티야를 끼우면 스페인의 대표 서민 음식 보카디요Bocadillo 완성.

② 파에야 Paella
직접 만들기에는 손이 많이 가고 시간도 오래 걸리는 파에야를 간단하게 먹을 수 있는 방법! 바로 전자레인지에 돌리기만 하면 된다.

③ 하몽 Jamón
하몽은 한국에서 국내 반입 금지 품목에 포함되어 있어 최대한 스페인에서 많이 먹고 돌아가야 한다. 전문점 하몽보다 품질은 살짝 떨어지지만 저렴하다.

④ 초리소 Chorizo
돼지고기에 마늘, 파프리카, 칠리 가루 등 다양한 향신료를 충분히 넣어 만든 매콤한 소시지.

⑤ 엔살라다 Ensalada
시판인 게 믿어지지 않을 정도로, 수제로 만든 것만큼이나 맛있는 샐러드인데 가격까지 저렴하다. 참치, 감자, 게살, 과일 등 종류도 다양하다.

⑥ 마카롱 Macaron
우리나라식으로 재해석해 큰 인기몰이를 한 마카롱을 스페인 슈퍼마켓에서 '5개 세트 약 2000원'이라는 아주 저렴한 가격에 판매한다.

⑦ 올리브 Aceituna
한국 밥상에서의 김치 역할을 스페인 밥상에서 찾는다면 단연 올리브이다.

⑧ ⑨ ⑩ ⑪ 해산물 통조림 Lata
캔 뚜껑을 열기만 하면 먹음직스러운 술안주가 완성되는 마법의 통조림. 향신료를 넣은 올리브 오일에 홍합, 조개관자, 문어, 생선 등을 재운 것이 일반적이다.

⑫ 초콜릿 Chocolate
헤이즐넛, 피스타치오, 캐슈너트, 호두 등 다양한 견과류가 들어간 초콜릿이 기다리고 있다.

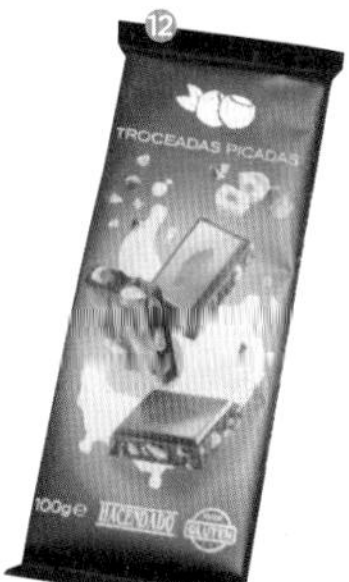

⑬ 볶음 요리 Salteado
냉동식품 코너도 놓치지 말 것! 프라이팬에 간단히 볶기만 하면 꽤 괜찮은 볶음 요리가 완성된다.

집에서 직접 파에야 만들기

쿠킹 클래스에서 배운 파에야 맛이 그립다면 한국에 돌아와 실력을 발휘해보자. 파에야 재료는 스페인 시내 슈퍼마켓에서 손쉽게 구입할 수 있다. 전통 있는 식당에서 먹는 맛에 비할 바는 아니지만 간편하게 해 먹을 수 있는 레토르트용 아이템을 소개한다.

파에야용 쌀
파에야 만들기에 반드시 필요한 전용 쌀

파에야 수프
파에야 맛을 내는 핵심 재료로 소스나 시즈닝으로도 판매한다.

파프리카 가루
파에야의 간을 책임지는 마법의 가루

올리브 오일
파에야 재료를 볶을 때 사용한다.

파에야 키트
파에야 재료가 모두 담긴 키트

레토르트 파에야
이것저것 다 귀찮다 싶으면 대안책으로 추천하는 제품

주요 슈퍼마켓 브랜드

스페인

디아 Dia ▸ 스페인 전역에 지점이 있는 슈퍼마켓 체인점. 다른 곳보다 저렴하다.
메르카도나 Mercadona ▸ 스페인에서 가장 큰 슈퍼마켓 체인점. 자체 개발한 PB 상품이 인기이다.
콘디스 Condis ▸ 좋은 품질과 친절한 서비스가 강점인 스페인의 또 다른 슈퍼마켓 체인점이다.
까르푸 Carrefour ▸ 프랑스의 유명 슈퍼마켓 체인점. 스페인 각지에 지점을 두고 있다.

포르투갈

핑구 도세 Pingo Doce ▸ 포르투갈의 대표적인 슈퍼마켓 체인점. 상품이 다양하다.
미니프레소 Minipreço ▸ 주로 주택가에 있는 슈퍼마켓 체인으로 편의점과 비슷한 제품을 판매한다.
콘티넨테 Continente ▸ 포르투갈의 대형 슈퍼마켓 체인점. 매장이 넓고 식품, 생활용품 등 상품 종류가 많다.

TIP

현 위치에서 가장 가까운 슈퍼마켓 찾는 법
스페인어와 포르투갈어로 슈퍼마켓을 의미하는 'supermercado'를 구글 맵에서 검색하면 쉽게 찾을 수 있다. 24시간 운영하는 슈퍼마켓은 '24h supermercado'를 입력하면 현 위치에서 가장 가까운 곳이 검색된다.

알아두면 쓸모 있는 슈퍼마켓 관련 용어

분류	명칭	스페인어	포르투갈어
일반 용어	입구	Entrada 엔트라다	Entrada 엔트라다
	출구	Salida 살리다	Saída 사이다
	계산	Caja 카하	Caixa 카이샤
	현금	Efectivo 에펙티보	Dinheiro 진예이로
	카드	Tarjeta 타르헤타	Cartão 카르타옹
	봉투	Bolsa 볼사	Bolsa 볼사
일반 식료품	치즈	Queso 께소	Queijo 케이조
	달걀	Huevo 우에보	Ovo 오보
	우유	Leche 레체	Leite 레이체
	물	Agua 아구아	Água 아구아
	쌀	Arroz 아로스	Arroz 아호스
육류	돼지	Carne de Puerco 카르네 데 푸에르코	Porco 포르코
	닭	Pollo 포요	Frango 프란고
	소	Carne de Res 카르네 데 레스	Vaca 바카
채소	감자	Patata 파타타	Batata 바타타
	당근	Zanahoria 사나오리아	Cenoura 세노우라
	마늘	Ajo 아호	Alho 아료
	피망	Pimiento 피미엔토	Pimentão 피멩타옹
	버섯	Champiñón 참피뇬	Cogumelo 코구멜로
	양파	Cebolla 세보야	Cebola 세볼라
	가지	Berenjena 베렌헤나	Berinjela 베린젤라
	오이	Pepino 페피노	Pepino 페피노

분류	명칭	스페인어	포르투갈어
해산물	대구	Bacalao 바칼라오	Bacalhau 바칼랴우
	참치	Atún 아툰	Atum 아툼
	정어리	Sardina 사르디나	Saldinha 사르디냐
	고등어	Caballa	Cavalinha 카발리냐
	가다랑어	Bonito 보니토	Serra 세라
	연어	Salmón 살몬	Salmão 살마옹
	새우	Camaron 카마론	Camarõ 카마롱
	게	Cangrejo 캉크레호	Cranguejo 카랑게이조
	문어	Pulpo 풀포	Polvo 폴보
	오징어	Calamar 칼라마르	Lula 룰라
	홍합	Mejillón 메히욘	Mexilhão 메시랴옹
과일 & 견과류	오렌지	Naranja 나란야	Laranja 라란자
	딸기	Fresa 프레사	Morango 모랑고
	배	Pera 페라	Pera 페라
	복숭아	Melocotón 멜로코톤	Pêssego 페세고
	레몬	Limón 리몬	Limão 리마옹
	사과	Manzana 만자나	Maça 마사
	파인애플	Piña 피냐	Abacaxi 아바카시
	바나나	Plátano 플라타노	Banana 바나나
	올리브	Aceituna 아세이투나	Azeitona 아제이토나
	건포도	Pasa 파사	Passa 파싸
	아몬드	Amendra 아멘드라	Amêndoa 아멘도아

TIP

스페인에서는 슈퍼마켓표 100% 오렌지 주스를 꼭 마셔보자. 구비된 플라스틱 통 중에서 원하는 사이즈를 고른 다음 직접 기계로 착즙한다.

SHOPPING

☑ BUCKET LIST **18**

안 사면 손해!

스페인에서 절대 놓칠 수 없는 쇼핑 리스트

유럽 여행을 즐기는 요소 가운데 점점 비중이 커지는 쇼핑. 한국보다 저렴한 가격에 살 수 있다는 큰 장점 때문에 '안 사면 손해'라는 말이 있을 정도이다. 알아두면 좋은 정보와 구매하면 이득인 브랜드 리스트를 소개한다.

스페인 브랜드

인디텍스Inditex 패션 브랜드

전 세계 패스트 패션 산업을 주도하는 기업 인디텍스가 스페인 기업이라는 사실! 기업의 대표 브랜드 자라Zara를 비롯해 고급 브랜드인 마시모두띠Massimo Dutti, 10~20대 젊은 층을 타깃으로 한 풀앤베어Pull & Bear, 속옷과 홈웨어 전문 브랜드인 오이쇼Oysho, 자라의 인테리어 잡화 버전인 자라홈Zara Home, 실험적인 디자인을 전면에 내세운 베르쉬카Bershka, 최신 트렌드를 즉각 반영하는 스트라디바리우스Stradivarius가 모두 인디텍스에 속한 브랜드이다. 이미 한국에 들어온 브랜드도 있지만 스페인이 훨씬 저렴하므로 현지에서 구입하는 것이 낫다.

기타 패션 브랜드

망고 Mango ▸ 바르셀로나에서 탄생한 스파 브랜드. 자라보다 캐주얼한 디자인이 특징이다.
데시구알 Desigual ▸ 밝은 색상과 유니크한 패턴이 인상적인 브랜드. 메이드 인 이비자!
빔바이롤라 Bimb y Lola ▸ 여성 의류와 패션 잡화로 한국에서도 인기 높은 중고가 브랜드
캠퍼 Camper ▸ 마요르카에 본사를 둔 신발 브랜드로 부드러운 가죽과 발이 편한 구두로 유명하다.
로에베 Loewe ▸ 해먹 백, 퍼즐 백, 라탄 백 등으로 한국에서도 큰 인기를 누리는 명품 브랜드
토스 Tous ▸ 주얼리, 시계, 패션 잡화를 주로 취급하는 브랜드

생활 잡화 브랜드

나투라 Natura ▸ '웰빙, 지속 가능한 삶, 비건'을 테마로 한 전문점. 의류, 잡화, 생활용품 등 품목이 다양하다.
무이무초 Muy Mucho ▸ 중저가 인테리어 전문점으로 깔끔하고 심플한 디자인이 특징이다.
알레옵 Ale-Hop ▸ 재미난 디자인의 문구류, 장난감, 소형 가전을 판매하는 생활용품점
프낙 Fnac ▸ 음반과 서적을 전문으로 하며 문구류도 판매한다.

알뜰 쇼핑 전 알아두세요!

영업시간과 휴무일 체크

바르셀로나와 마드리드, 리스본 같은 대도시의 중심가 매장은 대부분 오전 10~11시 사이에 문을 열고 저녁 8~9시에 문을 닫는다. 간혹 더 늦은 시간까지 영업하는 곳도 있다. 유명 브랜드 매장이라 하더라도 일요일과 공휴일은 쉬는 곳이 많으므로 이때는 쇼핑을 피하는 것이 좋다.

세일의 현지어 표기는
스페인어로 'Rebajas',
카탈루냐어로 'Rebaixes',
포르투갈어로 'Saldos'예요.

세일 시기 체크

스페인과 포르투갈의 세일 시기는 동일하며, 굵직한 세일 시즌은 여름과 겨울 연 2회이다. 여름은 보통 7월 상순부터 시작되어 이르면 8월 하순에 끝나거나 9월 중순까지 계속되는데, 6월 하순부터 앞당겨 시작하는 곳도 있다. 겨울은 1월 상순부터 2월 중순이나 길면 3월까지 계속되는데, 여름과 마찬가지로 12월 하순부터 시작하는 곳도 많다.

세일 시작 후 시간이 지날수록 상품 수는 줄지만 재고 상품의 할인 폭이 점점 커져 처음에 할인 30%였던 상품이 두 달 후 80%까지 할인하기도 한다. 이렇게 시간이 지날수록 가격이 낮아지지만 원하는 사이즈를 구하지 못하는 경우가 많다.

영수증 체크

구입한 물건의 교환 및 환불 조건은 브랜드마다 다르다. 대개 영수증 뒷면에 깨알 같은 글씨로 환불 가능 기간이 기재되어 있다. 예를 들어 자라나 망고는 구입 후 30일 이내에 교환 및 환불이 가능하다. 이때 구입한 물건과 함께 영수증, 결제 카드를 반드시 가져가야 한다.

명품은 아웃렛 공략

명품 브랜드 중 콕 집어 구입하고 싶은 상품이 있다면 번화가에 있는 매장에서 쇼핑하는 것이 가장 좋겠지만 딱히 정해진 상품이 없다면 아웃렛만큼 쇼핑하기 좋은 곳도 없다. 한국인 여행자가 만족할 만한 아웃렛은 바르셀로나의 라 로카 빌리지La Roca Village이다. 구찌, 프라다, 로에베, 버버리 등 명품 브랜드가 다수 입점해 있으며 상품 수도 많은 편이다. 바르셀로나에서 미처 방문하지 못했다면 브랜드와 상품 수는 적지만 나름 매력이 있는 마드리드의 라스 로사스Las Rozas나 포르투갈 리스본의 프리포트 아웃렛Freeport Outlet이 대안이 될 수 있다.

TIP

쇼핑하기 좋은 스페인의 거리

바르셀로나 그라시아 거리 ► 2권 P.093
바르셀로나의 대표적인 번화가로, 명품 브랜드 부티크와 패스트 패션 브랜드 매장이 집결되어 있다.

마드리드 그란 비아 거리 ► 2권 P.176
마드리드의 유명 쇼핑 거리로, 브랜드 매장이 모여 있어 편리하게 이용할 수 있다.

면세 절차

스페인은 금액 제한 없이, 포르투갈은 최소 €61.50부터 면세 혜택을 받을 수 있다. 입구에 'TAX FREE'라는 스티커가 붙어 있는 상점에서만 가능하다. 간혹 스티커가 붙어 있지 않더라도 면세 혜택이 있는 곳이 있으니 미리 확인해본다.

❶ TAX FREE 가맹점에 방문한다.
❷ 물건을 고른 다음 직원에게 "Tax Free, Please"라고 말하고 여권을 제시한다.
❸ 면세 서류에 성명, 여권 번호, 한국 주소, 생년월일, 메일 주소를 영문으로 기재하고 서명한다.
❹ 이때 세금 환급 방법으로 현금Cash 또는 카드Card 중 선택한다. 현금의 경우 출국 시 공항에서 바로 돌려받는데, 수수료가 높아 카드를 선택할 때보다 환급 금액이 적다. 카드는 환급받기까지 출국 후 약 1~2개월 소요되나 수수료가 낮아 환급 금액이 많다.
❺ 영수증과 함께 면세 서류를 수령한다.
❻ 최종 출국하는 EU 국가 공항에서 환급 절차를 밟는다. 단, 바르셀로나에서 현금으로 환급받을 경우 시내에 환급소가 있으니 참고하자.

바르셀로나 환급소
가는 방법 카탈루냐 광장 내 투어리스트 센터 지하 1층
주소 Pl. de Catalunya, 17
문의 932 85 38 32
운영 08:30~20:30(공휴일 08:30~13:30)

TIP

세율 ▸ 스페인 일반 상품 21%, 식료품과 광학 제품 13%, 의약품, 서적, 일부 식품 4% / 포르투갈 일반 상품 23%, 식료품과 농산물 13%, 서적과 의약품 6%
세관 도장 승인 기한 ▸ 두 국가 모두 구입일로부터 3개월 이내
환급 신청 기한 ▸ 면세 서류 발행일로부터 스페인 4년 이내, 포르투갈 150일 이내

출국 시 환급 절차

❶ 세금 환급 전용 키오스크인 DIVA를 통해 서류 바코드를 스캔한다(한국어 지원).

❷ 바코드 스캔이 안 되면 세관VAT Office에 서류를 제시한다. 여권, 서류, 탑승권, 구입한 물품을 소지해야 한다.

❸ 스캔이 끝나면 각 세금 환급 가맹처별로 영수증을 봉투에 넣어 노란색 우체통에 넣는다.

❹ 현금으로 돌려받는 경우 세금 환급 전용 카운터에 가서 서류를 내고 돌려받는다.

TIP

FTA 관세 면제 절차
한국은 유럽연합과 FTA 협정을 맺어 유럽연합이 원산지인 물건을 한국에 반입할 때 관세를 면제받을 수 있다(부가세 10%는 부과). 단, US$1000 이상 물품 구매 시 영수증과 원산지 증명서를 제출해야 한다. 원산지 증명서는 오른쪽 문구와 함께 구매처(매장 도장), 구매일, 직원 성명, 서명이 기재되어 있어야 하며 영수증과 증명서는 반드시 서로 걸쳐 도장을 찍는 간인 처리를 해야 한다. 구매처에 증명서 양식이 없는 경우도 있으니 미리 작성해 지참하도록 한다.

예시) THE EXPORTER OF THE PRODUCTS COVERED BY THIS DOCUMENT DECLARES THAT, EXCEPT WHERE OTHERWISE CLEARLY INDICATED, THESE PRODUCTS ARE OF "EU" PREFERENTIAL ORIGIN.

Place of Issue
Date of Issue
Seller's Name
Signature

PLANNING

1

BASIC INFO

꼭 알아야 하는
스페인 여행 기본 정보

BASIC INFO ❶

스페인 여행 단번에 감 잡기

스페인은 각 지방마다 사용하는 언어와 자연환경, 음식 등이 확연히 다르다. 이동할 때마다 마치 국경을 넘는 듯한 색다른 멋을 즐길 수 있는 것이 스페인 여행의 매력이다. 각 지방의 특성을 알면 내게 맞는 여행지를 고르기가 한결 쉬울 것이다.

마드리드 Madrid

#스페인수도 #3대미술관투어 #곰의땅
#태양의문 #왕실의보물창고 #레알마드리드

관광 ★★★☆☆
미식 ★★★★★
쇼핑 ★★★★★
휴양 ☆☆☆☆☆

톨레도

#중세도시
#엘그레코의숨결

관광 ★★★☆☆
미식 ★★☆☆☆
쇼핑 ☆☆☆☆☆
휴양 ★☆☆☆☆

세고비아

#승리의땅 #수도교
#악마의다리

관광 ★★★☆☆
미식 ★☆☆☆☆
쇼핑 ☆☆☆☆☆
휴양 ☆☆☆☆☆

쿠엥카

#세계문화유산
#마법에걸린도시

관광 ★★★☆☆
미식 ☆☆☆☆☆
쇼핑 ☆☆☆☆☆
휴양 ☆☆☆☆☆

세비야 Sevilla

#안달루시아의진주 #플라멩코
#메트로폴파라솔 #세계일주의시작점

관광 ★★★★★
미식 ★★★★☆
쇼핑 ★★☆☆☆
휴양 ★☆☆☆☆

론다

#절벽위의도시
#누에보다리

관광 ★★★☆☆
미식 ★☆☆☆☆
쇼핑 ☆☆☆☆☆
휴양 ★★☆☆☆

코르도바

#유럽최대이슬람유적지
#메스키타

관광 ★★★★☆
미식 ★☆☆☆☆
쇼핑 ☆☆☆☆☆
휴양 ☆☆☆☆☆

그라나다

#이슬람문화의꽃 #알람브라궁전
#전망대 #무료타파스 #동굴플라멩코

관광 ★★★★★
미식 ★★★★☆
쇼핑 ★★☆☆☆
휴양 ★☆☆☆☆

빌바오 Bilbao

#구겐하임미술관 #예술산책#건축 #디자인의도시 #도시재생 #미식

관광 ★★★☆☆
미식 ★★★★☆
쇼핑 ★★☆☆☆
휴양 ★☆☆☆☆

산세바스티안

#부유층의피서지 #미술랭의도시

관광 ★★★☆☆
미식 ★★★★★
쇼핑 ★☆☆☆☆
휴양 ★★★☆☆

사라고사

#성모마리아의기적 #고야의흔적

관광 ★★★☆☆
미식 ★★★☆☆
쇼핑 ★☆☆☆☆
휴양 ☆☆☆☆☆

바르셀로나 Barcelona

#스페인제1의관광도시 #가우디와피카소 #사그라다파밀리아 #건축여행 #FC바르셀로나

관광 ★★★★★
미식 ★★★★★
쇼핑 ★★★★★
휴양 ★☆☆☆☆

몬세라트

#톱니모양의산 #수도원기행

관광 ★★★★☆
미식 ☆☆☆☆☆
쇼핑 ☆☆☆☆☆
휴양 ★☆☆☆☆

시체스

#유럽인의휴양지 #황금해변

관광 ★★☆☆☆
미식 ★★☆☆☆
쇼핑 ☆☆☆☆☆
휴양 ★★★★☆

헤로나

#알람브라궁전의추억 촬영지

관광 ★★★☆☆
미식 ☆☆☆☆☆
쇼핑 ☆☆☆☆☆
휴양 ☆☆☆☆☆

피게레스

#달리의고향 #달리극장박물관

관광 ★★☆☆☆
미식 ☆☆☆☆☆
쇼핑 ☆☆☆☆☆
휴양 ☆☆☆☆☆

마요르카 Mallorca

#지중해의보석 #스페인대표휴양지 #유럽의하와이 #쇼팽

관광 ★★☆☆☆
미식 ★☆☆☆☆
쇼핑 ☆☆☆☆☆
휴양 ★★★★☆

말라가 Málaga

#관광&휴양도시 #태양의해변 #피카소의고향 #로마유적지

관광 ★★★☆☆
미식 ★★★☆☆
쇼핑 ★★☆☆☆
휴양 ★★★★☆

미하스

#하얀마을 #그림같은풍경

관광 ★★★☆☆
미식 ☆☆☆☆☆
쇼핑 ☆☆☆☆☆
휴양 ★★☆☆☆

네르하

#유럽의발코니 #휴양지

관광 ★★☆☆☆
미식 ☆☆☆☆☆
쇼핑 ☆☆☆☆☆
휴양 ★★★☆☆

프리힐리아나

#스페인의산토리니

관광 ★★★☆☆
미식 ☆☆☆☆☆
쇼핑 ☆☆☆☆☆
휴양 ★★☆☆☆

BASIC INFO ❷

스페인 국가 정보

스페인은 유럽 남서부에 위치한 이베리아반도의 대부분을 차지하고 있는 나라로 대서양, 지중해와 맞닿아 있고 아프리카 대륙과 마주하고 있어 기독교, 이슬람 등 다양한 문화가 어우러져 있다. 고유의 풍경과 활기찬 분위기가 펼쳐지는 정열의 나라에 대해 알아보자.

국명

스페인 Spain
(스페인명 에스파냐 España)

수도

마드리드 Madrid

면적

50만 5990km²
대한민국의 약 5배

정치체제

입헌 의회 군주제

언어

스페인어

시차

8시간 느림
한국 오전 9시 → 스페인 오전 1시
※서머타임 적용 시 7시간 느림

비자

관광 무비자 최대 **90일**
※2025년부터 유럽여행정보인증제도(ETIAS) 시행 예정

인구

약 **4751만** 명

환율

€1 = 1470원
※2024년 5월 초 기준

통화

유로 EUR

종교

비행시간

인천-바르셀로나(직항)
약 **14시간 30분**

전압

220~230V, 50Hz

물가

지역별로 약간 차이가 있다. 바르셀로나와 마드리드 같은 대도시는 식당, 쇼핑, 호텔 등 전반적으로 한국과 비슷하다. 관광 명소 입장료와 시내 교통비는 한국보다 비싸고 시장, 마트 물가는 저렴하다. 세비야, 그라나다, 론다, 톨레도 등 지방 소도시는 한국보다 다소 저렴한 편이다.

인터넷

한국보다 인터넷 속도는 느린 편이나 공항, 호텔, 관광 명소, 음식점, 백화점 등 주요 시설에서 무료 와이파이를 제공한다. 다만 길 찾기나 가는 방법 검색 등 이동하면서 와이파이를 사용하는 경우가 많으므로 현지에서 이용 가능한 심카드를 구입하는 것이 좋다. ※심카드 정보 P.165 참고

팁 문화

반드시 팁을 내야 할 의무는 없다. 유럽에서 팁은 기분 좋은 경험을 제공받은 서비스에 대한 감사의 표시이자 맛있는 음식을 칭찬하는 의미로 건네는 성의의 표현이다. 고급 음식점이나 바르 등에서 고마움을 표하고 싶을 때 소액의 팁을 지불한다.

영업시간

관공서는 보통 평일 8시 30분부터 18시까지, 은행은 8시 30분부터, 14시에서 14시 30분까지 운영한다. 주말과 공휴일은 휴무이다. 음식점과 상점은 보통 12시나 13시에 문을 열며 늦은 시간까지 영업하고 바르와 카페는 좀 더 이른 시간에 문을 연다.

전화

전화번호가 부여된 심카드를 구매하면 스페인 내 현지 통화가 가능하다. 한국으로 전화하려면 한국 유심으로 갈아 끼운 다음 로밍으로 전화를 걸거나 스카이프 같은 전화 앱을 이용해야 한다.

한국 → 스페인 00(국제전화 식별 번호) 또는 0을 길게 눌러 + 버튼 표시 + 34(스페인 국가 번호) + 0을 제외한 스페인 전화번호 입력

스페인 → 한국 00(국제전화 식별 번호) 또는 0을 길게 눌러 + 버튼 표시 + 82(한국 국가 번호) + 0을 제외한 한국 전화번호 입력

긴급 연락처

현지에서 여권 분실 및 도난, 범죄, 사고 등의 긴급 상황 발행 시 정부 기관에 도움을 청한다.

주마드리드 대한민국 대사관

주소 C/ González Amigó, 15, 28033 Madrid

운영 월~금요일 09:00~14:00, 16:00~18:00 **문의** 913 53 20 00, 긴급 648 92 46 95

주바르셀로나 대한민국 총영사관

주소 Passeig de Gracia 103, 3rd floor, 08008 Barcelona

운영 09:00~14:00, 15:30~17:30 **문의** 934 87 31 53, 긴급 682 86 24 31

공휴일 (2024년)

1/6	동방박사의 날
3/20	성요셉 대축일
3/28~29	부활절 주간
5/1	근로자의 날
8/15	성모승천일
10/12	신대륙 발견 기념일
11/1	모든 성인의 날
12/6	스페인 제헌절
12/8	성령 수태일
12/25	성탄절(마드리드 기준)

간단 스페인어

아침 인사 Buenos dias(부에노스 디아스)
점심 인사 Buenas tardes(부에나스 타르데스)
저녁 인사 Buenas noches(부에나스 노체스)
간단 인사 Hola(올라)
작별 인사 Chao(차오)
죄송합니다 Lo siento(로시엔토)
감사합니다 Gracias(그라띠아스)
부탁드립니다 Por favor(포르 빠보르)
네 Si(씨)
아니오 No(노)

BASIC INFO ❸

스페인 여행 시즌 한눈에 살펴보기

※바르셀로나 기준

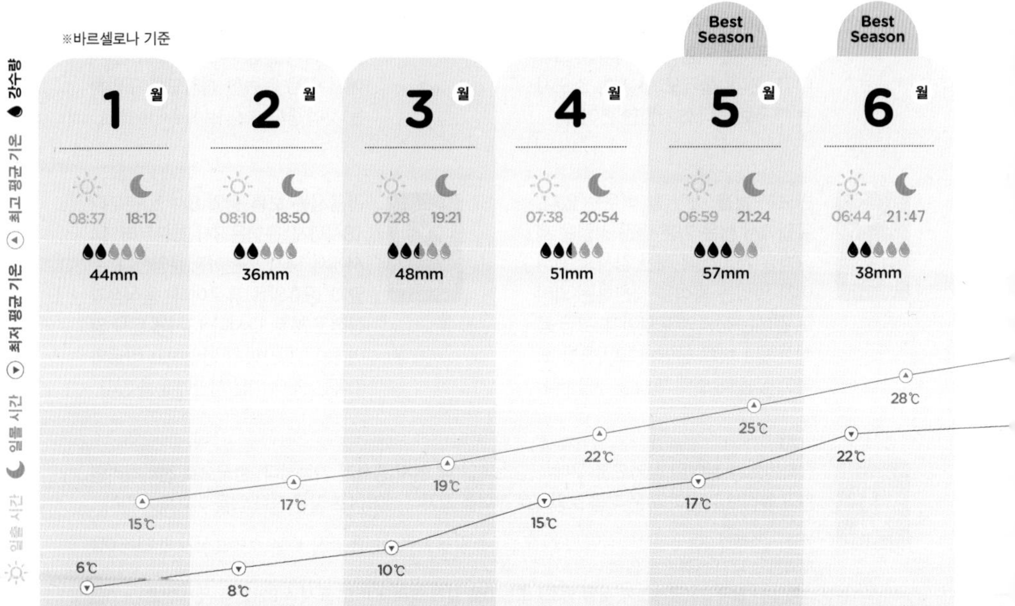

날씨

따뜻한 남쪽 나라라는 이미지가 있으나 스페인도 한국과 마찬가지로 사계절이 뚜렷한 편이라 겨울에는 추운 날씨가 지속된다. 지중해 부근 도시는 겨울에도 따뜻한 햇살이 내리쬐어 한국보다는 온난하지만 내륙 지방은 눈이 내리는 곳도 있다.

갑작스러운 기온 변동 폭이 유난히 큰 시기이다. 낮에는 기온이 높아 비교적 따뜻하지만 아침저녁으로 기온이 뚝 떨어지면서 쌀쌀함이 감돈다. 일교차가 큰 만큼 아침저녁으로 간단히 걸쳐 입기 편한 겉옷을 챙겨 간다. 5월에 들어서야 아침저녁에도 날씨가 따뜻하고 낮에는 살짝 더위가 느껴질 정도가 된다.

햇빛이 점차 강렬해지면서 때에 따라 기온이 30℃를 넘는 날도 있다. 습도가 낮은 편이라 그늘로 가면 시원해 아직은 견딜 만한 날씨이다.

대표 축제(2024년)

1/6 동방박사의 날

크리스마스부터 12일째 되는 날 거행하는 큰 행사. 예수 탄생을 축하하고자 동방의 현자 3명이 예루살렘을 방문한 것을 기념하는 날로 마드리드, 바르셀로나 등 스페인 각지에서 퍼레이드와 이벤트가 펼쳐진다.

3/31 부활절

예수가 죽은 지 3일 후에 되살아난 것을 기념해 부활절 일주일 전부터 각지에서 종교 행렬이 펼쳐진다. 예수와 사도들의 최후의 만찬을 기념하는 날, 예수의 수난과 죽음을 기념하는 날, 예수가 부활한 날까지 부활절 주간을 지낸다.

옷차림과 준비물

10~19℃

머플러, 장갑, 코트나 패딩 등 외투, 긴소매, 긴바지, 내복, 우산

16~20℃

긴소매, 긴바지, 카디건이나 재킷 등 걸칠 옷

한국보다 다섯 배나 면적이 넓은 스페인인 만큼 어느 지역을 여행하는지에 따라 기후는 천차만별이지만 어디든 사계절은 뚜렷하다. 바다에 인접한 카탈루냐, 안달루시아 지방은 지중해성기후로 1년 내내 온난한 날씨가 계속된다. 반면 마드리드를 비롯한 내륙 지방은 대륙성기후로 아침과 저녁의 기온차가 심하다.

	7월	8월	9월 (Best Season)	10월 (Best Season)	11월	12월
일출	06:57	07:26	07:56	08:26	08:01	08:31
일몰	21:45	21:14	20:26	19:37	17:59	17:49
강수량	22mm	66mm	79mm	94mm	74mm	50mm
최고기온	35℃	35℃	28℃	25℃	18℃	15℃
최저기온	24℃	24℃	20℃	18℃	10℃	8℃

본격적인 무더위로 선글라스와 모자가 필요한 시기이다. 지역마다 약간 차이는 있으나 마드리드 같은 내륙 지방은 지중해에 면한 지역보다 더욱 덥다. 40℃를 넘나드는 혹서기가 계속되므로 장시간 외출은 삼가도록 하고 오후 2~5시에는 야외보다는 실내 시설을 이용하는 것이 좋다.

사계절 중 가장 비가 많이 내리는 가을철이지만 한국의 장마나 태풍보다는 약한 편이다. 기온 자체는 한국과 비슷하거나 좀 더 따뜻하다. 10월 후반으로 갈수록 아침저녁으로 기온차가 커지기 때문에 두꺼운 외투나 니트 옷을 챙겨 가도록 한다.

두꺼운 롱 패딩보다는 코트나 경량 패딩이 어울리는 계절이다. 겨울에 들어섰다고 해도 한국보다는 날씨가 따뜻해 늦가을 느낌이 더 강하다.

12/25 크리스마스

크리스마스 마켓을 비롯해 다양한 이벤트가 열리고 전국 각지의 번화가마다 화려한 조명과 장식으로 수놓여 제대로 된 성탄절 분위기를 느낄 수 있다.

20~25℃

반소매, 반바지, 원피스, 얇은 긴소매, 자외선 차단제, 수영복, 모자

26~35℃ 이상

모자, 선글라스, 반소매, 반바지, 원피스, 자외선 차단제, 수영복

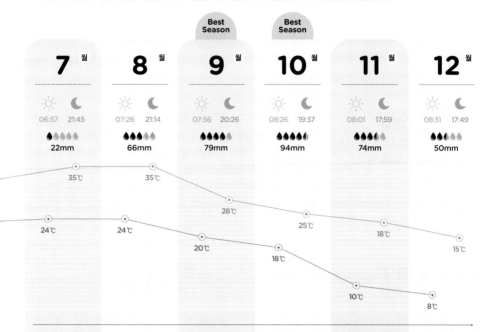

BASIC INFO ❹

스페인 문화, 이 정도는 알고 가자

여행 전 알아두면 유용한 스페인 문화를 소개한다. 한 번쯤 들어본 적 있는 시에스타와 스페인어와 관련된 토막 상식, 음식점 이용 시 주의해야 할 점과 식사 매너 등 유념해야 할 사항을 모아보았다.

낮잠 문화 시에스타 Siesta는 점점 사라지고 있다

햇살이 강렬하고 뜨거운 스페인에서는 해가 높이 뜬 시간대인 오후 2~4시 사이에 일을 중단하고 낮잠을 자거나 잠깐 휴식을 취하며 더위를 피한다. 이 습관은 스페인의 전통이지만 경기 침체로 점점 사라지는 추세이다. 바르셀로나와 마드리드 등 대도시에서는 거의 볼 수 없지만 개인이 운영하는 일부 음식점과 상점은 브레이크 타임을 명목으로 쉬는 경우도 있다. 시에스타 문화가 뿌리박혀 있는 안달루시아 지방이나 지방 소도시는 지금도 여전히 지키는 곳이 많다.

지역마다 다른 언어

스페인은 스페인어 외에도 지역마다 다른 언어를 사용한다. 우리가 아는 스페인어는 마드리드를 중심으로 한 카스티야 지방의 언어인 카스티야어 Castellano로 미디어와 관공서의 공문서에 사용하는 스페인의 공통 공용어이자 표준어이다. 바르셀로나가 속한 카탈루냐 지방과 빌바오가 속한 바스크 지방, 산티아고 순례길로 알려진 갈리시아 지방에서는 카스티야어보다 지역 언어를 더 많이 사용한다. 묘하게 닮아 사투리처럼 들릴 수도 있지만 전혀 다른 언어처럼 느껴질 때도 있다. 대중교통이나 거리의 표지판을 보면 스페인어, 영어와 함께 낯선 언어가 표기되어 있는데 이것이 바로 지역 언어이다.

한국의 1층 = 스페인의 2층

스페인에서는 건물 층수를 한국과 달리 0층부터 표기한다. 즉 우리나라의 1층에 해당하는 게 0층으로 '플란타 바하Planta Baja'라고 부른다. 엘리베이터에는 0 또는 B로 표기되어 있다. 일반적으로 0층 다음은 1층이지만 0층과 1층 사이에 중간층이 있는 곳도 드물지 않은데 이를 '엔트레수엘로Entresuelo'라고 한다. 엘리베이터에 E라고 표기된 곳이 중간층이다. 지하 1층은 -1 또는 S1이라고 표기되어 있다.

성당 출입 시 긴옷 착용

성당 등 종교 기관을 방문할 때는 옷차림에 신경 쓰도록 한다. 짧은 치마나 짧은 바지, 민소매는 피하고 긴바지나 긴치마, 원피스를 착용한다. 특히 미사에 참가할 때는 화려하고 튀는 복장은 삼가고 깔끔하고 단정한 복장을 하는 것이 좋다.

상대방이 인사를 건네면 인사로 답하기

스페인의 음식점과 상점에서는 인사가 매우 중요하다. 인사 유무에 따라 종업원의 대응과 태도가 달라질 수 있기 때문이다. 종업원의 인사에 무대응으로 반응하는 것은 좋은 태도가 아니다. 종업원과 마주쳤을 때 가볍게 "Hola(올라)" 하고 인사를 건네는 습관을 들이자. 서비스를 받을 때나 계산을 끝내고 문을 열고 나설 때는 "Gracias(그라띠아스)"라고 인사한다.

스페인의 식사 에티켓

테이블 위에 양손이 보이도록 올려놓고 식사를 하며 그릇을 들고 먹지 않는다. 음식을 급하게 먹거나 소리를 내며 먹는 것도 좋은 매너가 아니다. 스페인에서 식사란 천천히 음미하는 것으로 인식되어 있다. 일정이 바쁘더라도 식사 시간만은 여유를 가지고 즐기도록 하자. 또한 주문한 음식이 나왔을 때 소금, 후춧가루를 뿌리거나 케첩에 찍어 먹는 것도 좋은 습관은 아니다. 음식 본연의 맛을 느끼면서 먹도록 노력해보자. 또 스페인에서는 물잔으로 건배하면 불운이 찾아온다는 미신이 있다. 술을 못하더라도 잔에 술을 조금 따라 술잔으로 건배하는 게 요령이다.

음식점 종업원과 눈빛 교환하기

식당에 들어가 빈자리가 보이더라도 바로 앉지 말고 입구에서 인원수를 말하고 종업원의 안내를 받아 자리에 앉는다. 음식을 주문하거나 필요한 것을 요청할 때 손을 든다거나 종업원을 부르는 행위는 한국에서라면 당연한 행동이지만 스페인에서는 재촉한다고 여겨 달가워하지 않는다. 성미가 급한 민족인 우리에게는 답답하게 느껴질 수 있지만 적절한 때가 되면 종업원이 알아서 자리로 찾아와 주문을 받으니 여유를 좀 가지고 기다리도록 한다. 시간이 지났는데도 오지 않으면 종업원과 눈 마주치기를 시도해본다. 재빨리 눈치채고 다가올 것이다.

축제에선 과음하지 않기

스페인에서 성대하게 열리는 축제는 대부분 종교에서 비롯된 행사이다. 모두가 웃고 떠든다 하더라도 깊은 의미가 담긴 중요한 의식이다. 따라서 술을 너무 많이 마시고 주변에서 인상 찌푸릴 만한 행동은 하지 않도록 더욱 조심한다.

BASIC INFO ❺

스페인 역사 가볍게 훑어보기

학창 시절 교과서 한 페이지를 장식했던 인물들이 알고 보니 스페인과 밀접한 관련이 있었다니 스페인은 알면 알수록 흥미로운 나라이다.

선사 시대

스페인 북부 칸타브리아 지방에 있는 알타미라 동굴에는 기원전 1만 년 전에 크로마뇽인이 그린 것으로 알려진 소 그림 동굴 벽화가 남아 있어 이베리아반도에는 꽤 빠른 시기에 인류가 진출한 것으로 보인다. 스페인에 남아 있는 유적과 출토된 유물을 봐도 120만 년 전에 이미 이베리아반도에서 인류가 생활했음을 알 수 있다. 기원전 2000년경에는 페니키아인과 그리스인이 이주해 와 유럽의 가장 오래된 도시 카디스를 건설했다. 그들은 광산을 개발하며 교역 화폐를 주조해 널리 통용시켰으며 이베리아반도에 숫자와 알파벳을 들여왔다.

이곳으로 타임슬립!

네르하 동굴 2권 P.321

고대

페키니아인이 세운 카르타고와 이탈리아반도를 점령한 로마인 사이에서 촉발한 포에니 전쟁으로 두 나라는 이베리아반도를 두고 크게 싸웠다. 그 결과 로마가 승리하면서 이베리아반도가 로마의 지배하에 놓이게 되었다. '팍스 로마나'라 불리던 평화의 시기에는 큰 문제 없이 이베리아반도는 크게 번영했다. 그러나 로마제국이 동서로 분열하고 게르만인의 침입으로 쇠퇴하자 반달족, 수비족, 알라니족, 서고트족이 각각 왕국을 건설했다. 이후 560년에 서고트족이 톨레도를 수도로 정하고 이베리아반도 전역을 지배했다.

이곳으로 타임슬립!

세고비아 수도교 2권 P.189
코르도바 로마교 2권 P.235
코르도바 로마 신전 2권 P.238
말라가 로마 극장 2권 P.306

중세

711년 북아메리카의 이슬람 세력인 우마이야 왕조가 이베리아반도에 진출해 서고트족을 멸망시켰다. 이후 716년까지 북부 일부를 제외한 전 지역을 정복하면서 이베리아반도는 '알안달루스Al-Andalus'라는 이름으로 이슬람 영향권 아래에 놓이게 되었다. 그러나 722년 스페인 북부에 남아 있던 서고트족 세력이 코바동가 전투에서 이슬람군에게 승리한 후 아스투리아스 왕국을 건국하면서 가톨릭 세력의 레콩키스타(국토회복운동)가 시작되었다. 아스투리아스 왕국은 후에 레온 왕국으로 개명하고 남쪽으로 세력을 넓혔지만 11세기 초 레온 왕국과 카스티야 왕국, 아라곤 왕국 3개로 분열되고 말았다. 레콩키스타의 주축이었던 포르투갈 왕국, 카스티야 왕국, 아라곤 왕국 중 카스티야 왕국의 여왕 이사벨 1세와 아라곤 왕국의 국왕 페르난도 2세가 결혼하고 1479년에는 양국이 통합되면서 스페인 왕국이 성립되었다. 결국 1492년 스페인 왕국은 이슬람 세력의 마지막 거점이었던 그라나다를 함락하고 레콩키스타를 종결했다.

이곳으로 타임슬립!

세비야 알카사르 2권 P.[illegible]
코르도바 메스키타 대성당 2권 P.231
그라나다 알람브라 궁전 2권 P.263
말라가 알카사바 2권 P.304
사라고사 알하페리아 궁전 2권 P.361

사라고사 알하페리아 궁전

세고비아 수도교

세비야 알카사르

근세

가톨릭 세력이 패권을 회복한 1492년 크리스토퍼 콜럼버스는 이사벨 1세의 원조를 받아 먼 길을 떠나 아메리카 대륙을 발견했다. 이때부터 세계 모든 대륙에 식민지를 둔 대국으로 성장했고 당시 무역으로 패권을 장악하고 있던 포르투갈과 토르데시야스 조약을 맺으면서 16세기부터 17세기에 걸친 100년간의 황금시대가 열렸다. 그러다 1588년 아르마다 해전에서 영국에 패배한 스페인은 서서히 쇠퇴하기 시작했고 황금시대를 떠받치고 있던 합스부르크 왕가 대신 새로운 부르봉 왕조를 맞이하면서 옛 카스티야와 옛 아라곤 파벌 간에 왕위 계승 분쟁이 일어났다.

이곳으로 타임슬립!

톨레도 대성당 2권 P.182

근대

1808년 프랑스 황제 나폴레옹이 스페인 왕 카를로스 4세와 그의 자식인 페르난도 7세를 감금하고 그의 형인 조제프 보나파르트를 스페인 왕으로 앉혔다. 이에 반발한 시민들이 마드리드에서 봉기해 주권을 회복하기 위한 독립전쟁을 일으켰고 1814년 스페인, 포르투갈, 영국 연합군이 프랑스군을 이기면서 주권을 회복했다. 이 혼란을 틈타 파라과이, 콜롬비아, 페루, 칠레, 멕시코, 베네수엘라 등 스페인 식민지였던 남미 각지에서도 운동이 일어나 독립을 선언했다. 1833년 절대왕정파인 돈 카를로스와 자유주의파인 이사벨 2세 간의 왕위 다툼이 시작되어 40년 이상 지속되었으나 최종적으로 이사벨 2세가 승리하면서 근대화에 진입하게 되었다.

현대

19세기에 들어서자 스페인은 정치적으로 매우 불안정한 시기를 보냈다. 제1차 세계대전에서 중립 입장을 취하지만 인플레이션으로 인해 국민의 생활은 궁핍해졌다. 게다가 러시아 혁명의 영향으로 노동운동이 격화되면서 카탈루냐와 바스크에서 독립운동이 일어났다. 이러한 혼란 속에서 군인 프리모 데 리베라가 쿠데타를 일으켜 독재 정권이 들어섰으며, 이후 프란시스코 프랑코가 또다시 쿠데타를 일으키면서 36년이라는 긴 세월 동안 독재 정권이 이어졌다. 1975년 그가 죽은 후 유언대로 부르봉 가문의 후안 카를로스 1세가 즉위했으나 독재 정권은 계승되지 않았고 1977년 41년 만에 선거가 치러지면서 입헌군주제 민주주의 국가로 새롭게 거듭났다.

PLANNING 2

BEST PLAN & BUDGET

스페인 · 포르투갈 추천 일정과 예산

BEST PLAN & BUDGET ❶

스페인 여행의 기본!
바르셀로나 · 그라나다 · 세비야 · 마드리드 5박 7일 코스

단 일주일의 시간만 허락된 여행자를 위한 스페인 핵심 코스! 스페인 대표 도시의 필수 관광 명소를 간소하지만 아쉽지 않게 둘러보는 일정이다. 아침부터 밤까지 부지런히 움직여야 하는 다소 '빡센' 일정이지만 굵직한 관광지를 모두 훑을 수 있다는 점에서 높은 만족도를 기대할 수 있다.

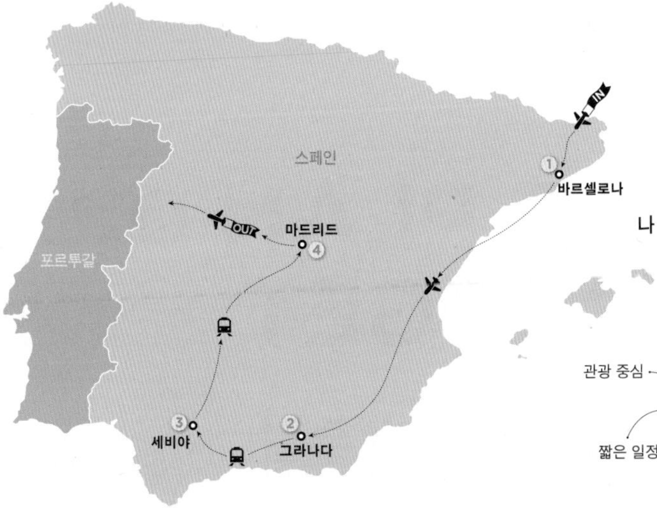

TRAVEL POINT

항공 스케줄
바르셀로나 IN, 마드리드 OUT 직항 노선을 이용한다.

도시별 체류 일수
바르셀로나(2박), 그라나다(1박), 세비야(1박), 마드리드(1박)

도시 간 주요 교통수단
비행기 1회, 열차 1회, 버스 1회

사전 예약 필수
도시 간 이동 교통권, 사그라다 파밀리아, 구엘 공원, 알람브라 궁전, 세비야 대성당, 세비야 알카사르

여행 꿀팁
❶ 마드리드보다는 바르셀로나가 직항편 수가 많아 출발 일자의 선택지가 넓다.
❷ 아침에 출발하는 교통수단(비행기, 열차, 버스)을 이용하면 다른 시간대보다 가격이 저렴해 비용을 아낄 수 있고 이른 시간대에 도착한 만큼 관광 시간도 늘어난다.
❸ 세비야 대성당과 세비야 알카사르는 무료 입장이 가능한 요일과 시간대가 있다. 사전에 오픈하는 티켓을 예매하면 비용을 절약할 수 있다.
❹ 사그라다 파밀리아, 알람브라 궁전은 가이드 투어업체를 통해 예약하면 해설을 들으며 둘러볼 수 있다. 이때 입장권은 따로 구매하지 않아도 된다.

TRAVEL ITINERARY 여행 스케줄 한눈에 보기

여행 일수	체류 도시	시간	세부 일정
1일 차	바르셀로나	AM	인천 ▸ 바르셀로나(비행기로 약 14시간)
		PM	도착 후 숙소에서 휴식
2일 차		AM	구엘 공원, 사그라다 파밀리아
		PM	카탈루냐 음악당, 람블라스 거리, 벙커
3일 차	그라나다	AM	바르셀로나 ▸ 그라나다(비행기로 1시간 30분)
		PM	알람브라 궁전, 산니콜라스 전망대, 동굴 플라멩코
4일 차	세비야	AM	그라나다 ▸ 세비야(버스로 2시간 30~45분)
		PM	세비야 대성당, 세비야 알카사르, 스페인 광장
5일 차	마드리드	AM	세비야 ▸ 마드리드(열차로 2시간 45분)
		PM	프라도 미술관, 레티로 공원, 레이나 소피아 미술관
6일 차		AM	솔 광장, 마요르 광장, 산미겔 시장
		PM	공항으로 이동 후 출국
7일 차	인천	AM	기내 휴식
		PM	인천국제공항 도착

BEST PLAN & BUDGET ❷

안달루시아 지방의 꽃!
말라가·그라나다·세비야 8박 10일 코스

이슬람 문화의 영향으로 유럽의 여느 도시와는 다른 분위기의 안달루시아 지방을 집중적으로 돌아보는 코스. 지중해에 면해 있어 시원하게 펼쳐진 바다를 감상하며 휴식을 취할 수 있다. 관광하면서 중간중간 휴양도 즐기고 싶을 경우 추천한다.

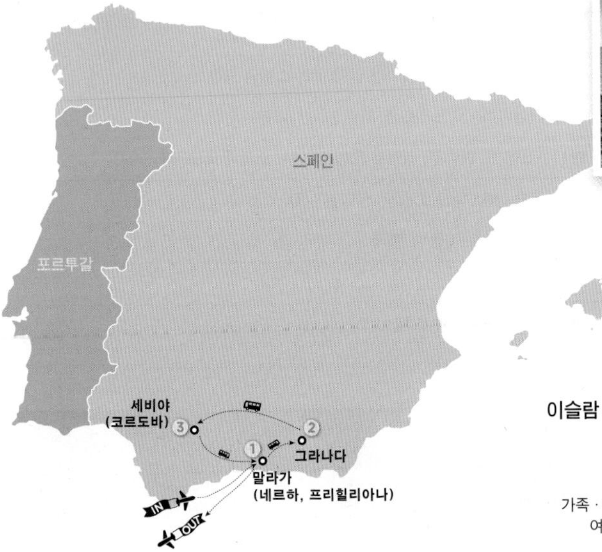

TRAVEL POINT

⊙ 항공 스케줄
말라가 IN, OUT 1회 경유 노선을 이용한다.

⊙ 도시별 체류 일수
말라가(4박), 그라나다(1박), 세비야(3박)

⊙ 도시 간 주요 교통수단
버스 6회, 열차 2회

⊙ 사전 예약 필수
도시 간 이동 교통편, 알람브라 궁전, 세비야 대성당, 세비야 알카사르

⊙ 여행 꿀팁
❶ 말라가는 안달루시아 지방의 항로 거점이기도 하다. 한국에서 출발하는 직항편은 없고 경유편 이용 시 세비야나 그라나다가 아닌 말라가를 최종 목적지로 삼아야 한다. 그래야 지리적으로 주변 소도시 여행이 자유로우며 최소한의 경유와 시간으로 이동할 수 있어 효율적이다.

❷ 안달루시아 지방은 도시별로 버스 노선이 촘촘하게 연결되어 있다. 소요 시간은 열차보다 15~30분 늘어나지만 요금이 훨씬 저렴하다.

❸ 세비야에서 말라가로 이동할 때 짬을 내어 론다를 방문하는 것도 좋은 방법이다.

TRAVEL ITINERARY 여행 스케줄 한눈에 보기

여행 일수	체류 도시	시간	세부 일정
1일 차	말라가	AM	인천 ▶ 말라가(비행기로 약 17시간 30분)
		PM	도착 후 숙소에서 휴식
2일 차		AM	말라가 알카사바, 히브랄파로성
		PM	피카소 미술관, 피카소 생가
3일 차	말라가 (근교 : 네르하, 프리힐리아나)	AM	말라가 ▶ 네르하(버스로 50분), 발콘 데 에우로파, 부리아나 해변
		PM	네르하 ▶ 프리힐리아나(버스로 30분), 프리힐리아나 구시가지
4일 차	그라나다	AM	말라가 ▶ 그라나다(버스로 1시간 30분)
		PM	알람브라 궁전, 산니콜라스 전망대, 다로강 변
5일 차	세비야	AM	그라나다 대성당, 알카이세리아 재래시장
		PM	그라나다 ▶ 세비야(버스로 3시간)
6일 차		AM	스페인 광장, 세비야 알카사르
		PM	황금의 탑, 세비야 대성당, 메트로폴 파라솔
7일 차	세비야 (근교 : 코르도바)	AM	세비야 ▶ 코르도바(열차로 45분)
		PM	메스키타 대성당, 코르도바 알카사르, 유대인 지구
8일 차	말라가	AM	세비야 ▶ 말라가(버스로 2시간)
		PM	말라가 알카사바, 히브랄파로성
9일 차		AM	말라게타 해변
		PM	공항으로 이동 후 출국
10일 차	인천	AM	기내 휴식
		PM	인천국제공항 도착

스페인 인기 도시 완전 정복!
바르셀로나 · 그라나다 · 말라가 · 세비야 · 마드리드 12박 14일 코스

스페인 전국을 방방곡곡 누비며 오로지 스페인만을 만끽하는 완전 정복 코스. 도시마다 색깔이 다르고 볼거리가 풍성해 2주를 온전히 투자해도 모자랄 정도이다. 휴가를 낸 직장인의 장기간 여행이나 방학을 이용한 대학생 배낭여행으로 적합하다.

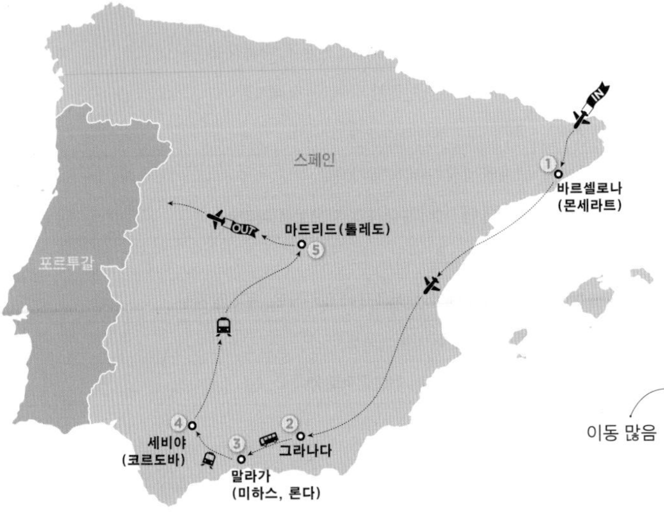

TRAVEL POINT

⊙ 항공 스케줄
바르셀로나 IN, 마드리드 OUT 직항 노선을 이용한다.

⊙ 도시별 체류 일수
바르셀로나(3박), 그라나다(2박), 말라가(3박), 세비야(2박), 마드리드(2박)

⊙ 도시 간 주요 교통수단
비행기 1회, 열차 6회, 버스 7회

⊙ 사전 예약 필수
도시 간 이동 교통편, 사그라다 파밀리아, 구엘 공원, 알람브라 궁전, 세비야 대성당, 세비야 알카사르, 프라도 미술관

⊙ 여행 꿀팁
❶ 여행하는 도시가 마음에 들어 더 오래 머물고 싶거나, 일정에 변수가 생길 것을 고려해 일정 초반 외에 남은 일정은 예약 없이 가고 싶다면 숙소와 교통수단이 빠르게 매진되는 7~8월 여름 성수기는 피하는 것이 좋다.

❷ 방문하는 도시마다 새로운 숙소를 잡기보다는 한 도시에 거점을 두고 당일치기로 근교 여행을 다녀오는 것이 체력 소모가 덜한 방법이다. 짐을 싸고 푸는 일과 호텔 체크인, 체크아웃의 반복에서 쌓이는 피로감이 생각보다 크다.

❸ 바르셀로나, 세비야는 일정에서 제시한 도시 외에도 근교 여행으로 다녀올 수 있는 매력적인 도시가 많으므로 자신의 취향에 맞는 여행지를 골라보자.

TRAVEL ITINERARY 여행 스케줄 한눈에 보기

여행 일수	체류 도시	시간	세부 일정
1일 차	바르셀로나	AM	인천 ▸ 바르셀로나(비행기로 약 14시간)
		PM	도착 후 숙소에서 휴식
2일 차		AM	구엘 공원, 사그라다 파밀리아
		PM	카탈루냐 음악당, 람블라스 거리, 벙커
3일 차	바르셀로나 (근교 : 몬세라트)	AM	바르셀로나 ▸ 몬세라트(열차로 1시간)
		PM	몬세라트 수도원, 십자가의 길, 산미겔 전망대
4일 차	그라나다	AM	바르셀로나 ▸ 그라나다(비행기로 1시간 30분)
		PM	그라나다 대성당, 알카이세리아 재래시장, 누에바 광장
5일 차		AM	알람브라 궁전, 산니콜라스 전망대
		PM	칼데레리아 누에바 거리, 동굴 플라멩코
6일 차	말라가	AM	그라나다 ▸ 말라가(버스로 1시간 30분)
		PM	말라가 알카사바, 히브랄파로성, 말라게타 해변
7일 차	말라가 (근교 : 미하스)	AM	말라가 ▸ 미하스(버스로 1시간 45분)
		PM	산세바스티안 거리, 페냐 성모 교회, 미하스 투우장
8일 차	말라가 (근교 : 론다)	AM	말라가 ▸ 론다(버스로 2시간)
		PM	누에보 다리, 론다 전망대, 론다 투우장
9일 차	세비야	AM	말라가 ▸ 세비야(열차로 2시간)
		PM	스페인 광장, 세비야 알카사르, 세비야 대성당
10일 차	세비야 (근교 : 코르도바)	AM	세비야 ▸ 코르도바(열차로 45분)
		PM	메스키타 대성당, 코르도바 알카사르, 유대인 지구
11일 차	마드리드	AM	세비야 ▸ 마드리드(열차로 2시간 30분)
		PM	프라도 미술관, 레티로 공원, 시벨레스 분수
12일 차	마드리드 (근교 : 톨레도)	AM	마드리드 ▸ 톨레도(버스로 50분)
		PM	톨레도 대성당, 엘 그레코 미술관, 바예 전망대
13일 차	마드리드	AM	솔 광장, 마요르 광장, 산미겔 시장
		PM	공항으로 이동 후 출국
14일 차	인천	AM	기내 휴식
		PM	인천국제공항 도착

BEST PLAN & BUDGET ❹

포르투갈의 매력을 제대로!
리스본·포르투 5박 7일 코스

포르투갈 여행의 양대 산맥인 리스본과 포르투를 중심으로 짧고 굵게 돌아보는 코스. 대도시와 인근 소도시를 함께 둘러보는 다소 정신없는 일정이긴 하나 웬만한 도시를 모두 방문할 수 있어 포르투갈의 매력을 제대로 느낄 수 있다.

TRAVEL POINT

항공 스케줄
리스본 IN, 포르투 OUT 1회 경유 노선을 이용한다.

도시별 체류 일수
리스본(3박), 포르투(2박)

도시 간 주요 교통수단
비행기 1회, 열차 4회, 버스 4회

사전 예약 필수
도시 간 이동 교통편, 렐루 서점

여행 꿀팁
❶ 리스본 근교 도시인 신트라, 카보다호카, 카스카이스는 아침 일찍 움직이면 하루 만에 모두 둘러볼 수 있다. 개인적으로 여행하기에 교통편이 어렵거나 체력적으로 무리가 된다면 한인 투어를 이용해도 좋다. 업체 차량으로 이동하면서 편하게 다닐 수 있다.

❷ 리스본 → 포르투 항공편을 이른 시간대에 이용하면 포르투를 관광할 수 있는 시간이 늘어난다. 포트와인 투어를 계획한다면 미리 와이너리를 알아두자.

❸ 포르투 근교 도시인 줄무늬 마을 코스타노바는 포르투에서 바로 연결되는 교통편이 없어 아베이루와 묶어서 방문하는 것이 일반적이다.

TRAVEL ITINERARY 여행 스케줄 한눈에 보기

여행 일수	체류 도시	시간	세부 일정
1일 차	리스본	AM	인천 ▸ 리스본(비행기로 약 16시간 20분)
		PM	도착 후 숙소에서 휴식
2일 차		AM	제로니무스 수도원, 발견 기념비, 벨렝 탑
		PM	코메르시우 광장, 산타주스타 엘리베이터, 포르타스 두 솔 전망대
3일 차	리스본 (근교 : 신트라, 카보다호카, 카스카이스)	AM	리스본 ▸ 신트라(열차로 1시간), 페나성, 무어성
		PM	신트라 ▸ 카보다호카(버스로 1시간 30분) ▸ 카스카이스(버스로 20분), 카보다호카와 카스카이스 해변 산책
4일 차	포르투	AM	리스본 ▸ 포르투(비행기로 55분) / 클레리구스 성당, 렐루 서점, 비토리아 전망대
		PM	포트와인 투어, 모후 정원, 히베이라 광장
5일 차	포르투 (근교 : 아베이루, 코스타노바)	AM	포르투 ▸ 아베이루(열차로 45분), 곤돌라 타고 마을 구경
		PM	아베이루 ▸ 코스타노바(버스로 40분), 줄무늬 마을에서 사진 찍기
6일 차	포르투	AM	호텔 체크아웃
		PM	공항으로 이동 후 출국
7일 차	인천	AM	기내 휴식
		PM	인천국제공항 도착

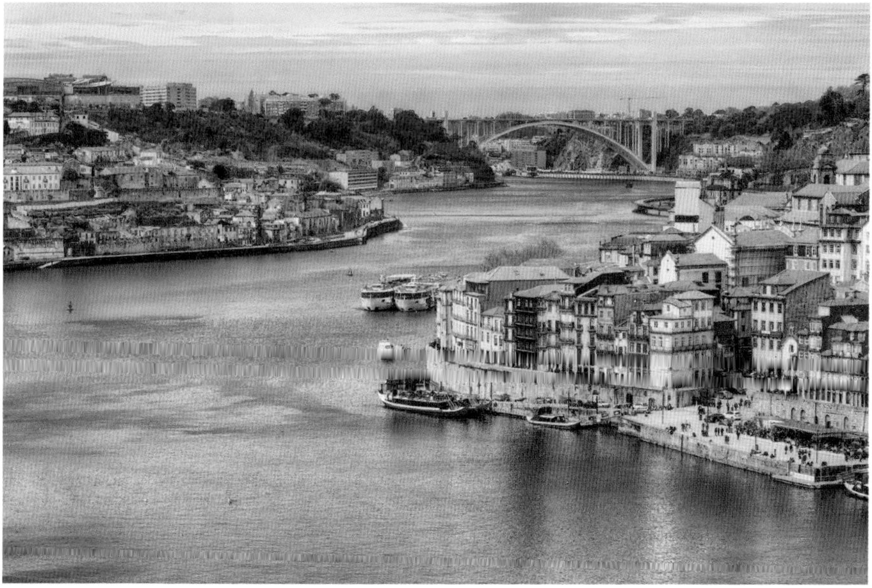

BEST PLAN & BUDGET ❺

두 국가의 인기 도시만 알차게!
스페인·포르투갈 핵심 8박 10일 코스

스페인과 포르투갈을 모두 섭렵하는 코스로, 두 나라의 대표 도시만 쏙쏙 뽑아 알차게 돌아보는 일정이다. 지리적으로 가까워 이동하기 쉬우며, 두 나라는 전혀 다른 문화와 매력을 간직하고 있어 매번 신선한 기분을 맛볼 수 있다.

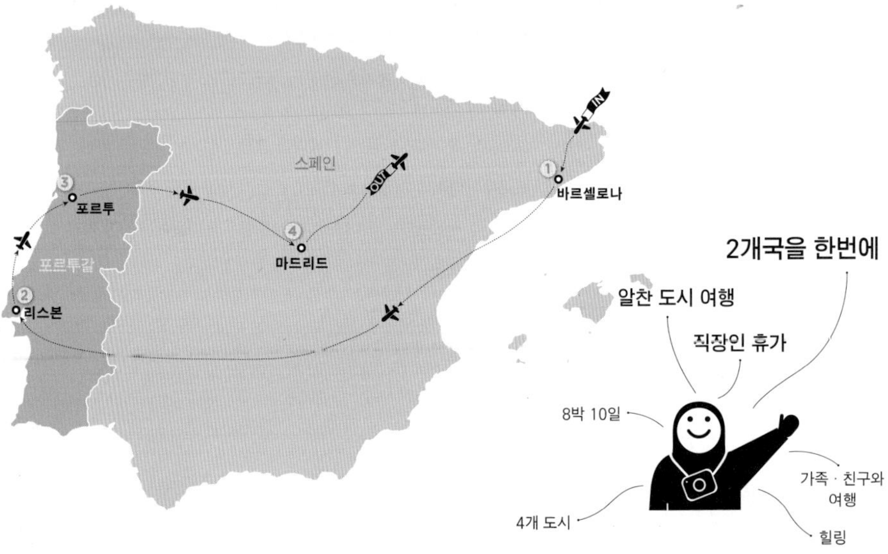

TRAVEL POINT

⊙ 항공 스케줄
바르셀로나 IN, 마드리드 OUT 직항 노선을 이용한다.

⊙ 도시별 체류 일수
바르셀로나(3박), 리스본(2박), 포르투(1박), 마드리드(2박)

⊙ 도시 간 주요 교통수단
비행기 3회

⊙ 사전 예약 필수
도시 간 이동 교통편, 사그라다 파밀리아, 구엘 공원, 파두 음식점, 렐루 서점, 프라도 미술관

⊙ 여행 꿀팁
❶ 관광에 더 많은 시간을 할애할 수 있도록 도시 간 이동은 비행기 이용을 권장한다. 각 나라의 대도시라 비행 편수도 많으며, 빨리 예약할수록 요금이 저렴해져 버스나 열차만큼 싼 가격에 이용할 수 있다.

❷ 마드리드 마지막 날에는 오후 비행기로 이동하므로 체크아웃 후 짐을 호텔이나 짐 보관소에 맡기고 쇼핑하는 것이 좋다. 매장 구경 중 캐리어나 가방을 소매치기당하는 일이 많으며 짐을 들고 다니며 편하게 쇼핑하기는 어렵다.

❸ 바르셀로나와 리스본 여정 중 하루는 시내 관광 대신 시체스, 헤로나, 신트라 등 당일치기 근교 여행으로 대체해도 좋다.

TRAVEL ITINERARY 여행 스케줄 한눈에 보기

여행 일수	체류 도시	시간	세부 일정
1일 차	바르셀로나	AM	인천 ▸ 바르셀로나(비행기로 약 14시간)
		PM	도착 후 숙소에서 휴식
2일 차		AM	구엘 공원, 사그라다 파밀리아
		PM	산트파우 병원, 카사 바트요, 카사 밀라
3일 차		AM	람블라스 거리, 카탈루냐 음악당, 보케리아 시장
		PM	피카소 미술관, 구엘 저택, 고딕 지구, 벙커
4일 차	리스본	AM	바르셀로나 ▸ 리스본(비행기로 2시간)
		PM	아우구스타 거리, 코메르시우 광장, 파두 음식점
5일 차		AM	제로니무스 수도원, 발견 기념비, 벨렝 탑
		PM	호시우 광장, 산타주스타 엘리베이터, 상조르즈성
6일 차	포르투	AM	리스본 ▸ 포르투(비행기로 55분) / 클레리구스 성당, 렐루 서점, 비토리아 전망대
		PM	모후 정원, 히베이라 광장
7일 차	마드리드	AM	포트와인 투어
		PM	포르투 ▸ 마드리드(비행기로 1시간 10분)
8일 차		AM	프라도 미술관, 레티로 공원
		PM	마드리드 왕궁, 마요르 광장, 산미겔 시장
9일 차		AM	그란비아 거리에서 쇼핑
		PM	공항으로 이동 후 출국
10일 차	인천	AM	기내 휴식
		PM	인천국제공항 도착

BEST PLAN & BUDGET ❻

스페인의 힐링 여행지에서
5박 7일 휴양 여행

심신이 모두 지쳐 어디론가 훌쩍 떠나고 싶을 때 딱 맞는, 오롯이 휴양에 중점을 둔 코스이다. 관광은 최대한 줄이고 자연과 도시 풍경을 즐기며 재충전하는 일정이다. 멋지고 예쁜 풍경에 저절로 기분 전환이 되어 힐링할 수 있다.

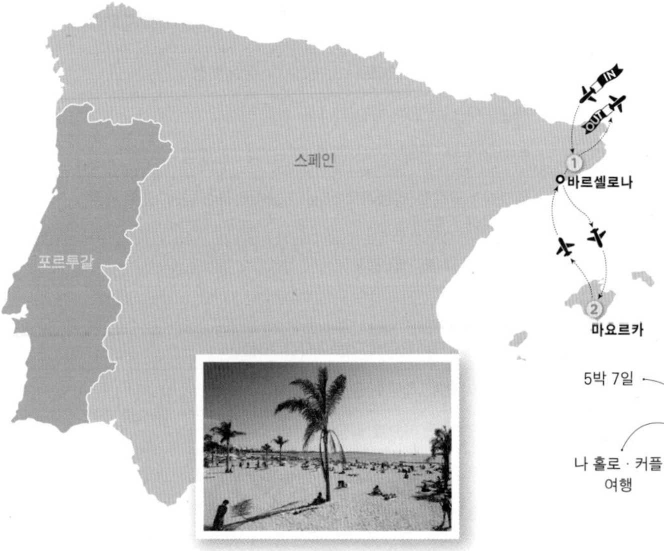

TRAVEL POINT

⊕ 항공 스케줄
바르셀로나 IN, OUT 직항 노선을 이용한다.

⊕ 도시별 체류 일수
바르셀로나(3박), 마요르카(2박)

⊕ 도시 간 주요 교통수단
비행기 2회

⊕ 사전 예약 필수
도시 간 이동 교통권, 사그라다 파밀리아, 구엘 공원

⊕ 여행 꿀팁
❶ 여유롭게 쉬어 가는 휴양 여행이므로 빡빡한 일정이 아닌 방문하고 싶은 관광 명소 몇 군데만 정해두는 정도로 일정을 짜는 것이 좋다. 무리한 일정은 도리어 피로감만 쌓일 뿐이다.

❷ 마요르카에서는 렌터카를 주로 이용하지만 많은 곳은 [illegible]는 빡빡한 일정이 아니라면 버스를 이용해도 좋다. 운전에 능숙하다면 렌터카를 이용해 아름다운 해변들을 둘러보는 것도 추천한다.

❸ 사그라다 파밀리아에서는 매주 일요일 오전 9시에 전 세계 관광객을 대상으로 한 인터내셔널 미사가 열린다. 가톨릭 신자가 아니더라도 마음의 위안을 얻을 수 있는 좋은 시간이 될 것이다.

TRAVEL ITINERARY 여행 스케줄 한눈에 보기

여행 일수	체류 도시	시간	세부 일정
1일 차	바르셀로나	AM	인천 ▶ 바르셀로나(비행기로 약 14시간)
		PM	도착 후 숙소에서 휴식
2일 차		AM	사그라다 파밀리아
		PM	구엘 공원
3일 차		AM	바르셀로네타 해변
		PM	고딕 지구 산책 및 그라시아 거리 쇼핑
4일 차	마요르카	AM	바르셀로나 ▶ 마요르카(비행기로 50분)
		PM	숙소 주변 해안가 산책 후 숙소에서 휴식
5일 차		AM	팔마데마요르카
		PM	발데모사, 소예르
6일 차	바르셀로나	AM	마요르카 ▶ 바르셀로나(비행기로 50분)
		PM	바르셀로나 공항에서 그대로 출국
7일 차	인천	AM	기내 휴식
		PM	인천국제공항 도착

아기자기한 감성을 찾아 떠나는
7박 9일 소도시 여행

번잡한 대도시에서 벗어나 고요하고 아늑한 소도시로 떠나는 여행. 스페인과 포르투갈은 소박하면서 때 묻지 않은 매력이 빛나는 도시가 많다. 낭만적인 풍경에 푹 빠져 그곳을 걷는 것만으로도 힐링이 되는 도시 위주로 선정했다.

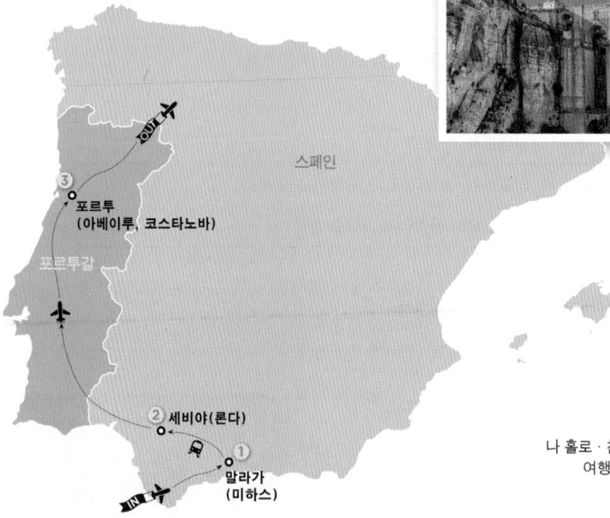

TRAVEL POINT

⊙ 항공 스케줄

말라가 IN, 포르투 OUT 1회 경유 노선을 이용한다.

⊙ 도시별 체류 일수

말라가(3박), 세비야(2박), 포르투(2박)

⊙ 도시 간 주요 교통수단

비행기 1회, 열차 2회, 버스 6회

⊙ 사전 예약 필수

도시 간 이동 교통편, 세비야 대성당, 세비야 알카사르

⊙ 여행 꿀팁

❶ 세비야와 포르투를 잇는 교통편은 비행기 외에도 밤에 출발해 아침에 도착하는 야간 버스가 있다. 하루 치 숙박비 절약을 원한다면 추천한다.

❷ 지역 간 이동이 쉽도록 중간에 배치한 대도시를 교통 거점으로 두고 핵심 명소만 둘러본 다음 근교 도시 위주로 다닌다.

❸ 말라가를 그라나다로, 포르투를 리스본으로 바꿔도 괜찮은 여행 코스가 완성된다. 이때는 마드리드나 바르셀로나로 들어오는 항공 노선을 이용해야 하며, 그라나다로 이동하는 교통편을 별도로 예약해야 한다.

TRAVEL ITINERARY 여행 스케줄 한눈에 보기

여행 일수	체류 도시	시간	세부 일정
1일 차	말라가	AM	인천 ➤ 말라가(비행기로 약 20시간)
		PM	도착 후 숙소에서 휴식
2일 차		AM	말라가 알카사바, 히브랄파로성
		PM	말라게타 해변
3일 차	말라가 (근교 : 미하스)	AM	말라가 ➤ 미하스(버스로 1시간 45분)
		PM	산세바스티안 거리, 페냐 성모 교회, 미하스 투우장
4일 차	세비야	AM	말라가 ➤ 세비야(열차로 2시간)
		PM	스페인 광장, 세비야 알카사르, 세비야 대성당
5일 차	세비야 (근교 : 론다)	AM	세비야 ➤ 론다(버스로 2시간 30분)
		PM	누에보 다리, 론다 전망대
6일 차	포르투	AM	세비야 ➤ 포르투(비행기로 1시간)
		PM	모후 정원, 히베이라 광장
7일 차	포르투 (근교 : 아베이루, 코스타노바)	AM	포르투 ➤ 아베이루(열차로 45분), 포르투갈의 베네치아 경험
		PM	아베이루 ➤ 코스타노바(버스로 40분), 줄무늬 마을에서 인생샷 남기기
8일 차	포르투	AM	호텔 체크아웃
		PM	공항으로 이동 후 출국
9일 차	인천	AM	기내 휴식
		PM	인천국제공항 도착

BEST PLAN & BUDGET ❽

가장 달콤한 둘만의 시간을 위한 8박 10일 허니문 여행

유럽인의 전통적인 신혼여행지로 알려진 마요르카가 한국인 허니무너 사이에서도 인기 여행지로 급부상했다. 스페인은 낭만 가득한 자연을 만끽하는 휴양은 물론이고 도시마다 볼거리가 넘쳐 관광, 쇼핑까지, 세 마리 토끼를 모두 잡을 수 있는 관광지이다.

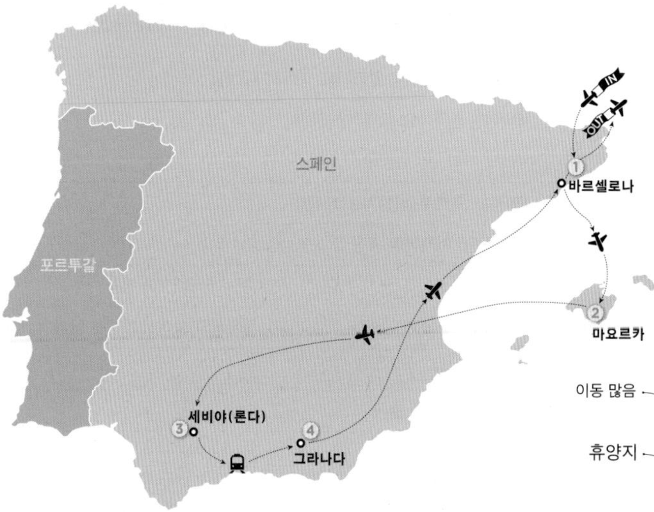

TRAVEL POINT

⊖ 항공 스케줄

바르셀로나 IN, OUT 직항 노선을 이용한다.

⊖ 도시별 체류 일수

마요르카(2박), 세비야(2박), 그라나다(2박), 바르셀로나(2박)

⊖ 도시 간 주요 교통수단

비행기 3회, 열차 1회, 버스 2회

⊖ 사전 예약 필수

도시 간 이동 교통편, 세비야 대성당, 세비야 알카사르, 알람브라 궁전, 사그라다 파밀리아, 구엘 공원

⊖ 여행 꿀팁

❶ 공항과 시내를 오가는 번거로움을 겪지 않으려면 바르셀로나에 도착 후 곧바로 마요르카로 향하는 연결편을 이용해 이동한다. 바르셀로나-마요르카 이동 시 부엘링항공, 이지젯 등 유럽 저가 항공을 이용해야 하는데 빨리 예약할수록 저렴하다.

❷ 운전이 능숙한 편이라면 마요르카는 렌터카를 이용해 드라이브를 즐기며 이동하는 것도 좋은 방법이다.

❸ 라 로카 빌리지에서 본격적인 쇼핑을 즐기려면 오픈 시간에 맞춰 방문하는 것이 좋다. 물량이 많고 사이즈도 다양한데 이른 시간대에 가야 원하는 상품을 살 수 있는 확률이 높다.

TRAVEL ITINERARY 여행 스케줄 한눈에 보기

여행 일수	체류 도시	시간	세부 일정
1일 차	마요르카	AM	인천 ▸ 바르셀로나(비행기로 약 14시간)
		PM	바르셀로나 ▸ 마요르카(비행기로 50분), 도착 후 숙소에서 휴식
2일 차		AM	팔마데마요르카
		PM	발데모사, 소예르
3일 차	세비야	AM	마요르카 ▸ 세비야(비행기로 1시간 35분)
		PM	세비야 대성당, 메트로폴 파라솔
4일 차	세비야 (근교 : 론다)	AM	세비야 ▸ 론다(버스로 2시간 30분)
		PM	누에보 다리, 론다 전망대
5일 차	그라나다	AM	세비야 ▸ 그라나다(열차로 2시간 35분)
		PM	스페인 광장, 세비야 알카사르
6일 차		AM	알람브라 궁전, 산니콜라스 전망대
		PM	칼데레리아 누에바 거리, 동굴 플라멩코
7일 차	바르셀로나	AM	그라나다 ▸ 바르셀로나(비행기로 1시간 30분)
		PM	카탈루냐 음악당, 람블라스 거리, 벙커
8일 차		AM	라 로카 빌리지 쇼핑
		PM	구엘 공원, 사그라다 파밀리아
9일 차		AM	그라시아 거리에서 쇼핑
		PM	공항으로 이동 후 출국
10일 차	인천	AM	기내 휴식
		PM	인천국제공항 도착

TRAVEL BUDGET

예산 짜기와 경비 절감 팁

유럽 여행은 최소 일주일, 길면 한 달 이상 일정으로 가는 것이 일반적이다. 그런데 가까운 아시아보다 물가가 저렴한 것도 아닐뿐더러 교통편, 숙박 등 어느 하나 비용이 만만치 않아 부담스러운 게 사실이다. 비용을 조금이라도 줄일 수 있는 사소하지만 도움 되는 팁을 알아보자.

항공권 저렴하게 구입

여행을 가기로 마음먹은 후 가장 먼저 할 일은 바로 항공권 구입이다. 항공권 검색 사이트인 스카이스캐너와 네이버 항공권에서 수시로 일정에 맞는 항공권 가격을 확인해본다. 컴퓨터나 스마트폰으로 검색할 경우 검색 기록이 남지 않게 웹 브라우저의 '시크릿 모드'로 접속하면 검색 횟수가 늘어나도 가격 변동이 크지 않아 저렴한 항공권을 구할 수 있다.

프로모션 이용해 숙소 예약

아고다, 호텔스닷컴 등 숙박 예약 플랫폼으로 검색하면 특가나 할인 이벤트를 하는 호텔을 쉽게 찾을 수 있다. 이미 원하는 숙박 업소를 정했다면 플랫폼 검색과 해당 숙소의 공식 홈페이지 검색을 병행하는 것이 좋다. 간혹 공식 사이트를 통해 세일이나 무료 서비스 프로모션을 하기 때문에 할인이 적용된 플랫폼보다 저렴하게 예약할 수도 있다.

극성수기 피하기

스페인과 포르투갈의 공휴일, 연말연시, 축제 기간은 여름이나 겨울 휴가철보다 더 많은 관광객이 몰리는 극성수기로 매우 혼잡하다. 이 시기에는 숙박비가 터무니없이 폭등하고 예약하기도 어렵다. 비행기, 열차, 버스도 사정은 마찬가지다. 어디를 가도 미어터지는 인파에 시내 교통 체증도 심하고 음식점 대기 시간도 평소보다 2배 이상은 각오해야 한다.

축구 경기 일정 확인

스페인, 포르투갈을 여행할 때는 축구 경기 일정도 반드시 체크해야 한다. 유럽 빅 리그에 속하는 스페인과 포르투갈 리그전뿐만 아니라 유럽 축구 연맹이 주관하는 챔피언스 리그와 유로파 리그, 국왕컵, 슈퍼컵 등 다양한 경기가 열린다. 라이벌 간 대결이나 준결승전 또는 결승전이 열리는 날은 숙소 잡기가 매우 어렵고 가격도 급등하므로 이 기간은 피하는 게 좋다.

교통수단 미리 예약

비행기, 열차, 버스 등 어떤 교통수단도 출발 날짜가 임박할수록 요금이 올라간다. 따라서 일정이 정해지면 곧바로 예매해야 경비를 줄일 수 있다. 출발 1~2달 전 미리 예매하면 많게는 일반 요금의 반값 이상 할인된 가격에 티켓을 구매할 수 있다. 항공, 철도, 버스업체 중 저가 브랜드를 이용하는 것도 한 방법이다.

면세와 관세 혜택

'택스 프리Tax Free' 스티커가 부착된 매장에서 물건을 구매하는 경우 스페인은 금액에 상관없이, 포르투갈은 €61.50 이상 구매할 때 면세 혜택을 받을 수 있다. 또한 두 국가는 한국과 자유무역협정FTA을 맺어 관세 면제도 가능하다. 고액의 물건을 구매했을 때는 돌려받는 금액이 크니 반드시 환급받도록 한다. ※면세 절차는 P.099 참고

각종 할인 코드 사용

마이리얼트립, 클룩, 에어비앤비, 오미오 등 각종 투어와 액티비티를 예약할 수 있는 여행 플랫폼은 회원 가입 시 제공하는 혜택 외에도 프로모션 코드를 입력하면 할인해주는 이벤트가 항상 열린다. 네이버 검색창에 '플랫폼명+할인 코드'로 검색하면 쉽게 찾을 수 있다.

관광 명소 무료 입장 시간 이용

전 세계 물가 상승으로 관광 명소 입장권 요금도 많이 올랐다. 경비를 아끼려면 관광 명소 무료 입장 혜택을 활용하자. 무료 입장 방법은 명소마다 다르다. 무료 입장인 요일과 시간에 맞춰 티켓 오피스를 직접 방문해 예약하거나 온라인 사이트를 통해 예약한다.

세트권과 1일권 활용

도시의 대표적인 명소를 두 곳 이상 묶거나 교통권이 포함된 세트권을 구매하면 비용을 절약할 수 있다. 티켓 오피스에 기재된 요금표를 꼼꼼하게 살핀다. 하루 동안 대중교통을 자유롭게 이용할 수 있는 1일권을 구매하면 저렴하고 매번 티켓을 구매해야 하는 번거로움도 없다.

벌금 무는 상황 피하기

대중교통 이용 중 불시 검문에 잘못 걸리면 €50~100의 벌금을 물어야 한다. 노약자나 학생 할인 티켓을 호기심에 구입해 이용하거나, 교통수단 탑승 시 티켓을 태그하지 않아 자신도 모르게 무임승차한 상황이 되었을 때가 대표적인 경우이다. 헛되이 많은 벌금을 내는 일이 없도록 하자.

PLANNING

3

GET READY

떠나기 전에 반드시
준비해야 할 것

GET READY ❶

스페인·포르투갈 내 교통편 예약하기

모처럼 멀리 떠나는 여행인 만큼 많은 도시를 방문하고 싶을 것이다. 비행기, 철도, 버스 등 다양한 교통수단을 적절히 활용해 동선을 최소화하고 시간과 경비를 절약하며 최대한 효율적으로 움직일 수 있는 방법을 알아보자.

주요 구간별 이동 루트 한눈에 보기

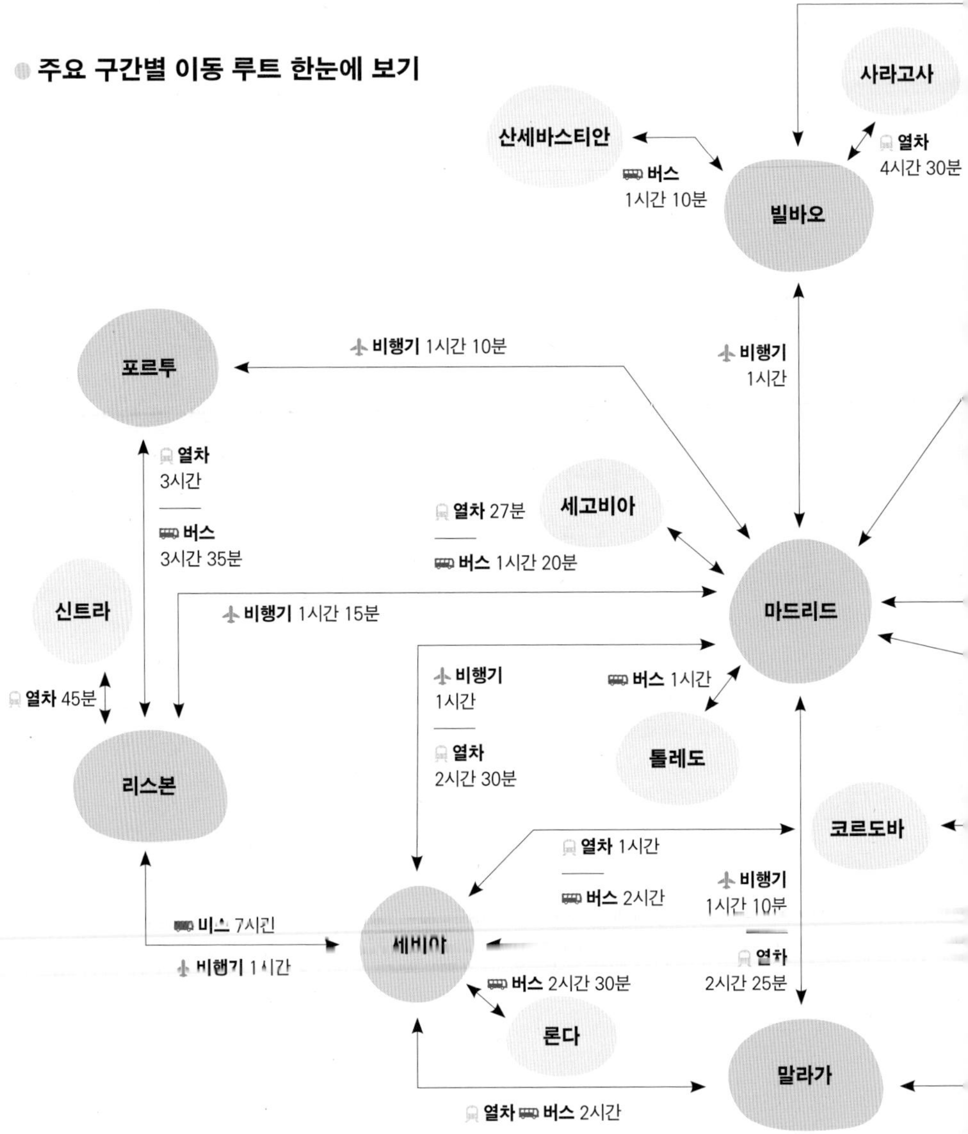

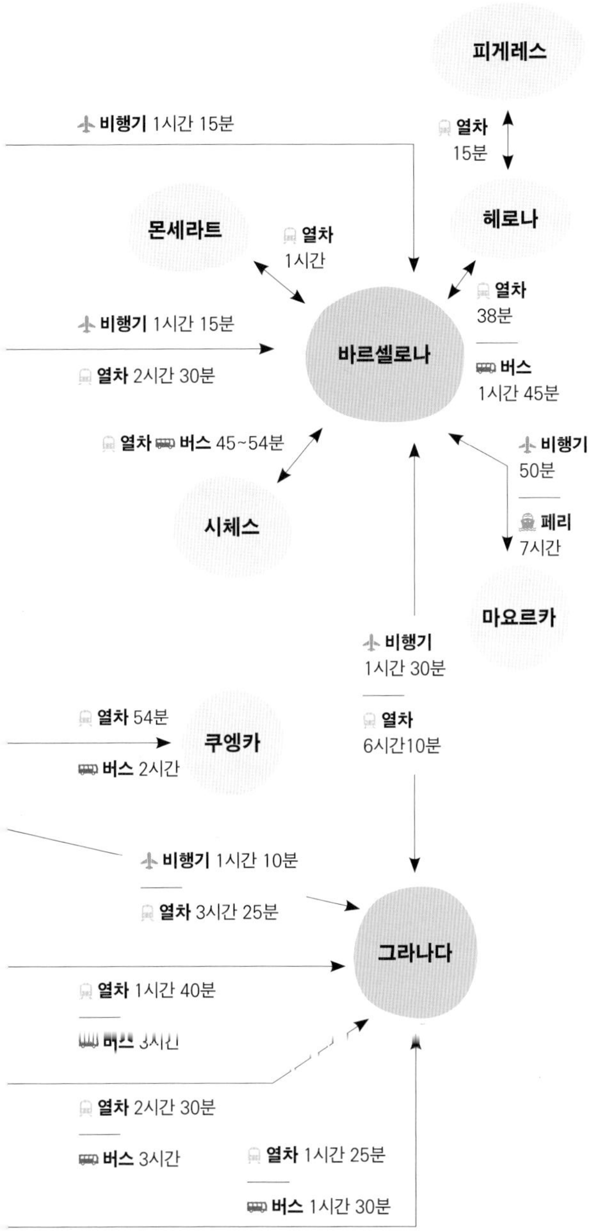

TIP

최저가 항공권 찾기

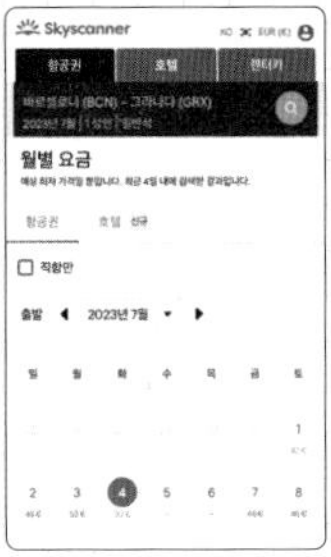

❶ 스카이스캐너 홈페이지나 앱에 접속해 '출발지'와 '도착지'를 입력하고 '가는 날'에 날짜를 클릭한다. 날짜가 아직 미정이면 '한 달 전체'를 클릭해 항공권을 검색한다.

❷ 검색 결과에서 출발 시간과 가격을 확인한 후 옵션을 선택한다. '한 달 전체'로 검색할 경우 날짜 밑에 기재된 가격을 보고 날짜를 선택한다.

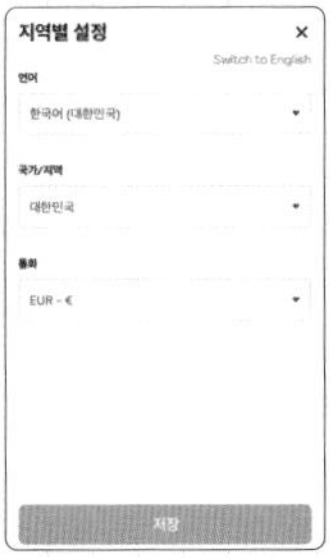

❸ 한국 화폐단위인 원으로 표시된다면 오른쪽 상단에 있는 '지구본'을 클릭해 통화 설정을 'EUR-€'로 변경해 저장한다.

❹ 세부 정보에서 가격순으로 나열된 판매처를 확인한 다음 구매할 곳을 선택한다. 날짜와 금액을 확인하고 항공권을 예매한다.

비행기

스페인, 포르투갈은 저가 항공사들이 주요 도시를 연결하고 있다. 스페인은 면적이 한국의 5배 정도라 도시 간 거리가 멀어 열차나 버스는 저가 항공 이용률이 높은 편이다.

장점 도시 간 이동 시간이 짧아 시간을 아낄 수 있다.

단점 시내와 공항 간 이동에 시간이 오래 걸리고, 항공 스케줄 지연이나 변동이 빈번하다.

스페인·포르투갈의 저가 항공사

스페인, 포르투갈을 비롯해 유럽은 다양한 저가 항공사가 취항하고 있으며 운항 편수도 많아 이용 노선과 구매 시기에 따라 열차나 버스보다 더 저렴하게 이용할 수 있다. 스페인 국내선은 보통 부엘링항공Vueling, 포르투갈 국내선은 탑포르투갈TAP Air Portugal이 저렴하며, 스페인과 포르투갈 간 국제선은 라이언에어RYANAIR, 에어유로파Air Europa, 이지젯easyJet, 이베리아항공IBERIA 등 다양한 항공사가 취항하고 있어 선택지가 많다.

저가 항공 이용 시 주의 사항

❶ 항공권 예약 시기

빨리 예약할수록 항공권 가격이 저렴하다. 새벽이나 늦은 밤 출발 시에만 저렴하고 오전부터 오후 시간대까지는 출발 직전에 구매하면 터무니없이 비싼 경우도 있으니 일정이 정해지면 곧바로 예약하는 것이 좋다. 시내와 공항 간 이동과 체크인 시간을 고려하면 열차나 버스로 이동하는 것이 더 빠르고 편리한 경우도 있으니 잘 비교해본다.

❷ 조건을 꼼꼼하게 확인

저가 항공사 대부분 가격별로 혜택이 다르므로 좌석 지정, 수하물, 기내식, 스케줄 변경 및 무료 취소 가능 여부, 우선 탑승 등 모든 옵션을 고려해 신중히 결정해야 한다. 최저가로 구매했다면 위 사항은 모두 적용되지 않는다고 봐야 한다. 항공권 예매 시 자신에게 필요한 옵션을 선택할 수 있으니 주의 깊게 확인하면서 예약한다.

❸ 기내 및 위탁 수하물 규정 확인

항공권 가격에 따라 기내 반입 가방 크기와 무게가 다르므로 소지할 물건을 고려해 예매한다. 출발 당일 공항에서 수하물 중량을 추가하면 비용이 비싸다. 항공권 예약 시 옵션을 선택해 추가하거나 탑승 전 온라인으로 미리 추가하는 게 훨씬 저렴하다. 만일 기내 수하물만 있는 옵션으로 예매했다면 기내 반입 물품도 반드시 확인해야 한다. 100ml 이상 액체류 및 젤류는 반입이 불가능하며 100ml 이하 액체류 및 젤류는 투명 지퍼백(20cm×20cm)에 1L까지 반입할 수 있다.

❹ 사전 체크인 여부 확인

탑승 전 반드시 온라인 사전 체크인을 해야 하는 경우도 있으므로 항공권 구매 후 전송되는 메일을 자세히 살펴봐야 한다. 대개 탑승 48시간 전부터 2시간 전까지 온라인 홈페이지나 애플리케이션을 통해 예약 번호 입력 후 체크인을 한다. 완료 시 표시되는 QR코드 또는 추후에 전송되는 E티켓으로 탑승하게 되니 반드시 휴대폰에 저장해둔다.

❺ 수하물 부치기

출발 당일 공항 카운터에서 직원을 통해 체크인하고 수하물을 부치는 것이 일반적이다. 간혹 항공사에 따라 무인 체크인 카운터를 운영하는 경우가 있는데 이때는 셀프로 위탁 수하물을 부쳐야 한다. 여권과 E티켓을 기계에 인식시키면 수하물 표가 출력된다. 수하물에 이것을 부착해 컨베이어 벨트에 올린 후 바코드를 인식시키면 레일이 움직이면서 수하물 부치기가 완료된다. 특히 출발 시간과 게이트가 변경되는 일이 부지기수이니 공항 내 모니터를 수시로 지켜보며 변동 사항을 확인하도록 한다.

열차

스페인에서는 국영 철도 렌페와 민간 고속철도 이리요, 프랑스의 저가 고속 열차 위고를 운행하며, 포르투갈에서는 CP라 불리는 국영 철도를 운행한다. 주요 도시 간에는 대부분 열차 노선이 연결되어 있다.

장점 비행기보다 요금이 저렴하며, 정차역이 시내 중심부에 있어 시내 이동이 편리하다.

단점 장거리일 경우는 고속 열차라도 시간이 오래 걸린다.

스페인·포르투갈의 주요 열차 회사

❶ 렌페 Renfe

출발하기 2개월 전부터 2주 전 사이에 예매 창이 열리는데 오픈 날짜가 일정치 않아 수시로 확인해야 한다. 철도 역시 비행기와 마찬가지로 미리 예약할수록 저렴하게 구매할 수 있다. 단, 렌페 공식 홈페이지와 애플리케이션은 한국에서는 열리지 않기 때문에 가상 사설망(VPN)을 통해 우회로만 접속할 수 있어 예약이 번거롭다. 오미오OMIO, 클룩Klook, 레일클릭RailClick 등 예매 대행 사이트를 이용하면 수수료를 내고 우회 접속 없이 한국어로 예매가 가능해 편리하다.

렌페 www.renfe.com/es/en
오미오 www.omio.co.kr
클룩 www.klook.com/ko
레일클릭 railclick.com/ko

❷ 이리요 Iryo

2022년 11월 운행을 시작했으며, 바르셀로나-마드리드, 바르셀로나-사라고사, 마드리드-세비야, 코르도바-말라가 등의 노선이 렌페보다 저렴하다. 최근에 개통해 차량이 깨끗하고 최신 시설이라 쾌적한 여행을 즐기기에 좋다. 렌페와 달리 한국에서도 공식 홈페이지에 접속해 쉽게 예약할 수 있다(영어 지원).

이리요 iryo.eu/en/home

❸ 위고 OUIGO

바르셀로나-마드리드, 바르셀로나-사라고사 등 일부 노선만 연결한다. 렌페보다 요금이 저렴해 인기가 높으나 환불은 불가능하므로 일정이 확실할 때만 예약한다. 위고 역시 한국에서 공식 홈페이지에 접속할 수 있다(영어 지원).

위고 www.ouigo.com/es/en

❹ 포르투갈 CP(Comboios de Portugal)

출발 2개월 전에 예매 창이 열리며 렌페와 마찬가지로 빨리 예약할수록 요금이 저렴해진다. 한국에서 공식 홈페이지에 접속 가능해 쉽게 예매할 수 있다(영어 지원).

CP www.cp.pt/passageiros/en

열차 이용 시 주의 사항

스페인은 역에서 장거리 열차를 탑승하는 경우 비행기처럼 티켓과 함께 짐 검사를 한다. 따라서 출발 시간보다 여유롭게 도착하는 것이 좋다. 칼 같은 뾰족한 물건은 열차 내 반입이 금지되어 있어 압수당한다. 또 파업으로 운행이 취소되기도 하며 연착도 심심찮게 발생하기 때문에 어느 정도 변수를 염두에 두어야 한다.

TIP

유레일 패스, 필요할까

티켓 한 장으로 유럽 33개국의 철도 노선을 이용할 수 있는 유레일 패스는 사실 스페인과 포르투갈 여행에는 적합하지 않다. 구간별로 별도로 예약하는 것이 더 저렴하고 경우에 따라 열차보다 비행기나 버스를 합리적인 요금에 이용할 수 있기 때문이다. 번거롭더라도 일일이 예약해 경비를 절약하자.

FOLLOW UP

오미오OMIO 예약 그대로 따라 하기

예약 사이트 www.omio.co.kr

1

편도 또는 왕복을 선택한 다음 출발지와 목적지, 날짜를 입력한 후 '검색'을 클릭한다.

2

검색 결과의 운행 스케줄을 확인해 예약하고 싶은 시간대를 클릭한다.

3

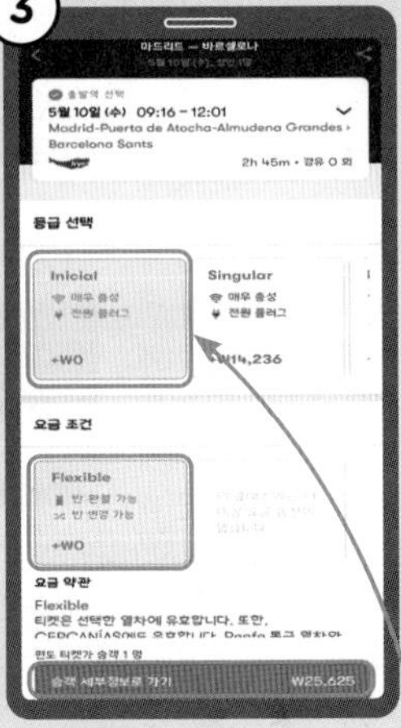

좌석 등급과 요금 조건을 확인하고 '승객 세부 정보로 가기'를 클릭한다.

이리요 좌석 등급(전 좌석 무료 와이파이, 전기 플러그 가능)

❶ **이니시알** Inicial
일정 변경(날짜 변경은 요금 차액, 시간 변경은 요금의 15%)
환불(탑승 7일 전까지 80%, 탑승 6일 전부터 탑승 전까지 70%, 탑승 후 불가)
티켓 소유자 변경 가능(€40), 짐 3개(휴대용 가방 1개, 큰 가방 2개)

❷ **싱글라** Singlar
일정 변경(날짜 변경은 무료, 시간 변경은 요금 차액)
환불(탑승 7일 전까지 85%, 탑승 6일 전부터 탑승 전까지 75%, 탑승 후 2시간 이내 €30)
티켓 소유자 변경 가능(€20), 짐 3개(휴대용 가방 1개, 큰 가방 2개)

❸ **인피니타** Infinita – **넓은 좌석**
일정 변경(날짜 변경은 무료, 시간 변경은 요금 차액)
환불(탑승 7일 전까지 95%, 탑승 6일 전부터 탑승 전까지 90%, 탑승 후 2시간 이내 €10)
티켓 소유자 변경 가능(무료), 짐 3개(휴대용 가방 1개, 큰 가방 2개)

4

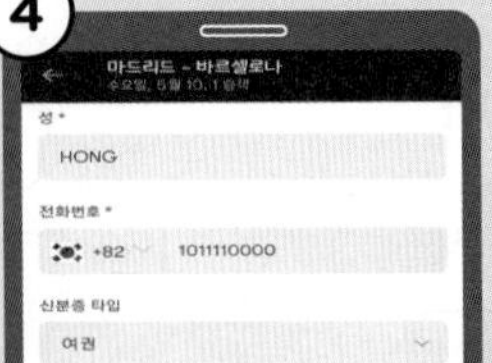

승객 정보 입력 후 '여행 항목 세부 정보 보기'를 클릭한다.

5

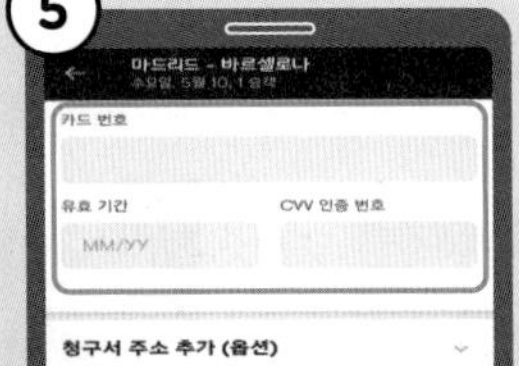

결제 방식을 선택한 다음 카드 정보를 입력하고 '지불'을 클릭한다.

FOLLOW UP

포르투갈 CP 예약 그대로 따라 하기

반드시 회원 가입 후 로그인 상태에서 진행해야 예약이 가능하다.

예약 사이트 www.cp.pt/passageiros/en/buy-tickets

1

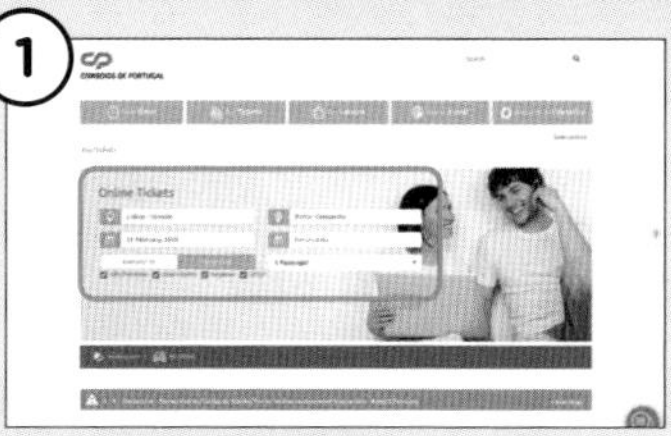

출발지와 목적지, 탑승 날짜, 좌석 등급, 인원 수 입력 후 'Submit'을 클릭한다.

2

예약하려는 탑승 시간과 '정책 동의'에 체크하고 'Continue'를 클릭한다.

3

이름, 여권 번호, 할인 옵션을 선택하고 'Amount to Pay'를 클릭한다(할인 옵션은 Discount에서 탑승자 연령대와 Promo Ticket을 적용해야 할인받을 수 있다).

4

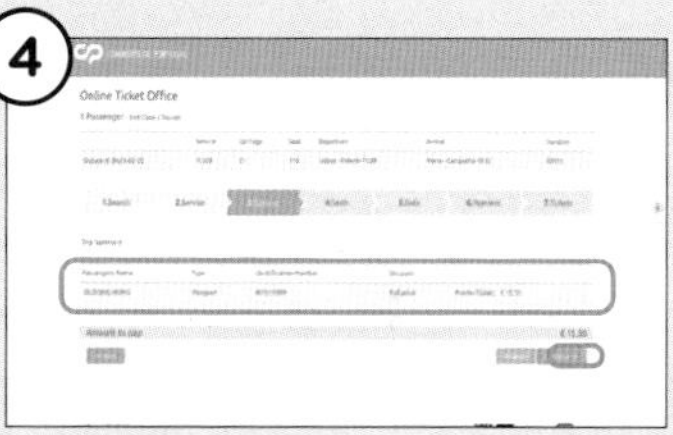

승차할 기차 정보와 가격을 확인한 다음 'Continue'를 클릭한다.

5

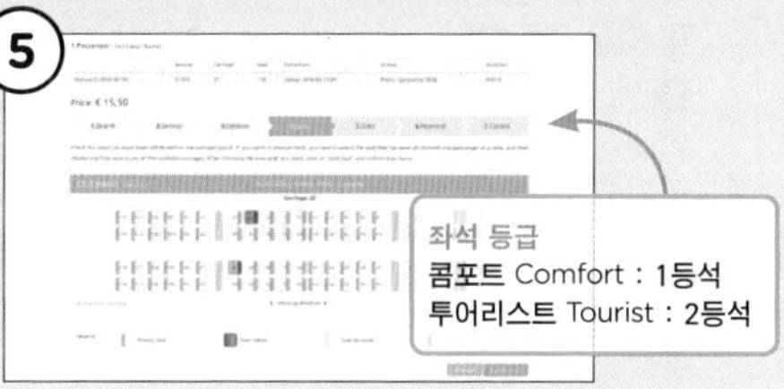

좌석을 지정한 다음 'Continue'를 클릭한다(자동으로 지정된 좌석을 변경하고 싶다면 좌석을 더블 클릭한 후 새 좌석을 선택한다).

6

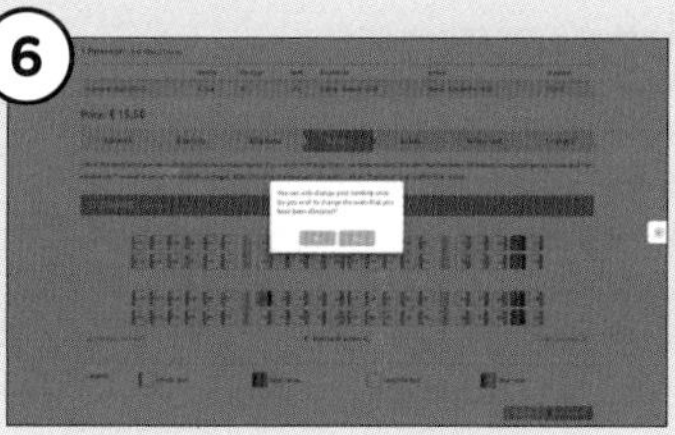

'예약 변경은 한 번만 가능하다'는 안내창이 뜨면 'Yes'를 클릭한다.

7

예약 확인 사항을 전달받을 메일 주소와 전화 번호 입력 후 'Continue'를 클릭한다.

8

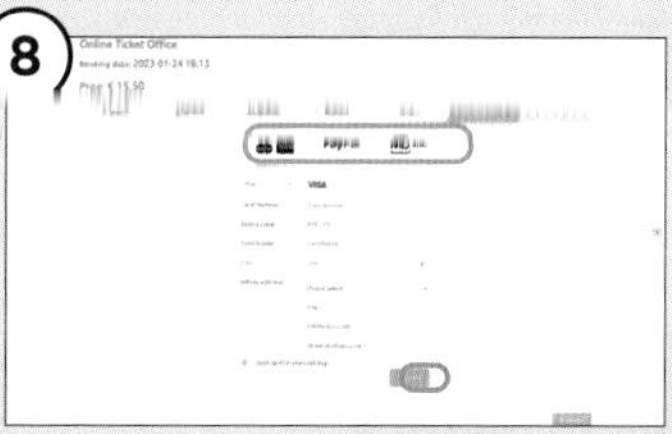

결제 수단(신용카드, 페이팔 등)을 선택해 정보를 입력하고 'Pay now'를 클릭한다.

버스

스페인, 포르투갈의 도시 간 이동은 열차보다 버스가 더 이용하기 편리하다. 스페인 남부의 소도시나 포르투갈 주요 도시 간 이동 시 다양한 버스 회사에서 운행하는 많은 노선을 이용할 수 있다. 버스 운행 편수도 많고 요금도 저렴하다.

장점 요금이 저렴하고 쾌적하다.

단점 할인 티켓은 매진이 빠르고, 대도시 간 이동에 소요 시간이 길다.

스페인·포르투갈의 주요 버스 회사

스페인과 포르투갈 지역을 오가는 버스 회사로는 알사ALSA, 아반사AVANZA, 소시부스Socibus, 다마스DAMAS, 인테르부스INTERBUS, 헤지 에스프레소스Rede Expressos, 집시GIPSYY, 플릭스버스FLiXBUS, 유니온 이브코니Union Ivkoni 등이 있다. 주로 스페인 지역은 알사 버스를, 포르투갈 지역은 헤지 에스프레소스를 이용한다. 비행기와 열차보다 느리지만 요금이 저렴하고 쾌적해 만족도가 높은 편이다. 야간 버스를 운행하는 노선도 있어 경비를 절약하고 싶을 때 좋은 선택지가 될 수 있다. 대부분의 버스가 시내버스 터미널에서 출발 또는 도착하지만 간혹 터미널 부근 버스 정류장이나 건물 앞에서 승객을 태우거나 내려주는 경우가 있으니 탑승 전 확인이 필요하다.

알사 www.alsa.com/en/web/bus/home
아반사 www.avanzabus.com
소시부스 socibusventas.es/en
다마스 damas-sa.es
인테르부스 www.interbus.es
헤지 에스프레소스 rede-expressos.pt/pt
집시 www.gipsyy.com
플릭스버스 global.flixbus.com
유니온 이브코니 en.union-ivkoni.com

❶ 주요 버스 이동 인기 구간
말라가-세비야, 세비야-그라나다, 세비야-론다, 세비야-리스본, 리스본-포르투

버스 이용 시 주의 사항

❶ 버스 표지판에 최종 목적지만 표시된 경우가 있다. 중간에 하차하는 지역을 확인하기 어렵다면 승차 전 버스기사에게 물어 확인한다.

❷ 동일한 시간대에 목적지가 같은 버스가 여러 대 운행할 수도 있으므로 본인이 예약한 버스 회사를 반드시 확인하고 승차한다.

❸ 자주 있는 일은 아니지만 터미널 플랫폼이 변경되기도 하므로 탑승 전 모니터를 통해 수시로 확인한다.

❹ 대부분의 탑승자는 예약한 좌석 번호에 따라 착석하므로 예약 정보에 기재된 좌석 번호대로 앉을 것을 권장한다.

❺ 예약 당시 부여받은 QR코드를 캡처해두거나 인쇄하여 탑승 시 여권과 함께 제시하면 더욱 신속하게 처리할 수 있다.

❻ 여름휴가철과 연말연시 등 성수기에는 일부 구간이 매진되기도 하므로 미리 예약하는 것이 좋다.

TIP

알사 여행자 패스

알사 버스 회사는 여행자 전용 패스로 '안달루시아 패스'와 '포르투갈 패스'를 판매하다. 안달루시아 패스는 세비야, 그라나다, 말라가, 코르도바 구간을 10일 동안 3회 이용 가능한 것(€34)과 15일 동안 4회 이용 가능한 것(€30) 두 종류가 있다. 포르투갈 패스는 세비야-리스본-파로-세비야 또는 마드리드-포르투-리스본-마드리드 구간을 15일 동안 3회 이용(€49.90) 가능하다. 공식 홈페이지와 애플리케이션에서 구매할 수 있다.

FOLLOW UP

알사 버스 예약 그대로 따라 하기

회원 가입을 하지 않아도 예매가 가능하나 매번 프로세싱 수수료Processing Fee가 발생한다. 회원 가입을 하면 첫 예매 시에는 수수료가 발생하지만 두 번째 예매부터 수수료가 없다. 수수료는 예매 금액별로 인당 계산된다.

예약 사이트 www.alsa.com/en/web/bus/home

1

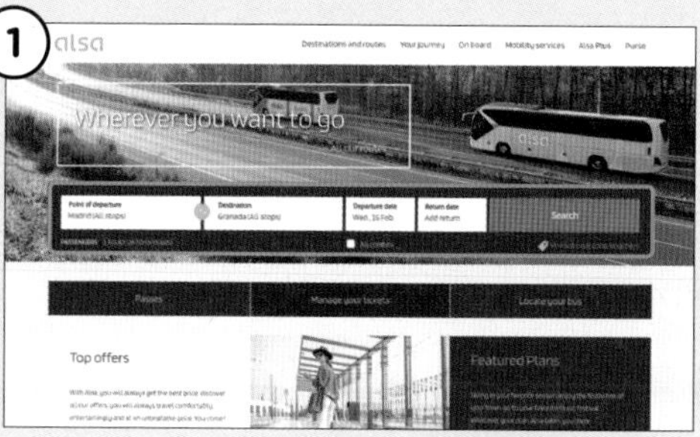

출발지와 목적지 입력, 승차 날짜와 탑승자 연령 선택 후 'Search'를 클릭한다.

2

티켓 종류(Look other fares에서 종류 확인 가능)
미니멈 Minimum : 변경과 취소 불가
리듀스드 Reduced : 변경 가능, 취소 불가
슈퍼 플렉스 Super Flex : 변경과 취소 가능

승차 시간과 티켓 종류 선택 후 'Continue'를 클릭한다.

3

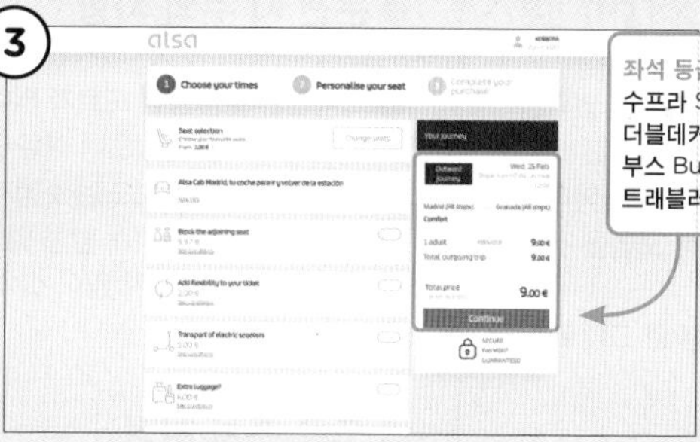

좌석 등급
수프라 Supra : 우등 버스
더블데커 Double-decker : 2층 버스
부스 Bus : 일반 버스
트래블러 패스 Traveller Pass : 알사 전용 여행자 패스

좌석을 지정한 다음(Change Seats, 유료) 수하물, 보험 등 옵션을 선택 후 'Continue'를 클릭한다.

4

탑승자 이름과 성, 여권 번호, 메일 주소, 전화번호 입력 후 결제 수단(신용카드, 페이팔)을 선택하고 'Pay'를 클릭한다.

렌터카

스페인, 포르투갈의 대도시와 소도시를 자유롭게 둘러보려면 렌터카를 이용하는 것이 편리하다. 하지만 운전 시간이 긴 만큼 체력 안배를 잘해야 하며 주차 시설을 미리 확인해두고 움직이는 것이 좋다.

장점 이동이 자유로워 자신만의 일정을 계획하기 좋다.

단점 운전 시간이 길어 피로도가 높고 도심 주차가 불편하다.

주요 렌터카 회사

해외 렌터카 전문 업체로는 유럽카Europcar, 허츠Hertz, 버짓Budget, 식스트Sixt, 에이비스Avis, 엔터프라이즈Enterprise 등이 있다. 기종, 보장 내용, 요금, 대응 서비스 등 여러 요소를 고려해 선택한다.

렌터카 회사 홈페이지

유럽카 www.europcar.co.kr
허츠 www.hertz.co.kr
버짓 www.budget.co.kr
식스트 www.sixt.com
에이비스 www.avis.com
엔터프라이즈 www.enterprise.com

렌터카 예약 시 주의 사항

❶ 업체의 영업시간과 휴무일을 정확히 확인하고 갈 것. 자동차 픽업 장소와 반납 장소가 다를 경우 모두 확인한다.
❷ 수동 기어Manual가 대부분인데 자신이 없다면 추가 비용을 내고 오토Automatic를 선택한다.
❸ 어떠한 상황이 발생할지 모르니 비싸더라도 면책금을 100% 면제해주는 풀커버 보험을 권장한다.
❹ 주유는 처음 렌트할 때 남아 있던 양 그대로 다시 채워 넣어 반납한다.

TIP

도로별 제한속도

도로 우측에 있는 제한속도 표지를 확인하다.
고속도로 120km/h
국도 100km/h(편도 2차선 이상의 도로와 넓은 도로 등)
일반 도로 90km/h / 시가지 50km/h / 어린이 보호구역 30km/h

렌터카 운전 가능자

21세 이상으로 운전 경력이 1~2년 이상인 자. 픽업 시 여권과 한국운전면허증, 발급한 지 6개월 이내인 국제운전면허증, 운전자 본인 명의 신용카드를 소지해야 한다.

운전 시 안전 규칙

❶ 운전자는 물론이고 승차 인원 전원이 반드시 안전벨트를 착용해야 한다.
❷ 운전 중 휴대폰 사용이 금지되어 있다. 단, 핸즈프리로는 통화가 가능하다.
❸ 차도나 갓길에 차를 세우고 밖으로 나갈 때는 노란색 반사복을 착용해야 한다.
❹ 일정 시간 차를 도로 한쪽에 세워놓을 때는 삼각 표지판을 설치해야 한다.

운전 시 주의 사항

❶ 스페인은 일방통행 도로가 많아 예상보다 늦게 목적지에 도착할 수 있으니 여유 있게 움직이자.
❷ 신호등 없는 횡단보도는 보행자 우선이다.
❸ 회전 교차로는 반시계 방향 일방통행이다.
❹ 과속 단속 카메라가 많이 설치되어 있으니 속도위반에 주의한다.

도로 주차 사정

스페인에서는 주차 구역이 네 구역으로 나뉜다. 야외 주차 시 차량 안의 소지품이 보이지 않게 둔다.

백색 구역 누구든 시간 상관없이 흰색 선 안쪽으로 주차 가능
청색 구역 코인(유료) 파킹 구역
녹색 구역 거주자 우선 주차 구역, 거주자가 아닌 경우 주차 가능 시간 제한
황색 구역 주차 금지 구역

GET READY ❷

스페인·포르투갈 숙소 예약하기

장기간 여행에서 최상의 컨디션을 유지하기 위해 중요한 요소는 바로 쾌적한 잠자리이다. 특히나 유럽 여행은 시차 때문에 여행 자체만으로도 피로도가 높기 때문에 수면의 질을 고려해 숙소를 정하는 것이 좋다.

스페인 · 포르투갈의 숙소 유형

호텔 Hotel

각자 별도의 공간에 머무는 숙박 시설이다. 많은 여행자가 방문하는 도시라면 주로 관광 명소 주변이나 도시 중심가에 위치해 편리하게 이용할 수 있다. 객실 타입은 싱글, 더블, 트윈, 패밀리, 스위트 룸 등으로 나뉜다. 호텔 분위기, 객실 상태, 부대시설, 서비스가 우수할수록 호텔 등급이 높고 그에 따라 가격도 달라진다. 교통, 치안, 거리 분위기 등을 고려하고 조식 제공 여부, 호텔 자체 서비스, 객실 인테리어, 헬스클럽이나 수영장 등 부대시설을 확인해 자신에게 맞는 호텔을 예약한다.

에어비앤비 Airbnb

개인 집이나 사적인 공간을 여행자에게 대여해주는 숙박 공유 플랫폼. 현지 호스트가 실제로 거주하는 집 또는 대여하기 위해 꾸민 집에서 지낼 수 있어 현지인처럼 생활하며 일상을 체험하고자 하는 여행자에게 안성맞춤이다. 호텔과 호스텔이 도시 번화가나 중심가에 몰려 있는 것에 비해 에어비앤비는 현지인이 주로 거주하는 구역이나 최근 핫 플레이스로 떠오른 지역에서도 머물 수 있도록 다양한 지역의 숙소들이 연결되어 있다. 단, 사진과 실제 숙소의 괴리감이 크거나 호스트와 연락 두절, 일방적 취소 등 자잘한 사고가 생기기도 하므로 후기를 꼼꼼하게 살펴보고 예약하는 것이 좋다.

호스텔 Hostel

호텔보다 저렴한 간이 숙박 시설. 한 객실에 여러 명이 묵는 도미토리를 중심으로 운영하며 샤워 시설과 화장실, 키친, 라운지 등 공용 공간이 마련되어 있다. 전 세계에서 방문한 숙박객들과 쉽게 교류할 수 있고, 역 부근에 위치해 접근성이 좋은 데 비해 가격이 저렴하다는 장점이 있다. 그러나 소음을 견뎌야 하고 개인 공간이 없으며 도난 사고가 자주 발생한다는 게 단점이다.

한인 민박 B&B

한국인 또는 한국 출신 교포가 운영하는 한인 민박도 한국인 이용자가 많이 선호하는 숙박 시설이다. 한국어로 체크인, 체크아웃은 물론이고 다양한 여행 정보를 얻을 수 있어 여러모로 편리하다. 또한 나 홀로 여행자라면 이곳에서 동행을 구하기도 쉬운 편이다. 매일 아침 조식을 한국 음식으로 제공하는 곳도 있어 현지 음식이 맞지 않아 고생한다면 더욱 고려할 만하다. 단, 여러 명과 함께 화장실과 욕실을 이용해야 하는 경우가 있으며, 한인 민박이 없거나 적은 지역이 있어 선택지가 넓지 않다.

스페인·포르투갈 숙소 어디에 잡을까?

바르셀로나

카탈루냐 광장 주변
대중교통을 이용해 시내 관광 명소를 돌아보기에 용이한 구역. 지하철, 버스, 공항버스 등 교통수단이 많아 관광하기 가장 편리하다.

그라시아 거리
치안을 중요시하는 나 홀로 여행자에게 추천! 바르셀로나 중심부에서 가장 치안이 좋은 구역이다. 단, 명품 브랜드 숍과 고급 음식점이 즐비해 다른 지역보다 숙박료가 비싼 편이다.

사그라다 파밀리아 주변
바르셀로나 관광의 핵심이라 할 수 있는 이곳에도 호텔이 있다. 비교적 조용한 편이나 호텔 수가 적어 선택의 폭이 좁다.

바르셀로나산츠역 주변
한국의 서울역과 같은 바르셀로나의 중앙역 부근은 다른 도시나 나라로 이동할 때 이른 시간에 철도나 비행기를 이용해야 한다면 좋은 선택이다.

마드리드

솔 광장 주변
마드리드 관광의 거점. 왕궁과 알무데나 대성당이 있는 구역까지 도보로 이동 가능하며, 미술관이 있는 구역까지는 지하철로 환승 없이 연결된다.

아토차역 주변
마드리드 중앙역 부근으로 주요 미술관이 있는 구역까지 도보로 이동 가능해 미술관을 중점적으로 둘러보고자 하는 경우에 선택하기 적당하다.

세비야

세비야 대성당 주변
세비야 구시가지의 중심지로 세비야 대성당을 비롯해 알카사르, 황금의 탑, 산타크루스 지구 등 주요 관광지가 모여 있으며 호텔도 밀집해 있다.

스페인 광장 주변
여행자가 반드시 방문하는 스페인 광장은 세비야 중심가에서 다소 떨어져 있다. 현지인이 주로 오가는 구역이라 조용한 편이다.

그라나다

누에바 광장 주변
구시가지 중앙에 있어 음식점과 쇼핑 매장으로 둘러싸여 있으며, 주변에 많은 호텔이 있다. '알람브라 버스'의 기점이기도 하다.

알람브라 궁전 주변
도시 중심가에서 떨어진 언덕 위에 있어 접근성은 떨어진다. 숙박비도 다소 비싸지만 주변의 궁전을 닮은 건물들이 이루는 풍경을 즐기기 좋다.

말라가

말라가 구시가지
피카소 미술관, 피카소 생가, 엥카르나시온 대성당, 알카사바 등 말라가의 주요 관광 명소가 밀집한 지역으로 음식점과 쇼핑 매장도 있어 편리하다.

빌바오

빌바오 신시가지
지하철 모유아Moyua역 부근 신시가지에 최신 호텔이 모여 있다. 구겐하임 미술관과 구시가지를 도보 또는 지하철로 쉽게 이동할 수 있다.

리스본

산타주스타 엘리베이터 주변
언덕길이 주를 이루는 리스본에서 비교적 지대가 낮고 평지가 많은 곳이다. 코메르시우 광장, 상조르즈성, 카르무 수도원까지 도보로 갈 수 있다.

타임 아웃 마켓 리스본 주변
리스본에서 가장 핫한 곳, 멋스러운 카페와 잡화점이 즐비하다. 리스본 관광에서 빼놓을 수 없는 벨 지구까지 한번에 가는 트램 정류장도 가깝다.

포르투

상벤투역 주변
포르투 중심가로 철도, 지하철, 버스 모두 다니는 교통의 요지이다. 렐루 서점, 클레리구스 성당, 볼량 시장 등 관광 명소와 가깝고 맛집도 모여 있다.

히베이라 광장 주변
노루강과 동 루이스 1세 다리가 이루는 경치를 만끽할 수 있으며, 석양과 야경을 감상한 후 늦은 시간까지 돌아다녀도 심리적으로 편안하다. 언덕이 많아 짐이 많으면 이동하기 힘들 수 있다.

스페인·포르투갈 도시별 추천 숙소

스페인

바르셀로나

숙소명	종류	위치	특징
H10 메트로폴리탄 호텔 H10 Metropolitan Hotel	4성급	카탈루냐 광장 근처	최고의 접근성을 자랑하는 부티크 호텔
모선 바이 필로우 Mothern by Pillow	3성급	카탈루냐 광장 근처	단정하고 깔끔한 인테리어
호텔 식스티투 Hotel Sixtytwo	4성급	카탈루냐 광장 근처	만족도 높은 조식과 무료 음료를 제공하는 라운지가 매력
호텔 카탈로니아 Hotel Catalonia	4성급	카탈루냐 광장 근처	모던한 분위기의 객실과 레스토랑이 인상적
호텔 풀리처 Hotel Pulitzer	4성급	카탈루냐 광장 근처	잘 꾸민 루프톱 정원과 조식 레스토랑
호텔 알마 Hotel Alma	5성급	카사 밀라 근처	초록이 우거진 야외 테라스가 근사한 럭셔리 호텔
호텔 마제스틱 Hotel Majestic	5성급	카사 바트요 근처	루프톱에서 사그라다 파밀리아 조망
호텔 사그라다 파밀리아 Hotel Sagrada Familia	3성급	사그라다 파밀리아 근처	합리적인 가격대의 숙소
호텔 세르코텔 로셀론 Hotel Sercotel Rosellón	4성급	사그라다 파밀리아 근처	사그라다 파밀리아 뷰의 객실과 루프톱 바
바르셀로 산츠 호텔 Barcelo Sants Hotel	4성급	바르셀로나산츠역 근처	기차역과 가까워 접근성 탁월

마드리드

숙소명	종류	위치	특징
프티 팰리스 푸에르타 델 솔 Petit Palace Puerta del Sol	3성급	솔 광장 바로 앞	군더더기 없이 깔끔한 객실 인테리어
호텔 리아베니 Hotel Liabeny	4성급	솔 광장 근처	잘 갖춰진 시설에 접근성 좋은 숙소
호텔 모데르노 푸에르타 델 솔 Hotel Moderno Puerta del Sol	3성급	솔 광장 바로 앞	안락하고 아늑한 분위기의 객실
호텔 NH 마드리드 나시오날 Hotel NH Madrid Nacional	4성급	아토차역 근처	화이트 톤의 깔끔하고 모던한 객실과 푸른색 의자가 포인트

세비야

숙소명	종류	위치	특징
EME 카테드랄 메르세르 호텔 EME Catedral Mercer Hotel	5성급	세비야 대성당 근처	세비야 대성당 뷰로 인기인 루프톱 바를 갖춘 럭셔리 호텔
H10 카사 데 라 플라타 H10 Casa de la Plata	4성급	살바도르 성당 근처	고풍스러운 분위기의 객실과 조식당이 매력적인 숙소
NH 세비야 플라사 데 아르마스 NH Sevilla Plaza de Armas	4성급	플라사 데 아르마스 버스 터미널 근처	버스 터미널에서 가까워 도시 간 이동이 편리

그라나다

숙소명	종류	위치	특징
마르키스 호텔 이사벨스 Marquis Hotels Issabel's	4성급	그라나다 대성당 근처	최고의 접근성과 넓은 로비 카페
AMC 그라나다 AMC GRANADA	1성급	누에바 광장 근처	중심가에 위치하여 접근성 탁월
아우레아 워싱턴 어빙 Áurea Washington Irving	5성급	알람브라 궁전 근처	알람브라 궁전을 코앞에 둔 럭셔리 호텔

말라가

숙소명	종류	위치	특징
호텔 팔라세테 데 알라모스 Hotel Palacete de Álamos	4성급	피카소 미술관 근처	호텔과 아파토텔을 함께 운영
AC 호텔 말라가 팔라시오 AC Hotel Malaga Palacio	4성급	말라가 대성당 근처	말라가 시내 전경이 보이는 루프톱 바가 매력적
호텔 몰리나 라리오 Hotel Molina Lario	4성급	말라가 대성당 근처	모던하면서 세련된 분위기의 부티크 호텔

빌바오

숙소명	종류	위치	특징
호텔 칼튼 Hotel Carlton	5성급	빌바오 미술관 근처	오랜 전통의 호텔
그란 호텔 도미네 빌바오 Gran Hotel Domine Bilbao	5성급	구겐하임 미술관 근처	구겐하임 미술관 전망의 객실
호텔 빈치 콘술라도 데 빌바오 Hotel Vincci Consulado de Bilbao	5성급	구겐하임 미술관 근처	모던한 현대식 디자인의 호텔

포르투갈

리스본

숙소명	종류	위치	특징
아베니다 팰리스 Avenida Palace	5성급	호시우역 근처	화려한 궁전에 머무는 듯한 럭셔리 호텔
호텔 다 바이샤 Hotel da Baixa	4성급	산타주스타 엘리베이터 근처	멋스러운 외관과 세련된 객실 인테리어가 인상적
마이 스토리 호텔 호시우 My Story Hotel Rossio	3성급	호시우역 근처	힙한 감성이 충만한 인테리어
코르푸 산토 리스본 히스토리컬 호텔 Corpo Santo Lisbon Historical Hotel	5성급	타임 아웃 마켓 근처	최신 시설에 만족스러운 조식 제공

포르투

숙소명	종류	위치	특징
포르투베이 호텔 테아트로 PortoBay Hotel Teatro	[illegible]	상벤투역 근처	2021년 리뉴얼한 [illegible] 호텔
머큐어 포르투 센트루 산타카타리나 Mercure Porto Centro Santa Catarina	4성급	상벤투역 근처	세계적인 호텔 체인의 믿고 묵을 수 있는 호텔
포르투 리버 아파토텔 Porto River Aparthotel	4성급	히베이라 광장 근처	도루강 변을 조망하기에 더할 나위 없는 뷰
더 하우스 오브 샌드맨 The House of Sandeman	3성급	모후 정원 근처	포트와인 브랜드 샌드맨이 운영하는 호텔 겸 호스텔

FOLLOW UP

GET READY ❸

관광 명소 입장권 & 주요 티켓 예약하기

출국 전 반드시 사전 예약을 해야 하거나 미리 예매해두면 좋은 관광 명소가 있다. 휴가철이나 연말연시 등 전 세계 관광객이 모여드는 여행 성수기는 물론이고 비교적 비수기에 해당하는 시기에도 미리 예약하지 않으면 조기 매진되어 관람하지 못하는 최악의 상황이 발생할 수 있다.

바르셀로나의 구엘 공원 입장권 예약 그대로 따라 하기

예약 사이트 parkguell.barcelona/en/buy-tickets

1

티켓 종류 옵션의 'BUY'를 클릭한다.

티켓 종류
❶ General admission : 일반 입장권
❷ Guided tour : 가이드 투어
❸ Private tour : 프라이빗 투어
❹ Organized groups : 단체 투어

2

요금 종류와 인원수를 선택하고 요금 합계를 확인한 후 'Next'를 클릭한다.

요금 종류
❶ General ticket : 일반
❷ Children from 0 to 6 : 6세 이하
❸ Children from 7 to 12 : 7세 이상 12세 이하
❹ Over 65 : 65세 이상
❺ 'Targeta Rosa Reduïda' card : Targeta Rosa Reduïda 카드 소지자
❻ 'Targeta rosa' card : Targeta rosa 카드 소지자
❼ People with disabilities : 장애인
❽ Acco. people with disabilities : 장애인 동반인

3

입장할 날짜를 선택한다.

4

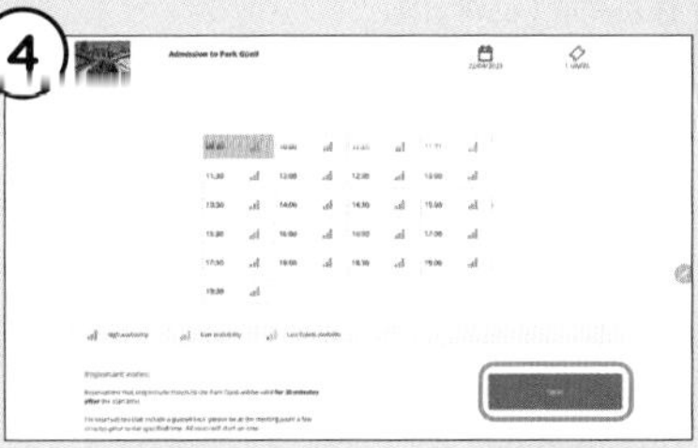

입장 시간대를 선택하고 'Next'를 클릭한다.

5

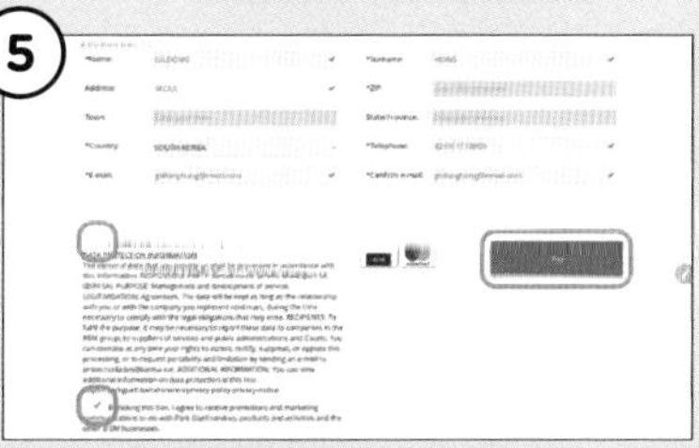

이름, 성, 국가명, 전화번호, 메일 주소, 메일 주소 확인 등 개인 정보를 입력한 다음 '정책 동의'에 체크하고 'Pay'를 클릭한다.

FOLLOW UP

바르셀로나의 사그라다 파밀리아 입장권 예약 그대로 따라 하기

예약 사이트 sagradafamilia.org/en/tickets

1

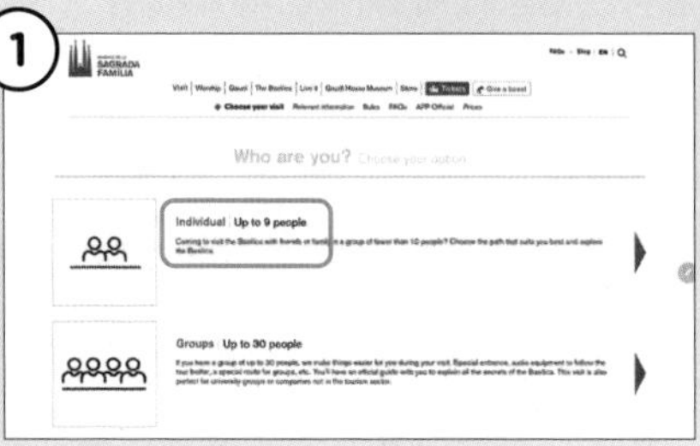

개인 티켓을 뜻하는 'Individual'을 클릭한다.

2

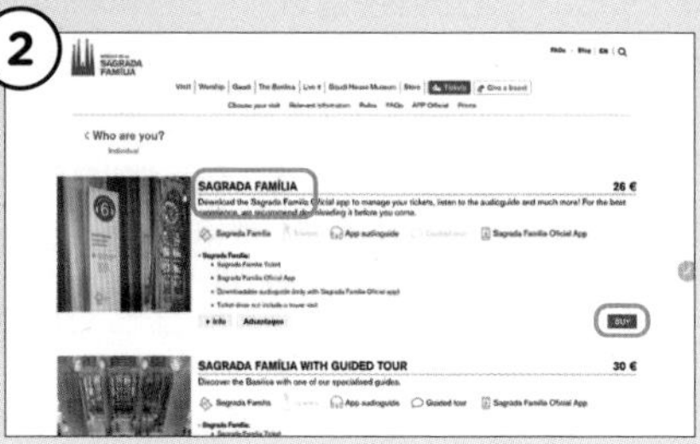

첫 번째 옵션인 'SAGRADA FAMÍLIA'의 'BUY'를 클릭한다.

3

입장할 날짜를 선택한다.

4

입장 시간대를 선택한다.

5

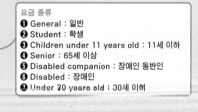

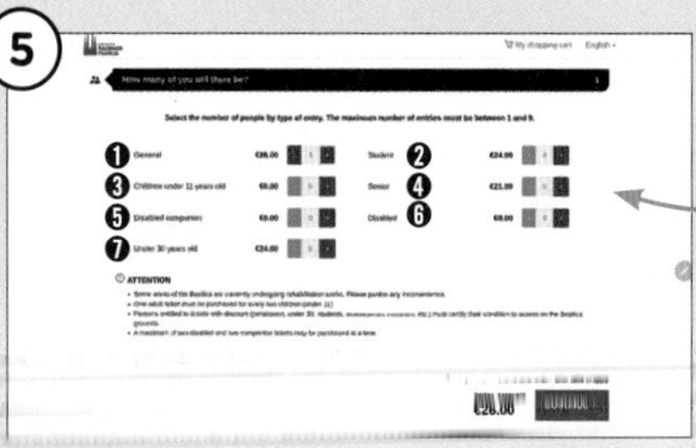

요금 종류와 인원수(9명까지 예약 가능)를 선택하고 'CONTINUE'를 클릭한다.

요금 종류
❶ General : 일반
❷ Student : 학생
❸ Children under 11 years old : 11세 이하
❹ Senior : 65세 이상
❺ Disabled companion : 장애인 동반인
❻ Disabled : 장애인
❼ Under 30 years old : 30세 이하

6

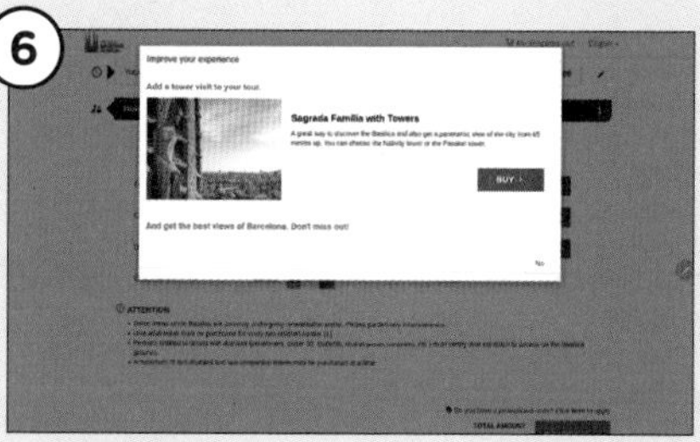

종탑 옵션을 추가하려면 'BUY', 추가하지 않으면 'NO'를 클릭한다.

7

종탑 옵션을 추가할 경우 탄생의 파사드Tower on the Nativity facade와 수난의 파사드Tower on the Passion facade 중 하나를 선택한 후 입장 시간(15분 단위)을 선택한다.

8

성당 입장 시간을 선택한다.

9

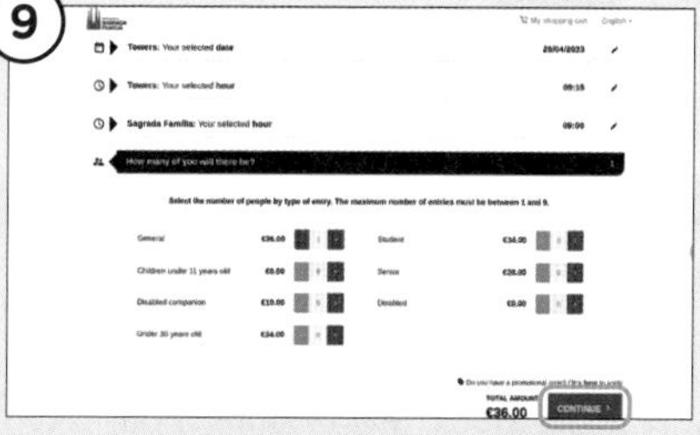

요금 종류, 인원수, 가격을 확인하고 'CONTINUE'를 클릭한다.

10

이름, 성, 전화번호, 메일 주소, 메일 주소 확인, 국적 등 개인 정보를 입력한다.

11

결제 옵션은 신용카드만 가능하며 '정책 동의'를 체크한 다음 'PAY'를 클릭한다.

FOLLOW UP

그라나다의 알람브라 궁전 입장권 예약 그대로 따라 하기

예약 사이트 tickets.alhambra-patronato.es/en

1

티켓 종류를 선택한 후 'BUY NOW'를 클릭한다.

티켓 종류

❶ Alhambra General : 알람브라 일반 통합권
❷ Gardens, Generalife and Alcazaba : 정원, 헤네랄리페, 알카사바
❸ Dobla de Oro General : 알람브라 궁전과 그 외 그라나다 명소(Bañuelo, Casa Morisca(C/Horno de Oro), Palacio de Dar al-Horra, Casa del Chapíz and Casa de Zafra) 통합 입장권
❹ Night Visit to Nasrid Palaces : 나스리 궁전 야간 입장권
❺ Night Visit to Gardens and Generalife : 정원과 헤네랄리페 야간 입장권
❻ Dobla de Oro at Night : 알람브라 궁전과 그 외 그라나다 명소(Bañuelo, Casa Morisca(C/Horno de Oro), Palacio de Dar al-Horra, Casa del Chapíz and Casa de Zafra) 통합 야간 입장권

2

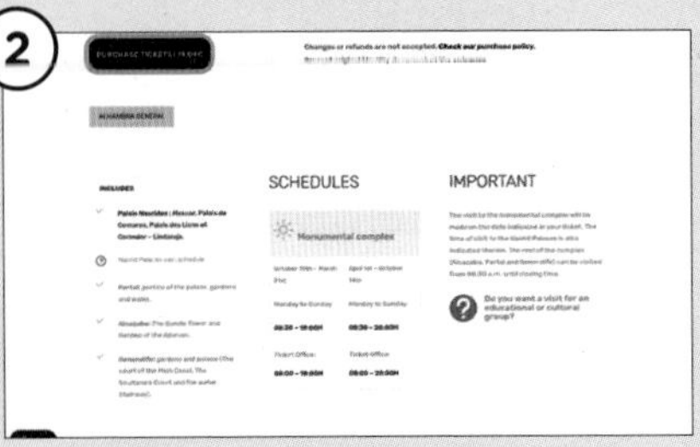

티켓 정보를 확인한 후 왼쪽 상단의 'PURCHASE TICKETS'를 클릭한다.

3

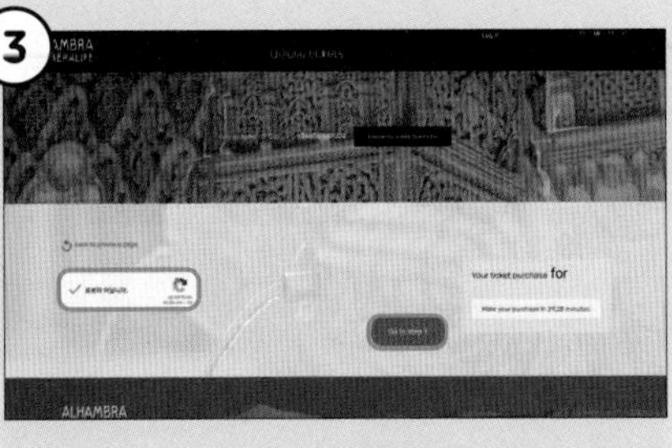

"로봇이 아닙니다"에 체크한 후 'Go to step 1'을 클릭한다.

4

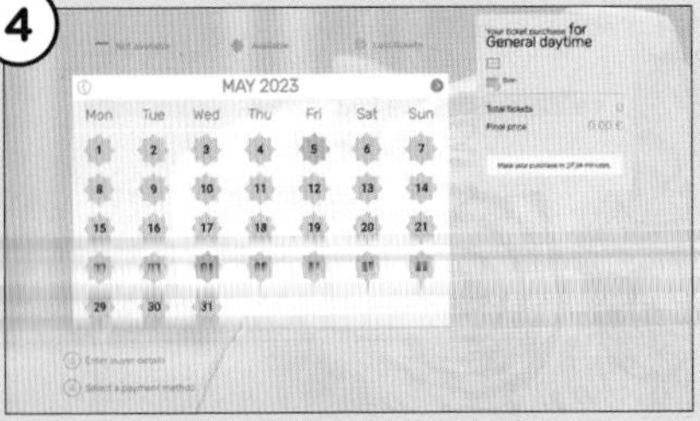

관람할 날짜를 선택한다.

5

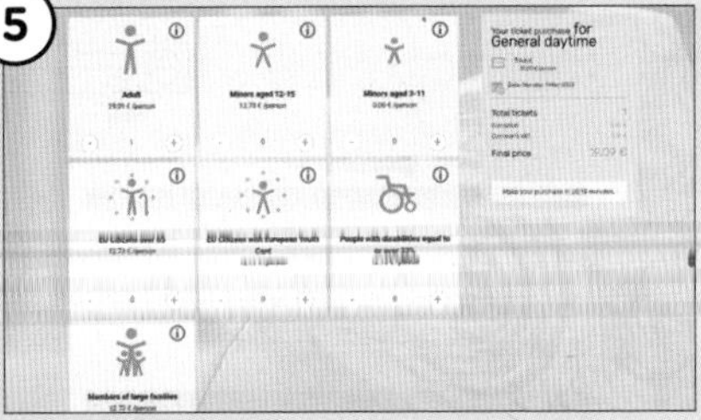

요금 종류와 인원수를 선택한 다음 요금 정보를 확인하고 'Next'를 클릭한다.

6

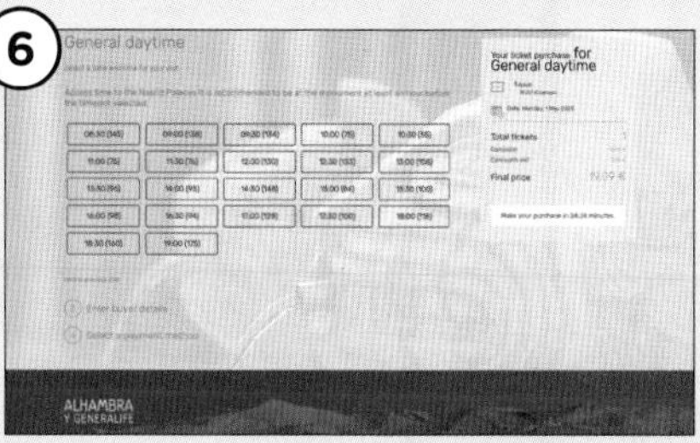

입장 시간대를 선택한다.

7

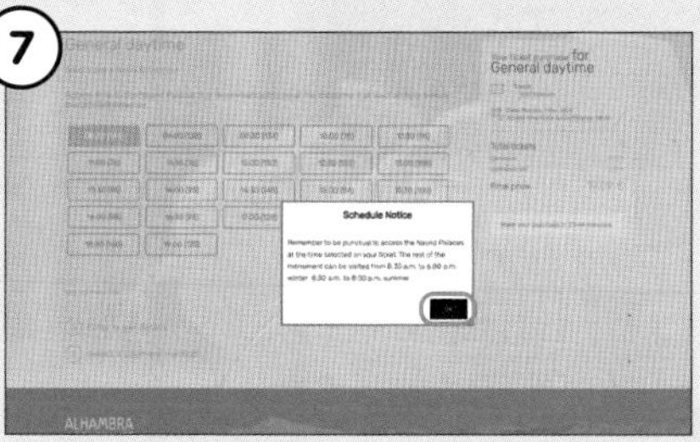

나스리 궁전 시간 엄수 공지와 다른 시설의 방문 가능 시간대 공지를 확인하고 'OK'를 클릭한다.

8

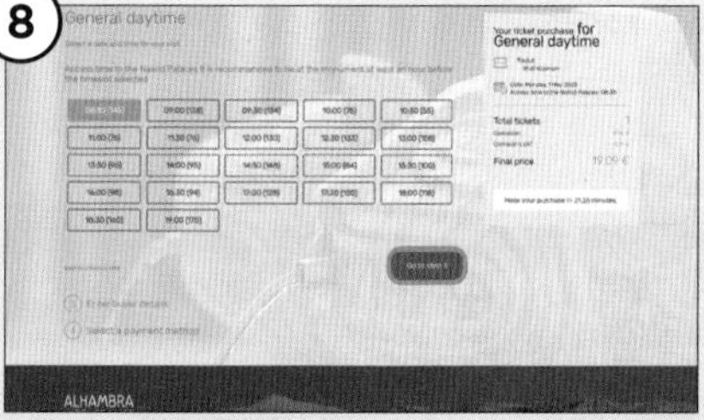

'Go to step 3'를 클릭한다.

9

티켓 구매자 정보와 입장인 정보를 입력한 다음 (동일한 경우 'Buyer as visitor'에 체크, 국가명만 따로 입력) '정책 동의'에 체크하고 'Go to step 4'를 클릭한다.

10

결제 가능한 신용카드 회사를 확인한 후 'GO TO PAYMENT'를 클릭한다.

FOLLOW UP

플라멩코 박물관 티켓 예약 그대로 따라 하기

예약 사이트 tickets.museodelbaileflamenco.com

1

플라멩코 쇼 종류를 확인한 후 원하는 쇼의 'BUY NOW'를 클릭한다.

> **플라멩코 쇼 종류**
> 플라멩코 드림스 쇼 Flamenco Dreams Show : 박물관 중정에서 열리는 전통 안달루시아 플라멩코 쇼
> 프리미엄 플라멩코 쇼 Premium Flamenco Show(VIP) : 11세기에 만든 금고에서 열리는 특별한 플라멩코 쇼(음료 포함, 10세 미만 입장 불가)

2

관람하고 싶은 날짜와 시간을 선택하고 티켓 종류와 인원수를 입력한 후 'NEXT'를 클릭한다(티켓 종류에는 쇼만 관람하는 티켓, 박물관 입장권이 포함된 세트 티켓 등이 있다).

3

이름, 전화번호, 이메일, 결제 수단, 국적 등 개인 정보를 입력한 다음 '정책 동의'에 체크하고 'NEXT'를 클릭한다.

4

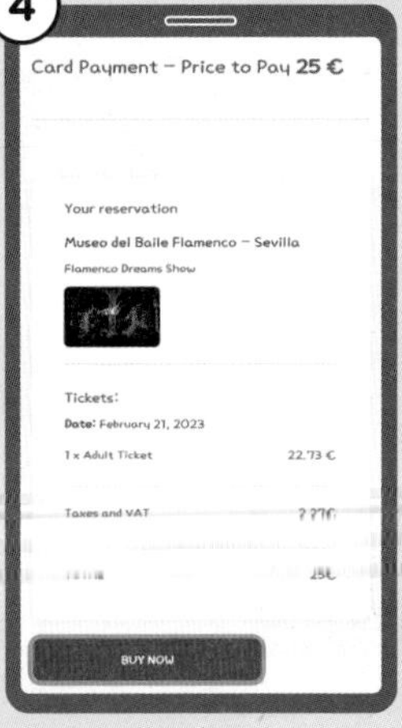

날짜와 가격을 확인한 후 'BUY NOW'를 클릭한다.

5

카드 정보, 명의자, 국가를 입력한 후 '결제'를 클릭한다.

FOLLOW UP

FC 바르셀로나 축구 티켓 예약 그대로 따라 하기

예약 사이트 www.fcbarcelona.com/en/tickets/football

1

관전하고 싶은 경기 일정과 날짜의 'TICKETS'를 클릭한다.

2

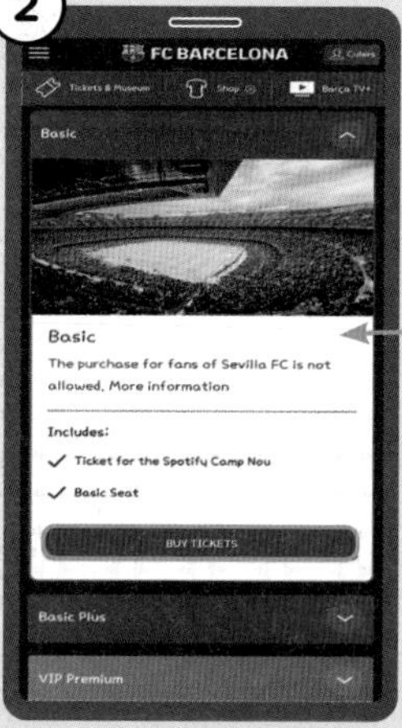

티켓 종류
Basic : 일반 좌석
Basic Plus : 일반 좌석, 이머시브 투어 뮤지엄 입장, 오피셜 기프트팩과 프리미엄 1년 구독권 증정
VIP Premium : VIP 좌석, VIP 전용 라운지 이용권, 프리미엄 케이터링 서비스

티켓 종류를 확인한 후 'BUY TICKETS'를 클릭한다.

3

원하는 좌석을 선택한다.

좌석 구역
1st Corner
2nd Corner lower
2nd Corner upper
3rd Corner lower
3rd Corner upper

4

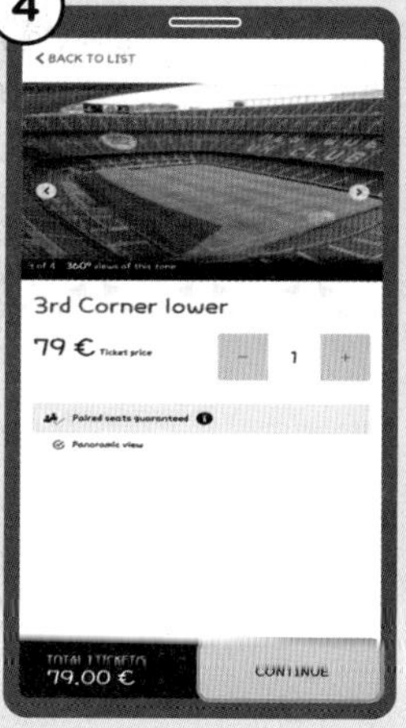

경기장 뷰를 확인한 후 'CONTINUE'를 클릭한다.

5

티켓 구매 안내 사항과 좌석 수, 좌석 등급을 확인한 후 'CONTINUE TO PAYMENT'를 클릭한다.

GET READY ❹

환전하기

요 몇 년간 스페인과 포르투갈을 비롯한 유럽 사회에서는 전반적으로 현금 사용이 현저히 줄어들고 카드 사용 비율이 높아짐에 따라 카드 한 장으로 모든 것을 결제하는 이들이 늘고 있다. 일부 노점과 시장을 제외하곤 현금 사용만 가능한 곳을 찾기 힘들 정도로 카드 사용이 일상화되었다.

유럽 여행의 필수템, 선불식 충전 카드

최근의 시류에 발맞춘 선불식 충전 카드의 등장으로 여행자의 경비 마련에 큰 지각변동이 일고 있다. '트래블월렛'과 '트래블로그 체크카드'로 대표되는 선불식 충전 카드는 환전 수수료와 해외 결제 수수료 없이 미리 충전한 외화로 결제가 이루어진다. 충전 시 매매 기준율이 적용되므로 은행에서 환율 우대를 받는 것보다 유리하게 환전할 수 있다.

사용법도 간단하다. 온라인으로 카드를 발급받은 다음 전용 애플리케이션을 통해 유로(€)를 충전하면 현지에서 일반 체크카드 개념으로 사용할 수 있다. 현지 ATM에서 현금 인출도 가능해 필요할 때마다 유용하게 쓸 수 있다. 열차 예매나 입장권 예약 등 온라인 결제 시 발생하는 수수료도 면제되므로 여러모로 일반 신용카드보다 유리하다. 트래블월렛과 트래블로그 체크카드 모두 실물 카드를 긁거나 꽂지 않고 기계에 갖다 대기만 하면 결제가 되는 콘택트리스 결제 시스템으로 운영된다. 유럽은 이미 콘택트리스 결제가 보편화되어 있어 더욱 편리하게 이용할 수 있다. 도난 사고나 추가 환전의 어려움 등을 고려하면 여행자가 안심하고 사용하기에는 현금보다 카드가 적절하다. 선불식 충전 카드의 편리함에 대한 여행자들의 입소문 덕에 유럽 여행 필수템으로 떠올랐다.

고액 결제로 인해 카드 서명이 필요한 경우, 카드 뒷면에 반드시 서명이 있어야 하며 실제 전표에 사인할 때 카드 뒷면과 동일한 서명을 기입해야 해요. 한국에서처럼 하트를 그리거나 사인을 다르게 하면 결제를 거부당할 수도 있어요.

카드 사용 비율을 높이고 현금은 소액만 소지

출국 전 한국에서 무리하게 많이 환전해 가기보다는 여행지에서 필요한 금액만큼 충전해 사용하고 남는 금액을 최소화하는 여행자가 눈에 띄게 늘어났다. 특히 스페인은 소액 결제도 카드 사용이 가능해 선불식 충전 카드 이용이 편리하다. 선불식 충전 카드를 이용하면 환전 수수료가 없으며 충전 시 매매 기준율로 환전되어 유럽 여행처럼 경비가 만만치 않은 경우 꽤 큰 금액을 절약할 수 있다. 또 앞서 말했듯 큰 액수의 현금을 소유할 필요가 없어 심적 부담도 줄어든다. 따라서 여행지에서 사용할 금액은 대부분 선불식 충전 카드에 넣어두거나 추후에 현지에서 충전이 가능하도록 인터넷 뱅킹에 넣어두는 것이 좋다. 현지에 도착해 당장 필요한 현금과 시장, 노점에서 쓸 소액의 현금만 출국 전 한국에서 환전하도록 한다. 참고로 은행 애플리케이션에서 환전 신청 후 가까운 은행 영업점이나 인천국제공항 내 은행 환전소에서 수령하면 은행의 환전 우대 서비스로 비용을 아낄 수 있다.

TIP

ATM에서 현금 인출

현지에서 현금이 필요할 때는 트래블월렛 또는 트래블로그를 통해 ATM으로 인출하면 된다. 트래블월렛의 경우 스페인은 이베르카하 ATM이, 포르투갈은 물티방쿠 ATM을 통해 현금 인출 시 수수료가 무료이다. 트래블로그는 스페인에서는 도이치방크 ATM, 포르투갈에서는 마찬가지로 물티방쿠 ATM에서 인출 시 수수료가 무료이다. 구글 맵에서 ATM은 이베르카하는 'Ibercaja', 도이치방크는 'deutsche bank' 물티방쿠는 'muitibanco'로 검색하면 된다.

FOLLOW UP

트래블월렛 vs 트래블로그 체크카드 전격 비교

최근 선불식 충전 카드 사용이 더욱 활발해지고 있다. 아래 소개하는 카드 외에도 신한 SOL 트래블 체크카드, 토스 외화통장 체크카드, 코나 트래블제로, 한패스 트리플 등 카드사마다 해외여행에 특화된 카드가 있으니 참고하자.

	트래블월렛	트래블로그 체크카드

발행처	트래블월렛	하나카드
연동 플랫폼	트래블월렛 앱	하나머니 앱
브랜드	비자(VISA)	마스터(MASTER)유니온페이(UPI)
연결 은행	다양한 계좌 가능	
적용 환불	매매 기준율	
통화 권종	45종	41종
환전 수수료 무료 통화	유로, 달러, 엔화	유로, 파운드, 엔화, 달러 (2024년 현재 수수료 무료 이벤트 실시 중)
해외 가맹점 수수료	무료	
해외 결제 수수료	무료	
해외 결제 한도	충전 금액 내 한도 없음	5,000 달러(월 10,000 달러)
해외 ATM 수수료	500달러 이내 무료, 이후 2%	무료
건당 ATM 인출 한도	400달러	1,000달러
1일 ATM 인출 한도	1,000달러 (월 2,000달러)	6,000달러 (월 10,000달러)
최소 충전	1유로, 1파운드, 1달러, 20엔	1유로, 1파운드, 1달러, 100엔
충전 한도	모든 통화 합산 원화 200만 원	통화별 원화 300만 원
원화 환급 수수료	1%	
국내 사용	사용 가능	

GET READY ⑤

스페인·포르투갈 여행에 유용한 앱 다운받기

유럽 여행에 도움 되는 필수 애플리케이션 모음. 일상생활에 없어서는 안 될 필수품으로 자리매김한 스마트폰은 여행지에서도 강력한 힘을 발휘한다. 목적지까지 경로를 알려주는 지도, 현지 언어를 한국어로 번역해주는 번역기 등 여행자에게 든든한 동반자 역할을 할 것이다.

구글 맵 Google Maps

현재 위치에서 목적지까지 가는 방법을 차량, 대중교통, 도보 등 다양한 방식으로 알려주는 지도 애플리케이션. 여러 지도 앱 가운데 이용자가 가장 많다.

시티매퍼 Citymapper

지하철, 버스, 트램 등 세계 주요 도시의 대중교통을 이용한 추천 경로를 안내해주는 애플리케이션. 바르셀로나, 마드리드, 리스본 등 대도시에서 활용도가 높다.

오미오 Omio

출발지, 목적지를 실행하면 비행기, 열차, 버스 등 이용할 수 있는 교통수단을 한눈에 파악할 수 있다. 또한 중개 시스템을 통해 해당 교통수단 예약도 가능하다.

파파고 Papago

단순히 외국어를 번역해주는 기능 외에 현지인이 말하는 소리를 번역하는 음성 번역과 문자를 카메라로 찍으면 한국어로 변환해주는 이미지 번역에 유용하다.

구글 번역 Google Translate

구글이 개발한 번역 애플리케이션으로 파파고와 동일한 서비스를 제공한다. 스페인어와 포르투갈어 모두 후발 주자인 파파고보다 비교적 정확도가 높다.

프리나우 FREE NOW

모바일 차량 배차 서비스로 프리나우와 함께 우버Uber, 캐비파이Cabify, 볼트Bolt 등이 있다. 다른 앱과 비교했을 때 프리나우가 배차가 빠르고 요금이 저렴하다.

환율 계산기

현지 통화를 원화로 환산하면 얼마인지 바로 계산해주는 애플리케이션. 현지 금전 감각에 익숙지 않을 때 이용하면 좋다. 마음에 드는 앱을 고르면 된다.

아큐웨더 AccuWeather

시간별로 세세하게 날씨를 예보한다고 알려진 애플리케이션이다. 오랜 기간 축적된 기상 데이터를 바탕으로 비교적 오차가 적다는 평가를 받는다.

더포크 TheFork

스페인, 포르투갈 주요 도시의 미슐랭 레스토랑이나 스타 셰프가 운영하는 고급 음식점을 쉽게 예약할 수 있다. 할인 프로모션도 진행하고 이용자 후기도 충실하다.

FAQ

알아두면 쓸모 있는 스페인·포르투갈 여행 팁

FAQ ①

스페인 · 포르투갈은 언제 여행하는 게 가장 좋을까요?

➡ 베스트 시즌은 5 · 6 · 9월

일교차가 크지 않고 비와 태풍이 오지 않으며 쾌적한 날씨에 스페인과 포르투갈을 여행할 수 있는 시기는 5~6월과 9월이다. 7~8월 역시 청명한 날씨가 계속되고 해가 길어 늦은 시간까지 돌아다닐 수 있지만 무더위로 쉽게 지칠 수 있다. 또한 전 세계에서 온 여행자들로 혼잡해 심적 피로도가 높다. 그에 비해 5~6월과 9월은 본격적인 휴가철 전후 시기라 상대적으로 덜 붐빈다.

FAQ ②

예산 짜기가 너무 힘들어요. 하루 예산을 얼마나 잡아야 할까요?

➡ 평균 €138(약 20만 2900원)

항공권과 철도, 시외버스 등 사전에 예약을 마친 교통수단 요금과 쇼핑 비용, 비상금을 제외하고 매일 쓰는 기본적인 것만 계산한 금액으로, 여행자의 여행 스타일과 여유 자금에 따라 늘거나 줄 수 있다. 관광지 무료 입장, 그리고 명소와 교통수단 등을 통합한 세트권을 활용하고 택시보다는 대중교통을 이용하면 비용을 다소 줄일 수 있다. 카페에서 판매하는 아침 세트 메뉴인 데사유노(€5~10)나 점심 코스 요리를 합리적인 가격에 즐길 수 있는 메뉴 델 디아(€12~16)를 이용하는 것도 비용을 줄이는 좋은 방법이다.

여행 타입별 하루 예산표(1인 기준)

분류	기본형			알뜰형		
	내용		요금(€)	내용		요금(€)
숙박료	3성급 호텔 더블 룸		100	저가 호텔		50
식사비	아침	호텔 조식	0	아침	데사유노	5
	점심	메뉴 델 디아	16	점심	메뉴 델 디아	12
	간식	커피와 디저트	10	간식	길거리 음식	4
	저녁	음식점	20	저녁	마트(식료품)	10
입장료	유료 관광지 2~3곳		25	유료 관광지 1곳		10
시내 교통비	지하철, 버스, 택시		10	지하철, 버스, 도보		3
하루 예산	€181(약 26만 6100원)			€94(약 13만 8200원)		

FAQ ③

유럽 중에서도 스페인과 포르투갈 물가가 저렴하다고 하던데 얼마나 저렴한가요?

스페인은 한국과 비슷하고 포르투갈은 약간 저렴!

전염병과 전쟁의 영향으로 스페인과 포르투갈도 예전에 비해 물가가 많이 올랐다. 스페인은 바르셀로나, 마드리드 등 대도시 기준으로 한국과 물가가 비슷하며, 스페인의 지방 도시와 포르투갈은 아직은 전반적으로 한국보다 물가가 약간 저렴한 편이다. 두 나라 모두 관광 명소 입장료와 시내 교통비는 한국보다 비싸고 시장, 마트 물가는 싸다.

FAQ ④

스페인어와 포르투갈어는 물론 영어도 잘 못하는데 여행을 할 수 있을까요?

구글 번역, 파파고 등 통번역 앱을 활용하면 OK!

현지 언어나 영어를 못해도 얼마든지 해외여행을 즐길 수 있다. 스페인과 포르투갈의 현지인 역시 관광객이 많이 찾는 숙박업소와 관광 명소, 음식점을 제외하곤 영어를 유창하게 하는 사람이 많지 않으니 주눅 들 필요 없다. 통번역 앱은 현지 언어를 입력하는 방법 외에도 이미지와 음성을 입력해 실시간 번역이 가능하기 때문에 더욱 편리하게 이용할 수 있다.

FAQ ⑤

7박 일정에 스페인만 갈지, 포르투갈도 함께 갈지 고민이 됩니다.

체력에 자신 있다면 2개국 도전

7박은 짧다면 짧고 길다면 긴 시간이다. 스페인만 여행하는 일정은 여러 도시를 깊이 돌아볼 수 있으며, 이동 시간이 줄어드는 만큼 숨 돌릴 여유도 생긴다. 하지만 비행기로 1시간이면 국경을 넘을 수 있는데 포르투갈을 포기한다면 아쉬움도 크다. 포르투갈도 함께 방문한다면 두 나라의 색깔이 서로 다르기 때문에 여행하는 내내 신선한 느낌을 받을 것이다. 반면 이동만으로도 많은 체력과 시간을 소모하고 관광하는 시간이 그만큼 줄어드는 단점도 있다.

FAQ ⑥

퇴사 후 스페인 한 달 살기를 해보려고 하는데 주의할 점이 있나요?

도시 선정에 신중할 것

관광 명소와 즐길 거리가 많지 않은 곳에서 지내다 보면 시간이 지날수록 생각보다 지루한 순간이 자주 찾아온다. 아무것도 하지 않고 단지 힐링과 휴식을 위해 떠난 경우라면 숙소에서 밥해 먹기, 공원에서 책 읽기, 도시 산책만으로도 충분히 만족스러운 시간을 보낼 수 있다. 반대로 매일 색다른 하루를 보내며 다채로운 체험을 하고 싶다면 소도시보다는 대도시에서 보내자.

FAQ 7

아기자기한 소도시에서 쉬고 싶어요. 적합한 도시를 추천해주세요.

안달루시아의 코스타델솔과 마요르카

눈앞에 보이는 바다에 첨벙 뛰어들어 원 없이 물놀이를 하다가 지친 몸으로 잔물결치는 바다를 그저 멍하니 바라보며 하루를 마무리하는 바캉스의 로망을 실현할 수 있는 기회이다. 거창하게 무언가를 해야 한다는 압박감에서 벗어나 유유자적 거리를 거닐며 여행을 즐기기에는 바다가 있는 마을만큼 좋은 곳도 없다. 연간 320일 이상 맑은 날이 계속되며, 평균기온이 14~15℃인 12~2월을 제외하고 해수욕이 가능한 지역은 네르하, 프리힐리아나, 미하스 등 '태양의 해안'이라는 수식어가 붙은 스페인 말라가 인근의 소도시와 '지중해의 보석'이라 불리는 마요르카섬이 대표적이다.

FAQ 8

체력이 약한 편인데 가우디 워킹 투어 힘들까요?

여행 첫날보다는 3~4일째에 추천

전문 가이드의 알찬 설명을 들으며 가우디 건축물을 심도 있게 돌아보고 싶다면 가이드 투어를 추천한다. 단, 쉬고 싶을 때 원하는 만큼 쉬지 못하고 일정에 따라야 하기 때문에 생각보다 버거울 수도 있다. 최소 4시간이라는 일정이 짧은 것 같아도 내내 움직이다 보면 버겁게 느껴지기도 한다. 이제 막 여행을 시작한 사람이라면 시차 때문에 체력적으로 더 힘들 수도 있으니 도착 후 하루이틀 지나 어느 정도 여행에 익숙해진 다음에 투어에 참여하는 것이 좋다. 참고로 투어마다 다르지만 가우디 투어는 입장료가 포함되어 있지 않고 별도로 미리 예매해야 한다. 또 가이드가 동반해 함께 돌아보기보다는 외부에서 설명을 들은 후 개인적으로 둘러보는 방식이 대부분이다.

FAQ 9

스페인에는 시에스타가 있어서 낮에 영업을 안 한다던데 어떤가요?

시에스타를 지키는 곳은 지방 소도시뿐!

여행자가 주로 방문하는 도시 중 시에스타를 위해 휴식 시간을 가지는 곳은 안달루시아 지방의 소도시 정도이고 현재 대부분의 도시에서는 풀타임 영업이 일반적이다. 간혹 점심시간에 잠시 문을 닫는 은행이나 브레이크 타임에 영업을 중단하는 음식점이 있긴 하나 일반 상점이나 관광 명소는 쉬는 곳을 찾아보기 힘들다.

FAQ 10

스페인에서 꼭 가봐야 할 미술관과 경비를 아끼는 관람 팁을 알려주세요.

➡ 마드리드 3대 미술관과 피카소 미술관은 필수!

스페인의 주요 미술관은 매주 일정한 시간에 무료로 입장할 수 있다. 사그라다 파밀리아, 세비야 대성당 등 유명 관광 명소도 무료 입장 가능한 시간이 있다. 다만 예약이 필요한 곳이 있으니 확인 후 미리 예약해둔다. 티켓 수가 한정적이라 조기에 매진될 수 있으니 서둘러야 한다.

주요 명소 무료 입장 시간 및 사전 예약 여부

명소	시간	사전 예약
프라도 미술관	월~토요일 18:00~20:00, 일요일 · 공휴일 17:00~19:00	X
레이나 소피아 미술관	월~토요일 19:00~21:00, 일요일 12:30~14:30	O
티센보르네미사 미술관	월요일 12:00~16:00	X
바르셀로나 피카소 미술관	첫째 주 일요일, 11/1~4/30 목요일 16:00~19:00, 5/2~10/31 목~토요일 19:00~21:00	O
말라가 피카소 미술관	일요일 폐관 2시간 전, 2/28, 5/18, 9/27	X
세비야 대성당	월~금요일 14:00~15:00	O
세비야 알카사르	4~9월 월요일 18:00~19:00, 10~3월 월요일 16:00~17:00	O
사그라다 파밀리아	일요일 09:00 인터내셔널 미사 진행 시	X

FAQ 11

바르셀로나와 리스본 등에 소매치기가 많다던데 복대가 필수인가요?

➡ 필수는 아니나 도난 방지 대책은 세울 것

몇 년간 잠잠하던 소매치기가 다시금 기승을 부려 많은 피해자가 속출하고 있다. 여행자가 가장 피해를 많이 입는 곳은 지하철, 트램, 열차 등 교통수단이며 의류나 신발 등 패션 브랜드 매장과 음식점에서도 절도 피해가 잇따르고 있다. 여행자가 잠시 방심한 사이 손에 든 스마트폰을 빼앗아 달아나거나 지갑, 여권, 노트북이 들어 있는 가방이 통째로 사라지는 등 피해 규모도 제법 큰 편이다. 이런 피해를 예방하기 위해 가방을 옷핀이나 자물쇠로 잠그고 스마트폰과 지갑에는 스마트폰 고리에 연결하는 스프링 줄을 매다는 등 도난 방지에 신경 쓰고 한시도 방심하지 않도록 한다. 열차나 버스 선반에는 가급적 짐을 두지 않고 몸에 소지하도록 하며, 짐칸에 짐을 둘 경우에는 와이어 자물쇠로 선반과 가방을 연결해 고정해두는 것이 좋다.

FAQ ⑫

소매치기를 당했을 때 어떻게 해야 하나요?

물품당 최대 20만 원까지 보상 가능

출국 전 반드시 해외여행자보험에 가입해야 보상받을 수 있다. 휴대품 도난 보험금 한도는 개당 20만 원이고 가입 내역에 따라 1~5개의 보험금을 보상받을 수 있다. 출국 후엔 보험에 가입할 수 없으니 미리 가입하도록 한다. 현지에서 도난 피해를 입으면 인근 경찰서를 방문해 도난 신고 후 여행자보험 보상 청구를 위해 '폴리스 리포트'라는 경찰 신고 접수증을 발급받는다. 만일 신고할 때 의사소통이 어렵다면 영사콜센터 통역 서비스를 이용할 수 있다. 스마트폰에 '영사콜센터 무료 전화 앱'을 설치하면 된다(자세한 내용은 'SOS'편 참고).

FAQ ⑬

에어비앤비에 숙박할 예정인데 시내에 짐을 맡길 만한 곳이 있나요?

스페인과 포르투갈은 물품 보관소가 많은 편

바르셀로나, 마드리드, 리스본, 포르투 등에는 시내 곳곳에 물품 보관소가 있어 어렵지 않게 짐을 맡길 수 있다. 스페인과 포르투갈 곳곳에 지점을 둔 짐 보관소 전문 브랜드로는 바운스Bounce, 러기지 히어로Luggage Hero, 버토Vertoe, 스태셔Stasher 등이 있다. 구글 맵 검색창에 브랜드명을 입력하면 현 위치에서 가장 가까운 보관소를 찾을 수 있다.

FAQ ⑭

여행 가기 전에 미리 예약해야 할 패스나 티켓이 있나요?

핵심 관광 명소와 교통수단

관광 명소 중 사그라다 파밀리아, 알람브라 궁전, 세비야 대성당, 알카사르, 왕의 오솔길은 시기와 상관없이 사전 예약이 필수이다. 성수기에 방문하는 것이라면 구엘 공원, 프라도 미술관, 몬세라트, 렐루 서점, 그리고 가우디 투어 같은 인기 투어 상품도 예약하는 것이 좋다. 관광 명소는 아니나 포르투갈 리스본에서 파두를 감상할 수 있는 유명 음식점도 인기가 높아 미리 예약하는 게 좋다. 교통에 관해서는 지역 이동 시 이용하는 항공, 철도, 버스의 구간권을 반드시 예약해야 한다.

FAQ ⑮

렌터카 여행 시 고려해야 할 점이 있나요?

운전 경력 2년 이상의 숙련된 운전자라면 수월한 편!

스페인과 포르투갈은 우리나라와 운전대 위치가 동일한 우측통행이다. 스페인의 안전 규칙과 도로 사정에 따라 차분히 운전한다면 렌터카를 무난하게 이용할 수 있다(자세한 내용은 P.142 참고). 단, 운전 경력이 긴 여행자라도 만일의 상황을 대비해 면책금을 100% 면제해주는 풀커버 보험에 가입하는 것이 좋다.

FAQ 16

렌페와 CP는 출발 며칠 전부터 예약 가능한가요?

철도 회사마다 예약 가능 일자 상이

스페인 국영 철도인 렌페는 탑승일 기준 2개월에서 2주 전부터, 포르투갈 국영 철도인 CP는 1개월 전부터 예약이 가능하다. 렌페는 개시 일정이 명확하지 않기 때문에 수시로 확인하도록 한다. 최근 이용자가 늘어난 민간 철도 이리요는 탑승일 325일 전, 위고는 135일 전부터 예약 가능하다.

FAQ 17

렌페 예약은 공식 홈페이지와 구매 대행 사이트 중 어느 곳에서 하는 게 좋을까요?

예약이 번거롭다면 대행 사이트 이용

한국에서 렌페 공식 홈페이지나 애플리케이션을 통해 예약하려면 반드시 VPN이라는 가상 사설 망으로 우회 접속해야 한다. VPN 접속 후 순조롭게 예매에 성공하기도 하지만, 사이트 불안정으로 예매 진행 시 랙이 걸리면서 이중으로 예매되는 사례도 있다. 수수료가 적은 금액이 아니라 부담스러울 수 있지만 예매 과정이 영 번거롭고 어렵다면 오미오Omio, 클룩Klook, 레일클릭RailClick 등 예매 대행 사이트를 이용하는 것도 좋다(예약 방법은 P.138 참고).

FAQ 18

리스본 대중교통 이용 시 '리스보아 카드'와 '비바 비아젬 24시간권' 중 어떤 걸 구입하는 게 좋을까요?

일정에 주요 관광 명소 방문이 많이 포함되어 있다면 리스보아 카드

리스보아 카드는 24시간 동안 리스본 시내 대중교통을 무제한으로 이용할 수 있는 '비바 비아젬 24시간권' 기능에 제로니무스 수도원, 벨렝 탑, 아우구스타 개선문 전망대, 아줄레주 박물관 등 관광 명소 무료 입장이 포함된 이용권이다. 대중교통만 이용할 경우 비바 비아젬 24시간권을 구입하고 관광 명소도 방문일 예정이라면 리스보아 카드를 구매하는 게 유리하다.

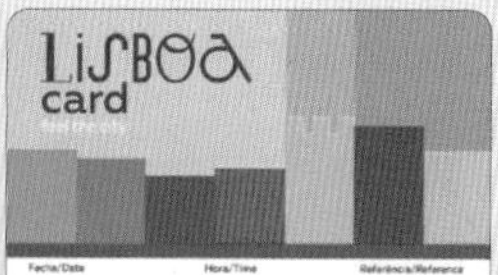

FAQ 19

유레일 패스 구입이 필수인가요? 패스 대신 구간권을 구매하면 어떨까요?

유레일 패스보다는 구간권 구매가 유리

티켓 한 장으로 유럽 33개국의 철도를 이용할 수 있는 유레일 패스는 사실 스페인과 포르투갈 여행에는 적합하지 않다. 구간별로 별도로 예약하는 것이 더 저렴하고 경우에 따라 열차보다 비행기나 버스를 합리적인 요금에 이용할 수 있기 때문이다. 번거롭더라도 구간별로 일일이 예약하면 경비를 절약할 수 있다.

FAQ 20

현금과 카드 사용 비율은 어느 정도가 적당할까요?

카드 9 : 현금 1 비율로 소지, 카드 소액 결제도 OK

스페인과 포르투갈 모두 한국처럼 카드 사용이 보편화되어 있어 결제는 주로 카드를 사용하고 현금은 비상금 용도로 소액만 소지하는 것이 좋다. 단, 유럽에서 통용되는 카드는 비자카드와 마스터카드이므로 아멕스카드나 BC카드 등 다른 종류의 카드보다는 이 카드를 준비하도록 한다. 한편 최근 해외여행의 필수템으로 인기가 높아진 선불식 충전 카드를 사용하면 환전 수수료와 해외 결제 수수료 없이 미리 충전한 외화로 결제해 소소하게 경비를 아낄 수 있다. 또 ATM 수수료도 면제되는 경우가 있어 현금이 필요할 때 출금해 쓰기에도 좋다. 일부 개인 상점이나 노점을 제외하고는 카드로 €1 단위의 소액 결제도 가능하다.

FAQ 21

스페인·포르투갈에서 쇼핑하면 어떻게 세금 환급을 받나요?

최종 출국 시 공항에서 환급 신청

글로벌블루, 플래닛 등 택스 프리 가맹점에서 물건을 구입하는 경우 매장에 세금 환급 관련 서류를 요청한다. 스페인은 최소 구매 금액이 없으며 포르투갈은 €61.50 이상 구매하면 된다. 서류 발급 시 여권을 필수로 지참해야 하며 출국할 때까지 발급받은 서류와 영수증을 잘 보관하도록 한다. 스페인과 포르투갈은 유럽연합EU에 속한 국가이므로 최종 출국하는 EU 국가 공항 내 세관에서 환급 신청을 하면 된다. 참고로 스위스와 영국은 EU 국가가 아니다(자세한 내용은 P.099 참고).

FAQ 22

구글 맵과 우버 앱을 주로 사용한다면 심카드와 포켓 와이파이 중 어떤 걸 준비하는 게 좋을까요?

일행 없이 혼자 하는 여행이라면 심카드 추천

가족 여행을 비롯해 일행과 함께 하는 여행으로 인터넷 사용자가 2명 이상인 경우 '포켓 와이파이'를 추천하지만 혼자 하는 여행이라면 단독으로 사용 가능한 '심카드'를 구매하는 것이 좋다. 포켓 와이파이는 별도의 기기를 소지해야 하며 기기의 배터리 충전도 항상 신경 써야 한다. 또 개시할 때 공항에서 기기를 대여해야 하며 귀국 후 직접 반납해야 하는 번거로움이 있다. 심카드는 물리적 유심 칩과 온라인으로 내려받은 정보 입력만으로 개통이 가능한 eSIM 두 종류가 있으며, 구글 맵과 우버 앱 사용 위주라면 데이터 용량이 크지 않아도 충분히 이용할 수 있다.

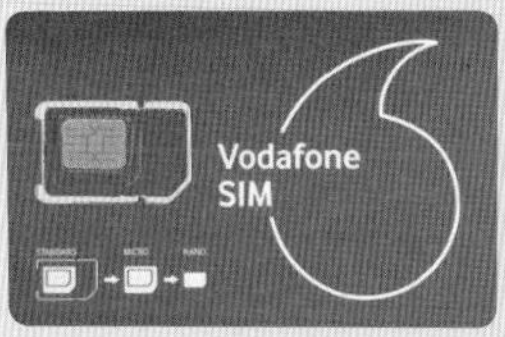

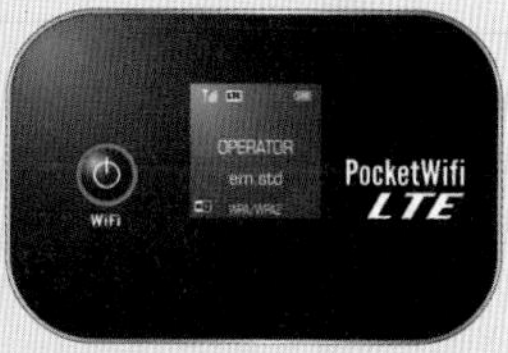

FAQ 23

스페인·포르투갈 숙소 이용 시 도시세를 내야 하나요?

1박당 인당 €1~6.75

도시세는 관광자원의 보존과 여행지 환경 개선 등 관광 진흥에 필요한 비용을 충당하고자 마련한 제도로, 스페인과 포르투갈에 숙박하는 방문객에게 부과하는 세금이다. 스페인은 바르셀로나가 속한 카탈루냐 지역, 마요르카와 이비자섬이 속한 발레아레스 제도, 그리고 포르투갈에서는 리스본과 포르투 등 일부 도시에서 숙박 시설 이용 시 숙박세 명목으로 도시세를 받는다.

- 바르셀로나:1박당 일반 숙박 €3.25, 5성급 €6.75(주당 최대 €47.25)
- 그 외 카탈루냐 지역:1박당 일반 숙박 €2.25, 5성급 €3.50
- 마요르카:16세 이상 1박당 호스텔 €1, 저가 호텔과 크루즈 €2, 중급 호텔 €3, 고급 호텔 €4
- 포르투갈:13세 이상 1박당 €2(체류 최대 7일까지만 납부)

스페인·포르투갈 여행 준비물 체크 리스트

현지에서 요긴하게 사용할 물품

- [x] **고리형 스프링 줄**

휴대폰이나 귀중품의 도난 및 분실 방지를 위해 꼭 필요한 아이템. 가방에 연결해 고정시킬 수 있으며, 스프링이 유연하게 늘어나고 줄어들어 사용이 편리하다.

- [ ] **와이어 자물쇠**

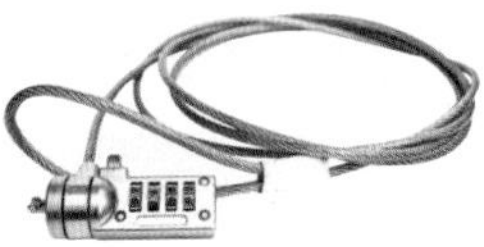

열차에 캐리어나 큰 가방을 들고 타는 경우, 야외에서 잠시 자리를 비워야 하는데 짐 맡길 곳이 없을 때는 긴 자전거 와이어 줄로 고정시키면 안심할 수 있다.

- [ ] **나프탈렌**

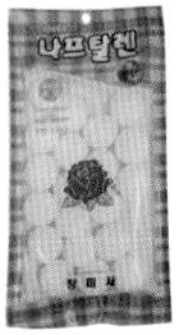

베드버그 퇴치에 효과가 있다. 현지에서 베드버그 기피제를 판매하지만 용량이 크고 무게가 많이 나가기 때문에 나프탈렌이 제격이다.

- [ ] **접이식 폴딩백**

여행을 다니면서 기념품 구입 등 쇼핑으로 짐이 늘어날 때 펼쳐서 사용하면 된다. 납작하게 접을 수 있어 부피를 차지하지 않는다.

- [ ] **슬리퍼**

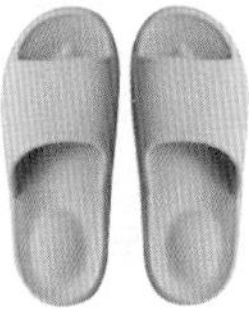

호스텔이나 저가 호텔 중 슬리퍼가 구비되지 않은 곳도 있으므로 챙겨 가면 좋다. 호텔 체크인 후 근처 슈퍼를 가거나 산책할 때 유용하다.

- [ ] **바람막이 점퍼**

한여름이라도 이른 새벽이나 늦은 밤에는 제법 쌀쌀하다. 밤에 이동하거나 장시간 열차나 버스를 이용할 경우 필요한 상황이 생길 수 있다.

- [ ] **컨디셔너**

유럽의 물은 한국과 달리 석회수라 샴푸로만 머리를 감으면 뻣뻣해진다. 호텔에 샴푸만 구비된 경우가 많으므로 작은 사이즈로 챙겨 가면 좋다.

- [ ] **소독 물티슈**

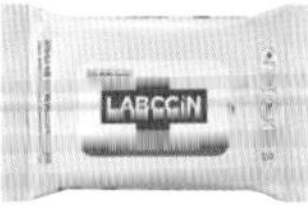

야외에서 길거리 음식을 먹고 난 후나 화장실에 물이 나오지 않는 등 불가피한 상황이 발생했을 때 유용하게 사용할 수 있다.

- [ ] **스포츠 타월**

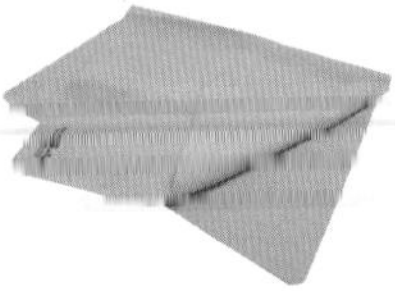

호텔에 기본으로 제공하지만 예비로 수건 1장 정도 챙겨 가자. 빨리 건조되고 세균 번식이 억제되는 스포츠 타월이면 더욱 좋다.

꼭 챙겨야 할 것

항목	준비물	체크
필수품	여권	☑
	전자 항공권(종이 또는 E티켓)	☐
	여행자보험 (영문 종이 증서 또는 PDF 파일)	☐
	숙소 바우처 (인쇄물 또는 예약 번호나 영수증)	☐
	여권 사본(비상용)	☐
	여권용 사진 2매(비상용)	☐
	현금(유로화)	☐
	신용카드/체크카드	☐
	국제운전면허증(렌터카 이용 시)	☐
	국제 학생증(26세 이하 학생)	☐
전자 제품	휴대폰	☐
	휴대폰 보조 배터리	☐
	휴대폰 충전기	☐
	멀티콘센트	☐
	카메라	☐
	카메라 보조 배터리	☐
	카메라 충전기	☐
	카메라 보조 메모리	☐
	이어폰	☐
	심카드	☐
	드라이어 또는 면도기	☐
미용 용품	세면도구	☐
	화장품	☐
	위생용품	☐
	머리 끈, 면봉	☐
	손톱깎이	☐
	손거울	☐

항목	준비물	체크
계절 용품	휴대용 선풍기	☐
	자외선 차단제	☐
	선글라스	☐
	모자	☐
	우산	☐
	휴대용 핫팩	☐
의류 · 신발	속옷	☐
	양말	☐
	상의	☐
	하의	☐
	잠옷	☐
	신발(운동화, 샌들)	☐
	실내용 슬리퍼	☐
비상약	소화제	☐
	지사제	☐
	종합 감기약	☐
	항생제 연고	☐
	진통제	☐
	밴드	☐
기타	지퍼백/비닐봉지	☐
	[illegible]	☐
	목 베개, 수면 안대, 귀마개	☐
	필기도구	☐
	셀카봉, 삼각대	☐
	여행용 티슈, 물티슈	☐

CONTENTS 2

스페인 실전 가이드북

2024-2025
최신 개정판

follow

SPAIN

정꽃나래 · 정꽃보라 지음

바르셀로나
마드리드
세비야
빌바오

2

실시간 최신 정보 완벽 반영! 스페인 실전 가이드북

Travelike

"여행을 떠나기 전에 반드시 팔로우하라!"

BEST
여행 전문가가 엄선한
최고의 명소

LOCAL
현지인이 추천하는
로컬 맛집

PLAN
돈과 시간을 아끼는
최적의 스케줄

SOS
여행 중 발생하는
다양한 사고 대처법

Spain+Portugal

follow

팔로우 시리즈는 여행의 새로운 시각과
즐거움을 추구하는 가이드북입니다.

책 속 여행지를 스마트폰에 쏙!

《팔로우 스페인·포르투갈》 지도 QR코드 활용법

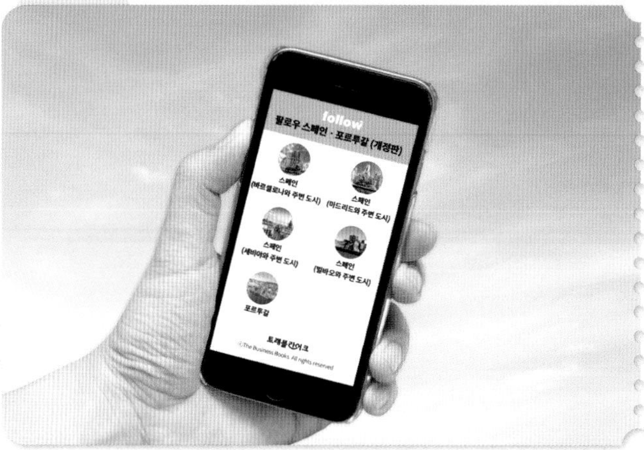

QR코드를 스캔하세요.
구글맵 앱 '메뉴-저장됨-지도'로 들어가면 언제든지 열어볼 수 있습니다.

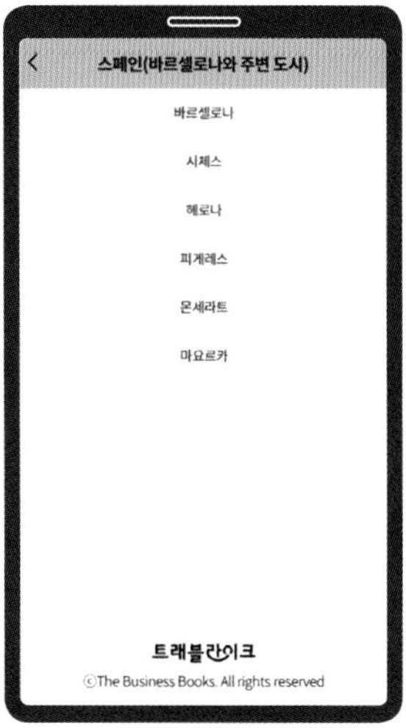

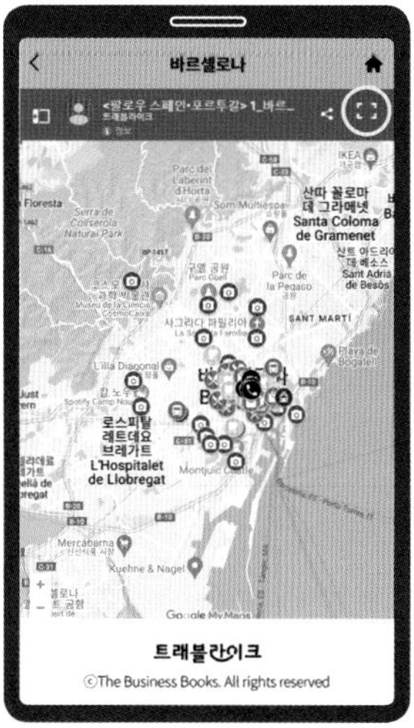

1

스마트폰으로 오른쪽 상단의 QR코드를 스캔합니다. 연결된 페이지에서 원하는 지역을 선택합니다.

2

선택한 지역의 지도로 페이지가 이동됩니다. 화면 우측 상단에 있는 ⛶ 아이콘을 클릭합니다.

3

지도가 구글맵 앱으로 연동되고, 내 구글 계정에 저장됩니다. 본문에 소개된 장소들의 위치를 확인할 수 있습니다.

2024–2025
최신 개정판

팔로우 스페인·포르투갈

팔로우 스페인·포르투갈

1판 1쇄 발행 2023년 5월 2일
2판 1쇄 인쇄 2024년 5월 20일
2판 1쇄 발행 2024년 5월 28일

지은이 | 정꽃나래·정꽃보라
발행인 | 홍영태
발행처 | 트래블라이크
등 록 | 제2020-000176호(2020년 6월 24일)
주 소 | 03991 서울시 마포구 월드컵북로6길 3 이노베이스빌딩 7층
전 화 | (02)338-9449
팩 스 | (02)338-6543
대표메일 | bb@businessbooks.co.kr
홈페이지 | http://www.businessbooks.co.kr
블로그 | http://blog.naver.com/travelike1
ISBN 979-11-987272-1-3 14980
979-11-982694-0-9 14980(세트)

* 잘못된 책은 구입하신 서점에서 바꾸어 드립니다.
* 책값은 뒤표지에 있습니다.
* 트래블라이크는 ㈜비즈니스북스의 임프린트입니다.
* 비즈니스북스에 대한 더 많은 정보가 필요하신 분은 홈페이지를 방문해 주시기 바랍니다.

팔로우
스페인
포르투갈

정꽃나래·정꽃보라 지음

follow
SPAIN
PORTUGAL

Travelike

책 속 여행지를 스마트폰에 쏙!

《팔로우 스페인·포르투갈》 지도 QR코드 활용법

QR코드를 스캔하세요.
구글맵 앱 '메뉴-저장됨-지도'로 들어가면 언제든지 열어볼 수 있습니다.

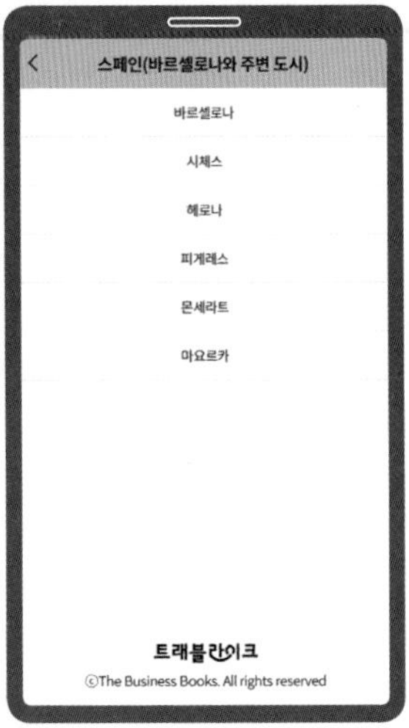

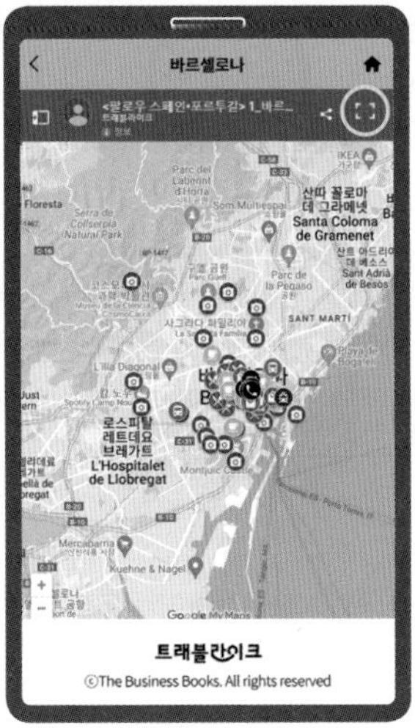

1
스마트폰으로 오른쪽 상단의 QR코드를 스캔합니다. 연결된 페이지에서 원하는 지역을 선택합니다.

2
선택한 지역의 지도로 페이지가 이동됩니다. 화면 우측 상단에 있는 ⛶ 아이콘을 클릭합니다.

3
지도가 구글맵 앱으로 연동되고, 내 구글 계정에 저장됩니다. 본문에 소개된 장소들의 위치를 확인할 수 있습니다.

《팔로우 스페인·포르투갈》 본문 보는 법

HOW TO FOLLOW SPAIN·PORTUGAL

스페인 인기 여행지의 최신 여행 정보를 담았습니다.

※이 책에 실린 정보는 2024년 5월 초까지 수집한 자료를 바탕으로 하며 이후 변동될 가능성이 있습니다.

- **대도시는 관광 명소로 구분**
  볼거리가 많은 대도시의 핵심 명소를 중심으로 주변 명소를 연계해 여행자의 동선이 편리하도록 안내했습니다. 핵심 볼거리는 매력적인 테마 여행법으로 세분화하고 풍부한 읽을거리, 사진, 지도 등을 함께 소개해 알찬 여행을 할 수 있습니다.

- **일자별 · 테마별로 완벽한 추천 코스**
  추천 코스는 일자별 평균 소요 시간은 물론 아침부터 저녁까지의 이동 동선과 식사 장소, 꼭 기억해야 할 여행 팁을 꼼꼼하게 기록했습니다. 어떻게 여행해야 할지 고민하는 초보 여행자를 위한 맞춤 일정으로 참고하기 좋으며 효율적인 여행이 가능하도록 도와줍니다.

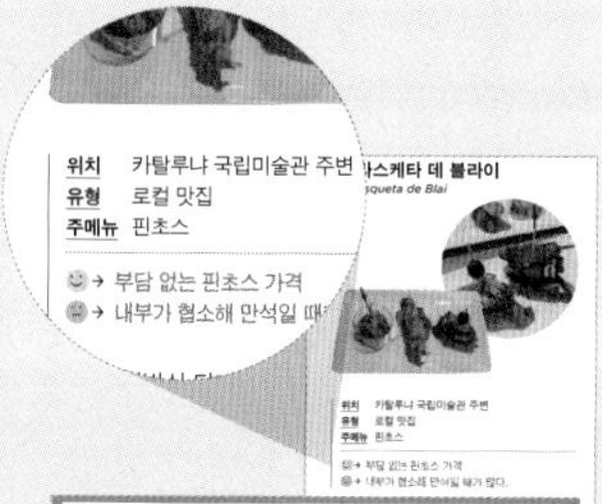

- **실패 없는 현지 맛집 정보**
  한국인의 입맛에 맞춘 대표 맛집부터 현지인의 단골 맛집, 인기 카페 정보와 이용법, 대표 메뉴, 장 · 단점 등을 한눈에 보기 쉽게 정리했습니다. 스페인 · 포르투갈의 식문화를 다채롭게 파악할 수 있는 전통 요리와 미식 정보도 다양하게 실었습니다.

  위치 해당 장소와 가까운 명소 또는 랜드마크
  유형 유명 맛집, 로컬 맛집, 신규 맛집 등으로 분류
  주메뉴 대표 메뉴나 인기 메뉴
  🙂😞 좋은 점과 아쉬운 점에 대한 작가의 견해

- **알고 보면 더 재미있는 문화 이야기 대방출**
  도시별 관광 명소와 건축물, 거리, 음식, 미술품에 얽힌 풍부한 이야깃거리는 물론 역사 속 인물과 관련한 스토리를 페이지 곳곳에 실어 읽는 즐거움과 여행의 흥미를 더합니다. 또한 여행 전 알아두면 좋은 여행 꿀팁도 콕콕 찍어 알려줍니다.

지도에 사용한 기호 종류

관광 명소	공항	기차역	버스 터미널	메트로역	버스 정류장	트램 정류장
푸니쿨라르 정류장	항구	관광안내소	공원	분수대	와이너리	병원

스페인·포르투갈 전도
N
W
E
S
0
90km
산티아고데콤포스텔라
Santiago de Compostela
레온
León
포르투
Porto
살라망카
Salamanca
세고비아
Segovia
북대서양
North Atlantic Ocean
코임브라
Coimbra
톨레도
Toledo
포르투갈
Portugal
신트라
Sintra
리스본
Lisbon
코르도바
Córdoba
세비야
Sevilla
파로
Faro
미하스
Mijas
말리가
Málaga

비스케이만
Biscay
바오
ilbao
산세바스티안
San Sebastián
프랑스
France
피게레스
Figueres
헤로나
Gerona
몬세라트
Montserrat
사라고사
Zaragoza
스페인
Spain
시체스
Sitges
바르셀로나
Barcelona
발레아레스해
Valeares
메노르카섬
Ciutadella de Menorca
쿠엥카
Cuenca
마요르카섬
Mallorca
팔마
Palma
발렌시아
València
이비자섬
Ibiza
알보란해
Alborán
알제리
Algeria

몬세라트
MONTSERRAT
P.104
바르셀로나
BARCELONA
P.010
P.096
시체스
SITGES

FOLLOW

바르셀로나와 주변 도시

BARCELONA

바르셀로나

'수도 마드리드에 이은 스페인 제2의 도시'만으로는 설명이 부족한 핵심 관광도시 바르셀로나. 프랑스와 인접하고 지중해와 맞닿은 지리적 특성 덕분에 일찍이 상업과 무역이 활발하게 이루어져 경제적으로 부를 누려왔다. 또한 1888년 만국박람회와 1992년 제25회 바르셀로나 올림픽을 성공적으로 치르며 인지도를 높여갔다. 무엇보다 가우디와 피카소라는 걸출한 예술가를 배출하면서 문화예술 면에서도 독보적인 존재감을 뽐내는 그야말로 만능 재주꾼 같은 도시라 할 수 있다. 민족의식과 지역색이 강한 카탈루냐인의 심장부로, 저력을 과시하며 여전히 스페인으로부터 독립을 열망하고 있다.

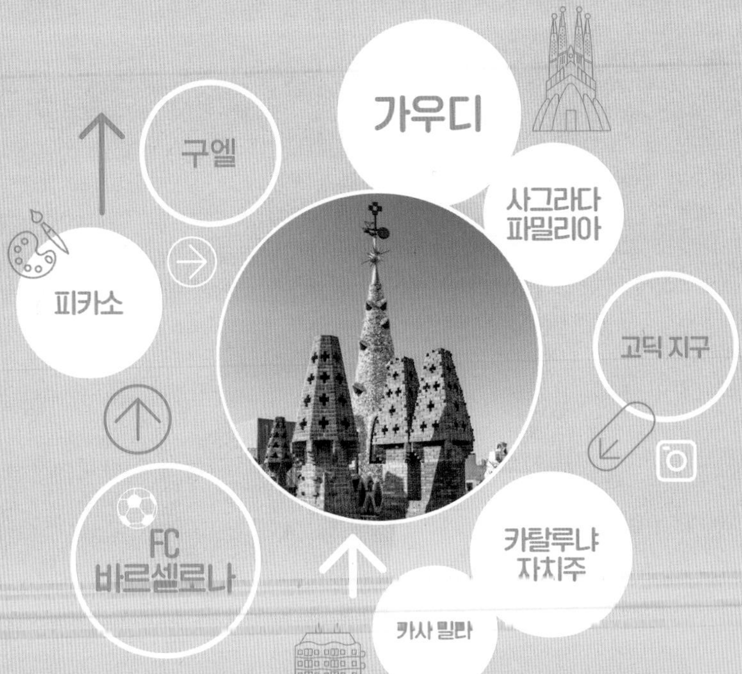

바르셀로나 들어가기

한국인 여행자에게 인기 있는 도시 바르셀로나는 수도 마드리드에 뒤지지 않는 교통 인프라를 갖추고 있다. 우리나라 국적기에서 직항편을 운항하며 유럽 내에서도 이동이 쉽고 편리하다. 비행기뿐 아니라 열차, 버스도 운행 편수가 많아 동선이 자유롭다.

비행기

인천국제공항에서 대한항공(2024년 하반기부터 티웨이항공으로 운항권 이전)과 아시아나항공이 바르셀로나 엘프라트 국제공항으로 가는 직항편을 운항하며 12시간~14시간 35분 정도 걸린다. 에어프랑스, 루프트한자, 에티하드항공 등 유럽계 항공사의 1회 경유편을 이용해 입국할 수도 있다. 포르투갈 리스본과 포르투를 비롯해 파리, 런던, 프랑크푸르트 등 유럽 주요 도시와 바르셀로나를 오가는 항공편은 이베리아항공, 부엘링항공, 라이언에어, 이지젯 등 유럽계 저가 항공사가 많아 이동하기 쉽다. 공항에서 시내까지는 공항버스, 메트로, 국영 철도 등 다양한 교통수단을 이용할 수 있다.

● 바르셀로나 엘프라트 국제공항 Aeroport de Barcelona-El Prat(BCN)

바르셀로나에 있는 국제공항으로 시내에서 약 13km 떨어져 있다. 마드리드 국제공항에 이어 스페인에서 두 번째로 규모가 크며 터미널은 총 2개이다. 이베리아항공, 부엘링항공, 에어유로파 등 스페인 국적기와 대한항공, 아시아나항공 등 대형 항공사가 이용하는 제1터미널, 유럽 국적의 저가 항공사가 이용하는 제2터미널로 나뉘는데 취항하는 항공사의 70%가 제1터미널을 이용한다. 제2터미널은 T2A, T2B, T2C 세 구역으로 나뉘어 있다. 무료 셔틀버스가 각 터미널을 돌며 운행해 쉽게 이동할 수 있다.

주소 08820 El Prat de Llobregat
홈페이지 www.aena.es/en/josep-tarradellas-barcelona-el-prat.html

바르셀로나 공항 터미널별 이용 항공사
제1터미널 대한항공, 아시아나항공, 이베리아항공, 탑포르투갈, 폴란드항공, KLM네덜란드항공, 핀에어, 영국항공, 터키항공, 부엘링항공 등
제2터미널 라이언에어, 이지젯, 위즈에어, 유로윙스 등

TIP

스페인 출국 시 행선지에 따라 탑승구가 나뉘어 있다는 점에 유의해야 한다. 스페인 국내 도시를 포함해 솅겐 조약을 맺은 유럽 도시로 출국할 경우 탑승구 A · B · C를, 우리나라를 비롯해 출국 심사를 거쳐 탑승해야 하는 유럽 외 도시로 출국할 경우 탑승구 D · E를 이용한다. 면세점과 음식점이 모여 있는 곳은 탑승구 A · B · C 구역에 많으니 출국 심사 전에 들르는 것이 좋다. 출국 심사를 마치면 탑승구 A · B · C 구역으로는 갈 수 없으며 탑승구 D · E 구역에는 작은 카페 정도밖에 없다.

FOLLOW UP

바르셀로나 공항의 편의 시설 파악하기

여행을 본격적으로 시작하기 전에 해결해야 하는 다양한 문제는 시내까지 갈 필요 없이 공항에서도 처리할 수 있다. 공항의 주요 시설을 미리 알아두자.

• 관광 안내소

제1터미널 1층 플라자La Plaza와 제2터미널 지상층 도착 로비, 그리고 각 터미널 메트로역 부근에 바르셀로나 여행 관련 정보를 소개하는 관광 안내소가 있다.

운영 08:30~20:30 **휴무** 1/1, 12/25

• 환전소

글로벌 익스체인지Global Exchange 지점이 수하물 수취대 구역에 있다. 환율이 좋지 않지만 급하게 현금이 필요한 경우에 유용하다. 환전을 의미하는 스페인어 'Câmbio' 또는 영어 'Currency Exchange'라고 쓰인 간판을 찾으면 된다.

운영 보통 06:00~23:00(환전소마다 다름)

• ATM

공항에 있는 ATM은 시내보다 수수료가 비싼 편이므로 당장 필요한 소액만 인출할 것을 권장한다. 제1터미널 1층 플라자 내에 있다.

• 통신사 대리점

유럽에서 널리 쓰이는 통신사 브랜드 보다폰Vodafone은 제1터미널 도착층에 있다. 필요한 데이터 용량과 부가 서비스에 맞춰 구입하면 된다.

운영 06:00~22:00

• 렌터카 사무실

허츠Hertz, 아비스AVIS, 유럽카Europcar, 식스트SIXT, 버짓Budget 등 다양한 업체가 공항에서 영업 중이라 극성수기를 제외하면 미리 예약하지 않았을 경우 공항에서도 예약할 수 있다. 도착 로비로 나와 공항버스를 타러 가는 쪽에 있다.

운영 07:00~24:00

• 짐 보관소

각 터미널 지상층(0층)에 짐 보관소가 있으나 현재는 임시 휴업 중이다. 바르셀로나 시내의 짐 보관소를 이용하도록 하자.

운영 임시 휴업 중

● 공항버스 Aerobús

공항과 시내를 연결하는 전용 버스로 가장 빠르고 편리한 대중교통이다. 버스 정류장에 설치된 자동 발매기나 매표 창구에서 티켓을 구입하거나 탑승 시 운전기사에서 직접 요금을 낸다(€20 이하 지폐 사용). 인터넷으로 미리 예매하는 방법도 있다. 왕복 티켓은 90일 이내 승차 시 유효하다.

운행 24시간 ※상세한 시간표는 홈페이지 참고
주요 노선 제1터미널(T1) 또는 제2터미널(T2B, T2C) → 스페인 광장Pl. Espanya → 그란 비아-보렐 Gran Via-Borrell 부근 → 우니베르시타트 광장Pl. Universitat → 카탈루냐 광장Pl. Catalunya
요금 편도 €6.75, 왕복 €11.65, 4세 이하 무료
홈페이지 aerobusbarcelona.es

> **TIP**
> 시내에서 공항으로 갈 때 제1터미널(A1)과 제2터미널(A2)로 가는 버스가 각각 다르므로 승차 전 반드시 확인한다.

● 메트로 Metro

메트로 L9호선이 공항과 시내를 연결한다. 카탈루냐 광장까지 가려면 1회 이상 환승해야 해 번거로우며 소매치기가 기승을 부려 늘 주의해야 한다. L9호선 정차역과 목적지가 한 번에 연결되지 않는다면 권하지 않는다.

운행 월~목요일 05:00~24:00, 금요일 05:00~02:00, 토요일 05:00~24:00, 일요일 00:00~24:00 **요금** 1회권 €5.15 **소요 시간** 약 1시간
홈페이지 www.tmb.cat/en/barcelona-transport/map/metro

● 렌페 로달리에스 Renfe Rodalies

스페인 국영 철도 렌페가 운행하는 근교 열차로 역이 제2터미널에 위치하므로 제1터미널에 도착한다면 무료 셔틀버스를 타고 이동해야 한다. 제2터미널을 출발한 열차는 바르셀로나산츠역과 최대 번화가인 파세이그 데 그라시아Passeig de Gràcia역을 지나 종점인 마카네트 마사네스Macanet Massanes역에 도착한다.

운행 05:42~23:38(배차 간격 30분) **요금** €4.60
소요 시간 바르셀로나산츠역까지 20분, 파세이그 데 그라시아역까지 27분
홈페이지 www.renfe.com/viajeros/cercanias/barcelona

● 시내버스 Bus

공항에서 스페인 광장까지 운행하는 46번 버스와 야간에 카탈루냐 광장까지 운행하는 심야 버스 N16 · N17 · N18번이 있다. 요금은 가장 저렴하다.

운행 일반 04:50~23:50, 심야 21:55~04:50(노선마다 다름)
요금 €2.40 ※시내에서 공항으로 갈 때 심야 버스 이용 시 T 캐주얼 사용 가능
소요 시간 카탈루냐 광장까지 35분 **홈페이지** www.tmb.cat

● 택시 Taxi

짐이 많거나 3인 이상일 때 추천한다. 우리나라와 동일한 방식인 미터기로 요금이 책정되며 공항 사용료와 짐에 대한 요금은 별도이다. 시내 중심부까지 요금은 €35~40 정도 나온다. 큰 단위의 지폐는 사용을 거부당할 수 있다.

요금 월~금요일 08:00~20:00 기본요금 €2.25, km당 €1.18, 1시간 초과 €22.60 / 월~금요일 20:00~08:00 · 토 · 일요일 기본요금 €2.25, km당 €1.41, 1시간 초과 €22.60 / 공항 이용료 €4.30, 짐 개당 €1
소요 시간 약 20~30분

열차

스페인 국영 철도 렌페가 운행하는 중 · 장거리 고속 열차와 단거리 근교 열차는 대부분 바르셀로나 주요 역을 관통한다. 마드리드, 세비야, 그라나다를 비롯해 스페인의 주요 도시는 환승 없이 직통열차로 연결된다. 세비야-바르셀로나, 마드리드-바르셀로나 구간은 인기 구간이므로 여행 일정이 확정되면 바로 예매하는 게 좋다. 바르셀로나산츠역Estació de Barcelona-Sants은 바르셀로나의 중앙역 역할을 하며 초고속 열차 아베AVE를 비롯한 알비아ALVIA, 아반트AVANT, 인터시티INTERCITY 등 고속 열차와 레지오날REGIONAL, 탈고TALGO 등 일반 열차가 모두 정차한다. 시내 서쪽 스페인 광장 부근에 위치하며 메트로 L3 · 5호선 산츠역Sants Estació과 바로 연결된다.

프란시아역Estación de Francia은 바르셀로네타 해변과 가까운 곳에 위치한 역으로 완행열차인 레지오날이 발착한다. 마드리드, 세비야, 그라나다를 비롯해 스페인의 주요 도시는 환승 없이 직통열차로 연결되지만 이동 시간이 길다.

주소 바르셀로나산츠역 Plaça dels Països Catalans, 1, 7
프란시아역 Av. del Marquès de l'Argentera, s/n
홈페이지 www.renfe.com

바르셀로나-주요 도시 간 열차 운행 정보

출발 도시	열차 종류	운행 편수(1일)	소요 시간	요금(편도)
마드리드	AVE · iryo · OUIGO	10편 이상	3시간~3시간 15분	€15~
세비야	AVE · TALGO	4~7편	5시간 30분~11시간 30분	€59~
그라나다	AVE · iryo · OUIGO	10편 이상	2시간 30분~3시간 15분	€15~

※초고속 열차 AVE · iryo · OUIGO, 중 · 장거리용 일반 열차 TALGO

버스

바르셀로나와 스페인의 주요 도시를 직통으로 연결하는 중 · 장거리 버스는 대부분 알사ALSA에서 운행한다. 바르셀로나와 근교 도시 간은 각 도시마다 지역 회사의 단거리 버스를 운행한다. 버스는 열차보다 이동하는 시간이 길기 때문에 주로 열차 티켓이 매진되었거나 요금이 비쌀 경우 대안책으로 이용한다. 장거리 버스는 미리 예매하면 저렴한 경우가 있으니 미리 확인하는 게 좋다. 단거리 버스는 대부분 정찰제이다. 모든 터미널이 메트로역과 연결되어 있어 시내 중심까지 쉽게 이동할 수 있다. 바르셀로나 북부 버스 터미널Estación d'Autobusos Barcelona Nord은 스페인에서 최대 규모를 자랑하는 버스 터미널로 국내선 시외버스가 발착한다. 산츠 버스 터미널Estación d'Autobusos Sants은 국제선 전용이지만 일부 국내선 버스가 정차하기도 한다.

주소 바르셀로나 북부 버스 터미널 Carrer d'Alí Bei, 80
산츠 버스 터미널 Carrer de Viriat, s/n
홈페이지 www.alsa.com

바르셀로나-주요 도시 간 버스 운행 정보

출발 도시	운행 회사	운행 편수(1일)	소요 시간	요금(편도)
몬세라트	JULIÀ	1편	1시간 25분	€5.75~
시체스	BusGarraf	10편~	1시간 15분	€4.50~
피게레스	SAGALÉS	3편	2시간 20분	€20~
헤로나	SAGALÉS	3편	1시간 30분	€15~

바르셀로나 시내 교통

바르셀로나는 대도시답게 시내 교통 인프라가 잘 구축되어 있어 이동하는 데 어려움이 없다. 구글 맵이나 바르셀로나 교통국(TMB)에서 만든 애플리케이션을 이용하면 다양한 교통수단 가운데 환승이 적고 목적지까지 빨리 도착하는 방법을 알 수 있다.

메트로
Metro

바르셀로나 교통국이 운행하는 메트로는 총 11개 노선으로 이루어져 있고, 주요 관광 명소가 메트로역과 가까워 가장 편리한 교통수단이다. 여행자가 주로 이용하는 노선은 L1~5호선과 공항을 연결하는 L9호선이다. 공항 T1 및 T2 지하철역과 L9호선 각 역 이동이 가능한 에어포트 티켓을 구입해 이용한다. 티켓은 자동 발매기에서 구입하며 탑승 방법은 우리나라와 같다.

주의 소매치기가 많아 소지품 관리에 신경 써야 한다. **운행** 월~목요일 05:00~24:00, 금요일 05:00~02:00, 토 · 일요일 05:00~05:00, 12/24 05:00~23:00(노선마다 다름)
요금 에어포트 티켓 €5.50 **홈페이지** www.tmb.cat

시내버스
Bus

시내버스도 바르셀로나 교통국에서 운행한다. 시내버스는 일반 빨간색 시티 버스City Bus와 심야에만 운행하는 노란색 니트 버스Nit Bus 두 종류가 있다. 버스 노선이 촘촘하게 연결되어 있어 이용이 어려워 보이지만 구글 맵의 추천 경로대로 따르면 쉽게 이동할 수 있다. 버스 정류장에서 손을 들면 버스가 정차하며, 앞문으로 승차해 뒷문으로 하차한다. 요금은 지역에 따라 1~6존으로 나뉘어 있으나 여행자는 대부분 1존만 이용한다.

주의 T 캐주얼을 이용할 경우 반드시 단말기에 티켓을 넣어 날짜를 각인해야 한다.
운행 시티 버스 05:00~23:00, 니트 버스 22:40~06:00
요금 €2.55(1존 기준) **홈페이지** www.tmb.cat

렌페 로달리에스
Renfe Rodalies

스페인 국영 철도 렌페에서 운행하는 근교 열차. 바르셀로나 시내와 근교를 연결하는 교통수단으로 여행자는 공항에서 바르셀로나산츠역이나 파세이그 데 그라시아역으로 향할 때 R2 노드Nord 노선을 주로 이용한다. 메트로보다 정차하는 역이 적어 빨리 도착하므로 목적지와 가까운 역이 있으면 이용할 만하다.

운행 05:42~23:38(노선마다 다름) **요금** €4.90(공항-시내 간 이용 시)
홈페이지 www.renfe.com/es/en/suburban/rodalies-catalunya

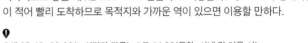

TIP

렌페를 이용하는 경우 출발지에서 기차역, 기차역에서 목적지로 향할 때 이용 가능한 메트로 또는 렌페 로달리에스 티켓을 무료로 제공한다. 렌페 탑승 3시간 전과 하차 후 3시간 이내에 사용할 수 있으며 각각 자동 발매기에서 발권한다.

FOLLOW UP

바르셀로나 교통카드 자세히 알아보고 선택하기

바르셀로나에서 대중교통을 이용할 때 필요한 교통카드를 알아보자. 일반적으로 여행자가 가장 많이 이용하는 것은 교통수단을 10회 이용할 수 있는 T 캐주얼이다.

❶ T 카드 T Card(카드 발급비용 €0.50 별도)

바르셀로나 시내의 주요 교통수단인 메트로, 시내버스, 트램, 렌페 로달리에스, FGC를 이용할 수 있는 교통카드. 10회 사용 가능한 T 캐주얼T-casual, 30일간 무제한 사용 가능한 T 유주얼T-usual, 하루 동안 무제한 사용 가능한 T 디아T-dia, 30일 동안 여러 명이 8번 사용 가능한 T 파밀리아T-familiar 등 6종류로 나누어 있다. 하차 후 75분 이내에 세 번까지 환승 가능해 경제적이다. 반드시 1인당 1장씩 사용해야 하며 메트로역 내 자동 발매기(공항 제외)에서 판매한다. T 캐주얼로 공항행 메트로는 이용할 수 없다.

요금 T 캐주얼 €12.15, T 유주얼 €21.35~, T 디아 €11.20, T 파밀리아 €10.70
※각각 1존 기준 **홈페이지** www.tmb.cat

❷ 올라 바르셀로나 트래블 카드 Hola Barcelona Travel Card

바르셀로나 시내버스, 메트로, 트램, 렌페 로달리에스, FGC 등 주요 대중교통을 지정된 시간 내에 무제한 승하차할 수 있는 교통카드. 48시간권, 72시간권, 96시간권, 120시간권 등 네 종류의 카드 중 본인의 여행 일정에 맞게 선택하면 된다. 개시한 시간부터 기한 내에 이용할 수 있으나 야간에 운행하는 시내버스와 공항버스는 이용이 불가하다. 메트로역 내 자동 발매기에서 판매한다.

요금 48시간권 €17.50, 72시간권 €25.50~, 96시간권 €33.30, 120시간권 €40.80
홈페이지 www.tmb.cat

❸ 바르셀로나 카드 Barcelona Card

시내버스, 메트로, 트램, 공항과 시내 1존을 연결하는 렌페 로달리에스, T2A 티비버스T2A TIBIBUS 등의 대중교통을 무제한 이용 가능하며 피카소 미술관, 카탈루냐 국립미술관, 호안 미로 미술관, 바르셀로나 현대미술관 등을 무료로 입장할 수 있는 여행자 패스. 카사 밀라, 카사 바트요, 카사 아마트예르, 구엘 저택, 카사 비센스 등의 입장권 할인 혜택도 있다.

요금 72시간권 일반 €55, 4~12세 €32 / 96시간권 일반 €65, 4~12세 €42 / 120시간권 일반 €77, 4~12세 €47 **홈페이지** www.barcelonacard.org

TRAVEL TALK

박물관 관람을 위한 경제적인 티켓

바르셀로나에서 여러 미술관을 둘러보려고 계획 중이라면 아티켓 바르셀로나Articket BCN 구입을 고려해보세요. 피카소 미술관, 호안 미로 미술관, 카탈루냐 국립미술관, 바르셀로나 현대미술관, 바르셀로나 현대 문화센터, 타피에스 미술관Fundació Antoni Tàpies 등 바르셀로나 시내 여섯 군데 미술관을 이용할 수 있는 통합 입장권으로 각각 입장권을 구입하는 것보다 무려 45%나 절약된답니다. 이 티켓을 소지하면 15세 이하 동반 1인 무료 입장도 가능해요.

요금 16세 이상 €38 **홈페이지** articketbcn.org

카탈루냐 철도
FGC

카탈루냐주를 운행하는 공영 철도. 여행자는 스페인 광장에 있는 플라사 에스파냐Pl. Espanya역에서 몬세라트로 가는 R5번 노선을 많이 이용한다. 몬세라트에서 케이블카를 타고 수도원으로 향한다면 아에리 데 몬세라트Aeri de Montserrat역에서, 등산 열차를 타려면 모니스트롤 데 몬세라트Monistrol de Montserrat역에서 하차한다.

운행 05:15~23:30
요금 €2.55
홈페이지 www.fgc.cat

트램
Tram

2004년 개통한 교통수단으로 노선은 4개뿐이다. 정류장이 관광 명소에서 다소 떨어져 있어 여행자가 이용할 일은 거의 없다. 현지인의 출퇴근용 교통수단이 주목적이다.

운행 일~목요일 05:00~24:00, 금 · 토요일 05:00~02:00
요금 €2.55
홈페이지 www.tmb.cat

택시
Taxi

검은색 차체에 노란색 문이 달린 바르셀로나의 택시는 공항, 기차역, 관광 명소 주변의 택시 정류장에서 탑승하거나 지나가는 빈 차를 잡아타면 된다. 택시 표시등에 초록 불이 켜져 있거나 정면 창에 'LIBRE' 또는 'LLIURE'라 적혀 있으면 빈 차임을 뜻한다. 또 'OCUPAT' 또는 'OCUPADO'라 적혀 있으면 이미 손님이 탑승한 차이다. 택시를 이용할 때는 손을 들어 지나가는 택시를 잡아타는 게 일반적이며, 우리나라와 마찬가지로 요금을 미터기로 적용한다.
일반 택시보다 저렴하게 이동하고 싶다면 스마트폰 애플리케이션을 통한 모바일 차량 배차 서비스 캐비파이Cabify나 프리나우FreeNow를 이용한다.

주의 공항 발착이면 €4.50, 기차역 출발은 €2.50가 추가된다.
운행 24시간
요금 월~금요일 08:00~20:00 기본요금 €2.55, km당 €1.23 / 월~금요일 20:00~08:00, 토 · 일 · 공휴일 기본요금 €2.55, km당 €1.51 (단, 6/23~24, 12/24~25, 12/31~1/1 20:00~08:00 할증 요금 €3.50 추가)

시티 투어 버스
City Tour Bus

바르셀로나 시내를 한 바퀴 도는 시티 투어 버스를 이용하면 짧은 시간에 많은 관광 명소를 돌아볼 수 있다. 카탈루냐 광장을 기준으로 발착한다. 몬주이크, 캄프 노우 등을 도는 서쪽 루트(오렌지Orange 노선)와 고딕 지구, 바르셀로네타, 사그라다 파밀리아, 구엘 공원 등을 도는 동쪽 루트(그린Green 노선)를 운행한다.

운행 4~10월 09:00~20:00, 11~3월 09:00~19:00
요금 13~64세 €33, 65세 이상 €28, 4~12세 €18
홈페이지 barcelona.city-tour.com/en

FOLLOW UP

알아두면 유용한 바르셀로나 실용 정보

바르셀로나의 관광 정보나 심카드 등 여행에 필요한 준비물과 현금은 카탈루냐 광장을 비롯한 바르셀로나 중심가에서도 어렵지 않게 구할 수 있다.

• 관광 안내소

시내에 20여 군데 관광 안내소가 있다. 공항과 기차역을 비롯해 람블라스 거리, 카탈루냐 광장, 바르셀로나 대성당 등 관광객이 모이는 번화가에 있어 찾기 쉽다.

주소 카탈루냐 광장 부근 Plaça de Catalunya, 17 / 람블라스 거리 부근 Plaça Nova, 5
운영 보통 08:30~20:30(관광 안내소마다 다름)

• 환전소

부득이하게 환전해야 한다면 전문 환전소보다는 은행 ATM에서 인출하는 것이 이득이다. 스페인 은행 중 ATM 수수료가 무료인 곳은 이베르카하Ibercaja가 유일하다.

주소 카탈루냐 광장 부근 Carrer de Casp, 32 **운영** 24시간

• 통신사 대리점

스페인에서 사용하기 편리하고 대리점도 많은 통신사는 오랑헤와 보다폰이다. 오랑헤는 데이터 7 · 12 · 20기가에 부가 서비스를 제공하는 요금제를, 보다폰은 데이터 8 · 15 · 25기가에 부가 서비스를 제공하는 요금제를 운영한다.

주소 오랑헤 Pl. de Catalunya, 19 / 보다폰 Avinguda del Portal de l'Àngel, 36
운영 오랑헤 09:00~21:00, 보다폰 10:00~20:00 **휴무** 일요일

• 택스 리펀드

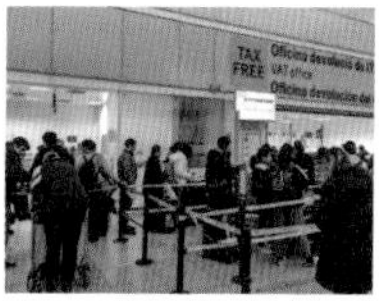

카탈루냐 광장 앞 관광 안내소 지하 1층에 있는 글로벌 블루Global Blue와 플래닛Planet 영업소에서 간단한 절차를 거치면 바로 현금으로 환급받을 수 있다. 단, 현금으로 받는 경우 카드보다 수수료가 더 부가된다. 시내에서 환급받는 경우도 출국할 때 공항 세관 창구에서 서류를 제출해야 한다. 프리미어 택스 프리, 이노바 등의 업체는 바르셀로나 공항이나 EU 국가 최종 출국 공항에서만 택스 리펀드가 가능하다.

주소 Plaça de Catalunya, 17 **운영** 12:00~20:00 **휴무** 일요일

• 짐 보관

카탈루냐 광장 부근에 코인 로커와 짐 보관소가 있다. 짐 크기에 따라 요금이 달라진다.

로커 바르셀로나
Locker Barcelona
주소 Carrer d'Estruc, 36
운영 09:00~21:00
요금 €4.50~(인터넷 예약 시 10% 할인)
홈페이지 lockerbarcelona.com

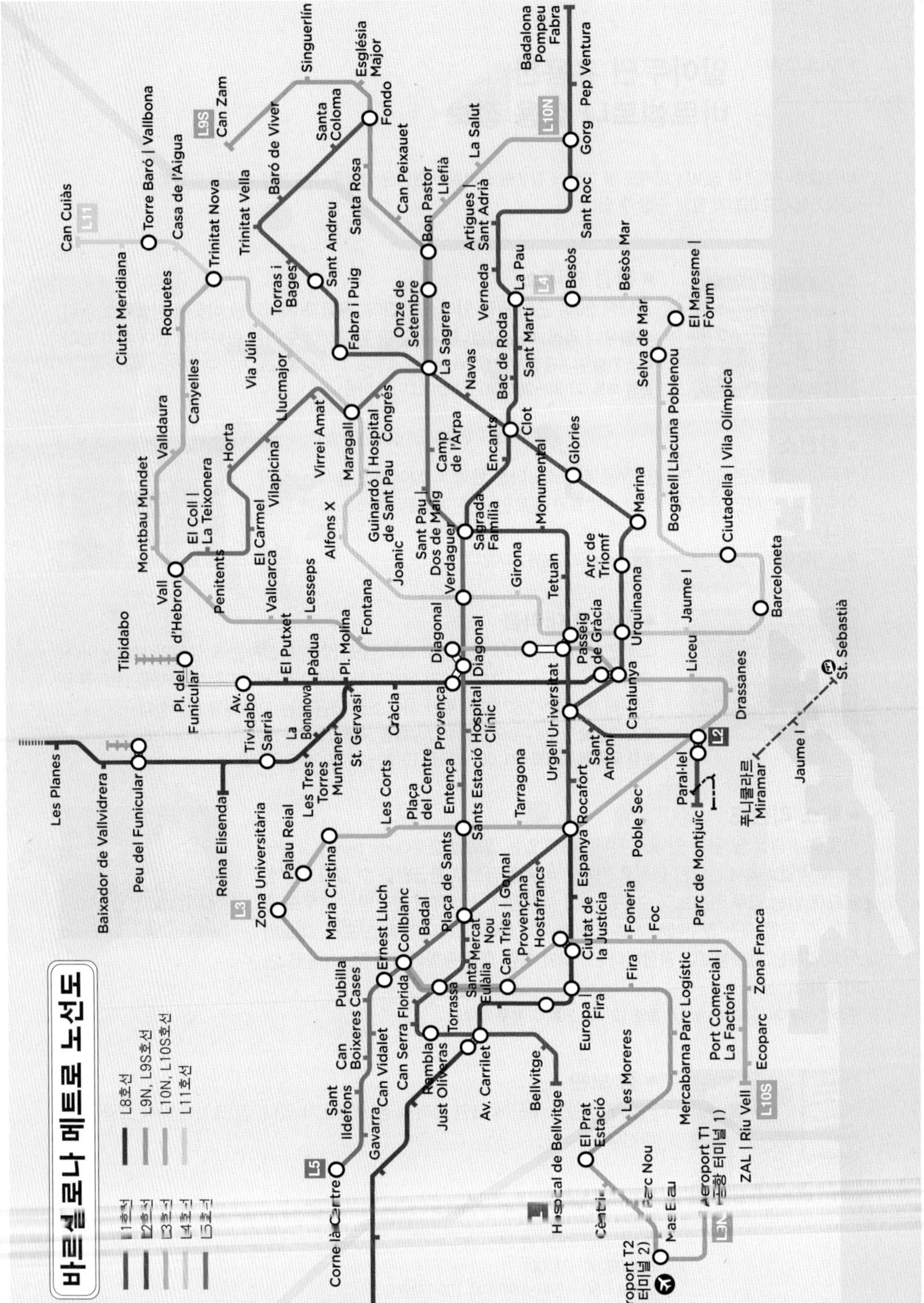

바르셀로나 메트로 노선도
L1호선
L2호선
L3호선
L4호선
L5호선
L8호선
L9N, L9S호선
L10N, L10S호선
L11호선
L1
L2
L3
L4
L5
L8
L9S
L10N
L10S
L11
Les Planes
Baixador de Vallvidrera
Peu del Funicular
Reina Elisenda
Sarrià
La Bonanova
Les Tres Torres
Muntaner
St. Gervasi
Pl. Molina
Pàdua
El Putxet
Av. Tibidabo
Pl. del Funicular
Tibidabo
Gràcia
Provença
Diagonal
Fontana
Lesseps
Vallcarca
Penitents
Vall d'Hebron
Montbau
Mundet
Valldaura
Canyelles
Roquetes
Trinitat Nova
Ciutat Meridiana
Can Cuiàs
Torre Baró | Vallbona
Casa de l'Aigua
Trinitat Vella
Baró de Viver
Santa Coloma
Fondo
Can Zam
Singuerlín
Església Major
Santa Rosa
Can Peixauet
Bon Pastor
Llefià
La Salut
Badalona Pompeu Fabra
Pep Ventura
Gorg
Sant Roc
Artigues | Sant Adrià
Sant Andreu
Torras i Bages
Fabra i Puig
Onze de Setembre
La Sagrera
Navas
Clot
Encants
Camp de l'Arpa
Sant Pau | Dos de Maig
Sagrada Família
Verdaguer
Girona
Tetuan
Monumental
Glòries
Marina
Arc de Triomf
Urquinaona
Passeig de Gràcia
Catalunya
Liceu
Drassanes
Jaume I
Barceloneta
Ciutadella | Vila Olímpica
Bogatell
Llacuna
Poblenou
Selva de Mar
El Maresme | Fòrum
Besòs Mar
Besòs
La Pau
Verneda
Sant Martí
Bac de Roda
Via Júlia
Llucmajor
Virrei Amat
Maragall
Guinardó | Hospital de Sant Pau
Congrés
Horta
Vilapicina
El Carmel
El Coll | La Teixonera
Alfons X
Joanic
Hospital Clínic
Urgell
Universitat
Sant Antoni
Paral·lel
Parc de Montjuïc
Miramar
푸니쿨라르
St. Sebastià
Rocafort
Poble Sec
Espanya
Tarragona
Sants Estació
Entença
Plaça del Centre
Les Corts
Maria Cristina
Palau Reial
Zona Universitària
Badal
Plaça de Sants
Mercat Nou
Hostafrancs
Can Tries | Gornal
Provençana
Ciutat de la Justícia
Foneria
Foc
Fira
Europa | Fira
Collblanc
Ernest Lluch
Pubilla Cases
Can Boixeres
Can Vidalet
Can Serra
Florida
Torrassa
Santa Eulàlia
Rambla Just Oliveras
Av. Carrilet
Bellvitge
Hospital de Bellvitge
Sant Ildefons
Gavarra
Cornellà Centre
El Prat Estació
Les Moreres
Mercabarna
Parc Logístic
Port Comercial | La Factoria
Zona Franca
Ecoparc
ZAL | Riu Vell
Aeroport T1
(공항 터미널 1)
Aeroport T2
(공항 터미널 2)
Mas Blau
Parc Nou
Cèntric

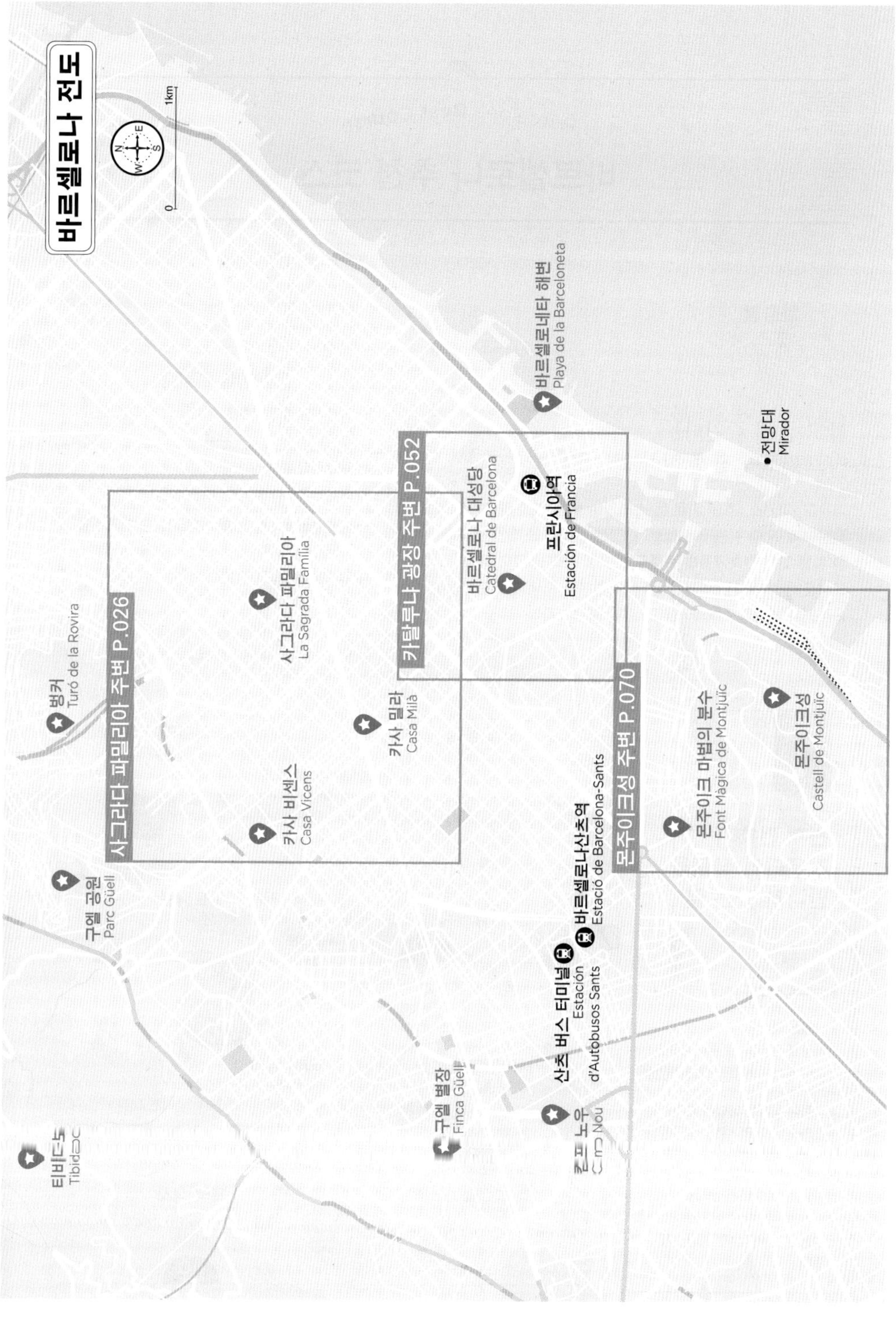

바르셀로나 전도
N E S W
0
1km
사그라다 파밀리아 주변 P.026
카탈루냐 광장 주변 P.052
몬주이크성 주변 P.070
벙커
Turó de la Rovira
구엘 공원
Parc Güell
사그라다 파밀리아
La Sagrada Família
카사 비센스
Casa Vicens
카사 밀라
Casa Milà
바르셀로나 대성당
Catedral de Barcelona
프란시아역
Estación de Francia
바르셀로네타 해변
Playa de la Barceloneta
전망대
Mirador
몬주이크 마법의 분수
Font Màgica de Montjuïc
몬주이크성
Castell de Montjuïc
바르셀로나산츠역
Estació de Barcelona-Sants
산츠 버스 터미널
Estación d'Autobusos Sants
구엘 별장
Finca Güell
티비다보

Barcelona **Best Course**

바르셀로나 추천 코스

일정별 코스

짧고 굵게 즐긴다! 바르셀로나 완전 정복 2박 3일

가우디, 피카소, 호안 미로 등 스페인이 낳은 최고 예술가들의 작품이 살아 숨 쉬는 바르셀로나. 그뿐 아니라 스페인 건축에 한 획을 그은 건축가들의 작품도 곳곳에 자리해 있어 마치 도시 전체가 커다란 박물관 같다. 아침부터 저녁까지 부지런히 움직이며 바르셀로나의 매력에 흠뻑 빠져보자.

TRAVEL POINT

- **이런 사람 팔로우!** 바르셀로나의 굵직한 대표 명소를 알차게 둘러보고 싶다면
- **여행 적정 일수** 꽉 채운 3일
- **주요 교통수단** 메트로, 버스, 도보
- **여행 준비물과 팁** 10회 사용 가능한 T 캐주얼 카드
- **사전 예약 필수** 사그라다 파밀리아, 카사 바트요, 카사 밀라, 구엘 저택

DAY 1

천재 건축가 가우디의 작품을 만나러 가는 길

- **소요 시간** 11시간
- **예상 경비** 입장료 €98 + 교통비 €7.20 + 식비 €40~ = Total €145.20~
- **점심 식사는 어디서 할까?** 그라시아 거리 주변 식당에서
- **기억할 것** 사그라다 파밀리아, 카사 바트요, 카사 밀라, 카사 아마트예르 입장권은 미리 예약하는 게 좋다.

구엘 공원 P.046

→ 셔틀버스+메트로 25분

사그라다 파밀리아 P.027

→ 버스 13분

점심 식사 추천 차오 페스카오 P.078

→ 도보 2분

카사 아마트예르 P.044

→ 도보 1분

카사 바트요 P.036

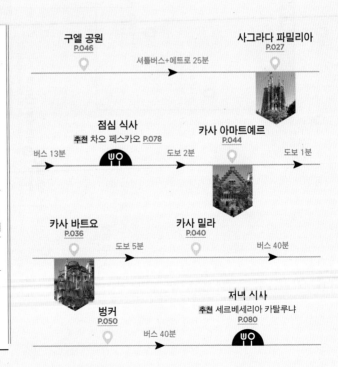

→ 도보 5분

카사 밀라 P.040

→ 버스 40분

벙커 P.050

→ 버스 40분

저녁 식사 추천 세르베세리아 카탈루냐 P.080

DAY
2

중세풍 골목으로 낭만 여행 떠나기

소요 시간 10시간

예상 경비
입장료 €51 + 식비 €45~
= Total €96~

점심 식사는 어디서 할까?
람블라스 거리 주변 식당에서

기억할 것 구엘 저택, 피카소 미술관에 무료 입장하려면 반드시 미리 온라인으로 예약해야 한다.

카탈루냐 음악당 P.058 → 도보 7분 → **카탈루냐 광장** P.053 → 도보 1분 → **람블라스 거리** P.055

→ 도보 1분 → **구엘 저택** P.054 → 도보 1분 → **점심 식사** 추천 구엘 타파스 P.084 → 도보 5분 →

바르셀로나 대성당 P.062 → 도보 7분 → **피카소 미술관** P.063 → 도보 5분 →

고딕 지구 야경 투어 P.060 → 도보 2분 → **저녁 식사** 추천 라 알코바 아술 P.079

DAY
3

미술 작품 감상과 멋진 분수 쇼로 마무리!

소요 시간 9시간

예상 경비
입장료 €65 + 교통비 €11.35
+ 식비 €30~
= Total €106.35~

점심 식사는 어디서 할까?
맛집 골목으로 알려진 포블레 섹Poble Sec 식당에서

기억할 것 마법의 분수는 시기마다 운영 시간과 유무일이 다르니 방문 전에 홈페이지를 확인하자.

캄프 노우 P.076 → 도보 15분 → **구엘 별장** P.077 → 메트로 25분 → **점심 식사** 추천 바르셀로나 P.085

→ 푸니쿨라르+버스 30분 → **몬주이크성** P.072 → 버스 10분 → **호안 미로 미술관** P.074 → 도보 10분 →

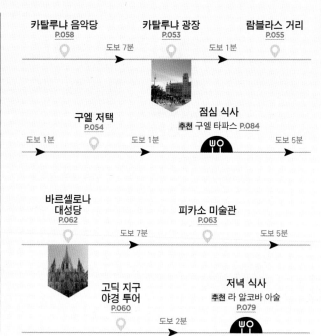

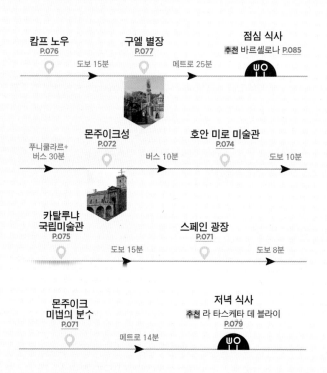

카탈루냐 국립미술관 P.075 → 도보 15분 → **스페인 광장** P.071 → 도보 8분 →

몬주이크 마법의 분수 P.071 → 메트로 14분 → **저녁 식사** 추천 라 타스케타 데 블라이 P.079

사그라다 파밀리아 주변

가우디에서 시작해 가우디로 끝나는 건축 여행의 중심

바르셀로나 관광의 하이라이트인 가우디 건축물이 모여 있는 곳. 에이샴플레Eixample 지구는 구역 전체가 팔각형 블록의 격자 패턴으로 설계한 계획도시로 패션 부티크와 고급 주택가, 호텔 등이 즐비한 그라시아 거리Passeig de Gràcia를 중심으로 좌우로 길게 뻗어 있다. 20세기를 빛낸 카탈루냐 출신 건축가들이 일구어낸 문화유산을 전부 즐길 수 있다고 해도 과언이 아니다. 사그라다 파밀리아를 비롯해 카사 바트요, 카사 밀라 등 가우디 건축의 백미로 꼽히는 건축물이 모여 있어 그의 예술혼을 충분히 느낄 수 있다. 여기서 더 나아가 북동쪽 언덕에 자리한 구엘 공원, 벙커 등도 여행자들이 반드시 방문하는 인기 명소이다.

01

사그라다 파밀리아

La Sagrada Família

추천

TIP

성당 건물의 높이가 110m에 달해 입구로 들어서면 전체를 한눈에 담기 어렵다. 성당 맞은편 연못이 있는 가우디 광장Plaça de Gaudí으로 가면 성당 전체가 눈에 들어와 기념사진 찍기에 좋다. 사선으로 뻗은 도로에서 조금 거리를 두고 바라보는 것도 좋은 방법이다.

신이 머물 수 있는 지상 유일의 공간

사그라다 파밀리아로 알려진 성당의 본래 이름은 성스러운 가족에게 봉헌된 속죄의 교회Templo Expiatorio de la Sagrada Familia, 즉 '성 가족 성당'을 의미한다. 성스러운 가족은 어머니 성모 마리아와 아버지 성 요셉, 그리고 둘 사이에서 태어난 예수를 말한다. 성당의 역사는 바르셀로나의 출판업자 보카베야와 신부 로드리게스가 함께 세운 성 요셉 신앙협회가 성 요셉의 날인 1882년 3월 건축가 프란시스코 델 비야르에게 공사를 의뢰한 것에서 시작되었다. 1년 뒤 비야르와 성당건축위원회의 성당 구조와 마감 방법에 관한 의견 차이로 비야르가 사퇴한 후 1883년 11월 31세의 신출내기 건축가 안토니오 가우디가 후임 건축가로 지명되었고 1884년 3월 성 가족 성당의 공식 건축가로 선정되었다. 가우디는 1926년 불의의 사고로 74세에 눈을 감을 때까지 성당 건축에 힘썼으며 생애 마지막 12년은 오직 성당 건축에만 헌신했다. 2010년 11월 당시 교황 베네딕트 16세가 방문해 미사를 집전하고 공사를 독려하면서 채 완공되지 않은 곳을 대성당으로 승격시켰다.

지도 P.026 **가는 방법** 메트로 L2 · 5호선 사그라다 파밀리아Sagrada Família역에서 도보 1분 **주소** Carrer de Mallorca, 401 **문의** 932 08 04 14
운영 3 · 10월 월~토요일 09:00~19:00, 일요일 10:30~19:00, 4~9월 월~토요일 09:00~20:00, 일요일 10:30~20:00, 11~2월 월~토요일 09:00~18:00, 일요일 10:30~18:00 ※1/1, 1/6, 12/25, 12/26 09:00~14:00
요금 일반 €26, 30세 이하 · 학생 €24, 65세 이상 €21, 11세 이하 무료 / 종탑 포함 일반 €36, 30세 이하 · 학생 €34, 65세 이상 €28, 11세 이하 무료
홈페이지 sagradafamilia.org

FOLLOW UP

사그라다 파밀리아 더 자세히 알고 싶다!

사그라다 파밀리아는 그저 바라보기만 해도 웅장하고 환상적인 자태에 감탄사가 절로 나오지만 각 파사드와 성당 내부, 종탑을 하나씩 뜯어보면 가우디와 성당의 대단함을 더욱 체감할 수 있다. 알고 보면 더욱 재미있는 건축의 세계로 지금 떠나보자.

파사드

Façana

파사드는 건축물의 주된 출입구가 있는 정면부로 사그라다 파밀리아 파사드는 세 곳으로 이루어져 있다. 해가 뜨는 동쪽은 '탄생의 파사드', 해가 지는 서쪽은 '수난의 파사드', 그리고 태양이 빛나는 남쪽은 '영광의 파사드'로 예수의 삶을 담아냈다. 초기 사원과 성당은 글을 모르는 신자들이 이해할 수 있도록 경전 내용을 그림과 조각으로 장식해놓았다. 이러한 전통이 오늘날까지 그대로 이어져오는 것이다. '돌에 새긴 성경'이라는 표현은 파사드를 정확히 설명해주는 말이다.

• 탄생의 파사드

Nativity Façade

예수의 탄생과 청년으로 성장하기까지의 과정을 조각으로 표현했다. 가우디는 자신의 손으로 성당을 완공시키지 못할 것을 알고 있었으며, 이에 자신의 뒤를 이을 이들에게 견본이 될 수 있도록 1894년부터 30년간 탄생의 파사드에 온힘을 쏟아부었다. 가우디가 생전에 거의 완성한 유일한 부분이지만 내전으로 부서진 곳은 다른 조각가가 마무리했다. 일부 조각은 일본인이 맡아 동양인의 얼굴 모습을 하고 있다. 탄생의 파사드에는 왼쪽부터 차례대로 소망, 사랑, 믿음을 의미하는 3개의 문이 있다. 각각의 의미를 상징하는 것으로 소망의 문에는 갈대와 백합, 사랑의 문에는 담쟁이덩굴, 믿음의 문에는 들장미가 새겨져 있다.

1 소망의 문

01

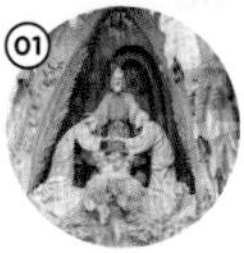

마리아와 요셉의 혼인
사제가 지켜보는 가운데 혼인식을 올리는 두 사람

02

예수와 요셉
왼쪽부터 할머니 안나, 아버지 요셉, 예수, 할아버지 요아힘이 서 있다.

03

성 가족의 이집트 피신
당시 유대 왕인 헤롯이 장차 왕이 될 예수를 죽일 거라 예언하자 피난을 간다.

04

로마 병사의 영아 학살
당시 왕위를 위태롭게 할 예수로 짐작되는 아기를 무참히 살해하는 병사

❷ 사랑의 문

성모 마리아의 대관식
신이 성모 마리아에게 왕관을 하사하고 있다.

수태고지
대천사 가브리엘이 성모 마리아에게 예수를 잉태했음을 알리고 있다.

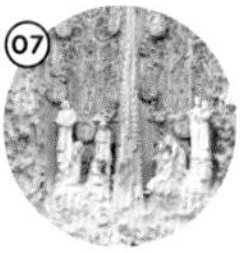

천사들의 찬양
천사들이 악기를 연주하고 아이들이 합창을 한다.

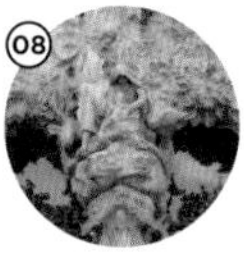

예수의 탄생
예수가 태어났음을 기뻐하는 요셉과 마리아

동방박사(마기)의 예배
예수가 태어났을 때 동방의 별을 좇은 세 사람을 표현했다.

목동들의 경배
천사가 베들레헴의 목동들에게 예수의 탄생을 알리고 있다.

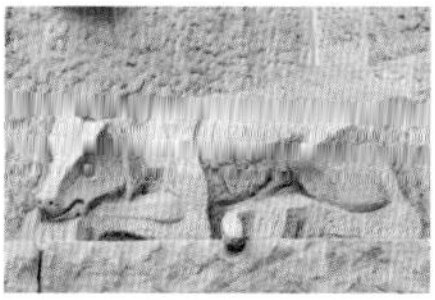

카멜레온
파사드 양쪽에는 몸 색깔을 자유자재로 바꿀 수 있어 변화를 상징하는 카멜레온이 조각되어 있다. 불변을 상징하는 거북이와 대조된다.

❸ 믿음의 문

아기 예수의 성전 봉헌
거룩한 사제 시메온에게 안긴 아기 예수

예수의 설교
설교하는 예수, 그것을 듣는 요한과 그의 아버지 성 자키리아

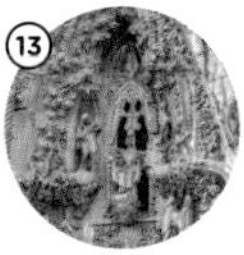

성모 마리아와 엘리사벳
요한을 임신한 사촌 엘리사벳을 만나러 간 성모 마리아

목수로 일하는 예수
목수인 아버지 요셉을 돕는 예수

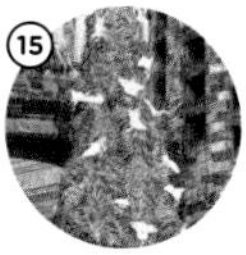

생명의 나무
순결을 의미하는 비둘기와 신과 어머니의 사랑을 상징하는 펠리컨

나팔 부는 천사와 거북이
사랑의 문 사이에 있는 2개의 큰 기둥 상단에는 예수의 탄생을 축복하며 나팔을 부는 천사가 조각되어 있다. 하단에 조각된 거북이는 기둥을 통해 내려온 빗물이 입을 통해 나가는 구조의 빗물받이이다. 하늘과 가까운 위치에는 천사와 새를, 지상과 가까운 위치에는 변하지 않는 자연을 상징하는 양서류와 파충류를 조각했다.

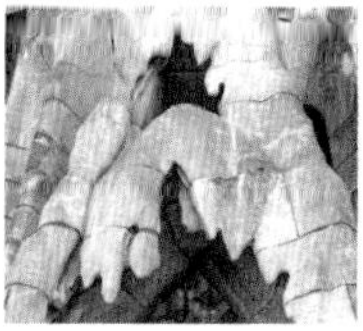

눈 조각
파사드 곳곳에 고드름이 걸린 듯한 장식은 눈을 표현한 것이다. 예수가 탄생한 성탄절의 계절인 겨울을 나타내고 있다.

• 수난의 파사드 Passion Façade

예수가 선동죄로 체포되어 재판을 받고 십자가에 못 박혀 죽기까지 갖가지 수난의 과정을 조각으로 표현했다. 직선이 강조된 조각 스타일은 탄생의 파사드와는 대조적이다. 1954년에 공사를 시작해 1976년 탑을 완공하고, 1987년부터 20세기가 낳은 또 한 명의 거장 조각가 호셉 마리아 수비라스Josep Maria Subirachs가 이끄는 팀이 맡아 단순하고 간결하며 파격적인 조각을 완성했다. 가우디의 의도는 최대한 반영하되 자신만의 개성을 살렸다.

01

최후의 만찬
예수가 처형 전날 제자들과 마지막 식사를 하면서 "이 안에 배신자가 있다"라고 말한 뒤 제자들의 반응을 살피고 있다.

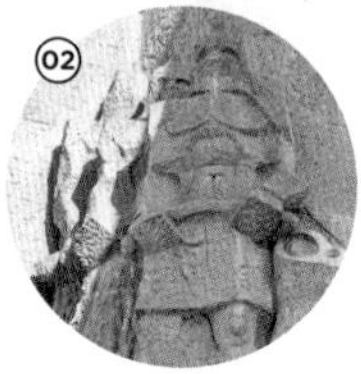

02

예수의 포박
예수를 연행하려는 병사들과 이를 제지하려는 베드로

03

유다의 배신
예수의 뺨에 입맞춤하며 병사에게 '그'임을 알리는 유다. 유다 발치에는 배신을 뜻하는 뱀이 있다.

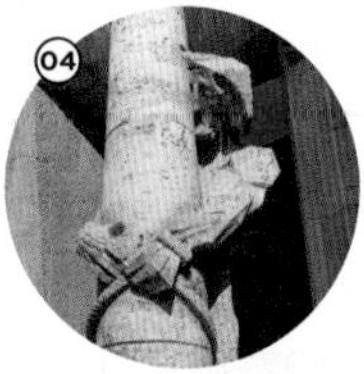

04

기둥에 묶인 예수
예수가 파사드 중앙 기둥에 묶여 채찍질당하고 있다.

05

베드로의 고뇌
예수가 체포될 때 모른 척한 베드로가 새벽닭이 울기 전에 자신을 세 번 부인할 것이라는 예수의 말에 고뇌하고 있다.

06

이자를 보아라
예수를 몰아세우는 군중을 향해 로마제국 총독 빌라도가 "이자를 보아라"라고 외치고 있다.

07

빌라도의 재판
예수에게 십자가 형벌을 내린 빌라도가 자신에게는 책임이 없다며 손을 씻는다.

08

예수의 증인
십자가를 지다가 쓰러진 예수를 대신해 구레네 사람 시몬이 십자가를 지려 하고 있다.

09

베로니카와 예수
골고다 언덕으로 올라가는 도중 예수의 얼굴을 수건으로 닦아준 베로니카. 수건에 예수의 모습이 비친다.

10

롱기누스의 창
십자가에 못 박힌 예수가 죽었는지 확인하고자 로마 병사 롱기누스가 옆구리를 창으로 찔러본다.

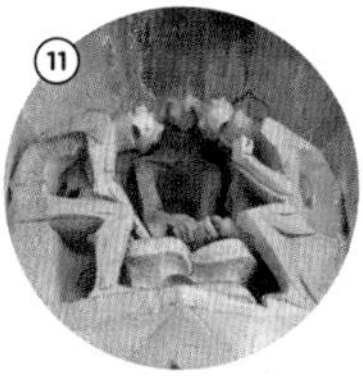

예수의 의상으로 내기를 거는 병사들
죽은 예수의 옷을 서로 갖기 위해 병사들이 주사위를 던지고 있다.

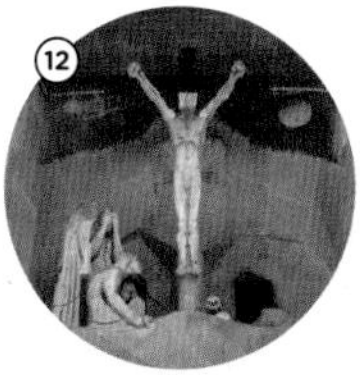

예수의 처형
십자가에 못 박혀 죽은 나체 상태의 예수. 발치에는 죽음을 상징하는 해골이 놓여 있다.

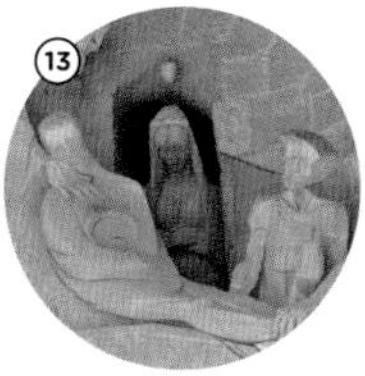

예수의 시신 이장
예수의 시신을 십자가에서 내리고 있다. 여성 위로 보이는 동그란 달걀은 부활절을 상징한다.

예수의 승천
파사드 상부 종탑 쪽에 있는 조각은 부활한 예수를 표현한 것이다.

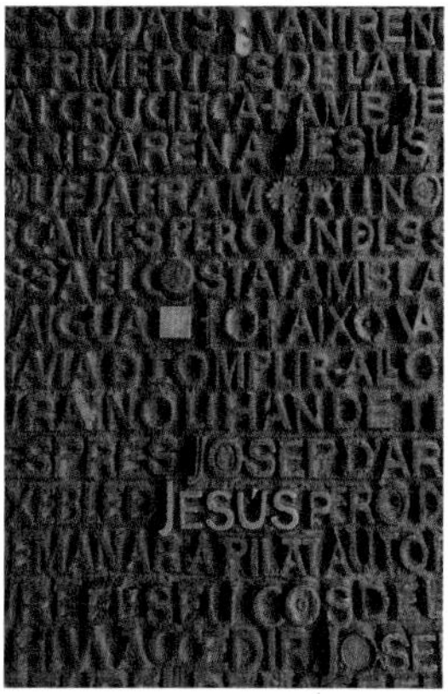

복음의 문
수난의 파사드 중앙 문은 복음의 문이라 한다. 《신약성서》에서 발췌한 예수 생의 마지막 이틀간이 기록되어 있으며, 특히 중요한 내용은 금색으로 표시했다.

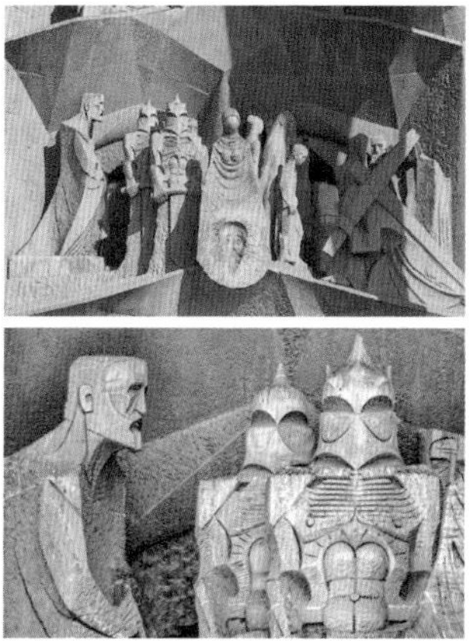

가우디에 대한 경의
'⑨ 베로니카와 예수'에서 가장 왼쪽에 있는 인물은 복음사가로, 가우디에 대한 경의의 표현으로 가우디를 닮은 얼굴로 조각했다. 가우디 옆에 서 있는 병사들도 가우디의 대표 건축물인 카사 밀라의 기둥을 참고로 해 매우 흡사한 모양을 하고 있다.

마방진
'③ 유다의 배신' 한쪽에 새겨진 4×4 총 16개 숫자로 이루어진 숫자 판에 비밀이 숨어 있다. 가로, 세로, 대각선 어떤 방향으로든 각각 4개의 숫자를 더하면 33이 되는데 이는 예수가 죽음을 맞이한 나이이다.

• 영광의 파사드 Glory Façade

세 파사드 가운데 유일하게 미완성인 파사드. 예수 그리스도의 영광과 인류의 삶을 테마로 했다. 가장 규모가 큰 파사드로 15개 기둥과 7개 문을 세울 예정이다. 내전으로 인해 가우디가 남긴 모형과 자료는 사라졌지만 현존하는 메모와 일부 자료를 토대로 건설하고 있다.

성당 내부

성당 내부는 마치 숲속의 안식처와 같다. 〈마태복음〉, 〈마가복음〉, 〈누가복음〉, 〈요한복음〉 등 4대 복음서를 상징하는 천사, 사자, 황소, 독수리가 조각된 4개의 굵은 기둥을 포함해 제단과 파이프오르간까지 경이로움으로 가득 차 있다. 어디 그뿐인가. 스테인드글라스의 화려하면서도 오묘한 빛의 향연은 가히 가우디의 역량이 총집결된 곳임을 말해준다. 성당의 기능에 대해서 가우디는 이와 같은 의견을 밝혔다. "이 성당은 신이 머무르는 곳으로 기도하는 장소이다. 영광된 빛이 성당 안의 색채를 밝게 비출 것이고, 이 성당은 종교를 올바르게 볼 수 있는 넓게 열린 공간이 될 것이다."

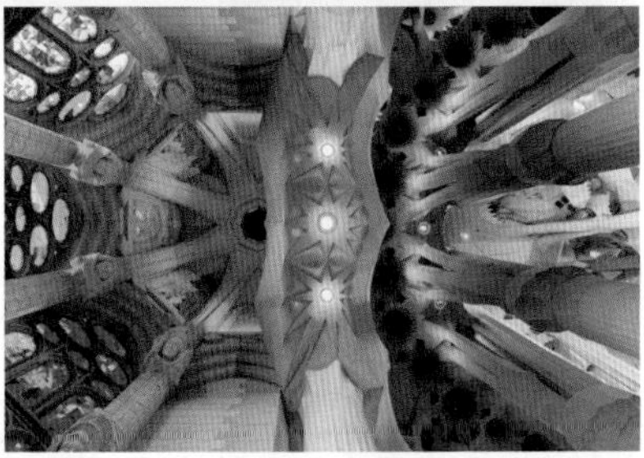

〈마태복음〉

〈마가복음〉

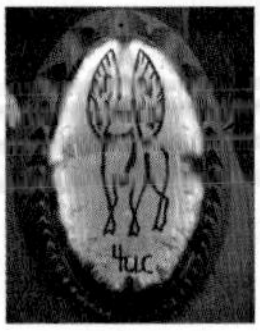
〈누가복음〉

〈요한복음〉

• 기둥과 천장

하늘을 뚫을 것 같은 높은 천장 아래 36개 기둥과 스테인드글라스의 향연이 펼쳐진다. 나무에서 영감을 받아 완성한 거대한 기둥은 상부가 나뭇가지처럼 여러 갈래로 나뉘어 천장을 받치고 있는데, 이는 천장 무게를 고려해 하중을 분산시키기 위한 목적이었다. 각 기둥은 몬주이크의 암석, 반려암, 화강암, 현무암 등 네 가지 재료를 사용했다고 한다. 가장 굵은 4개의 기둥 최상단에는 〈마태복음〉, 〈마가복음〉, 〈누가복음〉, 〈요한복음〉 등 4대 복음서를 상징하는 천사, 사자, 황소, 독수리가 그려진 타원형 장식이 걸려 있다. 천장은 순교를 의미하는 종려나무를 참고해 디자인했다고 한다.

• 스테인드글라스

전체 공간이 무지개색으로 빛나는 것은 벽면의 스테인드글라스가 빚어낸 것이다. 한쪽은 붉은색과 노란색을 중심으로 한 따뜻한 색(죽음과 순교), 반대쪽은 푸른색과 초록색을 중심으로 한 차가운 색(희망과 탄생)의 그러데이션으로 꾸며 더욱 신비스럽게 느껴진다. 각 스테인드글라스는 종교화를 주제로 하지 않고 직선과 곡선을 주로 사용해 추상적인 느낌이다. 자세히 보면 순교한 성인들의 이름이 새겨져 있다.

TIP

붉은색이 강렬한 스테인드글라스에는 우리나라 최초의 신부인 김대건 안드레아의 이름도 새겨져 있다. 'A. KIM'이라 적혀 있는 부분을 찾아보자.

• 중앙 제단

가운데에는 중앙 제단이 있고 그 위에 십자가에 걸린 예수상과 50개의 램프, 포도송이, 보리로 장식된 천개가 걸려 있다. 엄숙하면서도 고요한 분위기에서 최대한 조용히 행동한다. 가까이에서 장식을 보고 싶다면 예배석에 앉아서 본다. 제단 반대쪽으로 가면 가우디 조수였던 호셉 마리아 주조르가 제작한 영광의 파사드의 문이 될 작품이 전시되어 있다. "주여 우리에게 일용할 양식을 주옵소서"라는 주기도문이 한국어 포함 50개국 언어로 적혀 있다.

TIP

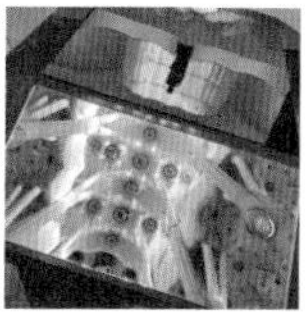

예배석을 벗어나 반대쪽으로 가는 통로 중앙에 거울이 달린 테이블이 놓여 있다. 천장을 편하게 볼 수 있도록 설치한 것으로 천장을 배경으로 기념 촬영을 하는 이들도 눈에 띈다.

• 지하 예배당과 성구실

중앙 제단 맞은편으로 가다 보면 가우디가 잠들어 있는 지하 예배당이 나온다. 예배당 입구는 매표소 왼쪽에 있으며 미사가 열리는 날 무료로 입장할 수 있다. 수난의 파사드로 나가기 전에 성구실로 가는 긴 회랑이 있다. 이곳에 가우디의 작품과 가구가 전시되어 있어 전시품을 보면서 성구가 안치된 성구실로 향한다.

종탑
Torres

성당 출입구는 3개다. 그중 완성된 곳은 탄생의 파사드와 수난의 파사드이며 영광의 파사드는 현재 공사 중이다. 파사드마다 종탑이 4개씩 있는데 이는 예수의 12제자를 상징한다. 중앙에는 예수의 탑이 자리하고 이를 감싼 4개의 기둥은 4대 복음서를 상징하며, 옆에는 성모 마리아의 첨탑이 서 있다.

파사드별 종탑 배치도

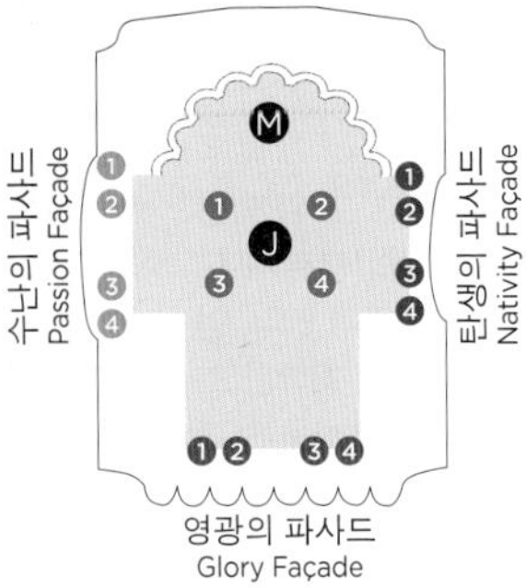

J 예수(170m)
M 마리아(123m)

❶ 마가(125m)
❷ 누가(125m)
❸ 마태(125m)
❹ 요한(125m)

❶ 마티아(98m)
❷ 유다(107m)
❸ 시몬(107m)
❹ 바르나바(98m)

❶ 소 야고보(107m)
❷ 바르톨로메오(112m)
❸ 토마스(112m)
❹ 필립보(107m)

❶ 안드레아(112m)
❷ 베드로(117m)
❸ 바오로(117m)
❹ 대 야고보(112m)

• 종탑의 의미

가우디는 가장 높은 탑인 예수의 탑을 몬주이크 언덕보다 낮은 172.5m로 설계했다. 이는 인간이 지은 건축물이 신이 만든 자연물보다 높으면 안 된다는 이유에서라고 한다. 바르셀로나시는 사그라다 파밀리아에 대한 경의를 표하기 위해 시내 어떠한 건물도 172.5m를 넘지 않도록 규정하고 있다. 예수의 탑 다음으로 높은 성모 마리아의 탑은 높이 130m로 정상부에 '새벽의 별'이라는 장식을 올릴 예정이다. 예수의 탑을 둘러싸고 있는 4대 복음서의 탑은 《신약성서》의 〈마태복음〉, 〈마가복음〉, 〈누가복음〉, 〈요한복음〉을 의미한다. 빛에 따라 색이 변하도록 티타늄을 사용해 짓고 있다. 나머지 12사도의 탑은 다양한 모양이 장식된 첨탑을 설치할 예정이며 '거룩하다'는 의미의 'Sanctus'라는 글자를 새긴다.

● 종탑 오르기

탄생의 파사드 쪽과 수난의 파사드 쪽 두 군데를 통해 종탑에 올라갈 수 있다. 현재에도 종탑 공사가 진행 중이라 자유롭게 볼 수는 없지만 파사드의 조각과 일부 종탑을 상세히 관찰할 수 있다. 탄생의 파사드 쪽이 가우디의 조각을 가까이서 볼 수 있어 인기가 높다. 종탑에서 내려다보는 성당 주변 풍경도 볼만하다. 올라갈 때는 엘리베이터를 타고 쉽게 갈 수 있으나 내려올 때는 좁은 계단으로 걸어 내려와야 한다. 중간중간에 난 창을 통해 주변 풍경을 보면서 찬찬히 내려가도록 하자. 참고로 바람이 강하게 부는 날에는 종탑 견학이 취소된다. 티켓을 미리 예약했을 경우 일부 금액이 결제된 신용카드를 통해 환불된다.

박물관 *Museum*

수난의 파사드를 등지고 왼쪽으로 가면 박물관으로 이어진다. 사그라다 파밀리아의 건설과 관련한 역사와 가우디에 관한 물품이 전시된 공간이다. 수난의 파사드를 조각한 수비라스가 제작한 가우디의 조각상도 볼 수 있다. 이곳은 오디오 가이드에 포함된 구역이 아니므로 기기를 반납하고 들어가야 한다. 박물관 마지막 부분에 가우디 성당과 관련한 다양한 굿즈를 파는 기념품점이 있으니 추억으로 간직할 만한 물건도 찾아보자.

야경 *Night View*

밤에 보는 사그라다 파밀리아도 무척 아름답다. 밤이 되면 성당 주변에 조명을 환하게 밝혀 야경을 감상할 수 있도록 한다. 4~10월 하절기에는 오후 9시경부터 어둑해지고 11~3월 동절기에는 오후 5시면 어두워지므로 시간을 잘 맞춰서 움직여야 한다. 가끔 평소의 조명과는 다른 분위기의 조명 이벤트가 벌어지기도 하는데, 트위터나 인스타그램 등 운영위원회가 관리하는 공식 SNS 계정에 게시하므로 정확한 정보를 확인하고 방문하도록 하자.

이벤트가 없는 평상시의
사그라다 파밀리아 야경

02

카사 바트요

Casa Batlló

추천

바다를 형상화한 가우디의 보석

그라시아 거리 43번지에 자리한 일반 건축물이 가우디의 손을 거쳐 획기적인 변화를 이룬 결과물이다. 직물 공장을 운영하던 거부로부터 카사 아마트예르를 능가하는 건물을 만들어달라는 주문을 받아 1906년 재건축했다. 가우디는 해양 무역으로 부를 거머쥔 의뢰인에게 경의를 표하는 의미로 물결치는 해수면을 닮은 곡선의 정면 파사드를 선사했다. 내부 또한 전체적으로 파란색과 흰색의 스테인드글라스를 적절히 사용해 바다와 하늘이 느껴지도록 했다.

사실 이 건물의 형상이 어떤 이미지에서 영향을 받았는지에 대해서는 여러 설이 있다. 그중 하나는 카탈루냐의 수호성인 산트 호르디가 용을 퇴치했다는 내용의 전설을 바탕으로 했다는 것이다. 또 지붕은 어릿광대의 모자, 발코니는 가면, 타일의 모자이크는 흩날리는 색종이 가루에서 모티브를 얻어 사육제의 풍경을 표현했다는 이야기도 있다. 하지만 빛과 색으로 효과를 내 지중해의 해저 동굴을 표현했다는 이야기가 가장 설득력 있다. 신비스러운 건물은 보는 이의 관점에 따라 각기 다르게 형상화되니 곱씹어볼수록 대단하다고밖에는 표현할 방법이 없다.

지도 P.026

가는 방법 메트로 L2 · 3 · 4호선 파세이그 데 그라시아Passeig de Gràcia역에서 도보 1분

주소 Passeig de Gràcia, 43

문의 932 16 03 06

운영 09:00~20:45

※문 닫기 1시간 전 입장 마감

요금 일반 €25~, 65세 이상 €22~, 13~17세 학생 €10

※날짜 및 시간대마다 가격 상이

※일반 12세 이하 동반 무료

홈페이지 www.casabatllo.es

TRAVEL TALK

불화의 사과

바르셀로나에는 유명 건축가들이 지은 건물이 한데 모여 있는 구역이 있습니다. 그라시아 35번지Passeig de Gràcia, 35 길 모퉁이에 자리한 가우디의 카사 바트요, 가우디의 스승 몬타네르의 카사 예오 모레라Casa Lleó Morera, 카다팔크의 카사 아마트예르Casa Amatller가 모여 있는 것이지요. 카탈루냐 모더니즘이라고 하는 모데르니스모Modernismo의 3대 거장의 건물을 통해 동시대의 다양한 건축 스타일을 엿볼 수 있습니다. 개성 강한 세 건물로 인해 이 구역은 '불화의 사과Manzana de la Discordia' 또는 '불화의 섬Illa de la Discòrdia'이라는 애칭으로도 불린답니다.

FOLLOW UP

알고 보면 더 재미있다!
카사 바트요의 예술 포인트

외관은 물론 테라스, 복도, 옥상 등 곳곳에서 기상천외함이 돋보이는 카사 바트요. 곡선과 색채의 아름다움을 강조하면서 군데군데 번뜩이는 아이디어를 심어놓았다. 천재가 다듬은 보석 같은 공간을 한국어 비디오 가이드를 통해 하나씩 살펴보자.

파사드

• 정면

재건축하기 전까지 평범한 건물이었다는 사실이 믿기지 않을 만큼 확 튀는 디자인이다. 지중해 블루 컬러를 기초로 한 벽면은 파란색, 초록색, 보라색, 노란색 등 선명한 색을 띠는 유리창과 330개의 세라믹 타일로 장식해 해수면에 빛이 반사되어 반짝이는 모습을 표현했다. 모네의 대표작 〈수련〉에서 영감받은 색채라고 전해지는 이 부분은 가우디의 조수 주조르가 도맡아 진행했다. 화려한 배색에서 그의 색채 감각을 느낄 수 있다.

• 발코니

이탈리아 카니발에서 쓰는 가면처럼 생긴 독특한 모양의 창문과 발코니는 어디에서도 본 적 없는 형태이나, 특히 2층은 인간의 뼈처럼 생긴 기둥과 두개골처럼 생긴 모양의 창 때문에 '해골집', '뼈다귀의 집'이라 불리기도 한다.

• 지붕과 옥상

용의 비늘을 연상시키는 지붕 역시 일반적인 형태에서 벗어나 있다. 카탈루냐의 수호성인 산트 호르디가 용을 퇴치했다는 전설을 모티브로 한 것으로 십자가가 걸린 탑은 당시 사용한 창이라고 전해지기도 한다. 옥상 장식도 용의 등에서 따왔다는 것을 알 수 있다. 형형색색의 타일로 꾸민 6.1m 높이의 굴뚝은 예술성과 기능성을 모두 갖춘 걸작이다.

내부

• 살롱 발코니

채광이 좋은 커다란 창과 물방울 모양의 스테인드글라스가 특징이다. 해저 동굴을 테마로 한 살롱에 제격인 장식이다.

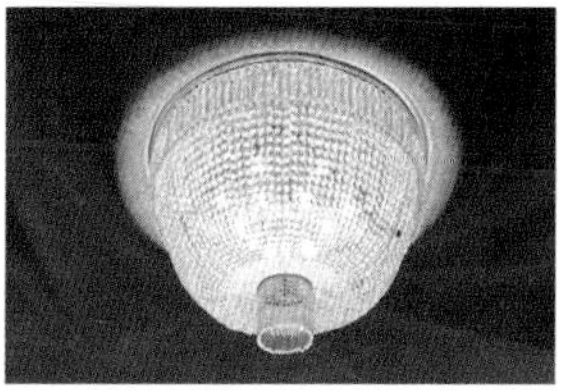

• 조명등

조명등에도 주목해보자. 책이나 인터넷에서 본 것과 많이 달라 보인다면 당신은 예리한 눈썰미를 가졌다. 긴 복원 작업 끝에 2019년부터 해파리 모양 조명에서 화려한 분위기의 조명으로 교체되었다. 회오리치는 천장 장식과 절묘하게 어우러진다.

• 벽난로

카탈루냐 지방의 전통 스타일인 버섯 모양을 차용했다. 벽난로 부근에는 나무 벤치를 두어 담소를 나누기 좋은 자그마한 공간으로 꾸몄다. 한쪽에는 2인용, 반대쪽에는 1인용이 놓여 있는데, 이는 남녀 단둘이 있을 경우 큰일이 일어나지 않도록 감시하는 이를 위해 한 자리 더 마련한 것이라고 한다.

• 천장

옥상으로 올라가기 전에 등장하는 포물선 아치는 가우디의 곡선 사랑이 유감없이 발휘된 부분이다. 이 아치 천장은 카사 밀라에서 한층 더 발전된 형태를 보인다.

⓪③ 카사 밀라

Casa Milà

추천

가우디의 건축적 원숙미가 일품

밀라라는 한 사업가의 신혼집을 의뢰받아 1912년 60세를 맞이한 가우디가 완성한 고급 빌라. 전체적인 분위기는 몬세라트의 산에서 영향을 받았다. 발코니와 옥상의 타일 장식을 제외하고 전체를 석회암으로 건축해 채석장을 의미하는 '라 페드레라La Pedrera'라는 별칭으로도 불린다. 기둥을 기초로 한 방 구조, 위생적인 환기 시설, 자유로운 이동을 위한 엘리베이터 등 의뢰인의 주문 사항을 모두 반영했다. 독특함과 창의성을 발휘하면서 실용적이고 기능적인 면도 놓치지 않은 것. 완공 당시 건설 기준에 어긋난다는 이유로 공무원의 방해와 언론사의 조롱을 받았지만 현재는 가우디의 대표적인 건축물로 우뚝 섰다. 나날이 신앙심이 깊어진 가우디는 이 건축물을 끝으로 민간인의 저택은 더 이상 의뢰받지 않고 교회 관련 시설만 건축했다고 한다. 천재성을 십분 발휘한 이 건축물이 그런 이유로 더욱 소중하고 가치가 높은 것이다.

그라시아 거리의 보도블록은
카사 밀라 방의 바닥에 깔린
포석 디자인과 동일합니다.
조개, 불가사리, 해초류가 물
위에 떠오른 모양을 표현한
것이라고 해요.

지도 P.026
가는 방법 메트로 L3 · 5호선 디아고날Diagonal역에서 도보 2분
주소 Passeig de Gràcia, 92
문의 932 14 25 76
운영 일반 3/1~11/3 09:00~20:30, 11/4~1/3 09:00~18:30,
나이트 투어 3/1~11/2 21:00~23:00, 11/4~1/3 19:00~20:00
휴무 12/25
요금 온라인/현장 일반 €26/28, 7~12세 €13.50/15.50, 학생 · 65세 이상
€20/22, 6세 이하 무료, 나이트 투어 현장 일반 €30, 학생 €19, 6세 이하 무료
※나이트 투어는 온라인 할인 없음
홈페이지 www.lapedrera.com

FOLLOW UP

알고 보면 더 재미있다!
카사 밀라의 예술 포인트

현재 카사 밀라는 다락층을 제외한 5개 층은 입주민이 실제 거주하는 공간이다. 거주자에게 방해가 되지 않도록 조용히 관람하도록 하자. 1층 안뜰에서 엘리베이터를 타고 옥상으로 올라간 다음 계단으로 내려가면서 다락방, 거주 공간 순으로 둘러본다.

• 파사드

물결치는 지중해를 형상화한 건물 외벽. 직선과 직각이 없는 유선형 벽면은 곡선을 즐겨 사용한 가우디다운 디자인이다. 각기 다른 돌을 사용했기 때문에 일일이 깎아 다듬었다고 하니 놀랍기 그지없다. 철 세공으로 해초를 표현한 발코니는 도둑의 침입을 막는 방범 역할을 하기도 한다. 이 부분은 가우디의 제자 주조르가 담당했다.

• 안뜰

파도의 거품을 형상화한 정문으로 들어가면 2개의 큰 안뜰과 마주한다. 기능보다 디자인을 중시한 당시 분위기를 반영한 뻥 뚫린 천장이 특징이며, 이 또한 원형의 곡선을 그리고 있다. 공간마다 창문을 설치해 항상 자연광을 누릴 수 있도록 했다.

• 다락방

옥상으로 올라가기 직전에 위치한 다락방은 카사 밀라를 비롯해 가우디 건축을 소개하는 박물관으로 사용하고 있다. 본래는 세탁실이었던 곳으로 줄을 늘어뜨린 듯한 포물선 형태의 아치 273개로 이루어져 있다. 가우디가 설계하면서 힌트를 얻은 동식물 모형과 카사 밀라, 카사 바트요의 모형 및 그가 직접 디자인한 가구를 전시해두었다.

• 주거 공간

4층 주거 공간 일부를 전시 공간으로 꾸며 일반에 공개하고 있다. 20세기 부르주아 가정을 재현해 간접적으로나마 접해볼 수 있다. 거실, 서재, 부엌, 침실에서도 곡선 형태의 디자인이 많이 보인다.

• 옥상

독특한 모양의 굴뚝과 통기구가 이곳저곳에 솟아 있는 옥상은 카사 밀라에서 가장 큰 볼거리. 저마다 디자인이 다른데 주로 십자가나 회오리 모양을 하고 있다. 회오리 모양을 위에서 내려다보면 장미꽃을 닮았다. 이는 의뢰인 밀라의 아내 이름인 장미 정원을 뜻하는 '로사이로'를 모티브로 한 것이라고 전해진다. 또한 자세히 보면 깨진 유리 파편으로 장식되어 있다. 한 시인은 굴뚝을 가리켜 "투구를 쓴 로마 병사들이 한 줄로 서 있는 것 같다"고 표현하며 '전사의 정원'이라 불렀다. 영화감독 조지 루카스는 여기서 영감을 받아 영화 〈스타워즈〉의 캐릭터 '스톰 트루퍼'를 탄생시켰다. 거센 바람이 부는 날이면 굴뚝과 바람이 부딪히면서 신기한 소리를 낸다. 저 멀리로는 사그라다 파밀리아가 보인다. 굴뚝 사이로 난 구멍을 통해 건물이 살며시 보이는 부분은 긴 대기 줄을 이룰 만큼 포토제닉 명소로 꼽힌다.

입장료가 부담스럽다면 1층 카페에서 커피 한잔 즐기며 간접적으로 경험해보세요. 한쪽으로 난 창을 통해 카사 밀라의 일부를 감상할 수 있어요. 또는 카사 밀라 건물을 끼고 왼쪽으로 돌아가면 뒤 건물 1층에 마시모두띠 매장이 있는데, 매장 안쪽 계단을 통해 2층으로 올라가면 테라스가 있어요. 이 테라스에서 위를 올려다보면 카사 밀라의 뒷모습을 볼 수 있답니다.

04

카사 아마트예르

Casa Amatller

초콜릿왕이 사는 저택

카사 바트요 옆에 나란히 자리한 건축물 중 눈에 띄는 아름다운 저택이 있다. 1900년대 바르셀로나를 중심으로 유행한 예술 운동인 모데르니스모의 대표 건축가 호셉 푸이그 이 카다팔크Josep Puig i Cadafalch의 작품이다. 가업인 초콜릿 하나로 대부호가 된 아마트예르의 집을 1898년부터 1900년까지 재건축한 것으로 기존 건물을 짓는 것보다 훨씬 많은 비용이 들었다고 한다. 그만큼 카다팔크는 건물 외관부터 내부의 가구까지 하나하나 세심하게 공들였다. 외관 장식에는 아마트예르의 취향이 반영된 부분이 많다. 도자기 수집과 사진 찍기가 취미인 그를 위해 카메라를 든 사람의 조각상과 도자기를 안은 천사 조각상이 있고, 초콜릿과 관련된 장식도 있다. 인테리어 역시 스테인드글라스, 조명, 사소한 장식까지 모두 예술이다.

내부는 가이드 투어(영어, 스페인어, 카탈루냐어) 또는 셀프 오디오 가이드 투어(영어, 스페인어, 카탈루냐어, 프랑스어)로 관람 가능하다. 시간 제한은 있지만 자세하게 둘러볼 수 있다. 1층의 카페 겸 상점에서 초콜릿 음료를 마시며 투어를 마치는 것도 좋다. 기념품으로 손색없는 초콜릿도 구입해보자.

지도 P.026 **가는 방법** 메트로 L2 · 3 · 4호선 파세이그 데 그라시아Passeig de Gràcia역에서 도보 1분 **주소** Passeig de Gràcia, 41 **문의** 932 16 01 75
운영 화~토요일 10:30~18:45, 일요일 10:30~13:15 ※30분마다 가이드 투어 진행(45분 소요) **휴무** 월요일, 12/25
요금 오디오 가이드 투어 일반 €17, 65세 이상 · 학생 €15, 30세 이하 €10, 7세 이하 무료
홈페이지 amatller.org

⑤ 산트파우 병원
Hospital de la Santa Creu i Sant Pau

실용성과 예술성을 겸비한 병원 건물

유이스 도메네크 이 몬타네르가 설계한 건물이다. 그는 19~20세기 카탈루냐 지방에서 유행한 건축 양식이자 곡선을 강조하고 화려한 장식이 특징인 예술 운동 모데르니스모를 이끈 주역이다. 이 건물은 모데르니스모의 걸작으로 꼽히며 유네스코 세계문화유산에도 등재되었다. 건물이 완성되기까지 25년 걸렸는데 공사 도중 몬타네르가 사망하자 그의 아들이 이어받아 1930년에 완공했다. 병원 속 전원도시를 꿈꾼 그의 신념대로 병원 내부를 아름답게 꾸몄다.

지도 P.026
가는 방법 사그라다 파밀리아에서 도보 12분
주소 Carrer de Sant Quintí, 89
문의 932 91 90 00
운영 4~10월 09:30~18:30, 11~3월 09:30~17:00
휴무 1/1, 1/6, 12/25
요금 일반 €17, 12~29세 · 65세 이상 €11.90, 11세 이하 무료 ※매월 첫째 일요일 65세 이상 무료
홈페이지 www.santpaubarcelona.org

⑥ 카사 비센스
Casa Vicens

가우디의 처녀작

바르셀로나에서 가장 오래된 가우디의 건축물이다. 31세에 설계한 내용을 바탕으로 1883~1885년에 지었다. 모데르니스모 건축양식이 등장하기 이전에 설계했기 때문에 다른 가우디 건축물과는 분위기가 다르다. 당시 유행하던 이슬람과 오리엔탈 문화를 접목시켜 독특한 스타일을 창조해냈다. 붉은 벽돌을 바탕으로 다채로운 색깔의 타일을 사용한 외부와 기하학무늬 타일로 꾸민 화려한 내부가 인상적이다. 건축과 예술의 조합을 제대로 느낄 수 있다.

지도 P.026
가는 방법 메트로 L3호선 폰타나Fontana역에서 도보 3분
주소 Carrer de les Carolines, 20
문의 935 47 59 80
운영 4~10월 09:30~20:00, 11~3월 09:30~18:00
※문 닫기 20분 전 입장 마감
휴무 12/25 **요금** 온라인/현장 일반 €18/€20, 12~25세 학생 · 65세 이상 €16/€18, 11세 이하 무료
홈페이지 casavicens.org

⑦ 구엘 공원

Parc Güell

추천

가우디와 구엘이 꿈꿨던 판타지의 결실

가우디의 독특한 세계관이 담긴 공간. 구엘이 영국의 전원도시에서 영감을 받아 부유층을 위한 60가구 규모의 고급 주택단지로 조성하기 위해 1900년 가우디에게 설계를 의뢰했다. 가우디는 가능한 한 자연을 훼손하지 않는 범위 내에서 건물을 짓고자 주재료로 부서진 타일, 돌, 나무를 사용했다.

그런데 당초 계획과 달리 제1차 세계대전으로 인한 공사 중단과 구엘의 죽음으로 인한 재정적 어려움 등으로 여러 난관에 봉착했다. 또한 바르셀로나 중심가에서 벗어난 변두리인 데다 해발 200m의 높은 언덕에 자리해 있다 보니 거주지로는 적합하지 않아 구엘 가족이 살 집 한 채를 제외한 나머지 59채는 미분양되었다.

결국 1918년 구엘의 아들이 바르셀로나시에 이곳을 기증했고 1922년 시민 공원으로 용도가 변경되었다. 가우디가 일궈낸 건축물은 마치 그림동화 속 성을 보는 것만 같다. 누군가 인간을 위한 게 아니고 신선을 위한 구조물이라고 한 말이 마음에 와닿는다.

유원지를 연상시키는 아기자기하고 귀여운 조각과 독자적 스타일의 건축물을 구경하느라 시간 가는 줄 모르게 된다. 성수기에는 티켓 매진이 빈번하므로 일정이 정해지면 바로 예약할 것을 권장한다.

TIP

메트로역 L4호선 알폰스 X Alfons X역에서 내리면 공원까지 가는 무료 셔틀버스인 버스 구엘Bus Güell을 이용할 수 있는데 현재는 운영이 중단되었다. 단, 미리 예매한 구엘 공원 티켓을 소지해야 한다.

지도 P.026 **가는 방법** 버스 116번 Marianao – Mercedes 정류장에서 바로 연결
주소 Carrer d'Olot **문의** 932 56 21 00
운영 3/31~10/26 09:30~19:30, 10/27~3/30 09:30~17:30
휴무 부정기
요금 일반 €10, 7~12세 · 65세 이상 €7, 6세 이하 무료
홈페이지 parkguell.barcelona/en

TRAVEL TALK

가우디의 평생 조력자, 구엘

안토니오 가우디를 이야기하면서 에우세비오 구엘Eusebio Güell을 언급하지 않을 수 없습니다. 가우디보다 여섯 살 연상인 구엘은 영국과 프랑스에서 경제학과 법학을 공부한 사업가로 바르셀로나 유일의 빵 공장과 섬유, 벽돌 제조, 아스팔트 공장 등 여러 사업체를 운영했으며 미국과의 무역으로 많은 부를 축적했지요. 당시 구엘은 가우디를 통해 구엘 가문의 성을 짓고 싶었습니다. 그는 1878년 파리에서 열린 세계박람회에서 가우디가 만든 장갑 진열대를 보고 자신의 꿈을 실현해줄 사람이라 확신했지요. 언젠가 나눈 가우디와 구엘의 대화에서 둘의 관계를 짐작해볼 수 있습니다.
"가끔 내 건축물을 좋아하는 사람은 당신과 나 둘뿐이라는 생각이 듭니다."
"나는 당신의 건축물을 이해하지 못합니다. 단지 건축가인 당신을 존경할 뿐입니다."
가우디의 명성은 구엘이라는 후원자를 통해 완성되었다고 볼 수 있을 것 같네요.

FOLLOW UP

동화 속 세상 같은 구엘 공원
자세히 들여다보기

정문(출구 전용)을 등지고 오른쪽으로 조금만 걸어가면 나오는 매표소에서 티켓을 구입한 뒤 매표소 옆이나 곳곳에 자리한 세 군데 입구를 통해 입장할 수 있다. 16헥타르(약 5만 평)에 이르는 공원은 울창한 숲으로 이루어진 무료 구역과 가우디의 예술이 살아 숨 쉬는 유료 구역으로 나뉘어 있다.

• 정문

살바도르 달리가 케이크처럼 생겼다고 표현했으며 호안 미로가 설탕 뿌린 과자 집 같다고 말한 두 채의 건물은 정문 역할을 하며 구엘 공원의 상징과도 같다. 그들의 말대로 가우디는 동화《헨젤과 그레텔》에 등장하는 과자 집을 형상화했다. 과거 고급 주택단지를 관리하는 경비원의 집으로 사용했다고 한다. 현재는 관리 사무소와 기념품점으로 이용하고 있다.

• 중앙 계단

본격적인 유료 구역으로 들어서면 그리스 신화를 바탕으로 설계한 45개 계단이 방문객을 반긴다. 이곳에서 구엘 공원의 마스코트인 도마뱀과 마주하는 순간 강렬한 인상을 주는 뱀 머리 장식을 보게 된다. 뱀은 지하수의 신인 '피톤'을 상징한다. 2.4m 길이의 거대한 도마뱀은 부서진 세라믹 타일을 모자이크 장식으로 꾸미는 트렌카디스Trencadís 기법으로 만들었다.

• 시장 터

고대 그리스 신전에서 영향을 받아 건축한 공간으로 주택단지가 완성되면 주민들이 이용하는 장터로 쓸 예정이었다고 한다. 도리스 양식의 홀은 6m 높이의 돌기둥 86개로 이루어져 있다. 홀 천장의 트렌카디스 기법으로 꾸민 4개의 큰 원반은 태양을, 주변의 작은 원반 4개는 달을 의미한다. 천체의 움직임이 생명의 근원이라 믿은 가우디가 이를 표현한 것이라 한다. 기둥 아래는 저수조로 되어 있으며, 비가 내리면 저수조를 통해 뱀 머리 형상의 분수로 빗물이 배출되는 구조이다.

• 광장

길이 110m의 세상에서 가장 긴 벤치가 있는 광장으로 인공 지반으로 이루어졌으며 '그리스 극장'이라고도 불린다. 당초에는 연극이나 연주회를 여는 극장으로 사용할 예정이었다고 한다. 물결이 일렁이는 장면을 형상화한 벤치에 앉으면 허리와 엉덩이가 딱 들어맞을 정도로 인체 구조학적으로 설계되었다. 예산이 부족해 불량 타일로 시공했다고 알려졌지만 그 아름다움에 감탄사를 금치 못한다. 높은 곳에 위치해 일출 명소로도 각광받고 있다.

• 산책로

구엘 공원에서 유일하게 인간의 형상을 한 조각이 있는 곳. 세탁 바구니를 머리에 이고 걷는 여인의 조각상이 있어 '세탁녀의 회랑'이라는 애칭으로도 불린다. 굽이치는 파도같이 보이는 터널 길은 비를 피하는 목적으로 설계한 것으로 가우디의 배려심이 돋보인다. 구릉지의 특성을 살려 높은 위치는 마차 길, 낮은 위치는 산책길과 보도로 조성했다.

• 진밍대

원래는 예배당을 지을 예정이었던 곳으로 구엘 공원에서 가장 높은 지대에 있다. 그리스도가 십자가에 매달렸던 예루살렘의 언덕인 '골고다의 언덕'이라고도 불린다. 3개의 십자가가 있는 언덕에 오르면 바르셀로나 시내를 조망할 수 있다.

08

벙커

Turó de la Rovira

지도 P.026
가는 방법 버스 119번 Marià Lavèrnia 정류장에서 도보 10분
주소 Carrer de Marià Labèrnia, s/n
운영 5~9월 09:00~19:00, 10~4월 09:00~17:30

청춘들이 사랑하는 전망대

한국인 여행자 사이에서 필수 코스로 떠오른 뷰 포인트. 힘겹게 정상에 오른 순간 한국인이 너무나 많은 것에 흠칫 놀랄지도 모른다. 특히 아름답다고 입소문 난 일몰 시간대부터 야경이 펼쳐지는 시간대에는 와인이나 맥주를 마시며 낭만에 젖는 이들로 북적이기 때문에 조금 이른 시간에 가서 자리를 잡아야 한다. '전망 맛집'이라는 수식어가 달린 만큼 바르셀로나 시내와 지중해가 선명하게 내려다보인다. 특히 노을 지는 풍경이 멋져 시내 중심가에서 동떨어져 있지만 일부러 찾아갈 만하다. 젊은이들이 한데 섞여 추억 만들기 하는 모습을 보는 것도 재미있다. 하지만 술과 마약에 취한 불안한 청춘과 위험한 곳에 올라 스릴을 즐기는 철없는 행동도 흔하게 목격된다. 도난 사건도 빈번한 편이라 소지품은 철저하게 관리해야 한다. 버스 정류장에 내려 외진 길을 10여 분 걸어 올라가야 하므로 혼자 가지 말고 여럿이서 함께 가는 것을 권한다. 너무 늦은 시간까지 체류하지 않도록 하자.

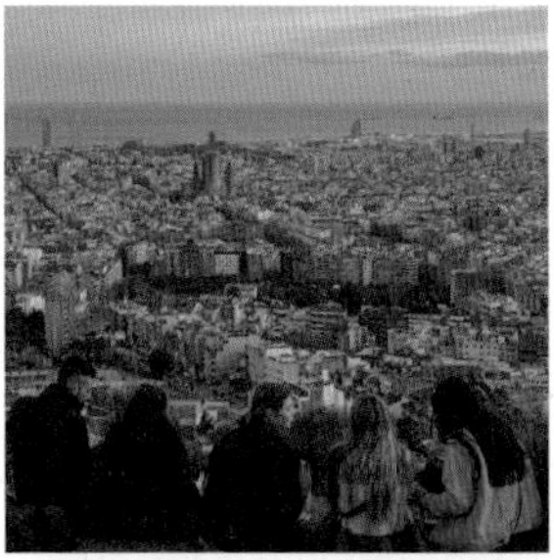

잘 알려져 있지 않으나 바르셀로나에서는 야외에서의 음주가 금지되어 있어요.

09 티비다보
Tibidabo

놀이공원에서 즐기는 바르셀로나 풍경

해발 512m로 바르셀로나에서 가장 높은 언덕에 자리한 유원지이다. 남녀노소 누구나 즐길 수 있는 놀이 기구가 있지만 여행자에게는 전망대로 더욱 유명하다. 1901년에 처음 문을 열어 시설이 낡고 오래된 분위기를 풍기지만 최근 전 세계적으로 유행하는 복고풍 감성을 즐기기에는 더없이 만족스러운 곳이다.

티비다보는 라틴어로 '당신에게 모든 것을 바칩니다'라는 뜻이다. 악마가 예수 그리스도에게 바르셀로나 풍경을 보여주면서 이 도시를 전부 주겠다며 유혹했다는 일화에서 이름을 따온 것이라 한다. 도시 전체가 한눈에 내려다보이는 전망 구역과 놀이공원 내 사그라트 코르 성당 Temple Expiatori del Sagrat Cor 첨탑에서는 바르셀로나 시내가 미니어처로 느껴질 만큼 조그맣게 보인다. 화창한 날에는 도시가 세세하게 보이고 일몰과 야경 시간대에는 신비로운 분위기를 자아낸다.

지도 P.026 **가는 방법** 버스 111번 Pl Tibidabo 정류장에서 도보 1분
주소 Plaça del Tibidabo, 0, 1 **문의** 932 11 79 42
운영 11:00~19:00(주말 · 공휴일, 성수기 수~일요일, 시기마다 다르니 홈페이지 확인) **휴무** 12/25~26 ※부정기적 휴무로 홈페이지 확인
요금 전망 구역 무료 입장, 놀이공원 키 120cm 이상 €35, 키 90~120cm €14, 60세 이상 €10.50
홈페이지 www.tibidabo.cat

카탈루냐 광장 주변

바르셀로나 관광이 시작되는 곳이자 교통의 중심

카탈루냐 광장을 기준으로 동남쪽 일대는 바르셀로나의 가장 오래된 역사를 간직한 구시가지이다. 광장을 등지고 람블라스 거리 오른쪽의 라발 지구El Raval, 왼쪽의 고딕 지구Barri Gotic, 그리고 고딕 지구 왼쪽의 보른 지구El Born를 모두 포함한다. 고대와 중세 분위기 속에서 역사적 건축물을 만날 수 있다. 구시가지를 지나면 만나게 되는 지중해와 맞닿아 있는 항구와 바르셀로네타 해변에서 항만 도시다운 면모도 확인할 수 있다.

01

카탈루냐 광장

Plaça de Catalunya

바르셀로나의 중심이자 관광의 시작점

지리적으로는 물론이고 관광 면에서도 바르셀로나의 중심이라 할 수 있는 광장. 메트로, 국영 철도, 시내버스 등 대부분의 교통수단이 거쳐 가는 곳이기도 해 서쪽의 스페인 광장과 함께 바르셀로나 교통의 요충지로 꼽힌다. 람블라스 거리의 시작점으로 관광 안내소, 공항버스 정류장, 환전소, 통신사 대리점, 짐 보관소 등 여행자에게 유용한 편의 시설도 모여 있어 주변에 숙소를 잡으면 편리하다. 관광 목적보다는 여행에 도움이 되는 시설을 이용하기 위해 방문하는 사람이 많다.
광장에 사람만큼 많은 비둘기 떼와 소매치기 때문에 일부러 찾을 만한 곳은 아니라는 의견도 있다. 다만 사그라다 파밀리아 건축의 일부를 담당한 수비라스를 비롯해 카탈루냐 출신의 많은 조각가들의 작품이 있어 휴식이 필요할 때 자투리 시간을 활용해 차근차근 둘러보는 것도 좋다. 카탈루냐의 날이나 수호성인을 축복하는 매년 9월 기념일에는 이곳에서 무료 콘서트가 열리기도 한다.

지도 P.052 **가는 방법** 메트로 L1 · 3 · 6 · 7호선 카탈루냐Catalunya역에서 바로 연결 **주소** Plaça de Catalunya

02

구엘 저택

Palau Güell

가우디의 천재성을 십분 발휘한 건축물

가우디가 후원자 구엘의 의뢰로 설계한 저택. 구엘 공원에 이어 두 번째로 건축한, 가우디의 초기 프로젝트에 속하는 건물로 구엘이 소유했던 채석장에서 나온 대리석으로 지었다. 가우디는 구엘의 재력과 지위에 부응하는 건축물을 만들고자 자신의 능력치를 최대한 발휘했다. 본래 저택의 별관으로 지었지만 완성 후 무척이나 마음에 들어 한 구엘은 이곳으로 거처를 옮겼다고 한다.

마구간, 집무실, 응접실, 침실, 주방 등이 자리한 지하 1층부터 지상 4층에 이르는 건물은 구엘 일가의 생활양식을 고려한 설계로, 전반적으로 기능적인 구조를 갖추고 있다. 당시에는 보기 드문 엘리베이터를 설치해 편리함까지 더했다. 가우디의 다른 건축물에 비해 외관은 다소 심심해 보일 수도 있지만 타일로 꾸민 옥상 굴뚝과 첨탑은 그의 독창성이 돋보이는 부분이다. 카사 밀라, 카사 바트요 등 가우디의 화려한 후기 작품과 비교하면서 변모하는 스타일을 살펴보는 것도 재미있다.

지도 P.052 **가는 방법** 메트로 L3호선 리세우Liceu역에서 도보 3분
주소 Carrer Nou de la Rambla, 3-5
문의 934 72 57 75
운영 4~10월 10:00~20:00, 11~3월 10:00~17:30 ※문 닫기 1시간 전 입장 마감
휴무 월요일(공휴일 제외), 1/1, 1/6, 1월 마지막 주, 12/25~26
요금 일반 €12, 18세 이상 학생 €9, 10~17세 €5, 9세 이하 무료 ※매월 첫째 일요일 무료(단, 온라인 예약 필수, 입장일을 기준으로 전주 월요일에 온라인 예약 오픈)
홈페이지 palauguell.cat/en

⓪③ 람블라스 거리 추천

Las Ramblas

기념품점에서 자주 보이는 배변 중인 인형은 '카가네르Caganer'라 불리는 카탈루냐의 전통 인형입니다. 변이 땅을 풍요롭게 해 번영과 행운을 가져다준다는 믿음이 있지요.

바르셀로나 관광의 중심가

카탈루냐 광장에서 바르셀로나 항구 인근 콜럼버스 기념탑까지 이어지는 1.2km 길이의 바르셀로나 제일의 번화가. 시장, 바르, 음식점, 카페, 상점, 호텔 등이 즐비한 바르셀로나 관광의 중심가로 이른 아침부터 늦은 밤까지 늘 인파로 붐빈다. '람블라'는 아랍어로 '물이 흐르는 거리'를 뜻하는 라믈라Ramla에서 유래한 단어로 카탈루냐어로는 '일시적으로 흐르는 수로'를 뜻한다. 람블라스 거리 바닥의 물결무늬는 본래 개울 자리였음을 알려주는 것이다. 현지에서는 람블라가 '어슬렁어슬렁 걷는 모습'을 뜻하는 단어로도 쓰인다. 현재와 같이 극장, 상점, 꽃집, 시장이 들어선 모습으로 바뀐 것은 19세기에 들어서다. 덕분에 일반적인 먹거리와 쇼핑 이외에도 즐길 수 있는 요소가 가득하다. 일요일에는 콜럼버스 기념탑 부근 거리에서 플리 마켓도 열린다.

지도 P.052 **가는 방법** 카탈루냐 광장에서 바로 연결
주소 La Rambla, 133

FOLLOW UP

알고 보면 더 재미있다!
람블라스 거리에 깃든 낭만 포인트

람블라스 거리를 즐기는 또 하나의 방법. 오랜 역사를 간직한 상징물을 놓치지 말고 하나하나 확인하면서 걷는 것이다. 거리 곳곳에 자리하고 있으니 두 눈 부릅뜨고 두리번거리자.

1 카날레테스 샘 Font de Canaletes

람블라스 거리 초입 오른쪽에 있는 샘으로, 평범하게 생긴 수도꼭지지만 로마의 트레비 분수처럼 이 물을 마시면 다시 바르셀로나에 온다는 속설이 있다. 단, 석회수라서 물에 민감하거나 위장이 약한 사람은 배탈이 날 수도 있으니 함부로 먹지 않도록 한다. 축구팀 FC 바르셀로나가 승리한 날이면 서포터들이 모여 승리를 축하하는 곳이기도 하다.

주소 La Rambla, 133

2 보케리아 시장 Mercat de la Boqueria

11세기에 자리 잡은 역사적인 시장으로 정식 명칭은 산트호셉 시장Mercat de Sant Josep이다. 카탈루냐어로 보케리아는 '고기를 파는 곳' 또는 '위장'이라는 뜻이다. '보케리아 시장에 없으면 세상 어디에도 없다'는 말이 있을 정도로 먹거리에 관한 한 없는 것이 없다. 하몽, 초리소, 과일 주스 등을 간편하게 즐길 수 있는 곳과 시장 내에 앉아서 음식을 먹을 수 있는 바르도 몇 곳 있다. 언제나 붐비지만 토요일에 방문하면 가장 활기찬 시장의 모습을 볼 수 있다.

주소 La Rambla, 89 **운영** 월~토요일 08:00~20:30 **휴무** 일요일
홈페이지 www.boqueria.barcelona

③ 카사 브루노 쿠아드로스
Casa Bruno Cuadros

바르셀로나 모더니즘 건축물의 대표작 중 하나로 건축가 호셉 빌라세카Josep Vilaseca가 설계했다. 건물 벽면의 화려한 우산 모형 장식은 이곳에 우산 가게가 자리했을 때 간판 역할을 했다고 전해진다. 한 모퉁이에 설치된 용 장식물은 동양 문화에서 영향을 받았다고 한다.

주소 La Rambla, 82

④ 호안 미로의 모자이크
Mosaic de Joan Miró o del Pla de l'Os

거리 중간 지점 바닥에 커다랗게 장식된 모자이크화는 호안 미로가 1976년에 완성한 작품이다. 바르셀로나를 방문한 이들을 환영하는 의미에서 만들었다. 거리에 워낙 사람이 많아 의식하지 않으면 그냥 지나칠 수도 있다.

주소 La Rambla, s/n

⑤ 리세우 대극장 Gran Teatre del Liceu

1847년에 완성한 오페라 극장. 이탈리아 밀라노의 스칼라 극장과 오스트리아의 빈 오페라 극장에 필적할 만큼 수준 높은 공연이 열린다. 실력파 가수와 오케스트라의 협연 등으로 클래식 마니아라면 만족할 만한 시간을 보낼 수 있다.

주소 La Rambla, 51-59 **문의** 934 85 99 00
홈페이지 liceubarcelona.cat

⑥ 레이알 광장 Plaça Reial

야자수가 늘어서 있는 남국의 정취가 풍기는 작은 광장. 음식점과 카페가 들어선 건물들에 둘러싸여 있어 회랑식 중정을 연상시킨다. 야자수 사이에 설치된 가로등 가운데 디자인이 다른 하나가 눈에 띄는데 이는 가우디가 젊은 시절 제작한 것이다. 그리스 신화에서 상업을 상징하는 신 헤르메스를 표현한 것으로, 1879년 건축 학교를 졸업한 직후 바르셀로나시의 의뢰를 받아 제작했다.

⑦ 콜럼버스 기념탑
Mirador de Colom

람블라스 거리 끝자락에 자리한 51m 높이의 탑으로 1888년 바르셀로나 박람회를 기념하기 위해 세웠다. 탑 꼭대기에 있는 콜럼버스 형상은 왼손에 지도를 들고 오른손은 바다를 가리키고 있다.

주소 Plaça Portal de la pau, s/n

04 카탈루냐 음악당 추천

Palau de la Música Catalana

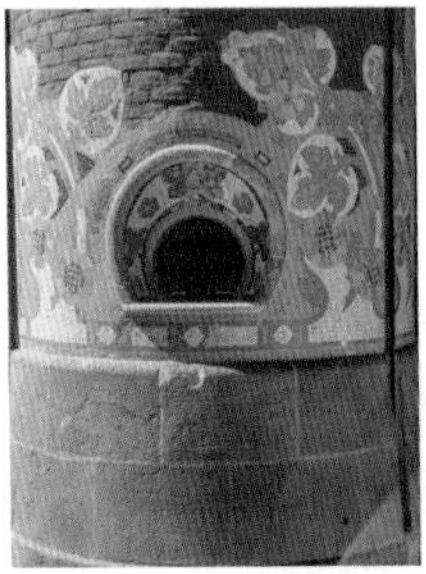

세계에서 가장 아름다운 음악 홀

산트파우 병원의 건축을 담당했던 몬타네르가 설계해 1908년에 완성했다. 벽 모퉁이를 섬세하게 조각한 외관부터 예사롭지 않다. 카탈루냐의 수호성인 산트 호르디가 바르셀로나 서민들을 음악의 세계로 인도하는 장면이 새겨져 있다. 보는 순간 압도되는 공연장 천장의 스테인드글라스는 태양과 함께 여성들의 모습이 표현되어 있는데, 세계 첫 여성 합창단인 카탈루냐 음악당의 합창단원들이라고 한다. 천장 가장자리를 비롯해 음악당 곳곳에 장미꽃 모양의 타일이 장식되어 있는데 이는 '꽃의 건축가'라 불린 몬타네르의 취향이 반영된 부분이다. 가이드 투어를 통해 건물 구석구석을 둘러보는 것도 좋지만 음악당을 제대로 만끽하는 방법은 공연을 감상하는 것이다. 주로 클래식 음악이나 카탈루냐 민속음악, 플라멩코 등의 공연이 열린다. 무대 전체를 조망하기에는 2층이 좋으나 뒷좌석으로 갈수록 시야가 제한되니 가격이 좀 비싸더라도 앞 좌석에 앉는 게 좋다.

TIP

35세 이하라면 홈페이지를 통해 멤버십 'Grada Jove'에 가입하자. 공연 티켓을 50% 할인된 가격에 구입할 수 있다.

홈페이지 www.palaumusica.cat/en/gradajove

지도 P.052 **가는 방법** 메트로 L1 · 4호선 우르키나오나Urquinaona역에서 도보 2분 **주소** C/ Palau de la Música, 4-6 **문의** 932 95 72 00
운영 09:00~15:30, 가이드 투어 09:00~18:00 ※연주회 일정은 홈페이지 참고
휴무 부정기 **요금** 일반 €18, 10세 이하(성인 동반 시) 무료 / 가이드 투어 일반 €22, 35세 이하 · 65세 이상 €16, 10세 이하(성인 동반 시) 무료
홈페이지 www.palaumusica.cat/en

05 고딕 지구 추천

Barri Gotic

옛 역사의 발자취

람블라스 거리 동쪽에 자리한 바르셀로나에서 가장 오래된 역사 지구이다. 기원전 205년부터 약 500년간 로마의 지배를 받던 시기에 도시의 중심지 역할을 했다. 이곳의 고딕 양식 건축물들은 12~13세기에 아라곤 왕국이 강력한 해군력을 바탕으로 지중해를 장악하고 무역으로 막대한 부를 쌓을 때 지은 것이다. 그래서인지 바르셀로나의 타 지역과는 사뭇 다른 중세 분위기가 감돌고, 좁은 골목과 돌로 쌓은 건물이 밀집해 있어 미로를 걷는 듯한 기분도 든다.

역사적 건축물들 사이로 이와 상반되는 분위기의 세련된 현대식 바르, 카페, 기념품점 등이 들어서 있다. 자동차는 물론이고 오토바이나 자전거가 통행할 수 없는 좁고 구불거리는 골목이 많아 거리를 찬찬히 둘러보면서 산책을 즐기기에 제격이다. 특히 해가 지고 밤이 되면 낮만큼이나 근사한 풍경이 펼쳐진다. 거리 곳곳에 숨어 있는 명소를 돌아본 후 바르나 카페에서 하루를 정리해도 좋을 듯하다.

지도 P.052
가는 방법 람블라스 거리를 걷다 동쪽으로 들어가면 바로 연결
주소 Plaça de Sant Felip Neri

FOLLOW UP

낮보다 아름다운 밤
고딕 지구에서 야경 즐기기

고딕 지구는 정처 없이 걷기 좋은 지역이지만 곳곳에 숨은 명소를 알고 가면 거리 산책이 한층 더 재밌다. 특히 조명이 켜진 밤은 낭만을 품은 도시를 만끽할 수 있는 시간이다. 노바 광장에서 시작해 왕의 광장과 산트펠리프네리 광장을 거쳐 신전을 돌아본 후 산트하우메 광장에서 일정을 마무리하자.

① 노바 광장 Plaça Nova

바르셀로나 대성당 앞에 있는 광장으로 매주 목요일에 벼룩시장이 열리며, 메르세La Mercé 축제가 열릴 때는 바르셀로나 시민들이 이곳에서 카탈루냐 전통 춤인 사르다나를 춘다. 참고로 광장 인근 카탈루냐 건축가 협회 사무실 외벽에는 사르다나를 추는 사람들, 무형문화재인 '인간 탑 쌓기', 축제의 시작을 알리는 거인 인형 '히간테' 등 메르세 축제의 풍경을 그린 피카소의 벽화가 있다.

② 왕의 광장 Plaça del Rei

신대륙을 발견하고 돌아온 콜럼버스가 페르난도 2세 국왕과 이사벨 1세 여왕을 알현해 담소를 나눈 역사적인 장소이다. 1359~1370년 사이에 지은 고딕 양식 건축물들이 삼면을 둘러싸고 있으며, 귀퉁이를 차지한 부채꼴 모양 돌계단이 인상적이다. 콜럼버스가 이 돌계단을 올라 살롱에서 국왕 내외를 만난 것으로 알려져 있다.

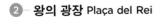

③ 산트펠리프네리 광장 Plaça de Sant Felip Neri

바르셀로나 대성당을 사이에 두고 왕의 광장 반대편에 있는 광장이다. 스페인 내전 당시 독재자 프랑코에 의해 민간인들이 학살된 참혹한 역사의 현장이다. 카탈루냐 사람들의 상처만큼이나 깊이 파인 총탄의 흔적이 담벼락에 남아 있다. 소설을 원작으로 한 영화 〈향수〉의 촬영지이기도 하다.

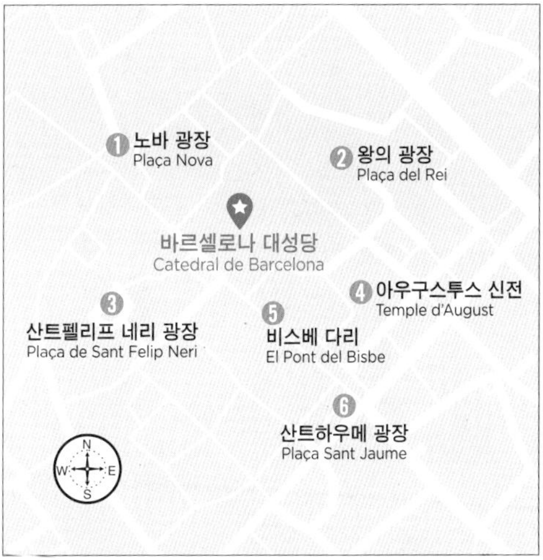

4 아우구스투스 신전 Temple d'August

로마 시대로 타임슬립한 듯한 풍경의 아담한 유적지. 아우구스투스가 지배하던 1세기에 지은 신전의 일부인 4개의 돌기둥이 그대로 남아 있다.

5 비스베 다리 El Pont del Bisbe

건물과 건물을 연결하는 화려한 장식의 고딕풍 다리. 다리가 보이는 골목 풍경이 멋져 기념 촬영 장소로도 인기가 높다.

6 산트하우메 광장 Plaça Sant Jaume

바르셀로나의 행정 중심지. 페란 거리Carrer de Ferran로 들어서면 르네상스 양식의 카탈루냐 자치 정부 청사와 고딕 양식의 시청사가 광장 양옆에 자리한 광장이 나온다. 매년 9월 성모 마리아를 기리는 바르셀로나 최대 축제인 메르세 축제가 주로 열리는 곳이다.

(06)

바르셀로나 대성당

Catedral de Barcelona

500년 역사를 간직한 구시가지의 상징

559년 크루스 성녀와 에우랄리아 성녀를 추모하기 위해 건립했다가 985년 무어족의 침략으로 파괴된 후 로마네스크 양식의 성당으로 복원했다. 이후 1298년 착공해 1448년까지 150년간 재건축해 오늘날과 같은 고딕 양식의 건축물로 완성했다.

바르셀로나 대성당이 중요한 의미를 갖는 것은 이곳에 바르셀로나의 수호성인인 성녀 에우랄리아의 묘가 있기 때문이다. 성가대석에는 르네상스 시대의 가장 뛰어난 조각가로 평가받는 바르톨로메 오르도네스Bartolome Ordones가 흰 대리석에 성녀 에우랄리아의 순교 장면을 조각한 것이 남아 있으며, 중앙 제단 아래에는 에우랄리아의 묘가 있다. 성당 오른쪽에 있는 안뜰에는 실제 거위 13마리가 있는데, 이는 성녀 에우랄리아가 거위 농장에서 태어났으며 13세에 죽은 것을 기리기 위한 것이라고 한다.

지도 P.052 **가는 방법** 메트로 L4호선 하우메 프리메르Jaume I역에서 도보 4분
주소 Pla de la Seu, s/n **문의** 933 15 15 54 **운영** 월~금요일 09:30~18:30, 토요일 09:30~17:15, 일요일 · 공휴일 14:00~17:00
휴무 부정기 **요금** 일반 €14, 3~12세 €6, 3세 미만 무료 ※오전 미사 시간은 무료 입장(단, 관광객은 미사 참여가 제한될 수 있음) **홈페이지** www.catedralbcn.org

(07)

피카소 미술관

Museu Picasso de Barcelona

추천

위대한 예술가의 초기 작품과 말년 작품 감상

스페인을 빛내는 거장 파블로 피카소의 소년기와 청년기 등 초기작을 중심으로 한 미술관이다. 바르셀로나는 피카소가 10대를 보낸 곳이기도 해 당시와 관련된 유화, 판화, 데생 등 약 4000점의 작품을 소장하고 있다. 어두운 푸른색을 사용해 인간의 생과 사, 빈곤, 사회적 약자를 화폭에 담은 청색 시대 작품, 사물을 쪼개어 입체적으로 표현한 큐비즘 작품, 벨라스케스의 대표작 〈시녀들〉을 모티브로 한 작품, 비둘기 연작을 포함한 다양한 작품을 감상할 수 있어 미술 애호가가 아니더라도 방문할 가치가 충분하다. 워낙 인기가 많은 곳이라 관광객이 붐비는 성수기나 주말에는 입구에서부터 긴 대기 행렬을 각오해야 한다. 입장권을 구하는 데 시간을 허비하고 싶지 않다면 온라인 예매를 하는 것이 현명하다. 무료로 개방하는 날에도 반드시 홈페이지를 통해 미리 예약해야 입장이 가능하다. 무료 관람을 노린다면 현지 시각으로 관람일 4일 전 오후 6시에 온라인 예매가 시작되므로 그때 접속해 예매하도록 한다. 수량이 한정적이라 빠르게 마감된다. €5를 추가하면 한국어 오디오 가이드를 대여할 수 있다.

[illegible]역에서 도보 3분
주소 Carrer Montcada, 15-23 **문의** 932 56 30 00
운영 10:00~19:00(1/5 10:00~17:00, 12/24 · 31 10:00~14:00)
휴무 월요일, 1/1, 5/1, 6/24, 12/25 **요금** 일반 €12, 18~25세 · 65세 이상 €7
※첫째 주 일요일, 11/1~4/30 목요일 16:00~19:00, 5/2~10/31 목~토요일 19:00~21:00 무료 **홈페이지** www.museupicasso.bcn.cat

FOLLOW UP

더 자세히 알고 싶다!
피카소 미술관에서 주목해야 할 작품

13~14세기에 건축한 멋스러운 저택을 개조해 오로지 피카소의 작품만을 전시하는 미술관. 피카소가 8년 남짓 생활했던 바르셀로나에서 그린 작품과 그의 출세작 등을 한자리에 모아놨다.

● 첫 영성체 First Communion

2번 방

1896년

피카소가 15세 때 그린 것으로 알려진 놀라운 작품. 세례를 받고 진정한 기독교 신자로 거듭나는 첫 영성체 의식을 담았다. 초기 작품이라 전통적 기법을 사용했는데 어린 나이에 그렸다고는 믿기지 않을 만큼 완성도가 높다.

● 과학과 자비 Ciencia y Caridad

3번 방

1897년

〈첫 영성체〉를 그린 이듬해에 그린 작품. 병원에 입원한 환자를 둘러싼 풍경을 사실적으로 묘사했다. 이 작품은 말라가와 마드리드 전시회에서 각종 상을 수상하며 스페인 국내에 피카소의 이름을 알리는 계기가 되었다. 이 작품을 포함한 초기작은 모두 피카소 미술관이 있는 고딕 지구에서 탄생했다.

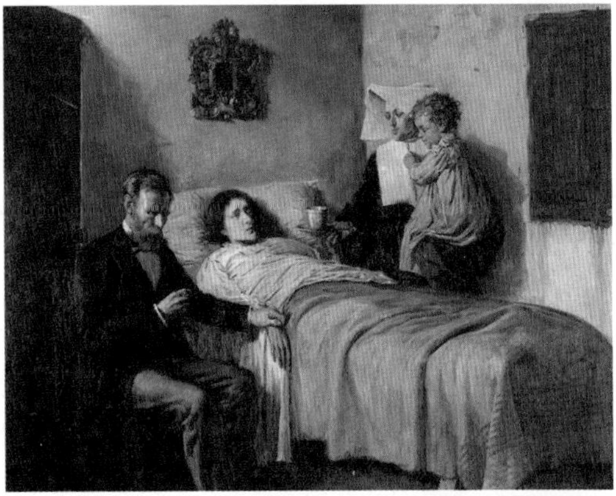

● 마고 Margot

7번 방

1901년

피카소가 파리를 방문한 20세 때 그린 이 작품을 계기로 국제적인 명성을 얻게 된다. 노란색, 빨간색, 초록색 등 원색과 검은색을 사용해 고흐의 영향을 받은 점묘법으로 표현한 배경과 붉은 옷을 입은 창녀의 나른함이 절묘하게 어우러진다.

● 콜럼버스 대로 El paseo de Colón

1917년

※호안 미로 미술관에 대여 중으로 현재 관람 불가
(2024년 5월 기준)

피카소가 바르셀로나에 머물 때 그린 작품. 미래에 아내가 되는 발레리나 올가가 묵었던 란지니 호텔 발코니에서 보이는 풍경을 담았다. 큐비즘의 특징이 조금씩 드러나 있다.

● 시녀들 Las Meninas 12~13번 방

1957년

※호안 미로 미술관에 대여 중으로 현재 관람 불가(2024년 5월 기준)

70세를 넘긴 피카소가 벨라스케스의 걸작을 자기만의 스타일로 승화시킨 58점의 연작. 피카소는 이 작품을 두고 "벨라스케스의 작품을 잊고 인물의 위치, 빛의 표현 방법을 바꿔가며 독자적인 화풍으로 그려내면 자기 자신만의 작품이 된다"고 말했다.

● 비둘기 The Doves 15번 방

1957년

피카소는 태어나고 자란 말라가의 생가 앞 광장에서 자주 보았던 비둘기를 테마로 다수의 작품을 남겼다. 그는 평화의 상징인 비둘기를 무척이나 사랑했던 것으로 알려져 있다. 이 외에 다양한 기법으로 표현한 비둘기 작품을 만나볼 수 있다.

⑧ 바르셀로나 현대미술관

Museu d'Art Contemporani de Barcelona

구시가지에서 즐기는 현대미술

구시가지에서는 보기 드문 현대적 디자인의 건물이다. 1950~1980년대에 활약한 예술가들의 작품이 전시의 절반을 차지하며, 남은 공간에는 소장품 5700점 가운데 일부를 5개월 주기로 교체 전시한다. 건축가 리처드 마이어가 가장 아름다운 색이라고 꼽은 흰색을 기조로 공간을 설계했다. 미술관 구역 벽면에는 팝아트 작가 키스 해링의 벽화가 있다.

지도 P.052 **가는 방법** 메트로 L1 · 2호선 우니베르시타트Universitat역에서 도보 7분
주소 Plaça dels Àngels, 1 **문의** 934 12 08 10
운영 월~금요일 11:00~19:30, 토요일 10:00~20:00, 일요일 · 공휴일 10:00~15:00
휴무 화요일(공휴일 제외), 1/1, 12/25
요금 일반 온라인/현장 €10.80/€12(월~금요일 11:00~19:30, 토요일 10:00~20:00, 일요일 10:00~15:00 €10.20), 학생 €9.60, 65세 이상 · 18세 이하(성인 동반 시) 무료 **홈페이지** www.macba.cat

⑨ 프레데릭 마레스 박물관

Museu Frederic Marès

수집광의 방대한 컬렉션

카탈루냐 출신 조각가 프레데릭 마레스가 스페인과 유럽 각지를 돌아다니며 한평생 모은 수집품을 전시하는 박물관이다. 고대, 로마네스크, 고딕, 르네상스, 바로크 등 기원전 5세기부터 19세기 말까지의 조각품과 회화 작품뿐 아니라 일상생활용품인 시계, 인형, 담뱃대, 자전거, 가위 등 개인이 수집한 것이라고는 믿기지 않을 만큼 종류가 다양하다. 오랜 세월을 품은 물건의 소중함을 새삼 느끼게 되는 묘한 매력이 있다. 예술에 관심이 없더라도 재미있게 감상할 수 있다.

지도 P.052 **가는 방법** 바르셀로나 대성당에서 도보 1분
주소 Plaça Sant Iu, 5 **문의** 932 56 35 00
운영 화~토요일 10:00~19:00, 일요일 · 공휴일 11:00~20:00 **휴무** 월요일(공휴일 제외), 1/1, 5/1, 6/24, 12/25 **요금** 일반 €4.20, 16~29세 · 65세 이상 €2.40 ※매월 첫째 일요일 · 그 외 일요일 15:00~20:00, 2/12 · 5/18 · 9/24 무료
홈페이지 w110.bcn.cat/museufredericmares/eng

⑩ 산타카테리나 시장
Mercat de Santa Caterina

현지인처럼 장보기

굴곡진 지붕이 눈에 띄는 현대식 시장이다. 여행자에게 유명한 보케리아 시장이 관광에 특화된 곳이라면 이곳은 현지인들이 장을 보는 재래시장이다. 관광객이 적어 비교적 여유롭게 시장을 구경할 수 있다. 청과물, 해산물, 육류, 치즈, 가공식품 등 카탈루냐 요리에 필요한 재료는 모두 있으며 싱싱하고 질 좋은 것으로 평가받고 있다. 올리브, 하몽, 안초비, 크로켓 등 스페인 전통 음식 재료도 저렴하게 구입할 수 있으니 가벼운 마음으로 즐겨보는 것도 좋다. 간단한 식사를 할 수 있는 바르도 있다.

지도 P.052
가는 방법 바르셀로나 대성당에서 도보 4분
주소 Av. de Francesc Cambó, 16
문의 933 19 57 40
운영 월 · 수 · 토요일 07:30~15:30, 화 · 목 · 금요일 07:30~20:30 **휴무** 일요일
홈페이지 www.mercatsantacaterina.com

⑪ 개선문
Arc de Triomf

도심에서 즐기는 한가로운 풍경

1888년에 바르셀로나 만국박람회가 열린 시우타데야 공원Parc de la Ciutadella 앞에 떡하니 자리한 개선문. 붉은 벽돌을 사용한 높이 30m의 건축물로 당시 박람회장 입구로 만든 것이다. 이슬람 향기가 물씬 풍기는 네오무데하르 양식으로 설계했으며 아치 부분과 문 상단 장식이 돋보인다. 개선문을 지나 공원까지 이어지는 도로는 보행자 전용이라 산책을 즐기기에 제격이다. 주말 아침이면 조깅을 즐기는 현지인들의 일상을 가까이에서 엿볼 수 있다. 복잡한 도심과는 다른 한적하면서도 평화로운 분위기인 이곳에서 따사로운 햇살을 맞으며 여유로운 시간을 가져보자.

지도 P.052
가는 방법 메트로 L1호선 아르크 데 트리옴프Arc de Triomf역에서 도보 1분
주소 Passeig de Lluís Companys

⑫ 바르셀로네타 해변

Playa de la Barceloneta

지도 P.023
가는 방법 메트로 L4호선 바르셀로네타Barceloneta역에서 도보 10분
주소 Passeig Marítim de la Barceloneta

바르셀로나에서 즐기는 지중해

해안에 날카롭게 튀어나온 삼각형 지구는 바르셀로나가 지중해 최고의 해양 도시임을 증명하는 곳이다. 옛 정취가 가득한 구시가지와는 확연히 다른 분위기인데, 예상치 못한 풍경이 갑작스럽게 등장하면서 반전 매력을 선사한다. 새하얀 모래사장, 거리에 줄지어 선 야자수, 일광욕을 즐기는 사람들의 모습은 고층 빌딩의 풍경이 지겨웠던 이들에게 반가운 장면이 될 것이다.

또한 남국의 리조트에서나 볼 법한 세련되고 멋스러운 음식점과 카페도 있어 바다를 감상하며 식사를 즐기기에 부족함이 없다. 지중해 연안에서 잡은 해산물 요리는 타 지역에 비하면 비싼 편이지만 자릿세를 감안하면 나쁘지 않은 선택이다. 물론 노점에서 파는 간편식과 주스만으로도 충분히 배를 채울 수 있다. 해수욕, 해양 스포츠 등 물놀이를 즐기지 않는다면 잘 정비된 자전거 도로를 달려보는 것도 해변을 만끽하는 좋은 방법이다. 햇볕이 강렬한 편이니 자외선 차단제, 선글라스, 얇은 겉옷을 챙기도록 하자.

⑬ 벨 항구
Port Vell

바다 내음 품은 항만 지역

1992년 바르셀로나 올림픽 때 요트 경기가 열렸던 선착장이 재개발되어 상업 시설로 새롭게 탄생했다. 파도가 굽이치는 모양을 형상화한 갑판의 명칭은 람블라 데 마르Rambla de Mar로 '바다의 람블라'를 뜻한다. 현재는 바르셀로나 시민과 관광객의 휴식처로 사랑받는 곳으로 쇼핑센터, 영화관, 수족관, 크루즈 등 다양한 시설이 들어서 있다. 지중해를 향해 뻗은 공원을 산책하면서 아름다운 바다 풍경을 더욱 가까이 볼 수 있다.

항구 주변에는 다양한 예술 작품이 전시되어 있다. 팝아트 작가 로이 리히텐슈타인이 바르셀로나 올림픽을 기념해 콘크리트와 세라믹으로 만든 작품 〈바르셀로나의 얼굴El Cap de Barcelona〉과 미국 건축가 프랭크 게리의 청동 조형물 〈황금 물고기 El Peix d'Or〉도 있다.

지도 P.052
가는 방법 메트로 L3호선 드라사네스Drassanes역에서 도보 5분 **주소** Rambla de Mar, s/n

⑭ 모코 뮤지엄 바르셀로나
Moco Museum Barcelona

지금 핫한 예술가들의 총집합

현대미술과 스트리트 아트에서 영감받아 탄생한 미술관으로 네덜란드 암스테르담과 바르셀로나에 거점을 두고 있다. 뱅크시, 카우스, 바스키아, 쿠사마 야요이, 제프 쿤스 등 많은 팬을 거느린 현대 예술가들의 작품이 전시되어 있어 현재 가장 핫한 바르셀로나의 명소가 되었다. 특히 뱅크시와 카우스는 각자 특별한 공간을 마련해 여러 작품을 한꺼번에 볼 수 있도록 했고, 화려한 영상미를 통해 예술을 체험할 수 있는 디지털 아트도 전시하는 등 젊은 층을 의식한 작품으로 채워져 있다.

지도 P.052
가는 방법 피카소 미술관에서 도보 1분
주소 C/. de Montcada, 25
문의 936 29 18 58 **운영** 월~목요일 10:00~20:00, 금~일요일 10:00~21:00 **휴무** 부정기
요금 일반 €17.95, 7~17세 · 학생 €12.95, 6세 이하 무료 ※온라인 예매 시 €2~5 할인
홈페이지 mocomuseum.com

몬주이크성 주변

시내 풍경을 360도 파노라마로 즐기다

스페인 광장을 기준으로 시내 남쪽의 몬주이크 언덕을 중심으로 형성된 관광 지구. 녹음이 무성한 이 일대는 1992년 바르셀로나 올림픽을 계기로 대대적인 개발이 이루어졌다. 요새였던 몬주이크성을 중심으로 박물관과 미술관, 분수 등 관광객을 끌어당기는 명소가 모여 있다. 몬주이크성에서 북서쪽으로 조금 더 가면 나오는 신시가지는 구역 전체가 관광지화된 것은 아니지만 명문 축구팀의 홈구장과 가우디가 처음으로 구엘과 손잡고 건축한 구엘 별장이 있어 관심 있는 여행자라면 방문할 가치가 있다.

01 스페인 광장
Plaça d'Espanya

바르셀로나 서쪽 관문

6개의 거리가 만나는 교차로가 위치하는 바르셀로나 교통의 요충지. 인근에는 투우 경기장에서 쇼핑센터로 탈바꿈한 아레나스Arenas가 있으며, 카탈루냐 국립미술관으로 오르는 언덕 입구에는 1929년 바르셀로나 국제박람회 때 세운 쌍둥이 탑 베네치아 타워Torres Venecianes가 있다. 이탈리아 베네치아의 산마르코 종루와 닮았다 해서 붙은 이름이다. 밤에 열리는 분수 쇼를 보거나 공항버스를 타기 위해 여행자가 많이 방문하는 곳이다.

지도 P.070 **가는 방법** 메트로 L1 · 3 · 8호선 플라사 에스파냐Pl. Espanya역에서 바로 연결
주소 Plaça d'Espanya

02 몬주이크 마법의 분수
Font Màgica de Montjuïc

밤을 수놓는 분수 쇼

1929년 바르셀로나 국제박람회 때 생긴 이래 바르셀로나를 아름답게 꾸며주는 유서 깊은 분수. 밤이 되면 음악과 어우러진 환상적인 분수 쇼가 펼쳐진다. 관광객과 현지인들로 항상 붐벼 잘 보이는 자리에 앉으려면 미리 가서 자리를 잡아야 한다. 쇼 시작 전 각종 퍼포먼스를 펼치는 길거리 공연 덕분에 기다리는 시간이 지루하지 않다. 분수대 앞쪽 4개의 기둥이 있는 계단이 쇼가 가장 잘 보이는 자리이지만 분수와 가까운 쪽은 물이 튀어 옷이 젖을 수도 있다. 소매치기가 기승을 부리는 곳이므로 소지품 관리에 유의해야 한다.

지도 P.070 **가는 방법** 버스 13 · 150번 Av Ferrer i Guàrdia - Mòxic 정류장에서 바로 연결
주소 Plaça de Carles Buïgas, 1 **운영** 4~5월 목~토요일 20:00~21:00, 6~9월 수~일요일 09:30~22:30, 10월 목~토요일 21:00~22:00, 11~3월 목~토요일 20:00~21:00 **휴무** 1/7~2/28, 부정기
홈페이지 www.barcelona.cat/en

⓪③ 몬주이크성
Castell de Montjuïc

군사 박물관과 전망대가 있는 성

높이 184.4m의 몬주이크 언덕 가장 높은 곳에 축성한 군사 요새. 마을을 감시할 목적으로 세운 탑에 성벽을 둘러 1640년 완전히 요새화했다. 19세기 후반 프랑코가 정권을 잡은 당시에는 무정부주의자나 공산주의자를 가두는 감옥으로 사용했으며 1960년 군사 박물관으로 재건했다. 17~19세기에 사용한 대포, 무기, 군복과 함께 카탈루냐 지역의 성들에 관한 자료가 전시되어 있다.

사실 여행자가 몬주이크성을 방문하는 것은 군사 박물관을 관람하기보다는 바르셀로나 시내를 높은 위치에서 360도 파노라마로 보기 위해서다. 이곳이 감시 탑 기능을 했던 역사를 생각하면 전망대로서의 기능은 두말할 필요도 없다. 성곽을 따라 다양한 각도에서 둘러보거나 성 최상층에 올라가 시내를 내려다보자. 때때로 바람이 거칠게 불기도 하므로 여름을 제외한 시기에는 가벼운 겉옷을 챙겨 가는 게 좋다.

지도 P.070 **가는 방법** 버스 150번 Pg. Migdia, 000 000 정류장에서 도보 2분
주소 Ctra. de Montjuïc, 66 **문의** 932 56 44 40
운영 3~10월 10:00~20:00, 11~2월 10:00~18:00 ※문 닫기 30분 전 입장 마감
휴무 1/1, 12/25 **요금** 일반 €12, 8~12세 €8, 7세 이하 무료 ※매월 첫째 일요일 · 그 외 일요일 15:00 이후, 2/12 · 5/18 · 9/24 무료
홈페이지 ajuntament.barcelona.cat/castelldemontjuic/en

FOLLOW UP

몬주이크 언덕을 **편하게 오르는 방법 3**

몬주이크성을 비롯한 관광 명소가 위치한 몬주이크 언덕을 오르는 방법은 다양하다. 메트로나 버스를 타고 올라갈 수도 있지만 여행 기분을 만끽할 수 있는 교통수단을 이용해보는 것도 좋다. 보는 각도에 따라 달리 보이는 바르셀로나 전경을 맘껏 즐겨보자.

01 텔레페리코 델 푸에르토 Teleférico del Puerto

바르셀로네타 해변에서 몬주이크 언덕까지 한번에 도달하는 빨간 케이블카. 바르셀로네타 해변 근처의 산세바스티안 타워San Sebastián Tower에서 출발해 세계무역센터 옆 하우메 1세 타워에서 한번 정차한 후 몬주이크 언덕 전망대 미라마르Miramar에 도착한다.

주소 Passeig de Joan de Borbó, 88 **문의** 934 30 47 16
운행 11~2월 11:00~17:30, 3~5월 · 9/12~10/30 10:30~19:00, 6월~9/11 10:30~20:00 **휴무** 12/25 **요금** 편도 €12.50, 왕복 €20 **홈페이지** www.telefericodebarcelona.com

02 몬주이크 푸니쿨라르 Funicular de Montjuïc

메트로 L2 · 3호선 파라엘Paral·lel역에서 몬주이크 언덕 공원까지 올라가는 푸니쿨라르. 메트로역에서 푸니쿨라르 정류장까지 통로로 연결되어 있다. 여기서 몬주이크성까지 가려면 몬주이크 텔레페릭이나 시내버스를 타야 한다.

주소 Avinguda del Paral·lel **운행** 3/27~10/29 월~금요일 07:30~22:00, 토 · 일요일 · 공휴일 09:00~22:00, 10/30~3/26 월~금요일 07:30~20:00, 토 · 일요일 · 공휴일 09:00~20:00
휴무 부정기 **요금** €2.55 ※메트로 환승 시 무료 **홈페이지** www.tmb.cat

03 몬주이크 텔레페릭 Telefèric de Montjuïc

메트로 L2 · 3호선 파라엘Paral·lel역과 몬주이크 푸니쿨라르 정류장이 있는 몬주이크 언덕 공원에서 몬주이크성까지 가는 케이블카. 내려올 때는 전망대 광장Plaça del Mirador에서 하차해 공원을 둘러봐도 좋다.

주소 Avinguda Miramar, 30 **문의** 934 65 53 13 **운행** 11~2월 10:00~18:00, 3~5월 · 10월 10:00~19:00, 6~9월 10:00~21:00, 12/25 · 1/6 10:00~14:30
휴무 부정기 **요금** 온라인 왕복 일반 €16, 4~12세 €11.60, 3세 이하 무료 ※왕복 티켓 온라인 예매 시 현장 예매 요금의 10% 할인 **홈페이지** www.telefericdemontjuic.cat

TRAVEL TALK

몬주이크 언덕의 랜드마크

성화를 든 운동선수의 모습을 형상화한 130m 높이의 몬주이크 송신탑Torre de Comunicacions de Montjuïc은 세계적 건축가 산티아고 칼라트라바의 이름을 따 칼라트라바 탑Torre Calatrava으로도 불립니다. 1992년 바르셀로나 올림픽 관련 방송을 내보내기 위해 세운 송신탑으로, 눈금이 있는 반원형 받침은 해시계 역할도 한다고 해요.

가는 방법 버스 125 · 150번 정류장에서 도보 4분 **주소** Carrer l'Estadi, 48

④ 호안 미로 미술관
Fundació Joan Miró

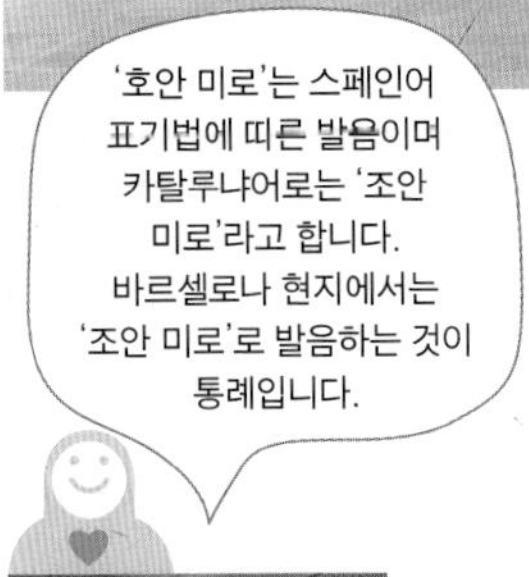
'호안 미로'는 스페인어
표기법에 따른 발음이며
카탈루냐어로는 '조안
미로'라고 합니다.
바르셀로나 현지에서는
'조안 미로'로 발음하는 것이
통례입니다.

바르셀로나가 낳은 거장을 만나다

피카소, 달리와 함께 20세기 스페인 회화를 대표하는 화가이자 초현실주의의 거장으로 꼽히는 호안 미로의 작품만 모아놓은 미술관. 어린 시절에 완성한 초기 작품부터 조각품, 태피스트리, 판화, 포스터 등 1만 4000점의 소장품 가운데 일부를 전시하고 있다. 이곳에서 눈여겨봐야 할 작품은 1979년에 제작한 〈재단 태피스트리Tapiz de la Fundación〉이다. 거대한 태피스트리에 여성, 달, 별을 미로만의 색채로 담은 작품으로, 미로가 그린 도안을 토대로 디자이너 호셉 로요Josep Royo가 울로 엮어 완성했다.

이 외에도 1901년 8세의 어린 미로가 그린 〈다리 치료사El Pedicuro〉, 바르셀로나의 부촌 풍경을 연필과 먹물로 묘사한 〈페드랄베스 거리Calle de Pedralbes〉, 제2차 세계대전 당시 노르망디 지방으로 피난했을 때 그린 〈아침 별Estrella Matinal〉 등이 있다.

지도 P.070
가는 방법 버스 55 · 150번 Fundació Joan Miró - Pl Neptú 정류장에서 도보 2분
주소 Parc de Montjuïc, s/n **문의** 934 43 94 70
운영 10:00~18:00
휴무 월요일(5/1, 6/5, 9/11, 9/25 예외), 1/1, 12/25~26
요금 일반 €15, 15~30세 · 65세 이상 €9 ※15세 이하 무료
홈페이지 www.fmirobcn.org/en

⑤ 카탈루냐 국립미술관
Museu Nacional d'Art de Catalunya

지도 P.070 **가는 방법** 버스 55번 Museu Nacional - Museu Etnològic 정류장에서 도보 2분 **주소** Palau Nacional, Parc de Montjuïc, s/n
문의 936 22 03 60
운영 5~9월 화~토요일 10:00~20:00, 일요일 · 공휴일 10:00~15:00, 10~4월 화~토요일 10:00~18:00, 일요일 · 공휴일 10:00~15:00 **휴무** 월요일(공휴일 예외), 1/1, 5/1, 12/25 **요금** 일반 €12, 학생 €8.40, 16세 이하 · 65세 이상 무료, 오디오 가이드 €4, 테라스 전망대 €2 ※토요일 15:00 이후 · 매월 첫째 일요일 무료, 15세 이하 무료
홈페이지 www.museunacional.cat/ca

로마네스크 미술의 보물 창고

1929년 바르셀로나 국제박람회를 열기 위해 건설했으며 당시 이름은 국립 왕궁Palau Nacional이었으나 1934년 현재의 명칭으로 재개관했다. 바르셀로나에 있는 미술관 중 가장 큰 규모로 하이라이트는 11~13세기 작품을 전시한 로마네스크 전시장이다. 로마네스크는 10~12세기에 서유럽에서 유행한 중세 미술 양식을 말한다. 카탈루냐 지방의 로마네스크 성당으로부터 수집한 오래된 벽화부터 패널화, 목조와 석조, 금속 장식품 등 다양한 작품이 전시되어 있다. 그중 타울의 산클레멘테 성당Chiesa di San Clemente에서 그대로 옮겨온 〈전능하신 그리스도〉가 대표작이다. 다소 빽빽하게 많은 작품들이 전시되어 있으나 엘 그레코, 루벤스, 피카소, 미로, 달리 등 유명 화가의 회화가 곳곳에 걸려 있어 찾아보는 재미가 있다. 또한 가우디로 대표되는 카탈루냐의 독자적인 미학 운동인 모데르니스모 디자인도 엿볼 수 있는데, 곡선으로 된 우아한 가구를 한자리에 모아두었다. 이는 다른 곳에서는 볼 수 없는 귀중한 예술품이니 놓치지 말 것.

⑥ 캄프 노우
Camp Nou

축구 팬들이 꿈꾸는 장소

스페인 전통 강호 FC 바르셀로나의 홈구장. 수용 인원이 9만 9354명으로 1982년 스페인 월드컵 때는 12만 명의 관객을 수용했을 정도로 세계 최대 규모를 자랑한다. 1957년에 지어 전체적으로 노후한 탓에 재건축을 거쳐 2025년에 완공할 예정이다. 열광적인 축구 팬들에게 둘러싸여 관람하는 경기는 잊을 수 없는 추억을 선사할 것이다.

경기 관람 외에 내부의 박물관과 경기장을 둘러보는 '스타디움 투어'는 축구 팬들에게 최고의 인기 관광 투어이다. 박물관에서는 FC 바르셀로나의 역사가 담긴 자료를 살펴보며 리오넬 메시, 요한 크루이프, 호셉 과르디올라, 호나우지뉴 등 당대 스타들의 활약상에 흠뻑 빠질 수 있다. 군데군데 사진 촬영하기 좋은 기념물이 설치되어 있다. 선수들이 실제로 사용하는 시설을 둘러보며 마지막으로 들르는 건물 내부는 여행자들이 가장 좋아하는 장소이다. 투어가 끝나면 유니폼, 액세서리, 잡화 등 다양한 제품을 구비한 드넓은 기념품점에서 쇼핑을 즐겨보자.

※현재 리뉴얼 공사 중으로 임시 휴업(2024년 5월 기준)
지도 P.073 **가는 방법** 메트로 L3호선 팔라우 레이알Palau Reial역에서 도보 7분
주소 C. d'Arístides Maillol, 12 **문의** 902 18 99 00
운영 11~3월 월~토요일 10:00~18:00, 일요일 10:00~15:00, 4~10월 09:30~19:00 **휴무** 1/1, 12/25
요금 온라인 일반 €28, 4~10세 · 70세 이상 €21, 3세 이하 무료
홈페이지 www.fcbarcelona.com

07 구엘 별장
Finca Güell

박력 만점 용이 반기는 별장

시내 중심가에서 다소 떨어진 페드랄베스 공원Parc de Pedralbes 한쪽에 자리한 이 별장은 가우디가 구엘에게 처음으로 의뢰받아 지은 건축물이다. 다른 건물과 달리 이미 건축된 여름 별장을 증축해 수위실과 마구간을 만들어달라는 것이 구엘의 주문이었다. 결과적으로 가우디의 손길이 닿으면서 평범했던 건물이 멋스러운 예술 작품으로 재탄생했다. 카사 비센스와 마찬가지로 이슬람 무데하르 양식에서 영향을 받은 건축물로, 카탈루냐 지역의 전통 방식인 흙벽에 형형색색의 타일을 사용한 색대비가 눈에 띈다.

구엘 별장에서 가장 주목해야 할 부분은 입구에서 볼 수 있는 '페드랄베스의 용Dragon de Pedralbes'이다. 그리스 신화에 등장하는 정의로운 헤라클레스의 뱀 '라돈'에서 힌트를 얻어 제작한 철제 장식이다. 입을 크게 벌린 박력 넘치는 자태가 특징으로 문을 열면 용이 저절로 움직인다. 현재 공사 중으로 내부에는 입장할 수 없다.

지도 P.023 **가는 방법** 메트로 L3호선 팔라우 레이알Palau Reial역에서 도보 7분
주소 Av. de Pedralbes, 7 **문의** 933 17 76 52
운영 10:00~16:00 ※문 닫기 30분 전 입장 마감
휴무 1/1, 1/6, 12/25~26 **요금** 일반 €6, 18세 이하 · 65세 이상 €3
홈페이지 rutadelmodernisme.com/en

바르셀로나 맛집

에이샴플레 지구와 카탈루냐 광장 등 바르셀로나의 관광 명소가 모여 있는 지역에 스페인 전통 음식점이 즐비하다. 바스크 지방의 전통 요리 핀초 전문점이 줄지어 있는 골목을 중심으로 맛집이 포진해 있는 포블레 섹Poble Sec도 놓치지 말자.

차오 페스카오

Chao Pescao

위치 카사 바트요 주변
유형 대표 맛집
주메뉴 해산물 요리

☺→ 직접 보고 골라 먹는 해산물
☹→ 주문한 음식이 나오기까지 오래 걸림

맛조개, 오징어, 굴 등 눈앞에서 싱싱한 해산물을 직접 보고 선택한 다음 원하는 조리 방식대로 주문하는 해산물 전문점. 그라시아 거리의 두 곳을 포함해 피카소 미술관 부근 등 바르셀로나 시내에만 5개 지점이 있어 여행자의 동선에 따라 자유롭게 이용할 수 있다. 주문 방식은 간단하다. 우선 가격표가 적힌 해산물 코너에 줄을 서서 차례가 되면 해산물을 골라 직원에게 원하는 조리 방식을 말한 후 음료 코너로 이동한다. 음료와 곁들일 빵을 고르고 값은 계산한 후 원하는 자리에 가서 음식이 나올 때까지 기다리면 된다. 푸드 코트처럼 조리된 음식을 직접 가져가야 하는데, 영수증에 적힌 번호를 부를 때 가서 음식을 받아 오면 된다. 모든 직원이 영어를 구사해 의사소통에는 별문제가 없다.

가는 방법 메트로 2·3·4호선 파세이그 데 그라시아Passeig de Gràcia역에서 도보 3분
주소 Carrer del Consell de Cent, 318
문의 930 18 11 63
영업 13:00~16:00, 20:00~23:30
휴무 부정기
예산 일품요리 €4.50~
홈페이지 chaopescaoseafood.com

라 타스케타 데 블라이
La Tasqueta de Blai

위치 카탈루냐 국립미술관 주변
유형 로컬 맛집
주메뉴 핀초스

→ 부담 없는 핀초스 가격
→ 내부가 협소해 만석일 때가 많다.

바스크 지방식 타파스인 핀초스를 전문으로 하는 가게가 즐비한 포블레 섹 지역에서 대표적인 음식점. 관광객보다 현지인의 비율이 높은 곳이다. 자리를 잡고 테이블 위에 가지런히 진열된 핀초스를 골라 먹으면 된다. 만석인 경우 바로 옆 가게로 안내해주기도 하는데 같은 회사에서 운영하는 곳이니 안심해도 된다. 가게마다 파는 핀초스 종류가 조금씩 다르기 때문에 다양한 맛을 즐기고 싶다면 옆 가게에서 골라 와도 된다. 핀초스 꼬치 끝에 달린 색깔로 가격이 구분되며 대부분 €1~2라 부담 없이 즐길 수 있다.

가는 방법 메트로 L2 · 3호선 파랄렐Parallel역에서 도보 4분 **주소** Carrer de Blai, 17 **문의** 931 73 05 61
영업 일~목요일 12:00~24:00, 금 · 토요일 12:00~01:00 **휴무** 부정기
예산 핀초스 €1.90~, 음료 €1.50~
홈페이지 www.grupotasqueta.com

라 알코바 아술
La Alcoba Azul

위치 바르셀로나 대성당 주변
유형 로컬 맛집
주메뉴 타파스

→ 분위기 있는 가게
→ 영업 시간이 일정하지 않다.

분위기 좋은 바에 온 듯한 느낌을 주는 타파스 전문점. 고풍스러운 고딕 지구에 어울리게 인테리어도 멋스럽다. 주로 내는 음식은 타파스. 일반적인 정통 타파스 메뉴와 더불어 이 집만의 오리지널리티를 가미한 창작 메뉴도 다수 선보인다. 또한 눈이 즐거워지는 플레이팅과 다양한 칵테일도 이곳의 매력이다. 내부는 협소하나 가게 앞 작은 광장에 테라스석을 마련해 자리 걱정은 할 필요 없다. 주류를 주문하면 무료 타파스를 제공한다. 커리 향이 은은하게 밴 오징어 요리와 치즈를 얹은 감자 요리가 인기이다.

가는 방법 메트로 L4호선 하우메 1세Jaume I역에서 도보 5분
주소 Carrer de Salomó ben Adret, 14
문의 933 02 81 41
영업 12:00~01:00 **휴무** 부정기
예산 일품요리 €7.50~

마우르
Maur

위치 포블레 섹
유형 대표 맛집
주메뉴 칼솟

😊→ 칼솟을 전문으로 하는 음식점
😞→ 메뉴 델 디아에 칼솟은 제외

겨울철에만 즐길 수 있는 카탈루냐식 대파구이 칼솟타다Calçotada로 유명한 집. 칼솟은 생김새는 대파와 흡사하나 양파 품종에 속하는 채소로, 구이는 제철인 11~4월에만 먹을 수 있다. 달콤하고 부드러운 맛을 내며, 껍질을 벗겨 전용 로메스코 소스에 찍어 먹는다. 점심 세트인 메뉴 델 디아와 함께 주문해 즐겨보자.

가는 방법 메트로 L5호선 호스피탈 클리닉Hospital Clinic역에서 도보 5분 **주소** C/ de Muntaner, 121
문의 934 54 88 69 **영업** 월요일 13:00~16:00, 화~일요일 13:00~16:00, 20:00~24:00 **휴무** 부정기
예산 칼솟타다 €37, 메뉴 델 디아 €16

세르베세리아 카탈루냐
Cervesería Catalana

위치 카사 바트요 주변
유형 대표 맛집
주메뉴 타파스

😊→ 세련된 분위기와 평균 이상의 맛
😞→ 인기가 많은 곳이라 대기 행렬이 길다.

세련되고 고급스러운 내부 분위기와 더불어 누구나 무난하게 즐길 수 있는 타파스 맛으로 알려진 인기 맛집이다. 영어를 유창하게 구사하는 직원들의 서비스도 좋은 평가를 받고 있어 여행자라면 특히 안심하고 방문할 수 있는 곳이다. 많은 이가 극찬하는 '꿀 대구Bacalao Alioli Miel' 타파스를 비롯해 해산물을 주재료로 한 메뉴가 인기 있다.

가는 방법 메트로 L6 · 7호선 프로벤사Provença역에서 도보 3분 **주소** Carrer de Mallorca, 236
문의 932 16 03 68 **영업** 월~목요일 08:30~01:00, 금요일 08:30~01:30, 토요일 09:00~01:30, 일요일 09:00~01:00 **예산** 타파스 €2.20~

TRAVEL TALK

한국인이 사랑하는 타파스 전문점은?

앞서 소개한 곳 외에도 한국인 여행자들에게 사랑받는 타파스 전문점이 여러 곳 있습니다. TV 출연으로 절대적 인지도를 자랑하는 '비니투스Vinitus', 카탈루냐 광장 부근의 '시우타트 콘달Ciutat Condal', 현지인 비율이 높은 '라 플라우타La Flauta', 핀초로 유명한 '키메트 & 키메트Quimet & Quimet' 등입니다.

라 리타
La Rita

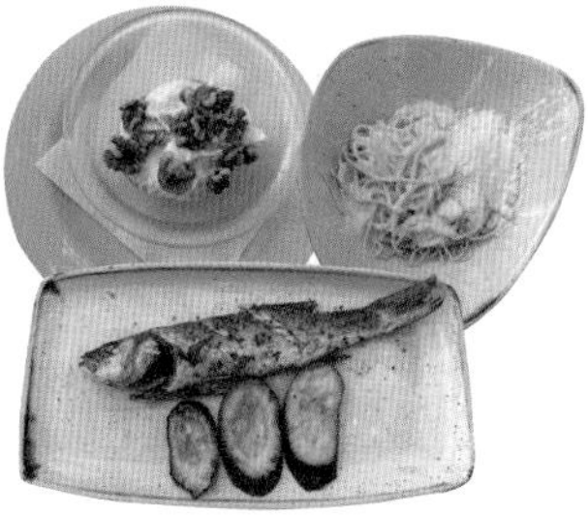

위치 카사 바트요 주변
유형 대표 맛집
주메뉴 메누 델 디아

☺ → 합리적인 가격의 코스 요리
☹ → 오픈런이 아니면 기다림 필수

훌륭한 맛으로 현지인의 마음을 사로잡은 것도 모자라 각종 후기 사이트와 블로그 평으로 입소문을 타고 전 세계 여행자까지 불러 모아 오픈런을 해도 줄 서서 기다려야 한다는 음식점이다. 매일 다른 음식을 선보이는 점심 메뉴 메누 델 디아는 부담 없는 가격으로 더욱 높은 인기를 얻고 있다. 생선, 육류, 파스타 등 다양한 코스 요리를 선보인다.

가는 방법 메트로 L2 · 3 · 4호선 파세이그 데 그라시아Passeig de Gràcia역에서 도보 2분
주소 C/ d'Aragó, 279 **문의** 934 87 23 76 **영업** 12:30~16:00, 19:30~23:00 **휴무** 부정기
예산 메누 델 디아 €13.95
홈페이지 andilana.com

레콘스
Rekons

위치 포블레 섹
유형 로컬 맛집
주메뉴 엠파나다

☺ → 익숙하면서도 신선한 맛
☹ → 관광지에서 다소 먼 위치

이슬람 세력인 우마이야 왕조가 이베리아반도를 점령했을 당시 보급되어 아르헨티나 등 중남미에도 널리 퍼진 스페인식 만두 엠파나다Empanada를 전문으로 하는 음식점. 만드는 방법은 밀가루 반죽에 참치, 닭고기, 시금치, 치즈, 하몽 등을 넣고 싸서 오븐에 굽는다. 군만두에 가까운 형태로 맛도 군만두와 비슷하며 샐러드를 곁들여 먹으면 훨씬 맛있다.

가는 방법 메트로 L2호선 산트안토니Sant Antoni역에서 도보 3분 **주소** Carrer del Comte d'Urgell, 32 **문의** 934 24 63 83
영업 월~금요일 12:00~24:00, 토 · 일요일 10:00~24:00
예산 엠파나다 €2.50~
홈페이지 empanadasrekons.com

포른 미스트랄
Forn Mistral

위치 바르셀로나 현대미술관 주변
유형 로컬 맛집
주메뉴 빵

☺ → 스페인에서 즐기는 전통 빵
☹ → 붐비는 시간대에는 정신없다.

1879년에 처음 문을 열어 5대에 걸쳐 이어져 내려오는 전통 빵집. 테이크아웃 전용의 본점과 테이블을 둔 카페 형식의 분점이 건물 하나를 사이에 두고 있다. 간판 메뉴는 마요르카 지방에서 즐겨 먹는 달팽이 모양 빵 엔사이마다Ensaimada. 크루아상과 딱딱한 곡물 빵도 훌륭한 맛으로 정평 나 있다. 카페에서 초콜라테와 함께 먹으면 당이 저절로 충전될 것이다.

가는 방법 메트로 L1 · 2호선 [illegible]역에서 도보 2분
주소 Carrer de Torres i Amat, 7
문의 933 01 80 37
영업 07:30~14:30, 16:30~20:30
예산 빵 €1.30~
홈페이지 www.fornmistral.com

구엘 타파스
Güell Tapas

위치 구엘 저택 주변
유형 대표 맛집
주메뉴 파에야, 타파스

☺→ 메뉴가 다양하다.
☹→ 점심, 저녁 식사 시간에 대기가 길다.

구엘 저택에서 도보로 1분 거리에 있는 음식점. 각종 해산물, 육류로 만든 스페인 전통 음식은 물론 파에야, 파스타와 디저트까지 메뉴가 다양해 선택의 폭이 넓다. 조리하는 데 다소 시간이 걸리는 파에야를 기다리는 동안 타파스와 함께 카탈루냐 지방 와인을 주문해 먹으면 만족스러운 한 끼 식사를 즐길 수 있다.

가는 방법 구엘 저택에서 도보 1분
주소 Carrer Nou de la Rambla, 20
문의 931 10 18 18
영업 월~목요일 07:30~00:30, 금~일요일 07:30~01:00
휴무 부정기 **예산** 파에야 €14.90~, 타파스 €2.20~ **홈페이지** guelltapasbarcelona.com

라코 데 본수세스
Racó de Bonsuccés

위치 람블라스 거리 주변
유형 로컬 맛집
주메뉴 스페인 전통 음식

☺→ 한국인 입맛에 짜지 않고 간이 잘 맞다.
☹→ 양이 적다고 느낄 수 있다.

카탈루냐 광장을 지나 람블라스 거리 초입에 자리한 간판 없는 스페인 전통 음식점. 관광객이 붐비는 위치에 있지만 다른 음식점보다 현지인 비율이 높은 곳이다. 음식 간이 한국인 입맛에 적당하다는 입소문이 나 여행자들에게 좋은 반응을 얻고 있다. 파에야는 해물과 치킨 두 종류와 이 둘을 합친 믹스로 구성되어 있다.

가는 방법 메트로 L1 · 3 · 6 · 7호선 카탈루냐Catalunya역에서 도보 6분
주소 Carrer del Bonsuccés, 6
문의 933 01 25 30
영업 월요일 13:00~15:30, 화~금요일 13:00~21:00, 토요일 13:00~22:00 **휴무** 일요일
예산 파에야 €16~

차리토
Charrito

위치 그라시아 거리 주변
유형 로컬 맛집
주메뉴 스페인 전통 음식

☺→ 이른 아침부터 밤늦게까지 식사 가능
☹→ 여행자 방문에 애매한 위치

이른 아침부터 늦은 시간까지 스페인 전통 음식을 맛볼 수 있는 음식점. 그라시아 거리와 카탈루냐 광장 사이, 맛집이 많은 구역에 있다. 스페인 여행에서 경험해야 할 파에야, 감바스 알 아히요, 가스파초, 타파스 등 웬만한 메뉴는 모두 갖추고 있다. 파에야는 1인분부터 주문이 가능한데 오징어 먹물, 해물, 면 등 종류가 다양하다.

가는 방법 메트로 L2 · 3 · 4호선 파세이그 데 그라시아Passeig de Gràcia역에서 도보 4분 **주소** Carrer de la Diputació, 233 **문의** 934 87 60 34 **영업** 월~목요일 07:00~02:00, 금요일 07:00~03:00, 토요일 08:00~03:00, 일요일 08:00~02:00 **예산** 파에야 €14.90

텔레페릭
Telefèric

위치 카사 바트요 주변
유형 로컬 맛집
주메뉴 메뉴 델 디아

😊 → 합리적인 가격에 즐기는 점심 메뉴
😞 → 영어 메뉴판이 없다.

음식값이 비싸기로 소문난 그라시아 거리에서 정성스레 잘 차린 점심 세트 메뉴 델 디아Menu del Dia를 합리적인 가격에 제공하는 음식점. 전채, 메인, 후식, 음료까지 €13.50 내외로 즐길 수 있으며 양도 많다. 놀라운 건 가게 분위기까지 근사하다는 점이다. 영어 메뉴는 없지만 직원이 친절하게 그날의 메뉴를 소개해주니 걱정할 필요 없다.

가는 방법 메트로 L6 · 7호선 프로벤사Provença역에서 도보 7분
주소 Plaça del Dr. Letamendi, 27
문의 934 51 16 41
영업 12:30~23:30 **휴무** 부정기
예산 메뉴 델 디아 €14.50, 타파스 €5~
홈페이지 www.teleferic.es

헬리다
Gelida

위치 그라시아 거리 주변
유형 로컬 맛집
주메뉴 카탈루냐 음식

😊 → 카탈루냐 전통 음식을 저렴한 가격에!
😞 → 영어 의사소통이 어렵다.

동네 사랑방 같은 정겨운 분위기의 음식점. 아침부터 간단한 식사나 모닝커피를 즐기러 오는 이들로 북적이지만 여행자의 모습은 찾아보기 어려울 정도로 현지인 비율이 높다. 전채 요리부터 후식까지 카탈루냐 전통 음식을 부담 없는 가격에 즐길 수 있다. 영어로 소통이 안 되는 직원이 있지만 영어 메뉴판이 있어 주문은 어렵지 않다.

가는 방법 메트로 L1호선 우르헬Urgell역에서 도보 3분
주소 Carrer de la Diputació, 133
문의 934 53 79 97
영업 월~금요일 07:00~22:00, 토요일 08:00~16:00
휴무 일요일
예산 일품요리 €3.50~

바르셀로나
Bar-Celona

위치 포블레 섹
유형 로컬 맛집
주메뉴 메뉴 델 디아

😊 → 친절한 서비스와 정감 있는 로컬 분위기
😞 → 저녁 영업을 하지 않는다.

핀초 바가 즐비한 맛집 골목 포블레 섹에 자리한 50년 전통의 음식점. 스페인 전통 음식 위주로 제공하며 전반적으로 가격이 저렴하고 맛도 좋아 현지인에게 큰 인기를 얻고 있다. 오후 1시부터 4시 사이에는 점심 세트 메뉴 델 디아를 저렴한 가격에 맛볼 수 있다. 양도 많아 배고픈 여행자에게 최고의 선택지가 될 수 있다.

가는 방법 메트로 L2 · 3호선 파라렐Paral·lel역에서 도보 4분
주소 [illegible], 66
문의 934 42 30 62
영업 월요일 06:00~16:30, 화~금요일 06:00~20:30, 토요일 07:30~16:30 **휴무** 일요일
예산 메뉴 델 디아 €15.50

바코아
Bacoa

위치 카탈루냐 광장 주변
유형 대표 맛집
주메뉴 햄버거

😊→ 비건 메뉴도 있다.
😐→ 느끼한 편이다.

바르셀로나 시내에 여러 점포를 둔 수제 버거 전문점. 주문은 매장에 비치된 표에 햄버거와 함께 추가할 토핑, 번 종류, 사이드 메뉴, 소스, 음료 순으로 기입해 카운터에 제출하면 된다. 간판 메뉴는 소고기 패티와 베이컨, 체다치즈, 수제 피클이 들어간 라 바코아La Bacoa. 돼지고기와 닭고기 등 패티도 여러 종류가 있으며 비건 메뉴와 디저트 메뉴까지 갖추고 있다.

가는 방법 메트로 L1 · 3 · 6 · 7호선 카탈루냐Catalunya역에서 도보 1분
주소 Ronda de la Universitat, 31
문의 932 50 72 00
영업 일~목요일 12:00~23:30
금 · 토요일 12:00~24:00
예산 햄버거 €6.90~
홈페이지 www.bacoaburger.com

사브타
Savta

위치 카탈루냐 광장 주변
유형 신규 맛집
주메뉴 샌드위치

😊→ 간단한 한 끼 식사 가능
😐→ 사이드 메뉴가 적다.

사브타는 이스라엘의 인기 샌드위치 전문점으로 이곳이 첫 번째 해외 지점이다. 메뉴는 고다 치즈(슈퍼 베지), 스크램블드에그(서니), 참치(튜나 멜트), 닭고기(스페셜 치킨) 등 아홉 가지 주재료를 넣은 샌드위치와 오리지널 햄버거(사브타 버거)로 구성되어 있다. 음료가 포함된 스페셜 메뉴는 커피, 맥주, 물 중 선택할 수 있으며 일반 음료는 €1 추가하면 된다.

가는 방법 메트로 L1 · 3 · 6 · 7호선 카탈루냐Catalunya역에서 도보 5분
주소 Carrer dels Tallers, 76
문의 931 30 19 01
영업 10:00~23:00
휴무 부정기
예산 샌드위치 €6.90~
홈페이지 www.ilovesavta.com

라 파스티세리아
La Pastisseria

위치 그라시아 거리 주변
유형 로컬 맛집
주메뉴 디저트

😊→ 독특하고 신선한 맛과 모양
😐→ 약간 비싼 가격

먹기 아까울 만큼 화려하고 예쁜 디저트의 향연이 펼쳐지는 곳. 프랑스 파리에서 공부를 마치고 미슐랭 레스토랑에서 경험을 쌓은 바르셀로나 출신의 젊은 파티시에가 운영하는 디저트 전문점이다. 바삭한 아몬드 쿠키와 초콜릿 위에 체리 모양 무스를 얹은 디저트 라 시레라La Cirera가 대표 메뉴. 알레르기 반응 성분을 표기한 데에서 세심한 배려가 느껴진다.

가는 방법 메트로 L2 · 3 · 4호선 파세이그 데 그라시아Passeig de Gràcia역에서 도보 5분
주소 Carrer d'Aragó, 228, 08007
문의 934 51 84 01 **영업** 화~토요일 09:00~14:00, 17:00~20:30, 일요일 09:00~14:30 **휴무** 월요일
예산 디저트 €6.50~

카페 엘 마그니피코
Cafés el Magnífico

위치 피카소 미술관 주변
유형 로컬 맛집
주메뉴 커피

😊→ 다양한 방식으로 추출
😐→ 호불호가 갈리는 맛

바르셀로나 카페를 말할 때 반드시 언급되는 곳으로 과테말라, 콜롬비아, 인도네시아 등 유명 원산지에서 수확한 원두를 사용하고 에스프레소, 사이폰, 케멕스, 에어로프레스 등 여러 추출 방식으로 다양한 커피 맛을 선보인다. 앉을 공간도 마련되어 있지 않지만 오로지 맛 하나로 승부해 이름을 알린 곳이다. 커피는 산미가 강한 편이므로 취향에 따라 호불호가 나뉠 수 있다.

가는 방법 메트로 L4호선 하우메 [illegible]역에서 도보 [illegible]
주소 Carrer de l'Argenteria, 64
문의 933 19 39 75
영업 09:00~20:00
휴무 일요일 **예산** 커피 €1.70~
홈페이지 www.cafeselmagnifico.com

커피 카사
Coffee Casa

위치 산타카테리나 시장 주변
유형 로컬 맛집
주메뉴 커피

😊→ 이른 아침부터 영업
😐→ 관광지에서 벗어난 위치

오트밀크 커피, 카페라테, 차이라테, 말차라테 등 다양한 메뉴를 선보이는 스페셜티 커피 전문점. 글루텐 프리, 저당질 등 건강을 생각한 빵도 판매해 채식주의자나 식성이 까다로운 이들도 취향대로 즐길 수 있다. 이른 아침부터 영업을 시작해 모닝커피를 즐기기에 제격이나 테이크아웃 전문점인 게 조금 아쉽다. 조금만 걸으면 시우타데야 공원이 있으니 참고하자.

가는 방법 산타카테리나 시장에서 도보 [illegible]
주소 C/ dels Carders, 25, 08003
문의 655 14 17 06
영업 08:00~21:00
휴무 부정기
예산 카페라테 €2.95
홈페이지 coffee-casa.com

스파이스 카페
Spice Café

위치 포블레 섹
유형 대표 맛집
주메뉴 디저트

😊→ 맛있는 디저트
😐→ 관광지에서 벗어난 위치

바르셀로나의 유명 맛집이 모인 포블레 섹 골목 한편에 자리한 카페. 에스프레소를 기반으로 한 커피를 비롯해 홍차, 주스, 맥주, 수제 탄산음료 등 다양한 음료를 제공한다. 무엇보다 이곳이 알려진 건 수제 디저트 중 하나인 당근 케이크가 발군의 맛을 자랑하기 때문이다. 촉촉하고 부드러우면서도 진한 맛이 느껴진다. 카페이지만 오후에 브레이크 타임이 있다.

가는 방법 메트로 L2 · 3호선 파라렐Paral·lel역에서 도보 1분
주소 Carrer de Margarit, [illegible]
문의 936 24 33 59
영업 10:00~14:00, 17:00~19:30
휴무 월요일
예산 디저트 €4.25~, 음료 €1.50~
홈페이지 www.spicecafe.es

수레리아
Xurreria

위치 고딕 지구 주변
유형 대표 맛집
주메뉴 추로스

☺ → 한국인이 보장하는 맛
☹ → 한국에 온 듯한 기분

한국인 여행자에게 필수 코스라 해도 과언이 아닌 추로스 맛집이다. 고딕 지구의 좁다란 골목길을 걷다 보면 가게 앞에 모인 사람들로 바로 이 집임을 알아볼 수 있다. 갓 튀겨내 뜨끈뜨끈한 상태로 제공하는 추로스는 겉은 바삭하고 속은 촉촉하면서 쫄깃한 맛이다. 그냥 먹어도 좋지만 설탕을 뿌리고 진득한 초콜라테에 찍어 먹으면 더욱 맛있다.

가는 방법 메트로 L3호선 리세우Liceu역에서 도보 4분
주소 Carrer dels Banys Nous, 8
문의 933 18 76 91
영업 09:00~21:00
휴무 부정기
예산 추로스 €2~

수레리아 라이에타나
Xurreria Laietana

위치 카탈루냐 음악당 주변
유형 대표 맛집
주메뉴 추로스

☺ → 정겹고 친절한 서비스
☹ → 카운터 좌석만 있다.

한국인 여행자들에게 인기인 수레리아만큼이나 손님이 미어터지는 추로스 맛집. 관광지 중심에 위치한 점도 있지만 이곳을 으뜸으로 꼽는 사람이 많은 만큼 맛도 좋은 평가를 얻고 있다. 현지인 비율이 높은 편이라 한국인이 많지 않은 곳을 원한다면 추천한다. 추로스 자체도 고소하고 찍어 먹는 초콜라테가 많이 달지 않다. 가게 규모는 작지만 테이블이 마련되어 있다.

가는 방법 메트로 L3호선 리세우Liceu역에서 도보 7분
주소 Via Laietana, 40
문의 932 68 12 63
영업 월 · 수~금요일 07:00~13:00, 16:30~20:30
휴무 화 · 토 · 일요일
예산 추로스 €1.50~

파스티세리아 호프만
Pastisseria Hofmann

위치 피카소 미술관 주변
유형 대표 맛집
주메뉴 디저트

☺ → 미식가도 만족할 맛
☹ → 앉는 좌석이 없다.

1년에 수만 개가 팔린다는 큼지막하고 먹음직스러운 크루아상과 원색의 화려한 케이크가 인기인 디저트 전문점. 가게 앞에 기다란 대기 행렬이 있어 지나가다 우연히 발견할지도 모른다. 매장 자체는 비좁지만 크루아상과 케이크 판매 카운터가 나뉘어 있어 회전율이 빠른 편이다. 크루아상은 마스카포네 맛이 가장 유명하다. 테이크아웃만 가능하다.

가는 방법 피카소 미술관에서 도보 2분
주소 Carrer dels Flassaders, 44
문의 932 68 82 21
영업 월~토요일 09:00~19:00, 일요일 09:00~14:00
예산 크루아상 €4~
홈페이지 hofmannpasteleria.com

젤라아티 디 마르코
Gelaaati di Marco

위치 바르셀로나 대성당 주변
유형 로컬 맛집
주메뉴 아이스크림

☺ → 다양한 맛과 건강한 재료
☹ → 더운 날에는 많이 붐빈다.

이탈리아 젤라토를 맛볼 수 있는 아이스크림 전문점으로 여행자들에게 호평받는 곳이다. 먹음직스러운 비주얼은 물론 유기농 우유를 사용하고 유당과 글루텐은 일절 사용하지 않는다. 티라미수, 피스타치오, 차이티, 고르곤졸라 등 40가지가 넘는 다양한 메뉴도 빼놓을 수 없는 특징이다. 특이하게 매운맛 젤라토도 있다. 구입하기 전 시식도 가능하다.

가는 방법 메트로 L4호선 하우메 프리메Jaume I역에서 도보 2분
주소 Carrer de la Llibreteria, 7
문의 933 10 50 45
영업 11:00~24:00
휴무 부정기
예산 젤라토 €3.90~7
홈페이지 www.gelaaati.com

오르사테리아 라 발렌시아나
Orxateria la Valenciana

위치 카탈루냐 광장 주변
유형 로컬 맛집
주메뉴 오르차타

☺ → 좌석이 많다.
☹ → 다소 무뚝뚝한 서비스

1910년에 처음 문을 연 110년 전통의 맛집이다. 스페인 전통 음료인 오르차타를 주메뉴로 하지만 빵, 샌드위치, 크레페 등 간편하게 한 끼 때울 수 있는 식사 메뉴와 아이스크림, 커피 등 후식 메뉴도 충실하게 갖추고 있다. 매장이 넓고 테이블 수가 넉넉해 일행이 많을 때 이용하기 좋다. 붐비는 시간대에도 회전율이 높아 오래 기다리지 않고 식사를 즐길 수 있다.

가는 방법 메트로 L1 · 2호선 우니베르시타트Universitat역에서 도보 2분 **주소** Carrer d'Aribau, 16
문의 933 17 27 71
영업 월~금요일 08:00~21:00, 토요일 09:00~14:00, 16:00~22:30 (일요일은 ~21:00)
휴무 부정기 **예산** 오르차타 €2.90

오르사테리아 이 토론스 시르벤트
Orxateria i Torrons Sirvent

위치 카사 밀라 주변
유형 로컬 맛집
주메뉴 오르차타

☺ → 오르차타 사이즈가 다양
☹ → 매장이 협소하다.

오르차타와 더불어 스페인 전통 과자 투론Turron을 전문으로 하는 제과점. 1920년에 창업한 이래 최고의 맛을 선보이고자 오로지 오르차타와 투론만 제공하다가 현재는 아이스크림을 추가해 세 가지 메뉴에 주력하고 있다. 옛 카페테리아를 연상시키는 빈티지한 분위기가 멋스럽다. 카사 밀라와 가까워 관광 후 들르기 좋은 곳이다. 산트안토니 시장 부근에 지점이 있다.

가는 방법 메트로 L6 · 7호선 프로벤사Provença역에서 도보 1분 **주소** Carrer de Balmes, 160
문의 932 15 19 13
영업 월~토요일 09:30~13:45, 16:30~20:30, 일요일 · 공휴일 10:00~14:30, 17:00~20:30
휴무 부정기 **예산** 오르차타 €2~4

SPECIAL THEME

찐 커피를 맛볼 수 있는

바르셀로나 감성 카페

최근 몇 년 사이 바르셀로나에 우후죽순 생겨나고 있는 스페셜티 커피 전문점 덕분에 커피의 맛과 품질이 한층 향상되고 있다. 바쁜 일정에 휴식 한 스푼이 필요한 시간. 커피에 정통하며 입맛이 까다로운 세계 각지의 여행자를 사로잡은 멋스러운 카페로 지금 떠나보자.

① 노마드 커피 랩 & 숍 *Nomad Coffee Lab & Shop*

바르셀로나에 스페셜티 커피 열풍을 일으킨 선구자 격 카페. 주인장이 스페인 바리스타 선수권에서 2연속 우승을 거머쥐었으며 유럽 바리스타 대회에서도 입상 경험이 풍부한 베테랑으로, 런던에서 바리스타 경험을 쌓은 후 2014년 가게를 오픈했다. 자가 배전한 원두는 바르셀로나에서 두각을 나타내고 있는데, 이곳의 원두를 사용하는 카페를 바르셀로나 곳곳에서 어렵지 않게 만날 수 있다. 입구에 자리한 식물 덕에 가게는 쉽게 눈에 띄지만 공간이 좁아 현지인은 대부분 테이크아웃을 한다.

가는 방법 카탈루냐 음악당에서 도보 3분
주소 Passatge Sert, 12
문의 628 56 62 35
영업 08:30~18:00
휴무 토 · 일요일
예산 아메리카노 €3.70, 카페라테 €5
홈페이지 nomadcoffee.es

② 히든 커피 로스터스 *Hidden Coffee Roasters*

바르셀로나에 3개 지점, 바르셀로나 근교 도시 헤로나에 1개 지점을 둔 스페셜티 커피 전문점. 바르셀로나에 급증한 스페셜티 커피 수요에 부응하는 카페로 힙한 분위기이다. 엄선한 양질의 원두가 현지인에게 좋은 평판을 얻고 있어 원두도 많이 팔린다. 베이커리 메뉴도 갖추고 있다.

가는 방법 메트로 L4호선 바르셀로네타Barceloneta역에서 도보 4분
주소 Carrer dels Canvis Vells, 10 **문의** 616 77 07 23
영업 월~금요일 08:00~19:00, 토 · 일요일 09:00~19:00
휴무 부정기 **예산** 카페라테 €2.30
홈페이지 hiddencoffeeroasters.com

③ 라 센트랄 델 라발 *La Central del Raval*

서점 속에 숨어 있는 보석 같은 카페. 가게 안을 들어서면 도무지 카페가 있을 것이라고는 예측하기 어려운 지극히 평범한 서점 풍경이다. 그러나 한쪽 문을 열고 나가면 갑자기 별세상이 펼쳐지는데 마치 동화 속 비밀의 화원에 온 것만 같다. 서점 건물은 중세 시대에 지어 안뜰도 함께 건축되었다. 이 때문에 감탄사를 자아내는 카페가 탄생한 것이다. 풍성한 초록 나무 아래에서 커피를 마시면 이보다 행복할 순 없을 것 같다.

가는 방법 보케리아 시장에서 도보 4분 **주소** Carrer d'Elisabets, 6
문의 932 70 33 14
영업 월~금요일 10:00~21:00, 토요일 10:30~21:00
휴무 일요일
예산 코르타도 €2.20
홈페이지 barcentral.bar

④ 슬로 모브 *Slow Mov*

현지인 사이에서 인기가 높은 핫한 카페. 세련된 민트색 대문부터 정돈된 매장 안 그리고 조그만 간판까지 지금 한창 유행하는 깔끔한 인테리어가 그대로 반영된 느낌이다. 최상의 커피를 제공하기 위해 계절마다 사용하는 원두를 달리한다. 이곳의 원두는 바르셀로나를 넘어 독일, 오스트리아, 영국, 루마니아 등의 카페에서도 사용할 정도로 인기라고 한다.

가는 방법 메트로 L1호선 하우메 프리메Jaume I역에서 도보 5분
주소 Carrer de Luis Antúnez, 18 **문의** 936 67 27 15
영업 08:30~15:30 **휴무** 일요일
예산 카페라테 €2.20 **홈페이지** slowmov.com

바르셀로나 쇼핑

바르셀로나는 마드리드 못지않게 스페인에서 쇼핑하기 편리한 도시이다. 거대한 쇼핑센터와 백화점은 물론 고급 부티크와 패션 브랜드 숍이 줄지어 있는 쇼핑가와 여행자가 즐겨 찾는 아웃렛, 현지인이 북적거리는 벼룩시장 등을 모두 갖추고 있다.

엘 코르테 잉글레스
El Corte Inglés

위치 카탈루냐 광장 주변
유형 백화점
특징 유명 브랜드 총망라

스페인의 유일한 백화점 체인. 스페인과 포르투갈 각지에 지점이 있는데 바르셀로나 시내에만 5개가 있다. 카탈루냐 광장 앞 지점은 스페인 최대 규모이다. 한국인 관광객이 선호하는 빔바이롤라, 캠퍼, 데시구알, 로에베, 쿠스토 바르셀로나 등 스페인 오리지널 브랜드가 입점해 있다. 지하 1층 식품 매장에는 기념품으로 제격인 올리브 오일, 통조림, 파에야 키트, 초콜릿, 와인 등의 특산품과 고급 식료품이 있으니 한번 둘러보는 것도 좋다. 9층 식당가에서는 카탈루냐 광장을 내려다보며 간단한 음식을 즐길 수 있다. 택스 리펀드가 가능하므로 구찌, 사넬, 에르메스 등 명품 브랜드 쇼핑을 계획하고 있다면 금전적으로 절약되고 편리해 여러모로 유용하다. 각 브랜드 매장에서 서류를 발급받아 지하 2층에 있는 창구에서 택스 리펀드 절차를 진행하면 된다.

가는 방법 메트로 L1 · 3 · 6 · 7호선 카탈루냐Catalunya역에서 도보 1분
주소 Plaça de Catalunya, 14
문의 933 06 38 00
영업 09:00~21:00
휴무 일요일 · 공휴일
홈페이지 www.elcorteingles.es

라 로카 빌리지

La Roca Village

위치 바르셀로나 근교
유형 아웃렛
특징 다양한 브랜드를 합리적인 가격에 판매

바르셀로나 시내에서 버스로 40분 거리에 있는 아웃렛으로 중고가 140개 패션 브랜드 제품을 최대 60% 할인 가격에 판매한다. 명품 브랜드와 스페인 오리지널 브랜드는 물론이고 마쥬, 산드로, 쟈딕앤볼테르, 마르니 등 최근 젊은 여성들에게 인기가 높은 브랜드와 축구팀 FC 바르셀로나 전문점까지 다양한 업체가 들어서 있다. 스포츠 의류, 화장품, 식기, 액세서리, 신발 등 폭넓은 종류와 브랜드를 갖추고 있어 구경하는 재미가 있다. 전 세계 관광객이 몰려드는 곳이라 붐비니 다채로운 상품을 천천히 둘러보고 싶다면 되도록 오전에 방문하는 것이 좋다. 아웃렛 내에서 택스 리펀드도 가능하다. 카페와 간단한 식사 코너를 비롯해 편의 시설을 고루 갖추고 있으며 가우디 디자인을 참고한 조형물도 있어 기념 촬영하기도 좋다.

라 로카 빌리지로 가는 가장 편리한 방법은 그라시아 거리Passeig de Gracia의 전용 버스 정류장에서 매시 정각에 출발하는 셔틀버스를 타는 것이다. 승차 인원이 정해져 있어 빨리 매진될 수 있기 때문에 반드시 홈페이지를 통해 미리 예약해야 한다. 출발 당일 정류장에서 예약자들이 탑승한 후 남은 좌석의 티켓은 대기순으로 판매하기 때문에 예약하지 않으면 탑승하지 못할 수도 있다. 버스에 승차하면 직원이 라 로카 빌리지 지도와 함께 할인 쿠폰을 나눠주니 잘 챙겨두자.

TIP

셔틀버스 요금은 성인 기준 왕복 €24(어린이 €14)이나 공식 홈페이지에서 €22(어린이 €12)에 예매 가능하다.

가는 방법 바르셀로나 북부 버스 터미널Estación de Autobuses Barcelona Nord에서 전용 셔틀버스로 약 40분 소요 ※시내 → 라 로카 빌리지 09:00~20:00(매시 정각 출발) / 라 로카 빌리지 → 시내 10:00~21:15(매시 정각 출발, 막차는 시간 확인)
주소 Santa Agnès de Malanyans
문의 93 842 39 39
영업 10:00~21:00
휴무 1/1, 1/6, 5/1, 9/11, 12/25~26
홈페이지 www.thebicestercollection.com/la-roca-village/ko/visit

아레나스 데 바르셀로나
Arenes de Barcelona

위치 스페인 광장 주변
유형 쇼핑몰
특징 전망 설비를 갖춘 쇼핑센터

스페인 광장 앞에서 위용을 뽐내는 원형경기장은 사실 쇼핑센터이다. 1900년에 건축한 유서 깊은 투우장이었으나 카탈루냐 주 정부가 투우를 전면적으로 금지하면서 용도가 애매해졌다. 이후 한 부동산업체가 사들여 2011년 쇼핑몰로 다시 태어났다. 이슬람의 영향을 받은 네오무데하르 양식의 외형은 그대로 보존하되 내부는 옛 모습은 전혀 찾아볼 수 없을 만큼 현대식으로 개조했다. 스파 브랜드 매장, 화장품 코너, 음식점, 슈퍼마켓 등이 입점해 있으며, 5층 옥상은 무료 전망대로 꾸며 360도 파노라마로 전망을 즐길 수 있다.

가는 방법 메트로 L1 · 3 · 8호선 플라사 에스파냐Pl. Espanya역에서 **도보** 1분 **주소** Gran Via de les Corts Catalanes, 373, 385 **문의** 932 89 02 44 **영업** 쇼핑 매장 6~9월 10:00~22:00, 10~5월 09:00~21:00 / 음식점 일~목요일 10:00~01:00, 금 · 토요일 · 공휴일 10:00~03:00 **휴무** 쇼핑 매장 일요일
홈페이지 www.arenasdebarcelona.com

엔칸츠 벼룩시장
Mercat dels Encants

위치 개선문 주변
유형 벼룩시장
특징 빈티지 의류와 소품 총집합

14세기부터 열리고 있는 유럽에서 가장 오래된 골동품 시장이다. 현재는 주변 지역의 도시 개발로 2013년 시장 전체를 리뉴얼해 옛 분위기는 찾아보기 어렵다. 하지만 이곳에서 판매하는 물품은 파리나 베를린의 벼룩시장과 비교해도 뒤지지 않을 만큼 빈티지함을 자랑한다. 시간을 들여 하나하나 살펴보면 집으로 가져가고 싶은 탐나는 물건들이 눈에 띈다. 혹자는 고물상 천지라 폄하하기도 하지만 누가 봐도 멋스러운 물건을 찾을 수 있을 것이다. 단, 소매치기가 많은 곳으로도 유명하니 소지품 관리를 철저히 할 것!

가는 방법 메트로 L1호선 글로리에스Glòries역에서 **도보** 1분
주소 Carrer de los Castillejos, 158
문의 932 45 22 99
영업 월 · 수 · 금 · 토요일 09:00~20:00
휴무 화 · 목 · 일요일
홈페이지 encantsbarcelona.com

그라시아 거리
Passeig de Gràcia

위치 카사 바트요 주변
유형 상점가
특징 스페인 최대 규모의 쇼핑가

스페인이 자랑하는 브랜드 로에베를 비롯해 루이비통, 에르메스, 샤넬, 셀린느, 생 로랑, 까르띠에 등 명품 브랜드의 부티크 매장과 토스, 마시모두띠, 망고, 오이쇼, 빔바이롤라, 데시구알 등 스페인을 대표하는 패션 브랜드 매장이 뒤섞여 있는 바르셀로나의 대표적인 쇼핑가. 각 매장의 규모 역시 스페인 최대를 자랑할 정도인 만큼 품목과 종류가 다양하다. 가우디뿐만 아니라 카사 바트요, 카사 밀라, 카사 아마트예르 등 20세기를 빛낸 스페인 건축가들의 걸작도 모여 있어 구경하는 재미가 있다. 매장 사이사이 음식점과 카페도 자리해 있어 여유롭게 쇼핑을 즐길 수 있다. 면세가 적용되는 매장이 많으니 구매 시 반드시 택스 리펀드와 FTA 관세 면제 실시를 [illegible]. 이 일대 상점은 대부분 일요일에 문을 닫는다.

가는 방법 메트로 L2 · 3 · 4호선 파세이그 데 그라시아Passeig de Gràcia역에서 도보 1분
주소 Passeig de Gràcia, 16

디아고날 거리
Avinguda Diagonal

위치 카사 밀라 주변
유형 상점가
특징 거리 곳곳에 거대 쇼핑센터가 자리해 있다.

그라시아 거리에서 북쪽을 향해 쭉 걷다 보면 나타나는 또 다른 대표 쇼핑가이다. 힐튼, 쉐라톤 등 5성급 호텔도 밀집해 있으며 대표 백화점 체인인 엘 코르테 잉글레스도 있다. 그라시아 거리가 세로로 쭉 뻗은 반면 디아고날 거리는 축구팀 FC 바르셀로나의 홈경기장인 캄프 노우 부근에서 해안에 인접한 자연사박물관 부근까지 도시를 가로지르는 기다란 도로이다. 쇼핑 명소는 메트로 디아고날역 주변과 자연사박물관 쪽에 모여 있다. 현지인이 주로 이용하는 쇼핑센터 글로리에스Glòries는 엔칸츠 벼룩시장 부근, 디아고날 마르Diagonal Mar는 박물관 바로 옆에 있다. 그라시아 거리나 람블라스 거리는 관광객이 장사진을 이루므로 비교적 한적한 분위기에서 여유롭게 쇼핑을 즐기고 [illegible]

가는 방법 메트로 L3 · 5호선 디아고날Diagonal역에서 도보 1분
주소 Avinguda Diagonal

라 마누알 알파르가테라
La Manual Alpargatera

위치 산자우메 광장 주변
유형 패션 잡화
특징 한국어 가능 점원 상주

한국의 짚신 같은, 노끈을 밑창 소재로 한 스페인 전통 신발로, 바람이 잘 통해 무더위에도 땀이 잘 차지 않아 여름 신발로 인기가 높은 에스파드리유Espadrille를 전문으로 판매한다. 100년 이상 영업을 이어가고 있으며 오랜 경력의 장인이 만든 신발과 잡화를 판매한다. 입소문으로 이미 한국인 여행자 사이에서 유명해져 한국어가 가능한 점원이 상주하고 있다. 덕분에 원하는 신발 크기와 디자인을 말하면 잘 찾아준다는 점도 매력이다.

가는 방법 메트로 L3호선 리세우Liceu역에서 도보 4분
주소 Carrer d'Avinyó, 7
문의 933 01 01 72
영업 10:00~14:00, 16:00~20:00
휴무 일요일
홈페이지 lamanual.com

사바테르 에르마노스
Sabater Hermanos

위치 바르셀로나 대성당 주변
유형 뷰티
특징 천연 수제 비누 판매

고딕 지구에 자리한 천연 수제 비누 전문점. 한국인 여행자라면 반드시 방문할 정도로 많이 알려진 곳이다. 동물실험을 하지 않고 방부제를 일절 사용하지 않으며 오로지 천연 첨가물과 향료만 사용하고 식물성 기름을 고집한다. 재스민, 레몬그라스, 백합, 자몽, 멜론, 딸기, 귤 등 다양한 종류의 비누가 크기별로 정갈하게 진열되어 있어 무엇을 골라야 할지 행복한 고민에 빠져들게 된다. 작은 비누 가격이 €1~2대로 선물용으로도 좋다.

가는 방법 메트로 L3호선 리세우Liceu역에서 도보 6분
주소 Plaça de Sant Felip Neri, 1
문의 933 01 00 32
영업 월~토요일 10:30~20:00, 일요일 12:00~18:00
홈페이지 www.sabaterhnos.com

라 치나타
La Chinata

위치 카사 바트요 주변
유형 식료품, 뷰티
특징 스페인 올리브 오일 브랜드

스페인 전국에 퍼져 있는 올리브 나무에서 재배한 올리브는 맛과 영양이 좋기로 이름나 있어 많은 이들이 선호한다. 전 세계 생산 1위에 빛나는 올리브 중에서도 까다로운 절차를 통해 엄선한 올리브만 사용하는 브랜드이다. 가장 대표적인 상품인 최고급 엑스트라 버진 올리브 오일을 비롯해 올리브로 만든 조미료와 영양제, 화장품 등 다양한 라인업을 갖추고 있다. 한국인의 인기에 힘입어 한국에도 진출했지만 스페인 현지에서 구매하는 것이 더욱 저렴하다.

가는 방법 메트로 2 · 3 · 4호선 피세이그 데 그라시아Passeig de Gràcia역에서 도보 1분
주소 C/ de la Diputació, 262
문의 937 97 68 77
영업 월~토요일 10:00~21:00, 일요일 12:00~20:00

1748 아르테사니아 이 코세스
1748 Artesania i Coses

위치 피카소 미술관 주변
유형 공예품
특징 카탈루냐 지역 전통 공예품

40년 이상 역사를 자랑하는 전통 도자기 전문점. 바르셀로나와 인근 지역 출신 예술가들이 만든 카탈루냐 전통 공예품을 주로 취급하며 누구나 부담 없이 구매할 수 있는 가격대의 작품부터 고가의 작품까지 다양하다. 도자기, 액자, 오브제 등 장식품 역할을 하는 상품이 있는가 하면 그릇, 접시, 주전자, 항아리 등 실생활에서 사용 가능한 상품도 있다. 형형색색의 알록달록한 카탈루냐 특유의 분위기가 전해지는 공예품은 기념품으로 추천할 만하다.

가는 방법 모코 뮤지엄 바르셀로나에서 도보 1분
주소 Placeta de Montcada, 2
문의 933 19 54 13
영업 10:00~21:00
휴무 부정기

젬마
Gemma

위치 피카소 미술관 주변
유형 기념품
특징 예술가들이 만든 공예품

현재 스페인에서 활발하게 활동하는 예술가들이 만든 공예품을 전문으로 하는 상점. 1748 아르테사니아 이 코세스가 전통 기법을 고수한 수공예품을 다룬다면 이곳은 기법에 구애받지 않는 다채로운 상품을 취급한다. 가격도 이곳이 더 합리적이라 선물이나 기념품을 고르기에 좋다. 독특한 문양이 돋보이는 마그넷, 그릇, 컵 등과 엽서를 구경할 수 있다. 상품마다 색상과 디자인이 제각기 달라 하나하나 다 개성 있다. 종류도 워낙 많아 구경하는 재미가 있다.

가는 방법 모코 뮤지엄 바르셀로나에서 도보 1분
주소 Placeta de Montcada, 8
문의 933 19 75 07
영업 10:00~20:00

카사 베토벤
Casa Beethoven

위치 보케리아 시장 주변
유형 음악 관련 상품
특징 관광 명소가 된 전문점

클래식 음악 악보점으로 시작해 현재는 음악을 테마로 한 서적, 음반, 관련 소품을 판매하는 전문점이 되었다. 1880년부터 한결같이 람블라스 거리에 자리하고 있어 살아 있는 박물관 같은 느낌도 든다. 간판 역시 창업 당시와 비교해 바뀐 게 거의 없다. 점원에게 필요한 상품을 말하면 수많은 상품 속에서 기가 막히게 찾아낸다. 바르셀로나를 방문한 기념으로 에코백이나 오르골, 악보를 구매하는 이도 많다. 고전음악에 관심이 없더라도 즐거운 경험이 될 것이다.

가는 방법 보케리아 시장에서 도보 1분 **주소** La Rambla, 97
문의 933 01 48 26 **영업** 월 · 화 · 목 · 금요일 09:00~20:00, 수요일 09:30~14:00, 16:00~20:00, 토요일 09:00~14:00, 17:00~20:00 **휴무** 일요일

자유분방한 해변의 도시

시체스 SITGES

바르셀로나의 바르셀로네타 해변에 만족할 수 없다면 조금만 발길을 멀리 해 유럽에서 고급 휴양지로 사랑받는 시체스로 향하자. 황금 해변을 뜻하는 '코스타 도라다Costa Dorada'에 위치한 이 도시는 화가 살바도르 달리, 시인 페데리코 가르시아 로르카를 매료시킨 아름다운 바다가 눈앞에 펼쳐진다.

가는 방법

바르셀로나에서 남서쪽으로 약 35km 떨어진 시체스로 가는 방법은 두 가지다. 첫 번째는 바르셀로나산츠 Barcelona-Sants역이나 파세이그 데 그라시아Passeig de Gràcia역에서 렌페 로달리에스를 타고 시체스역에 내린다. 단, 렌페 로달리에스는 시간대에 따라 시체스에 정차하지 않는 경우도 있으니 티켓을 구입할 때 시간표를 확인해야 한다. 두 번째 방법은 카탈루냐 광장, 스페인 광장에서 부스가라프BusGarraf가 운행하는 e16번 버스를 타고 시체스역 부근 정류장에서 내린다. 버스 요금은 탑승 시 운전기사에게 직접 낸다. 렌페 로달리에스, 버스 모두 배차 간격이 짧고 운행 편수도 많으니 숙소에서 가까운 정류장을 기준으로 선택하면 된다.

주소 시체스역 Plaça Eduard Maristany, 1 / 바르셀로나 부스가라프 정류장 Gran Via 588 A / 시체스 부스가라프 정류장 Parc Can Robert T

● 렌페 로달리에스

운행 05:43~11:40(배차 간격 15분) **소요 시간** 38~43분
요금 편도 €4.60, 왕복 €9.20 **홈페이지** rodalies.gencat.cat/en

● 부스가라프

운행 06:30~23:20(배차 간격 15~30분) **소요 시간** 약 1시간
요금 편도 €4.50, 왕복 €9 **홈페이지** busgarraf.cat/en

알아두면 좋은 정보

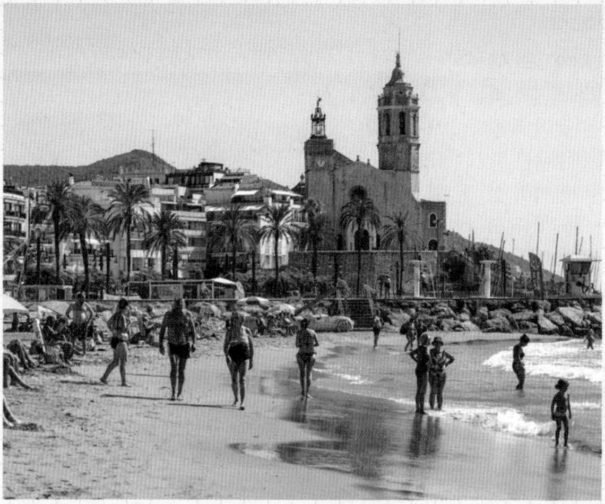

① 랜드마크는 성당

시체스역에서 구시가지를 지나 해변에 가까워질 때쯤 등장하는 우뚝 솟은 건축물은 17세기에 지은 산트바로토메우 이 산타 테클라 성당Església Parròquia de Sant Bartomeu i Santa Tecla이다. 이 건물을 사이에 두고 시체스를 대표하는 리베라 해변과 산트세바스티아 해변 두 곳이 나란히 자리해 있다. 해변에서 보이는 성당은 시체스를 상징하는 랜드마크이기도 하다.

② 풍부한 해산물 즐기기

지중해에 면한 위치 덕분에 풍부한 해산물 요리를 맛볼 수 있는 음식점이 많다. 해변 인근 음식점은 바다를 바라보며 식사를 즐길 수 있어 일석이조!

③ 성 소수자LGBT의 성지

도시 곳곳에서 성 소수자를 상징하는 무지개 깃발이 눈에 띈다. 시체스는 성 소수자에게 개방된 대표적인 도시이다. 매년 6월에 관련 축제를 개최하며 그들만을 위한 해변도 따로 마련되어 있다.

④ 세계 유수의 영화제

한국의 부천국제판타스틱영화제와 같은 SF, 서스펜스, 호러, 판타지 등 장르 영화에 특화된 시체스 국제영화제Sitges International Film Festival가 매년 10월에 개최된다. 장르가 국한되어 있지만 세계적인 권위를 자랑한다.

SITGES
FESTIVAL INTERNACIONAL DE
CINEMA FANTÀSTIC DE CATALUNYA

놓치면 아쉬운 시체스의 해변

1 리베라 해변 *Platja de la Ribera*

시체스 구시가지를 벗어나면 나타나는 시체스의 대표적인 해변. 바르셀로나의 바르셀로네타 해변과 비교해 덜 혼잡하고 커플이나 부부가 많은 것이 특징이다. 작은 입자의 흰 모래로 이루어져 해수욕을 즐기기에 적합하다. 산트바로토메우 이 산타테클라 성당이 보이는 해변은 시체스를 상징하는 풍경이기도 하다. 이 부근은 드라마 〈푸른 바다의 전설〉에도 등장해 한국인 여행자에게 익숙할지도 모른다.

주소 Passeig de la Ribera
가는 방법 시체스역에서 도보 6분

2 산트세바스티아 해변 *Platja de Sant Sebastià*

산트바로토메우 이 산타 테클라 성당을 등지고 오른쪽에 리베라 해변이 있고 왼쪽에는 산트세바스티아 해변이 자리해 있다. 리베라 해변보다 더욱 한적한 분위기이며 아기자기한 맛이 있다.

주소 Carrer de Port Alegre, 45
가는 방법 시체스역에서 도보 8분

3 발민스 해변 *Platja dels Balmins*

시체스에 있는 누드 비치. 실제로 가보면 옷을 전부 벗은 사람은 적지만 옷을 최소로 입고 물놀이를 즐기는 여행객들로 붐빈다. 시체스의 자유분방함을 느낄 수 있다.

주소 Carrer de Joan Salvat Papasseit, 28
가는 방법 시체스역에서 도보 17분

4 해변 산책로

해변에 조성된 산책로로 해수욕을 하지 않더라도 바다를 만끽할 수 있는 곳이다. 아이스크림이나 주스를 먹으면서 야자수 아래를 타박타박 걸어보자.

중세 유럽 속으로 타임슬립

헤로나 GERONA

세계적으로 많은 애청자를 보유한 미국 드라마 〈왕좌의 게임〉과 한국 드라마 〈알함브라 궁전의 추억〉의 촬영지로 주목받은 바르셀로나 근교 도시 헤로나. 기원전 79년에 건설되어 이후 로마제국의 지배를 받았으며 중세 유럽의 모습을 그대로 간직하고 있다. 바르셀로나와는 또 다른 분위기를 느끼고 싶다면 당일치기 여행으로 좋은 선택지이다. 참고로 헤로나는 스페인어 표기법에 따른 발음이며, 카탈루냐어로는 지로나Girona라고 발음한다.

가는 방법

바르셀로나에서 북동쪽으로 100km 떨어진 헤로나까지는 열차 또는 버스로 이동할 수 있다. 지리적으로 거리가 가깝고 1일 운행 편수도 많은 편이다.

● 열차

바르셀로나산츠Barcelona-Sants역에서 고속열차 아베AVE나 아반트AVANT 또는 보통 열차 레지오날REGIONAL을 승차한 뒤 헤로나역Estación de Girona에서 내린다. 보통 열차는 파세이그 데 그라시아Passeig de Gràcia역에서도 정차하므로 두 곳 중 편한 역에서 타면 된다. 고속 열차보다 보통 열차가 요금이 저렴하니 시간 여유가 있다면 이용해볼 만하다.

주소 헤로나역 Plaça d'Espanya, s/n **요금** 고속 열차 €17.40~31.70, 보통 열차 MD €11.25, 보통 열차 R €8.40 **소요 시간** 고속 열차 38분, 보통 열차 MD 1시간 16분, 보통 열차 R 1시간 26분 **홈페이지** 렌페 www.renfe.com / 렌페 로달리에스 rodalies.gencat.cat/en

● 버스

바르셀로나 북부 버스 터미널에서 사갈레스SAGALÉS사가 운행하는 피게레스행 버스를 타고 헤로나 버스 터미널Estación de Autobuses de Girona에서 내린다. 헤로나가 종점이 아니므로 중간중간 정차하는 정류장을 꼼꼼히 확인하고 내려야 한다.

주소 헤로나 버스 터미널 Plaça Espanya, s/n **요금** 편도 €16, 왕복 €25 **소요 시간** 1시간 45분
홈페이지 www.sagales.com/en

● 시내 교통

헤로나 기차역 또는 버스 터미널에서 헤로나 여행의 중심인 헤로나 대성당까지는 도보로 약 20분 걸린다. 모든 관광 명소는 충분히 걸어서 이동 가능한 거리에 위치하므로 산책하는 기분으로 구시가지를 둘러보자. 기차역 또는 버스 터미널에서 페드라 다리까지는 도보로 10분이면 도착한다.

파리의 기적

도시 곳곳에서 보이는 파리 문양은 헤로나의 전설과도 같은 존재입니다. 프랑스군이 헤로나의 수호성인 성 나르시스Sant Narcis의 묘지를 더럽히려고 하는 것을 거대한 파리 떼가 방해해 피할 수 있었다고 합니다. 이 사건을 계기로 프랑스의 지배에서 벗어날 수 있었고, 이를 '파리의 기적'이라 부른답니다.

놓치면 아쉬운 헤로나의 명소

① 헤로나 대성당 *Catedral de Gerona*

구시가지에서 가장 높은 곳에 위치한 헤로나의 상징. 이슬람 세력의 지배에서 벗어나 가톨릭 세력이 권력을 회복하면서 11세기에 대성당을 건립하기 시작해 18세기에 완공했다. 기나긴 건축 기간의 영향으로 종탑과 회랑은 로마네스크 양식, 정면 파사드는 바로크 양식, 성당 내부는 고딕 양식으로 세 가지 건축양식이 혼합된 형태이다. 주요 볼거리는 내부 보물관Tesoro에 전시된 〈천지창조의 태피스트리Tapís de la Creació〉이다. 높이 3.65m, 너비 7.7m 크기의 대형 태피스트리는《구약성서》의 〈창세기〉 내용을 자수로 새긴 것으로 1100년경에 제작한 것이다. 그 당시 제작한 것이라고는 믿기지 않을 만큼 보존 상태가 깨끗하다.

가는 방법 헤로나역에서 도보 20분 **주소** Plaça de la Catedral, s/n, 17004
문의 972 42 71 89 **운영** 3/15~6/14 · 9/16~10/31 월~금요일 10:00~18:00, 토요일 10:00~19:00, 일요일 12:00~18:00, 6/15~9/15 월~금요일 10:00~19:00, 토요일 10:00~20:00, 일요일 12:00~19:00, 11/1~3/14 월~토요일 10:00~17:00, 일요일 12:00~17:00
휴무 1/1, 성금요일, 12/25 **요금** 일반 €7.50, 학생 · 65세 이상 €5, 8~16세 €1.50, 7세 이하 무료
홈페이지 www.catedraldegirona.cat

TRAVEL TALK

헤로나에 다시 오게 해주세요!

헤로나 대성당 부근에는 높은 기둥 위에 사자가 매달린 형상의 석상Cul de la Lleona이 있어요. 이 사자 엉덩이에 입을 맞추면 헤로나로 다시 돌아온다는 전설이 있어 종종 입을 맞추는 사람을 볼 수 있답니다. 높은 기둥 위에 있지만 계단을 만들어놓아 쉽게 올라설 수 있게 해놓았지요.
주소 La Lleona 17004

② 페드라 다리 *Pont de Pedra*

구시가지 여행의 출발점이자 오냐르Onyar강 변이 시작되는 곳. 중세 시대부터 존재하던 돌다리로 오냐르강 변의 상징인 알록달록한 건물들 사이에 놓인 에펠 다리의 풍경을 바라보기에 가장 좋은 위치이다.

가는 방법 헤로나역에서 도보 10분 **주소** Pont de Pedra

③ 에펠 다리 *Pont de l'Eiffel*

이 부근에 어시장이 있었던 영향으로 정식 명칭은 '옛 생선 가게의 다리'라는 뜻의 페이사테리에스 베예스 다리Pont de les Peixateries Velles이지만 이 다리를 설계한 귀스타브 에펠의 이름을 딴 '에펠 다리'라고 더 많이 불린다. 에펠은 파리의 에펠 탑이 완성되기 10년 전에 이 다리를 건설했다.

가는 방법 페드라 다리에서 도보 4분 **주소** Carrer del Riu Onyar

④ 오냐르의 집들 *Cases de l'Onyar*

오냐르강 변에 줄지어 선 빨간색, 노란색, 파란색 등 형형색색의 집들은 헤로나를 대표하는 풍경이다. 본래는 짙은 회색 등 무채색 일색이었으나 프랑코의 기나긴 독재정치가 막을 내리자 활기찬 분위기를 되찾고자 하는 시민들의 건의로 현지 건축가와 예술가들의 손을 거쳐 지금의 모습으로 탈바꿈했다.

가는 방법 에펠 다리에서 도보 1분 **주소** Rambla de la Llibertat, 23

⑤ 헤로나의 성벽 *Muralles de Gerona*

로마 멸망 후 헤로나는 다양한 세력의 지배를 받았는데, 이중 성벽을 세운 것은 카탈루냐 왕조의 기초가 된 카롤링거 왕조 시대였다. 지금 남아 있는 2km 길이의 기다란 성벽은 그 흔적이다. 성벽은 산책로로 조성되었으며, 여기서 내려다보는 구시가지 풍경이 아름답기로 유명하다.

가는 방법 헤로나 대성당에서 도보 7분 **주소** Carrer dels Alemanys, 20

⑥ 유대인 지구 *El Call*

추방령이 내려지기 전까지 12~15세기에 유대인이 한데 모여 거주했던 지역. 전쟁 때 파괴되지 않은 덕에 중세 시대의 풍경이 고스란히 남아 있는 귀중한 장소가 되었다. 미로처럼 좁고 구불구불한 골목길과 아치형 문이 특징이다.

가는 방법 에펠 다리에서 도보 4분 **주소** Carrer de la Força, 8

⑦ 아랍 욕탕 *Banys Àrabs*

1194년 로마제국 멸망 후 이베리아반도를 지배했던 이슬람 세력이 건축한 공중목욕탕이다. 아랍 양식과 로마네스크 양식이 혼합된 건축양식이 특징으로 이미 그 시대에 탈의실, 세탁실, 냉·온탕 등의 시설을 갖추고 있었다고 한다.

가는 방법 헤로나 대성당에서 도보 2분 **주소** Carrer del Rei Ferran el Catòlic, s/n

문의 972 19 09 69

운영 월~토요일 10:00~18:00, 일요일 · 공휴일 10:00~14:00 **휴무** 1/1, 1/6, 12/24~26 **요금** 일반 €3, 65세 이상 €2, 학생 · 9~16세 €1, 8세 이하 무료

홈페이지 www.banysarabs.cat

《 Another Trip 》

괴짜 화가를 만나러 가는 재미난 여행

피게레스 FIGUERES

피게레스는 스페인이 낳은 천재적인 화가 살바도르 달리가 태어난 고향이자 그가 직접 설계에 참여한 박물관이 있는 곳이다. 그의 기발하고 독특한 세계관이 반영된 작품이 스페인의 여타 미술관과 비교해 압도적으로 많으므로 달리를 좋아하는 팬이라면 꼭 방문해야 할 곳이다.

가는 방법

바르셀로나에서 피게레스까지 열차와 버스를 운행한다. 열차는 고속 열차 또는 보통 열차를 이용할 수 있으며, 사갈레스SAGALÉS사에서 운행하는 버스를 이용해도 된다.

● 열차

바르셀로나산츠역Estació de Barcelona-Sants역에서 고속 열차 아베AVE 또는 아반트AVANT를 타고 피게레스빌라판트역Estació de Figures-Vilafant에서 내린다. 또 다른 방법은 바르셀로나산츠역이나 파세이그 데 그라시아Passeig de Gracia역에서 렌페 로달리에스가 운행하는 보통 열차 엠디MD나 레지오날R을 타고 피게레스역Estació de Fugueres에서 내린다. 고속 열차보다 시간이 2배 이상 걸린다. 소요 시간과 요금을 고려해 선택하도록 한다.

주소 피게레스빌라판트역 17740, Girona / 피게레스역 17600 Figueres
요금 고속 열차 편도 €22.40~36.50, 보통 열차 MD €16, 보통 열차 R €12
소요 시간 고속 열차 55분, 보통 열차 MD 1시간 46분, 보통 열차 R 2시간 5분
홈페이지 렌페 www.renfe.com / 렌페 로달리에스 rodalies.gencat.cat/en

● 버스

바르셀로나 북부 버스 터미널에서 사갈레스SAGALÉS사가 운행하는 피게레스행 버스에 승차해 종점인 피게레스 버스 터미널Estación de Autobuses Figueres에서 하차한다.

주소 피게레스 버스 터미널 Plaza Estació, 17
요금 편도 €22, 왕복 €44
소요 시간 2시간 45분
홈페이지 www.sagales.com

TIP

열차와 버스 모두 헤로나를 거쳐 피게레스로 향한다. 바르셀로나에 머물면서 두 도시를 하루에 둘러보는 당일치기 여행도 인기 있다.

● 시내 교통

보통 여행자들이 피게레스를 방문하는 목적인 살바도르 달리의 박물관들은 피게레스 기차역이나 버스 터미널에서 도보로 15~22분 정도 걸리므로 충분히 걸어서 둘러볼 수 있다. 걷기 싫다면 기차역 앞 버스 정류장에서 L1번 버스를 타고 Museu Joies 정류장에서 내린다.

놓치면 아쉬운 피게레스의 명소

① 달리 극장 박물관 *Teatre-Museu Dalí*

살바도르 달리의 초현실주의 작품을 다수 전시한 박물관. 달리의 괴짜 성향은 그가 직접 설계에 참여한 달걀과 크루아상을 형상화한 박물관 외관에서부터 유감없이 발휘된다. 놀라움과 경이로움은 박물관 내부에서도 계속되는데, 강렬한 존재감을 드러내는 오브제와 작품들에 둘러싸인 광장을 보며 본격적인 박물관 탐방이 시작된다. 〈메이 웨스트의 방〉, 〈섹스어필의 망령〉, 〈구운 베이컨과 부드러운 자화상〉, 〈피카소의 초상화〉 등 달리의 대표작을 번호로 표시된 관람 동선에 따라 감상한다. 동선은 달리 본인이 짠 것이라고 한다. 안내문을 하나하나 살펴보면서 그의 의도를 상상해보며 둘러보자. 빈틈없이 빼곡하게 전시된 작품들을 살펴본 뒤 마지막으로 달리의 무덤에 도달하며 관람이 마무리된다.

가는 방법 피게레스역에서 도보 12분, 버스 종점에서 도보 3분
주소 Plaça Gala i Salvador Dalí, 5 **문의** 972 67 75 00
운영 1~6월 · 9~12월 10:30~17:10, 7 · 8월 09:00~19:15 ※8월 야간 입장 22:00~01:15
휴무 월요일(4/3, 4/10, 5/1, 5/8, 5/29, 9/11 예외), 1/1
요금 달리 보석 박물관 공통 입장권 온라인/현장 1~6월 · 9~12월 일반 €17/€18, 학생 · 65세 이상 €11/€12, 7 · 8월 일반 €20/€21, 학생 · 65세 이상 €13/€14
※8세 이하 무료
홈페이지 www.salvador-dali.org

TIP

성수기에는 매표소 대기 줄이 상당히 길기 때문에 미리 인터넷으로 예약할 것을 권한다. 입장 시간을 지정해야 하니 피게레스 도착 시간을 고려해 시간 여유를 넉넉하게 갖도록 하자.

② 달리 보석 박물관 *Museu Dalí·Joies*

달리 극장 박물관 바로 옆에 있는 박물관으로 달리가 디자인한 보석을 모아놓은 곳이다. 전시된 작품 수는 그다지 많지 않지만 요염하면서도 매력 넘치는 달리의 예술 세계를 들여다볼 수 있다.

가는 방법 피게레스역에서 도보 14분, 달리 극장 박물관에서 도보 1분
주소 Plaça Gala i Salvador Dalí, 5
문의 972 67 75 00
운영 1~6월 · 10~12월 10:30~15:00, 7~9월 09:30~18:00
휴무 월요일(7~9월 예외), 1/1, 12/24~25
요금 달리 극장 박물관 요금 참고
홈페이지 www.salvador-dali.org

TIP

바닥에 그려진 그림을 알루미늄 봉을 통해서 보면 달리의 얼굴이 보이는 독특한 작품이 피게레스 라 람블라 거리에 있다.
주소 La Rambla, 1, 17600

MONTSERRAT

몬세라트

바르셀로나에서 북서쪽으로 약 50km 떨어진 지점에 있는 몬세라트. 카탈루냐어로 '톱니 모양의 산'이라는 뜻으로 해발 1236m의 바위산으로 이루어졌다. 울퉁불퉁한 봉우리들이 구불구불 이어져 있는데, 멀리서 보면 날카로운 톱니바퀴처럼 보인다. 카탈루냐 지방 사람들의 정신적인 고향이며 가톨릭 신앙의 성지인 몬세라트 수도원이 산허리에 자리 잡고 있다. 카탈루냐 사람들은 이곳을 영험한 힘을 지닌 곳으로 여기는데, 산티아고데콤포스텔라와 함께 스페인 순례길의 양대 산맥으로 불린다. 바르셀로나의 자랑인 건축가 안토니 가우디가 몬세라트 풍경에서 영감을 받아 사그라다 파밀리아를 완성한 것으로도 유명하다. 독일의 대문호 괴테는 몬세라트를 '마의 산'이라 불렀으며, 악극의 창시자 바그너는 이곳에서 영향을 받아 악극 〈파르지팔Parsifal〉을 완성했다.

몬세라트 들어가기 & 시내 교통

몬세라트는 바르셀로나에서 열차로 1시간 거리로 당일치기 여행으로 다녀오기 부담 없다. 카탈루냐 철도와 산악 열차 또는 케이블카 등을 이용한다. 몬세라트의 주요 관광 명소는 대부분 역에서 도보로 이동 가능한 거리에 모여 있다. 전망대로 가려면 푸니쿨라르를 타야 한다.

카탈루냐 철도 FGC

바르셀로나 플라사 에스파냐Pl. Espanya역에서 카탈루냐 철도 R5선 만레사Manresa행을 탄다. 몬세라트 여행의 핵심인 몬세라트 수도원으로 가는 최종 교통수단을 산악 열차와 케이블카 중 어떤 것으로 선택하느냐에 따라 내리는 역이 달라진다. 산악 열차를 타면 모니스트롤 데 몬세라트Monistrol de Montserrat역에서 내리고, 케이블카를 타면 아에리 데 몬세라트Aeri de Montserrat역에서 내린다. 단, 왕복 티켓을 구매하면 교차 선택이 안 되고 동일한 교통수단을 이용해야 한다.

주소 모니스트롤 데 몬세라트역 Carrer del Pont, 18
아에리 데 몬세라트역 08691, C-55, 15, 08691 Monistrol de Montserrat
홈페이지 www.fgc.cat

● 티켓 종류와 구입

몬세라트 당일치기 여행에서 많이 이용하는 몬세라트 통합권인 트란스 몬세라트Trans Montserrat를 구입하면 좋다. 카탈루냐 철도(FGC)역 매표소나 자동 발매기, 홈페이지 등에서 구입 가능하다. 통합권에는 바르셀로나 플라사 에스파냐역 출발 바르셀로나 시내 메트로 왕복 승차권, 바르셀로나-몬세라트 카탈루냐 철도 왕복, 산악 열차 또는 케이블카 왕복, 몬세라트 내 푸니쿨라르 무제한 승차, 오디오 비주얼 갤러리 입장권이 포함되어 있어 매우 경제적이다. 트란스 몬세라트 통합권에 몬세라트 박물관과 몬세라트 레스토랑 뷔페 식사권이 포함된 패스인 토트 몬세라트Tot Montserrat도 있다.
요금 트란스 몬세라트 €44.70, 토트 몬세라트 €68.25

시내 교통

몬세라트 관광은 도보로 충분히 가능하다. 관광 명소 주변을 운행하는 버스도 없어 별다른 선택지도 없다. 몬세라트는 산을 오르며 풍경을 즐기는 하이킹으로도 인기가 높다. 몬세라트 수도원에서 시작되는 다양한 코스는 시간에 쫓기지 말고 여유 있게 둘러보는 것이 좋다. 걷고 싶지 않으면 푸니쿨라르를 이용해도 된다. 산조안Sant Joan행과 산타코바Santa Cova행 두 노선이 있다.

주소 푸니쿨라르 탑승장 08199 Monestir de Montserrat **운행** 산조안행 비수기 10:00~16:30, 성수기 10:00~18:50, 산타코바행 비수기 11:00~16:00, 성수기 10:00~17:30(시기마다 다름, 홈페이지 참고) **요금** 산조안행 4~13세 편도 €5.35, 왕복 €8.25, 14세 이상 편도 €10.70, 왕복 €16.50, 65세 이상 편도 €9.65, 왕복 €14.85 / 산타코바행 4~13세 편도 €2.05, 왕복 €3.15, 14세 이상 편도 €4.10, 왕복 €6.30, 65세 이상 편도 €3.65, 왕복 €5.65 **홈페이지** www.cremallerademontserrat.cat

Montserrat **Best Course**

몬세라트 추천 코스

일정별 코스

성지 순례지 몬세라트 당일 여행

카탈루냐 사람이라면 일생에 꼭 한번은 걸어야 한다는 몬세라트. 몬세라트 수도원을 방문해 영적인 힘을 얻고 순례길을 걸으며 묵상하고 힐링하는 시간을 갖고자 한다면 반드시 방문해보자. 화창한 날에 가야 독특한 산 형태 등 제대로 된 몬세라트 풍경을 감상할 수 있다.

TRAVEL POINT

- **이런 사람 팔로우!** 가톨릭 성지를 방문하고 순례길을 걷고 싶다면
- **여행 적정 일수** 한나절
- **주요 교통수단** 도보
- **여행 준비물과 팁** 발이 편한 운동화
- **사전 예약 필수** 검은 성모상, 몬세라트 소년 합창단

DAY 1

- **소요 시간** 6시간
- **예상 경비** 교통비 €44.70 + 식비 €30~ = Total €74.70~
- **점심 식사는 어디서 할까?** 몬세라트 수도원 주변 식당에서
- **기억할 것** 안개와 구름이 자욱한 날에는 전망대에서 몬세라트 수도원이 보이지 않으니 사전에 날씨를 확인할 것. 수도원에 입장하려면 노출이 심한 옷은 삼가자.

산트 호르디 P.110

→ 도보 2분

산타마리아 광장 P.110

→ 도보 1분

몬세라트 수도원 P.107

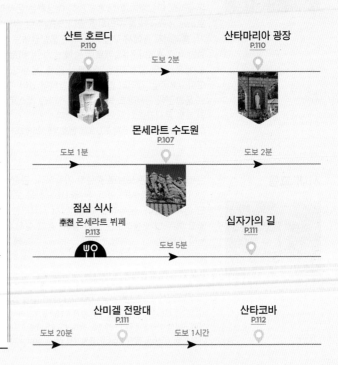

→ 도보 2분

점심 식사
추천 몬세라트 뷔페 P.113

→ 도보 5분

십자가의 길 P.111

→ 도보 20분

산미겔 전망대 P.111

→ 도보 1시간

산타코바 P.112

몬세라트 관광 명소

몬세라트 관광의 하이라이트인 몬세라트 수도원을 꼼꼼하게 살펴본 다음 주변에 조성된 하이킹 코스를 즐겨보자. 긴 대기 행렬을 이루는 검은 성모상이 여행의 목적이라면 몬세라트에 도착해 가장 먼저 방문할 것. 오후에는 햇볕이 강렬해 하이킹이 힘들 수 있다.

01

몬세라트 수도원

Abadia de Montserrat

추천

가는 방법 몬세라트 산악 열차 모니스트롤 데 몬세라트Monistrol de Montserrat역에서 도보 2분
주소 08199 Montserrat
문의 938 77 77 77
운영 07:00~20:00 **휴무** 부정기
요금 바실리카 €6, 바실리카+검은 성모상 €8, 바실리카+몬세라트 소년 합창단 €8, 바실리카+검은 성모상+몬세라트 소년 합창단 €12
홈페이지 abadiamontserrat.cat

카탈루냐인의 정신적 고향

해발 1236m인 몬세라트산 중턱 725m 지점에 세운 베네딕트회 소속 수도원. 베네딕트회는 가톨릭에서 가장 오래된 수도회로 계율이 매우 엄격한 것으로 유명하며 중세 유럽의 종교, 예술, 건축 등에 큰 영향을 끼쳤다. 1811년 스페인 독립 전쟁 당시 나폴레옹 군대에 의해 수도원이 파괴되었다가 1858년에 다시 지어 오늘에 이른다. 카탈루냐어 사용이 금지되었던 프랑코 독재 정권 시절에도 몬세라트 수도원만은 계속 카탈루냐어로 미사를 진행했다. 수도원 부속 대성당에 안치된 수호성인 검은 성모상은 카탈루냐 사람들에게 정신적인 안정감을 주는 존재이다. 인근 동굴에서 발견된 검은 성모상은 원래는 로마 시대에 나무로 만든 하얀 조각상이었으나 촛농의 그을음으로 변색되었다는 설과 흑사병이 돌았을 때 아픈 사람들의 병을 흡수해 검게 바뀌었다는 설이 전해진다.

수도원에 입장할 때는 옷차림에 주의해야 한다. 민소매나 탱크톱, 짧은 반바지, 미니스커트, 샌들 등을 착용하면 입장할 수 없다.

FOLLOW UP

이곳에 서면 모두가 순례자!
몬세라트 수도원 탐방하기

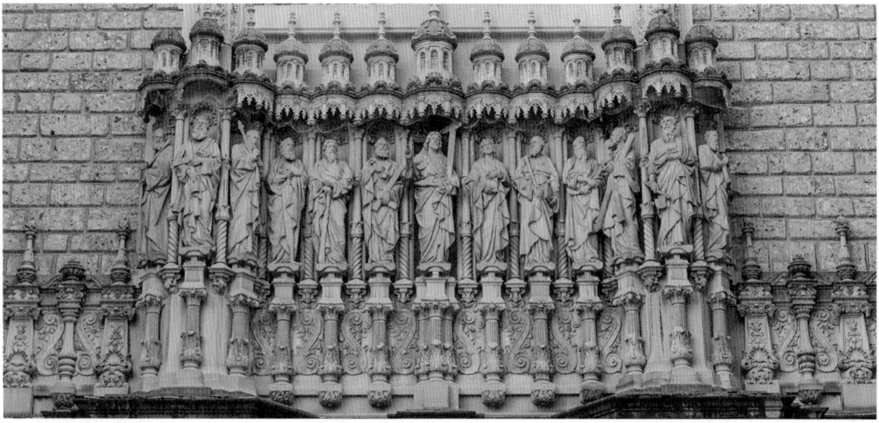

• 바실리카 Basilica

몬세라트 수도원 부속 대성당으로 14세기부터 19세기 초반에 걸쳐 건축했다. 고딕 양식과 르네상스 양식이 절묘하게 혼합되어 있으며 1881년 교황 레오 12세가 바실리카란 칭호를 부여했다. 내부에 순례객들이 알현하고 싶어 하는 검은 성모상이 안치되어 있다. 입구 정면 파사드에는 장미창 아래 예수와 열두 제자의 조각상이 장식되어 있다. 파사드 앞 중정 한가운데 해양 생물이 그려진 원 안에서 팔을 펼치고 명상을 하면 신비로운 힘이 솟아난다는 이야기가 전해진다.

운영 07:00~20:00

• 검은 성모상 La Moreneta

'라 모네레타La Moreneta'는 카탈루냐어로 '검은 피부의 작은 소녀'란 뜻으로 몬세라트 수도원의 상징인 검은 성모상을 가리킨다. 전설에 따르면 몬세라트 수도원의 검은 성모상은 《누가복음》의 저자인 누가가 만들고 베드로가 스페인으로 가져왔다고 한다. 이후 스페인이 이슬람교도인 무어인의 지배를 받던 시절 기독교인에 대한 박해가 시작되자 성물인 검은 성모상을 몬세라트산 중턱의 산타코바 동굴에 숨겨놓았다. 880년 신령스러운 빛을 따라간 목동들이 동굴에서 조각상을 발견했으며, 이 조각상의 손을 만지면 소원이 이루어진다는 소문이 퍼지면서 순례자들이 몰려들었다. 그리고 11세기 초 아바트 올리바Abat Oliba 수도원장이 지금의 자리에 수도원을 세웠다. 현재는 검은 성모상이 손상될 것을 우려해 손을 제외한 부분은 유리 상자로 씌워놓았다.

운영 08:00~10:30, 12:00~18:25 **요금** 일반 €10, 학생 €9, 8~16세 €7※홈페이지를 통해 사전 예약 필수

검은 성모상을 가까이서 보려는 순례객들은 수도원 입구 오른쪽에 따로 대기 줄을 이루고 있다.

• 몬세라트 소년 합창단 Escolania

9~14세의 소년들로 구성된 몬세라트 수도원 소속 성가대로 13세기에 조직되어 14세기에 수도원이 커지면서 활동이 활발해졌다. 중세까지 여자는 성당에서 노래를 부를 수 없었기에 소프라노 목소리를 대신한 것이 바로 소년 합창단이다. 변성기 전의 어린 소년들로 성가대를 구성했는데 이후 힘 있는 소프라노가 필요해 카스트라토Castrato라는 가수가 등장하기도 했다. 프랑스와의 전쟁과 스페인 내전으로 활동이 위축되긴 했으나 지금은 수도원의 명물로 활발히 활동하고 있다. 몬세라트 소년 합창단을 거쳐간 유명 인사 중에는 스페인이 낳은 위대한 첼리스트 파블로 카살스가 있다. 십자가의 길 초입에 그의 동상이 세워져 있다.

운영 월~금요일 13:00, 일요일 · 공휴일 12:00, 18:45 ※홈페이지를 통해 사전 예약 추천 **휴무** 토요일, 6월 중순~8월 중순 **요금** 일반 €23, 학생 · 65세 이상 €21, 8~16세 €18, 7세 이하 무료

TIP

6월 중순부터 8월 중순까지 몬세라트 소년 합창단은 여름방학을 맞아 긴 휴식에 들어간다. 따라서 합창단의 소리를 듣고 싶다면 이 시기는 피해야 한다.

TRAVEL TALK

합창단원이 되고 싶었던 소년

검은 성모상을 보러 가는 길에 계단으로 된 아치형 문인 '천사의 문'을 통과해서 올라간 뒤 다시 계단으로 이어지는 곳에 소년상이 있습니다. 이 소년상에는 슬픈 이야기가 전해 내려오는데, 소년의 꿈은 몬세라트 소년 합창단원이 되는 것이었습니다. 하지만 몸이 약해 꿈을 이루지 못해서 딱 하루만이라도 합창단원이 되고 싶다는 뜻을 수도원에 전했습니다. 수도원에서 이 뜻을 받아들여 소년은 단 하루만이지만 합창단원이 될 수 있었다고 해요. 그리고 얼마 후 소년이 죽자 그 부모는 아들의 안식을 바라는 마음에서 소년상을 만들어 검은 성모상 근처에 두었습니다.

• 대천사 가브리엘상 Gabriel

기도소의 많은 촛불이 눈길을 끄는 아베마리아의 길Cami de L'avemaria을 벗어나면 왼쪽에 자리한 날개가 달린 조각상을 만나게 된다. 마리아를 찾아가 잉태 사실을 알린 대천사 가브리엘의 조각상이다. 마치 땅을 차고 날아오르는 듯한 모습인데 익히 봐온 다른 조각상과 비교된다.

• 라몬 률 기념비 Escala de l'Enteniment

수도원 끝자락에 있는 기념비로 1970년에 세운 호셉 마리아 수비락스의 작품이다. 카탈루냐어로 된 철학서를 집필한 철학자이자 작가인 라몬 률Ramon Llull이 1304년에 작성한 《Escala de l'Enteniment》를 기념해 세웠다. 이 기념비는 '천국으로 가는 계단'으로도 불리는데 아래에서부터 돌Pedra, 불Flama, 식물Planta, 동물Bestia, 인간Home, 하늘Cel, 천사Angel, 창조주 신Due을 의미하는 8개의 계단으로 이루어져 있다.

⓪② 산트 호르디
Sant Jordi

⓪③ 산타마리아 광장
Placa de Santa Maria

수비락스의 조각상

몬세라트 수도원 정문을 지나 산타마리아 광장으로 가다 보면 축대 중앙에 무장한 기사가 칼을 들고 서 있는 모습의 조각상이 보인다 사그라다 파밀리아의 〈수난의 파사드Passion Façade〉를 제작한 수비락스의 작품이다. 좌우 어느 방향에서나 눈이 마주치도록 눈동자를 음각으로 새긴 것이 특징이다. 이 작품의 주인공인 산트 호르디는 카탈루냐의 수호성인으로 처녀를 공물로 요구한 사악한 용을 무찌르고 공주를 구한 용감한 인물이다. 로마제국의 디오클레티아누스 황제 때 체포되어 잔혹한 고문 끝에 순교해 성인으로 추앙받는다. 산트 호르디가 사악한 용의 피에서 피어난 장미를 공주에게 주어 사랑을 얻었다는 이야기가 전해 내려온다. 이를 계기로 카탈루냐 지방에서는 매년 4월 23일을 '산트 호르디의 날'로 정해 남자가 사랑하는 여자에게 붉은 장미를 선물하는 풍습이 있다.

가는 방법 몬세라트 수도원으로 가는 길목에 위치
주소 08199 Monestir de Montserrat, Barcelona

몬세라트 수도원 앞 광장

분홍색 건물을 지나면 본격적으로 몬세라트 수도원이 시작된다. 측면에는 교육에 이바지한 기독교 수도자 출신의 인물상 6개가 조각되어 있다. 이들은 병원, 수녀회, 학교 등을 창설하여 교육에 헌신한 인물들이다.

가는 방법 몬세라트 수도원 앞에 위치
주소 08199 Monistrol de Montserrat

④ 몬세라트 박물관
Museu de Montserrat

몬세라트에서 만나는 예술

고고학적 가치가 뛰어난 이집트 석관부터 21세기 조각상에 이르기까지 1300여 점의 작품을 소장하고 있다. 파블로 피카소, 호안 미로, 살바도르 달리 등 카탈루냐가 낳은 최고의 예술가를 비롯해 엘 그레코, 에두아르 모네, 마르크 샤갈 등 현대 작가들의 작품도 만나볼 수 있다. 검은 성모상과 관련된 그림과 조각 작품을 모아놓은 전시실도 놓치지 말자.

가는 방법 몬세라트 수도원으로 가는 길목에 위치 **주소** 08199 Montserrat **문의** 938 77 77 27 **운영** 여름 10:00~18:45, 겨울 10:00~17:45 **휴무** 부정기 **요금** 일반 €8, 학생 €6.5, 8~16세 €4 **홈페이지** www.museudemontserrat.com

⑤ 십자가의 길
Via Crucis

예수의 고난을 마음으로 느끼다

몬세라트 수도원으로 가는 길 초입에 위치한 아바트 올리바Abat Oliba 광장에서 '슬픔의 성모 예배당'에 이르는 길을 '십자가의 길'이라 부른다. 십자가의 길은 예루살렘 빌라도 법정에서 골고다 언덕에 이르는 길을 말하는데, 예수가 십자가를 등에 지고 처형된 장소까지 올라갔던 그 길을 떠올리며 기도하고 묵상할 수 있도록 재현해놓은 것이다. 길 군데군데 십자가와 관련된 조각상이 있다.

가는 방법 몬세라트 수도원으로 가는 길목에 위치
주소 Carrer de Balmes, 21, 08691 Monistrol de Montserrat

⑥ 산미겔 전망대
Creu de San Miquel

멋진 십자가가 반기는 전망대

산 중턱에 걸린 듯한 몬세라트 수도원을 정면으로 감상할 수 있는 최적의 전망대. 몬세라트 풍경이 담긴 엽서나 관련 책에 실린 사진은 대부분 이곳에서 찍은 것이다. 몬세라트 수도원에서 20~30분 걸어 올라가면 십자가가 서 있는 곳이 바로 전망대이다. 산미겔은 대천사 미카엘을 가리키는데, 악마와의 전투에서 승리한 천상군대의 우두머리이다. 때로는 '죽음의 천사'로 불리기도 하는데 최후의 심판 때 죽은 영혼을 변호하기 때문이다.

가는 방법 몬세라트 수도원에서 도보 25분
주소 08293 Collbató, Montserrat

07 산트호안

Sant Joan

절경이 한눈에 펼쳐지는 꼭대기

몬세라트 수도원에서 도보로 1시간 거리에 있는 전망대. 해발 972m 산꼭대기에서 수도원이 내려다보이는데, 이곳까지 하이킹으로 오기 어렵다면 푸니쿨라르를 타고 쉽게 오를 수 있다. 화창한 날에는 지중해가 선명히 나타나고 멀리 프랑스 국경인 피레네산맥까지 보인다고 한다. 한 수도사가 홀로 고독한 수행을 펼쳤다고 하는 산트호안 예배당Ermita de Sant Joan은 몬세라트산에 있는 13개의 작은 예배당 중 하나로 산트호안 푸니쿨라르 역에서 도보로 20분 정도 거리인 산 중턱에 있다. 이곳보다 더 높은 산트헤로니Sant Jeroni 전망대는 여기서 1시간 정도 더 올라가야 한다.

가는 방법 몬세라트 수도원에서 도보 25분
주소 08293 Collbató, Montserrat

08 산타코바

Santa Cova

검은 성모상이 발견된 동굴

880년 어느 토요일, 어린 목동들은 하늘에서 신비로운 빛이 내려와 산 중턱에 내려앉는 모습을 목격했다. 일주일이 지나도 빛이 사라지지 않자 빛을 따라 동굴 속으로 들어가보니 성모상이 있었다. 성스러운 이 검은 성모상이 발견된 동굴이 바로 '거룩한 동굴'을 뜻하는 산타코바다. 검은 성모상이 너무 무거운 나머지 산 아래로 들고 내려갈 수 없어서 하는 수 없이 동굴에 예배당Santa Cova de Montserrat을 만들어 안치했다고 전해진다. 산 중턱에 예배당이 자리해 이곳에 가려면 몬세라트 수도원에서 푸니쿨라르를 타거나 40분 정도 걸어야 한다. 현재 검은 성모상 실물은 몬세라트 수도원으로 옮겨졌고 이곳에는 모소품을 세워두었다.

가는 방법 몬세라트 수도원에서 도보 40분
주소 Monestir de Santa Cecília de Montserrat

몬세라트 맛집 & 쇼핑

몬세라트 수도원이 산 중턱에 자리한 탓에 여행자가 방문할 수 있는 주변 음식점은 한정적이다. 간단하게 한 끼를 때우고 싶다면 수도원 안에 있는 카페테리아를, 제대로 된 식사를 원한다면 주차장 부근에 있는 뷔페를 이용하면 된다. 몬세라트 수도원 관련 상품을 판매하는 기념품점도 들러보자.

몬세라트 뷔페
Bufet de Montserrat

위치 몬세라트 수도원 주변
유형 대표 맛집
주메뉴 양식

☺ → 가격 대비 좋은 맛
☹ → 영업 시간이 짧다.

몬세라트 수도원 주차장 부근 '사도들의 전망대Mirador dels Apòstols' 건물 2층에 있는 뷔페. 창가 자리를 잡으면 몬세라트 산 풍경을 보면서 식사할 수 있다. 메뉴는 지중해 요리와 양식 위주이며 주문하면 음식이 빨리 나온다. 맛에 대한 만족도가 높은 편이라 여행자 사이에서 가성비가 좋다는 평가를 받는다. 현재 임시 휴업 중이다.

가는 방법 몬세라트 수도원에서 도보 5분 **주소** 08199 Monestir de Montserrat **문의** 938 77 77 01
영업 12:15~16:00 **휴무** 부정기
예산 뷔페 성인 €19.95, 어린이 €12.50

라 카페테리아
La Cafeteria

위치 몬세라트 수도원 주변
유형 대표 맛집
주메뉴 빵과 커피

☺ → 빠르고 저렴한 한 끼 식사
☹ → 뜨거운 음식 메뉴가 적다.

푸드 코트식 카페. 시간 여유가 없거나 간단하게 한 끼 때우고자 할 때 추천할 만하다. 샌드위치와 빵을 비롯해 케이크, 음료 등 메뉴가 다양해 선택의 폭이 넓다. 몬세라트 수도원 바로 옆에 있다.

가는 방법 산타마리아 광장에서 도보 1분 **주소** 08199 Monestir de Montserrat **문의** 938 77 77 66
영업 월~금요일 10:00~16:30, 토·일요일 09:00~18:30 **휴무** 부정기 **예산** 빵 €1.15~, 커피 €1.15~

라 보티가
La Botiga

위치 몬세라트 수도원 주변
유형 기념품점
특징 몬세라트 특산품 판매

몬세라트 수도원에서 만든 기념품과 꿀, 염소 치즈 등 지역 특산품을 판매한다. 상품이 종류별로 알기 쉽게 진열되어 있다. 가톨릭 묵주나 몬세라트 소년 합창단의 음반 등은 기념품으로 구입하기 좋다. 현지에서는 염소 치즈에 꿀을 발라 먹는다고 하니 하나 구입해서 맛보자.

가는 방법 몬세라트 기차역 맞은편
주소 08199 Monasterio de Montserrat
문의 938 77 77 10
영업 07:00~20:00
휴무 부정기

MALLORCA

마요르카

마요르카는 스페인 동부 발레아루스제도Illes Balears에 속한 큰 섬이다. 미국인에게 지상낙원이라는 남국의 이미지가 하와이라면 유럽인에게는 마요르카라 할 수 있다. 한국인 여행자에게는 이 섬의 이국의 정취가 최근 SNS에서 화제가 되면서 인지도가 급상승했으며, 신혼여행이나 힐링을 원하는 휴양 여행지로 떠오르고 있다. 연 평균기온 21℃의 전형적인 지중해 기후로 여름철은 물론이고 겨울철에도 따뜻한 날씨를 즐기고자 많은 이들이 방문한다. 환상적인 풍광을 자랑하는 해변에서 물놀이를 즐기면서 곳곳에 숨어 있는 아기자기한 관광 명소를 찾아다니는 것이 이 섬을 즐기는 방법이다.

마요르카 들어가기 & 이동하기

마요르카로 가는 방법은 두 가지가 있다. 스페인과 유럽 각지를 연결하는 저가 항공사의 항공편을 이용하거나 바르셀로나, 발렌시아, 이비사섬에서 출발하는 페리를 타는 것이다. 요금은 비슷하지만 소요 시간에 큰 차이가 있다. 일정을 고려해 자신에게 맞는 교통수단을 선택하자.

비행기

주소 Aeropuerto de Palma de Mallorca

마요르카의 유일한 공항인 팔마데마요르카 공항Aeroport de Palma Mallorca(PMI)에는 바르셀로나, 마드리드, 세비야, 빌바오, 말라가, 그라나다 등 스페인 주요 대도시를 비롯해 리스본, 포르투, 런던, 프랑크푸르트, 밀라노, 로마, 파리 등 유럽의 주요 도시를 연결하는 직항편이 있다. 부엘링항공, 라이언에어, 에어에우로파, 이지젯, 트란사비아, 이베리아항공, 에어프랑스 등 유럽 저가 항공사가 다양한 시간대의 항공편을 운항해 선택의 폭이 넓다. 바르셀로나에서 마요르카까지는 비행기로 약 50분 걸린다. 공항에서 팔마데마요르카 시내까지는 공항버스 A1번이나 택시를 이용하거나 또는 렌터카를 대여해 이동한다.

페리

바르셀로나 여객선 터미널Puerto de Barcelona에서 페리 회사 발레아리아Balearia 또는 트라스메디테라네아Trasmediterranea가 운행하는 야간 페리를 타면 팔마데마요르카 여객선 터미널Port de Palma de Mallorca까지 6시간~7시간 30분 정도 소요되며 다음 날 아침 도착한다.

주소 바르셀로나 여객선 터미널 Estació Marítima Drassanes, s/n
팔마데마요르카 여객선 터미널 Av. de Gabriel Roca, 44E

이동하기

마요르카 일대를 돌 때 편리하게 이동하려면 렌터카를 이용하는 것이 가장 좋다. 버스로도 돌아볼 수 있지만 배차 간격이 길고 정류장 수가 적어 길에서 허비하는 시간이 많으므로 짧은 일정으로 방문하는 경우에는 추천하지 않는다. 버스를 이용하려면 주요 도시를 연결하는 버스가 정차하는 팔마 버스 터미널을 이용한다. 렌터카는 여행 전 미리 예약하는 것이 좋다.

주소 Plaça d'Espanya, s/n

Mallorca **Best Course**

마요르카 추천 코스

일정별 코스

아름다운 해변 도시에서 힐링! 마요르카 휴양 2박 3일

소소하게 관광을 즐기며 휴양하고자 스페인을 찾는다면 마요르카가 가장 완벽한 곳임에 틀림없다. 푸르른 산과 어우러진 바다를 바라보며 감상에 취해도 좋고 고요하고 아담한 마을을 샅샅이 훑고 다녀도 행복해지는 섬이다.

TRAVEL POINT

- **이런 사람 팔로우!** 섬에서 유유자적 휴식을 취하고 싶다면
- **여행 적정 일수** 2박 3일
- **주요 교통수단** 렌터카 또는 버스
- **여행 준비물과 팁** 렌터카 예약
- **사전 예약 필수** 드라크 동굴

DAY 1

이국적인 야자수 거리 산책

- **소요 시간** 3~4시간
- **예상 경비** 입장료 €8 + 식비 €20~ = Total €28~
- **점심 식사는 어디서 할까?** 팔마데마요르카 중심가 식당에서
- **기억할 것** 팔마데마요르카에 숙소를 정해두고 일정을 이어가는 것이 편하다.

팔마데마요르카 공항 P.115

자동차 10분

팔마 해변 P.119

도보 1분

마요르카 대성당 P.119

도보 6분

저녁 식사
추천 바르 에스파냐 P.126

DAY 2

빈티지 열차 타고 소예르 감성 여행

소요 시간 8시간

예상 경비
교통비 €52 + 식비 €40~
= Total €92~

점심 식사는 어디서 할까?
소예르 해수욕장 주변
식당에서

기억할 것 대중교통이 관광 액티비티이므로 렌터카 없이 움직이도록 하자.

소예르 열차
P.122

열차 50분

소예르 트램
P.122

트램 20분

소예르 해변
P.123

도보 1분

점심 식사
추천 해변 인근 음식점

보트 30분

사칼로브라
P.123

보트 + 트램+열차 2시간

팔마데마요르카
P.118

도보 10분

저녁 식사
추천 바달 코너
P.127

DAY 3

아름다운 산악 마을과 신비로운 동굴 탐험

소요 시간 8시간

예상 경비
입장료 €28.50 + 식비 €30~
= Total €58.50~

점심 식사는 어디서 할까?
발데모사 중심가 식당에서

기억할 것 명소 간 거리가 떨어져 있어 렌터카 이용이 필수이다.

데이아
P.121

자동차 15분

카르투하 수도원
P.120

도보 1분

쇼팽과 상드 박물관
P.121

도보 2분

점심 식사
추천 파티세리아 칸 몰리나
P.127

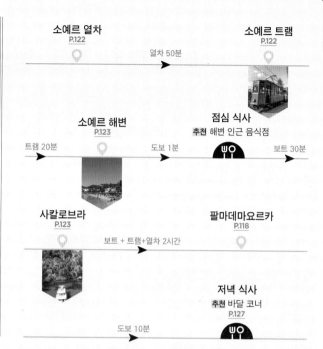

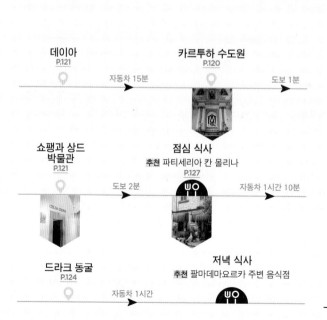

자동차 1시간 10분

드라크 동굴
P.124

자동차 1시간

저녁 식사
추천 팔마데마요르카 주변 음식점

마요르카 관광 명소

굳이 목적지를 정하지 않아도 될 만큼 어딜 가든 환상적인 풍광이 눈앞에 펼쳐지는 마요르카. 렌터카를 타고 그저 달리기만 해도 예쁜 바다와 마을을 만날 수 있지만 이미 이곳을 방문한 이들의 경험을 바탕으로 한 관광 명소도 빼놓지 말자.

01 팔마데마요르카 추천

Palma de Mallorca

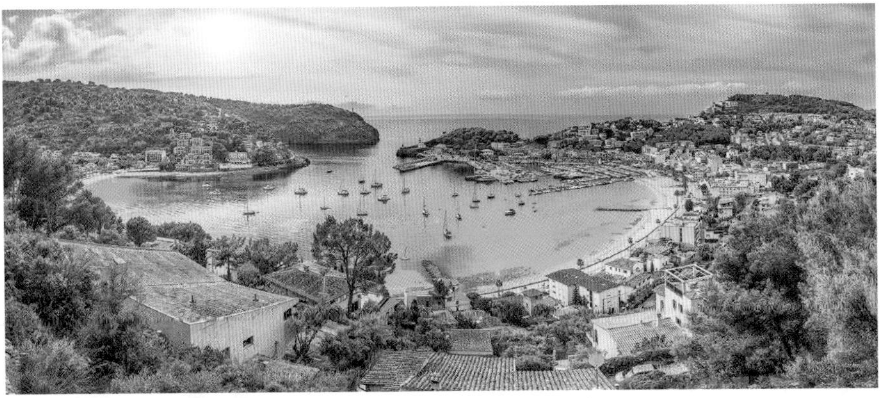

마요르카의 야자수

대성당이 있는 구시가지는 마요르카 관광의 중심지이다. 팔마데마요르카는 팔마의 정식 명칭으로 '마요르카의 야자수'를 의미한다. 이름 그대로 커다란 야자수가 줄지어 선 남국의 정취가 인상적이다. 연간 화창한 날이 300일 이상일 만큼 연중 온화한 날씨가 지속되어 유럽인들의 휴양지로 사랑받고 있다. 애국가를 지은 안익태 선생이 여생을 보낸 곳으로도 알려져 있다.

팔마 해변
Platja de Palma

유럽인들의 휴식지

팔마데마요르카 공항 인근에 자리한 길이 5km에 달하는 해변으로 모래사장이 끊임없이 이어져 있다. 호텔과 음식점이 늘어서 있는 해변 부근은 여름이면 긴 휴가를 즐기러 찾아온 유럽인들로 넘쳐난다. 기다란 해안선을 따라 거대 리조트 단지가 들어서 있으며 스페인 왕족도 이곳에서 여름을 보내는 것으로 유명하다. 시원하게 펼쳐지는 바다 풍경과 잘 갖춰진 편의 시설 덕분에 더욱 인기가 높다. 팔마 시내에서 비교적 가까운 거리도 장점이다.

가는 방법 버스 25번 정류장에서 도보 2분
주소 Carretera de l'Arenal, 16A

칼라 마요르 해변
Platja de Cala Mayor

쾌적한 해변

팔마데마요르카의 가장 대표적인 해변이다. 해변가에 나무 파라솔과 덱 체어가 놓인 그림 같은 풍경이 펼쳐지는 곳이다. 마요르카 대성당을 가운데 두고 동쪽의 팔마 해변과 정반대 편에 위치해 각기 다른 분위기를 자아낸다. 워낙 유명한 관광 명소라 어느 곳이든 붐비는 편이지만 그만큼 잘 관리되어 있어 쾌적하게 휴양을 즐길 수 있다. 파라솔과 덱 체어는 €6~7 선에서 대여할 수 있으며, 현금 결제만 가능하다. 인파가 모이는 여름 성수기에는 오전 11시 이전에 가지 않으면 만석이 되므로 서둘러야 한다.

가는 방법 버스 4 · 46 · 104 · 107번 정류장에서 도보 3분
주소 Avinguda de Joan Miró, 279

마요르카 대성당
Catedral de Mallorca

빛이 아름다운 곳

팔마 대성당 또는 라 세우La Seu란 별칭으로 알려진 마요르카의 상징. 길이 121m, 너비 55m, 최대 높이 44m에 이르는 거대한 규모를 자랑한다. 세계 최대 규모의 장미창 7개와 창문 83개로 이루어져 있어 '빛의 대성당'이라고도 불린다. 1851년에 발생한 지진으로 파사드가 무너져 내려 보수 공사를 했는데 이때 사그라다 파밀리아를 설계한 안토니 가우디가 벽화, 성가대석, 설교단, 천개 등 일부를 맡았다고 한다. 입체감과 역동감이 느껴지는 스테인드글라스도 그의 작품이다.

가는 방법 버스 25 · 35 · 102 · 104 · 106 · 107 · 111번 정류장에서 도보 2분
주소 Plaça de la Seu, s/n
문의 971 71 31 33 **운영** 4~10월 월~금요일 10:00~17:15, 토요일 · 공휴일 10:00~14:15, 11~3월 월~토요일 10:00~15:15, 공휴일 10:00~14:15
휴무 일요일 **요금** 일반 €10, 65세 이상 · 학생 €8 **홈페이지** www.catedraldemallorca.org

02 발데모사
Balldemosa

쇼팽과 상드의 도피처

파리의 한 사교 클럽에서 눈이 맞은 쇼팽과 조르주 상드가 둘만의 사랑을 키우고자 남들 눈을 피해 멀리 떠난 곳이 바로 마요르카이다. 두 사람은 1838년 11월 팔마에 도착해 환풍이 잘된다 하여 '바람의 집'이라 불린 교외 주택에 거처를 마련했다. 하지만 더욱 사람들 눈에 띄지 않는 곳을 원했고 결국 자리 잡은 지역이 발데모사이다. 팔마에서 북쪽으로 약 18km 떨어진 산 중턱에 자리한 마을로 건강이 악화된 쇼팽이 몸을 회복시키며 작품 활동을 하기에 적합한 곳이었다.

카르투하 수도원
Cartoixa de Valldemossa

쇼핑이 전주곡을 작곡한 곳

쇼팽과 상드가 1838년 가을에 찾아와 겨울까지 보낸 수도원이다. 1399년 마요르카 왕가의 궁전으로 건축했으며 이후 수도원으로 이용하다가 1835년 일반인에게 주거용으로 개방해 이들이 묵을 수 있게 되었다. 쇼팽은 장시간 여행으로 쌓인 피로와 겨울의 매서운 추위로 인해 몸 상태가 좋지 않았음에도 이곳에서 '전주곡 작품 번호 28번'을 작곡했다. 또 상드는 수도원을 배경으로 한 철학 소설《스피리디온》을 집필했다. 이후 상드는 마요르카 역사와 지리에 관한 기행문 〈마요르카의 겨울〉을 잡지에 기고하며 이곳을 추억했다. 수도원 안에는 상드가 쇼팽의 약을 구하러 다니던 약국과 자그마한 박물관도 있다. 이곳에서 매일 오전 10시 30분부터 오후 2시 15분까지 하루 5회 피아노 연주회가 열린다.

가는 방법 버스 210번 정류장에서 도보 3분
주소 Plaça Cartoixa, s/n **문의** 971 61 21 06
운영 월~금요일 10:00~17:00, 토요일 10:00~16:00
휴무 일요일 **요금** 일반 €12, 학생 €8
홈페이지 www.cartoixadevalldemossa.com

쇼팽과 상드 박물관

Celda de Frédéric Chopin y George Sand

쇼팽과 상드의 흔적

카르투하 수도원의 방 하나를 개조해 만든 박물관. 수도원 입구 또는 별도의 입구로 들어갈 수 있다. 머나먼 파리에서 가져온 쇼팽이 애용하던 피아노와 함께 쇼팽과 상드가 머물렀던 방을 들여다볼 수 있다. 이 방을 통해 입장할 수 있는 정원은 한 화가가 그린 데생을 참고해 꾸민 것으로, 쇼팽이 이곳에서 바라보이는 발데모사의 전원 풍경을 무척 사랑했다고 한다.

가는 방법 카르투하 수도원 내
주소 Real Cartuja de Valldemossa Plaza Cartuja 9
문의 971 61 20 91 **운영** 10:00~17:30
휴무 부정기 **요금** 일반 €5, 10세 이하 €3
홈페이지 www.celdadechopin.es

03 데이아

Deia

아름다운 산악 마을

발데모사에서 북동쪽에 있는 데이아는 험준한 산과 올리브밭으로 둘러싸인 마을이다. 가파른 트라문타나산맥Serra de Tramuntana을 배경으로 초록 창문의 상아색 집이 옹기종기 모여 있는데, 1000년에 이르는 지중해 산악 지대의 전형적인 농촌 경관을 이루어 마을 전체가 유네스코 세계문화유산으로 등재되었다. 다른 도시에 비해 비교적 한적하고 아기자기한 분위기라 유유자적 산책하기에 안성맞춤이다. 이러한 분위기를 알아차린 한 나라의 공주나 세계적인 스타가 은신처 삼아 몰래 이곳을 방문하기도 한다. 30분이면 마을 전체를 둘러볼 수 있을 만큼 자그마한 마을이라 이곳을 목적으로 방문하기보다는 다른 도시로 향할 때 잠깐 짬을 내어 들르는 게 좋을 듯하다.

가는 방법 버스 203번 정류장에서 내리면 바로
주소 Carrer Teix, 6

04 소예르 추천
Sóller

빈티지한 마을

소예르는 트라문타나산맥 사이에 위치한 마을이다. 험준한 산악 지대에 둘러싸여 있으면서 물결이 잔잔하고 평온한 분위기의 바다에 면해 있다. 마을이 지닌 매력도 훌륭하지만 섬 중심지인 팔마에서 소예르 마을까지 달리는 빈티지 열차와 자그마한 항구까지 이어주는 오픈 트램이 있어 더욱 멋스럽고 낭만적이다. 항구 인근의 해변도 빠뜨리지 말 것.

소예르 열차
El Tren de Sóller

마을을 달리는 관광 열차

마요르카의 수도이자 교통의 거점인 팔마데마요르카와 섬 북서부의 항구도시 소예르를 잇는 목제 열차. 이 지역 특산품인 오렌지와 레몬을 운송하기 위해 1911년에 개통한, 스페인에서 역사가 가장 오래된 교통수단이다. 현재는 여행자를 싣고 올리브밭이 펼쳐진 전원 풍경과 트라문타나산맥을 배경으로 약 50분간 달리는 관광 열차로 이용된다.

가는 방법 팔마 버스 터미널에서 바로 연결 **주소** Carrer d'Eusebi Estada, 1(팔마역 기준)
문의 971 75 20 28
운영 10:30~17:30 **휴무** 부정기
요금 열차+트램 왕복 통합권 7세 이상 €35, 3~6세 €17.50
홈페이지 trendesoller.com

소예르 트램
Tranvía de Sóller

낭만을 누리는 방법

소예르역을 벗어나면 나타나는 또 다른 교통수단을 이용해보자. 소예르 트램은 소예르 중심가에서 항구 부근까지 달리는 노면 전차로, 1913년에 개통해 소예르 열차만큼 긴 역사를 자랑한다. 나무로 된 트램이 골목골목 누빈다. 약 20분간 시원한 바람을 맞으며 차창 밖으로 펼쳐진 아름다운 해변과 마을 풍경을 감상할 수 있는 가장 좋은 방법이다.

가는 방법 팔마역에서 열차로 50분
주소 Plaça d'Espanya, s/n
문의 971 75 20 51
운영 08:00~20:30
휴무 부정기
요금 열차+트램 왕복 통합권 7세 이상 €35, 3~6세 €17.50

소예르 항구
Port de Sóller

아기자기한 항구

휘어진 활처럼 생긴 소예르만의 해안선을 따라 북쪽으로 향하면 서쪽을 향해 불쑥 튀어나온 그로스곶Cap Gros 아래로 자그마한 항구가 형성되어 있다. 소예르만을 만끽할 수 있는 다양한 투어가 마련되어 있으며, 사칼로브라 해변으로 가는 유람선 선착장도 있다.

가는 방법 소예르 트램역에서 바로
주소 07108 Sóller

소예르 해변
Sóller Playa

새하얀 모래사장

말발굽 모양의 지형으로 인해 파도 하나 없이 고요한 분위기의 해변이다. 하얀 모래사장이 특징으로, 어느 고급 휴양지의 리조트에 온 것 같이 가지런히 정리된 깔끔한 모습이다. 관광객과 현지인에게 특히나 인기가 높은 곳이라 여름 성수기가 되면 해변은 발 디딜 틈이 없다.

가는 방법 소예르 항구에서 도보 5분
주소 Passeig Es Traves, 3

사칼로브라
Sa Calobra

아름다운 해변

소예르에 간 김에 인근에 있는 멋진 사칼로브라 마을에 있는 해변에도 들러보자. 이곳은 반드시 유람선을 타고 들어가야 한다. 마치 중심가에서 동떨어진 어느 프라이빗 해변을 체험하는 기분이다. 트램에서 하차하면 해변으로 향하는 선착장의 티켓 판매 부스가 보이는데 이곳에서 왕복 티켓을 구입한다. 또는 보트에 소예르 열차와 트램이 포함된 왕복 통합권을 구입해도 된다.

가는 방법 소예르 항구에서 보트로 30분
주소 07315 Escorca
요금 보트 왕복 €35~

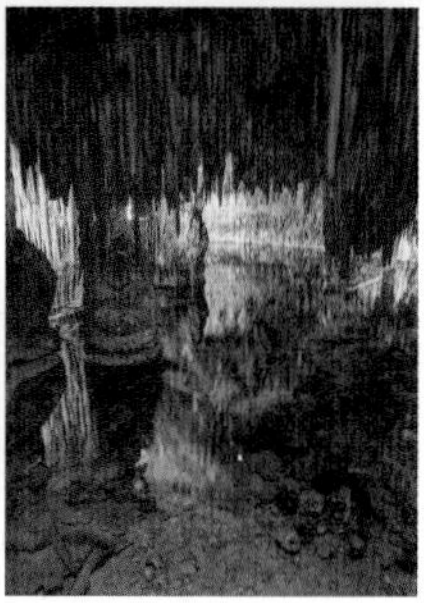

(05)

드라크 동굴
Cuevas de Drach

뾰족한 종유석의 향연

고드름처럼 뾰족한 종유석이 촘촘하게 박혀 있는 듯 천장을 가득 메우고 있는 신기한 광경이 펼쳐지는 동굴. 1880년에 발견되어 세상에 알려졌으나 종유석은 100년에 1cm씩 자란다고 하니 이곳의 역사가 얼마나 오래되었는지 짐작할 수 있다. 길이가 1200m나 되는 커다란 동굴 속에는 끝없이 이어지는 종유석과 함께 유럽에서 가장 큰 지하 호수가 형성되어 있다. 동굴의 볼거리 중 하나인 콘서트도 열린다. 호수를 무대로 보트에 탄 연주자들이 10분 정도 다채로운 클래식 음악을 들려주며 황홀경을 선사한다. 마요르카와 인연이 깊은 음악가 쇼팽의 곡도 연주되곤 하며, 연주가 끝나면 모든 관람객이 보트를 타고 동굴을 빠져나온다. 마지막까지 호수를 만끽할 수 있도록 구성이 잘 짜여져 있다. 매 시각마다 입장 인원이 제한되어 있으니 미리 온라인 예약을 하고 방문하는 것이 좋다.

TIP

콘서트 무대 왼편 가장자리에 착석하면 동굴을 빠져나가는 보트를 가장 먼저 탈 수 있다. 빨리 벗어나고 싶다면 참고하자.

가는 방법 버스 412 · 441번 정류장에서 도보 1분 **주소** Ctra. de les Coves **문의** 971 82 07 53 **운영** 3/11~10/31 10:00~17:00 매시 정각, 11/1~3/10 10:30, 12:00, 14:00, 15:30 **휴무** 1/1, 12/25
요금 온라인/현장 13세 이상 €16.50/€17.50, 3~12세 €9.50/€10.50
※2세 이하 무료 **홈페이지** www.cuevasdeldrach.com

06

마요르카의 해변

코발트블루 바다에서 즐기는 바캉스

암석과 절벽에 감춰진 자연 수영장과 이전에는 본 적 없는 오묘한 바다색이 신비스러운 분위기를 연출하는 마요르카. 사진에서만 보던 비현실적 분위기의 지상낙원을 만날 수 있어 한국인 여행자의 방문이 줄을 잇고 있다. 수온이 따뜻한 시기는 7월 상순부터 9월 하순까지로 평균 수온 24℃인데 이는 해수욕을 즐기기에 가장 적당한 온도이다. 이때는 강수량이 적으며, 햇볕이 강렬하게 내리쬐어 피부 손상이 우려되므로 자외선 차단에 신경 써야 한다. 놀라운 비경을 품은 마요르카의 해변 중에서도 다음에 소개하는 곳은 꼭 방문하기를 권한다.

칼로 델 모로
가는 방법 팔마 버스 터미널에서 자동차로 50분
주소 07650 Sant Antoni de Portmany

칼라 알무니아
가는 방법 칼로 델 모로에서 도보 5분
주소 Diseminado Poligono 5, 1048

칼라 욤바르드스
가는 방법 칼로 델 모로에서 자동차로 10분
주소 Carrer Passeig de la Mar, 21

● **칼로 델 모로** Caló del Moro
마요르카 해변의 상징적인 풍경을 보여주는 곳이다. 바다색을 한마디로 정의하기 어려울 만큼 환상적이며 절경이 펼쳐지는 해변이다. 혹자는 이곳의 바다색을 터키석에 비유하곤 한다. 삼면이 수풀이 우거진 절벽에 둘러싸여 있어 자연적으로 형성된 천연 수영장이라 할 수 있다.

● **칼라 알무니아** Cala s'Almunia
수심이 깊어 스노클링 명소로 알려진 해변이다. 칼로 델 모로에서 도보로 갈 수 있어 두 곳을 번갈아가며 즐기는 여행자가 많다. 칼로 델 모로보다 한적한 편이므로 조용한 분위기를 선호한다면 추천한다.

● **칼라 욤바르드스** Cala Llombards
투명한 바다색과 고운 입자의 모래사장이 인상적인 아담한 규모의 해변. 천연 파라솔과 해먹 대여가 가능하고 액티비티 시설과 각종 편의시설을 갖추고 있으며 시원한 음료를 파는 매점도 있다.

칼로 델 모로

칼라 알무니아

칼라 욤바르드스

마요르카 맛집

현지인과 여행자 모두의 입맛을 충족시키는 맛집을 소개한다.
오랜 역사와 전통을 자랑하는 바르와 카페는 물론이고, 새로 문을 열었지만 재빠르게
인기 맛집으로 자리매김한 곳도 있다.

바르 에스파냐
Bar España

위치 마요르 광장 주변
유형 대표 맛집
주메뉴 타파스

😊→ 훌륭한 맛과 서비스
😐→ 저녁에만 영업한다.

현지인에게 많은 사랑을 받는 타파스 바르. 후미진 골목에 위치해 있지만 손님의 발길이 끊이질 않아 주변이 항상 붐비는 덕에 쉽게 눈에 띈다. 마요르카 현지 물가에 비해 비교적 값이 저렴하며 서비스가 친절하고 발 빠르다는 평이 많다. 맛이 훌륭하다는 점은 두말할 필요가 없다. 쇼케이스 안을 가득 메운 타파스 중에서 먹고 싶은 것을 직접 고르거나 메뉴판을 보고 직원에게 주문해도 된다. 항상 손님이 많아 북적거리지만 점심과 저녁 식사 시간대를 피하면 좌석 잡기가 쉽고 더욱 편안한 분위기에서 즐길 수 있다.

가는 방법 마요르 광장에서 도보 2분
주소 Carrer de Can Escursac, 12
문의 971 72 42 34
영업 월~목요일 18:30~24:00, 금 · 토요일 13:00~16:30, 18:30~24:00
휴무 일요일
예산 타파스 €2.40~

바달 코너
Badal Corner

위치 팔마 버스 터미널 주변
유형 로컬 맛집
주메뉴 햄버거

😊 → 메뉴가 다양하다.
😐 → 세트 메뉴가 없다.

다양한 취향을 충족시켜주는 햄버거 맛집. 소고기, 닭고기, 새우, 양고기 등 패티 종류가 다양하며 채식주의자를 위한 비건 버거도 있다. 사이드 메뉴는 감자튀김, 고구마튀김, 샐러드 중에서 고를 수 있는데 튀김에 곁들이는 디핑 소스 중 김치 맛이 있다. 술 한잔 할 때 곁들이기 좋은 안주 메뉴도 다채롭게 구성되어 있다. 직원들의 친절한 서비스를 받을 수 있는 곳이다.

가는 방법 팔마 버스 터미널에서 도보 5분 **주소** Plaça del Comtat del Rosselló, 7 **문의** 871 23 84 62
영업 13:00~23:00
휴무 일 · 월요일
예산 햄버거 €12.90~

칸 호안 데 사이고
Ca'n Joan de s'Aigo

위치 마요르카 대성당 주변
유형 로컬 맛집
주메뉴 커피

😊 → 현지 분위기 체험
😐 → 늘 붐빈다.

1977년에 탄생한 팔마의 사랑방 카페. 예부터 전해 내려오는 인테리어와 소품을 그대로 유지해 고풍스러운 분위기이다. 복고풍의 살롱이지만 마요르카에서는 누구나 이용하는 대중적인 곳이다. 달팽이 모양의 마요르카 전통 빵인 엔사이마다Ensaimada와 함께 커피나 아이스크림을 음미해보자. 인근에 지점이 2개 더 있으니 편한 곳을 방문하면 된다.

가는 방법 마요르카 대성당에서 도보 8분 **주소** Carrer de Can Sanç, 10
문의 971 71 07 59
영업 08:00~21:00 **휴무** 부정기
예산 빵 €1.40~ 음료 €1.50~
홈페이지 canjoandesaigo.com

파티세리아 칸 몰리나
Pastisseria Ca'n Molinas

위치 카르투하 수도원 주변
유형 로컬 맛집
주메뉴 빵

😊 → 이른 아침부터 영업한다.
😐 → 식사 시간대는 매우 붐빈다.

마요르카에서 성탄절 시즌에 먹는 전통 빵 '코카 데 파타타Coca de Patata'는 발데모사 지역의 명물 빵이기도 하다. 1920년에 문을 연 분위기 좋은 이곳에서 꼭 한번 맛보도록 하자. 감자로 반죽했다고 해서 빵 이름에 감자를 뜻하는 스페인어 '파타타Patata'가 붙었다. 특별한 맛은 아니지만 지역 특유의 맛을 느끼기에 좋다. 가게가 개방되어 있어 거리 풍경을 만끽할 수 있다.

가는 방법 카르투하 수도원에서 도보 2분 **주소** Via Blanquerna, 15
문의 971 61 22 47
영업 07:00~20:00 **휴무** 부정기
예산 빵 €1.50~, 음료 €1.40~
홈페이지 www.canmolinas.com

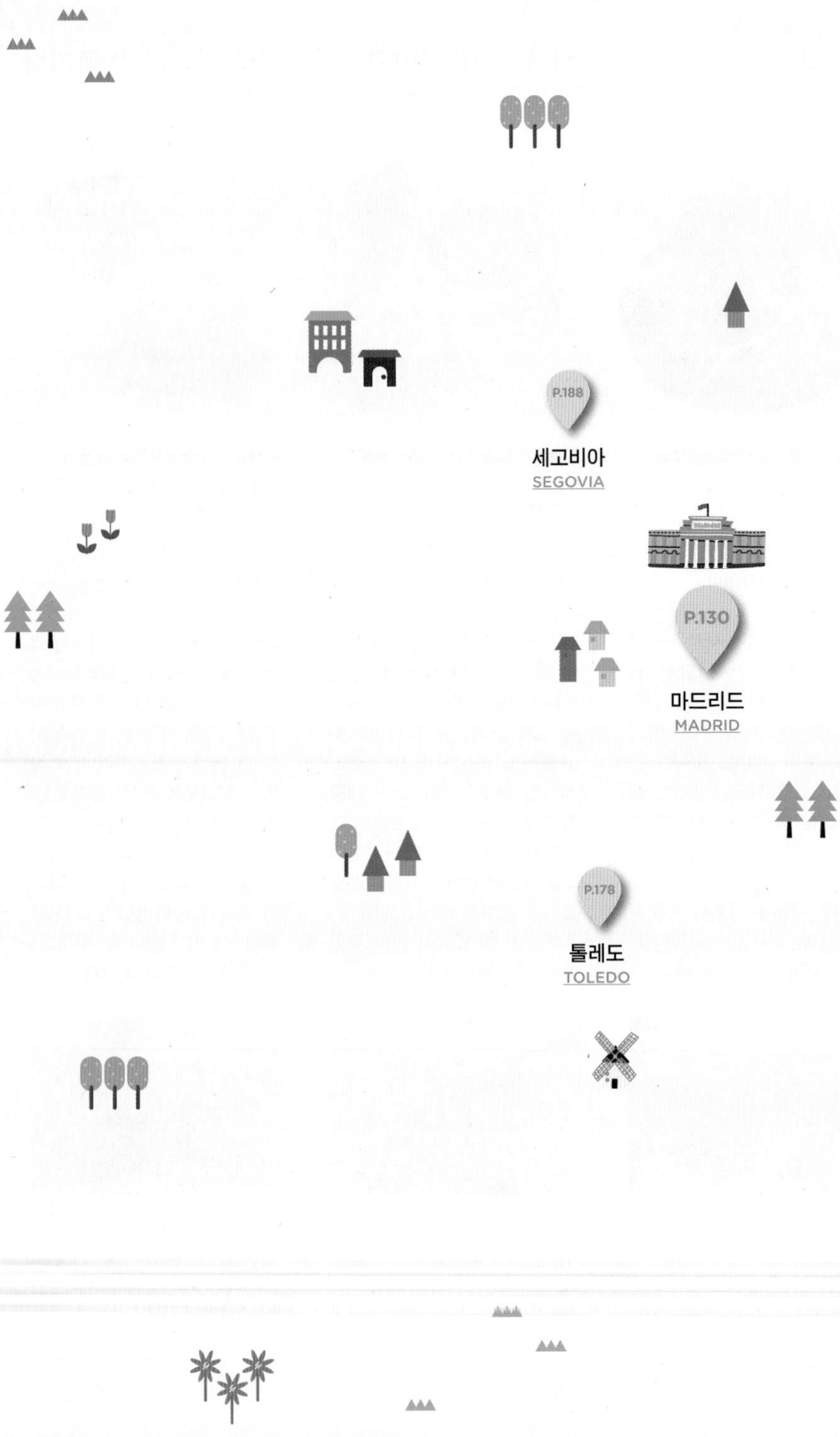
P.188
세고비아
SEGOVIA
P.130
마드리드
MADRID
P.178
톨레도
TOLEDO

FOLLOW

마드리드와 주변 도시

P.176

쿠엥카
CUENCA

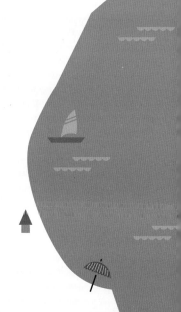

FOLLOW

MADRID

마드리드

지중해와 아메리카, 아프리카에 이르기까지 광대한 지역을 식민지로 두고 스페인의 황금시대를 건설한
펠리페 2세에 의해 톨레도에 이어 수도가 된 마드리드. 스페인의 다른 도시에 비하면 역사는 길지 않지만
세계적인 작품들이 모인 미술관, 스페인 최고 수준의 투우장, 유럽 최대 규모의 궁전,
중세와 근대 건축물이 조화를 이룬 거리, 광장과 분수 등 다양한 관광 명소가 곳곳에 자리해 있다.
유럽 각 나라의 수도 가운데 해발 650m로 가장 고도가 높은데, 이는 알프스의 나라 스위스의
수도 베른(548m)보다 높은 것이다. 피레네산맥을 비롯해 다양한 산맥과
고지대에 도시들이 자리하고 있어 산악 국가의 수도다운 면모를 엿볼 수 있다.

77

마드리드 들어가기

마드리드는 스페인의 수도인 데다 지리적으로 국토 한가운데 위치해 여러 도시에서 쉽게 접근할 수 있다. 공항에는 5개의 터미널이 있으며, 다양한 항공사의 비행기가 발착한다. 시내에 2개의 기차역, 4개의 버스 터미널이 있다.

비행기

인천국제공항에서 마드리드 바라하스 아돌포 수아레스 국제공항으로 가는 직항편은 대한항공에서 담당하며, 약 13시간 20분 걸린다. 루프트한자, 에어프랑스, 터키항공, 알리탈리아항공, KLM네덜란드항공 등 유럽계 항공사와 에미레이트항공 등 중동계 항공사의 경유편을 이용한 입국도 가능하다. 리스본, 포르투, 런던, 밀라노, 파리 등 유럽 내를 오가는 항공편은 이베리아항공, 라이언에어, 에어에우로파, 이지젯 등 유럽 저가 항공사가 담당한다.

● 마드리드 바라하스 아돌포 수아레스 국제공항

Aeropuerto Adolfo Suárez Madrid-Barajas(MAD)

마드리드에 위치한 국제공항으로 스페인의 민주화를 이룬 아돌포 수아레스 초대 수상의 이름을 빌렸다. 시내 중심에서 북동쪽으로 약 15km 떨어진 곳에 있으며 70여 개 항공사의 비행기가 발착할 정도로 큰 규모를 자랑한다. 터미널은 1, 2, 3, 4, 4S 총 5개로 이루어져 있다. 제1 · 2 · 3터미널과 제4 · 4S터미널이 서로 떨어져 있어 무료 셔틀버스로 이동해야 하는데, 셔틀버스가 제4터미널까지만 운행해 제4S터미널로 이동하려면 다시 셔틀 트레인으로 갈아타야 한다.

주소 Av de la Hispanidad, s/n
홈페이지 www.aena.es/es/aeropuerto-madrid-barajas/index.html
셔틀버스 06:00~22:00(배차 간격 5분), 22:00~06:00(배차 간격 20분)

마드리드 공항 터미널별 이용 항공사
전 터미널 에어에우로파
제1터미널 대한항공, 위즈에어, 터키항공, 라이언에어, 이지젯 등
제2터미널 탑포르투갈, KLM네덜란드항공, 에어프랑스, 루프트한자, 알리탈리아항공 등
제4터미널 핀에어, 에티하드항공, 카타르항공, 부엘링항공 등
제4S터미널 이베리아항공, 영국항공, 에미레이트항공, 캐세이퍼시픽항공 등

TRAVEL TALK

건축계가 인정한 마드리드 공항 제4터미널

건축가 안토니오 라멜라Antonio Lamela와 리처드 로저스Richard Rogers가 설계한 제4터미널은 유럽에서 아름다운 건물로 인정받고 있습니다. 영국 건축가 협회상, 스페인 엔지니어링 연구소상, 마드리드 시의회의 건축 및 도시계획상 등을 수상했어요. 공항 터미널의 각 탑승 구역에는 조각 등 설치 작품이, 로비에는 벽화, 회화 등 많은 예술 작품이 있답니다.

FOLLOW UP

마드리드 공항의 편의 시설 파악하기

본격적으로 여행을 시작하기 전에 해결해야 하는 다양한 문제는 시내까지 갈 필요 없이 공항에서도 해결할 수 있다. 공항의 주요 시설을 미리 알아두고 공항을 벗어나기 전에 필요한 정보를 얻자.

• 관광 안내소

마드리드와 근교 도시에 관한 관광 정보를 얻을 수 있는 관광 안내소가 제2 · 4터미널에 있다. 제2터미널은 도착 로비에, 제4터미널은 도착 로비로 가기 전 수하물 찾는 곳에 있다.

운영 제2 · 4터미널 09:30~20:20

• 환전소

우리나라보다 환율이 좋지 않지만 현금이 필요하다면 공항 내 환전소를 이용하자. 제1 · 3 · 4터미널에 이그젝트 익스체인지Exact Change(1 · 3층), 글로벌 익스체인지Global Exchange(4층) 지점이 곳곳에 있다. 환전을 의미하는 스페인어 'Câmbio' 또는 영어 'Currency Exchange'라고 쓰인 간판을 찾으면 된다.

운영 제1터미널 05:00~23:00, 제3터미널 05:30~21:30, 제4터미널 06:00~23:00

• ATM

공항에 있는 ATM은 시내보다 수수료가 높으니 당장 사용할 소액만 인출한다. 모든 터미널에 ATM이 설치되어 있다.

• 통신사 대리점

유럽에서 널리 쓰이는 통신사의 심카드 보다폰Vodafone과 오랑헤Orange는 제1터미널의 베텔 폰Betel Phone과 제4터미널의 WH스미스WH Smith, 더 마켓THE MARKET에서 판매한다. 데이터 8 · 15 · 25기가에 부가 서비스를 제공하는 요금제가 있다.

운영 베텔 폰 08:00~18:00, WH스미스 · 더 마켓 월~금요일 06:00~21:00, 토 · 일요일 07:00~21:00

• 렌터카 사무실

허츠Hertz, 아비스AVIS, 유럽카Europcar, 식스트SIXT, 버짓Budget 등 다양한 렌터카업체가 공항에서 영업한다. 극성수기를 제외하면 공항에서도 예약할 수 있다. 물론 미리 인터넷을 통해 예약하면 더욱 저렴하게 이용 가능하다.

운영 월~금요일 08:00~00:30, 토 · 일요일 08:00~22:30

• 짐 보관

제1 · 4터미널은 지상층(0층) 도착 로비 부근에, 제2터미널은 1층 공영 구역에 짐 보관소가 있다. 요금은 모두 동일하며 짐이 큰 경우에는 €3~5 정도 추가된다.

운영 제1 · 4터미널 24시간, 제2터미널 05:00~22:00 **요금** 2시간 이하 €6, 2~24시간 €10, 48시간 €20, 72시간 €30, 72시간 이후 하루 €10 추가

공항에서 시내로 이동하기

공항에서 시내로 가는 방법은 메트로, 렌페 세르카니아스, 공항버스, 택시 등 다양하다. 목적지와 가까운 역이나 정류장 위치를 확인해 자신에게 맞는 교통수단을 이용하면 된다.

● 메트로 Metro

메트로 8호선이 공항 제4터미널Aeropuerto T4역에서 출발한 뒤 제1 · 2 · 3터미널Aeropuerto T1-T2-T3역을 경유해 누에보스 미니스테리오스Nuevos Ministerios역까지 연결한다. 제4터미널역은 제4터미널 도착 로비에서 한 층 내려가면 연결된다. 제1 · 2 · 3터미널역은 제2터미널과 같은 층에 있으며 통로로 연결되어 있다. 솔 광장이나 프라도 미술관 등 주요 역으로 이동할 때는 1회 환승해야 해서 조금 번거로울 수 있다. 반드시 마드리드 교통카드인 멀티 카드Multi Card를 구매한 후 이용해야 한다.

운행 06:05~02:00
요금 1회권 €1.50~2(목적지에 따라 다름)+공항 이용료 €3+멀티 카드 €2.50
소요 시간 제4터미널역 출발 시 22분, 제1 · 2 · 3터미널역 출발 시 약 17분(누에보스 미니스테리오스역 도착 기준)
홈페이지 www.metromadrid.es/en

● 렌페 세르카니아스 Renfe Cercanías

총 9개 노선이 있는데 1호선이 공항 제4터미널역과 시내를 연결한다. 도착 로비에서 한 층 내려가면 역이 있으며 차마르틴역과 아토차역까지 한번에 연결된다. 이 부근으로 갈 때는 메트로보다 렌페 세르카니아스를 이용하는 것이 빠르다. 초고속 열차 아베AVE의 당일 3시간 이내 승차 티켓 소지 시 무료로 이용할 수 있다. 승차권은 자동 발매기에서 구입한다.

운행 공항 → 차마르틴역 06:02~00:01, 차마르틴역 → 공항 05:29~23:34(배차 간격 15~40분) **요금** €1.70~5.50
소요 시간 차마르틴역까지 16분, 아토차역까지 31분
홈페이지 www.renfe.com/EN/viajeros/cercanias/madrid

● 공항버스 Exprés Aeropuerto

제4터미널을 출발해 제2터미널, 제1터미널, 시벨레스 분수를 거쳐 아토차역까지 30~40분 만에 도착하는 공항 전용 버스다. 24시간 운행하며, 요금은 승차 시 운전기사에게 직접 현금(지폐 €20까지 사용 가능) 또는 신용카드로 지불한다.

운행 24시간(아토차역행 23:30~06:00 운행 중지)
요금 €5
소요 시간 제1터미널 출발 시 30분, 제2터미널 출발 시 35분, 제4터미널 출발 시 40분
주요 노선 제4터미널 → 제2터미널 → 제1터미널 → 오도넬O'Donnell(메트로 6호선) → 시벨레스Cibeles(메트로 2호선) → 아토차Atocha(메트로 1호선)
홈페이지 www.esmadrid.com/en/airport-express

● 택시 Taxi

짐이 많거나 일행이 3명 이상인 경우 택시를 이용하는 게 더 효율적이다. 각 터미널 도착 로비 밖으로 나가면 택시 승강장이 있다. 공항에서 시내까지는 정액제로 추가 요금이 발생하지 않는다. 모바일 차량 공유 서비스인 캐비파이Cabify나 프리나우FreeNow도 많이 이용한다.

운행 24시간 **요금** 시내 중심가 €33, 9.5km 이내 €20
소요 시간 약 30분

열차

스페인 국영 철도 렌페는 초고속 열차 아베AVE부터 일반 열차까지 다양한 종류의 열차를 운행해 마드리드와 각 도시를 연결한다. 웬만한 도시는 환승 없이 직통으로 갈 수 있으며, 빨리 예약할수록 요금이 저렴하다. 마드리드 시내에는 레이나 소피아 미술관 부근의 아토차역과 시내 북부의 차마르틴역이 있는데, 출발지와 목적지에 따라 이용하는 역이 다르므로 사전에 확인 후 이동하도록 한다. 두 기차역 모두 시내 중심가로 이동하는 데 편리하다.

홈페이지 www.renfe.com

● 아토차역 Estación de Madrid-Puerta de Atocha

마드리드의 중앙역 역할을 하는 기차역으로 레이나 소피아 미술관 바로 건너편에 있다. 톨레도, 쿠엥카, 바르셀로나, 세비야, 그라나다 등 스페인의 주요 도시를 연결하는 렌페가 발착한다. 프랑스 몽펠리에, 아비뇽, 엑상프로방스를 거쳐 마르세유로 가는 열차도 이 역에서 발착한다. 메트로와 렌페 세르카니아스 아토차역이 연결 통로로 이어진다.

주소 Glorieta Emperador Carlos V, s/n

● 차마르틴역 Estación de Chamartin

시내 중심가에서 다소 떨어진 북쪽에 위치하는 기차역. 빌바오, 산세바스티안 등 스페인 북부 지역과 세고비아 등 마드리드 북쪽의 주요 도시로 향하는 고속 열차와 포르투갈 리스본행 야간열차가 발착한다. 메트로 1 · 10호선과 렌페 세르카니아스 차마르틴역에서 바로 연결된다.

주소 Estación de Chamartín, s/n

마드리드-주요 도시 간 열차 운행 정보

출발지	열차 종류	운행 편수(1일)	소요 시간	요금(편도)
톨레도	AVANT	10편 이상	35분	€14~
세고비아	AVANT · ALVIA · REGIONAL	10편 이상	27분~1시간 56분	€9~
쿠엥카	AVE · iryo · OUIGO · AVANT · ALVIA	10편 이상	54분~1시간	€15~
바르셀로나	AVE · iryo · OUIGO	10편 이상	3시간~3시간 15분	€15~
세비야	AVE · ALVIA	10편 이상	2시간 20~30분	€65~
그라나다	AVE	6편	3시간 30분~6시간	€51~
빌바오	ALVIA	2편	4시간 30분	€31~

※초고속 열차 AVE · iryo · OUIGO, 고속 열차 AVANT · ALVIA, 근거리용 일반 열차 REGIONAL

버스

마드리드와 주요 도시를 직통으로 연결하는 중 · 장거리 버스는 알사ALSA, 아반사AVANZA, 소시부스Socibus 등의 버스 회사에서 운행한다. 근교 도시로 이동하려면 티켓을 예매하는 게 좋다. 버스 터미널은 가장 교통량이 많은 마드리드 남부 버스 터미널을 비롯해 아베니다 데 아메리카 버스 터미널, 플라사 엘립티카 버스 터미널, 몽클로아 버스 터미널 등 마드리드 시내에만 네 곳이 있다. 출발지

와 목적지에 따라 이용하는 터미널이 다르므로 승차하기 전 잘 확인해야 한다. 각 터미널 간 거리가 가까운 편이 아니라 터미널을 착각했을 경우 버스를 놓칠 가능성이 크다. 모든 터미널이 메트로역과 바로 연결되며, 시내버스와 렌페 세르카니아스도 터미널 부근에 정류장과 역이 있어 이동하기 편리하다.

홈페이지 알사 www.asla.com / 아반사 www.avanzabus.com / 소시부스 www.socibus.es

● 마드리드 남부 버스 터미널 Estación de Autobuses de Madrid Sur

시내 남쪽에 위치한 마드리드 최대 규모의 버스 터미널. 그라나다, 세비야 등을 오가는 장거리 노선과 쿠엥카 등을 오가는 중거리 노선을 주로 운행하는 버스가 발착한다. 메트로 6호선과 렌페 세르카니아스 멘데스 알바로Méndez Álvaro역에서 연결된다.

주소 Estación Sur de Autobuses

● 아베니다 데 아메리카 버스 터미널 Estación de Avenida de América

시내 중심부에서 북동쪽에 위치한 터미널. 터미널 위치에서 알 수 있듯이 마드리드에서 북동쪽에 위치한 바르셀로나, 빌바오, 산세바스티안으로 향하는 버스가 발착한다. 메트로 4 · 6 · 7 · 9호선 아베니다 데 아메리카역에서 연결된다. 4개 노선이 지나는 환승역이라 이용객이 많아 상당히 붐빈다.

주소 Avenida de América, 9

● 플라사 엘립티카 버스 터미널 Intercambiador de Plaza Elíptica

시내 중심부에서 남서쪽에 위치한 터미널. 톨레도를 오가는 알사 버스가 발착한다. 메트로 6 · 11호선 플라사 엘립티카역에서 바로 연결된다.

주소 Via Lusitana, 3

● 몽클로아 버스 터미널 Intercambiador de Moncloa

시내 중심부에서 북서쪽에 위치한 터미널. 세고비아를 오가는 아반사 버스가 발착한다. 메트로 3 · 6호선 몽클로아역에서 바로 연결된다.

주소 C. de la Princesa, 98

도시별 주요 이용 버스 터미널과 버스 회사

마드리드 남부 버스 터미널 쿠엥카(AVANZA), 세비야(Socibus), 그라나다(ALSA)
아베니나 데 아메리카 버스 터미널 바르셀로나(ALSA), 빌바오(ALSA)
플라사 엘립티카 버스 터미널 톨레도(ALSA)
몽클로아 버스 터미널 세고비아(AVANZA)

마드리드-주요 도시 간 버스 운행 정보

출발지	운행 회사	운행 편수(1일)	소요 시간	요금(편도)
톨레도	ALSA	10편 이상	50분~1시간 30분	€6~
세고비아	AVANZA	10편 이상	1시간 10~35분	€6
쿠엥카	AVANZA	8편	2시간 5분~3시간	€13.50~
바르셀로나	ALSA	10편 이상	7시간 35분~8시간	€35~
세비야	Socibus	4편	6시간 30분	€32~
그라나다	ALSA	10편 이상	5시간	€20~
빌바오	ALSA	10편 이상	4시간 5분~5시간	€34~

마드리드 시내 교통

마드리드 시내 각지를 연결하는 교통수단으로는 메트로, 시내버스, 렌페 세르카니아스가 있다. 여행자마다 동선과 목적지가 달라 어느 교통편이 가장 편리한지 단정할 수는 없으나 관광지에 인접한 역이 많은 메트로가 비교적 이용 횟수가 많다.

메트로
Metro

1호선부터 12호선까지 12개의 지선과 3개의 경전철로 이루어진 메트로는 마드리드 시내를 긴밀하게 연결해 유럽에서도 촘촘한 노선으로 손꼽힌다. 마드리드 공항에서 시내로 이어지는 8호선, 솔 광장을 관통하는 1 · 2 · 3호선 등 여행자들이 많이 찾는 장소가 메트로역과의 접근성이 좋아 많이 이용한다.
요금은 지역에 따라 A존Zona A부터 B1~3존Zona B1-3으로 나뉘어 책정되는데, 여행자가 주로 이용하는 시내는 A존, 외곽은 B1~3존으로 나뉜다. 승차권은 멀티 카드라는 마드리드의 교통카드를 구매해 1회권 또는 10회권으로 충전해 사용한다. 유효기간은 10년으로 여러 사람이 동시에 사용 가능하며 역내 자동 발매기에서 구입할 수 있다.

주의 메트로 차량 문은 수동으로, 문에 달린 초록색 버튼을 누르면 열린다.
운행 06:00~01:30(노선마다 다름)
요금 A존 기준 1회권 €1.50~2, 10회권 €12.20(멀티 카드 €2.50 별도)
홈페이지 www.metromadrid.es/en

TIP
스페인 국영 철도 렌페를 이용하는 여행자는 출발지에서 기차역, 기차역에서 목적지로 향할 때 이용할 수 있는 메트로 또는 렌페 세르카니아스 교통권이 무료로 제공된다. 탑승 3시간 전과 하차 후 3시간 이내에 사용할 수 있으며 자동 발매기에서 발급 가능하다.

렌페 세르카니아스
Renfe Cercanías

스페인 국영 철도 회사 렌페에서 운행하는 근교 열차로 총 9개 노선이 있다. 빠르고 요금이 저렴해 마드리드 시내에서 아란후에스 등 시외로 이동할 때 가장 편리한 교통수단이다. 마드리드 공항 또는 아토차역, 차마르틴역에서 출발하는 경우 목적지와 가까운 역이 있다면 메트로보다 빨리 갈 수 있다. 메트로역과 렌페 세르카니아스역이 한 역사 내에 있으나 교통권은 공용이 아니므로 각각 구입해야 한다.

주의 메트로와 같은 역사를 사용하지만 요금 체계와 승차 플랫폼이 전혀 다르다.
운행 05:00~24:00(노선마다 다름)
요금 1회권 1 · 2존 €1.70, 3존 €1.85, 4존 €2.60, 5존 €3.40, 6존 €4.05, 7존 €5.50
홈페이지 www.renfe.com/es/en/suburban/suburban-madrid

마드리드 메트로 노선도

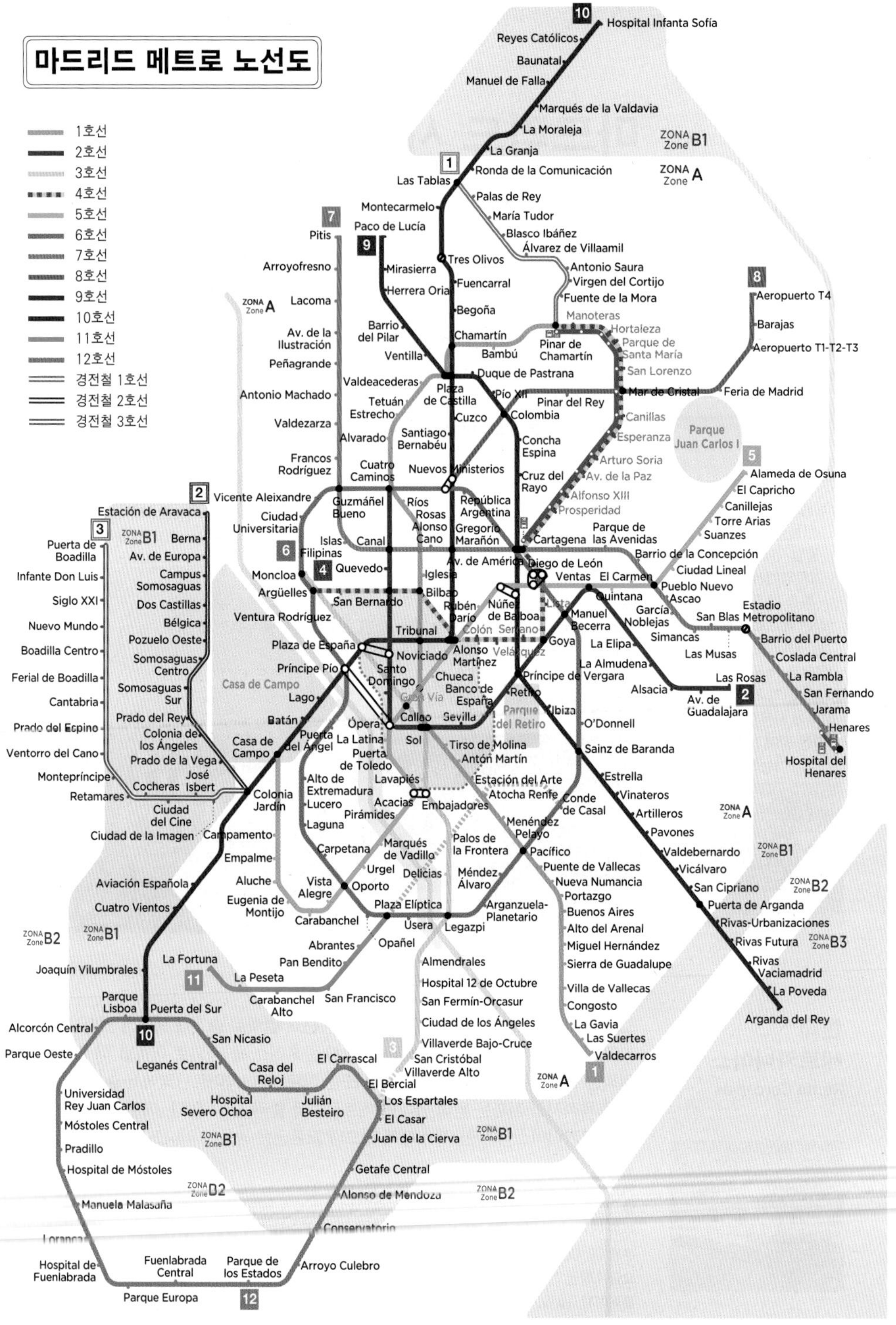
1호선
2호선
3호선
4호선
5호선
6호선
7호선
8호선
9호선
10호선
11호선
12호선
경전철 1호선
경전철 2호선
경전철 3호선
10
Hospital Infanta Sofía
Reyes Católicos
Baunatal
Manuel de Falla
Marqués de la Valdavia
La Moraleja
La Granja
ZONA Zone B1
ZONA Zone A
1
Las Tablas
Ronda de la Comunicación
Palas de Rey
María Tudor
Blasco Ibáñez
Álvarez de Villaamil
Antonio Saura
Virgen del Cortijo
Fuente de la Mora
Montecarmelo
Paco de Lucía
7
Pitis
9
Tres Olivos
Arroyofresno
Mirasierra
Herrera Oria
Fuencarral
Lacoma
Begoña
8
Aeropuerto T4
Barajas
Aeropuerto T1-T2-T3
Av. de la Ilustración
Barrio del Pilar
Ventilla
Peñagrande
Chamartín
Bambú
Pinar de Chamartín
Manoteras
Hortaleza
Parque de Santa María
San Lorenzo
Duque de Pastrana
Valdeacederas
Plaza de Castilla
Pío XII
Mar de Cristal
Feria de Madrid
Antonio Machado
Tetuán
Estrecho
Cuzco
Colombia
Pinar del Rey
Canillas
Valdezarza
Alvarado
Santiago Bernabéu
Concha Espina
Esperanza
Parque Juan Carlos I
Francos Rodríguez
Cuatro Caminos
Nuevos Ministerios
Cruz del Rayo
Arturo Soria
Av. de la Paz
5
Alameda de Osuna
El Capricho
Canillejas
Torre Arias
Suanzes
2
Vicente Aleixandre
Estación de Aravaca
3
Berna
Av. de Europa
Campus Somosaguas
Dos Castillas
Bélgica
Pozuelo Oeste
Somosaguas Centro
Somosaguas Sur
Prado del Rey
Colonia de los Ángeles
Prado de la Vega
José Isbert
Cocheras
Puerta de Boadilla
Infante Don Luis
Siglo XXI
Nuevo Mundo
Boadilla Centro
Ferial de Boadilla
Cantabria
Prado del Espino
Ventorro del Cano
Montepríncipe
Retamares
Ciudad del Cine
Ciudad de la Imagen
Ciudad Universitaria
Guzmán el Bueno
Ríos Rosas
República Argentina
Alonso Cano
Gregorio Marañón
Alfonso XIII
Prosperidad
Cartagena
Parque de las Avenidas
Barrio de la Concepción
Ciudad Lineal
6
Islas Filipinas
Canal
Moncloa
4
Quevedo
Iglesia
Av. de América
Diego de León
Ventas
El Carmen
Pueblo Nuevo
Ascao
Argüelles
San Bernardo
Bilbao
Rubén Darío
Núñez de Balboa
Lista
Quintana
Manuel Becerra
García Noblejas
Simancas
San Blas
Estadio Metropolitano
Las Musas
Ventura Rodríguez
Tribunal
Colón
Serrano
Goya
La Elipa
Barrio del Puerto
Coslada Central
La Rambla
San Fernando
Jarama
Henares
Hospital del Henares
Plaza de España
Noviciado
Alonso Martínez
Velázquez
La Almudena
Las Rosas
Príncipe Pío
Santo Domingo
Chueca
Banco de España
Príncipe de Vergara
Alsacia
Av. de Guadalajara
Casa de Campo
Lago
Gran Vía
Retiro
Ibiza
Parque del Retiro
Batán
Ópera
Callao
Sevilla
O'Donnell
Puerta del Ángel
La Latina
Sol
Tirso de Molina
Antón Martín
Sainz de Baranda
Casa de Campo
Puerta de Toledo
Alto de Extremadura
Lavapiés
Estación del Arte
Atocha Renfe
Estrella
Colonia Jardín
Lucero
Acacias
Embajadores
Conde de Casal
Vinateros
Artilleros
Pirámides
Laguna
Menéndez Pelayo
Pavones
Campamento
Carpetana
Marqués de Vadillo
Palos de la Frontera
Pacífico
Valdebernardo
Empalme
Urgel
Delicias
Puente de Vallecas
Vicálvaro
Aviación Española
Aluche
Vista Alegre
Oporto
Méndez Álvaro
Nueva Numancia
Portazgo
San Cipriano
Eugenia de Montijo
Plaza Elíptica
Arganzuela-Planetario
Buenos Aires
Puerta de Arganda
Cuatro Vientos
Carabanchel
Usera
Legazpi
Alto del Arenal
Rivas-Urbanizaciones
ZONA Zone B2
Abrantes
Opañel
Miguel Hernández
Rivas Futura
ZONA Zone B3
Pan Bendito
Almendrales
Sierra de Guadalupe
Rivas Vaciamadrid
La Fortuna
Joaquín Vilumbrales
11
La Peseta
Hospital 12 de Octubre
Villa de Vallecas
La Poveda
Parque Lisboa
Puerta del Sur
Carabanchel Alto
San Francisco
San Fermín-Orcasur
Congosto
Arganda del Rey
Alcorcón Central
Ciudad de los Ángeles
La Gavia
San Nicasio
Villaverde Bajo-Cruce
Las Suertes
Parque Oeste
Leganés Central
Casa del Reloj
El Carrascal
San Cristóbal
Villaverde Alto
Valdecarros
El Bercial
Universidad Rey Juan Carlos
Hospital Severo Ochoa
Julián Besteiro
Los Espartales
El Casar
Móstoles Central
Juan de la Cierva
Pradillo
Hospital de Móstoles
Getafe Central
Manuela Malasaña
Alonso de Mendoza
Loranca
Conservatorio
Hospital de Fuenlabrada
Fuenlabrada Central
Parque de los Estados
Arroyo Culebro
Parque Europa
12

시내버스
Bus

마드리드시 교통공사(EMT)가 운행하는 시내버스는 시내의 거의 모든 지역을 연결해 메트로만큼 편리하게 이용할 수 있다. 일부 구간은 메트로보다 더 빠른 경우도 있고, 지하로 오르락내리락하는 일 없이 지상에서 승하차하기 때문에 짐이 많으면 버스가 더 편할 수도 있다. 버스를 탈 때는 반드시 손을 들어 탑승 의사를 표시할 것. 요금은 메트로와 공용인 멀티 카드를 사용하거나 승차 시 운전기사에게 직접 현금으로 내면 된다.

주의 심야 버스 부오스Búhos는 일부 노선만 운행하므로 사전에 반드시 확인해야 한다.
운행 월~금요일 06:00~23:30, 토 · 일요일 · 공휴일 07:00~23:00(노선마다 다름)
요금 1회권 €1.50, 10회권 €12.20(멀티 카드 €2.50 별도)
홈페이지 www.emtmadrid.es

TIP

아토차역 앞을 출발해 프라도 미술관, 시벨레스 광장, 그란 비아를 거쳐 몽클로아역까지 가는 001번 버스를 무료로 운행하니 잘 활용하면 교통비를 아낄 수 있다. 탑승 시 운전기사가 주는 티켓을 반드시 받아가도록 한다.
운행 아토차역 → 몽클로아역 07:00~23:00 / 몽클로아역 → 아토차역 07:00~23:30

택시
Taxi

마드리드를 달리는 택시는 하얀색 차체 앞문에 빨간색 선이 그어진 것이 특징이다. 시내 곳곳에 T자 표시가 있는 택시 승강장이 있으며, 우리나라처럼 도로변에서 지나가는 택시를 잡아 탑승해도 된다. 택시 표시등이 초록 불이면 빈 차라는 뜻이므로 손을 들어 탑승 의사를 나타낸다. 모든 택시는 신용카드 결제가 가능하다. 마드리드 시내에서 모바일 차량 배차 서비스인 캐비파이Cabify나 프리나우FreeNow를 이용할 수 있다. 일반 택시보다 저렴해 여행자에게 인기가 높다.

주의 기차역에서 승차할 경우 €3를 별도로 내야 한다.
운행 24시간
요금 월~금요일 07:00~21:00 기본요금 €2.50, km당 €1.30 / 월~금요일 21:00~07:00, 토 · 일요일 · 공휴일 기본요금 €3.15, km당 €1.50 / 공항에서 시내까지 정액 요금 €33

TIP

여행자 전용 교통 패스, 투어리스트 트래블 패스Abono Turístico de Transporte
1~7일간 유효기간 내에 메트로, 시내버스, 렌페 세르카니아스 등 마드리드 시내 교통수단을 무제한으로 이용할 수 있는 전용 패스로 1 · 2 · 3 · 4 · 5 · 7일권이 있다. 개시일부터 종료일 다음 날 새벽 5시까지 사용 가능하며, 교통카드인 멀티 카드와 마찬가지로 승차 시 단말기에 카드를 태그한 후 탑승하면 된다. 사용 가능한 구역이 A존과 T존으로 나뉘어 있는데 일반적으로 여행자가 이용하는 구역은 A존이다.
유효기간이 끝난 카드는 멀티 카드로 충전해 재사용할 수 있다.

주의 공항버스는 이용할 수 없다.
요금

존	1일	2일	3일	4일	5일	7일
A존	€8.40	€14.20	€18.40	€22.60	€26.80	€35.40
T존	€17	€28.40	€35.40	€43.00	€50.80	€70.80

※11세 이하는 일반 요금의 50% 적용, 4세 이하 무료

공용 자전거
BiciMAD

우리나라의 따릉이, 타슈같이 지자체에서 운영하는 공용 전동 자전거가 마드리드에도 있다. 마드리드 시내에 165개 정류장과 2000대 이상의 전동 자전거를 배치해 누구나 손쉽게 이용할 수 있다. 스마트폰 애플리케이션을 이용해 간단히 정보를 등록한 후 녹색 불이 점등된 자전거를 대여하면 된다. 반환할 때는 빨간 불이 점등된 부분에 자전거를 돌려놓는다.

주의 회원 가입할 때 등록한 신용카드로 €150의 보증금이 결제되는데 이용이 끝나면 다시 환급된다.
운행 24시간 **요금** 최초 30분 €0.50, 두 번째 30분 €0.50, 이후 30분 초과 €3
홈페이지 www.bicimad.com

시티 투어 버스
City Tour Bus

마드리드의 주요 관광지를 중심으로 도는 시티 투어 버스는 주어진 시간 내에 최대한 많은 곳을 둘러볼 수 있는 방법이다. 프라도 미술관을 출발해 그란 비아, 스페인 광장, 데보드 신전, 마요르 광장, 솔 광장을 거쳐 레이나 소피아 미술관으로 이어지는 '히스토리컬 마드리드Historical Madrid'와 시벨레스 광장, 산티아고 베르나베우, 세라노 거리를 거쳐 솔 광장으로 이어지는 '모던 마드리드Modern Madrid' 두 가지 경로가 있다. 모든 정류장에서 자유롭게 승하차할 수 있으며 영어 무료 가이드 투어도 가능하다. 차내에 시티 투어 지도와 도시 곳곳에서 사용 가능한 할인 쿠폰, 이어폰 등이 비치되어 있다.

주의 오디오 가이드는 한국어 지원이 안 된다.
운행 3~10월 09:00~22:00, 11~2월 10:00~18:00
요금 16~64세 €25, 7~15세 · 65세 이상 €11, 6세 이하 무료
홈페이지 madrid.city-tour.com/en

TIP

멀티 카드 구입 방법

① 자동 발매기 화면에서 멀티 카드를 충전할 때는 왼쪽 'Inserte su tarjeta de transporte'를, 멀티 카드를 구매할 때는 오른쪽 'adquirir tarjeta de transporte'를 터치한 후 화면 오른쪽의 빨간 카드 이미지 아래 투입구에 카드를 삽입한다.

② 1회권은 '1 VIAJE', 10회권은 '10 VIAJES', 공항행은 'AEROPUERTO'를 선택한다.

③ 대부분의 관광 명소는 A존에 속하므로 'SENCILLO METRO ZONA A'를 선택한다.

④ 요금이 표시되면 지폐나 동전, 신용카드를 넣어 결제한다(멀티 카드 구입비 별도 €2.50).

FOLLOW UP

알아두면 유용한 마드리드 실용 정보

관광 정보나 현금, 심카드 등 여행에 필요한 것은 솔 광장을 비롯한 마드리드 중심가에서도 쉽게 구할 수 있다. 미처 준비하지 못했을 경우 걱정하지 말고 아래 내용을 참고하자.

• 관광 안내소

시내 곳곳에 있는 관광 안내소에서 지도는 물론, 시설 안내 등 여행 관련 정보를 얻을 수 있다. 주요 관광 명소 부근에 있어 접근성이 좋다.

위치 마요르 광장, 프라도 미술관, 레이나 소피아 미술관, 마드리드 왕궁 등
운영 09:30~20:30
휴무 1/1, 12/24~25, 12/31

• 환전소

마드리드는 스페인 내에서도 환율이 좋지 않고 수수료가 높기로 유명하다. 부득이하게 환전해야 할 경우에는 시중 은행을 이용하거나 구글 맵에서 'exchange'를 검색한다.

아토차역 내 환전소
주소 Pl. del Emperador Carlos V
운영 07:30~22:00

• ATM

환전소만큼 ATM 인출도 환율이 안 좋은 편이니 꼭 필요한 경우에만 이용한다. 트래블월렛과 트래블로그 체크카드 소지자는 이베르카하 방코Ibercaja Banco와 도이체 방크Deutsche Bank ATM에서 인출할 때 수수료가 없다.

위치 구글 맵에서 'Ibercaja Banco' 또는 'Deutsche Bank'를 검색하면 가까운 ATM을 알려준다.
운영 24시간

• 통신사 대리점

스페인에서 사용하기 편리한 심카드는 오랑헤Orange와 보다폰Vodafone이다. 오랑헤는 데이터 7 · 12 · 20기가에 부가 서비스를 제공하는 요금제를, 보다폰은 데이터 8 · 15 · 25기가에 부가 서비스를 제공하는 요금제를 운영한다.

위치 오랑헤 Puerta del Sol, 12 / 보다폰 Puerta del Sol, 13
운영 오랑헤 10:00~21:00 / 보다폰 월~토요일 09:00~21:00, 일요일 11:00~20:00

• 택스 리펀드

스페인 상점에서 물건을 구매할 때 세금을 환급받을 수 있다. 현재 마드리드 시내에서 세금 환급이 가능한 면세 대행사는 없다. 대신 공항 내 '글로벌 익스체인지Global Exchange' 카운터에서 글로벌 블루Global Blue는 물론 이노바Innova, 플래닛Planet 등 모든 대행사의 환급이 가능하다.

위치 제1터미널 B카운터 부근, 제3터미널 출국 수속 구역 부근, 제4터미널 S카운터 부근
운영 제1터미널 08:00~20:00, 제3터미널 05:30~21:30, 제4터미널 07:30~23:30

Madrid **Best Course**

마드리드 추천 코스

일정별 코스

스페인의 수도 마드리드 관광으로 꽉 채운 2일

세계적인 회화 작품을 원 없이 감상할 수 있는 절호의 기회! 다른 도시에 비해 즐길 거리는 다소 부족하게 느껴질지라도 미술에 관심 있는 여행자라면 그런 마음이 싹 사라질 것이다. 차분하게 작품을 들여다보고 싶다면 1박 2일 일정으로 돌아보는 것이 좋다.

TRAVEL POINT

- **이런 사람 팔로우!** 미술에 관심이 많다면
- **여행 적정 일수** 꽉 채운 2일
- **주요 교통수단** 도보, 메트로, 시내버스
- **여행 준비물과 팁** 3대 미술관을 전부 관람한다면 파세오 델 아르테 카드
- **사전 예약 필수** 프라도 미술관, 레이나 소피아 미술관, 티센보르네미사 미술관

DAY 1

두 발로 누비며 관광, 미식, 쇼핑을 하루에!

- **소요 시간** 7시간
- **예상 경비** 입장료 €19 + 식비 €40~ = Total €59~
- **점심 식사는 어디서 할까?** 스페인 광장 주변 식당에서
- **기억할 것** 마드리드 왕궁 근위병 교대식이 열리는 때 방문할 경우 시간에 맞춰 동선을 짤 것

알무데나 대성당 P.152

→ 도보 1분

마드리드 왕궁 P.151

→ 도보 15분

데보드 신전 P.152

→ 도보 8분

스페인 광장 P.151

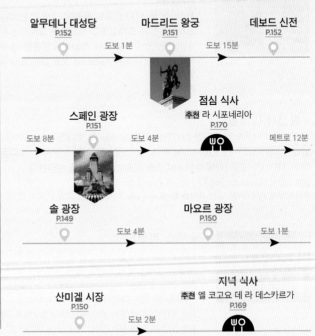

→ 도보 4분

점심 식사
추천 라 시포네리아 P.170

→ 메트로 12분

솔 광장 P.149

→ 도보 4분

마요르 광장 P.150

→ 도보 1분

산미겔 시장 P.150

→ 도보 2분

저녁 식사
추천 엘 코고요 데 라 데스카르가 P.169

DAY **2**

마드리드 3대 미술관 탐방하기

소요 시간 10시간

예상 경비
입장료 €32 + 식비 €30~
= Total €62~

점심 식사는 어디서 할까?
프라도 미술관 주변 식당에서

기억할 것 미술관 세 곳의 통합 입장권을 구매하면 더욱 저렴하게 이용할 수 있다.

레이나 소피아 미술관 P.165

도보 10분

점심 식사
추천 타베르나 마스 알 수르 P.172

도보 7분

프라도 미술관 P.155

도보 5분

레티로 공원 P.164

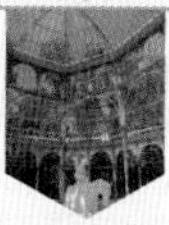

도보 10분

티센보르네미사 미술관 P.161

도보 4분

시벨레스 분수 P.168

버스 15분

엘 코르테 잉글레스 P.174

메트로 15분

저녁 식사
추천 타베르나 라 콘차 P.171

TIP

프라도 미술관, 레이나 소피아 미술관, 티센보르네미사 미술관을 모두 둘러볼 예정이라면 통합 입장권 '파세오 델 아르테 카드Paseo del Arte Card'를 활용하자. 일일이 구매하는 것보다 20% 저렴하며 입장 시 줄을 서지 않아도 돼 여러모로 이익이다. 이 카드는 구매 후 1년 이내에 각 미술관을 1회씩 입장할 수 있다.
요금 €32

TRAVEL TALK

마드리드 기념품 찾기, 산히네스 서점

지금으로부터 370년 전인 1650년에 탄생한 산히네스 서점Librería San Ginés은 추로스로 유명한 산히네스 거리에 있어요. 희소가치가 큰 고서적을 비롯해 마드리드 풍경이 담긴 그림엽서, 손때 묻은 낡은 중고 서적을 볼 수 있지요. 단 하나의 기념품을 사고자 한다면 이곳을 강추합니다.
주소 Pasadizo de San Ginés, 2 **문의** 913 66 46 86

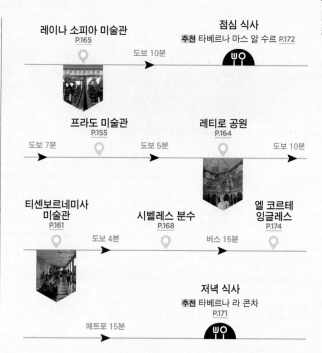

마드리드 전도
N
W
E
S
0
1.6km
차마르틴역
Estación de Chamartin
마드리드 바라하스 아돌포 수아레스 국제공항 방향
Aeropuerto Adolfo Suárez Madrid-Barajas
산티아고 베르나베우 스타디움
Estadio Santiago Bernabéu
아베니다 데
아메리카 버스 터미널
Estación de Avenida de América
몽클로아 버스 터미널
Intercambiador de Moncloa
솔 광장 주변 P.148
라스 벤타스 투우장
Plaza de Toros de Las Ventas
카사 데 캄포
Casa de Campo
프라도 미술관 주변 P.154
스페인 광장
Plaza de España
솔 광장
Puerta del Sol
레티로 공원
Parque de El Retiro
아토차역
Estación de Madrid-Puerta
de Atocha
마드리드 남부 버스 터미널
Estación de Autobuses de Madrid Sur
플라사 엘립티카 버스 터미널
Intercambiador de Plaza Elíptica

솔 광장 주변

마드리드 관광의 출발이 되는 곳

솔 광장을 기점으로 뻗어나가는 그란 비아Gran Via 거리는 마드리드 관광, 문화, 음식, 쇼핑 등 다양한 분야의 중심 역할을 한다. 교통이 편리하고 숙박 시설이 모여 있어 마드리드 여행자 대다수가 이곳을 거점으로 관광을 즐긴다. 반드시 방문해야 할 정도의 관광 명소가 있는 것은 아니지만 맛집 투어와 쇼핑을 겸해 둘러볼 만한 곳이 군데군데 있어 한나절 또는 하루 정도 투자하는 것이 적당하다.

01 솔 광장 추천

Puerta del Sol

스페인 거리의 출발점

'태양의 문'이란 뜻을 지닌 만남의 광장으로 마드리드의 모든 길이 이곳을 기점으로 뻗어나간다. 마드리드 자치 정부 청사 앞에는 마드리드에서 스페인 각 지역까지의 거리를 재는 기준점인 도로원표Kilómetro Cero가 있다. 이 석판에 발을 얹으면 마드리드에 다시 온다는 속설이 있어 많은 사람들이 이곳에서 기념 촬영을 한다. 광장 중심에는 스페인 왕위를 계승하면서 개혁 정치를 시행한 카를로스 3세의 기마상이 있으며, 한쪽에는 마드리드의 마스코트인, 산딸기나무에서 열매를 따 먹는 배고픈 곰 동상El Oso y el Madroño이 있다. 옛 지명인 '우르사리아Ursaria'가 곰의 땅이라는 뜻일 정도로 마드리드는 곰이 자주 출몰했던 지역이다. 1967년에 제작한 이 동상은 16세기 스페인을 강타한 말라리아의 치료제로 산딸기에 의존했다는 것을 곰과 산딸기나무로 표현한 것이다. 곰 동상의 발뒤꿈치를 만지면 소원이 이루어진다고 한다. 제야의 행사가 이 광장에서 열리는데 청사 탑에서 울리는 종소리를 들으며 새해를 맞이한다. 특히 자정을 기해 울리는 12번의 종소리에 맞춰 포도알을 하나씩 먹으며 행운이 깃든다고 하니,

지도 P.148
가는 방법 메트로 1 · 2 · 3호선 솔Sol역에서 바로 연결
주소 Plaza de la Puerta del Sol

02 마요르 광장
Plaza Mayor

마드리드 관광의 메카

'마요르'는 스페인어로 크다는 의미로, 길이 129m, 너비 94m의 드넓은 직사각형 광장이다. 9개의 아치형 출입구와 237개의 발코니를 갖춘 4층 건물로 사방이 둘러싸여 있다. 북쪽 건물 파사드의 프레스코화는 마드리드가 문화 도시로 지정된 1992년에 제작한 것으로 마드리드에 관한 신화 속 신들이 등장한다.

현재의 평화로운 분위기와 달리 스페인 국토회복 운동의 일환으로 가톨릭 국왕 페르난도 2세와 여왕 이사벨 1세가 종교재판을 치르면서 이슬람교도와 이단자를 밤낮으로 처형하던 곳이기도 하다.

지도 P.148
가는 방법 솔 광장에서 도보 4분
주소 Plaza Mayor

03 산미겔 시장 추천
Mercado de San Miguel

골라 먹는 스페인의 맛

예부터 청과물 시장이 서던 자리에 1916년에 지은 철제 건축물로, '스페인의 맛'을 관광화한 시장이다. 본래 이 부근은 먹자골목으로 유명했는데 그 옛날 헤밍웨이도 술잔을 기울이던 곳이라 한다. 채소와 해산물 등 식재료를 취급하는 일반 시장 형태가 아닌 다양한 먹거리를 판매하는 매대가 줄지어 있는 푸드 코트에 가깝다. 각 코너에서 구입한 음식을 시장 중앙에 마련된 테이블에 앉거나 가장자리에 설치된 바르에 서서 먹는다. 가격은 일반 음식점보다 비싼 편이니 가볍게 즐겨보자.

지도 P.148 **가는 방법** 마요르 광장에서 도보 1분
주소 Plaza de San Miguel **문의** 915 42 49 36
운영 일~목요일 10:00~24:00, 금 · 토요일 · 공휴일 전날 10:00~01:00
홈페이지 www.mercadodesanmiguel.es

④ 마드리드 왕궁
Palacio Real de Madrid

스페인 왕실의 상징

펠리페 2세가 수도를 마드리드로 옮기면서 이슬람의 요새였던 자리에 세운 궁전으로 방만 2800여 개에 달하는 서유럽 최대 규모의 왕궁이다. 1734년에 발생한 화재로 초기 건물은 전소되고 지금의 건물은 태양왕 루이 14세의 손자 펠리페 5세가 자신이 살던 베르사유 궁전처럼 짓도록 해 26년 만에 완공한 것이다. 1931년까지 역대 국왕이 살았으며 현재는 이곳에서 국가 행사만 열린다. 벨라스케스, 고야, 루벤스, 티에폴로 등 유명 화가의 작품과 태피스트리를 비롯해 당시 호화로운 생활을 짐작케 하는 장식과 물건이 전시되어 있다. 매월 1일 오후 12시부터 왕궁 앞 광장에서 약 50분간 근위병 교대식이 열린다. 내부는 사진 촬영이 금지되어 있다.

왕실에 있던 벨라스케스의 작품 〈시녀들〉은 화재 당시 누군가 밖으로 던져 구했다고 합니다. 현재는 프라도 미술관에 전시되어 있어요.

지도 P.148 **가는 방법** 메트로 2 · 5호선 오페라Opera역에서 도보 5분
주소 Calle de Bailén **문의** 914 54 87 00 **운영** 정원 10:00~19:00 / 왕궁 월~토요일 10:00~18:00, 일요일 10:00~16:00 **휴무** 1/1, 1/6, 5/1, 12/25
요금 일반 €14, 5~16세 · 25세 이하 학생 €7, 4세 이하 무료 ※월~목요일 17:00~19:00 무료 입장 **홈페이지** www.patrimonionacional.es

⑤ 스페인 광장
Plaza de España

돈키호테가 반기는 광장

스페인의 대문호 세르반테스와 그의 소설《돈키호테》에 등장하는 돈키호테, 산초 판사 동상이 반기는 광장. 돈키호테가 꿈속에서 사모하던 공주 둘시네아와 실제 공주라 착각했던 망상의 대상인 알돈사 등 소설 속 다른 인물들의 조각상도 함께 세워져 있어 보는 재미가 있다. 마드리드 근교 알칼라데에나레스에서 태어난 세르반테스 사후 300년을 기념해 광장과 동상을 만들었다. 스페인 각지는 물론 로마에도 동명의 광장이 있는데 이곳이 원조 격이다.

지도 P.148 **가는 방법** 메트로 10호선 플라사 데 에스파냐Plaza de España역에서 바로 연결
주소 Plaza de España

⑥ 알무데나 대성당

Catedral de Santa María la Real de la Almudena

우여곡절 끝에 탄생한 성당

1883년 공사를 시작해 110년이 지난 1993년에야 완성한 마드리드 가톨릭의 총본산. 마드리드의 수호성인 알무데나를 봉헌하고자 시작한 공사는 스페인 내전으로 인한 재정난, 주변 환경과 어울리지 않는 디자인으로 인한 재설계 등 여러 문제로 공사가 중단되는 위기를 겪었다. 끊임없는 노력 끝에 모습을 드러낸 성당은 오랜 세월에 걸쳐 완공된 영향으로 외관은 신고전주의 양식이며, 내부는 고딕 리바이벌 양식의 정갈한 근대적 디자인을 보여준다. 마드리드 전경을 볼 수 있는 옥상 전망대와 성당 관련 자료를 전시한 박물관도 있다. 성당 앞 광장에는 펠리페 4세 기마상이 있다.

지도 P.148 **가는 방법** 마드리드 왕궁에서 도보 1분
주소 Calle de Bailén, 10
문의 915 42 22 00
운영 성당 10:00~20:00(7 · 8월 10:00~21:00), 박물관 10:00~14:30, 전망대 10:00~20:00
휴무 박물관 일요일 **요금** 성당 무료(의무 아닌 기부금 €1), 박물관 · 전망대 €7
홈페이지 catedraldelaalmudena.es

⑦ 데보드 신전

Templo de Debod

스페인에서 만나는 이집트의 향기

마드리드 왕궁 북쪽에는 고대 이집트 문명의 신 아멘과 이시스를 모시고자 기원전 2세기에 건설한 신전이 있다. 그런데 이집트 아스완의 거대한 댐 건설로 수몰 위기에 처했던 신전이 스페인을 비롯한 유네스코 유적 구제 팀의 도움으로 보전되었다. 이에 대한 보답으로 이집트는 신전의 모조품이 아닌 실물을 마드리드로 옮겨 선물했다고 한다. 신전의 안전과 보존을 위해 최대 입장 인원을 30명으로 제한해 사람이 몰려드는 정오 전후에는 입장하는 데 다소 시간이 걸린다. 또 입장 후 관람 시간은 30분 이내로 제한된다.

> **TIP**
> 신전 부근에 마드리드의 멋진 풍경을 조망할 수 있는 전망 포인트가 있다.

지도 P.148
가는 방법 스페인 광장에서 도보 8분
주소 Calle de Ferraz, 1
문의 913 66 74 15
운영 10:00~20:00 ※문 닫기 30분 전 입장 마감
휴무 월요일, 1/1, 1/6, 5/1, 12/24~25, 12/31
요금 무료

SPECIAL THEME

마드리드에서 즐기는 짜릿한 스포츠

투우 vs 축구

다소 단조롭다고도 할 수 있는 마드리드 관광에서 한 줄기 빛과 같은 스릴과 재미를 안겨줄 명소가 있다. 소를 상대로 싸우는 스페인의 전통 경기 투우와 스페인이 유럽을 넘어 세계 챔피언을 거머쥔 축구는 마드리드에서도 즐길 수 있다.

라스 벤타스 투우장
Plaza de Toros de Las Ventas

스페인 각지에 있는 500여 곳의 투우장 가운데 수준 높은 경기를 볼 수 있는 최상급의 원형 투우장이다. 총 수용 인원은 2만 3789명으로 세계에서 세 번째로 큰 규모를 자랑한다. 오후 5시에서 7시 사이에 시작하는 경기는 주역인 투우사와 조수 3명, 그리고 말을 타고 소 등에 창을 꽂는 사람 2명 등 총 6명이 한 팀이 되어 약 2시간 동안 세 차례 치러진다. 보는 이에 따라 잔인하게 느껴질 수 있으니 주의를 요한다.

지도 P.147 **가는 방법** 메트로 2 · 5호선 벤타스Ventas역에서 바로 연결
주소 Calle de Alcalá, 237 **문의** 913 56 22 00 **운영** 3월 하순~10월 중순 주 1회 정도, 5/15 산이시드로 축제 전후 매일 1회 **요금** €5.20~152.10(좌석마다 다름)
홈페이지 www.las-ventas.com

차가운 돌 좌석이므로 입장 전 입구에서 대여해주는 쿠션을 준비하는 것이 좋아요(대여료 €1).

산티아고 베르나베우 스타디움
Estadio Santiago Bernabéu

한때 슈퍼스타들이 한자리에 모여 경기를 펼쳐 '지구 방위대'란 애칭으로도 불린 스페인의 명문 구단 레알 마드리드의 홈구장이다. 현재도 매 시즌마다 우승을 다툴 만큼 변함없는 실력과 인기를 겸비해 전 세계에서 많은 이들이 방문한다. 8만 1044석의 관중석이 꽉 차 티켓 구하기가 쉽지 않은 주말 경기 외에도 경기장 자체를 견학할 수 있는 '스타디움 투어'는 여타 미술관을 능가할 만큼 방문자가 많다.

지도 P.147 **가는 방법** 메트로 10호선 산티아고 베르나베우Santiago Bernabéu역에서 도보 2분
주소 Av. de Concha Espina, 1
문의 913 98 43 00
운영 스타디움 투어 월~토요일 09:30~18:30, 일요일 · 공휴일 10:30~18:00 **휴무** 스타디움 투어 1/1, 12/25
요금 일반 €25, 5~14세 €19 ※4세 이하 무료
홈페이지 www.realmadrid.com/estadio-santiago-bernabeu

프라도 미술관 주변

예술적 감각을 깨우는 미술관 여행의 시작점

2km에 불과한 거리에 세계적인 미술관이 세 군데나 모여 있어 '예술의 삼각지대'라고도 불리는 미술관 거리 파세오 델 아르테Paseo del Arte. 오로지 이곳을 목적으로 방문하는 이들이 있을 만큼 관광의 핵심이라 해도 손색이 없으며, 각 미술관을 대충 본다고 해도 하루를 온전히 투자해야 할 정도로 방대한 작품 수를 자랑한다. 관람 중간에 레티로 공원에서 잠시 쉬면서 현지인들의 일상을 느껴보는 것도 좋다.

⓪① 프라도 미술관 추천

Museo Nacional del Prado

스페인 미술의 자부심

8000여 점의 미술 작품을 소장한 대형 미술관으로, 화려한 인테리어와 다양한 미술 작품을 한자리에서 만날 수 있는 곳이다. 1819년 처음 문을 열었으며 1868년 이사벨라 2세 때 국유화되면서 현재의 이름을 얻었다. '프라도'는 스페인어로 목초지를 의미한다. 건물에 왕실 소유의 회화를 전시하다가 공간이 부족해지자 1918년 처음으로 확장 공사를 했다. 본관 건물 뒤쪽의 산헤로니모 엘 레알San Jerónimo el Real 성당 쪽으로 건물을 개축했다. 미술관에 3개의 입구가 있는데 입구마다 문 이름의 인물 동상이 서 있다. 정문은 디에고 벨라스케스의 문으로 평소에는 닫혀 있다. 좌우로 프란시스코 고야의 문과 바르톨로메 에스테반 무리요의 문이 있으며, 일반 관람객은 프란시스코 고야의 문으로 출입한다. 내부 사진 촬영은 금지되어 있다.

TIP

시에스타 시간대인 오후 2~4시에 비교적 덜 붐비고, 무료 입장 시간 1시간 전부터 이미 대기 행렬이 이어져 있다.

지도 P.154 **가는 방법** 메트로 1호선 에스타시온 델 아르테Estación del Arte역에서 도보 8분 **주소** Calle de Ruiz de Alarcón, 23 **문의** 913 30 28 00 **운영** 월~토요일 10:00~20:00, 일요일 10:00~19:00 **휴무** 1/1, 5/1, 12/25 **요금** 일반 €15, 25세 이하 무료 ※월~토요일 18:00~20:00, 일요일 · 공휴일 17:00~19:00 무료 **홈페이지** www.museodelprado.es

FOLLOW UP

더 자세히 알고 싶다!
프라도 미술관에서 주목할 작품

벨라스케스, 고야, 엘 그레코 등 스페인을 대표하는 화가를 비롯해 주세페 데 리베라, 카라바조, 수르바란, 무리요 등 스페인 미술사에서 빼놓을 수 없는 화가들과 루벤스, 렘브란트, 보티첼리 등 유럽을 무대로 활동한 화가들의 작품이 전시되어 있다.

• 시녀들 Las Meninas (12번 방)

1656년, 디에고 벨라스케스 Diego Velázquez

프라도 미술관에서 다른 작품은 그냥 지나치더라도 이 작품만은 반드시 감상해야 한다. 펠리페 4세가 통치하던 시절 궁정화가였던 벨라스케스는 역사에 길이 남을 역작을 탄생시켰다. 길이 3.18m, 높이 2.76m에 달하는 이 대작은 찰나의 순간을 오묘하게 묘사해 많은 해석을 불러일으켰다. 그림에 등장하는 인물이 어떤 사람인지, 작품의 주인공은 누구인지, 작품이 의미하는 것은 무엇인지 등 의견이 분분한 채 그에 따른 해석은 지금까지 이어지고 있다. 알면 알수록 재미있는 그림 속 힌트를 하나하나 찾아보도록 하자.

❶ 벨라스케스

커다란 캔버스에 그림을 그리는 이는 벨라스케스 본인이다. 누구를 그리는지 알 수 없게끔 본인과 캔버스를 배치시켜 해석이 분분하다. 낮은 서열의 하층 귀족 출신인 그가 궁정화에 당당하게 등장하는 부분에서 일종의 자신감이 느껴진다.

❷ 붉은 십자가

화가의 옷에 그려진 붉은 십자가는 기사 작위를 상징하는 십자훈장이다. 그가 실제로 기사 작위를 받은 건 그림이 완성되고 나서 3년 후이므로 기사 작위를 그려 넣은 시기에 대한 의문이 증폭되었다. 1992년 엑스선 검사 결과 그림이 완성된 후에 추가로 그려 넣은 것으로 밝혀졌다.

❸ 높은 천장

캔버스의 반 이상을 할애하여 천장을 표현한 이유는 무엇일까? 무의식적으로 작품 속에 빨려 들어가는 듯한 느낌을 주는데, 이는 그림을 보는 감상자에게 모두 회화 속에 들어간 듯한 착각을 선사한다. 공기 원근법을 써서 그림이 더욱 입체적으로 보인다.

❹ 벽에 걸린 그림

이들을 배경에 어렴풋이 보이는 2점의 그림은 왼쪽은 루벤스의 〈에우로페의 납치The Rape of Europa〉, 오른쪽은 야콥 요르단스의 〈아폴로와 판The Rape of Europa〉이다. 두 작품 모두 '자신의 재능을 과시하는 인간을 질투하는 신'을 주제로 했다. 벨라스케스가 자신의 영광을 이들 작품에 빗대어 표현한 듯하다.

❺ 거울 속 인물들

거울에 비친 인물은 펠리페 4세와 마리아나 왕비 부부이다. 이들이 거울 속에 비치면서 마치 감상자 측에서 공주와 벨라스케스를 지켜보고 있는 듯한 느낌이 든다. 벨라스케스는 펠리페 4세 부부를 향해 서서 그들의 초상화를 그리고, 공주와 주변 인물들이 그 모습을 보러 방문했다는 해석이 그럴듯해 보인다.

❻ 가운데 서 있는 소녀와 주변 인물

그림의 중심에 있는 새침한 표정의 5살 소녀는 펠리페 4세의 딸 마르가리타 공주이다. 거울 속 펠리페 4세 부부를 지켜보는 것인지, 실제 초상화의 모델로 포즈를 취하고 있는 것인지는 정확히 알려진 바가 없다. 공주를 둘러싼 이들은 그림의 제목인 시녀들이다.

❼ 두 사람과 개

오른쪽 하단에 그린 것은 연골 무형성증 장애를 가진 두 사람과 개이다. 옛날 옛적에 장애를 가진 이들은 왕족의 노리개나 애완동물 개념으로 생활했다고 한다. 이들이 왕족과 함께 그림에 등장하는 경우는 매우 드문데, 같은 그림 안에 넣는 것이 어렵기 때문에 국왕을 거울 속에 그렸다는 설도 있다.

❽ 시녀들 뒤에 선 사람들

오른쪽 시녀 뒤의 두 사람은 상복을 입은 왕녀, 문 앞의 계단에 서 있는 이는 왕비의 시종인 돈 호세 벨라스케스로 화가의 친척이었을 가능성이 있는 것으로 알려져 있다.

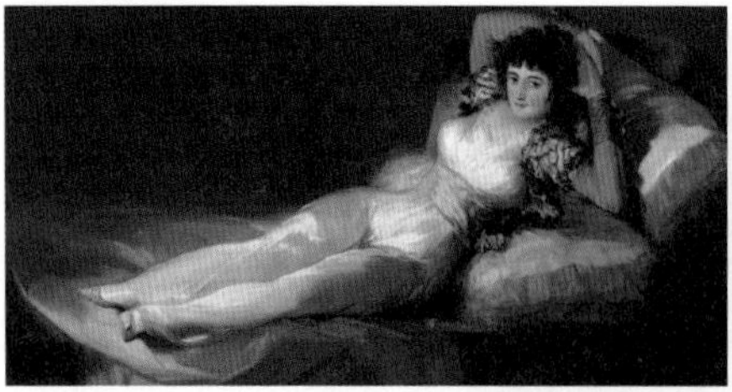

- **옷을 입은 마하** La Maja Vestida & **벌거벗은 마하** La Maja Desnuda `38번 방`

1803년 & 1805년, 프란시스코 고야 Francisco José de Goya

〈벌거벗은 마하〉는 스페인 회화 역사상 처음으로 전라를 그린 작품이다. 당시 엄격한 종교적 분위기로 인해 여성의 나체 그림을 금지했기 때문에 내방객 앞에서는 〈옷을 입은 마하〉로 작품을 덮어 숨겼다고 한다. 그림 속 여성은 정치가 마누엘 데 고도이의 애인이라는 설과 고도이와 깊은 관계를 맺었던 알바 공작 부인이라는 설이 있다.

- **1808년 5월 3일**
El Tres de Mayo de 1808 `64번 방`

1814년, 프란시스코 고야 Francisco José de Goya

나폴레옹이 이끄는 프랑스 침략에 반발하는 마드리드 민중이 결국 처형당하는 장면을 묘사했다. 피를 흘리며 쓰러진 사람들은 이미 총살당한 상태이며 남은 이들은 곧 죽임을 당할 처지에 놓였지만 마지막까지 저항하는 모습이 보는 이의 마음을 아프게 한다. 고야는 프랑스의 시민 학살에 대한 분노를 작품으로 구현해냈다.

- **아들을 먹어치우는 사투르누스**
Saturno Devorando a un Hijo `67번 방`

1819~1823년, 프란시스코 고야 Francisco José de Goya

백발의 노인이 자신의 아들을 먹고 있는 충격적인 장면을 그린 작품이다. 로마 신화에 등장하는 사투르누스가 자신의 아이들이 죽을 거라는 예언을 듣고 무서운 나머지 5명을 차례대로 먹었다는 에피소드가 담겨 있다. 고야는 궁정화가에서 은퇴한 후 어두운 색조를 띤 '검은 그림 Pinturas Negras' 연작을 완성했는데 이 그림도 그중 하나이다.

• 불카누스의 대장간
Les forges de Vulcain 11번 방

1630년, 디에고 벨라스케스 Diego Velázquez

그리스 신화를 모티브로 한 작품. 대장장이 신 헤파이스토스의 또 다른 이름인 불카누스가 척추 장애인에 절름발이였던 탓에 아내이자 사랑의 신 아프로디테가 전쟁의 신 아레스와 밀회를 즐겼다고 알려져 있다. 이 장면은 빛과 태양을 관장하는 신 아폴론이 불카누스에게 둘의 외도를 알리는 장면을 그린 것으로 분노가 일기 전의 긴장 상태를 표현했다.

• 가슴에 손을 얹은 기사 El Caballero de la Mano en el Pecho
9B번 방

1580년, 엘 그레코 El Greco

스페인의 기사 문화를 엿볼 수 있는 귀중한 작품으로 '프라도의 모나리자'라 불리는 대표작 중 하나이다. 우아하면서 기품이 넘치는 젊은 시절의 엘 그레코 자신을 그린 초상화로 짐작되며 그의 명작 〈오르가스 백작의 매장El Entierro del Conde de Orgaz〉에 등장하는 자신의 모습과도 닮아 있다. 기사로서의 맹세를 충실히 지키고자 다짐하는 결의에 찬 손이 인상적이다.

• 성 가정과 작은 새
Sagrada Familia del Pajarito 17번 방

1650년경, 바르톨로메 에스테반 무리요 Bartolomé Esteban Murillo

예수와 그의 부모인 요셉과 마리아를 그린 모습이라 하기에 놀라울 만큼 일상적인 가정의 모습이다. 보통의 가족으로 표현한 따뜻하고 편안한 분위기는 일반적인 종교 회화에서 느껴지는 초자연적이면서도 종교적인 신비로움과는 거리가 멀다. 성경의 한 장면을 일상적으로 해석했지만 깊은 신앙심과 사랑이 느껴진다.

- **그릇이 있는 정물** Bodegón con Cacharros 10A번 방

1633경, 프란시스코 데 수르바란 Francisco de Zurbarán

독실한 신앙심을 그림으로 승화시킨 수르바란의 작품은 종교색 짙은 회화가 대다수지만 그의 몇 안 되는 정물화도 발군이다. 강렬한 빛을 받은 대상이 극명하게 묘사되어 긴장감과 엄숙함을 뿜어내는데, 이 역시도 종교적 정신을 나타낸 것이다. 역동감 넘치는 여타 작품에 비해 정적인 분위기라 역으로 더 눈에 띄는 작품이다.

- **쾌락의 정원** Tuin de Lusten 56A번 방

1495~1505년경, 히로니뮈스 보스 Hieronymus Bosch

네덜란드 종교 회화의 거장이 그린 미술사상 최대의 수수께끼. 왼쪽 그림은 지상낙원인 에덴공원을 표현한 것으로 하단에 예수 그리스도가, 양쪽에는 아담과 이브가 서 있다. 가운데 그림은 인간의 다양한 성적 상징을 담아 쾌락과 욕망을 나타냈다. 오른쪽 그림은 에덴공원에서 추방된 인간들이 쾌락의 정원에서 성을 탐닉하고 끔찍한 지옥에서 속죄하는 모습을 표현한 것이다.

- **야곱의 꿈**

El Sueño de Jacob 9번 방

1639년, 주세페 리베라 Jusepe Ribera

강렬한 광채에 의한 명암으로 극적이고 사실적인 묘사를 즐긴 리베라가 강한 필체와 대담한 구조로 독자적인 양식을 확립한 시기에 그린 걸작. 《구약성서》의 야곱 이야기를 그린 것으로 상속 문제로 형의 분노를 산 야곱이 도망 중에 잠들었다가 천사의 계시를 받는 장면을 묘사했다. 명암 대비와 빛의 표현이 탁월해 스페인 미술에 큰 영향을 끼쳤다.

- **다윗과 골리앗** Davide e Golia 7A번 방

1600년, 카라바조 Caravaggio

스페인 황금시대에 큰 영향을 준 이탈리아 출신 화가 카라바조의 대표작. 이스라엘 왕 다윗이 고대 팔레스타인 민족 블레셋의 장군인 2.9m 장신의 거인 골리앗을 돌팔매질로 쓰러뜨린 일화를 묘사했다. 싸움에서 이긴 다윗이 골리앗을 결박하며 몸을 고정시키고 있는데, 사실적이고 극적인 명암 대비와 감정 표현이 잘 드러나 있다.

02 티센보르네미사 미술관 추천

Museo Nacional Thyssen-Bornemisza

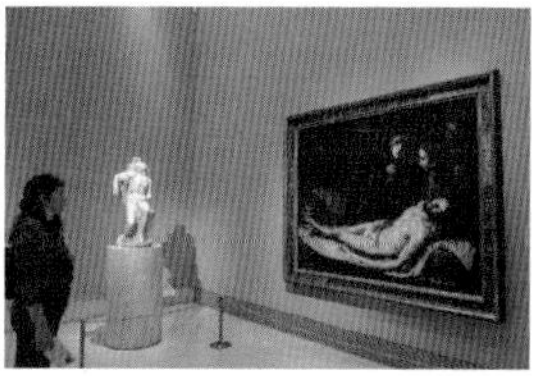

시대별 작품을 한자리에

독일의 철강 재벌인 하인리히 티센보르네미사 남작과 그의 아들 한스 하인리히 티센보르네미사 부자의 개인 소장품을 전시한 미술관. 13세기부터 20세기까지 고전과 근대를 아우르는 폭넓은 전시품을 소장하고 있으며 7세기에 걸쳐 형성된 서양미술사를 눈으로 직접 확인할 수 있다. 지상층, 1층, 2층 3개 층으로 이루어진 미술관은 15~17세기 종교화를 중심으로 한 2층, 17~20세기의 고전 회화를 중심으로 한 1층, 추상화와 팝아트 등 근대 회화를 위주로 한 지상층을 위에서 아래로 내려오면서 시간순으로 감상하게 된다. 다양한 장르를 망라한 가운데 우리에게 익숙한 작가들의 작품이 군데군데 눈에 띈다.

지도 P.154 **가는 방법** 프라도 미술관에서 도보 5분
주소 Paseo del Prado, 8
문의 917 91 13 70
운영 월요일 12:00~16:00, 화~일요일 10:00~19:00
휴무 1/1, 5/1, 12/25
요금 일반 €13, 학생 · 65세 이상 €9, 17세 이하 무료 ※월요일 12:00~16:00 무료
홈페이지 www.museothyssen.org

FOLLOW UP

더 자세히 알고 싶다!
티센보르네미사 미술관에서 주목할 작품

이곳에서 반드시 확인해야 할 중요 작품을 소개한다. 이 외에도 루벤스, 모네, 드가, 마크 로스코, 에드워드 호퍼, 프랜시스 베이컨 등 내로라하는 화가의 회화가 다수 전시되어 있어 미술에 문외한이라도 즐겁게 감상할 수 있다.

• 수태고지 Díptico de la Anunciación

3번 방

1435년, 얀 반 에이크 Jan van Eyck

천사 가브리엘이 마리아에게 예수를 잉태했음을 알리는 '수태고지'는 고전주의 화가들이 즐겨 묘사한 장면이다. 언뜻 대리석 조각 같아 보이지만 자세히 보면 나무 조각을 제외한 모든 부분이 직접 그린 유채화란 사실이 놀랍다.

• 알렉산드리아의 성 카타리나 Saint Catherine of Alexandria

12번 방

1595년경, 카라바조 Caravaggio

스페인에 큰 영향을 끼친 이탈리아 출신 화가가 위대한 순교자 성 카타리나를 그린 작품. 바퀴로 고문받은 후 칼로 참수형을 당해 순교했다는(아래쪽에 그려진 종려나무는 순교했음을 의미한다) 내용이 담겨 있다.

• 조반나 토르나부오니 부인의 초상 Portrait of Giovanna Tornabuoni

5번 방

1488년, 도메니코 기를란다요 Domenico Ghirlandajo

미켈란젤로와 라파엘로의 스승으로 알려진 도메니코 기를란다요의 작품으로 옆모습을 그린 초상화로는 최고 걸작으로 꼽힌다. 화려한 의상과 우아한 여인의 기품과 더불어 배경에 성경과 묵주를 그려 신앙심을 표현했다.

• 마타 무아 Mata Mua F방

1892년, 폴 고갱 Paul Gauguin

1891년 남태평양의 타히티로 떠난 고갱이 평화로운 섬 풍경을 그린 작품. 산업 문명에 염증을 느끼고 새로운 영감을 얻고자 찾아간 곳에서 자연주의와 강렬한 색채에 반해 다수의 작품을 남겼다.

• 거울을 보는 어릿광대

Arlequin au Miroir 45번 방

1923년, 파블로 피카소 Pablo Picasso

스페인이 낳은 최고 화가의 작품을 이곳에서도 만나볼 수 있다. 큐비즘을 거쳐 신고전주의 회화로 들어설 즈음 그린 대표작이다. 어릿광대를 주제로 한 다른 작품은 스위스 바젤과 프랑스 파리에 전시돼 있다.

• 목욕하는 여인 Woman in Bath

1963년, 로이 리히텐슈타인 Roy Lichtenstein

[illegible]

무수한 방점으로 이루어진 옛 미국 만화의 한 컷을 확대한 듯한 화풍으로 그린 것이 특징인 팝아트의 대표작. 즐거운 표정으로 목욕하는 여인의 모습에서 무한한 상상력이 펼쳐진다.

03

레티로 공원

Parque de el Retiro

마드리드의 오아시스

1만 5000그루의 나무가 있는 광대한 녹지로 도시의 허파 역할을 하는 공원. 약 400년 전 스페인을 통치한 펠리페 4세의 은거지로 조성한 왕가의 정원을 시민들에게 개방한 것이다. 현재 시민과 관광객의 휴식처로 기능하는 것은 물론 소소한 즐길 거리도 제공한다.

공원 내에는 건축가 리카르도 벨라스케스가 설계한 궁전으로 현재 다양한 미술 관련 전시관으로 사용하는 '벨라스케스 궁전Palacio de Velázquez', 아시아 무역의 거점으로 스페인의 통치를 받았던 필리핀의 열대식물과 악어 등을 전시하는 유리 궁전인 '크리스털 궁전Palacio de Cristal', 보트, 카누 등 해양 스포츠를 즐길 수 있는 알폰소 12세 기념비 앞 연못인 '레티로 호수Estanque Grande del Retiro' 등이 있다. 천사로 분해 살아가던 악마가 천국에서 추방되어 지옥으로 떨어지는 일화를 조각한 '추락하는 천사Fuente del Ángel Caído' 등의 동상도 곳곳에 설치되어 있다. 연못에서 노를 저으며 평화로운 오후를 보내는 현지인들의 일상을 엿볼 수 있다.

지도 P.154 **가는 방법** 프라도 미술관에서 도보 8분
주소 Plaza de la Independencia

⓪④ 레이나 소피아 미술관 추천

Museo Nacional Centro de Arte Reina Sofía

피카소, 달리, 미로를 만나는 시간

독재자 프랑코에 이어 왕위에 올라 스페인의 민주화를 이끈 후안 카를로스 1세의 부인 레이나 소피아 왕비의 이름을 딴 미술관. 프라도 미술관이 15~19세기의 주옥 같은 작품을 전시하고 있다면 레이나 소피아 미술관은 19세기 말부터 20세기까지의 현대미술품 위주로 구성되어 있다. 세계에서 가장 크고 새로운 근현대 미술관으로, 마드리드 종합병원 건물을 확장해 꾸민 사바티니Sabatini관과 신관 누벨Nouvel관으로 나뉘어 있다.

파블로 피카소, 살바도르 달리, 호안 미로 등 스페인 거장들의 작품을 만나볼 수 있어 인기가 높은데, 유명 작품은 사바티니관 2층에 몰려 있다. 특히 이곳의 대표 작품인 파블로 피카소의 〈게르니카〉는 뉴욕 모마MoMA 미술관에 전시되어 있다가 스페인으로 돌아온 후 프라도 미술관에서 방탄유리 속에 보존하고 있다가 19세기 이후의 작품은 소장하지 않는다는 프라도 미술관의 원칙에 따라 이곳으로 옮겨졌다. 지금은 방탄유리를 걷어냈지만 작품 보호를 위해 사진 촬영은 금지된다.

TIP

무료 입장 시 정문보다 후문이 덜 붐비는 편이다.

지도 P.154 **가는 방법** 메트로 1호선 에스타시온 델 아르테Estación del Arte역에서 도보 3분 **주소** Calle de Santa Isabel, 52 **문의** 917 74 10 00
운영 월~토요일 10:00~19:00, 일요일 10:00~14:30
휴무 화요일, 1/1, 1/6, 5/1, 5/15, 11/9, 12/24~25, 12/31
요금 일반 €12, 25세 이하 학생 · 65세 이상 €6 ※월~토요일 19:00~21:00, 일요일 12:30~14:30 무료 **홈페이지** www.museoreinasofia.es

FOLLOW UP

더 자세히 알고 싶다!
레이나 소피아 미술관에서 주목할 작품

이곳에서 많은 시간을 보내기 어렵다면 2층을 집중 공략하자. 전공자가 아닌 이상 여행자가 보고 싶어 하는 작품은 대개 정해져 있는데 이런 작품이 대부분 2층에 모여 있다. 〈게르니카〉만 보려고 왔더라도 작품이 워낙 거대해 감상하는 데 다소 시간이 걸릴 것이다.

• 게르니카 Guernica 205호 10번 방

1937년, 파블로 피카소 Pablo Picasso

길이 3.5m, 높이 7.8m에 달하는 커다란 캔버스에 담긴 스페인 내전의 참상은 보는 이로 하여금 수많은 상념에 잠기게 한다. 전쟁과 폭력에 반대하는 정치적 항의를 담은 걸작으로, 제2차 세계대전이 발발하기 2년 전인 1937년에 그린 것이다. 당시 스페인은 독재자이자 나치 독일이 지지하던 프랑코가 정권을 잡고 있었다. 자유와 독립의 상징이었던 스페인 북부 지역의 게르니카 마을을 거슬려하던 프랑코의 요청으로 히틀러가 이끄는 콘돌 군단이 무차별폭격을 가했고 2000명에 가까운 사상자가 발생했다. 이 소식을 들은 피카소는 전쟁의 사악함과 공포를 알리고자 한 달간 이 작품에 매달렸고, 파리에서 열린 만국박람회에 공개하면서 게르니카의 참상을 세계에 알렸다. 스페인이 자유국가가 되기 전까지는 스페인으로 그림을 가져가지 않겠다고 선언해 뉴욕 모마 미술관에 보관되어 있다가 1981년 스페인에 반환되었다.

① 울부짖는 사람

죽은 아들을 안고 울부짖는 엄마의 모습은 미켈란젤로의 작품 〈피에타Pieta〉를 연상시킨다.

② 소와 말

소와 말은 생과 사를 몸소 느낄 수 있는 존재로, 학살된 희생자를 소와 말에 빗대어 표현했다고 한다.

③ 죽은 병사

부러진 칼 위에 슬며시 보이는 꽃은 희망을 상징한다.

④ 전구와 그 아래 희미하게 비치는 새

전구는 무차별폭격을, 새는 평화와 영혼을 상징한다.

⑤ 쓰러진 이들

폭탄에 의해 잘려 나간 몸을 큐비즘 양식을 이용해 사실적으로 묘사했다.

⑥ 손을 든 사람

나폴레옹군에게 학살당한 시민을 그린 고야의 작품 〈1808년 5월 3일〉의 포즈와 일치한다.

TRAVEL TALK

〈게르니카〉를 흑백으로 그린 이유

피카소가 게르니카 공습에 관한 내용을 실은 신문에서 흑백사진을 봤을 때의 충격이 잊히지 않아 그에 따른 시각적 효과를 내기 위한 것이기도 하며, 피카소의 우울한 심정과 희생자에 대한 추모의 마음을 표현한 것이라고도 합니다.

• 위대한 수음자
Rostro del Gran Masturbador 205호 13번 방

1925년, 살바도르 달리 Salvador Dali

달리의 성적 망상을 표현한 작품. 그림 속 여인은 달리의 아내이자 뮤즈이기도 한 갈라이고, 바로 옆 하반신은 달리 자신이다. 주변 배경은 달리의 고향 인근에 있는 어촌 카다케스의 바다를 표현한 것이다.

• 창가에 서 있는 소녀
Figura Asomada a la Ventana

205호 6번 방

1925년, 살바도르 달리 Salvador Dali

달리가 독자적인 스타일을 구축하기 전인 초기에 그린 작품. 스스럼없이 성적 표현을 했던 주요 작품의 화풍과 달리 실제로는 순박하고 얌전한 성격으로 알려진 그와 무척이나 닮아 있다.

• 달팽이, 여자, 꽃, 별
Escargot, Femme, Fleur, Étoile 205호 13번 방

1934년, 호안 미로 Joan Miró

각 모티브가 되는 대상은 세로로 길쭉하게 표현하고 그 대상을 의미하는 문자는 옆으로 길게 나열했다. 이 방식은 추상적이면서도 자유분방한 시점으로 사물을 바라보는 그의 독특한 화풍이 제대로 드러난다.

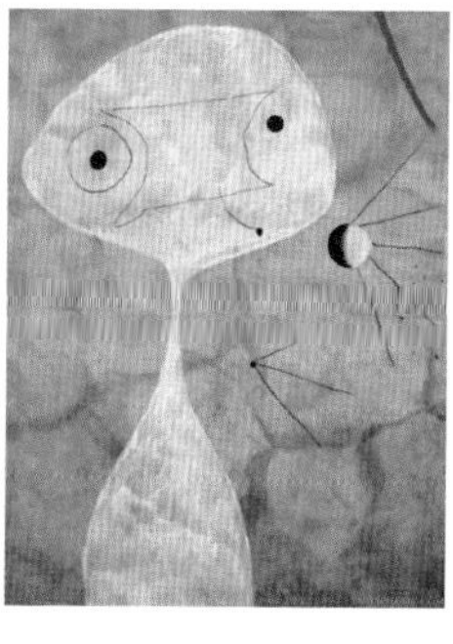

• 파이프를 문 남자 Hombre con Pipa [illegible]

1925년, 호안 미로 Joan Miró

꿈이나 상상을 그림으로 마음껏 표현했던 시기에 그린 것이다. 서투 아이의 그림처럼 천진난만한 분위기를 띠는 작품으로, 단순하지만 누구나 알 법한 상황을 절묘하게 묘사했다.

05

시벨레스 분수

Fuente de Cibeles

도시의 상징이 되는 풍경

그리스 신화에서 대지, 농업, 풍년을 상징하는 여신 키벨레Cybele의 대리석 동상이 가운데에 자리한 이 분수는 마드리드를 상징하는 것이기도 하다. 중앙우체국이었다가 지금은 마드리드 시청사 본부인 시벨레스 궁전Palacio de Comunicaciones이 마치 화려한 병풍처럼 배경이 되어주고 얽히고설킨 도로 중앙에 분수가 떡하니 자리하고 있다. 낮에 보는 풍경도 충분히 멋스럽지만 늦은 오후부터 밝혀지는 조명으로 저녁 시간대부터는 더욱 호화스러운 풍경이 펼쳐져 감탄사가 나온다. 메트로 2호선 방코 데 에스파냐역에서 지상으로 올라가는 출입구 부근이 풍경을 감상할 수 있는 최고의 포인트.

시벨레스 궁전 최상층에 자리한 마드리드 전망대Mirador Madrid에서도 분수와 어우러진 마드리드의 도시 전경을 감상할 수 있어 시간 여유가 있다면 올라가보길 추천한다. 전망대는 운영 시간이 짧아 여름에는 쨍쨍한 오후 풍경만 볼 수 있지만 겨울에는 해가 빨리 져 밤 시간대에 올라가면 더욱 아름다운 풍경을 감상할 수 있다.

지도 P.154
가는 방법 메트로 2호선 방코 데 에스파냐Banco de España역에서 도보 1분
주소 Plaza Cibeles, s/n
운영 마드리드 전망대 10:30~14:00, 16:00~19:30
휴무 월요일, 1/1, 1/5~6, 5/1, 12/24~25, 12/31
요금 일반 €3, 2~14세 · 65세 이상 €2.25, 2세 이하 €1

마드리드 맛집

오래전부터 영업을 이어온 타파스집이 즐비한 라라티나La Latina 지구는 마드리드에서 손꼽히는 지역이다. 산미겔 시장에서 가볍게 먹고 본격적인 식사는 이 주변 식당에서 제대로 즐기는 것이 일반적이다. 마드리드의 다양한 명물도 꼭 한번 맛보자.

엘 코고요 데 라 데스카르가

El Cogollo de la Descarga

위치 마요르 광장 주변
유형 로컬 맛집
주메뉴 스페인 요리

😊→ 넉넉한 테이블 수(1층, 지하 1층)
☹→ 가격대가 다소 높다.

여행자보다는 현지인이 많이 찾는 인기 식당으로 맛이 보장된다. 샐러드, 하몽, 크로켓 등 술에 곁들이기 좋은 간단한 안주 메뉴도 있지만 메인은 문어, 오징어, 새우, 대구, 조개관자 등 해산물 중심의 스페인 요리가 주를 이룬다. 소고기에 치즈와 햄을 넣어 튀겨낸 스페인 북서부 아스투리아스 지방의 전통 요리 카초포Cachopo도 이 집의 대표 메뉴이다. 2019년 최고의 카초포를 가려내는 대회 '구이아 데 카초포Guía de Cachopo'에서 최고 자리에 오르기도 했다.

가는 방법 마요르 광장에서 도보 1분
주소 Calle de las Hileras, 6
문의 911 96 03 51
영업 화 · 수요일 13:00~18:00, 목요일 13:00~00:30, 금 · 토요일 13:00~18:00, 20:30~01:00
휴무 월요일
예산 문어구이 €22, 조개관자 €20~, 카초포 €25

TRAVEL TALK

세계에서 가장 오래된 음식점

보틴[illegible]은 1725년에 [illegible] 세계에서 가장 오래된 음식점이라는 타이틀로 《기네스북》에도 기록된 곳입니다. 새끼 돼지를 통째로 구워낸 톨레도 전통 요리 코치니요 아사도Cochinillo Asado가 이 집의 간판 메뉴입니다.

가는 방법 마요르 광장에서 도보 1분 **주소** Calle de Cuchilleros, 17
문의 913 66 42 17 **영업** 13:00~23:00 **휴무** 부정기
예산 코치니요 아사도 €27.15 **홈페이지** www.botin.es

메손 델 참피뇬
Mesón del Champiñón

위치 산미겔 시장 주변
유형 대표 맛집
주메뉴 타파스

😊→ 맛있는 양송이버섯구이를 맛볼 수 있다.
😐→ 한국인 방문객이 많다.

선술집과 음식점이 모여 있는 산미겔 거리Cava de San Miguel에 자리한 타파스 전문점. 우리나라에서 인기리에 방영된 예능 프로그램 〈꽃보다 할배〉 스페인 편에 소개되어 한국인 여행자 사이에서 인지도가 높다. 이곳을 방문했다면 반드시 먹어봐야 할 간판 메뉴 양송이버섯구이Champiñón는 쫄깃한 식감이 일품으로 마늘 향과 초리조가 한데 어우러져 환상적인 궁합을 이룬다. 운이 좋으면 즉석에서 키보드 연주를 들으며 식사를 즐길 수도 있다. 태블릿으로 사진을 보고 주문할 수 있어 편리하다.

가는 방법 산미겔 시장에서 도보 1분
주소 Cava de San Miguel, 17
문의 915 59 67 90
영업 월~목요일 11:00~01:00, 금·토요일 11:00~02:00, 일요일 12:00~01:00 **휴무** 부정기
예산 양송이버섯구이 €7.90
홈페이지 mesondelchampinon.com

라 시포네리아
La Sifoneria

위치 스페인 광장 주변
유형 로컬 맛집
주메뉴 스페인 요리

😊→ 현지인 방문객의 비율이 높다.
😐→ 관광 중심지에서 살짝 벗어난 위치

합리적인 가격에 제대로 된 메뉴 델 디아(오늘의 메뉴)를 즐길 수 있는 음식점. 식전 빵, 애피타이저, 메인 요리, 디저트, 음료까지 모두 즐기는 알찬 구성임에도 €15를 넘지 않는다. 애피타이저는 메인 요리 못지않게 구성이 좋고 양도 푸짐하다. 메인 요리는 대구·연어 등의 생선구이, 소·닭 등을 이용한 스테이크 등 호불호가 갈리지 않는 식재료로 만든다. 만족스러운 음식 맛과 더불어 직원들이 유창한 영어로 메뉴 하나하나 세세하게 설명하는 등 친절한 서비스를 제공한다.

가는 방법 스페인 광장에서 도보 3분
주소 Calle de Martín de los Heros, 27
문의 912 24 05 74 **영업** 월~목요일 19:30~00:30, 금·토요일 13:00~18:00, 19:30~01:00
휴무 일요일
예산 메뉴 델 디아 €15(13:00~16:30 제공)
홈페이지 www.lasifoneria.com

타베르나 라 콘차
Taberna la Concha

위치 마요르 광장 주변
유형 대표 맛집
주메뉴 타파스

→ 글루텐 프리 타파스 제공
→ 신용카드는 결제 불가하니 현금을 준비할 것

마드리드의 타파스 골목 카바 바하Cava Baja의 인기 타파스 전문점. 1층 바, 2층 테이블석으로 운영하나 공간이 좁은 데다 인기가 높아 대기 행렬이 생길 만큼 항상 붐빈다. 오리지널 베르무트로 만든 칵테일이 큰 인기를 끌고 있으며 풍부한 와인 셀렉션을 자랑한다. 글루텐 프리 타파스를 제공하는 것에서 세심한 배려도 엿보인다.

가는 방법 마요르 광장에서 도보 3분
주소 Calle de la Cava Baja, 7
문의 616 91 06 71
영업 12:30~01:00
휴무 부정기
예산 타파스 €5.50~

바르 라 캄파나
Bar la Campana

위치 마요르 광장 주변
유형 대표 맛집
주메뉴 샌드위치

→ 저렴하고 푸짐한 양
→ 채소가 빠진 오징어튀김 샌드위치는 다소 느끼하다.

입을 최대한 크게 벌려야 할 만큼 엄청난 크기를 자랑하는 오징어튀김 샌드위치 전문점. 바게트에 채소 없이 오로지 오징어튀김만 넣은 심플한 구성으로 저렴하면서 배불리 먹을 수 있는 식사 메뉴이다. 튀김과 빵은 간이 배어 있어 그냥 먹어도 맛있지만, 기본으로 제공하는 마요네즈와 레몬을 첨가해 향긋하고 고소한 맛을 즐겨도 좋다.

가는 방법 마요르 광장에서 도보 1분
주소 Calle de Botoneras, 6
문의 913 64 23 64
영업 10:00~23:00
휴무 부정기
예산 오징어튀김 샌드위치 €4~

스테이크 버거
Steak Burger

위치 솔 광장 주변
유형 대표 맛집
주메뉴 햄버거

→ 세밀한 주문 방식
→ 조리 시간이 길어 오래 기다려야 한다.

마드리드 시내에 6개의 지점을 둔 수제 버거 전문점으로 관광 중심지에 몰려 있어 접근성이 좋다. 소고기와 송아지 고기 중 선택 가능한 패티부터 크기, 굽기 정도, 번 종류, 사이드 메뉴까지 하나하나 취향대로 골라 주문할 수 있다. 햄버거 맛을 결정짓는 두툼한 고기 패티의 풍부한 육즙과 불 향은 호불호 없이 모두의 입맛을 만족시킨다.

가는 방법 솔 광장에서 도보 5분
주소 Calle de Preciados, 42
문의 910 06 70 77
영업 일~목요일 12:30~24:00, 금 · 토요일 12:30~01:00
휴무 부정기
예산 소고기 햄버거 €12.70
홈페이지 www.steakburger.es

타베르나 마스 알 수르
Taberna Más al Sur

위치 레이나 소피아 미술관 주변
유형 대표 맛집
주메뉴 타파스, 스테이크

☺→ 일부 메뉴 하프 사이즈 주문 가능
☹→ 시간대 상관없이 항상 붐빈다.

현지인과 여행자 모두를 사로잡는 타파스 전문점. 햄이 든 버섯 크림 리소토, 꼴뚜기 샐러드 등이 인기 메뉴이며 스테이크도 만족할 만한 맛이다. 과일의 달콤함과 향기로움이 담긴 상그리아는 화려한 장식이 더해져 눈과 입을 즐겁게 한다. 영어가 능숙한 직원이 서비스하고 영어 메뉴가 구비되어 있어 음식 주문이 어렵지 않다.

가는 방법 레이나 소피아 미술관에서 도보 5분
주소 C. de Sta. Isabel, 35
문의 910 24 00 00
영업 10:00~24:00
휴무 부정기
예산 스테이크 €15.40, 리소토 하프 €6.50/풀 €11.90, 상그리아 €5.50

카페테리아 네일라
Cafetería Neila

위치 프라도 미술관 주변
유형 로컬 맛집
주메뉴 햄버거, 샌드위치

☺→ 가성비가 좋다.
☹→ 공간이 협소해 대부분 서서 먹어야 한다.

미술관 관람 전후 간단하게 한 끼를 때우고자 할 때 제격인 음식점. 여유롭게 식사를 즐기는 분위기가 아닌, 마드리드 사람들의 바쁜 일상을 체험한다는 느낌일 정도로 현지인 비율이 높다. 햄버거, 바게트, 샌드위치 등 스페인 사람들이 즐기는 식사 메뉴로 구성되어 있다. 테이블이 많지 않고 공간이 협소해 대부분 서서 음식을 먹는다.

가는 방법 프라도 미술관에서 도보 7분 **주소** Calle de Sta. María, 41
문의 914 29 38 82
영업 월~금요일 08:30~23:00, 토요일 08:30~24:00
휴무 일요일
예산 데 라 카사 햄버거De la Casa Hamburguesa €6.50

산타 에울랄리아
Santa Eulalia

위치 마드리드 왕궁 주변
유형 로컬 맛집
주메뉴 커피, 케이크

☺→ 넓고 편안한 테이블 공간
☹→ 세련된 분위기만큼 전반적으로 비싼 편이다.

관광으로 지친 심신을 달콤함으로 힐링하고 싶다면 이곳만 한 곳도 없다. 최고급 원두로 우려낸 커피, 눈과 입이 즐거워지는 빵과 케이크를 널찍하고 세련된 공간에서 맛볼 수 있는 제과점이다. 매장 입구 쇼케이스에 진열된 화려한 비주얼의 케이크는 우선 눈길을 사로잡은 뒤 근사한 맛까지 선사한다. 브런치 메뉴도 준비되어 있다.

가는 방법 마드리드 왕궁에서 도보 3분 **주소** Calle del Espejo, 12
문의 911 38 58 75
영업 08:30~20:00
휴무 월요일
예산 케이크 €5.50~
홈페이지 www.santaeulaliapatisserie.com

초콜라테리아 산 히네스
Chocolatería San Ginés

위치 솔 광장 주변
유형 로컬 맛집
주메뉴 추로스

☺ → 24시간 영업한다.
☹ → 추로스가 다른 도시보다 비싼 편이다.

1894년 영업을 시작한 약 130년 전통의 마드리드 추로스의 대명사로 꼽히는 곳이다. 숙박업소였던 건물이 추로스 전문점으로 변해 오늘에 이르고 있다. 안달루시아식 추로스인 포라스 Porras 또한 인기 메뉴이다. 주문 결제 후 자리를 잡고 영수증을 테이블에 올려두면 가져다주는 방식이다. 산히네스 골목에 5개 지점이 몰려 있다.

가는 방법 솔 광장에서 도보 3분
주소 Pasadizo de San Ginés, 5
문의 913 65 65 40
영업 월~수요일 08:00~24:00, 목~일요일 24시간
예산 추로스+초콜라테 €5.50, 초콜라테 €3.50 **홈페이지** chocolateriasangines.com

초콜라테리아 1902
Chocolatería 1902

위치 솔 광장 주변
유형 대표 맛집
주메뉴 추로스

☺ → 식사 메뉴도 다양하다.
☹ → 호불호가 갈리는 직원들의 태도와 서비스

가게 이름대로 1902년부터 추로스를 판매하는 곳으로 산히네스 못지않게 오랜 역사를 자랑한다. 전통적인 기술을 유지하되 이곳만의 독자적인 방식을 고수하며 4대에 걸쳐 추로스의 명맥을 이어가고 있다. 추로스 외에 빵, 샌드위치, 크레이프, 와플 등 간단한 식사 메뉴도 많고 메누 델 디아(오늘의 요리)를 비롯한 코스 요리도 선보인다.

가는 방법 솔 광장에서 도보 3분
주소 Calle de San Martín, 2
문의 [illegible]
영업 07:00~23:00
휴무 부정기
예산 추로스 €2.50, 초콜라테 €3.50, 샌드위치 €3.90~
홈페이지 chocolateria1902.com

펠리스 커피
Feliz Coffee

위치 레이나 소피아 미술관 주변
유형 로컬 맛집
주메뉴 커피

☺ → 다양한 추출 방식의 커피 맛
☹ → 테이블 수가 많지 않고 가격이 비싸다.

에스프레소, 에어로프레스, 핸드 드립 등 다양한 추출 방식으로 커피를 내려주는 카페. 가게 입구에 '스페셜티 커피'란 문구를 크게 내건 데에서 커피 맛에 대한 자신감이 엿보인다. 현지인과 여행자 사이에서 입소문을 탄 듯 방문객이 끊이지 않는다. 훌륭한 커피 맛을 즐기고자 한다면 좋은 선택지가 될 것이다. 미술관 관람 후 쉬어 가기 좋다.

가는 방법 솔 광장에서 도보 5분
주소 C. de Lope de Vega, 2
문의 910 46 10 79
영업 월요일 08:30~17:00, 화~목요일 08:00~17:00, 금요일 08:00~18:00, 토·일요일 09:00~18:00 **휴무** 부정기
예산 커피 €3~

마드리드 쇼핑

마드리드는 바르셀로나 못지않게 쇼핑가 규모가 큰 편이므로 관광 후 시간 여유가 있다면 가볍게 둘러보면서 쇼핑을 즐기자. 대부분의 브랜드가 대형 지점을 운영해 상품 종류가 다양하고 수량도 넉넉하다. 일요일에는 벼룩시장을 찾아가 쇼핑의 잔재미를 느껴보자.

엘 코르테 잉글레스

El Corte Inglés

위치 솔 광장 주변
유형 백화점
특징 전망대로도 인기 높은 쇼핑센터

스페인 각지에 지점을 운영하는 유럽 최대 규모의 백화점으로 마드리드에도 5개가 넘는 지점이 있다. 1934년 맞춤 정장 전문 양복점에서 시작한 영향으로 사명이 '영국 재봉'을 의미한다. 고급 패션 브랜드, 신사복, 아동복, 패션 잡화, 주얼리, 화장품 등을 취급하는 일반 백화점 기능은 물론이고 고급 식품 전문 층을 운영해 여행자도 만족할 만한 쇼핑을 즐길 수 있다.

관광객이 방문하기 편리해 자주 찾는 메트로 카야오역 앞 지점은 숨은 명소이다. 최상층에 자리한 바르 형식의 발코니가 전망대 기능을 하면서 노을이 지는 늦은 오후부터 야경을 감상할 수 있는 밤 시간대까지 많은 이들의 발길이 끊이지 않는다. 간단하게 먹을 음식과 주류가 마련돼 있어 술 한잔 기울이기에도 좋다.

가는 방법 메트로 3 · 5호선 카야오Callao역에서 도보 1분
주소 Plaza del Callao, 2
문의 913 79 80 00
영업 월~토요일 10:00~22:00, 일요일 · 공휴일 11:00~21:00
휴무 부정기
홈페이지 www.elcorteingles.es

그란 비아 거리
Calle Gran Vía

위치 솔 광장 주변
유형 쇼핑가
특징 최신 유행 브랜드가 한자리에

역사적 건축물인 메트로폴리스 빌딩Edificio Metrópolis에서 출발해 왼쪽으로 쭉 뻗은 큰 도로가 메트로 카야오역을 지나 스페인 광장까지 이어진다. 이 기나긴 그란 비아 거리가 각종 브랜드가 밀집한 마드리드의 대표적 쇼핑가이다. 명품 브랜드부터 스파 브랜드까지 웬만한 유명 브랜드는 다 이곳에서 만날 수 있으며 관광지에서 가까워 쇼핑하기 좋다.

가는 방법 메트로 3 · 5호선 카야오Callao역에서 바로 연결
주소 C/ Gran Vía, 41

세라노 거리
Calle de Serrano

위치 레티로 공원 주변
유형 쇼핑가
특징 고급 명품 브랜드가 즐비

마드리드의 명품 브랜드가 포진해 있는 쇼핑가로 그란 비아 거리와 더불어 살라망카 지구의 세라노 거리가 언급된다. 스페인의 대표적 명품 브랜드 로에베와 토스를 비롯해 스페인 출신 디자이너가 설립한 패션 브랜드 발렌시아가와 마놀로 블라닉, 해외 명품 브랜드인 생 로랑, 구찌, 루이 비통 등의 매장이 들어서 있다. 그란 비아 거리보다 좀 더 럭셔리한 분위기이다.

가는 방법 메트로 4호선 세라노Serrano역에서 바로 연결
주소 Calle de Serrano, 17

엘 라스트로
El Rastro

위치 톨레도 문 주변
유형 벼룩시장
특징 일요일에 문을 여는 야외 시장

일요일이나 공휴일에 마드리드에 머무는 여행자라면 한 번쯤 가보길 권한다. 약 500년의 역사를 지닌 벼룩시장으로, 기념품이 될 만한 수공예품이나 의류, 주방용품과 욕실용품, 누군가의 추억이 서린 골동품, 재활용품까지 발을 옮길 때마다 다양한 제품을 만날 수 있다. 매주 1000명 이상의 판매인과 그에 버금가는 수의 손님이 몰려들어 좁은 골목길이 북적거린다.

가는 방법 메트로 5호선 푸에르타 데 톨레도Puerta de Toledo역에서 도보 5분 **주소** Calle de la Ribera de Curtidores
영업 일요일 · 공휴일 09:00~15:00
홈페이지 rastromadrid.com

《 Another Trip 》

절벽 끝 성채 도시에서 보내는 하루

쿠엥카 CUENCA

역사적인 성채 도시로 전체가 유네스코 세계문화유산에 등재된 쿠엥카.
강의 침식으로 형성된 협곡에 자리한 마을은 보는 방향에 따라 건물이 공중에 떠 있는 것 같기도 해
'마법에 걸린 마을'이라고도 불린다. 절벽 끝에 아슬아슬하게 매달린 듯한
신기한 풍경의 마을을 만나러 가보자.

가는 방법

마드리드에서 쿠엥카까지 버스와 열차가 운행한다. 운행 편수가 많고 소요 시간도 3시간 이내라 당일치기 여행으로 그만이다.

● 버스

마드리드 남부 버스 터미널Estación de Autobuses de Madrid Sur에서 쿠엥카 버스 터미널Estación de Autobuses Cuenca까지 아반사AVANZA 버스가 운행한다. 쿠엥카에서 마드리드로 돌아오는 막차가 오후 8시에 있어 당일치기로 충분히 다녀올 수 있다. 왕복 티켓으로 구매하면 조금 더 저렴하다. 쿠엥카 버스 터미널은 관광 명소가 밀집한 중심가까지 도보로 20분 정도 걸린다. 산책하는 기분으로 걸어가도 좋고, 터미널 건너편 정류장에서 1번 버스(€1.20)를 타도 된다.

주소 Calle Fermín Caballero, 20

홈페이지 아반사 www.avanza.com

쿠엥카-주요 도시 간 버스 운행 정보

출발지	운행 회사	운행 편수(1일)	소요 시간	요금(편도)
마드리드	AVANZA	8편	2시간 5~30분	€9~
톨레도	AISA	1~2편	2~3시간	€13.45

● 열차

마드리드 아토차역Estación de Madrid-Puerta de Atocha에서 쿠엥카 페르난도 소벨역Estación de Cuenca Fernando Zobel까지 고속 열차로 1시간 걸린다. 요금이 비싸고 역이 시내 중심가에서 멀리 떨어져 있다. 일반 열차도 운행하지만 3시간 이상 걸리기 때문에 추천하지 않는다. 쿠엥카 중심가까지는 역 앞 버스 정류장에서 1번 버스(€2.15)를 타면 30분 정도 걸린다.

주소 N-320, s/n

홈페이지 www.renfe.com

쿠엥카-주요 도시 간 열차 운행 정보

출발지	열차 종류	운행 편수(1일)	소요 시간	요금(편도)
마드리드	AVE · iryo · OUIGO · AVANT · ALVIA	10편 이상	54분~1시간	€15~

※초고속 열차 AVE · iryo · OUIGO, 고속 열차 AVANT · ALVIA

놓치면 아쉬운 쿠엥카의 명소

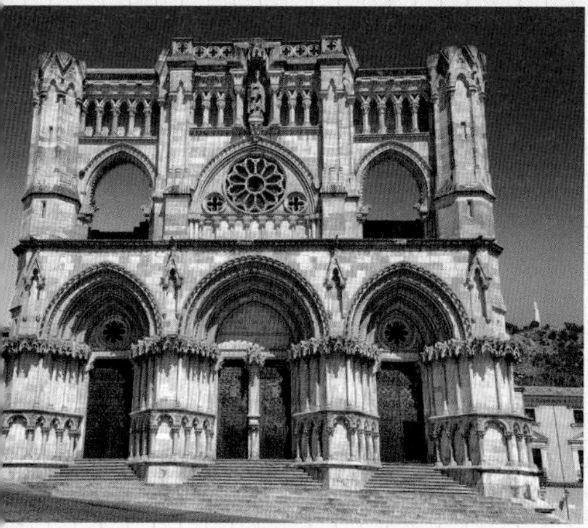

① 쿠엥카 대성당 *Catedral de Cuenca*

13세기 중반 이슬람 사원이 있던 자리에 세운 성당. 카스티야 지방에서는 처음으로 고딕 양식으로 지었으나 몇 세기에 걸쳐 증축과 보수를 반복해 다양한 양식을 띠고 있다. 스테인드글라스가 빛나는 내부와 금색으로 물든 천장은 환상적인 분위기를 낸다. 보물을 전시한 박물관도 함께 둘러보자.

가는 방법 쿠엥카 버스 터미널 또는 쿠엥카역에서 1번 버스를 타고 마요르 광장Plaza Mayor 정류장에서 하차 후 도보 1분 **주소** Plaza Mayor **문의** 649 69 36 00
운영 4/1~6/30 일~금요일 10:00~18:30, 토요일 · 공휴일 10:00~19:30, 7/1~11/1 10:00~19:30, 11/2~3/31 일~금요일 10:00~17:30, 토요일 · 공휴일 10:00~19:30 **휴무** 1/1 **요금** 대성당 일반 €5.50, 65세 이상 · 25세 이하 학생 €4.50 / 대성당 + 보물 박물관 일반 €7, 65세 이상 · 25세 이하 학생 €6
홈페이지 www.catedralcuenca.es/en

② 카사스 콜가다스 *Casas Colgadas*

쿠엥카의 특징적인 풍경을 볼 수 있는 곳. 절벽 끝에 쓰러질 듯 불안정하게 서 있는 건물은 14세기 왕가 별장으로 지었으며 18세기 중반까지 시청사로 사용했다. 옛 건축 방식에 따라 옆으로 넓게 짓기보다 위로 높이 올려 지어 이러한 형태가 되었다고 한다. 건축물 한쪽에는 스페인 추상미술관Museo de Arte Abstracto Español이 들어서 있다.

가는 방법 쿠엥카 대성당에서 도보 2분
주소 Calle Canónigos

③ 산파블로 다리 *Puente de San Pablo*

카사스 콜가다스를 기념 촬영하기에 가장 좋은 다리로 우에카르Huécar강에 놓여 있다. 16세기에 건설한 뒤 무너진 돌다리를 토대로 20세기 초반 철과 목재를 이용해 보행자 전용 다리로 완성했다. 높은 지대에 설치한 60m 길이의 다리는 다소 걷기 무서울 만큼 소리가 있다. 눈을 질끈 감고 도전해보자.

가는 방법 카사스 콜가다스에서 도보 2분
주소 Río Huécar

FOLLOW

TOLEDO

톨레도

세르반테스의 풍자소설 《돈키호테》의 무대가 된 카스티야라만차Castilla-La Mancha 지방에 속한 톨레도는 타호Tajo강이 마을을 부드럽게 감싸면서 흐르는 작은 도시다. 이 땅에 처음 뿌리내리고 살았던 베르족의 한 부류인 카르페타노Carpetano가 고대 로마제국으로 편입되었을 때 로마인들이 이 지역을 '참고 견디어 항복하지 않는다'는 의미의 톨리툼Tolitum이라 불렀고, 이것이 톨레도의 어원이 되었다. 로마, 서고트, 이슬람, 유대계 등 다양한 민족의 터전으로 긴 역사를 이어온 마을은 여전히 그 흔적이 남아 있어 '작은 로마', '작은 예루살렘', '시간이 멈춘 도시'라는 수식어가 붙어 있다. 스페인 국교인 가톨릭의 총본산 톨레도 대성당을 시작으로 '표현주의의 아버지'라 불리는 화가 엘 그레코의 숨결이 짙게 밴 명소도 톨레도를 빛낸다.

톨레도 들어가기 & 시내 교통

마드리드에서 남서쪽으로 약 67km 떨어진 톨레도는 버스나 열차로 왕복 3시간 이내에 오갈 수 있는 거리라 당일치기 관광에 적합한 도시이다. 단, 세고비아는 직행으로 연결되는 교통편이 없어 접근성이 좋지 않다. 쿠엥카로는 버스만 운행한다.

버스

마드리드의 플라사 엘립티카 버스 터미널Intercambiador de Plaza Elíptica에서 출발하는 톨레도행 알사ALSA 버스는 직행과 완행 두 종류가 있다. 직행이 완행보다 운행 편수가 많고 40분 정도 빠르지만 요금은 별 차이가 없다. 티켓은 버스 터미널 내 알사 버스 매표 창구에서 구매한다. 돌아올 때 원하는 시간대에 탈 수 있는 오픈 티켓 형식으로 왕복 티켓을 판매하는데 왕복 티켓으로 구매하는 편이 더 편리하다. 톨레도 버스 터미널Estación de Autobuses de Toledo에서 시내 중심까지는 도보로 약 20분 걸린다.

주소 Av. Castilla la Mancha, 4 **홈페이지** www.alsa.com

톨레도-주요 도시 간 버스 운행 정보

출발지	운행 회사	운행 편수(1일)	소요 시간	요금(편도)
마드리드	ALSA	10편~	50분~1시간 30분	€6~

열차

마드리드에서 열차로 갈 수 있는 주변 도시는 톨레도뿐이다. 마드리드 아토차역Estación de Madrid-Puerta de Atocha Adif에서 고속 열차를 타면 톨레도역Estación de Toledo Adif에 도착한다. 역에서 시내 중심까지는 도보로 약 15분 걸린다.

주소 Calle, Paseo de la Rosa, s/n **홈페이지** www.adif.es

톨레도-주요 도시 간 열차 운행 정보

출발지	열차 종류	운행 편수(1일)	소요 시간	요금(편도)
마드리드	AVANT	10편 이상	35분	€14~

※고속 열차 AVANT

시내 교통

톨레도 버스 터미널이나 톨레도역에서 중심가인 소코도베르 광장까지는 도보로 이동하기에 충분한 거리이지만 오르막길이 있어서 짐이 많다면 시내버스를 이용하는 게 좋다. 버스 터미널에서는 5번, 기차역에서는 61 · 62번 버스를 타면 된다. 요금은 승차 시 운전기사에게 직접 낸다. 밖에 전망대Mirador del Valle까지는 소코도베르 광장에서 시내 미니 기차인 소코트렌Zocotren을 탄다. 소코트렌은 톨레도 시내를 돌아 전망대로 향하는 관광 열차로 약 45분간 운행하며 한국어 오디오 가이드를 지원한다.

- **시내버스 운행** 07:00~23:30 **요금** €1.50 **홈페이지** unauto.es
- **소코트렌 운행** 09:30~19:00(배차 간격 30분) **요금** €8

TIP
전망대로 향하는 소코트렌은 오른쪽 좌석에 앉아야 더욱 예쁜 풍경을 볼 수 있다.

Toledo **Best Course**

톨레도 추천 코스

일정별 코스

엘 그레코와 함께 중세 도시 톨레도 속으로!

중세 도시로 타임슬립한 듯 예스럽고 고풍스러운 매력이 펼쳐지는 도시 톨레도는 현대적 분위기의 마드리드에서 벗어나 신선한 기분을 느끼기에 충분한 여행지이다. 스페인에서 빼놓을 수 없는 천재 화가 엘 그레코의 발자취를 찾아가는 여정도 톨레도 여행의 큰 즐거움이다.

TRAVEL POINT

- **이런 사람 팔로우!** 마드리드에서 당일치기 근교 여행을 원한다면, 엘 그레코와 중세 분위기에 흠뻑 빠지고 싶다면
- **여행 적정 일수** 1일
- **주요 교통수단** 도보, 버스
- **여행 준비물과 팁** 월요일은 문 닫는 곳이 많으므로 사전 체크!
- **사전 예약 필수** 없음

DAY 1

- **소요 시간** 7시간
- **예상 경비** 입장료 €27 + 교통비 €2.80 + 식비 €25~ = Total €54.80~
- **점심 식사는 어디서 할까?** 톨레도 대성당 주변 레스토랑
- **기억할 것** 톨레도의 관광 명소는 일요일에 무료 입장인 경우가 많다. 톨레도 알카사르와 엘 그레코 미술관은 월요일에 문을 닫는다.

바예 전망대 P.186 → 버스 20분 → 톨레도 알카사르 P.181 → 도보 6분 → 톨레도 대성당 P.182

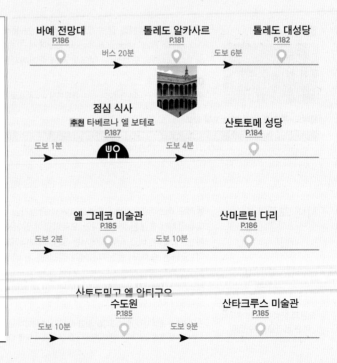

→ 도보 1분 → 점심 식사 (추천 타베르나 엘 보테로 P.187) → 도보 4분 → 산토토메 성당 P.184

→ 도보 2분 → 엘 그레코 미술관 P.185 → 도보 10분 → 산마르틴 다리 P.186

→ 도보 10분 → 산토도밍고 엘 안티구오 수도원 P.185 → 도보 9분 → 산타크루스 미술관 P.185

톨레도 관광 명소

톨레도 관광의 시작점은 이슬람교도가 지배하던 시절 아랍 시장이 섰던 소코도베르 광장이다. 버스 터미널, 기차역, 전망대로 가는 시내버스 정류장과 관광 열차 소코트렌의 출발지가 모여 있는 교통의 중심지이다. 주변에는 산타크루스 미술관과 톨레도 알카사르가 있다.

01

톨레도 알카사르

Alcázar de Toledo

추천

가는 방법 톨레도 대성당에서 도보 6분 **주소** Calle de la Union, s/n
문의 925 23 88 00
운영 10:00~17:00 ※문 닫기 30분 전 입장 마감 **휴무** 월요일, 1/1, 1/6, 5/1, 12/24~25, 12/31
요금 일반 €12, 65세 이상 €8, 8~14세 €6, 7세 이하 무료 ※일요일 무료 **홈페이지** ejercito.defensa.gob.es/museo

도시 어디에서나 눈에 잘 띄는 군사 요새

해발 548m 높이의 톨레도에서 가장 높은 지대에 위치하는 옛 군사 요새. 직사각형 건물 네 모퉁이에 탑이 있는 구조로 11세기 카스티야와 레온 왕국의 알폰소 6세 왕이 지은 성곽을 토대로 여러 세기에 걸쳐 증축과 개조를 거듭했다. 톨레도를 지배하는 세력이 바뀜에 따라 왕족의 은거지, 왕실 감옥, 군사령부 등으로 사용하다가 19세기 들어 사관학교로 사용했다. 1936년 블랑코 독재 정권 시절 일어난 스페인 내란 때 스페인 정부군과 반군 간의 치열한 전투로 인해 붕괴되었으나 건축도면이 발견되어 1961년에 재건했다.

현재는 고대 로마 시대부터 중세 시대의 무기, 군복 등을 전시한 군사 박물관과 주립 도서관으로 이용한다. 중세 시대에 무기 생산으로 유명한 도시였던 터라 지금도 톨레도 시내를 돌아다니다 보면 중세 시대 무기를 심심찮게 볼 수 있는데 그 원조가 그대로 전시되어 있는 것이다. 참혹하면서도 비참한 스페인 전쟁의 역사를 담고 있지만 건물은 밝은 빛깔에 간결하면서도 기능적인 면을 중시한 건축양식으로 지어 시내 어디에서 봐도 눈에 확 들어온다.

02 톨레도 대성당 추천

Santa Iglesia Catedral Primada de Toledo

가는 방법 톨레도 알카사르에서 도보 6분 **주소** Calle Cardenal Cisneros, 1
문의 925 22 22 41
운영 월~토요일 10:00~18:30, 일요일 14:00~18:30 ※문 닫기 30분 전 입장 마감 **휴무** 1/1, 12/25
요금 일반 €10, 종탑 포함 €12.50
홈페이지 www.catedralprimada.es

날카롭고 예리하지만 묵직한 존재감

톨레도 대성당은 건축물 규모나 관광객들의 인지도로 따졌을 때 세비야 대성당에 비할 수는 없지만 스페인 가톨릭의 수석 대교구 역할을 하는 장소로 종교적 측면에서는 매우 높은 비중과 위상을 차지한다.
이슬람 세력이 점령하던 당시 톨레도는 1085년 레콩키스타(국토회복운동)로 가톨릭 세력에 수복되었다. 페르난도 3세는 이슬람 지배의 흔적을 지우고 가톨릭의 위엄을 내세우고자 300년간 모스크가 있던 자리에 거대한 대성당을 건설할 것을 지시했다. 그리하여 1227년 건축가 페트루스 페트리Petrus Petri가 착공한 건물이 266년간의 공사 끝에 1493년 완공되었다.
프랑스의 한 성당을 참고해 프랑스 고딕 양식을 추구하되 벽돌과 타일을 사용해 이슬람적 기하학 문양을 넣은 스페인 특유의 고딕 양식을 꽃피웠다. 성당 규모는 길이 113m, 폭 57m, 높이 45m, 종탑 높이 95m이며 88개의 기둥이 서 있는 5개의 주랑이 있다. 750개의 스테인드글라스 창문은 성스러운 빛으로 성당 내부를 감싼다.

FOLLOW UP

이것만은 놓치지 말자!
톨레도 대성당의 관광 포인트

• 주 예배당 Capilla Mayor

성당 규모에 비해 중앙 제단이 좁다고 여긴 시스네로 추기경이 현재의 모습으로 확장시켰다. 당대 최고 장인 27명이 6년여간 공을 들인 끝에 완성한 30m 높이의 제단 병풍에는 그리스도의 생애가 담긴 《신약성서》의 20가지 장면이 표현되어 있다.

• 성가대석 Coro

중앙 제단 건너편에 성가대석이 있다. 의자 하나하나에 새겨진 조각은 가톨릭 세력의 마지막 레콩키스타가 이루어진 그라나다 전쟁을 묘사한 것이다. 정중앙에는 톨레도의 수호신인 성모상과 아기 예수상이 미소를 짓고 있다.

• 엘 트란스파렌테 El Transparente

18세기 스페인 바로크 양식의 최고로 꼽히는 작품. 자연광이 들어오도록 천장을 뚫고 대리석, 청동, 회화로 꾸민 제단이 빛으로 인해 시시각각 표정이 변화하도록 설계했다. '트란스파렌테'는 스페인어로 '투명한'이라는 뜻이다.

• 성체 현시대 La Custodia

보물실Sala del Tesoro 최고의 볼거리. 독일 공예가 엔리케 데 아르페가 제작한 3m 높이의 조각상 260개로 구성되어 있다. 콜럼버스의 신대륙 발견으로 얻은 18kg의 금과 183kg의 은으로 만들었다.

• 성구 보관실 Sacristía

이탈리아 나폴리 출신의 화가 루카 조르다노가 톨레도의 수호성인인 산 일데폰소가 제의를 하사받는 장면을 그린 천장화와 바로 아래에 걸린 엘 그레코의 〈그리스도의 옷을 벗김Disrobing of Christ〉이 압권이다. 제작 당시 엘 그레코와 성당 간에 제작비 문제로 소송까지 갔던 서글픈 이야기가 전해진다.

SPECIAL THEME

톨레도 속에 감춰진

엘 그레코의 흔적을 찾아서

그리스 크레타섬에서 태어나 이탈리아에서 활동하던 한 화가가 톨레도에 정착해 37년이란 긴 세월 동안 그린 주옥같은 작품들을 만나보자. 외딴섬 출신의 이방인이 어떻게 스페인을 대표하는 화가가 되었는지 알게 될 것이다.

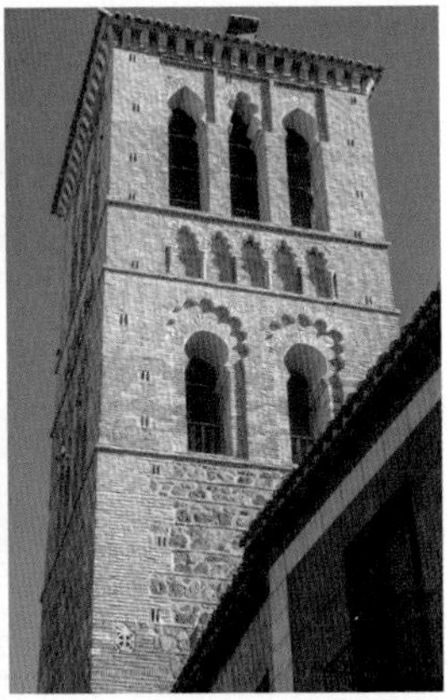

산토토메 성당 *Iglesia de Santo Tomé*

고딕, 로마네스크, 아랍의 요소가 융합된 무데하르 양식의 성당에는 엘 그레코 최고의 걸작 〈오르가스 백작의 매장El Entierro del Conde de Orgaz〉이 숨어 있다. 오늘날 미켈란젤로의 〈천지창조〉, 레오나르도 다빈치의 〈최후의 만찬〉과 함께 세계 3대 성화로 인정받는 이 작품은 성당에 막대한 기부금을 낸 오르가스 백작의 약 300년 전 매장 당시 모습을 그린 것이다. 인간계를 그린 하단과 천상계를 그린 상단으로 나누어져 있다. 하단은 오르가스 백작이 죽음을 맞이한 1312년 당시 성자 스테파노(오른쪽)와 아우구스티누스(왼쪽)가 천상에서 내려와 사람들 앞에 나타나 그의 유골을 매장하는 내용이 담겨 있다. 백작이 생전에 많은 선행을 베풀었기 때문에 성자가 일부러 모습을 드러내 천국으로 데리고 가는 기적이 일어났다고 전해진다. 상단에는 백작의 영혼을 맞이하는 천국의 모습이 그려져 있다. 장례식에 참석한 검은 옷차림의 사람들은 당시 유명 인사의 얼굴을 하고 있는데 매우 현실감 있게 표현되어 있다. 사람들 중 유일하게 정면을 응시하는 두 사람을 주목하자. 스테파노 위에 있는 이는 엘 그레코 본인이며, 스테파노 왼편에 서 있는 소년은 엘 그레코의 아들이다. 아들 주머니에서 비어져 나온 손수건에 자신의 본명인 '도메니코스 테오토코폴로스Domenikos Theotokopoulos'라는 글씨를 적어놓았다. 〈오르가스 백작의 매장〉은 사진 촬영이 금지되어 있다.

〈오르가스 백작의 매장〉

가는 방법 톨레도 대성당에서 도보 0분 **주소** Plaza del Conde, 4
문의 925 25 60 98 **운영** 3/1~10/15 10:00~18:45, 10/16~2/28 10:00~17:45
휴무 1/1, 12/25 **요금** 일반 €4, 학생 · 11~16세 · 65세 이상 €3
홈페이지 santotome.org

엘 그레코 미술관 *Museo del Greco*

엘 그레코가 살았던 집의 서재와 침실 등을 재현하고 그의 작품을 모아놓은 작은 미술관이다. 엘 그레코가 남긴 2점의 풍경화 중 하나로, 바예 전망대에서 바라본 마을 풍경과 쏙 빼닮은 〈톨레도의 전경과 지도Vista y Plano de Toledo〉, 그리고 예수와 12사도의 초상화 시리즈를 중점적으로 감상하자.

가는 방법 산토토메 성당에서 도보 1분
주소 Paseo Tránsito, s/n **문의** 925 99 09 82
운영 화~토요일 3~10월 09:30~19:30, 11~2월 09:30~18:00, 일요일 · 공휴일 10:00~15:00
휴무 월요일, 1/1, 1/6, 12/24~25, 12/31
요금 일반 €3, 18~25세 학생 · 65세 이상 · 17세 이하 €1.50 ※토요일 14:00 이후 · 일요일 무료 **홈페이지** www.culturaydeporte.gob.es/mgreco/inicio.html

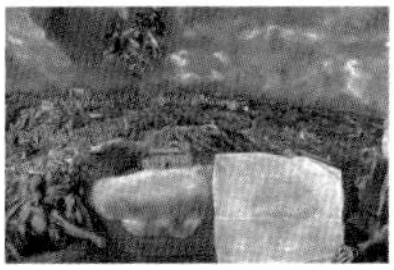

〈무염시태〉

산타크루스 미술관 *Museo de Santa Cruz*

소코도베르 광장의 세르반테스 동상과 '피의 아치Arco de la Sangre'라 부르는 성문을 지나면 나타나는 미술관. 엘 그레코가 말년에 그린 최고의 걸작으로 꼽히는 〈무염시태The Immaculate Conception〉를 볼 수 있다. 붉은 상의와 푸른 하의를 입은 성모와 노란 옷을 입은 천사 아래로 톨레도의 풍경이 어렴풋이 비치는 작품이다.

가는 방법 톨레도 알카사르에서 도보 3분 **주소** Calle Miguel de Cervantes, 3 **운영** 월~토요일 10:00~18:00, 일요일 09:00~15:00 **휴무** 1/1, 1/6, 1/23, 5/1, 12/24~25, 12/31 **요금** €4 ※수요일 16:00 이후 · 일요일 무료
홈페이지 cultura.castillalamancha.es

산토도밍고 엘 안티구오 수도원
Convento de Santo Domingo El Antiguo

엘 그레코가 톨레도 대성당의 회화를 그렸을 때와 비슷한 시기에 그린 작품을 수도원에서 만나볼 수 있다. 엘 그레코가 처음으로 제작한 제단화로 상단에 〈삼위일체〉, 하단에는 〈성모승천〉을 배치한 또 하나의 걸작이다. 그는 자신의 첫 제단화가 있는 곳에 묻히길 바랐다.

가는 방법 톨레도 대성당에서 도보 6분
주소 Pl. Sto Domingo Antiguo, 2
문의 925 22 29 30 **운영** 월~토요일 11:00~13:30, 16:00~19:00, 일요일 16:00~19:00 **휴무** 부정기 **요금** €2

〈삼위일체〉

〈성모승천〉

03 트란시토 시나고가
Sinagoga del Tránsito

하나 남은 유대인의 흔적

이슬람 제국의 멸망으로 추방당하기 전까지 12세기에 톨레도는 유대인 지구였다. 당시 유대인 1만 3000여 명이 거주했다고 전해지나 현재 남아 있는 흔적이라곤 유대교 회당 한 곳과 구불구불한 골목뿐이다. 제조업과 상권을 쥐고 있던 유대인이 추방당하자 도시는 점점 쇠퇴해갔다.

가는 방법 엘 그레코 미술관에서 도보 1분 **주소** Calle Samuel Levi, s/n
운영 화~토요일 09:30~20:00, 일요일 · 공휴일 10:00~15:00
휴무 월요일, 1/1, 1/6, 5/1, 12/24~25, 12/31
요금 일반 €3, 18~25세 학생 · 65세 이상 · 17세 이하 무료 ※토요일 14:00 이후 · 일요일 무료

04 산마르틴 다리
Puente San Martín

타호강 위의 아름다운 다리

이슬람 색채가 가미된 고딕 양식의 단단한 보행자 전용 돌다리. 1165년에 건설한 것으로 추측되며, 우아한 곡선미가 돋보이는 아치와 교각 부분의 삼각형 돌출부가 특징이다. 다리 사이로 흐르는 타호강은 이베리아반도에서 가장 긴 1008km의 강으로, 포르투갈 리스본을 경유해 대서양으로 흘러간다. 참고로 리스본의 테주Tejo강은 포르투갈식 이름이다.

가는 방법 트란시토 시나고가에서 도보 9분
주소 Bajada San Martín

05 바예 전망대
Mirador del Valle

추천

엘 그레코가 사랑한 풍경

톨레도를 가장 아름다운 각도에서 바라볼 수 있는 전망대. 타호강이 마을을 감싸며 자연적으로 요새화된 톨레도의 풍경을 제대로 감상할 수 있는 곳이다. 500년 전에 엘 그레코가 그린 풍경화와 비교해 거의 달라진 게 없다는 점이 놀랍고 신비스럽다. 중심가에서 가장 떨어진 곳이라 버스나 소코트렌을 타고 이동해야 하는 번거로움이 있다.

가는 방법 소코도베르 광장에서 버스 71번을 타고 Ctra. Circunvalación 정류장에서 하차 후 도보 8분
주소 Ctra. Circunvalación, s/n
문의 925 25 40 30

톨레도 맛집

톨레도 관광의 중심인 톨레도 대성당과 소코도베르 광장 주변은 다양한 먹거리를 판매하는 음식점과 디저트 전문점, 카페 등이 모여 있다. 톨레도가 속한 카스티야라만차 지방의 전통 음식과 톨레도에서 탄생한 전통 과자를 꼭 체험해보자.

타베르나 엘 보테로
Taberna el Botero

위치 톨레도 대성당 주변
유형 대표 맛집
주메뉴 창작 요리

😊→ 늦은 밤까지 영업한다.
😣→ 식사 시간에 매우 붐빈다.

카스티야라만차 지방의 전통 요리를 현대적으로 재해석해 선보이는 음식점이다. 세련된 플레이트와 정중한 서비스, 어느 요리를 시켜도 만족스러운 맛까지 삼박자를 고루 갖추었다. 창작 요리라 하면 왠지 꺼려질 수 있으나 이곳의 요리는 누구나 부담 없이 즐길 수 있는 맛이다. 1층은 타파스, 2층은 식사를 즐길 수 있는 레스토랑으로 구분되어 있다.

가는 방법 톨레도 대성당에서 도보 1분
주소 Calle Ciudad, 5 **문의** 925 28 09 67
영업 월~금요일 12:00~01:00, 토 · 일요일 12:00~02:00 **휴무** 부정기 **예산** €18~
홈페이지 tabernabotero.com

콘피테리아 산토토메
Confitería Santo Tomé

위치 산타크루스 미술관 주변
유형 로컬 맛집
주메뉴 디저트

😊→ 톨레도에서만 경험할 수 있는 전통 과자
😣→ 한국인 입맛에는 많이 달다.

아몬드와 벌꿀을 뭉쳐 만든 전통 과자인 마사판 Mazapan을 경험해보는 것도 톨레도를 만끽하는 하나의 방법이다. 수녀원에서 처음 만들기 시작해 '수녀의 빵'이라고도 불린다는 과자를 이왕이면 1856년에 문을 연 노포에서 먹어보자. 외관은 반달 모양의 만주를 연상시키나 실제로 먹어보면 상상 이상의 달달함에 당황하게 될지도 모르니 우선 낱개로 구입해 시식해보자.

가는 방법 산타크루스 미술관에서 도보 1분
주소 Plaza Zocodover, 7 **문의** 925 22 11 68
영업 09:00~21:00
휴무 부정기 **예산** 마사판 €3~
홈페이지 mazapan.com

백설공주가 사는 동화 속 세상

세고비아 SEGOVIA

켈트어로 '승리의 땅'을 의미하는 세고비아는 마드리드를 벗어나 반나절 근교 여행으로 제격인 도시이다. 수백 년간 로마인이 지배했던 흔적인 세고비아 수도교와 디즈니 만화영화에 영감을 준 세고비아 알카사르, 귀부인처럼 우아한 세고비아 대성당 등 개성이 뚜렷한 명소가 기다리고 있다.

가는 방법

마드리드에서 버스나 열차를 이용한다. 버스는 열차보다 시간이 많이 걸리지만 요금이 저렴하고 종착지인 세고비아 버스 터미널Estación Autobuses de Segovia이 관광지와 가깝다는 이점이 있다. 열차는 소요 시간이 짧은 고속 열차와 소요 시간이 버스와 비슷한 완행열차 두 종류가 있다. 기차역은 관광지와 다소 떨어져 있으며 요금도 훨씬 비싸다. 결론적으로 열차보다 버스가 더 나은 선택이다.

● 버스

마드리드 몽클로아 버스 터미널Intercambiador de Moncloa에서 출발하는 세고비아행 버스는 아반사AVANZA가 운행한다. 시간대별로 운행하는 버스 종류가 다르므로 매표소 시간표에서 직행Directo(1시간 10분 소요), 준직행Semidirect(1시간 20분 소요), 완행Ruta(1시간 45분 소요) 버스를 잘 확인한 후 표를 구매해야 한다. 세고비아 버스 터미널에서 세고비아 수도교까지는 도보로 약 6분 걸린다.

주소 Plaza la Estación de Autobuses

홈페이지 www.avanzabus.com

TIP

세고비아는 마드리드 근교의 인기 여행지라 주말에는 버스 티켓이 매진되는 경우가 많으므로 마드리드에서 왕복 티켓을 구매하는 게 좋다. 아반사 홈페이지에서도 예약 가능하다.

● 열차

마드리드 차마르틴역Estación de Chamartin역에서 렌페Renfe가 운행하는 고속 열차 아반트AVANT, 알비아ALVIA와 완행열차 레지오날REGIONAL을 타면 된다. 고속 열차는 27~31분, 완행열차는 1시간 56분 소요되며 요금은 레지오날, 아반트, 알비아 순으로 저렴하다. 세고비아에는 역이 두 곳 있다. 완행열차가 정차하는 세고비아역Estación de Segovia은 세고비아 수도교까지 도보로 약 20분 소요되며, 고속 열차가 정차하는 세고비아 기오마르역Estación de Segovia Guiomar은 택시로 약 10분 소요된다. 각자 상황에 맞게 선택한다.

주소 세고비아역 Av. del Obispo Quesada

세고비아 기오마르역 Paseo Campos de Castilla, s/n

홈페이지 www.renfe.com

놓치면 아쉬운 세고비아의 명소

① 세고비아 수도교 *Acueducto de Segovia*

약 2000년 전인 1세기경 트라야누스 황제 시절에 로마인들이 남긴 세고비아 수도교는 마을의 수자원 확보를 위해 16km 밖에 있는 아세트베타 계곡의 프리오강 물을 끌어들이고자 만든 것이다. 높이 28.5m, 길이 728m에 아치 167개, 기둥 120개에 달하는 웅장한 규모를 보면 당시 축조 기술을 상상할 수 있다. 접착제 사용 없이 오로지 나무틀을 받쳐 든 상태에서 2만 400개의 화강암을 차곡차곡 쌓아 올린 결과물이라 하니 당시 로마인들의 기술력과 영특함, 인내심에 혀를 내두를 정도이다. 다리를 위에서 내려다볼 수 있는 전망대가 있어 더욱 박력 넘치는 경관을 감상할 수 있다.

가는 방법 세고비아 버스 터미널에서 도보 6분 **주소** Plaza del Azoguejo, 1

제작 당시 아치의 원형을 유지하기 위해 나무틀이 사용되었다.

TRAVEL TALK

'악마의 다리'라고 불리게 된 사연

물을 팔아서 생계를 이어가던 소녀 훌리아나가 어느 날 물을 길어 오는 일이 힘에 부쳐 혼자 넋두리를 하고 있었어요. 이때 갑자기 악마가 나타나 "네 영혼을 팔면 하룻밤 사이에 다리를 만들어주겠다"라고 유혹하자 소녀는 닭이 울기 전에 집까지 물이 도달하면 영혼을 팔겠다고 약속했어요. 악마는 밤사이 다리를 만들었지만 마지막 돌을 놓기 전에 닭이 우는 바람에 소녀의 영혼을 가지지 못하고 사라져버렸어요. 이것이 세고비아 수도교인데 이후 마을 사람들이 이 사연을 듣고 '악마의 다리'라 불렀다고 합니다. 인간이 만들었다고는 생각하기 어려울 만큼 거대하고 견고해서 이러한 이야기가 탄생한 것이 아닐까 싶네요.

② 세고비아 알카사르 *Alcázar de Segovia*

2개의 강줄기 사이에 우뚝 선 성은 마치 푸른 돛대를 단 군함과도 같다. 거대한 위용과 달리 월트 디즈니의 만화영화 〈백설공주〉에 등장하는 성의 모델로 알려져 '백설공주의 성'이란 예쁜 별명을 얻었다. 고대 켈트인의 성터였던 이곳은 시내 북쪽 2개의 강이 만나는 지점에 위치해 있어 적의 침입이 어렵다는 점에서 11세기 카스티야 왕족의 거처로 낙점되었다. 한때는 감옥과 왕립 포술 학교로 사용했으며, 1472년 이사벨 1세 여왕이 대관식을 치렀고, 1570년에는 펠리페 2세가 네 번째 결혼식을 올리는 등 스페인 역사에서 꽤나 중요한 일이 거행된 곳이다.

성안은 갑옷과 투구로 무장한 기마병과 옛 무기를 비롯해 16세기에 제작한 제단화와 초상화를 감상할 수 있는 방과 옛 왕실의 생활상을 엿볼 수 있는 방으로 이루어져 있다. 하이라이트는 세고비아 전경을 한눈에 볼 수 있는 높이 80m의 후안 2세 탑Torre de Juan II 전망대이다. 156개의 계단을 힘들게 걸어 올라가야 하지만 탁 트인 세고비아 경관에 감탄사가 절로 나올 것이다.

가는 방법 세고비아 대성당에서 도보 8분 **주소** Plaza Reina Victoria Eugenia, s/n
문의 921 46 07 59 **운영** 3/28~10/31 10:00~20:00, 11/1~3/27 10:00~18:00
휴무 1/1, 1/6, 6/12, 12/25 **요금** 탑 전망대 포함 전체 관람 일반 €10, 6~16세 · 65세 이상 · 학생 €8 / 궁전 · 박물관 일반 €7, 6~16세 · 65세 이상 · 학생 €5 / 후안 2세 탑 전망대 €1 **홈페이지** www.alcazardesegovia.com

TRAVEL TALK

세고비아의 전통 요리

태어난 지 2~3주 되는 새끼 돼지를 통째로 오븐에 구워내 껍질은 바삭하고 속살은 부드러운 코치니요 아사도Cochinillo Asado는 세고비아의 명물입니다. 고기가 얼마나 부드러운지를 보여주기 위해 칼 대신 접시로 자르고 그 접시를 깨뜨리는 것이 전통이에요. 세고비아를 여행한다면 꼭 한번 맛보세요.

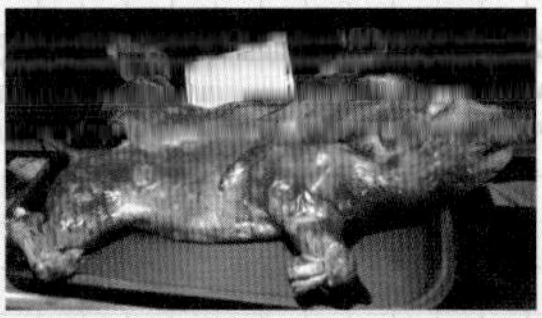

③ 세고비아 대성당 *Catedral de Segovia*

50년의 세월을 거쳐 완성된 스페인 최후의 고딕 사원. 둥그런 외관이 귀부인의 풍성한 치마를 연상시켜 '대성당 중의 귀부인'이란 애칭이 붙었다. 절제된 겉모습과 달리 내부는 화려한 스테인드글라스와 조각품으로 장식해 상반된 분위기를 띠는데, 귀부인이라는 애칭에 어울리는 모습이다. 성당 외관 자체도 볼거리지만 중세 가톨릭과 르네상스 양식의 작품이 전시된 성당 부속 박물관과 세고비아에서 가장 높은 첨탑도 놓쳐서는 안 된다. 박물관에는 많은 그림 사이에 유모의 실수로 창문에서 떨어져 죽은 엔리케 2세의 아들 페드로의 작은 묘비도 있다. 시내를 조망할 수 있는 88m 높이의 첨탑은 본래 마호가니 목재와 미국에서 가져온 금을 녹여 만든 황금 탑이었으나 1614년에 벼락을 맞아 파괴된 후 재건했다.

가는 방법 세고비아 수도교에서 도보 9분
주소 Calle Marqués del Arco, 1
문의 921 46 22 05
운영 4~10월 09:00~21:30, 11~3월 09:30~18:30
휴무 1/1, 1/6, 12/24~25, 12/31
요금 일반 €4, 25세 이하 학생 · 65세 이상 €3, 7세 이하 무료
※일요일 4~10월 09:00~10:00, 11~3월 09:30~10:30 무료
홈페이지 catedralsegovia.es

TIP

첨탑 전망대는 정해진 시간에만 입장할 수 있다.
운영 4~10월 10:30, 12:00, 13:30, 15:00, 16:30, 18:00, 19:30(5~10월 금~일요일 21:30 야간 투어) / 11~3월 10:30, 12:00, 13:30, 15:00, 16:30
요금 일반 €7, 25세 이하 학생 · 65세 이상 €6, 7세 이하 무료 / 대성당+탑 €10, 7세 이하 무료

코르도바
CÓRDOBA
P.228
세비야
SEVILLA
P.194
그라나다
GRANADA
P.252
프리힐리아나
FRIGILIANA
P.322
론다
RONDA
P.240
말라가
MÁLAGA
P.298
네르하
NERJA
P.319
미하스
MIJAS
P.316

FOLLOW

세비야와 주변 도시

SEVILLA

세비야

안달루시아 자치주의 주도로 스페인 남부의 금융을 책임지며 예술과 축제의 도시로 잘 알려진 곳이다. "세비야를 보지 않고선 어디 가서 놀랍다고 말하지 말라"는 혹자의 표현대로 17세기 예술이 깃든 아름다운 명소가 도시 곳곳에 자리한다. 스페인 여행에서 빼놓을 수 없는 관광지인 세비야 대성당과 세비야 알카사르가 각종 수식어를 대신한다. 세비야는 역사적인 부분에서도 두각을 나타내는 도시로 콜럼버스가 이사벨 1세 여왕으로부터 신대륙 발견을 위해 3척의 배와 선원들을 지원받아 출발했던 곳이며, 탐험가 마젤란이 세계 일주를 시작한 기점이기도 하다. 북아프리카로부터 불어오는 뜨거운 바람 탓에 한여름에는 40℃를 오르내리는 고온이 계속되어 '안달루시아의 프라이팬'이라고도 불리지만 세비야를 상징하는 정열적인 분위기는 더위를 이겨낼 만큼 매력적이다.

ENRIQUE SANCHIS
19
EXCLUSIVAMENTE RELOJES
Longines
EL MEJOR RELOJ
EL CRONOMETRO
TALLER DE REPARACIONES
GRAN RELOJERIA
ATELIER DE REPARATIONS
19
BREITLING
1884

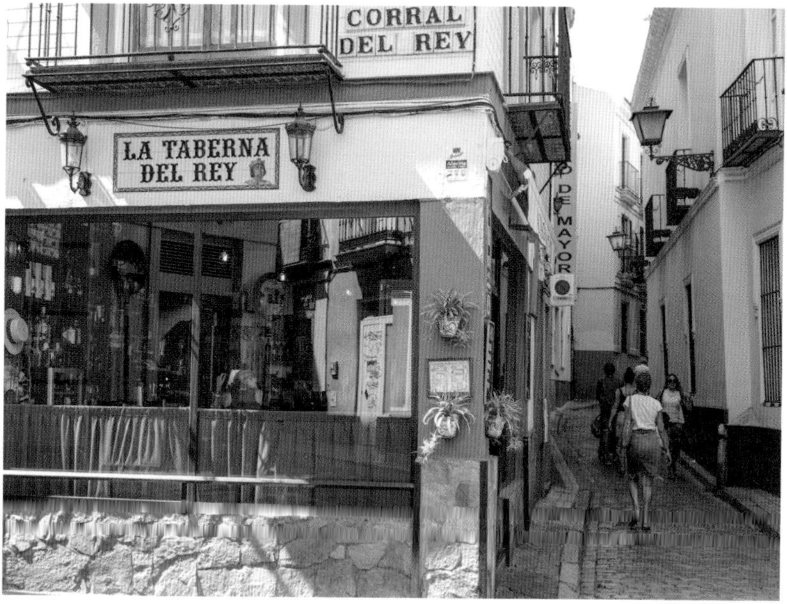
CORRAL
DEL REY
LA TABERNA
DEL REY

세비야 들어가기

세비야는 마드리드, 바르셀로나, 발렌시아에 이은 스페인 제4의 도시로 안달루시아 지방의 관광 거점이자 교통의 요충지이다. 근교 도시를 포함한 도시 인구가 100만 명이 넘고 교통이 잘 정비되어 있으며 비행기, 열차, 버스 어느 교통수단을 이용해도 쉽게 접근할 수 있다.

비행기

우리나라에서 세비야로 가는 직항편은 없다. 마드리드나 바르셀로나로 입국한 뒤 저가 항공을 이용해 세비야로 이동해야 한다. 바르셀로나, 마드리드, 빌바오, 발렌시아, 마요르카섬 등 스페인의 주요 도시는 물론이고 리스본, 포르투, 런던, 파리, 프랑크푸르트, 밀라노, 베네치아, 암스테르담 등의 유럽 도시에서 출발하는 직항편이 다수 있다. 국적기 이베리아항공를 비롯해 탑포르투갈, 부엘링항공, 라이언에어, 이지젯, 트랜스아비아 등 다양한 항공사를 통해 항공권을 쉽게 구할 수 있다. 세비야 공항Aeropuerto de Sevilla(SVQ)은 시내에서 북동쪽으로 약 10km 떨어져 있다. 터미널은 1개이며 규모는 작은 편이다.

주소 Aeropuerto de Sevilla Aeropuerto de
홈페이지 www.aena.es/es/aeropuerto-sevilla/index.html

공항에서 시내로 이동하기

세비야 공항에서 시내까지는 공항버스나 택시를 이용한다. 공항버스는 공항을 출발한 뒤 몇 개 정류장을 거쳐 플라사 데 아르마스 버스 터미널까지 연결하는 전용 버스이다. 요금은 승차 시 운전기사에서 직접 현금으로 내면 된다. 일반 택시는 시내까지 정액제로 운행하는데 요일과 시간에 따라 요금이 조금씩 달라진다. 모바일 차량 배차 서비스인 우버Uber나 캐비파이Cabify를 이용하면 일반 택시보다 요금이 더 저렴하다.

● 공항버스 EA Especial Aeropuerto

운행 공항 → 시내 04:30~00:30, 시내 → 공항 05:22~01:15
요금 편도 €4, 왕복 €6(당일만 유효)
소요 시간 산타후스타역 약 20분, 프라도 데 산세바스티안 버스 터미널 약 25분, 플라사 데 아르마스 버스 터미널 약 40분
주요 노선 공항Aeropuerto → 산타후스타역Estación de Sevilla-Santa Justa → 프라도 데 산세바스티안 버스 터미널Prado San Sebastián → 황금의 탑Paseo Colón → 플라사 데 아르마스 버스 터미널Estación de Autobuses Plaza de Armas

● 택시

운행 24시간
요금 월~금요일 07:00~21:00 €22.81, 21:00~07:00 €25.43, 토 · 일요일 · 공휴일 €31.78
소요 시간 시내 중심가까지 약 20분

열차

세비야에서 국영 철도 렌페Renfe가 발착하는 기차역은 산타후스타역Estación de Sevilla-Santa Justa과 세비야 주변 도시를 연결하는 산베르나르도역Estación de Sevilla-San Bernardo이다. 바르셀로나, 그라나다, 코르도바 등 스페인 주요 도시와 연결되는 직통열차는 산타후스타역에서, 카디스Cadiz나 알메리아Almería 등 주변 소도시와 연결하는 직통열차는 산베르나르도역에서 발착한다. 마드리드는 아토차역, 바르셀로나는 산츠역에서 타야 초고속 열차 아베AVE를 이용할 수 있다. 산타후스타역 앞 버스 정류장에서 세비야 대성당까지 21번, 메트로폴 파라솔까지 32번, 스페인 광장까지 EA 버스를 타면 약 15~25분 걸린다. 스페인 광장에서 도보 10분 거리인 산베르나르도역에서 세비야 대성당이나 세비야 알카사르까지는 트램 T1번을 이용하면 된다. 요금은 승차 시 운전기사에게 직접 낸다.

주소 산타후스타역 41007, Calle Joaquin Morales y Torres / 산베르나르도역 Cl. Enramadilla
홈페이지 www.renfe.com

세비야-주요 도시 간 열차 운행 정보

출발지	열차 종류	운행 편수(1일)	소요 시간	요금(편도)
그라나다	AVANT	7편	2시간 25~35분	€48~
말라가	AVANT · MD	4~6편	2시간~4시간 30분	€25~
코르도바	AVE · AVANT · MD	10편~	40~50분	€13~
마드리드	AVE · ALVIA	10편~	2시간 30~40분	€40~

※초고속 열차 AVE, 고속 열차 AVANT, 중장거리 일반 열차 MD

버스

세비야에는 버스 터미널이 두 곳 있다. 플라사 데 아르마스 버스 터미널Estación de Autobuses Plaza de Armas은 알사ALSA, 다마스DAMAS, 소시부스Socibus 등 다양한 버스 회사가 운행한다. 안달루시아 지방을 잇는 단거리 노선과 마드리드, 바르셀로나, 리스본 등을 잇는 장거리 노선 모두 이곳에서 발착한다. 프라도 데 산세바스티안 버스 터미널Estación de Autobuses Prado San Sebastián은 다마스와 코메스COMES 등의 버스 회사가 운행하며 론다, 말라가 등 주로 남부 지역을 연결한다. 여행자가 주로 이용하는 노선은 대부분 플라사 데 아르마스 버스 터미널에 도착하는데, 예외의 경우가 있으니 승차 전 도착 터미널을 반드시 확인하도록 한다. 플라사 데 아르마스 버스 터미널 앞 버스 정류장에서 세비야 대성당 또는 스페인 광장까지는 시내버스 3번이나 EA를, 프라도 데 산세바스티안 버스 터미널에서 세비야 대성당까지는 트램 T1번을 이용한다.

주소 플라사 데 아르마스 버스 터미널 Puente del Cristo de la Expiración el Cachorro
프라도 데 산세바스티안 버스 터미널 Plaza Prado San Sebastián, s/n
홈페이지 버스 터미널 www.autobusesplazadearmas.es

세비야-주요 도시 간 버스 운행 정보

출발지	운행 회사	운행 편수(1일)	소요 시간	요금(편도)
그라나다	ALSA	10편	3시간	€25~
말라가	ALSA · DAMAS	7편	2시간 30분~4시간	€20~
코르도바	ALSA	7편	1시간 45분~2시간	€14~
론다	DAMAS	3편	2시간 30분~3시간	€12.71~

세비야 시내 교통

세비야는 관광 명소가 몰려 있는 구시가지를 중심으로 둘러보는 일정이 대부분이다.
따라서 버스 터미널이나 기차역에서 중심가로 이동할 때나 무더위에 지쳐 걷기 힘든 경우를
제외하고는 대중교통을 이용할 일이 별로 없다.

시내버스
Bus

시내버스는 세비야 시내를 거미줄처럼 촘촘하게 연결해 현지인이 자주 이용하는 교통수단이다. 여행자는 버스 터미널이나 기차역에서 구시가지로 갈 때 이용한다. 산타후스타역에서 구시가지로 가는 노선은 32번이 대표적이며, 플라사 데 아르마스 버스 터미널과 프라도 데 산세바스티안 버스 터미널 간 이동 시에는 21번을 탄다.
산베르나르도역에서 구시가지까지는 C1 · C2번을, 플라사 데 아르마스 버스 터미널에서 구시가지까지는 3 · 6 · C1 · C2 · C3 · C4번을, 프라도 데 산세바스티안 버스 터미널에서 구시가까지는 C1 · C2 · C3 · C4번을 이용한다. 요금은 승차 시 운전기사에게 직접 현금으로 지불하거나 교통카드를 태그하면 된다. 1시간 이내에 환승도 가능하다. 단, 기내용보다 큰 캐리어는 들고 탈 수 없으므로 짐이 많으면 택시나 우버를 이용한다.

운행 06:00~23:00(노선마다 다름)
요금 현금 €1.40, 교통카드 €0.69
홈페이지 www.tussam.es

TIP

세비야의 교통카드

세비야 교통국에서 발행하는 교통카드TUSSAM는 시내버스와 트램을 탈 때 이용할 수 있다.
일반 충전용 카드와 하루 종일 이용 가능한 자유 이용권 두 종류가 있다.
충전용 카드는 현금으로 낼 때보다 요금이 절반가량 저렴하므로 대중교통을 자주 이용할 계획이라면 구매하는 것이 이득이다. 여행자용 자유 이용권은 1일권과 3일권이 있는데 요금이 합리적인 편이다.
두 카드 모두 버스와 트램 공용이고 1시간 이내 환승도 가능하다. 카드를 발급받을 때 별도의 보증금을 내야 하며 카드 반납 시 보증금은 환불해준다.

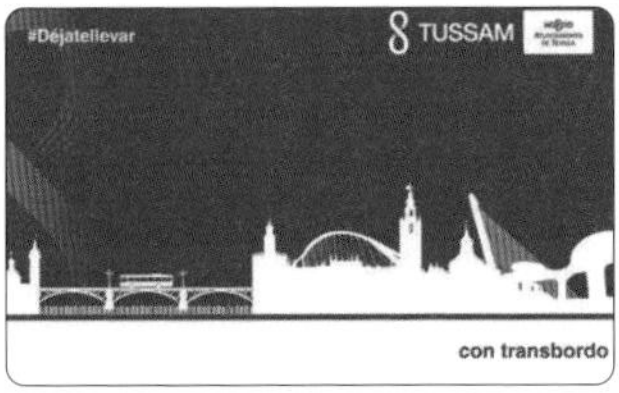

판매처 프라도 데 산세바스티안 버스 터미널 앞에 있는 오피스를 비롯해 신문과 간식을 판매하는 시내 노점, 담배 가게에서 교통카드를 판매한다. 'RECARGUE AQUI'라고 적혀 있는 곳이 교통카드 판매처이다.
요금 충전식 교통카드 최소 충전 금액 €7, 1회 이용 요금 €0.69(1회 환승 시 기본요금에서 €0.07 추가)
자유 이용권 1일권 €5, 3일권 €10, 카드 보증금 €1.50 별도
홈페이지 www.tussam.es

트램
Tram

주요 관광 명소가 밀집한 구시가지를 달리는 트램은 정차하는 정류장이 5개뿐이라 노선이 짧고, 속도도 느린 편이지만 잘 활용하면 더위를 피해 편리하게 이동할 수 있다. 세비야의 트램은 단일 노선으로 산베르나르도역을 출발해 프라도 델 산세바스티안 버스 터미널, 세비야 대학교 인근, 세비야 대성당과 세비야 알카사르 부근, 누에바 광장까지 이어지는 T1 노선 하나뿐이다.

주의 트램 정류장에 설치된 자동 발매기에서 티켓을 구입한다.
운행 월~목요일 06:00~23:30, 금 · 토요일 · 공휴일 전날 06:00~02:00, 일요일 · 공휴일 07:00~23:30 **요금** 1회권 €1.40, 교통카드 €0.69
노선 산베르나르도San Bernardo역 → 프라도 데 산세바스티안Prado San Sebastián → 푸에르타 데 헤레스Puerta de Jerez → 인디아스 고문서관Archivo de Indias → 누에바 광장Plaza Nueva **홈페이지** www.tussam.es

---

메트로
Metro

메트로는 세비야 남동쪽에서 서쪽으로 달리는 1개 노선만 운영한다. 주요 관광 명소 주변에 메트로역이 있긴 하나 동일한 구간을 트램도 운행하는데 메트로보다 트램을 타는 게 편리하기 때문에 여행자가 이용할 일이 없다.

주의 구간마다 요금이 달라진다. **운행** 월~목요일 06:30~23:00, 금요일 · 공휴일 전날 06:30~02:00, 토요일 07:30~02:00, 일요일 · 공휴일 07:30~23:00 **요금** 1회권 €1.35~1.80, 충전식 교통카드 €0.82~1.37 **홈페이지** www.metro-sevilla.es

---

공용 자전거
SEVICI

'세비시'는 우리나라의 따릉이, 타슈와 같이 지자체에서 운영하는 공용 자전거로 1회 최초 30분까지만 무료로 이용 가능하며 이후에는 요금이 부과된다. 하루나 이틀 단위 대여는 불가능하므로 짧은 거리를 돌아다닐 때 기분 전환 겸 이용하는 것이 좋다. 자전거도로가 잘 정비된 과달키비르강 변이나 보도가 넓은 스페인 광장 등에서 타는 것을 추천한다. 대여소 위치와 이용 가능 수량 등을 안내하는 스마트폰 애플리케이션을 다운받아 이용하면 편리하다.

주의 1회 이상 이용하려면 7일권을 이용해야 하며, 사전에 온라인으로 회원 등록해야 한다. **운행** 24시간 **요금** 30분 무료, 30분 초과 시 시간당 €1.03, 7일권 €14.33
홈페이지 www.sevici.es

택시
Taxi

공항에서 세비야 시내로 갈 때는 정액제가 적용되어 바가지요금 걱정은 하지 않아도 된다. 단, 시내에서 이용할 때는 우리나라와 마찬가지로 미터 요금이 적용된다. 스마트폰 애플리케이션을 통해 이용 가능한 모바일 차량 배차 서비스인 우버나 캐비파이를 여행자들이 자주 이용한다. 일반 택시보다 저렴해 경비를 더 아끼고 싶을 때 좋은 선택지가 될 수 있다.

주의 야간, 주말, 공휴일에는 할증이 붙는다. **운행** 24시간
요금 월~금요일 07:00~21:00 기본요금 €1.41, km당 €0.97, 큰 짐 추가 1개당 €0.53 / 월~목요일 21:00~07:00, 금요일 21:00~22:00, 24:00~07:00, 토 · 일요일 · 공휴일 06:00~22:00 기본요금 €1.63, km당 €1.15 / 금요일 · 공휴일 전날 22:00~24:00, 토 · 일요일 · 공휴일 22:00~06:00 기본요금 €2.03, km당 €1.43

Sevilla **Best Course**

세비야 추천 코스

일정별 코스

이국의 정취에 취해 쉬어 가는 세비야 2박 3일

세비야 여행 일수를 넉넉하게 잡지 못해 후회했다는 글이 넘쳐나는 건 세비야가 관광을 즐길 만한 요소가 다양하기도 하지만 휴식을 취하며 시간을 보낼 만한 곳이 많기 때문이다. 푸르른 녹음과 아름다운 경치를 감상하며 역사적인 명소를 즐겨보자.

TRAVEL POINT

- **이런 사람 팔로우!** 적당한 관광과 휴식을 겸하고 싶다면, 플라멩코의 정수를 직관하고 싶다면
- **여행 적정 일수** 2박 3일
- **주요 교통수단** 도보, 가끔 대중교통
- **여행 준비물과 팁** 자전거 타기에 좋은 도시이므로 편한 바지와 운동화
- **사전 예약 필수** 세비야 대성당과 세비야 알카사르

DAY 1

세비야의 대표 명소 올드 & 뉴 만나기

- **소요 시간** 8시간
- **예상 경비** 입장료 €27 + 식비 €35~ = Total €62~
- **점심 식사는 어디서 할까?** 메트로폴 파라솔 주변 식당에서
- **기억할 것** 세비야 대성당은 인기 관광지이기 때문에 늘 사람들로 북적인다. 입장할 때 줄을 서기 싫다면 반드시 온라인으로 티켓을 예매할 것.

세비야 대성당
P.207

도보 4분

인디아스 고문서관
P.219

버스 20분

점심 식사
추천 에스파시오 에슬라바
P.224

도보 10분

메트로폴 파라솔
P.222

도보 5분

살바도르 성당
P.223

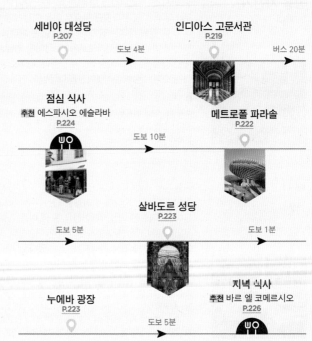

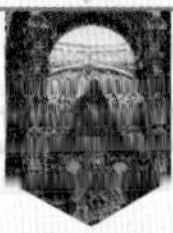

도보 1분

누에바 광장
P.223

도보 5분

지녁 식사
추천 바르 엘 코메르시오
P.226

DAY
2

무데하르 양식을 대표하는 걸작을 중점적으로!

소요 시간 8시간

예상 경비
€13.50 + 식비 €30~
= Total €43.50~

점심 식사는 어디서 할까?
무리요 정원 주변 식당에서

기억할 것 세비야 알카사르는 문 닫기 1시간 전부터 무료 입장이다. 그라나다의 알람브라 궁전을 본 후라 꼼꼼히 둘러볼 생각이 아니라면 이 시간대를 이용하는 것도 좋다.

스페인 광장
P.216

도보 10분

세비야 대학교
P.217

도보 10분

무리요 정원
P.219

도보 3분

점심 식사
추천 문 식당
P.226

도보 10분

세비야 알카사르
P.212

도보 10분

저녁 식사
추천 세르베세리아 인테르나시오날
P.225

DAY
3

스페인의 열정을 흠뻑 느껴보기

소요 시간 9시간

예상 경비
입장료 €21 + 식비 €40~
= Total €61~

점심 식사는 어디서 할까?
세비야 투우장 주변 식당에서

기억할 것 황금의 탑, 세비야 투우장은 월요일 지정 시간대에 무료이므로 경비를 아끼고 싶다면 이때 방문할 것.

산타크루스 지구
P.218

도보 10분

자선병원
P.219

도보 7분

황금의 탑
P.220

도보 10분

점심 식사
추천 바르 바라티요
P.225

도보 1분

세비야 투우장
P.220

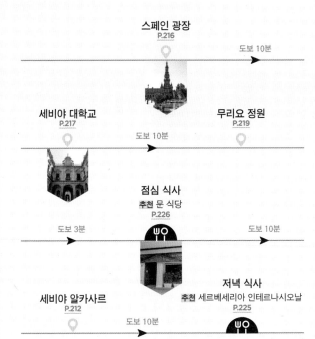

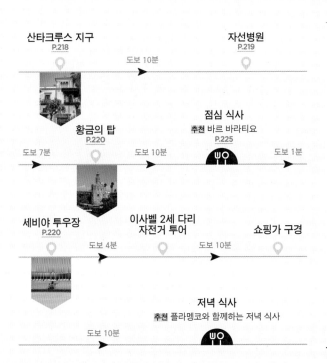

도보 4분

이사벨 2세 다리 자전거 투어

도보 10분

쇼핑가 구경

도보 10분

저녁 식사
추천 플라멩코와 함께하는 저녁 식사

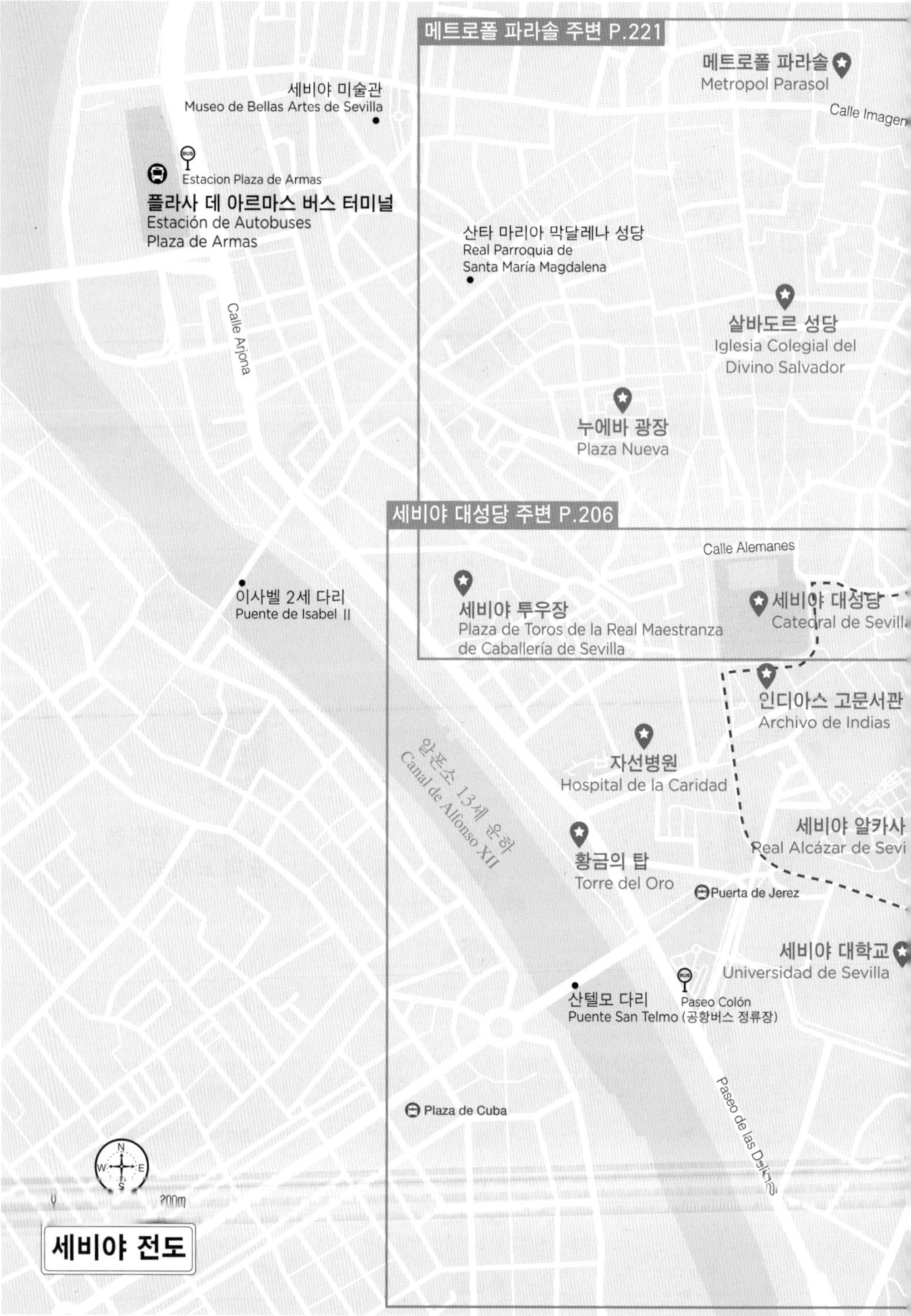
메트로폴 파라솔 주변 P.221
메트로폴 파라솔
Metropol Parasol
Calle Imagen
세비야 미술관
Museo de Bellas Artes de Sevilla
Estacion Plaza de Armas
플라사 데 아르마스 버스 터미널
Estación de Autobuses
Plaza de Armas
산타 마리아 막달레나 성당
Real Parroquia de
Santa María Magdalena
Calle Arjona
살바도르 성당
Iglesia Colegial del
Divino Salvador
누에바 광장
Plaza Nueva
세비야 대성당 주변 P.206
Calle Alemanes
이사벨 2세 다리
Puente de Isabel II
세비야 투우장
Plaza de Toros de la Real Maestranza
de Caballería de Sevilla
세비야 대성당
Catedral de Sevill
인디아스 고문서관
Archivo de Indias
알폰소 13세 운하
Canal de Alfonso XII
자선병원
Hospital de la Caridad
세비야 알카사
Real Alcázar de Sevi
황금의 탑
Torre del Oro
Puerta de Jerez
세비야 대학교
Universidad de Sevilla
산텔모 다리
Puente San Telmo
Paseo Colón
(공항버스 정류장)
Paseo de las Delicias
Plaza de Cuba
N
W
E
S
0
200m

세비야 전도

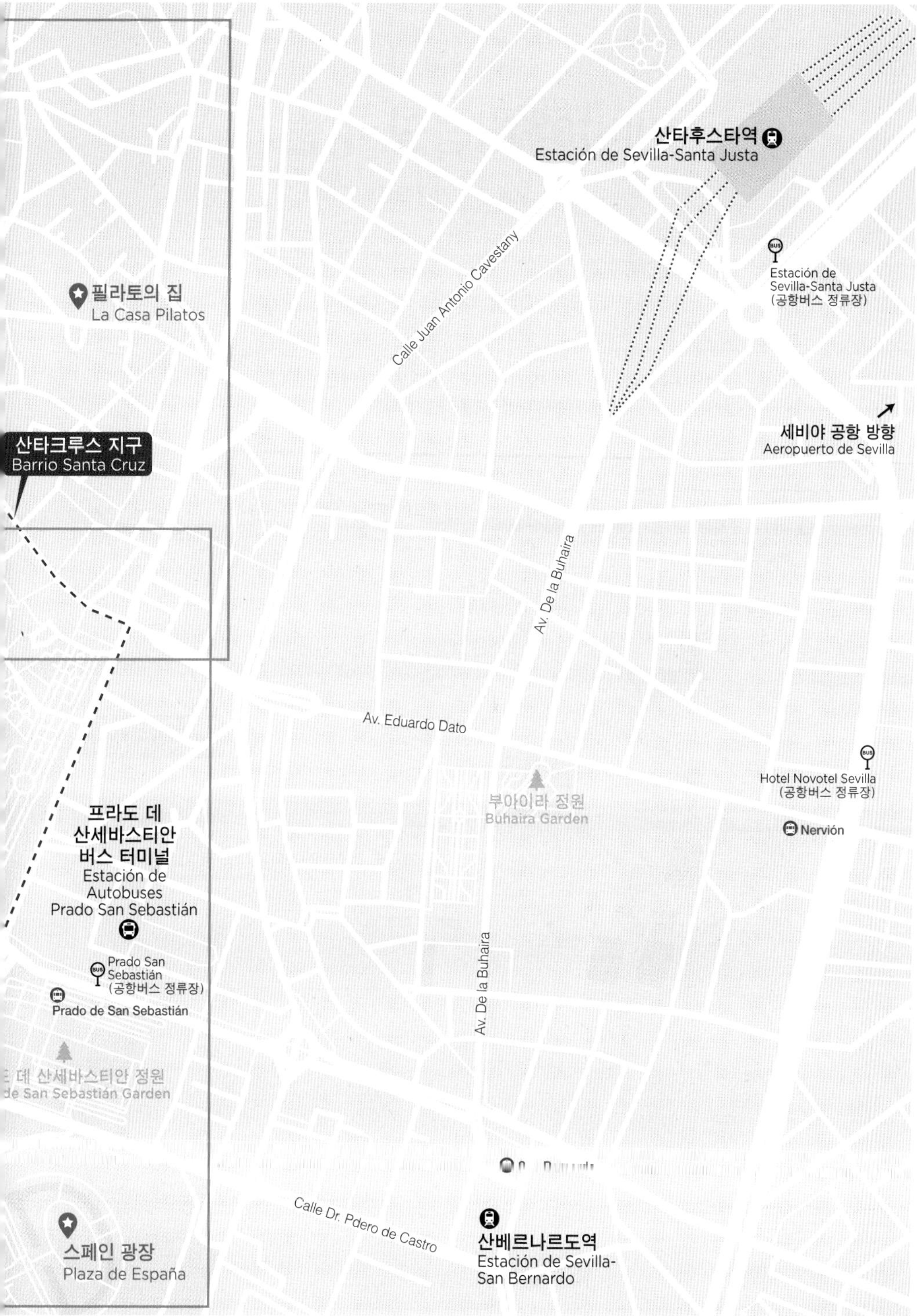
산타후스타역
Estación de Sevilla-Santa Justa
Estación de
Sevilla-Santa Justa
(공항버스 정류장)
Calle Juan Antonio Cavestany
필라토의 집
La Casa Pilatos
세비야 공항 방향
Aeropuerto de Sevilla
산타크루스 지구
Barrio Santa Cruz
Av. De la Buhaira
Av. Eduardo Dato
Hotel Novotel Sevilla
(공항버스 정류장)
부아이라 정원
Buhaira Garden
Nervión
프라도 데
산세바스티안
버스 터미널
Estación de
Autobuses
Prado San Sebastián
Prado San
Sebastián
(공항버스 정류장)
Prado de San Sebastián
Av. De la Buhaira
데 산세바스티안 정원
de San Sebastián Garden
Calle Dr. Pdero de Castro
산베르나르도역
Estación de Sevilla-
San Bernardo
스페인 광장
Plaza de España

세비야 대성당 주변

세비야 여행의 핵심, 구시가지 관광의 시작점

세비야 시내를 가르는 안달루시아의 큰 물줄기 과달키비르강을 기준으로 동쪽 지역이 세비야 여행의 핵심인 구시가지이다. 대다수의 볼거리가 구시가지 중에서도 중심가인 센트로Centro에 속해 있으며, 세비야 대성당에서 도보로 이동할 수 있어 동선을 짜기도 쉽고 돌아다니기에도 편리하다. 여행자는 이 지역에서 대부분의 시간을 보내며 세비야의 매력을 만끽하게 된다. 관광 명소가 모여 있다고 해도 개수가 적은 편은 아니므로 하루 이상 시간이 필요하다.

⓪① 세비야 대성당 추천

Catedral de Sevilla

TIP

미리 온라인으로 티켓을 예매하면 줄을 서지 않고 입장할 수 있다. 예매하지 [illegible] 도보 6분 거리에 있는 살바도르 성당Iglesia Colegial del Divino Salvador(P.223)에서 통합권을 구매하면 바로 입장 가능해 대기 시간을 줄일 수 있다.

광기 어린 건축의 결정체

'후세 사람들이 미쳤다고 느낄 만큼 거대한 성당을 세우자'라는 취지로 만든 스페인 대성당의 대표 주자. 레콩키스타(국토회복운동)로 권력을 회복한 가톨릭 세력은 식민지로부터 얻은 막대한 자금력을 바탕으로 유럽 최대의 성당을 세우고자 했다. 1366년 대지진으로 붕괴된 이슬람 사원을 기초로 하여 1401년에 시작한 공사는 118년 동안 이어져 1519년에 마무리되었다. 기독교와 이슬람 양식이 조화를 이룬 이 아름다운 건축물은 세계에서 가장 큰 성당으로《기네스북》에 등재되었으나 실제로는 바티칸의 산피에트로 대성당San Pietro Basilica, 런던의 세인트폴 대성당Saint Paul's Cathedral에 이어 세 번째로 크다고 알려져 있다.

단순히 건물이 크고 웅장한 것에 그치지 않고 넓은 공간 속에 호화로운 장식과 다양한 볼거리가 있다는 점 또한 반드시 이곳을 방문해야 하는 이유이다. 하나하나 의미가 담겨 있는 외부 장식물도 놓치지 말자.

지도 P.200 **가는 방법** 세비야 알카사르에서 도보 2분
주소 Av. de la Constitución, s/n **문의** 902 09 [illegible]
운영 월~토요일 11:00~18:00, 일요일 14:30~19:00 **휴무** 1/1, 1/6, 12/25
요금 온라인/현장 일반 €12/€13, 25세 이하 학생 · 65세 이상 €6/€7, 성인 동반 13세 이하 무료 ※히랄다 탑과 살바도르 성당 입장료 포함. 월~금요일 14:00~15:00 무료 입장(온라인 예약 필수, 수수료 €1, 2~3주 전 오픈)
홈페이지 www.catedraldesevilla.es

FOLLOW UP

이것만은 놓치지 말자!
세비야 대성당의 관광 포인트

최대급 규모를 자랑하는 만큼 볼거리가 풍성한 세비야 대성당. 내부에는 가톨릭 신자가 아니더라도 흥미를 유발하는 요소가 가득하다. 성당 내 비치된 한국어 리플릿을 참고해 숨어 있는 포인트를 찾아보자. 위치를 모를 경우 상주하는 직원에게 물어봐도 된다.

• 히랄다 탑 Giralda

세비야의 상징인 98m 높이의 탑으로, 원래 12세기에 이슬람 사원의 첨탑으로 만들었다. 이슬람 왕조가 무너지고 기독교인이 세비야 대성당을 건립하면서 종탑으로 개조한 것이 오늘에 이른다. 말을 타고 34층 꼭대기까지 올라갈 수 있다고 하니 당시의 건축 기술이 어느 정도였는지 미뤄 짐작할 수 있다. 꼭대기에 풍향계를 설치해 스페인어로 풍향계를 뜻하는 '히랄다'라는 이름이 붙었다고 한다.

• 히랄디요 Giraldillo

히랄다 탑 꼭대기에 달려 있는 풍향계의 복제품을 대성당 정문 앞에 전시하고 있다. '히랄디요'란 애칭으로 불리는 이 풍향계는 높이 4m, 무게 1288kg에 달하는 동상이다.

과거에는 앞쪽에 선 왕들의 발을 만질 수 있었으나 현재는 동상을 보호하기 위해 만지지 못하도록 하고 있어요.

• 콜럼버스의 관 Sepulcro de Cristóbal Colón

콜럼버스의 미이라가 놓인 관을 옛 스페인 왕국인 카스티야, 레온, 아라곤, 나바라의 각 수장들이 받쳐 들고 있다. 앞에 선 카스티야 왕국과 레온 왕국의 왕들은 콜럼버스를 적극적으로 지지한 덕에 당당히 고개를 들고 있고, 뒤쪽의 아라곤 왕국과 나바라 왕국 왕들은 콜럼버스에 반대해 고개를 숙이고 있다. 카스티야 왕국 이사벨 여왕의 발 부분을 보면 석류를 창으로 찌르고 있다. 석류는 스페인어로 그라나다를 의미하는데, 이는 당시 그라나다의 지배 세력인 이슬람 왕국을 정복했다는 뜻을 지닌다.

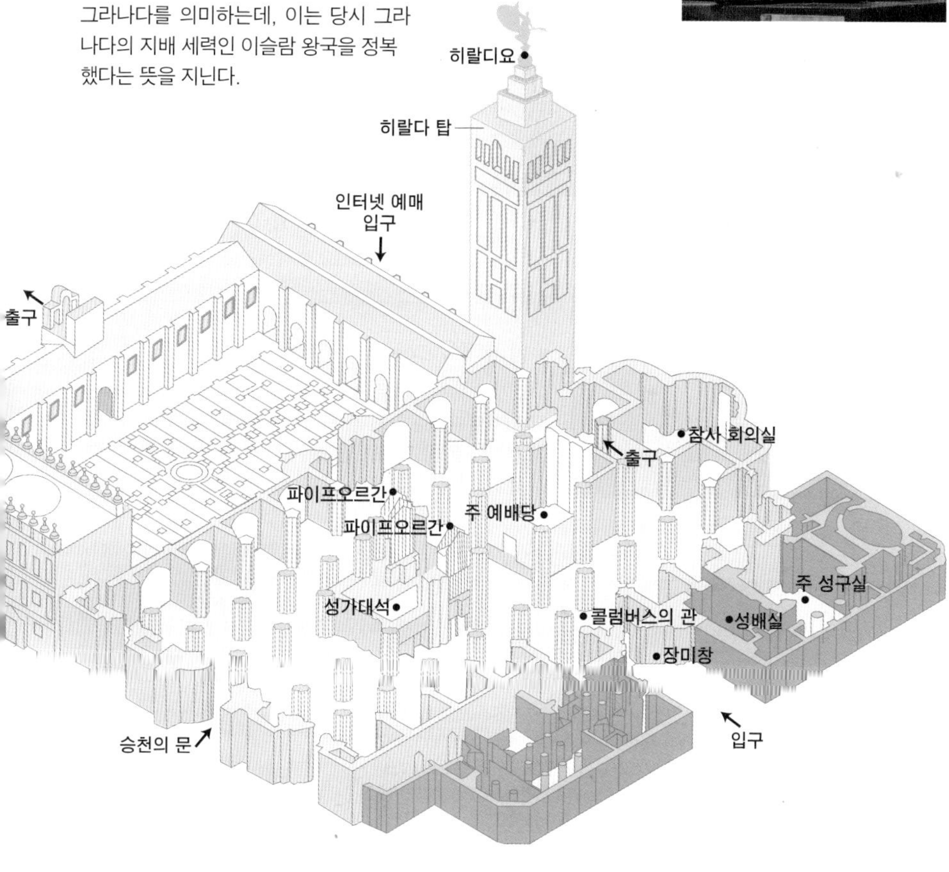

• 주 예배당
Capilla Mayor

주 예배당 내 금빛 주 제단은 세비야 대성당의 하이라이트. 세계에서 가장 큰 제단으로 우선 크기에 압도되며, 그리스도의 일생 중 45개 장면을 담은 1000여 개의 조각상에 감탄하게 된다.

• 주 성구실
Sacristía Mayor

475kg에 달하는 은으로 만든 화려한 아르페 성궤와 화가 페드로 캄파냐의 〈십자가에서 내려지는 그리스도La Déposition de Croix〉가 전시된 초호화 성구실. 천창을 통해 들어오는 은은한 빛이 실내를 밝혀준다.

• 성배실 Sacristía

유명 미술관에서나 볼 수 있는 걸작 회화가 이곳에 있다. 스페인이 낳은 거장 화가 프란시스코 고야의 〈산타후스타와 루피나The Saints Justa & Rufina〉와 프란시스코 데 수르바란의 〈십자가에 못 박힌 예수Christ on the Cross〉가 서로 마주한 채 걸려 있다.

• 성가대석 Coro

마호가니 목재로 만든 117석의 성가대석은 장엄하면서도 엄숙한 분위기를 풍긴다. 중앙에는 예수와 마리아의 회화를 사이에 둔 사교석이 있으며, 뒤편에는 천장을 뚫고 올라갈 듯한 거대한 파이프오르간이 설치되어 있다.

• 파이프오르간 El Organo

성당 중앙부를 감싸 안은 듯이 자리한 거대한 파이프오르간은 18세기에 제작한 것이다. 자세히 보면 1대가 아닌 무려 4대가 설치되어 있다.

성당 공식 홈페이지에서
파이프오르간으로 연주한 음원을 무료로
다운받을 수 있으니 음악을 들으면서
대성당을 둘러보세요.

• 참사 회의실 Sala Capitular

스페인 르네상스 양식의 걸작으로 꼽히는 곳으로 타원형의 돔 천장 아래쪽에는 바르톨로메 에스테반 무리요의 작품 〈무원죄의 머무름Conceptio Immaculate〉이 걸려 있다.

• 장미창 Rosetón

영롱한 스테인드글라스가 빛나는 창에 주목하자. 특별한 날에만 문을 여는 '성모승천의 창'은 로마 교황과 스페인 국왕 단 두 사람만 이용할 수 있었다고 한다. 창 가운데에는 《신약성서》 4대 복음서의 저자 마가, 마태, 누가, 요한이 그려져 있다.

• 승천의 문 Puerta de La Asunción

문을 에워싸고 있는 조각은 성경에 등장하는 40명의 성인이다. 각자 상징이 되는 물건을 몸에 지니고 있다.

• 오렌지 중정 Patio de Los Naranjos

오렌지 나무가 반기는 예쁜 중정은 히랄다 탑에 이은 인기 포토제닉 스폿이다. 방문객들이 나무를 배경으로 기념 촬영하기에 여념이 없다.

02

세비야 알카사르

Real Alcázar de Sevilla

추천

무데하르 양식의 걸작품

그라나다의 알람브라 궁전을 쏙 빼닮은 스페인 왕실의 궁전이다. 9~11세기 이슬람 왕국의 무어인이 거주하던 궁전 및 요새에 새로운 궁전을 지은 것은 페드로 1세. 알람브라 궁전을 동경했던 그는 1364년 그라나다와 톨레도의 기술자를 불러서 무데하르 양식의 화려한 건축물을 건설할 것을 명한다. 조화와 균형에서 비롯된 기하학적 아름다움과 더불어 대리석 기둥, 벽에 새겨진 장식, 지붕 등 건물의 요소 하나하나를 치밀하게 제작한 예술 작품과도 같다. 이후 역대 왕들에 의해 증축되어 고딕과 르네상스 양식이 가미된 오늘날의 모습을 갖추게 되었다.

자세히 들여다보면 소녀의 중정은 알람브라 궁전의 아라야네스 중정을, 대사의 방은 코마레스 탑을 닮았다. 정원마저 헤네랄리페의 아세키아 중정을 닮았으니 강렬한 기시감을 느낄 정도다. 아쉽게 그라나다의 알람브라 궁전을 놓쳤다면 이곳이 대안책이 될 수 있다.

TIP

매표소의 대기 줄이 매우 긴 편이라 홈페이지를 통해 미리 티켓을 예매하고 방문하는 것이 좋다. 사전에 티켓을 예매하면 줄 서지 않고 바로 입장 가능하다. 온라인 예매 시 수수료 €1.

지도 P.206 **가는 방법** 세비야 대성당에서 도보 1분

주소 Patio de Banderas, s/n **문의** 954 50 23 24

운영 4/1~10/28 09:30~18:00, 10/29~3/31 09:30~20:00 ※문 닫기 1시간 전 입장 마감

휴무 1/1, 1/6, 부활절 전 금요일, 12/25

요금 일반 €14.50, 14~30세 학생 · 65세 이상 €7, 13세 이하 무료 ※월요일 4~9월 18:00~19:00, 10~3월 16:00~17:00 무료 입장, 한국어 오디오 가이드 무료 제공 **홈페이지** www.alcazarsevilla.org

FOLLOW UP

알고 보면 더 재미있다!
세비야 알카사르의 관광 포인트

매표소가 위치한 '사자의 문'을 통해 입장하면 본격적인 알카사르 관람 시작이다. 지도에서 알 수 있듯 왕궁 건물 자체는 물론이고 정원도 매우 드넓다. 곳곳의 볼거리를 하나하나 둘러보다 보면 예상외로 소요 시간이 길어지므로 여유롭게 일정을 짜도록 한다.

• 사자의 문 Puerta del León

세비야 알카사르로 들어서는 붉은색 정문. 본래는 '사냥의 문'으로 불렸으나 문 상부에 사자 문양이 장식된 데에서 지금의 이름으로 정착했다.

• 사냥의 정원 Patio de la Monteria

사자의 문과 이슬람 시대 성벽을 지나 돈 페드로 1세 궁전으로 들어서기 전 거치게 되는 정원으로 바닥이 온통 격자무늬로 되어 있다.

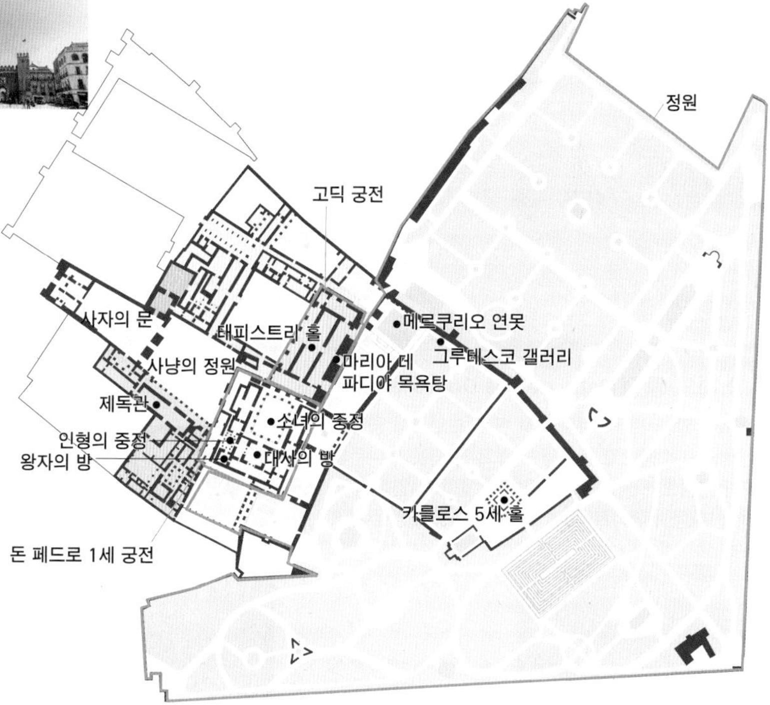

• 제독관 Cuarto del Almirante

무역 청사로 사용하던 건물로 이곳에서 명화 2점을 볼 수 있다. 1929년 세비야에서 개최된 '이베로-아메리카 박람회'의 개막식 풍경을 담은 알폰소 그로소의 작품은 '제독의 방'에서, 아메리카 신대륙 발견에 관한 성모 마리아 제단화인 알레호 페르난데스의 작품은 '접견의 방'에서 감상할 수 있다.

돈 페드로 1세 궁전
Palacio del Rey Don Pedro

'세비야 알카사르의 꽃'이라 할 수 있는 핵심 볼거리. 이슬람과 기독교 건축양식이 융합된 무데하르 양식 건물로 14세기 중반에 완공했다. 이슬람 문화의 열렬한 팬이었던 돈 페드로 1세가 알람브라 궁전과 유사한 궁전을 건설하기 위해 스페인 각지에서 무데하르 장인들을 데려왔다는 이야기가 전해진다.

• 소녀의 중정 Patio de Las Doncellas

'세비야 알카사르의 보물'이자 돈 페드로 1세 궁전의 하이라이트. 회랑으로 둘러싸인 좁고 긴 연못과 나무의 배치가 알람브라 궁전의 아라야네스 중정을 연상케 한다. 회랑 1층은 무데하르 양식, 2층은 르네상스 양식이다.

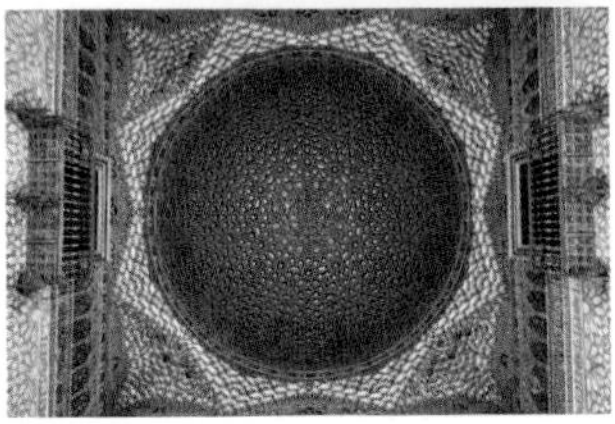

• 대사의 방 Salón de los Embajadores

돈 페드로 1세 궁전에서 가장 강렬하고 화려한 공간으로 손꼽힌다. 궁전 정중앙에 위치하며 국회 행사나 외교의 장으로 사용했다. 별이 가득한 우주를 표현한 금색의 목조 돔 천장은 오렌지를 반으로 잘라놓은 듯한 모습이라 하여 '오렌지 반쪽 Naranja Media'이라는 별칭이 붙었다.

• 인형의 중정 Patio de las Muñecas

네오무데하르 양식의 아담하지만 아름다움이 집약된 공간. 유리 천장으로 내리쬐는 햇빛이 공간에 운치를 더한다.

• 왕사의 방 Sala de los Reyes Católicos

인형의 중정과 더불어 왕족의 사적인 공간이었던 곳. 별을 상징하는 천장이 볼만하다.

고딕 궁전 *Palacio Gótico*

15세기 대항해 시대에 이곳에서 식민지 무역을 관리했으며 이름대로 고딕 양식 건물이다.

• 마리아 데 파디야 목욕탕 Baños Doña María de Padilla

고딕 궁전 지하에 자리한 숨겨진 보석 같은 공간. 돈 페드로 1세가 사랑하는 연인 마리아를 위해 지은 목욕탕으로 물에 천장이 반사된 모습이 환상적인 분위기를 자아낸다.

• 태피스트리 홀 Salón de los Tapices y Capilla

1535년 카를로스 1세의 튀니지 정복을 기념해 제작한 6점의 태피스트리가 장식되어 있다.

정원 *Jardines*

• 카를로스 5세 홀 Pabellón de Carlos V

연회장으로 사용한 공간으로 인간과 동물이 그려진 아줄레호 타일 벽면이 멋스럽다.

• 메르쿠리오 연못 Estanque de Mercurio

요새에 물을 공급하기 위해 만든 연못으로 분수가 위에서 아래로 떨어지는 점이 독특하다. 한가운데 머큐리 동상 장식이 있어 붙은 이름이다.

• 그루테스코 갤러리 Galería del Grutesco

160m 길이의 아치 사이에 벽화가 있는 옛 성벽. 고대 성벽을 일부 변형시켜 갤러리로 만들었다.

⓪③ 스페인 광장 추천

Plaza de España

지도 P.206 **가는 방법** 세비야 대학교에서 도보 10분
주소 Av. de Isabel la Católica

스페인 굴지의 초호화 광장

세비야에서 가장 큰 공원인 마리아 루이사 공원Parque de María Luisa 북쪽에 자리한 초대형 광장. 1929년 이베로아메리카(스페인과 포르투갈을 종주국으로 한 중남미의 식민지) 국제박람회 개최를 계기로 조성한 것으로 광장을 감싸는 반원형 건물인 스페인 파빌리온을 중앙 회장으로 사용했다. 광장을 에두르는 완만한 곡선형 운하, 건물 양쪽에 높이 치솟은 탑, 건물을 휘감은 아치 등 건물 외관도 신경 썼지만 무데하르 양식으로 꾸민 내부도 놀라우리만치 세밀하게 장식되어 있다. 회랑 아래 58개의 벤치 역시 스페인 58개 도시의 특징과 역사를 하나의 장면으로 구성한 세라믹 타일이 큰 볼거리를 제공하며, 화려한 색으로 치장되어 있어 사진 촬영을 하기에도 안성맞춤이다. 양팔을 길게 뻗은 듯한 모습의 건물은 종주국인 스페인이 엄마의 심정으로 식민지 나라를 감싸 안은 것을 표현한 것인데, 아메리카 대륙으로 떠나는 출발점이었던 과달키비르강을 향하고 있다. 이탈리아 베네치아를 연상시키는 운하에서는 많은 연인과 가족들이 뱃놀이를 즐긴다. 광장 이곳저곳에서 열리는 플라멩코 공연과 마차 투어 등 즐길 거리도 다양하다.

④ 세비야 대학교

Universidad de Sevilla

옛 담배 공장이 대학으로 재탄생

왕립담배공장이 있던 자리이자 프랑스 작곡가 조르주 비제의 오페라 〈카르멘Carmen〉의 무대가 되었던 곳이다. 아메리카 대륙과 활발한 교역이 이루어졌던 1600년대, 세비야 항구에는 대량의 담뱃잎이 유입되었다. 여기저기 담배를 가공하는 공방이 생겼으나 폭발적인 수요를 감당하지 못하자 효율적인 관리를 위해 1770년에 지은 것이 왕립담배공장이다. 이곳에서 카르멘(여주인공)과 같은 여성들은 담배를 마는 작업을 하고 돈 호세(남주인공)와 같은 남성들은 경비를 섰다. 약 200년 가까이 세계 최대 규모의 담배 공장으로 운영되다 1950년대에 들어서 대학 건물로 바뀌었다. 현재 대학 정문 상단과 외벽에 새겨진 'FABRICA REAL DE TABACO(왕립담배공장)'라는 문자 외에는 공장의 흔적을 찾아볼 수 없지만 고풍스러운 아름다움을 지닌 건물을 감상하는 것만으로도 의미가 있다.

지도 P.206 **가는 방법** 세비야 알카사르에서 도보 9분
주소 Calle San Fernando, 4 **문의** 954 55 10 00

⑤ 산타크루스 지구

Barrio Santa Cruz

지도 P.206 가는 방법 세비야 알카사르에서 도보 1분
주소 Pl. del Patio de Banderas, s/n

미로로 둘러싸인 마을

1483년 국외로 추방당하기 전까지 세비야에 사는 유대인들이 거주했던 지역이다. 추방 후 한동안 폐허로 남아 있다가 19세기 들어 유대인이 조성한 거리 형태는 그대로 둔 상태에서 일반 주택가로 변모했다. 마을은 대부분 좁은 골목길로 이루어져 미로를 연상시키는데 여기에는 유대인의 지혜가 숨어 있다. 예부터 사업 수완이 남달랐던 유대인은 당시에도 막대한 돈을 벌고 있었다. 자연스레 이들의 돈을 노리는 검은 손이 모이면서 도둑의 소굴이 될 위기에 처했지만 미로 같은 골목길로 인해 그러한 위험에서 벗어날 수 있었다. 구불구불한 좁은 길이 연속되면서 방향 감각을 상실해 도망치기 어렵게 만들어버렸기 때문이다. 반데라스 중정Patio de Banderas에서 시작해 '유대인'을 뜻하는 후데리아 골목Calle Juderia을 비롯한 좁은 길을 따라가면서 마을을 탐방해보자. 골목 한쪽에는 오페라 〈세비야의 이발사Il Barbiere di Siviglia〉를 테마로 한 건물, 로지나의 발코니El Balcón de Rosina가 있다.

TRAVEL TALK

세비야를 배경으로 한 오페라만 약 25편!

세비야를 배경으로 한 오페라는 〈카르멘〉 외에도 25편이 넘습니다. 스페인의 수많은 도시 중에서 왜 하필 세비야인지 여러 분석이 있는데, 다양한 문화가 뒤섞인 도시의 이국적 정취가 예술가의 창작 욕구를 자극해 이러한 작품이 봇물처럼 쏟아져 나왔을 것이라는 추측이 가장 설득력 있습니다. 모차르트의 〈피가로의 결혼〉과 〈돈 조반니〉, 로시니의 〈세비야의 이발사〉, 베토벤의 〈피델리오〉, 베르디의 〈운명의 힘〉, 도니체티의 〈라 파보리타〉 등 세비야에서 영감을 받아 탄생한 작품을 미리 감상해보세요.

06 인디아스 고문서관
Archivo de Indias

스페인 제국 역사의 보고

콜럼버스의 항해 일기, 신대륙 발견과 정복에 관련된 당시의 문서, 마젤란의 자필 문서 등 귀중한 자료를 보관하는 고문서관. 원래는 17세기 스페인 르네상스 건축의 거장 후안 데 에레라가 설계한 상품 거래소 건물이었다. 이후 각지에 흩어져 있던 자료를 모으는 장소로 활용되다 문서관으로 정착했다. 위대한 발견에 관한 역사적 사실이 숨 쉬는 공간으로 유네스코 세계문화유산에 등재되었다.

지도 P.206 **가는 방법** 세비야 대성당에서 바로
주소 Av. de la Constitución, s/n
문의 954 50 05 28
운영 화~토요일 09:30~16:30, 일요일 10:30~13:30
휴무 월요일, 1/1, 1/6, 12/24~25, 12/31 **요금** 무료

07 자선병원
Hospital de la Caridad

세계적 작품들이 숨겨진 병원

천하의 난봉꾼이자 호색가인 상상 속 인물 돈 후안의 모델로 알려진 세비야의 귀족 미겔 마냐라가 자신의 삶을 반성하며 어려운 사람을 돕고자 1664년에 세운 병원. 현재도 가난한 사람을 구제하는 시설이자 노인 요양원이다. 스페인 화가 무리요의 작품들과 제단화 〈그리스도의 책형Crucifixion〉이 전시되어 있다.

지도 P.206 **가는 방법** 세비야 대성당에서 도보 5분
주소 Calle Temprado, 3
문의 954 22 32 32 **운영** 월~금요일 10:30~18:30, 토 · 일요일 14:00~18:30 ※폐관 30분 전 입장 마감 **휴무** 부정기 **요금** 일반 €8, 65세 이상 €5, 7~18세 €2.50, 6세 이하 무료
※매주 일요일 16:30~18:30 무료 입장, 일반은 요금에 오디오 가이드 포함, 일반 외에는 오디오 가이드 대여 시 €1 별도

08 무리요 정원
Jardines de Murillo

신대륙 발견의 역사

세비야 알카사르 우측에 자리한 정원. 17세기 바로크 회화를 대표하는 거장인 스페인 화가 무리요를 기념하기 위해 만들었다. 정원 한가운데에는 세비야에서 출발해 신대륙을 발견한 콜럼버스의 위업을 칭송하는 기념탑이 있는데, 1492년 신대륙 발견 500년 후인 1992년에 세운 것이다. 탑 중앙에는 콜럼버스가 탔던 산타마리아호를 본뜬 장식물이 있고, 상단에는 신대륙 항해를 원조한 카스티야 왕국과 레온 왕국의 문양에 등장하는 사자상이 지구본을 밟고 있다.

지도 P.206
가는 방법 세비야 알카사르에서 도보 3분
주소 Av. de Menéndez Pelayo

⑨ 황금의 탑
Torre del Oro

세비야의 800년을 지켜온 12각형 탑

1221년 알모하드 시대에 무어인이 거리를 에워싸는 성벽의 일부로 지은 군사 목적의 망루로, 강을 통과하는 배를 검문하거나 항구의 공격을 저지하는 데 사용했다. 감옥, 화약고, 예배당, 금속 창고 등 다양한 용도로 사용하다가 현재는 콜럼버스 항해에 사용된 산타마리아호의 복제품을 전시한 선박 박물관과 전망대로 이용한다. 탐험가 마젤란이 인류 최초의 세계 일주를 위해 출발한 지점이기도 하다. 이름의 유래에 대해서는 다양한 설이 있다. 금색 타일로 뒤덮인 탑이 강물에 황금빛으로 비친다 해서 붙은 이름이라고도 하고 탑 내부에 귀금속이 많아 붙은 이름이라고도 하지만 확실하게 밝혀진 바는 없다.

지도 P.206 **가는 방법** 세비야 투우장에서 도보 9분
주소 Paseo de Cristóbal Colón, s/n
문의 954 22 24 19
운영 월~금요일 00:00 10:00, 토 · 일요일 10:30~18:30 **휴무** 공휴일
요금 일반 €3, 26세 이하 학생 · 65세 이상 · 6~14세 €1.50, 6세 이하 무료 ※월요일 무료 입장, 오디오 가이드 €2

⑩ 세비야 투우장
Plaza de Toros de la Real Maestranza de Caballería de Sevilla

투우장 뒤편 이사벨 2세 다리Puente de Isabel II가 보이는 과달키비르강 변은 석양의 명소로 알려져 있어요

세비야 투우의 역사

스페인에 남아 있는 투우장 가운데 오래된 축에 속하는 곳으로 1762년에 공사를 시작해 1881년에 완성한 바로크 양식의 건축물이다. 스페인 왕실 전용 발코니석인 왕자석을 비롯해 투우사가 투우를 시작하기 전 기도하는 예배당, 부상당한 투우사를 치료하는 진료소 등 다양한 부대시설이 있다. 30분~1시간 간격으로 진행하는 가이드 투어(영어, 스페인어)를 이용하면 18세기부터 현대까지의 투우 역사를 들으며 투우장 견학을 할 수 있다. 최대 1만 4000명 수용 가능한 투우장에서는 연간 몇 차례씩 투우 경기가 펼쳐진다. 투우장 앞에는 세비야 출신 투우사 바스케스 형제의 동상이 세워져 있다.

지도 P.206 **가는 방법** 세비야 대성당에서 도보 6분
주소 Paseo de Cristóbal Colón, 12 **문의** 954 22 45 77
운영 09:30~19:30, 투우 쇼 있는 날 09:30~15:30
※문 닫기 30분 전 입장 마감 **휴무** 12/25
요금 일반 €10, 65세 이상 · 12~25세 학생 €6, 7~11세 €3.50, 6세 이하 무료 ※수요일 17:30 이후 무료 입장
홈페이지 realmaestranza.com/en/home

메트로폴 파라솔 주변

세비야의 일몰 명소로 급부상한 곳

탁월한 재개발로 분위기가 되살아난 시장과 일몰 명소가 구시가지에서 가장 멀리 떨어진 곳에 위치한다. 그 정도로 세비야의 관광 명소 대부분이 구시가지에 밀집되어 있으며, 메트로폴 파라솔 주변은 관광 명소는 적은 편이나 쇼핑가, 대형 백화점 엘 코르테 잉글레스, 맛집 등이 모여 있어 관광이 끝난 후 쇼핑과 식사를 즐기기에 좋다. 세비야 대성당 주변까지 걸어서도 충분히 이동할 수 있다. 특히 해가 지는 일몰 시간에 방문하면 로맨틱한 세비야의 밤을 만끽할 수 있다.

(01)

메트로폴 파라솔

Metropol Parasol

추천

지도 P.221 **가는 방법** 살바도르 성당에서 도보 5분
주소 Pl. de la Encarnación, s/n
문의 606 63 52 14
운영 4~10월 09:30~00:30, 11~3월 09:30~24:00
휴무 부정기
요금 일반 €15, 5세 이하 무료
홈페이지 setasdesevilla.com

쇠락한 재래시장의 변신

세비야시는 시민의 부엌을 책임지던 엔카르나시온 시장Mercado de la Encarnación이 누구도 찾지 않는 죽은 공간으로 전락하자 재개발로 변화를 꾀했다. 야심 차게 공사를 시작했지만 로마 시대 유적이 발견되면서 위기가 찾아왔다. 유적을 해치지 않는 선에서 개발할 수 있는 방법을 찾기 위해 공모전을 열었고 그 결과 1층은 시장으로, 지하는 박물관으로 활용하는 아이디어가 채택되었다. 나무판자를 격자로 엮어 완성한 목조건물은 버섯을 닮은 지붕으로 인해 독특한 풍경을 만들어낸다. 또 지붕 부분은 전망대로 사용해 세비야 대성당을 비롯한 주변을 조망할 수 있도록 했다. 낮 풍경 못지않게 늦은 오후와 밤 풍경이 아름다워 늘 많은 이들이 찾는다. 2011년 완공 이래 '세비야의 버섯Setas de Sevilla'이란 별명으로 불리며 현지인과 관광객을 맞이하고 있다. 이곳이 새롭게 등장한 이후 주변 상권에 활력을 불어넣으며 세비야의 분주한 일상을 연출하고 있다.

TIP
전망대 매표소와 기념품점은 지하에 위치한다.

⓶ 누에바 광장
Plaza Nueva

세비야 시내의 심장부

세비야 시청사를 비롯해 호텔, 맛집, 가죽 제품 판매점 등 다양한 건물에 둘러싸인 광장. 중앙에는 800년 동안 지배했던 이슬람교도를 밀어내고 국토회복운동에 성공한 페르난도 3세의 기마상이 서 있다. 광장 곳곳에 보이는 'NO8DO'라는 표기는 알폰소 10세가 왕위를 빼앗긴 당시 세비야 시민만이 그를 지지한 것에 대한 감사 표시로 "No ma dejado(당신들은 나를 버리지 않았다)"라는 뜻을 표현한 것이다. 광장 기준으로 북쪽은 세비야의 [illegible] 인 쇼핑가이다.

지도 P.221 **가는 방법** 세비야 대성당에서 도보 7분
주소 Plaza Nueva, 1

⓷ 살바도르 성당
Iglesia Colegial del Divino Salvador

바로크 양식의 보물

세비야 대성당에 이어 세비야에서 두 번째로 중요한 성당이자 유럽의 아름다운 성당으로 꼽히는 곳이다. 가톨릭 세력의 권력 회복을 위해 9세기에 지은 이슬람 사원을 허물고 1712년 화려한 14개의 제단과 성화를 가미한 성당을 지었다. 바로크 양식 건축물과 내부 곳곳에 자리한 제단 조각상 등을 감상하자.

지도 P.221 **가는 방법** 세비야 대성당에서 도보 6분 **주소** Pl. del Salvador, 3 **문의** 954 21 16 79
운영 월~토요일 10:15~18:00, 일요일 12:30~20:00 ※문 닫기 30분 전 입장 마감 **휴무** 1/1, 1/6, 12/25
요금 온라인 예매 €6, 현장 구매 €7 ※세비야 대성당 입장권 소지 시 무료
홈페이지 www.catedraldesevilla.es

⓸ 필라토의 집
Casa de Pilatos

다양한 양식이 혼재한 궁전

이슬람 영향권에서 벗어난 지 한참 후인 16세기에 지은 무데하르 양식 건물. 고딕과 르네상스 양식이 혼합되어 독특한 매력이 있는데, 특히 과하다 싶을 만큼 화려한 타일과 조각상으로 장식된 부분이 압권이다. 서사 영화의 대표작 〈아라비아의 로렌스〉와 톰 크루즈 주연의 영화 〈나잇 & 데이〉에 등장해 명소가 되었다.

지도 P.221 **가는 방법** 살바도르 성당에서 도보 7분 **주소** Pl. de Pilatos, 1 **문의** [illegible]
운영 [illegible]~10월 09:00~[illegible], 11~3월 09:00~18:00 ※월요일 15:00~17:30 무료 입장
휴무 부정기 **요금** 1층 €10, 2층 €5
홈페이지 www.fundacionmedinaceli.org/monumentos/pilatos

세비야 맛집

안달루시아 지방은 대표적인 스페인 음식인 타파스를 접하기 좋은 곳이다.
구시가지 곳곳에서 오랜 전통과 역사를 자랑하며 활발히 영업 중인 음식점을 쉽게 만날 수 있기 때문이다. 스페인 음식에 지친 여행자를 위해 관광지 주변에 한국 음식점도 있다.

에스파시오 에슬라바

Espacio Eslava

위치 메트로폴 파라솔 주변
유형 대표 맛집
주메뉴 타파스

☺ → 접하기 어려운 창작 요리를 맛볼 수 있다.
☹ → 오픈 시간 전부터 대기 줄이 길다.

세비야를 대표하는 창작 타파스의 진수를 맛볼 수 있는 곳. 기다란 카운터와 적은 인원이 앉을 수 있는 자그마한 테이블이 실내와 외부에 몇 개 놓여 있는 게 전부라 폭발적인 인기를 얻고 있는 데 비해 수용 가능한 인원수는 매우 적다. 일찍 서두르지 않으면 눈을 의심할 정도로 긴 대기 번호를 받아야 하지만 기나긴 대기 시간을 감수할 만큼 신선하고 놀라운 맛을 선사한다. 일반 바르에서 먹을 수 있는 메뉴도 있으나 어디서도 먹을 수 없는 이곳만의 창작 타파스는 반드시 맛봐야 한다. 타파스 경연 대회에서 여러 차례 수상한 음식은 바삭한 스프링 롤 위에 해조류를 갈아 얹어 돌돌 말아 만든 담배 모양의 'Un Cigarro Para Bequer'와 햄버그스테이크 위에 황란을 얹은 'Yema Sobre Biscocho de Boletus y Vino Caramelizado'이다.

가는 방법 메트로폴 파라솔에서 도보 10분
주소 Calle Eslava, 3
문의 954 91 54 82
운영 화~토요일 12:30~24:00, 일요일 12:30~16:30
휴무 월요일
예산 타파스 €3.50~ 음료 €1.70~
홈페이지 www.espacioeslava.com

세르베세리아 인테르나시오날
Cervecería Internacional

위치 누에바 광장 주변
유형 대표 맛집
주메뉴 맥주

☺ → 맥주 선택의 폭이 넓다.
☹ → 테이블이 없어 서서 마셔야 한다.

독일, 벨기에, 영국, 미국 등 전 세계 250여 종류의 병맥주와 15가지 생맥주를 맛볼 수 있는 인기 맥주 전문점. 가게 벽면을 가득 메운 엄청난 양의 맥주병에 한 번 놀라고, 마실 수 있는 맥주 종류에 두 번 놀라게 된다. 메뉴판에 맥주 원산지와 알코올 도수, 용량이 세세하게 적혀 있어 마치 온갖 맥주를 나열한 백과사전을 보는 것 같다. 맥주와 달리 타파스는 20여 가지로 종류가 비교적 단출하지만 안주 없이 시원한 맥주 한잔으로 세비야의 강렬한 햇빛과 무더위에 대적하기에 충분하다.

가는 방법 누에바 광장에서 도보 1분
주소 Calle Gamazo, 3 **문의** 95 421 17 17
영업 월요일 20:00~24:00, 화~토요일 12:30~16:00, 20:00~24:00 **휴무** 일요일, 연말연시
예산 맥주 €2.20~, 타파스 €2~
홈페이지 www.cerveceriainternacional.com

바르 바라티요
Bar Baratillo

위치 세비야 투우장 주변
유형 대표 맛집
주메뉴 타파스

☺ → 한국어 메뉴판 구비
☹ → 저녁 시간대에 인파가 몰린다.

현지인과 여행자 사이에서 두루 좋은 평을 얻고 있는 타파스 전문점이다. 바로 앞에 세비야 투우장이 있는 영향인지 내부는 온통 투우 소 머리 장식품과 투우 관련 사진으로 꾸며져 있다. 넓은 공간에 테이블이 많은 편이지만 점심(오후 2~4시)과 저녁(오후 8~10시) 시간이면 손님이 몰려 금세 만석이 되는 것은 물론이고 가게 앞 테이블까지 점거해버릴 만큼 손님들로 북적인다. 무난한 스페인 정통 메뉴로 구성되어 부담 없이 즐길 수 있는 것도 매력이다.

가는 방법 세비야 투우장에서 도보 1분
주소 Calle Adriano, 20 **문의** 954 21 91 43
영업 일~목요일 12:30~24:00, 금 · 토요일 12:30~00:30 **휴무** 부정기
예산 타파스 €4.30~, 음료 €2~
홈페이지 www.barelbaratillo.com

문 식당
Moon

위치 무리요 정원 주변
유형 대표 맛집
주메뉴 한식

☺ → 설명이 필요 없는 한식
☹ → 오픈 시간이 조금 늦다.

세비야 한복판에서 비빔밥, 육개장, 김치찌개, 제육볶음, 오삼불고기, 국수 같은 반가운 메뉴를 만날 수 있는 한식당이다. 스페인 음식이 느끼한 편은 아니지만 한식이 그리울 때 찾을 만한 곳이다. 기본으로 나오는 반찬이 반갑기 그지없다. 음식 맛이 좋은 것은 물론이고 유창한 한국어를 구사하는 스페인 종업원의 친절한 서비스에도 감탄사가 나온다. 스페인 음식이 물렸다면 그리운 한국 요리로 입맛을 원점으로 되돌려보자. 식사 시간에는 사람이 몰려 기다려야 할 수 있다. 예약하고 갈 것을 추천한다.

가는 방법 무리요 정원에서 도보 9분
주소 Av. de Menéndez Pelayo, 8 **문의** 66 441 75 18
영업 수~토요일 19:30~23:00 **휴무** 월 · 화요일
예산 식사 메뉴 €11~

바르 엘 코메르시오
Bar El Comercio

위치 살바도르 성당 주변
유형 로컬 맛집
주메뉴 추로스

☺ → 가장 유명한 추로스 맛 경험
☹ → 호불호가 갈리는 점원 서비스

1904년에 문을 연 전통 있는 타파스 전문점인데 추로스로도 정평이 나 있다. 두껍고 기름기가 적어 담백한 전형적인 안달루시아 추로스를 맛볼 수 있다. 이른 아침부터 세비야에서 가장 유명한 추로스를 맛보고자 찾아온 현지인은 물론 관광객들로 북적거린다. 여행으로 지쳤을 때 초콜라테에 푹 찍은 추로스로 활력을 되찾아보자. 가볍게 즐기기 좋은 타파스 메뉴도 많으니 취향껏 고르면 된다. 술을 좋아하는 이라면 세비야산 오렌지로 만든 와인도 즐겨보자. 가게 입구에 카운터석, 가게 내부에 테이블이 마련되어 있다.

가는 방법 살바도르 성당에서 도보 1분
주소 Calle Lineros, 9 **문의** 67 082 90 53
영업 월~금요일 07:30~21:00, 토요일 08:00~21:00
휴무 일요일 **예산** 추로스+초콜라테 €5

추레리아 산 파블로
Churrería San Pablo desde 1960

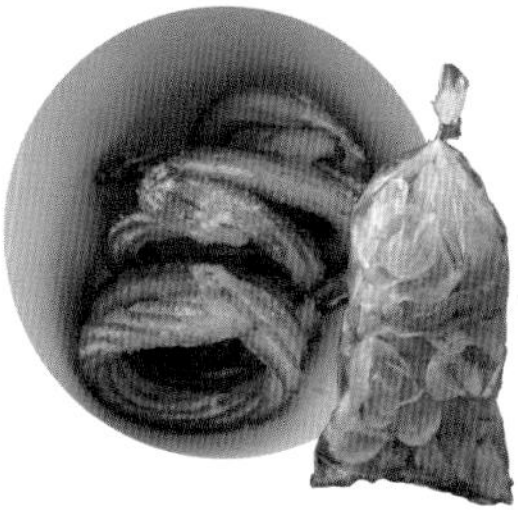

위치 누에바 광장 주변
유형 신규 맛집
주메뉴 추로스

☺ → 주문 즉시 튀겨내 바삭함
☹ → 추로스는 오전에만 판매

추로스와 감자칩 테이크아웃 전문점. 길모퉁이 초록색 차양의 간판이 눈에 들어와 가던 길을 멈추게 한다. 안달루시아 전통 스타일의 두꺼운 추로스와 한국인에게 익숙한 별 모양 설탕이 발린 달콤한 추로스를 동시에 즐길 수 있다. 친절한 가게 주인이 건네는 갓 튀겨낸 추로스를 손에 들고 아침 산책을 나서보자.

가는 방법 누에바 광장에서 도보 4분 **주소** Calle Murillo, [illegible]
문의 67 044 54 58
영업 월~금요일 08:00~12:00, 18:00~20:00, 토요일 08:00~12:00 **휴무** 일요일
예산 추로스 €1.70~, 감자칩 €1.30~

카페 비르헨
CAFÉ VIRGEN

위치 메트로폴 파라솔 주변
유형 신규 맛집
주메뉴 커피

☺ → 맛있고 저렴한 커피
☹ → 테이크아웃만 가능

메트로폴 파라솔에 간 김에 들르기 좋은 커피 스탠드. 커피 본연의 맛과 풍미를 제대로 살린 스페셜티 커피를 제공한다. 가게가 협소해 커피를 즐길 공간은 부족하나 커피 한 모금에 아쉬운 점이 상쇄될 것이다. 에티오피아, 케냐, 콜롬비아, 볼리비아, 페루 등 전 세계 각지의 엄선된 고품질 원두도 판매한다.

가는 방법 메트로폴 파라솔에서 도보 1분 **주소** Calle Regina, [illegible]
문의 67 594 29 95
영업 월~금요일 09:00~13:00, 16:00~19:00, 토요일 10:00~19:00 **휴무** 일요일
예산 카페라테 S €1.70, L €2.70
홈페이지 virgen.coffee

올모 엘라데리아 아르테사날
Olmo Heladeria Artesanal

위치 살바도르 성당 주변
유형 대표 맛집
주메뉴 아이스크림

☺ → 인공미가 없는 천연의 맛
☹ → 테이블 수가 적다.

쫀득하고 진한 맛의 수제 아이스크림 전문점. 50년 이상의 노하우를 살려 인공감미료와 합성첨가제를 사용하지 않고 천연 재료만으로 만든다. 피스타치오, 망고, 초콜릿 등 정통 인기 맛부터 킷캣, 솔티 캐러멜, 염소 치즈, 투론 등 독특하고 참신한 맛까지 선택지가 다양하다. 달콤한 맛은 가히 세비야의 무더위를 이겨낼 만하다.

가는 방법 살바도르 성당에서 도보 1분 **주소** [illegible] 1
문의 67 594 29 95
영업 화~목요일 14:00~23:00, 금·토요일 14:00~24:00, 일요일 14:00~20:00
휴무 월요일
예산 컵 €3.50/€4.50/€6

CÓRDOBA

코르도바

기원전 10세기경 과달키비르Guadalquivir강 연안에 생긴 이베리아인 마을 코르도바를 기원으로 하는 안달루시아 제2의 도시. 로마제국, 서고트족, 우마이야 왕조, 가톨릭 왕국 등 여러 세력의 지배를 받으면서 격동의 세월을 보냈다. 특히 8세기부터 약 800년간 무어인이 지배하던 시기에는 '서방의 진주', '서쪽의 메카'로 불리며 전성기를 맞았다. 천문학, 의학, 철학, 문학 등 유럽 학문의 중심지이기도 했으며 우수한 학자를 다수 배출했다. 이때 타의 추종을 불허하는 역사적 유산 메스키타가 탄생했다. 이슬람교, 가톨릭교, 유대교 등 다양한 영향권에 속해 있어 그와 관련된 유적지가 곳곳에 남아 있다. 겉으로 보기에는 소박한 지역이지만 속을 들여다보면 매력이 넘치는 명소가 가득해 한 철학자는 (가시투성이지만 아름다운 장미를 품고 있다 하여)'거꾸로 된 장미나무'라 표현했다.

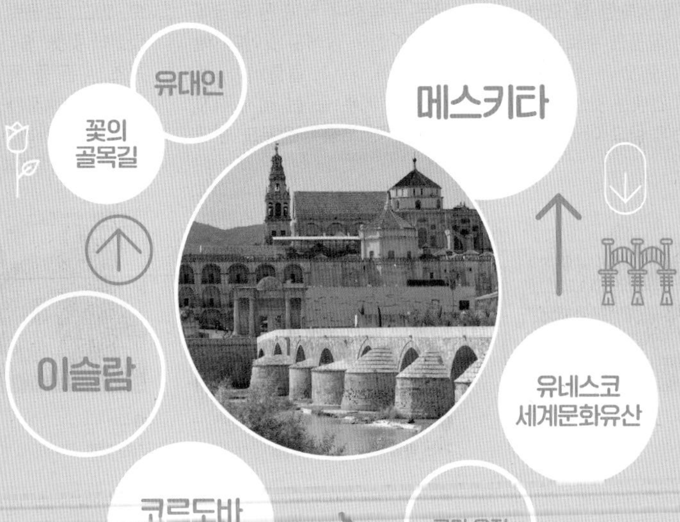

코르도바 들어가기 & 시내 교통

코르도바는 스페인 국내 및 국제 전시회와 포럼이 개최되는 지역이자 비즈니스 중심지로 교통이 잘 정비된 편이다. 비행기는 개인 전용기만 이용 가능하고, 버스와 열차가 대부분의 도시와 연결되어 편리하게 이동할 수 있다.

열차

말라가, 론다 등 주변 도시에서 고속 열차로 1~2시간이면 코르도바에 닿을 수 있다. 미리 티켓을 예매하면 간혹 버스보다 저렴하다. 세비야에서는 산타후스타역Estación de Sevilla-Santa Justa에서 직통열차를 이용할 수 있다. 코르도바역Estación de Córdoba은 시내 중심에서 도보 15분 거리로 가까운 편이다.

주소 Glorieta Tres Culturas, s/n **홈페이지** www.renfe.com

코르도바-주요 도시 간 열차 운행 정보

목적지	열차 종류	운행 편수(1일)	소요 시간	요금(편도)
그라나다	AVE · AVANT	7편	1시간 20분~2시간	€26~
세비야	AVE · AVANT · MD	10편~	40~50분	€13~
말라가	AVE · AVANT	10편~	1시간	€27~
론다	ALTARIA	1편	1시간 40~50분	€21~

※초고속 열차 AVE, 고속 열차 AVANT · ALTARIA, 중장거리 일반 열차 MD

버스

세비야, 말라가 등 주변 도시에서 코르도바 버스 터미널Estación Autobuses Córdoba까지 버스로 2~3시간이면 닿는다. 그라나다, 마드리드 등에서 이동 시 승차 직전에 티켓을 예매하면 열차를 이용하는 것보다 훨씬 저렴하지만 소요 시간이 열차보다 2시간 이상 더 걸리는 경우가 많다.

주소 Av. Vía Augusta, s/n **홈페이지** www.alsa.com

코르도바-주요 도시 간 버스 운행 정보

목적지	운행 회사	운행 편수(1일)	소요 시간	요금(편도)
그라나다	ALSA	6편	3~4시간	€16~
세비야	ALSA	7편	1시간 45분~2시간 20분	€14~
말라가	ALSA	5편	2시간 30분~3시간	€13~

시내 교통

코르도바 기차역과 코르도바 버스 터미널은 도로를 사이에 두고 마주 보고 있다. 여기서 시내 중심까지는 도보로 15분 거리인데, 걷기 힘들면 시내버스 3번을 이용하면 된다. 두 곳 사이에 위치한 버스 정류장에서 탑승해 메스키타 대성당 부근까지 한 번에 갈 수 있다(6개 정류장 경유). 요금은 승차 시 운전기사에게 직접 내면 된다. 주요 관광 명소는 도보로 충분히 둘러볼 수 있다.

• 시내버스 3번

운행 06:30~23:30 **요금** €1.30 **홈페이지** www.aucorsa.es

Córdoba **Best Course**

코르도바 추천 코스

일정별 코스

이슬람 문화를 꽃피운 도시를 산책하는 하루

여행자가 가장 많이 방문하는 시기인 여름(6~9월)에는 코르도바 알카사르가 낮에 문을 닫기 때문에 알카사르를 첫 번째 일정으로 둘러보길 권한다. 코르도바의 주요 볼거리인 코르도바 알카사르와 메스키타 대성당을 오전 중에 관광하고 점심 식사 후 여유롭게 나머지 명소를 산책하듯 둘러본다.

TRAVEL POINT

- **이런 사람 팔로우!** 세비야에서 당일치기 근교 여행을 원한다면, 이슬람 문화에 관심이 많다면
- **여행 적정 일수** 1일
- **주요 교통수단** 도보
- **여행 준비물과 팁** 긴소매 상 · 하의와 스카프
- **사전 예약 필수** 메스키타 대성당

DAY 1

- **소요 시간** 6~7시간
- **예상 경비**
  입장료 €18 + 식비 €20~
  = Total €38~
- **점심 식사는 어디서 할까?**
  메스키타 대성당 주변 식당에서
- **기억할 것** 월요일은 코르도바 알카사르와 코르도바 시나고그가 문을 열지 않으니 월요일을 피해서 코르도바를 방문해야 한다. 메스키타 대성당 입장 시 민소매, 반바지, 모자 착용자는 입장 불가하니 주의할 것.

코르도바 알카사르 P.234
→ 도보 2분 →
왕실 마구간 P.238
→ 도보 1분 →
메스키타 대성당 P.231

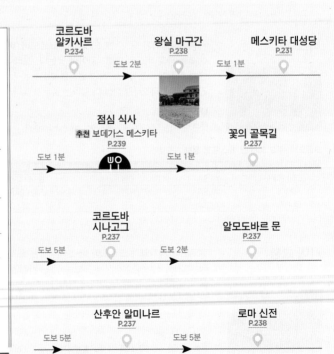

→ 도보 1분 →
점심 식사
추천 보데가스 메스키타 P.239
→ 도보 1분 →
꽃의 골목길 P.237
→ 도보 5분 →
코르도바 시나고그 P.237
→ 도보 2분 →
알모도바르 문 P.237
→ 도보 5분 →
산후안 알미나르 P.237
→ 도보 5분 →
로마 신전 P.238

코르도바 관광 명소

코르도바는 다른 도시에서는 만나보지 못하는 독특한 분위기의 명소가 많은 곳으로 유명하다. 이슬람 사원과 대성당이 합쳐진 공간, 비극의 역사가 깃든 요새, 유대인의 자취가 남아 있는 지역, 로마 시대 유적지 등 다양한 문화가 혼재되어 있다.

(01)

메스키타 대성당

Mezquita-Catedral de Córdoba

추천

가는 방법 버스 터미널이나 기차역에서 도보 15분
주소 Calle Cardenal Herrero, 1
문의 957 47 05 12
운영 메스키타 월~토요일 08:30~19:00(11~2월 ~18:00), 일요일 · 공휴일 08:30~11:30, 15:00~19:00(11~2월 ~18:00) / 종탑 09:30~18:30 ※30분마다 이자 가능 **휴무** 1/1, 1/6, 12/20, 12/24~25, 12/31 오후 시간대
요금 메스키타 일반 €13, 15~26세 · 65세 이상 €10, 10~14세 €7, 9세 이하 무료 / 종탑 €3 ※08:30~09:30 무료 **홈페이지** mezquita-catedraldecordoba.es

이슬람 사원 속 대성당

한 건물 안에 두 종교가 공존하는 유일무이의 건축물. 8세기경부터 200년이 넘는 세월 동안 이슬람 왕국의 지도자들이 증축을 거듭해 완성했으며 세계에서 세 번째로 규모가 큰 이슬람 사원이다. 후우마이야後Umayya 왕조의 창시자 아브드 알라흐만 1세가 사우디아라비아 메카의 이슬람 성지인 카바 신전을 보고 서방의 메카를 만들고자 한 것이 메스키타의 시작이다.

그리고 역사는 13세기에 접어들어 새로운 국면을 맞이한다. 가톨릭 세력이 스페인을 탈환한 뒤 카를로스 5세 국왕은 대성당을 지어달라는 가톨릭교도의 요청으로 메스키타 중앙 부분의 재건축을 허가했다. 메스키타를 직접 눈으로 본 적이 없어 이 사원의 위대함을 깨닫지 못한 그는 시민들의 맹렬한 반대에도 불구하고 공사를 진행시켰다. 이렇게 탄생한 것이 이슬람 사원 중앙에 떡하니 자리한 메스키타 대성당이다. 대성당 설계를 담당한 에르난 루이스 부자는 메스키타의 가치를 알고 있었기에 최소한의 시공만으로 완성했다고 한다. 이후 신혼여행으로 코르도바를 찾은 카를로스 5세는 메스키타를 보고 "어디에나 있는 건물을 짓기 위해 세상에 하나밖에 없는 것을 부수고 말았다"며 후회했다고 한다.

메스키타란 이슬람교의 예배당인 모스크를 의미하는 스페인어로 아랍어 '마스지드Masjid'에서 유래했어요.

FOLLOW UP

알고 보면 더 재미있다!
메스키타 대성당의 관광 포인트

메스키타 대성당은 종탑과 붙어 있는 북쪽의 '면제의 문Puerta del Perdón'과 서쪽의 '데아네스 문Postigo de los Deanes', 동쪽의 '성 카탈리나 문Puerta de Santa Catalina' 총 세 곳의 출입구가 있다. 매표소 줄이 매우 길기 때문에 미리 온라인으로 티켓을 예매해두면 편리하다.

• 종탑 Campanario (Torre de Alminar)

높이 54m로 코르도바에서 가장 높은 탑. 메스키타가 이슬람 사원이던 시절 예배 시간을 알리고자 세운 첨탑 '미너렛minaret'에 종을 설치해 종루 형태로 다시 지었다.

• 오렌지 중정 Patio de los Naranjos

오렌지 나무를 비롯해 야자수, 노송나무 등이 자리한 중정으로 무료로 둘러볼 수 있다.

• 아브드 알라흐만 1세의 첫 모스크 외진 Mezquita Fundacional de Abderramán I

786년 아브드 알라흐만 1세가 처음으로 사원을 건설할 때 생긴 곳이다. 850개 기둥 사이의 붉은색 벽돌과 흰색 석회암을 조합해 제작한 이중 아치는 스페인 메리다Mérida에 있는 로마 시내 수도교를 참고한 것이다. 아치를 지지하는 기둥은 로마 사원과 서고트족의 교회에 사용했던 것을 재이용해 재질과 디자인이 각기 다른 것이 특징이다.

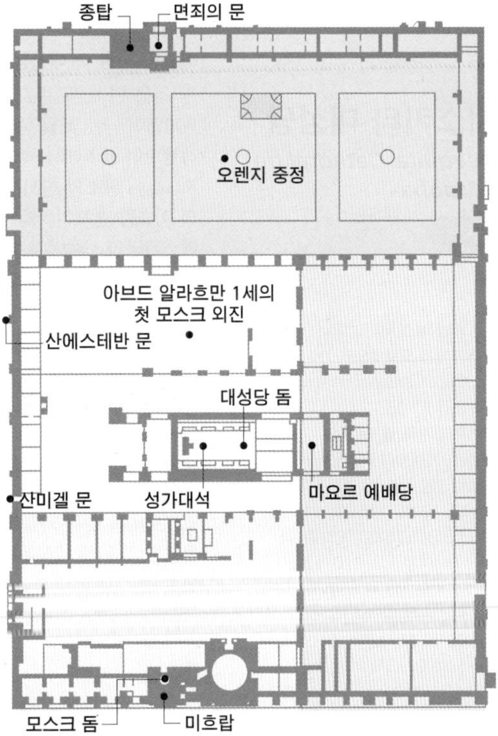

• 모스크 돔 Mosque Dome

팔각형 안에 꽃문양 모자이크를 덧대어 장식했으며, 돔의 무게를 지탱하는 구조이다.

• 대성당 돔 Cathedral Dome

중앙 예배당 위를 올려다보면 타원형 돔이 보인다. 돔 사이로 빛이 들어오게끔 작은 창이 설치되어 있다.

• 미흐랍 Mihrab

이슬람 사원의 메카 방향을 나타내는 아치형 벽이다. 건물 바깥에 있는 '산에스테반 문Postigo de San Esteban'의 말발굽 아치를 모방한 디자인으로, 비잔틴 모자이크 장식의 황금색 아치는 당시의 기술이 응축된 것이다. '마크수라Maqsura'라 불리는 팔각형 돔 천장의 아름다움도 눈길을 끈다.

• 성가대석 Coro

109석으로 이루어진 장엄한 분위기의 성가대석은 17세기 중반 마호가니 원목으로 제작했다. 예수와 성모 마리아의 생애를 묘사한 조각 장식이 감탄사를 불러온다.

• 마요르 예배당 Capilla Mayor

중앙 예배당. 이슬람 사원 내에 천주교 대성당이 자리한 점이 놀랍다. 성당 내부는 고딕, 르네상스, 바로크 등 다양한 건축양식이 혼재되어 있다. 중앙 제단은 붉은 대리석으로 되어 있고 상단에는 성모승천, 하단 좌우에는 코르도바의 수호성인을 그린 성화가 걸려 있다.

• 문 Puerta

상단에 불꽃 검을 손에 쥔 성 라파엘의 조각상이 장식된 '면죄의 문', 855년에 제작한 메스키타에서 가장 오래된 문 '산에스테반 문', 말발굽과 교차형, 다변형 등 이슬람식 아치 형태가 모두 새겨진 '산미겔 문Postigo de San Miguel'이 있다.

⓪② 코르도바 알카사르 추천

Córdoba Alcázar

코르도바 역사의 산증인

역사적 사건의 주요 무대가 되었던 왕궁이자 요새. 1328년 코르도바로 가기 위해 반드시 거쳐야 했던 관문인 코르도바 로마교와 가깝다는 이유로 이곳에 요새를 지은 것이 역사의 시작이었다. 15세기 들어 카스티야 왕국의 이사벨 1세와 아라곤 왕국의 페르난도 2세 부부가 이곳을 거점으로 삼고 왕궁으로 재건했으며, 이슬람 세력의 마지막 영향권 아래 있던 그라나다를 공략할 당시에는 레콩키스타(국토회복운동)를 진두지휘하는 군사기지 역할을 했다.

이후 가톨릭 교리에 반하는 자들을 처단하는 이단 심문소, 독립 전쟁의 요새, 형무소 등으로 이용되다가 스페인 역사에서 매우 중요한 사건이 벌어지기도 했다. 1486년 콜럼버스가 신대륙 발견을 위해 항해를 떠나기 전 이곳에서 가톨릭 국왕 부부를 알현해 금전적 원조를 요청했던 것. 이 모습을 재현한 석상이 정원에 전시되어 있다. 이 외에도 로마 시대의 모자이크화와 섬세하게 조각된 석관 등을 전시한 전시실과 무데하르 양식으로 조성한 18만m²(약 5만 5000평)의 정원, 시내 주변을 내려다볼 수 있는 4개의 탑 등 볼거리가 다양하다.

가는 방법 메스키타 대성당에서 도보 7분
주소 Plaza Campo Santo de los Mártires, s/n **문의** 957 42 01 51
운영 6/16~9/15 08:15~14:45 / 9/16~6/15 화~금요일 08:15~20:00, 토요일 09:30~18:00, 일요일 · 공휴일 08:15~14:45 ※문 닫기 30분 전 입장 마감, 6/16~9/15 목요일 12:00 이후, 9/16~6/15 목요일 18:00 이후 무료 입장(단, 공휴일 제외) **휴무** 월요일 **요금** 일반 €5, 26세 이하 학생 €3, 14세 이하 · 65세 이상 무료 **홈페이지** alcazardelosreyescristianos.cordoba.es

03

코르도바 로마교

Puente Romano de Córdoba

가는 방법 메스키타 대성당에서 도보 2분
주소 Av. del Alcázar, s/n

코르도바를 지켜온 다리

코르도바 시내를 유유히 흐르는 안달루시아 최장의 과달키비르강에 세워진 로마교는 16개의 아치가 지지대 역할을 하는 길이 230m의 다리이다. 상류와 만나는 교각은 삼각형, 하류와 만나는 교각은 동그라미를 띠는 좌우 비대칭 형태로, 강물이 삼각형 교각과 부딪치면서 저항이 줄고 침식을 억제하도록 설계했다.

기원전 1세기경 로마제국의 본격적인 도시 건설이 시작될 때 세운 이래 약 2000년간 코르도바를 지켜왔다. 다리 중앙에는 코르도바를 지키는 수호성인 대천사 라파엘의 석상이 서 있다. 구시가지의 다리 출발 지점인 푸엔테 문Puerta del Puente 옆에 라파엘을 주제로 한 '성 라파엘 승리 기념탑Triunfo de San Rafael'이 있는데, 이는 전쟁에서의 승리가 아닌 흑사병의 종식을 기념하고자 세운 것이다.

신시가지로 넘어가는 다리 끝에는 14세기 이슬람 시대에 적의 침입을 방어하고자 세운 '칼라오라 탑Torre de la Calahorra'이 있다. 무어인의 언어로 '자유의 탑'이라는 의미를 지닌 이 탑은 현재 옛 시대상을 전시한 역사박물관이 되었다. 탑 정상부의 전망대에서는 코르도바 로마교와 메스키타 대성당이 어우러진 코르도바 시내 풍경을 조망할 수 있다.

④

유대인 지구

La Juderia

코르도바에 남은 유대인의 흔적

코르도바에는 과거 스페인의 정치와 경제를 지탱하던 유대인의 터전이 고스란히 남아 있다. 미로처럼 구불구불 복잡하게 뒤얽힌 좁은 골목과 눈부시게 밝은 백색 벽으로 통일된 건물, 그리고 벽에 매달린 작은 화분이 그 흔적이다. 골목 중앙 부분은 비스듬히 경사져 있는데, 이는 물이 자연스럽게 흐르도록 고안한 것이라고 한다. 또 새하얀 벽으로 이루어진 집집마다 안쪽에는 안달루시아의 무더운 여름을 쾌적하게 보낼 수 있도록 안뜰이 마련되어 있는 등 영리했던 유대인의 생활상을 엿볼 수 있다. 현재는 기념품점과 카페가 들어서 있으며 관광객도 많이 방문하는 곳이 되었다.

TRAVEL TALK

지혜를 얻을 수 있는 방법

코르도바 시나고그 주변 작은 광장에는 코르도바 출신의 철학자 마이모니데스의 동상Estatua de Maimónides이 서 있어요. 중세 시대에 가장 위대한 유대인 사상가로 꼽히는 인물로 동상의 신발 부분을 손으로 문지르면 그의 지혜를 물려받을 수 있다고 하네요. 그냥 지나치지 말고 재미로 한 번씩 만져보세요.

주소 Plaza Maimónides, 3

FOLLOW UP

이것만은 놓치지 말자!
유대인 지구 속 관광 명소

장미, 제라늄, 카네이션, 재스민 등 꽃향기가 가득한 거리부터
오랜 시간을 간직한 역사적 건축물까지 아기자기한 볼거리가 곳곳에 자리한
유대인 지구에서 타박타박 산책을 즐겨보자.

① 꽃의 골목길 Calleja de las Flores

거리 전체 길이가 불과 20m에 지나지 않는 아주 작고 좁은 길이지만 흰색 벽에 걸린 파란색 화분이 포토제닉한 풍경을 이루는 곳이다. 특히 길 끝에 나타나는 아담한 광장에서 골목 사이로 슬며시 모습을 드러내는 메스키타의 종탑이 멋스럽다.

가는 방법 메스키타 대성당에서 도보 2분
주소 Calleja de las Flores, 1

② 코르도바 시나고그 Córdoba Synagogue

1315년에 건축한 유대교 예배당으로 코르도바에서는 메스키타 대성당 다음으로 방문자가 많은 명소. 안달루시아 지방의 유일한 유대교 예배당으로 톨레도의 두 곳과 함께 스페인에서는 단 세 곳만 존재한다. 이슬람 문화의 영향을 받은 치밀하면서도 섬세한 벽면 장식이 볼거리이다.

가는 방법 메스키타 대성당에서 도보 6분 **주소** Calle Judíos, 20
문의 957 01 53 34 **운영** 7~8월 09:00~15:00 /
9~6월 화~토요일 09:00~21:00, 일요일 09:00~15:00
휴무 월요일, 1/1, 1/6, 5/1, 12/24~25, 12/31 **요금** 무료

③ 알모도바르 문 Puerta de Almodóvar

코르도바 역사 지구 서쪽에 자리한 문. 문을 들어서면 꽃의 골목길과는 또 다른 예쁜 풍경이 펼쳐진다. 초입 부분에는 코르도바 출신의 철학자로 로마제국 네로 황제의 스승이었던 세네카 동상이 서 있다.

가는 방법 코르도바 시나고그에서 도보 2분 **주소** Calle Judíos, n2

④ 산후안 알미나르 Alminar de San Juan

2개의 아치 장식이 눈에 띄는 9~10세기 아랍 양식의 작은 탑. 한 변이 3.7m인 정사각형 바닥 위에 대리석 기둥을 토대로 만들었다. 카스티야가 정복한 후 산 후안이라는 기사에게 양도될 당시의 모습을 그대로 간직하고 있다.

가는 방법 알모도바르 문에서 도보 5분 **주소** Plaza de San Juan, 4

⑤ 왕실 마구간

Caballerizas Reales

코르도바가 자랑하는 마술

코르도바는 스페인에서 마장술과 관련해 오랜 역사를 지닌 지역이다. '코르도바종'이라고 하는 마술 전용의 말 품종이 있을 정도인데, 이 품종은 말갈기가 길고 부드러우면서 전체적으로 균형이 잘 맞는 우아한 체형이 특징이다. 승마와 플라멩코를 융합한 쇼도 열린다.

가는 방법 코르도바 알카사르에서 도보 6분 **주소** Calle Caballerizas Reales, 1 **문의** 671 94 95 14
운영 내부 화요일 10:00~13:30, 16:00~19:30, 수~토요일 10:00~13:30, 17:00~21:00 / 쇼 수~토요일 11/1~3/25 19:30, 3/29~5/23 · 10/1~10/31 20:00, 5/24~9/30 21:00 **휴무** 월 · 일요일
요금 내부 무료 / 쇼 일반 €17.50, 3~12세 €12.50, 2세 이하 무료
홈페이지 www.cordobaecuestre.com

⑥ 로마 신전

Templo Romano

시내 정중앙을 지키는 로마 유적

코르도바가 역사적인 도시임을 나타내는 또 하나의 고대 로마시대 유적. 역사학자들은 로마 4대 황제인 클라우디우스 시대에 건설을 시작해 40년 후에 완성한 신전이라고 추측한다. 1950년대에 코르도바 시청사 확장 공사 중 우연히 발굴되었으며, 새하얀 코린트 양식 기둥은 40년이 지난 1990년대에 복원했다. 기둥 아래에 조각조각 흩어진 대리석은 당시 발굴된 기둥 파편을 그대로 남겨둔 것이다.

가는 방법 비문 유적에서 도보 12분
주소 Calle Capitulares, 1

⑦ 비문 유적

Fuente de la Piedra Escrita

길 모퉁이의 화려한 분수

우연히 공사 현장에서 발견한 로마 유적을 현재 위치로 옮겨온 것이다. 휘록암으로 된 철탑에서 물을 부으면 두 사자 석상의 입으로 흘러내려 식수를 공급하는 역할을 했다고 전해진다. 왼쪽 사자는 훼손이 심해 1982년에 복원했다.

가는 방법 로마 신전에서 도보 12분
주소 Calle Moriscos, 45

코르도바 맛집

버스 터미널 또는 기차역에서 시내 중심까지 도보로 이동하면서 간단하게 요기하고 싶을 때 아로마스 카페 바르를 추천한다. 메스키타 대성당에서 걸어서 1분도 되지 않는 거리에 있는 보데가스 메스키타는 점심이나 저녁 식사를 즐기기 좋은 음식점이다.

보데가스 메스키타
Bodegas Mezquita

위치 메스키타 대성당 주변
유형 대표 맛집
주메뉴 스페인 정통 요리

😊 → 한국어 메뉴판 제공
😐 → 관광객 타깃의 음식점이다.

메스키타 대성당 바로 앞에 있어 여행자가 주로 찾는다. 추천 메뉴는 합리적인 가격의 코스 요리인 메누 델 디아Menu del Dia. 전채 요리, 메인 요리, 디저트에 음료까지 포함해 €15 선에 제공한다. 테이블 수가 넉넉하나 점심시간대는 붐비는 편이다. 메스키타 대성당 주변의 2호점을 비롯해 코르도바 시내에 5개 지점을 두고 있다.

가는 방법 메스키타 대성당에서 도보 1분
주소 Calle Céspedes, 12
문의 957 49 00 04
영업 월~12:30~23:00
휴무 부정기 **예산** 메누 델 디아 €18.75
홈페이지 www.bodegasmezquita.com

아로마스 카페 바르
Aromas Café Bar

위치 산후안 알미나르 주변
유형 로컬 맛집
주메뉴 카페

😊 → 합리적인 가격
😐 → 가게 내부가 협소하다.

시내 중심가에서 살짝 벗어난 곳에 위치해 현지인 비율이 높은 카페로 간단하게 요기하기 좋은 곳이다. 판 콘 토마테, 하몽 샌드위치, 오렌지 주스 등 전형적인 스페인식 아침 식사 데사유노Desayuno 메뉴를 제공한다. 커피 외에 베르무트, 틴토 데 베라노, 맥주 등 주류 메뉴도 충실한 편이다. 무엇보다 가격이 저렴해 부담 없이 방문할 수 있다.

가는 방법 산후인 알미니르에서 도보 1분
주소 Plaza del Dr. Emilio Luque, 4
영업 월요일 07:00~16:30, 화~목요일 07:00~22:30, 금요일 07:00~24:00, 토요일 10:00~24:00
휴무 일요일
예산 커피 €1.30~, 주류 €1.50~, 데사유노 €1~

RONDA

론다

고도 744m 기이한 절벽 위의 도시, 론다. 그라살레마산맥과 니에베스산맥 사이에 흐르는 과달레빈강Río Guadalevín의 침식으로 생긴 좁고 깊은 협곡 위에 자리한 마을이다. 이 협곡으로 인해 양쪽으로 갈라진 마을은 기원전 6세기경 고대 로마 시대부터 이슬람 시대까지 형성된 구시가지와 가톨릭 세력에 의한 국토회복운동 이후 개발된 신시가지로 나뉜다. 로마 시대에 지은 로마 다리와 이슬람 시대에 지은 비에호 다리 그리고 1793년에 완공한 론다의 상징이라 할 수 있는 누에보 다리가 연결되어 하나의 마을을 이룬다. 안달루시아 지방의 하얀 마을 푸에블로블랑코Pueblo Blanco의 기점이자 가장 강렬하면서도 드라마틱한 풍경을 선사하는 곳이다.

론다 들어가기 & 시내 교통

론다는 누에보 다리라는 세계적인 명소가 있음에도 접근성이 좋지 않다.
출발 도시에 따라 이용할 수 있는 교통수단이 적기도 하고 그마저도 편수가 많지 않아
여러모로 제한이 있다. 론다 시내는 대부분 도보로 이동해 대중교통을 이용할 일이 거의 없다.

버스

세비야는 프라도 데 산세바스티안 터미널Estacion de autobuses Prado de San Sebastian에서, 말라가는 말라가 버스 터미널Estación de Autobuses de Málaga에서 직행버스를 타면 론다 버스 터미널Estación de Autobuses de Ronda에 도착한다. 도착 후 다른 도시로 가는 버스 티켓을 미리 예매해두는 게 좋다.

주소 Calle de José María Castelló Madrid, 3 **홈페이지** www.damas-sa.es

론다-주요 도시 간 버스 운행 정보

출발지	운행 회사	운행 편수(1일)	소요 시간	요금(편도)
세비야	DAMAS	3편	2시간 30분~3시간	€14~
말라가	DAMAS · PORTILLO	10편 이상	2~3시간	€11~

열차

코르도바에서 론다까지 가는 직행열차를 이용할 수 있다. 마드리드에서는 아토차역Estación de Madrid-Puerta de Atocha에서만 론다행 직행열차를 탈 수 있다.

주소 Av. Andalucía, 31 **홈페이지** www.renfe.com

론다-주요 도시 간 열차 운행 정보

출발지	열차 종류	운행 편수(1일)	소요시간	요금(편도)
코르도바	ALTARIA · AVE-MD · AVANT-MD	1편	1시간 50분~2시간 20분	€21~

※초고속 열차 AVE, 고속 열차 AVANT · ALTARIA, 중장거리 일반 열차 MD

시내 교통

론다 버스 터미널과 기차역에서 론다의 핵심 관광 명소인 누에보 다리까지는 도보로 각각 15분, 20분 정도 소요된다. 론다 시내는 대부분 도보로 이동하므로 대중교통을 이용할 일은 거의 없다. 도저히 걷기 어려운 상황이라면 터미널, 기차역, 구시가지 중심가에서 택시를 이용하자.

TIP

론다 투우장 옆 관광 안내소에서는 누에보 다리 전시실, 아랍 목욕탕, 몬드라곤 궁전, 호아킨 페이나도 박물관 입장이 가능한 여행지 적용 공통 입장권(Bono Turístico)을 판매한다.

관광 안내소

주소 Paseo Blas Infante, s/n **운영** 월~금요일 09:30~18:00, 토요일 09:30~17:00, 일요일 09:30~14:30
요금 일반 €12, 26세 이하 학생 €9, 14세 이하 무료

Ronda **Best Course**

론다 추천 코스

일정별 코스

누에보 다리의 장엄한 풍경을 눈에 담는 하루

론다의 랜드마크 누에보 다리와 목가적인 농가 풍경을 만끽하면서, 투우의 역사를 바꾼 론다 투우장, 이슬람 시대의 유산이 깃든 유적지 등 관광 명소를 둘러보는 데 하루면 충분하다. 누에보 다리를 곳곳에서 조망하고 야경까지 즐길 예정이라면 하루 머무는 것도 좋다.

TRAVEL POINT

- **이런 사람 팔로우!** 스페인에서 기억에 남는 절경을 보고 싶다면
- **여행 적정 일수** 1일
- **주요 교통수단** 도보
- **여행 준비물과 팁** 가파른 언덕을 대비한 편한 운동화
- **사전 예약 필수** 없음

DAY 1

- **소요 시간** 6~7시간
- **예상 경비** 입장료 €27.50 + 식비 €35~ = Total €62.50~
- **점심 식사는 어디서 할까?** 누에보 다리 주변 식당에서
- **기억할 것** 누에보 다리를 아래서 올려다보는 곳의 위치가 꽤나 가파르다. 넘어지지 않도록 주의할 것.

알라메다 델 타호 P.245
→ 도보 2분 →
론다 투우장 P.246

→ 도보 2분 →
론다 전망대 P.244
→ 도보 1분 →
누에보 다리 P.243
→ 도보 3분 →
점심 식사 추천 레스테우란테 카사 루시아노 P.250
→ 도보 3분 →
몬드라곤 궁전 P.247

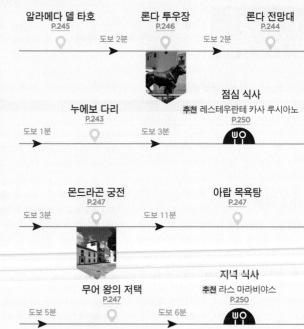

→ 도보 11분 →
아랍 목욕탕 P.247
→ 도보 5분 →
무어 왕의 저택 P.247
→ 도보 6분 →
저녁 식사 추천 라스 마라비야스 P.250

론다 관광 명소

론다 시내는 누에보 다리를 경계로 투우장으로 대표되는 신시가지와 이슬람 시대의 흔적이 고스란히 남아 있는 구시가지로 나뉜다. 버스 터미널과 기차역에서 남쪽으로 내려오면서 만나는 신시가지를 시작으로 위에서 아래로 훑어가며 차근차근 둘러본다.

01

누에보 다리

Puente Nuevo Ronda

추천

가는 방법 론다 투우장에서 도보 3분
주소 Calle Armiñán, s/n

자연과 인간이 빚은 장엄한 풍경

누에보 다리는 옛 이슬람 마을이었던 구시가지 라시우다드La Ciudad와 신시가지 메르카디요Mercadillo를 가르는 엘 타호El Tajo 협곡을 잇는 3개의 다리 중 가장 늦게 건설해 '새롭다'는 의미의 이름을 얻었다. 1735년 펠리페 5세의 제안으로 35m 높이의 아치형 다리를 8개월 만에 건설했으나 무너져 내리면서 50여 명의 사상자를 냈다. 높이 98m, 길이 102m인 지금의 다리는 1751년 재착공해 1793년까지 무려 42년에 걸쳐 완공했다. 다리의 설계를 맡은 건축가 마르틴 데 알데우엘라는 안타깝게도 다리 측면에 날짜를 새기다가 떨어져 죽었다고 한다. 다리 위와 아래 등 여러 각도에서 바라본 다리의 풍경은 각기 다른 느낌으로 다가온다. 보통 [illegible] 계곡으로 내려가 다리를 올려다본다. 마을 곳곳에 위치한 전망대 간 거리가 다소 멀어 어느 정도 시간이 걸리며, 비탈길을 오르락내리락해야 하므로 운동화 착용을 권장한다. 다리 중앙의 교각에 있는 방은 스페인 내전 기간 중에는 감옥으로 사용했으며 현재는 다리의 역사 등에 관한 자료로 꾸민 전시실로 바뀌었다.

FOLLOW UP

각도마다 또 다른 장관
누에보 다리 다양하게 감상하는 방법

론다의 진가를 느낄 수 있는 곳은 거대한 암석 사이에 걸터앉은 누에보 다리의 정면을 마주할 수 있는 전망대이다. 눈 속에 가득 찰 정도로 압도적인 모습은 한마디로 경이롭기 그지없다. 아슬아슬하면서도 아찔한 풍경 때문에 가끔은 곁눈질만 하게 되지만, 엘 타호 협곡을 흐르는 과달레빈강이 까마득히 내려다보이는 절벽도 예상을 넘어서는 아름다운 풍광이 펼쳐진다.

01 아래에서 누에보 다리 올려다보기 하이라이트

론다를 여행한 사람이면 누구나 입에 침이 마르도록 극찬한다는 누에보 다리 아래에서 올려다보기! 두 암석 사이에서 거대한 위용을 자랑하는 다리의 정면을 올려다보았을 때의 풍경은 론다 여행의 하이라이트 장면이라 해도 과언이 아니다. 길이 가파르고 미끄러워 오르내릴 때 여간 힘든 게 아니지만 그런 수고를 감수할 만큼 멋진 풍경을 선사한다.

본래 마리아 아욱실리아도라 광장Plaza de María Auxiliadora을 거쳐 아래로 내려가는 코스의 첫 번째 전망대는 접근성이 좋지만 길을 막아두어 갈 수 없다는 후기가 많다. 이에 차선책으로 선택할 만한 곳이 구글 맵에서 한글로 '누에보 다리 감상 포인트'라고 검색하면 나오는 두 번째 전망대이다. 이곳도 본래는 첫 번째 전망대에서 5분만 더 가면 나오는 곳이었는데 길이 막혀버리는 바람에 빙 둘러서 큰길을 통해야만 갈 수 있다. 누에보 다리에서 바르 산체스Bar Sánchez를 향해 걷다가 바르가 나오면 오른쪽으로 꺾어서 간다. 구글 맵에서 안내하는 대로 가면 길이 막혀 있으니 반드시 바르 산체스를 거쳐서 가도록 한다. 누에보 다리에서 출발해 왕복 1시간 정도 걸리지만 꼭 가볼 만한 곳이다. 길이 항상 폐쇄되어 있는 것은 아니므로 먼저 첫 번째 전망대로 가는 마리아 아욱실리아도라 광장을 들렀다가 막혀 있을 경우 두 번째 전망대로 이동한다.

• 마리아 아욱실리아도라 광장 부근이 막혀 있지 않을 때
첫 번째 전망대 Mirador Puente Nuevo de Ronda
주소 Calle Tenorio, 20

• 마리아 아욱실리아도라 광장 부근이 막혀 있을 때
두 번째 전망대 Ronda Bridge View Point
주소 Ctra. de los Molinos, 1955

02 위에서 누에보 다리 내려다보기

높이 98m의 다리 끝이 보일락 말락 하는 아찔함을 즐길 수 있는 전망대가 곳곳에 있다. 우선 다리를 지탱하는 두 암석 위에 전망을 감상하기 좋은 공간이 자리해 있다. 한쪽은 역대 국왕이 거주하던 성을 개조해 만든 국영 호텔 파라도르 데 론다Parador de Ronda이며, 다른 한쪽은 다리 교각으로 내려가기 전에 위치하는 알데우엘라 전망대Mirador de Aldehuela이다. 또 파라도르 데 론다 건너편 골목길로 들어가 돌아가면 나타나는 쿠엥카 정원Jardines De Cuenca도 다리를 감상하기 좋은 곳이다. 절벽 위에 집들이 옹기종기 붙어 있는 풍경을 구경하는 재미도 있다.

- **파라도르 데 론다 주소** Plaza España, s/n
- **알데우엘라 전망대 주소** Calle Armiñán, 1
- **쿠엥카 정원 주소** Calle Escolleras, 1

03 론다의 전원 풍경 즐기기

론다의 푸르른 전원 지대를 소망하기 좋은 전망대도 있다. 론다 투우장 주변의 알라메다 델 타호Alameda del Tajo와 세비야나 전망대Mirador de Ronda la Sevillana가 분위기도 좋고 아기자기한 매력이 있다.

- **알라메다 델 타호 주소** Paseo Blas Infante, 1
- **세비야나 전망대 주소** Ctra. de los Molinos, 1955

⓪② 론다 투우장

Real Maestranza de Caballería de Ronda

역사를 바꾼 투우장

투우장 앞에 있는 검은 소 동상이 눈에 보이면 발길을 멈출 것. 직경 66m에 6000석 규모의 하얗고 둥근 네오클래식 양식의 론다 투우장은 스페인에서 가장 오래된 투우장이다. 1785년에 개장한 이곳에서 매년 9월에 열리는 축제 때 한 번 투우 경기가 열린다. 이 투우장이 유명한 이유는 오늘날 투우 경기의 틀을 잡은 위대한 투우사들이 배출된 곳이기 때문이다. 소설가 헤밍웨이, 영화배우 겸 감독 오슨 웰스가 자주 투우 경기를 관람하러 왔으며, 화가 고야와 피카소가 론다의 투우를 배경으로 한 작품을 다수 남겨 이곳의 명성을 증명하고 있다. 내부에 있는 투우 박물관에서 그간 일어난 많은 일에 관한 사연을 살펴볼 수 있다.

가는 방법 누에보 다리에서 도보 4분 **주소** Calle Virgen de la Paz, 15
문의 952 87 41 32 **운영** 3 · 10월 10:00~19:00, 4~9월 10:00~20:00, 11~2월 10:00~18:00 **휴무** 9월 축제일
요금 일반 €9, 오디오 가이드 포함 €10.50 **홈페이지** www.rmcr.org

TRAVEL TALK

론다를 빛낸 투우사

론다에서 투우사를 배출한 가문으로는 로메로 가문과 오르도네스 가문이 유명합니다. 특히 로메로 가문의 프란시스코는 6000여 마리의 황소와 대결해 전승을 거뒀다는 투우사입니다. 그는 황소를 흥분시키는 도구인 붉은 천 물레타Muleta를 고안했으며, 절도 있는 몸동작을 확립해 근대 투우의 창시자라 불리지요. 어느 날 말을 타고 하는 기마 투우를 즐기던 귀족이 말에서 떨어졌는데, 이때 로메로가 붉은 천으로 소를 유인해 귀족을 위험에서 구해내 군중의 박수갈채를 받았다는 전설적인 이야기도 전해져옵니다. 로메오 가문은 그의 아들 후안, 손자 페드로까지 3대가 이어온 위대한 투우사 가문으로 여전히 회자되고 있답니다.

③ 무어 왕의 저택
La Casa Del Rey Moro

저택 속에 감춰진 뜻밖의 명소

물을 구하기 위해 만든 우물 같은 곳이 관광 명소로 주목받고 있다. 14세기 이슬람 통치 시절 적의 공격에 대비해 미리 물을 확보할 목적으로 만들었으나 이후 이곳에 귀족의 저택을 짓게 되자 생활용수로 용도가 바뀌었다. 200개 정도의 계단을 힘겹게 내려가면 신비로운 분위기를 자아내는 누에보 다리 아래 과달레빈강 가에 도달한다.

가는 방법 누에보 다리에서 도보 2분
주소 Calle Cuesta de Santo Domingo, 9 **문의** 617 61 08 08
운영 3~9월 10:00~21:30, 10~4월 10:00~20:00 **휴무** 부정기
요금 일반 €10, 12세 이하 €3
※무료 영어 오디오 가이드(안드로이드폰 한정 'Casa del Rey Moro')
홈페이지 casadelreymoro.org

④ 아랍 목욕탕
Baños Arabes

말발굽 아치가 인상적인 목욕탕

이슬람교도가 안달루시아 지방에 정착한 8세기부터 1485년까지 론다는 기독교도의 손이 닿지 않은 곳이다. 이슬람교도들은 800년의 긴 세월 동안 통치하면서 다양한 흔적을 남겼는데, 전통적인 아랍식 공중목욕탕도 그중 하나다. 자연 채광을 위해 천장에 별 모양의 구멍을 내서 실내가 어둡지 않다. 이슬람교도들은 목욕탕에서 오랜 시간을 보내며 몸을 정화하는 전통이 있었다.

가는 방법 무어 왕의 저택에서 도보 5분 **주소** Calle Molino de Alarcón, s/n
문의 656 95 09 37 **운영** 화~금요일 09:30~19:00, 월 · 토요일 10:00~14:00, 15:00~18:00 일요일 · 공휴일 10:00~15:00
※화요일 15:00~17:30 무료 입장
휴무 1/1, 1/6, 12/24~25, 12/31
요금 일반 €4.50, 26세 이하 학생 €3, 14세 이하 무료

⑤ 몬드라곤 궁전
Palacio de Mondragón

이슬람 건축의 진수

아랍 목욕탕과 함께 둘러보면 좋은 아랍식 건축물. 14세기 무어인이 세운 궁전으로 기둥과 아치, 벽면 등 궁전 내부 장식과 중정 형태까지 당시 유행한 전형적인 무데하르 양식으로 건축했다. 국토회복운동으로 1485년 론다를 정복한 후 페르난도 2세 왕과 이사벨 1세 여왕이 머물기도 했다. 2층 테라스에서 론다 전경을 조망하는 것도 잊지 말자.

가는 방법 아랍 목욕탕에서 도보 11분
주소 Plaza Mondragón, s/n
문의 952 87 08 18
운영 화~금요일 09:30~19:00, 월 · 토요일 10:00~14:00, 15:00~18:00, 일요일 · 공휴일 10:00~15:00
휴무 1/1, 1/6, 12/25 **요금** 일반 €4, 26세 이하 학생 €3
홈페이지 www.museoderonda.es

SPECIAL THEME

예술가가 사랑한 도시

론다에서 그들의 흔적 찾아보기

알렉상드르 뒤마, 호르헤 루이스 보르헤스, 제임스 조이스, 마돈나 등 세계 각국의 수많은 유명 인사가 매혹되었다는 론다. 절벽 위에 건물이 늘어선 산책로 풍경은 너무나도 환상적이라 그 어느 전망대보다 많은 이야기가 전해진다. 이 길을 걷고 있으면 누구라도 시인이 되고 화가가 되고 가수가 될 것만 같다. 걸어본 자만이 느낄 수 있고, 알 수 있는 그곳으로 떠나보자.

#꿈의 도시는 바로 론다
라이너 마리아 릴케 *Rainer Maria Rilke*

"이 도시는 좁고 깊은 협곡에 의해 갈라진 2개의 암석 위에 세워져 있어 꿈에서나 볼 법한 도시 이미지와 매우 닮아 있다. 도시의 광경은 말로 표현하기 어렵다. 주변에는 넓은 계곡과 함께 올리브 과수원과 호랑가시나무, 밭이 있고, 저 멀리 맑은 산이 도시를 감싸듯 우뚝 솟아 훌륭한 배경이 되어주고 있다."

론다를 방문한 릴케의 소감이다. 사진으로라도 론다의 풍경을 본 사람이라면 지형적 특색을 잘 표현했음을 알 수 있다. 릴케는 정신적인 아픔을 겪어 일에 몰두하기 어려웠던 1912년 어느 날 시적 영감을 얻고자 스페인으로 '고통의 순례'를 떠난다. 차가운 공기와 소외감만 안겨다 주는 톨레도에 실망감을 느끼고 다른 곳으로 이동하던 중 우연히 들른 론다에서 마침내 꿈에 그리던 이상의 도시를 발견하게 된다. 릴케가 로냉에게 보낸 편지를 통해 그가 느낀 론다의 진정한 가치를 알 수 있다.
"나는 꿈의 도시를 찾아다녔다. 그리고 마침내 론다에서 그곳을 찾았다."

#연인과의 로맨틱한 시간을 위하여

어니스트 헤밍웨이 *Ernest Miller Hemingway*

"론다는 신혼여행으로, 또는 연인과 로맨틱한 시간을 보내기에 가장 좋은 곳이다. 도시 전경과 주변 환경은 하나의 낭만적인 세트와도 같다. 멋진 산책로, 맛 좋은 와인, 훌륭한 음식 그리고 딱히 할 일이 없다는 점."

스페인 내전을 배경으로 한 소설《누구를 위하여 종은 울리나》를 쓴 미국 작가로 평소 론다에 대한 애정이 깊었던 헤밍웨이는 론다에 대해 위와 같이 표현했다. 그가 말했듯 아름다운 누에보 다리의 경치를 감상하며 도시를 산책하듯 둘러보는 것 외에는 특별히 할 일이 없어 보이지만, 둘만의 시간을 가지기에는 이보다 좋은 곳도 없다. 론다는 그들의 심장 박동 수를 더욱 고조시킬 훌륭한 장치가 되어줄 것이다.

여름휴가지로 자주 방문해 집필 활동을 했던 헤밍웨이를 기념하고자 론다 파라도르Parador de Ronda 뒷길을 '헤밍웨이의 산책길Paseo de E Hemingway'로 지정했으니 놓치지 마세요.

#내 영혼의 안식처는 바로 이곳

오슨 웰스 *Orson Welles*

"인간은 태어난 곳은 고를 수 없지만 죽는 곳은 선택할 수 있다."

영화사에 길이 남을 작품으로 거론되는 〈시민 케인〉의 주연 겸 제작을 맡은 미국의 오슨 웰스는 위와 같은 말을 하고 죽은 후 영혼의 안식처로 론다를 택했다. 그의 유골은 오랜 친구이자 위대한 투우사 안토니오 오르도녜스Antonio Ordóñez의 소유지에 뿌려져 영원히 론다에 잠들어 있다.

론다 투우장 뒤에는 론다와 투우를 사랑했던 그를 기리는 '오슨 웰스의 길Paseo de Orson Welles'도 있어요.

론다 맛집

론다의 대표적인 향토 요리는 소꼬리, 이베리코 돼지, 메추리, 토끼 등의 고기로 만든 찜 요리다. 시내 대부분의 유명 음식점은 찜 요리를 비롯해 스페인 전통 음식을 전문으로 하며 맛과 서비스를 내걸고 손님을 적극 유치한다.

라스 마라비야스
Las Maravillas

위치 론다 투우장 주변
유형 대표 맛집
주메뉴 스페인 요리

☺→ 한국어 메뉴판과 무료 와이파이 제공
☹→ 소꼬리찜이 느끼할 수 있다.

TV 프로그램에 등장해 한국 시청자들에게 알려지기 전부터 현지에서 꽤나 유명한 음식점이다. 론다의 전통 요리인 소꼬리찜Rabo de Toro Estofado a la Rondeña은 야들야들한 육질과 갈비찜과 비슷한 양념이 절묘한 조화를 이뤄 우리 입맛에 잘 맞는다. 타파스도 함께 주문해 먹으면 더욱 풍성하게 즐길 수 있다.

가는 방법 론다 투우장에서 도보 1분
주소 Carrera Espinel, 10 **문의** 000 21 94 02
영업 11:30~23:30 **휴무** 부정기
예산 소꼬리찜 €19.50
홈페이지 www.lasmaravillasronda.com

레스테우란테 카사 루시아노
Restaurante Casa Luciano

위치 누에보 다리 주변
유형 로컬 맛집
주메뉴 스페인 요리

☺→ 합리적인 가격으로 점심 식사
☹→ 일요일에는 문을 닫는다.

질 좋은 재료를 사용해 성성스럽게 만든 요리로 론다 현지인은 물론이고 여행자에게도 호평을 얻고 있는 음식점. 매일 다른 음식을 선보이는 점심 한 정 메뉴 메누 델 디아는 메인 요리 두 가지와 빵, 디저트, 음료 모두 포함해 €15라는 합리적인 가격에 즐길 수 있는 미니 코스 요리이다. 워낙 인기가 많은 곳이라 11~12시 사이에 방문하는 것이 좋다.

가는 방법 누에보 다리에서 도보 5분
주소 Calle Armiñan, 42
문의 952 87 04 28 **영업** 월~금요일 09:00~17:00, 토요일 12:00~17:00 **휴무** 일요일
예산 메뉴 델 디아 €15

Another Trip

세계에서 가장 위험한 길을 걷다

왕의 오솔길

한때는 세계에서 가장 위험하다고 치부되었지만 보수 공사를 거쳐 하이킹 코스로 재탄생한 왕의 오솔길Caminito del Rey. 2015년 재개장 후 순식간에 인기 여행지로 급부상했다. 관광 명소를 위주로 한 일정에 단조로움이 느껴진다면 이곳을 방문해 신선함과 시원 상쾌함을 만끽해보자.

트레킹 코스

본래 수력발전소 댐을 유지하기 위해 만든 길이었으나 1921년 스페인 국왕 알폰소 13세가 이곳을 방문한 것을 계기로 '왕의 오솔길'이라는 이름이 붙었다. 이후 방치된 채 반은 붕괴된 상태로 절벽에 매달려 있어 암벽 등반가 사이에서 '세계에서 가장 위험한 길'이라 불리게 되었다. 이러한 수식어가 탐험가들을 이곳으로 불러들였는데 불행히도 사망 사고가 잦아 결국 잠정 폐쇄하기에 이르렀다. 그러다 2015년 오랜 정비 끝에 다시 개장한 이후 인기 여행지로 급부상했다. 총 8km에 달하는 트레킹 코스 중에서 5km는 주차장부터 산책로 초입까지의 길이고 오솔길이라 불리는 정식 산책로는 약 2.9km로 일반 성인 걸음으로 4~5시간 정도 걸린다. 사진상으로는 오금이 저리는 아슬아슬한 외줄 타기처럼 보이지만 실제로는 잘 정비된 길을 걸으며 주변 경관을 감상할 수 있다. 자연적으로 형성된 낭떠러지와 협곡 사이를 걸으며 안정된 스릴을 즐길 수 있는 곳이다.

TIP

반드시 홈페이지에서 미리 예약하고 방문해야 한다(약 2개월 전부터 개시). 일반 코스와 가이드 투어 코스 두 종류가 있다. 트레킹 시 헬멧을 착용하고, 앞사람을 추월하지 않고 어느 정도 거리를 유지하며 걷도록 한다. 코스 중간에 화장실과 매점이 없으니 출발 전에 꼭 들를 것. 또 휴지통이 없으므로 쓰레기는 각자 가지고 돌아가야 한다. 바람이 강한 날은 일정이 취소된다.

가는 방법 말라가, 세비야에서 엘 초로El Chorro역으로 가는 직행열차를 운행한다. 단, 말라가는 마리아 삼브라노역Vialia Estación María Zambrano, 세비야는 산타후스타역Estación de Sevilla-Santa Justa에서 타야 직행열차를 탈 수 있다. 엘 초로역에서 왕의 오솔길까지 가는 버스와 입장료가 포함된 티켓을 판매한다.
주소 El Caminito del Rey, 29550 Ardales **문의** 952 45 81 45 **운영** 08:00~17:00 **휴무** 월요일, 1/1, 12/24~25
요금 일반 €10, 가이드 투어(영어 · 스페인어) €18, 셔틀버스 €2.50, 주차비 €2
홈페이지 www.caminitodelrey.info/en

왕의 오솔길-주요 도시 간 열차 운행 정보

출발지	열차 종류	운행 횟수(1일)	소요 시간	요금
말라가	MD	4편	39~46분	€7~
세비야	MD	3편	4시간	€21~

※중장거리 일반 열차 MD

FOLLOW

GRANADA

그라나다

'눈 덮인 산맥'이란 뜻의 시에라네바다산맥에서 뻗어나온 평원에 위치하는 고도, 그라나다. 이슬람 세력의 본거지였던 코르도바와 세비야가 가톨릭 세력의 국토회복운동으로 함락되자 아랍계 나스르족 출신의 무함마드 1세가 이곳을 수도로 정하고 나스르 왕조를 세웠다. 800년간 독자적인 문화를 꽃피우며 그라나다의 정신적 바탕을 이룬 이들은 1492년 카스티야 왕국에 점령되기까지 사비카 언덕에 자리한 알람브라 궁전을 비롯해 도시 곳곳에 훌륭한 문화유산을 남겼다. 무어인의 삶의 자취가 오롯이 남아 있는 알바이신 지구, 박해당한 집시들의 터전 사크로몬테 지구 등 이국의 정취에 한없이 빠지게 되는 풍경은 스페인 반환 후 유입된 가톨릭 문화와 함께 도시를 조화롭게 수놓고 있다.

그라나다 들어가기

그라나다는 세계적인 인기 관광 명소가 위치한 덕에 교통망이 잘 구축되어 있다. 스페인의 일부 도시를 제외하고 각 도시에서 비행기, 버스, 열차가 그라나다를 연결해 이동이 어렵지 않다. 또 대중교통이 발달해 공항, 버스 터미널, 기차역에서 시내 중심가까지 저렴하게 이동할 수 있다.

비행기

주소 Ctra. de Málaga, 18329 Chauchina
홈페이지 www.aena.es/en/f.g.l.-granada-jaen.html

우리나라에서 그라나다로 가는 직항편은 없다. 마드리드나 바르셀로나를 통해 입국해 저가 항공으로 이동해야 한다. 마드리드, 바르셀로나, 빌바오, 발렌시아, 마요르카섬, 산티아고데콤포스텔라 등 스페인의 각 도시와 연결하는 항공편은 이베리아항공, 부엘링항공, 볼로테아, 라이언에어 등 유럽계 저가 항공사에서 운항한다. 리스본, 포르투, 파리, 빈, 취리히, 프라하 등 유럽 주요 도시와도 직항편을 운항해 이동이 편리하다. 그라나다 출신이자 스페인이 사랑하는 극작가 페데리코 가르시아 로르카의 이름을 딴 페데리코 가르시아 로르카 그라나다-하엔 공항Federico García Lorca Granada-Jaén Airport(GRX)은 그라나다 시내에서 서쪽으로 약 18km 떨어진 곳에 있다. 터미널은 1개이며 규모는 작은 편이다.

공항에서 시내로 이동하기

그라나다 공항에서 그라나다 대성당 부근까지는 알사ALSA가 운행하는 공항버스나 택시를 이용한다. 공항버스는 그라나다 버스 터미널을 거쳐 그란 비아 데 콜론 대로Calle Gran Vía de Colón까지 운행하며 45분 정도 걸린다. 비행기 도착 시간에 맞춰 공항 밖 버스 정류장에 버스가 정차해 있다. 보통 1시간에 1대꼴로 운행하는데 서둘러 가지 않으면 만석이 되어 다음 버스를 타야 한다. 버스 티켓은 온라인으로 미리 구입 가능하나 수수료(€0.99)가 붙으니 승차 시 현금으로 내는 걸 추천한다. 택시는 시내 중심부까지 약 20분 소요되고 비용은 €25~35 정도 나오며 수말이나 밤 10시 이후에는 할증이 붙는다.

TIP

알사 버스 홈페이지에서 공항-시내 사이를 운행하는 공항버스의 승하차 정류장 위치를 확인할 수 있다.

• 공항버스
운행 06:00~22:30(비행기 도착 시간에 맞춰 운행)
요금 €3 **소요 시간** 45분 **홈페이지** www.alsa.com

버스

세비야, 말라가, 코르도바 등 안달루시아 지방의 주요 도시에서 그라나다로 갈 때 열차보다 시간은 조금 더 걸리지만 요금이 훨씬 저렴한 버스를 이용하는 것이 좋다. 단, 론다에서는 직행버스가 없어 열차로 이동하는 게 더 편하다. 티켓은 미리 예매할수록 저렴한데 가끔 터무니없이 저렴한 가격의 티켓이 나오기도 한다. 그라나다 버스 터미널Estación Autobuses Granada에서 시내 중심부까지는 버스로 15~20분 걸린다. 터미널 1층에 매표소와 티켓 자동 발매기가 있으며 지하 1층에는 승하차장과 작은 카페테리아, 코인 로커, 화장실 등이 있다. 터미널에서 시내 중심부까지는 터미널 앞 버스 정류장에서 33번 또는 터미널 정문 오른쪽에 위치한 버스 정류장에서 21번 버스를 탄다.

주소 Barrio Plan Parcial 24, 1
홈페이지 www.granadadirect.com/transporte/estacion-autobuses-granada

그라나다-주요 도시 간 버스 운행 정보

도시	운행 회사	운행 편수(1일)	소요 시간	요금(편도)
세비야	ALSA	7편	3시간	€25~
말라가	ALSA	10편 이상	1시간 30분~2시간	€13~
코르도바	ALSA	8편	3~4시간	€8.55~
마드리드	ALSA	20편 이상	4시간 30분~5시간	€20~
바르셀로나	ALSA	10편 이상	7시간 35분~8시간 5분	€11~

열차

2019년 6월 마드리드, 바르셀로나와 그라나다 구간을 연결하는 초고속 열차 AVE가 개통하면서 여행자의 장거리 이동에 선택지가 하나 더 늘었다. 안달루시아 지방 주변 도시는 말라가와 론다를 제외하고 대부분 그라나다와 연결되는 직행열차를 운행한다. 말라가에서는 고속 열차 AVANT나 일반 열차 LD를, 론다에서는 일반 열차 MD를 타고 가다가 안테케라Antequera역에서 AVE나 AVANT로 갈아탄다. 세비야에서는 산타후스타역Estación de Sevilla-Santa Justa에서만 직행열차를 탈 수 있다. 시내 중심에 있는 그라나다 대성당은 그라나다역Estación de Granada에서 약 1.5km 떨어져 있어 도보로 20분 정도면 갈 수 있다. 걷기에 부담스럽다면 그라나다역 맞은편 버스 정류장에서 4 · 11번 시내버스를 탄다. 티켓은 버스 정류장에 있는 자동 발매기에서 구입한다.

그라나다역 주소 Av. de Andaluces, 20 **홈페이지** www.renfe.com
버스 정류장 주소 Avda. Constitución 27 - Estación Ferrocarril

그라나다-주요 도시 간 열차 운행 정보

도시	운행 회사	운행 편수(1일)	소요 시간	요금(편도)
세비야	AVANT	4편	[illegible]	[illegible]
말라가	AVANT · LD-AVE	1~2편	1시간 8분	€24~
코르도바	AVE · AVANT	8편	1시간 40분~2시간	€26~
마드리드	AVE	3편	3시간 25분	€60~
바르셀로나	AVE · iryo · OUIGO	10편 이상	2시간 30분~3시간 15분	€15~

※초고속 열차 AVE · iryo · OUIGO, 고속 열차 AVANT

그라나다 시내 교통

알람브라 궁전, 알바이신, 사크로몬테 등 언덕 위에 자리한 관광 명소를 비롯해 버스 터미널, 기차역은 시내 중심가와 다소 거리가 떨어져 있지만 대중교통 수단이 잘 갖춰져 있어 이동하는 데 불편함이 없다. 충전식 교통카드 크레디부스를 이용하면 더욱 저렴하게 여행을 즐길 수 있다.

시내버스
Bus

그라나다 시민의 발이 되어주는 교통수단. 여행자는 보통 버스 터미널이나 기차역에서 그라나다 시내 중심으로 이동할 때 이용한다. 버스 정류장에 있는 자동 발매기에서 1회권 티켓이나 충전식 교통카드를 구입한다. 발매기가 없는 정류장의 경우에는 승차 시 운전기사에게 직접 구입한다. 1회권은 종이 영수증처럼 생겼는데, 승차할 때 하단의 바코드를 단말기에 태그하면 된다. 60분 이내는 무료 환승이 가능해 다음 버스 승차 시 사용한 1회권을 운전기사에게 보여주거나 단말기에 교통카드를 태그하면 무료 환승 처리된다. 검표원이 수시로 검문하는데 티켓이 없으면 벌금을 부과하니 티켓을 잘 소지하고 있어야 한다. 그라나다 대성당 앞 대로변인 그란 비아 데 콜론 거리에 주요 버스 정류장이 모여 있다.

주의 승차 시 현금을 낼 때 소액권 지폐나 동전만 받으니 미리 잔돈을 준비할 것 **운행** 06:00~24:00, 심야(토요일 · 공휴일만 운행) 00:00~06:00
요금 1회권 €1.40, 크레디부스 €0.42~0.44(카드 보증금 별도 €2)
홈페이지 siu.ctagr.es

TIP

그라나다의 교통카드 크레디부스Credibus
그라나다에서 버스 승차 시 이용하는 충전식 교통카드. 이 카드를 사용하면 버스를 탈 때마다 티켓을 사야 하는 번거로움이 없다. 그뿐 아니라 한 장으로 여러 명이 사용할 수 있고, 현금으로 내는 것보다 요금이 할인되며, 시내버스와 알람브라 버스 이용 시 60분 내 무료 환승이 가능해 대중교통을 많이 이용하는 경우에는 여러모로 유용하다. €5, €10, €20 단위로 충전이 가능한데 충전 금액마다 할인율이 다르니 몇 번 이용할지 잘 따져보고 충전하는 것이 좋다. 자동 발매기나 운전기사에게 카드를 구입하고, 반납할 때는 운전기사에게 카드를 주면 보증금을 돌려준다.

주의 카드 반납 시 보증금만 돌려주고, 남은 충전액은 돌려주지 않는다.
요금 €5 충전 1회 €0.44(11회 이용 가능), €10 충전 1회 €0.43(23회 이용 가능), €20 충전 1회 €0.42(49회 이용 가능) / 카드 보증금 €2

알람브라 버스
Alhambra Bus

여행자들이 시내버스보다 자주 이용하는 교통수단. 우리나라의 마을버스와 비슷한 크기의 아담한 버스가 그라나다의 경사지고 좁은 길을 자유자재로 오간다. 시내 중심가에서 알람브라 궁전(C30 · C32번), 사크로몬테 지구(C34번), 알바이신 지구(C32 · C31번) 등 언덕 위의 관광 명소까지 편하게 갈 수 있다. C30 · C32번은 이사벨 라 카톨리카 광장Plaza Isabel La Catolica에서, C31 · C34번은 누에바 광장Plaza Nueva에서 출발한다. 시내버스와 마찬가지로 1회권이나 교통카드로 탑승 가능하며 현금 지불 방식도 동일하다.

주의 배차 간격이 15~20분으로 다소 긴 편이다. **운행** 07:00~23:00
요금 1회권 €1.40, 크레디부스 €0.42~0.44(카드 보증금 별도 €2)

그라나다 시티 투어 버스
Granada City Tour Bus

차체 3대가 연결된 작은 열차 모양의 시티 투어 버스를 잘 활용하면 주요 관광 명소를 효율적으로 둘러볼 수 있다. 알람브라 궁전, 누에바 광장, 산크리스토발 전망대, 카르투하 수도원 등 관광 명소 부근에 정류장이 있으며, 1일권을 구입하면 하루에 무제한으로 승하차가 가능하다. 버스 내 한국어 오디오 가이드를 제공하며, 무료 워킹 투어도 지원하니 최대한 활용해보자. 티켓은 홈페이지에서 구입 가능하다. 시내버스와 알람브라 버스 1회권이나 교통카드는 사용할 수 없다.

● 주요 노선(주요 관광 명소)
01 Alhambra(알람브라) → 03 Plaza Nueva(누에바 광장)* → 05 Mirador de San Cristóbal / Albayzin(산크리스토발 전망대)* → 06 Monasterio de la Cartuja(카르투하 수도원)* → 08 Catedral / Plaza Romanilla(그라나다 대성당)* → 10 El Corte Inglés(엘 코르테 잉글레스 백화점)* → 12 Hotel Alhambra Palace(알람브라 궁전 호텔) * 표시는 야간에도 운행하는 정류장

주의 야간 노선에는 알람브라 궁전이 빠져 있다. **운행** 09:30~19:30
요금 1회권 일반 €6.80, 65세 이상 €2.25 / 1일권 일반 €9.10, 65세 이상 €4.55 / 2일권 일반 €13.65, 65세 이상 €6.80 ※8세 이하 무료
홈페이지 granada.city-tour.com/en

택시
Taxi

울퉁불퉁한 돌길과 오르막길이 많은 그라나다 도보 여행은 생각보다 쉽지 않다. 특히 더운 여름에는 걷다가 체력이 바닥날 수 있다. 배차 간격이 다소 긴 버스를 놓쳐 하염없이 기다리는 것도 여행자에게 큰 불편을 준다. 그럴 땐 택시가 최선의 방법이다. 그라나다의 일반 택시 요금은 요일과 시간에 따라 달라지니 이를 고려해 이용할 것. 또 모바일 차량 배차 서비스 우버가 일반 택시보다 저렴하다.

주의 캐리어 개당 €0.52, 버스 터미널과 기차역 출발 시 €0.51 추가
요금 기본요금 €1.60, km당 €0.99, 최소 요금 €4.25

Granada **Best Course**

그라나다 추천 코스

일정별 코스

그라나다의 하이라이트로 꽉 채운 1박 2일

이슬람 문화의 결정체인 알람브라 궁전. 그라나다를 설명하면서 이보다 더 강렬한 수식어는 없을 것이다. 이 말인즉슨 그라나다 여행은 알람브라 궁전이 다라고 보면 된다는 뜻. 하루는 알람브라 궁전 관람에 투자하고 나머지는 다양한 문화가 서려 있는 명소를 차근차근 둘러보자.

TRAVEL POINT

- **이런 사람 팔로우!** 알람브라 궁전을 가보고 싶다면, 이슬람 예술에 관심이 많다면
- **여행 적정 일수** 1박 2일
- **주요 교통수단** 도보와 버스
- **여행 준비물과 팁** 구불구불한 언덕길을 대비한 발이 편한 운동화
- **사전 예약 필수** 알람브라 궁전

TRAVEL TALK

붉은 과일 석류가 그라나다에서 어떤 의미일까요?

'그라나다'는 스페인어로 붉은 빛깔의 과일인 석류를 의미해요. 그라나다 곳곳에서 석류를 모티브로 한 조형물이나 간판을 볼 수 있지요. 좀처럼 함락되지 않는 이슬람 세력이 껍질이 단단한 석류와 비슷하다고 하여 '그라나다'라는 지명이 붙었다고 합니다. 철통 같았던 왕국이 가톨릭 세력으로 인해 석류가 입을 연 듯 무너져 내리고 말았으니 어찌 보면 찰떡 같은 비유라 할 수 있겠네요.

DAY 1

그라나다 문화 · 예술이 꽃핀 장소를 찾아서!

소요 시간 7시간

예상 경비
입장료 €11 + 교통비 €2.80 + 플라멩코 공연 €20 + 식비 €40 = Total €73.80~

점심 식사는 어디서 할까?
이사벨 라 카톨리카 광장 주변 식당에서

기억할 것 사크로몬테 수도원은 방문 전 온라인을 통해 투어를 예약해야 한다.

누에바 광장
P.291

도보 1분

이사벨 라 카톨리카 광장
P.291

도보 3분

점심 식사
추천 바르 로스 디아만테스
P.294

버스 18분

사크로몬테 수도원
P.282

버스 10분

사크로몬테 쿠에바 박물관
P.283

도보 5분

사크로몬테 전망대
P.283

도보 5분

저녁 식사
추천 동굴 플라멩코

DAY 2

최고의 아랍 건축물과 아름다운 전망을 동시에!

소요 시간 10시간

예상 경비
입장료 €25.09 + 식비 €25~ = Total €50.09~

[illegible]
알바이신 지구의 식당에서

기억할 것 알람브라 궁전은 미리 예약하지 않으면 입장권 구하기가 어렵다.

알람브라 궁전
P.263

도보 15분

점심 식사
추천 예루살렘 레스토랑
P.296

도보 15분

산니콜라스 전망대
P.284

도보 10분

칼데레리아 누에바 거리
P.287

도보 3분

그라나다 대성당
P.289

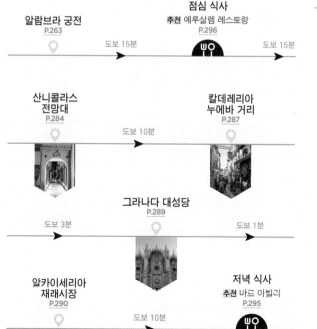

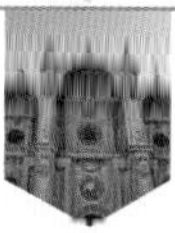

도보 1분

알카이세리아 재래시장
P.290

도보 10분

저녁 식사
추천 바르 아빌라
P.295

알람브라 궁전 주변

그라나다의 뿌리가 집중된 언덕 마을

이슬람 색채가 강렬한 하얀 마을 알바이신Albaicin 지구와 떠돌이 집시의 터전이었던 동굴 마을 사크로몬테Sacromonte는 그라나다를 더욱 이국적이면서 독특한 도시로 만들어준다. 높은 언덕에 자리해 버스나 택시를 타고 올라가야 하지만 그만큼 한눈에 펼쳐진 시내 전망을 즐기기에도 좋다. 그라나다를 대표하는 볼거리인 알람브라 궁전은 더 이상의 설명이 필요 없을 만큼 이곳을 가야 할 명분으로 충분하다.

(01)

알람브라 궁전

Alhambra

추천

무어인의 눈물로 조각한 보석

이베리아반도를 지배한 이슬람 세력의 역사와 깊이 관련된 스페인 이슬람 예술의 집약체이자 이슬람 건축의 꽃으로 불리는 최고 걸작. 아랍어로 '붉은 성'을 의미하는 알람브라는 적철이 함유된 벽돌로 지은 알카사바가 붉은색으로 보이는 데에서 이름 붙었다는 설이 있다.

알람브라 궁전은 크게 네 구역으로 나뉜다. 왕의 거주지인 나스르 궁전, 원형경기장이 숨어 있는 카를로스 5세 궁전, 군사 요새인 알카사바, 여름 별장인 헤네랄리페이다. 하나씩 차근차근 둘러보면 한 치도 어긋남이 없는 기하학 문양의 정교함과 세밀함에 탄성이 절로 나온다. 사자의 궁 테라스와 알카사바 벨라 탑 위에서 보는 그라나다 시내와 알바이신 언덕의 전망은 또 어떤가. 말로써 더 이상 표현할 수 없는 경지를 눈으로 직접 확인해보자.

지도 P.262 **가는 방법** 알람브라 버스 C30 · C32번 Alhambra 정류장에서 도보 1분(정문 기준) **주소** Camino Viejo del Cementerio **문의** 958 22 77 52 **운영** 4/1~10/14 08:30~20:00, 10/15~3/31 08:30~18:00 ※매표소는 08:00 오픈 **휴무** 1/1, 12/25 **홈페이지** tickets.alhambra-patronato.es/en

• 알람브라 궁전 입장권 종류와 요금

입장권 종류	입장 가능 구역	요금
GENERAL DAY VISIT	알람브라 궁전 모든 구역	€19.09
[illegible]	정원, 헤네랄리페, 알카사바	€10.61
NASRID PALACES NIGHT VISIT	나스르 궁전 야간 입장	[illegible]
GARDENS NIGHT VISIT	정원, 헤네랄리페 야간 입장	€7.42
ALHAMBRA EXPERIENCES VISIT	나스르 궁전 야간 입장, 헤네랄리페와 알카사바 다음 날 입장	€19.09
DOBLA DE ORO GENERAL	알람브라 궁전 모든 구역과 기타 유적지	€27.30
RODRIGUEZ-ACOSTA FOUNDATION	알람브라 궁전 모든 구역과 로드리게스 아코스타 재단 견학	€16

FOLLOW UP

알람브라 궁전 방문 전에 **이것만은 꼭 알아두자!**

알람브라 궁전은 워낙 규모가 커서 입장권 종류도 많고, 역사를 많이 알수록 관람에 도움이 된다. 관람하기 전 알아두면 좋은 정보를 간단히 소개한다.

입장권 예매 방법

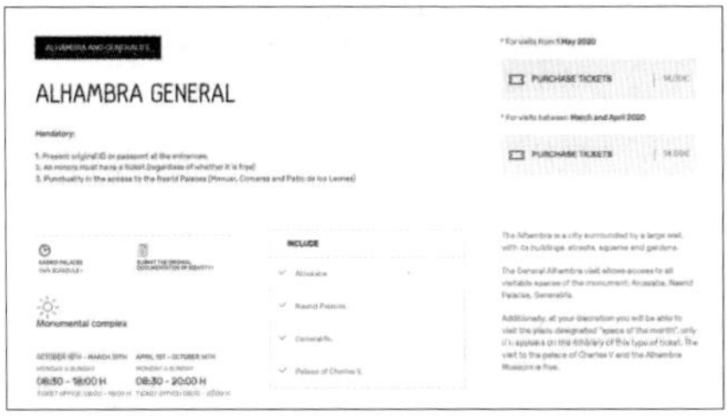

❗ 중요
온라인으로 예약한 티켓에 QR코드가 없으면 여행 당일 반드시 예약 내역을 인쇄한 종이와 여권을 지참하고 정문 매표소에서 본인 확인 후 정식 티켓으로 교환해야 입장할 수 있다. 사전에 QR코드로 된 티켓을 받고 싶을 경우 공식 홈페이지 채팅창을 통해 요청하면 이메일로 보내준다. 연령 할인이 적용된 티켓은 현장에서 본인 확인이 필요하므로 QR코드가 없는 티켓으로만 전송해준다. 따라서 당사자는 관람 당일에 반드시 신분증을 지참해야 한다. 관람 도중에도 티켓이 있어야만 입장이 가능한 구역이 있기 때문에 QR코드 티켓 소지자는 인터넷이 안 되는 상황에 대비해 꼭 저장해두자.

① 공식 홈페이지

인터넷 예매는 3~6개월 전부터 가능한데, 여행 일정이 확정되면 가장 먼저 처리해야 하는 절차다. 혼잡을 막고자 매 시간마다 입장 인원수를 제한하기 때문에 공휴일이나 여행 성수기에는 미리 예약하지 않으면 낭패를 보기 십상이다. 특히 나스르 궁전은 30분 단위로 300명씩 입장 인원을 제한하고 예매 시 한번 정한 관람 시각을 바꿀 수 없기 때문에 일정을 확정한 뒤 예약해야 한다. 예약 사이트는 영어를 지원해 어렵지 않게 예매할 수 있는데, 먼저 회원 등록을 한 다음 티켓 종류, 인원수, 날짜와 시간을 선택하고 결제하면 예약이 완료된다. 예약을 완료하면 등록된 이메일로 티켓을 대체할 수 있는 QR코드나 일반 예약 확인 메일이 전송된다. 취소는 불가하나 이름 변경은 방문 하루 전까지 가능하다. 스페인 시간으로 매일 자정에 다른 사람이 취소한 티켓을 판매해 예매가 가능하니 수시로 사이트를 확인해 마지막까지 희망을 걸어보자.

② 그라나다 카드 Granada Card

입장권이 모두 매진되었을 때 차선책이 될 수 있다. 알람브라 궁전, 그라나다 대성당, 왕실 예배당, 사크로몬테 수도원, 산헤로니모 수도원, 카르투하 수도원 등 12개 관광 명소 입장권, 대중교통 9회 승차권, 그라나다 시티 투어 버스 1회 승차권이 모두 포함된 카드이다. 24시간권, 48시간권, 72시간권 3종류가 있으나 24시간권은 알람브라 궁전의 모든 시설에 입장 가능한 것은 아니므로 구입 시 주의해야 한다. 그라나다 카드를 구매할 때 카드 개시일과 알람브라 궁전 입장일을 지정할 수 있으며, 예약 시 전송된 QR코드로 입장할 수 있다. 단, 대중교통 이용 시 필요한 교통카드는 그라나다 대성당 부근 버스 정류장에 있는 자동 발매기에서 바우처에 있는 코드를 입력한 후 별도로 발급받아야 한다.

요금 일반 48시간권 €49.06, 72시간권 €56.57, 2~11세 €12.59
홈페이지 granadatur.clorian.com

③ 현장 매표소

온라인으로 티켓을 구하지 못했을 경우 최후의 방법. 여행 당일 정문 매표소에서 소량의 티켓을 판매하는데, 아침 일찍부터 티켓을 구하기 위한 줄이 길게 늘어서 있으니 실패할 가능성을 염두에 두어야 한다. 미리 가서 줄을 서는 것밖에는 방법이 없으므로 자신이 없다면 여행사나 투어업체를 통한 가이드 투어를 신청하는 편이 나을 수도 있다.

④ 가이드 투어

온라인 예매에 실패한 뒤 현장에서 티켓을 구하지 못하는 위험을 피하고 싶다면 여행사나 업체를 통해 1일 가이드 투어를 신청하자. 이 경우 알람브라 궁전 티켓을 일괄 구매해준다. 또 아는 만큼 보인다는 말이 있다. 사전에 미리 관련 영상이나 책자를 보고 가면 좋겠지만 미처 준비하지 못하고 떠나온 여행자에게 가이드 투어는 유익한 시간을 안겨줄 수 있다. 그라나다 여행에서 알람브라 궁전은 필수 코스이기에 인기 투어업체는 조기 마감될 수도 있다.

TIP

오디오 가이드 대여

현장에서 궁전 내부를 소개하는 한국어 공식 오디오 가이드를 대여해준다. 대여소는 궁전 내 여러 곳에 있으며, 반드시 대여한 곳에서 반납해야 한다. 보증금은 신용카드로 결제한다.

대여소 위치 주간 : 정문, 헤네랄리페, 나스르 궁전, 알카사바, 카를로스 5세 궁전, 파르탈 궁전, 그 외 알람브라 궁전 경내 / **야간 :** 정문, 나스르 궁전, 카를로스 5세 궁전

요금 €6

동선 어떻게 짤까

궁전 내 동선은 입장한 문의 위치와 나스르 궁전 입장 시각에 따라 정하도록 한다.

! 중요

알람브라 궁전 입구는 매표소가 있는 '정문', 카를로스 5세 궁전으로 연결되는 '정의의 문', 파르탈 궁전 인근 '차량의 문' 총 세 곳이다. 스마트폰에 QR코드가 저장되어 있으면 어느 문으로도 자유롭게 입장이 가능하나 QR코드가 없으면 정문의 티켓 오피스까지 가서 티켓으로 교환해야만 입장할 수 있다.

• 시간 여유가 있는 경우

Course A : 헤네랄리페 → 알카사바 → 카를로스 5세 궁전 → 나스르 궁전 → 정문(오디오 가이드 있는 경우)

Course B : 헤네랄리페 → 카를로스 5세 궁전 → 나스르 궁전 → 알카사바 → 정의의 문(오디오 가이드 없는 경우)

• 시간 여유가 없는 경우

Course C : 나스르 궁전 → 헤네랄리페 → 카를로스 5세 궁전 → 알카사바 → 정의의 문(QR코드 있는 경우)

Course D : 나스르 궁전 → 카를로스 5세 궁전 → 알카사바 → 헤네랄리페 → 정문(QR코드 없는 경우)

알람브라 궁전의 역사 간단하게 이해하기

그라나다의 운명은 알람브라 궁전의 주인이 누구냐에 따라 달라졌다. 로마가 멸망하자 711년 이슬람교를 믿는 무어인이 이곳을 차지했다. 알람브라 궁전의 시초는 나스르 왕조를 세우고 그라나다를 수도로 삼은 무함마드 1세가 알카사바의 증축을 지시한 것이었다. 알카사바는 889년 우마이야 왕조가 그라나다를 방어하고자 건축했으며 이후 14세기에 나스르 궁전의 코마레스궁을 유수프 1세가, 사자의 궁을 무함마드 5세가 건설하면서 대략적인 구조가 완성되었다.

이베리아반도도 인류 역사가 그렇듯 외세의 침략이나 내부 분열에 의해 어김없이 왕조의 흥망성쇠가 좌우됐다. 15세기 들어 왕위 계승권을 둘러싼 당파가 생겼다. 아부 알하산 왕과 그가 총애했던 여인 조라야, 그리고 왕비 아이사와 아들 보압딜, 두 당파는 10년간 내전을 이어갔고 결국 보압딜이 왕권을 잡았지만 이미 기울어진 이슬람 왕조의 패망을 막지는 못했다. 왕조를 잃는 것보다 알람브라 궁전을 다시 볼 수 없음을 한탄했다는 보압딜의 탄식은 알람브라 궁전의 가치를 새삼 깨닫게 한다. 1492년 카스티야 왕국의 이사벨 여왕과 아라곤 왕국의 페르난도 2세가 이 땅의 새 주인이 되고 나서 이베리아반도에서 이슬람 왕조는 사라지고 말았다. 그나마 다행인 것은 알람브라 궁전에서 이슬람 문화의 거친 숨결을 여전히 느낄 수 있다는 점이다.

알람브라 궁전 내 사자의 궁에는 카를로스 5세가 그라나다로 신혼여행을 왔을 때 묵기 위해 급히 만든 '카를로스 5세의 방Apartments of Charles Ⅴ'이 있다. 이후 미국의 소설가 워싱턴 어빙이 이곳에 묵으면서 《알람브라 이야기》를 쓴 것으로 알려져 있다. 워싱턴 어빙은 그라나다에 관한 자료를 수집해 1832년 《알람브라 이야기》를 집필했고 이로써 알람브라 궁전이 세상에 알려졌다.

워싱턴 어빙

이슬람 문화와 관련된 키워드

무어인 Moor
그라나다를 정복한 북아프리카 출신의 이슬람교도

알카사르 Alcázar
왕이 사는 궁전이나 성

알카사바 Alcazaba
적을 방어하기 위해 만든 요새

메스키타 Mezquita
스페인어로 이슬람의 '모스크(예배당)'를 뜻하는 말

메디나 Medina
옛 이슬람 도시에서 구시가지를 이르는 말

미너렛 Minaret
모스크에 부수적으로 세운 첨탑으로 예배 시간을 알리는 것이 목적

미흐랍 Mihrab
모스크 예배실 안 메카 방향을 나타내는 아치형 벽

안뜰 Patio
벽이나 기둥으로 둘러싸고 중앙에 연못이나 분수, 수로를 두는 이슬람식 중정

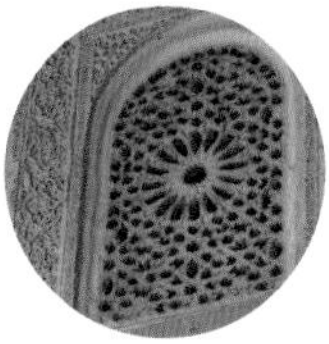

아라베스크 Arabesque
아라비아풍 장식 무늬

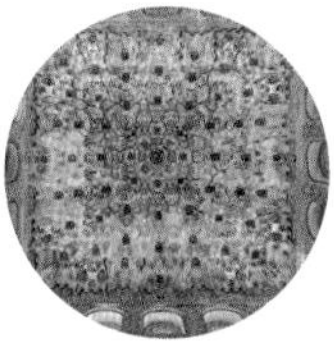

무카르나스 Muqarnas
벌집이나 종유석 모양의 입체적인 천장 장식

아치 Arch
이슬람에서는 반원 형태 외에 말발굽, 다변형 등 다양한 모양의 곡선이 등장한다.

아줄레호 Azulejo
이슬람에서 건너온 아트 타일. 포르투갈의 아줄레주도 마찬가지로 이슬람의 영향을 받은 것이다.

레콩키스타 Reconquista
8~15세기에 일어난 가톨릭 세력의 국토회복운동. 이베리아반도를 탈환하고자 일으킨 전쟁이다.

FOLLOW UP

알람브라 궁전 본격적으로 파헤치기

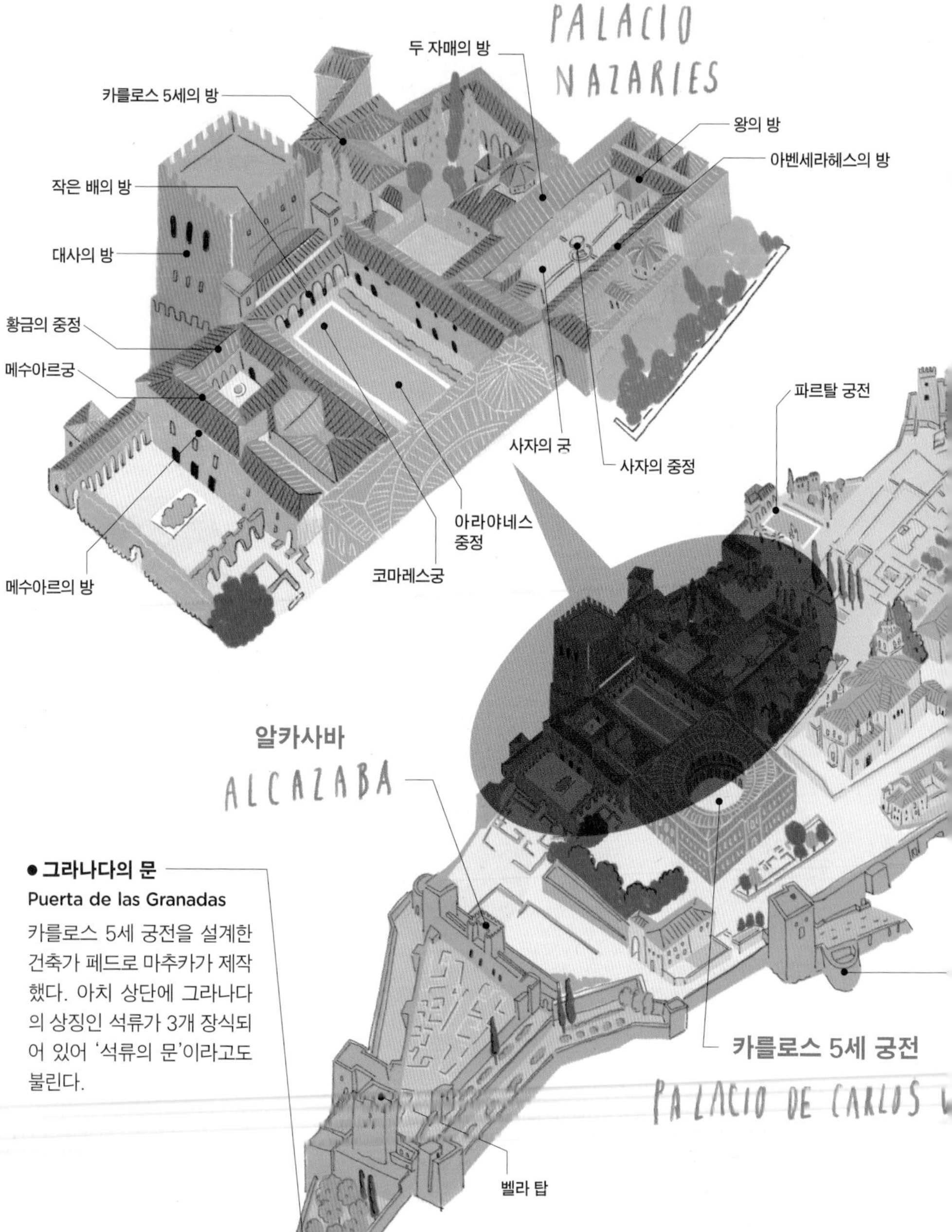

• 그라나다의 문

Puerta de las Granadas

카를로스 5세 궁전을 설계한 건축가 페드로 마추카가 제작했다. 아치 상단에 그라나다의 상징인 석류가 3개 장식되어 있어 '석류의 문'이라고도 불린다.

● 물의 탑 Torre del Agua

시에라네바다산맥의 만년설이 녹아 생긴 물을 끌어와 저장한 뒤 알람브라 궁전 곳곳에 공급하는 곳이다. 알람브라 궁전이 더욱 아름답게 보이는 이유는 이 물이 고이지 않고 흘러내려 깨끗함을 유지하기 때문이다.

● 정의의 문 Puerta de la Justicia

아라베스크 무늬가 무척 아름다운 알람브라 궁전 최초의 문. 이슬람 왕조 시대에 이곳에서 간단한 민원을 처리하면서 붙은 이름이다. 아치 가장 위쪽에 있는 손바닥 문양은 이슬람교에서 천국의 문을 여는 열쇠 역할을 했다는, 예언자 마호메트의 딸 파티마의 손을 새긴 것이다. 그 아랫부분에 레콩키스타 이후 제작한 성모자상이 놓여 있고 바로 밑에는 열쇠 문양이 새겨져 있다.

나스르 궁전 *Palacio Nazaríes*

알람브라 궁전의 핵심이라 할 수 있는 궁전으로 이슬람 최고 걸작으로 꼽힌다. 왕의 거처이자 정치의 중심 역할을 한 곳으로, 나스르 궁전 관람의 시작이자 궁전에서 가장 오래된 '메수아르궁', 왕의 권력을 상징하는 '코마레스궁', 왕과 왕비가 거주한 '사자의 궁' 등 3개 구역으로 이루어져 있다.

• 메수아르궁 Palacio del Mexuar

'메수아르'는 사법이나 행정을 뜻하는 말로, 궁전 내 행정을 집행하던 곳.

① 메수아르의 방 Sala del Mexuar

왕과 신하들이 모여 국정을 논하던 곳이었으나 코마레스궁과 사자의 궁이 건설되면서 왕이 백성의 소리를 듣거나 정의의 문에서 판결하기 어려운 문제를 재판하는 장소로 바뀌었다. 이슬람 왕조가 무너진 이후에는 기독교인들의 예배당이 되었다. 천장과 벽은 정교한 기하학무늬와 캘리그래피로 구성된 아라베스크 양식으로 꾸몄으며, 벽 하단부는 아줄레주 타일로 장식했다. 나스리 왕조의 상징 구호 같은 캘리그래피는 '알라만이 승리자다'라는 뜻이다.

❷ 기도실 Oratery

이슬람교도의 예배당. 입구 오른쪽에 이슬람 성지인 메카의 방향을 나타내고자 아치형 벽으로 만든 미흐랍이 있다. 신자들은 매일 다섯 번 이곳을 향해 기도를 올렸다고 한다.

❸ 황금의 방과 중정 Patio del Curato Dorado

왕의 집무실로, 천장의 목재를 황금으로 장식한 데에서 나온 이름이다. 화려하고 정밀하게 조각된 아라베스크로 장식한 벽이 특징이다. [illegible] 오면 이어지는 작은 중정은 왕을 알현하기 위해 대기하던 곳으로, 중앙에는 둥근 모양에 세로로 홈이 파인 작은 분수가 있다.

● 코마레스궁 Palacio de Comares

이스마엘 1세 때 짓기 시작해 유수프 1세를 거쳐 무함마드 5세 때 완성한 왕의 집무실.

① 아라야네스 중정 Patio de los Arrayanes

길이 34m, 폭 7m의 연못에 코마레스궁이 비치는 풍경을 볼 수 있는 정원. 알람브라 궁전을 대표하는 이미지로 흔히 사용되는 공간이다. '아라야네스'는 아랍어로 향기롭다는 뜻이며 천국의 꽃나무란 의미도 있다. 자연과 조화를 이루며 공간을 넓게 사용하는 이슬람 건축물의 특징이 잘 나타나 있다. 인도의 타지마할 건축도 이곳에서 영감을 받았다고 알려져 있다.

❷ 작은 배의 방 Sala de la Barca

기하학적 패턴으로 장식된 목재 천장의 정교함이 뛰어난 왕의 여름 침실. 천장 모양이 작은 배의 밑바닥과 닮았다 하여 붙은 이름이다. 1890년 화재로 전소되었다가 1965년에 복원했다.

---

❸ 대사의 방 Salon de Embajadores

유수프 1세가 각국에서 파견된 외교사절단을 영접하던 곳이다. 나스르 궁전에서 가장 호화스러운 곳으로 꼽힌다. 한 변이 11m인 정사각형 방으로 온통 섬세하고 정밀한 아라베스크 양식으로 꾸며져 있다. 천장은 8000여 개의 삼나무 조각을 써 맞춰 이슬람교의 일곱 번째 하늘을 형상화했다. 1492년 나스르 왕조의 마지막 왕인 보압딜이 이사벨 여왕과 페르난도 왕에게 굴복하고 항복 문서에 서명한 곳이기도 하다.

• 사자의 궁 Palacio de los Leones

무함마드 5세 때 건설한 알람브라 궁전에서 가장 아름다운 건물로, 왕실의 생활 공간으로 이용했던 곳.

① 사자의 중정 Patio de los Leones

직사각형으로 생긴 사자의 중정은 후궁들이 머물던 곳으로 남자는 오로지 왕만 출입할 수 있었다고 한다. 종려나무를 상징하는 124개의 대리석 기둥과 아치는 정교한 석회 세공으로 장식되었으며, 12마리의 사자가 떠받치고 있는 수반 모양의 분수를 둘러싸고 있다. 사자 분수는 한때 시계 역할을 했다고 한다. 무성한 숲과 풍부한 물은 에덴동산을 구현한 것인데, 사자의 중정을 흐르는 4개의 물줄기는 에덴동산에 흐르는 4개의 강 피손Pishon, 기혼Gihon, 티그리스Tigris, 유프라테스Euphrates를 상징한다. 12마리 사자의 진품은 카를로스 5세 궁전 박물관에 보관 중이며 현재는 복제품이 그 자리를 지키고 있다.

② 아벤세라헤스의 방 Sala de los Abencerrajes

사자의 중정 남쪽에 있는 방으로, 술탄이 아벤세라헤스 가문의 젊은이 30명을 이곳에서 살해한 데에서 붙은 이름이다. 별을 형상화한 16각형의 천장은 석회암 동굴에 고드름같이 매달린 종유석 느낌이 나는 이슬람 건축양식의 핵심 기법인 모카라베Macarabe로 장식되었다.

④ 왕의 방 Sala de los Reyes

3개의 방 천장에 1396~1408년에 제작한 희귀한 그림들이 있는데 그중 무어 왕국의 왕 10명을 묘사한 그림이 있어서 '왕의 방'이란 이름을 얻었다고 한다. 우상을 그리지 않는 이슬람 문화에서 이례적인 경우라 주목받는다. 왕의 방 앞 테라스에서는 알바이신 전경을 감상할 수 있다.

[illegible] 두 자매의 방 Sala de las Dos Hermanas

사자의 중정 북쪽에 있는 방으로 '두 자매의 방'이란 이름이 붙은 데에는 왕의 총애를 받던 두 후궁이 자매처럼 친하게 지냈기 때문이라는 설과 방바닥 가운데에 커다란 대리석 2장이 놓여 있기 때문이라는 설이 전해진다. 아름다운 천장은 모카라베 기법으로 정교하게 장식되어 있다.

알카사바 *Alcazaba*

알람브라 궁전에서 가장 오래된 장소로 이슬람 세력이 장악하기 전인 9세기에 이미 존재했던 것으로 추정된다. 현재 건물은 11세기에 그라나다를 통치하던 무함마드 1세가 완성한 것으로 스페인에 남아 있는 알카사바 중에서 가장 보존 상태가 좋다. 기존 성에 성벽을 높이 쌓고 3개의 탑을 세워 요새 형태로 바꾸었다. 나스르 궁전이 완성되기 전까지 왕이 거주하던 곳이었으나 이후에는 군의 요새로만 사용했다.

벨라 탑 Torre de la Vela

적의 침입을 감시하는 탑으로 그라나다가 함락되었을 때 이사벨 1세가 승리를 기념하기 위해 이곳에 종을 달았다. 종은 시간을 알려주는 중요한 역할을 했으며 종을 치는 사람은 참전했다가 부상당한 상이용사가 많았다고 한다. 매년 1월 2일에 미혼 여성이 종을 울리면 그해가 가기 전에 결혼한다는 속설이 전해진다.

카를로스 5세 궁전
Palacio de Carlos V

국토회복운동(레콩키스타) 후인 16세기에 카를로스 1세의 지시로 스페인 건축가 페드로 마추카가 건축한 건물. 겉에서 보면 정사각형이지만 안으로 들어가면 원형인 특이한 구조이다. 자금 부족과 전쟁으로 건설이 중단되어 천장이 없는 미완성인 채로 남아 있다. 건물 기둥은 힘을 상징한다고 알려져 있다. 건물 내부에는 이슬람과 그라나다 관련 예술품을 전시한 박물관이 있다.

헤네랄리페
Generalife

13세기에 왕들의 여름 별장으로 건설했으며 14세기 초 압둘 왈리드 왕에 의해 정비된 대표적인 이슬람식 정원이다. 《알람브라 이야기》에 나오는 헤네랄리페의 본래 목적은 다음과 같다. 나스르 왕조의 어느 왕에게 아흐마드 알 카멜이라는 아들이 있었다. 모두들 왕자가 커서 큰 인물이 될 것이라 믿어 완벽한 사람을 뜻하는 '알 카멜'이라는 이름을 지어주었다. 점성술사들은 왕자가 사랑의 감정을 알게 되면 생명이 위험해질 수 있다고 왕에게 조언했고, 이에 왕은 아들이 더 이상 여자를 볼 수 없도록 헤네랄리페를 지어 이곳에 살게 했다고 한다.

아세키아 중정
Patio de la Acequia

14세기에 지은 헤네랄리페의 심장과 같은 곳. '아세키아'란 스페인어로 관개용 수로를 뜻하는 말로, 중정 한가운데에 약 50m의 좁은 수로가 있고 양쪽에 24개의 분수가 배치되어 있다. 한여름 무더위에도 샘이 마르지 않도록 물과 바람의 흐름을 높이와 각도까지 계산해 설계했다고 한다. 곡선을 그리며 흐르는 영롱한 분위기를 보고 프란시스코 타레가는 〈알람브라 궁전의 추억〉을 작곡했다.

• 술타나의 중정
Patio de Cipres de la Sultana

아세키아 중정에서 계단을 오르면 이 중정이 나타난다. 술탄의 한 후궁이 귀족 자제와 눈이 맞아 이곳에서 사랑을 나누다 발각되어 죽임을 당했다. 당시 귀족 자제는 아벤세라헤스 가문의 일원으로 '아벤세라헤스의 방'에서 가문 사람들이 몰살되었다고 한다. 중정에 있던 사이프러스 나무도 사랑의 현장을 목격한 죄로 뿌리를 잘라 고사시켰는데 지금도 그 자리에 남아 그날의 슬픈 사연을 묵묵히 대변하고 있다.

파르탈 궁전 *Palacio del Partal*

알람브라 궁전에서 가장 오래된 건물로 무함마드 1세 때 건설했으며 이슬람 사원과 귀족들의 대저택이 있던 곳이다. 파르탈Partal은 포르티코Portico를 의미하는 아랍어 바르탈Bartal에서 온 건축 용어로, 한쪽 면이 개방된 건물의 현관 부분을 가리킨다. 연못에 비친 모습이 우아한 자태를 드러내 '귀부인의 탑'으로 불린다는 건물 탑도 눈여겨보자.

SPECIAL THEME

주옥같은 명곡을 플레이리스트에 담고

그라나다 음악 여행

신비롭고 몽환적인 분위기의 그라나다에서 강렬한 인상을 받고 영감을 얻은 음악가들은 주옥같은 레퍼토리를 만들어 후세에 남겼다. 이들의 곡을 배경음악 삼아 여행을 떠나보는 건 어떨까. 그저 듣기만 했을 뿐인데 잔상으로 남아 사진만큼 선명한 추억이 될 것이다.

#아구스틴 라라의 <그라나다>

멕시코 작곡가 아구스틴 라라Agustín Lara(1900~1970년)가 작곡한 곡 〈그라나다〉. 그라나다의 풍경과 춤추는 아가씨의 모습을 그렸다. 스페인 성악가 플라시도 도밍고와 호세 카레라스는 공연 때마다 이 곡을 자주 불렀는데 이것이 그라나다를 알리는 데 큰 역할을 했다.

이럴 때 재생 버튼
알람브라 궁전으로 가는 버스 안에서

#프란시스코 타레가의 <알람브라 궁전의 추억>

알람브라 궁전을 알리는데 큰 공을 세운 〈알람브라 궁전의 추억〉은 기타 연주가이자 작곡가인 프란시스코 타레가Francisco Tárrega(1852~1909년)의 대표작이다. 타레가는 1896년 짝사랑하던 제자인 콘차 부인에게 사랑을 고백했으나 거절당하자 실의에 빠져 스페인을 여행하게 된다. 달빛에 드리워진 알람브라 궁전 풍경과 헤네랄리페의 아세키아 중정에 있는 분수에서 떨어지는 물소리를 감상하면서 작곡한 것이 바로 이 곡이다. 슬픈 사랑을 해본 이라면 이 곡을 듣는 순간, 아련한 추억과 [illegible] 사랑으로 마음이 애잔해질 것이다.

이럴 때 재생 버튼
알람브라 궁전 내 아세키아 중정에서 분수를 감상하며

#드뷔시의 <그라나다의 저녁>, <포도주의 문>

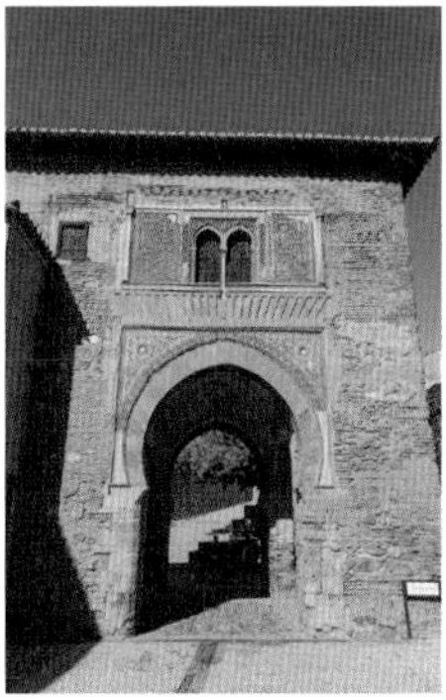

작곡가 클로드 아실 드뷔시Claude Achille Debussy(1862~1918년)는 평생 방문한 적 없는 그라나다를 오로지 상상만으로 음악으로 그려냈다. 스페인에서 유행한 쿠바 무곡 하바네라Habanera의 리듬과 기타를 튕기는 소리, 진하고 강렬한 향수 냄새 등을 담아낸 피아노곡 〈그라나다의 저녁Soiree Dans Grenade〉. 그리고 그라나다에서 활동하던 음악가 마누엘 데 파야에게 알람브라 궁전의 포도주의 문이 그려진 엽서를 받고 영감을 받아 작곡한 〈포도주의 문La Puerta Del Vino〉. 두 곡 모두 놀라우리만치 그라나다의 풍경과 닮아 있다.

이럴 때 재생 버튼
〈그라나다의 저녁〉 저녁에 다로강 변을 거닐며
〈포도주의 문〉 알람브라 궁전 내 포도주의 문을 지나며

#조르디 사발의 <그라나다>

스페인 출신인 고음악의 거장 조르디 사발Jordi Savall(1941년~)이 고증한 옛 그라나다 왕국의 음악을 만나본다. 그라나다 왕국의 수립부터 문화 부흥, 가톨릭 세력에 의한 멸망, 개종을 강요당한 이슬람교도까지 500년 역사를 음악으로 풀어냈다. 이 음반 〈그라나다〉는 2013년 7월 알람브라 궁전에서 개최한 음악회의 실황을 담아낸 것이다.

이럴 때 재생 버튼
알바이신 지구, 알카이세리아 재래시장, 칼데레리아 누에바 거리를 산책하며

#민요 <고향 생각>

스페인 민요 〈고향 생각Flee as a Bird〉은 그라나다와 관련된 슬픈 사랑 이야기를 전해준다. 안달루시아 지방에 이슬람 세력이 침입했을 때 한 귀족의 아들이 포로로 잡혀 알람브라 궁전을 짓는 데 투입되었다. 그는 일을 하면서 매일 노래를 불렀는데, 어느 날 살라딘 왕의 딸인 공주가 그 노래를 듣고 반해 둘은 사랑에 빠지게 된다. 이후 그는 이슬람 군사를 처치하다가 발각되어 두 눈이 뽑힌 채 감옥에 갇히고, 슬픔을 잊으려고 매일 감옥 창가에서 노래를 불렀다. 그가 죽은 줄만 알았던 공주는 노랫소리를 듣고는 감시가 소홀한 틈을 타 맹인이 된 그를 구출한다. 공주는 연인을 장님으로 만든 아버지를 원망하며 그의 고향으로 함께 돌아간다. 이렇게 공주의 사랑을 얻은 노래가 바로 〈고향 생각〉이다.

이럴 때 재생 버튼
산니콜라스 전망대에서 알람브라 궁전을 바라보며

02

사크로몬테 수도원

Abadía del Sacromonte

거룩한 산속 수도원

그라나다의 사그로몬테 언덕에 자리한 수도원. 1523년 이슬람의 모스크를 철거하고 그 자리에 그라나다 대성당을 짓는 과정에서 성모 마리아가 그려진 목판을 비롯해 그림 1점, 뼈 1개, 문서 등 다양한 유물이 발견되었다. 모스크에 보관된 물건이라고 하기에는 다소 의아했기에 진위 여부를 가리는 데 시간이 걸렸지만 결국 진품으로 판정이 났다. 이 유물을 보관하기 위해 지은 것이 사크로몬테 수도원이다. 사크로몬테 지구에서 흔히 볼 수 있는 동굴 집이 이곳에도 있는데, 동굴 속에 예배당을 만든 흔적이 고스란히 남아 있다.

가톨릭 역사가 담긴 회화, 조각상, 자료가 보관된 수도원 내부 관람은 오디오 가이드가 가능하다. 영어, 스페인어, 프랑스어, 독일어, 이탈리아어를 제공하며 애플리케이션을 무료로 다운로드할 수 있다. 티켓은 온라인을 통해 미리 예약 가능하며, 그라나다 카드를 소지하고 있으면 무료로 입장할 수 있다.

지도 P.262 **가는 방법** 알람브라 버스 C34번 Carril de los Coches - Cno Abadía del Sacromonte 정류장에서 도보 2분
주소 Camino del Sacromonte, s/n **문의** 958 22 14 45 **운영** 3/27~10/29 10:00~14:00, 15:30~19:00, 10/30~3/26 10:00~14:00, 15:00~18:00
휴무 부정기 **요금** 일반 €6, 13~25세 학생 €4.50, 12세 이하 무료
홈페이지 abadiasacromonte.org

03 사크로몬테 쿠에바 박물관
Museo Cuevas del Sacromonte

동굴 속 집시의 터전

'거룩한 산'을 뜻하는 사크로몬테 언덕에 동굴 집을 지어 살았던 집시 히타노Gitano의 생활상을 재현한 박물관. 15세기에 스페인으로 들어온 떠돌이 유랑민은 이슬람 세력에 승리한 가톨릭 세력으로부터 박해를 받자 산중턱에 모여 고된 삶을 이어갔다. 열악한 환경에서도 문화와 예술을 꽃피웠는데, 그라나다를 상징하는 공연 '동굴 플라멩코'도 그들의 한이 승화된 문화적 산물이다. 박물관 내 12개의 동굴에서 주거 공간과 부엌 형태를 소개하며, 당시에 동굴 주민들이 마크라메, 위빙, 라탄 등을 이용해 제작한 바구니, 도자기 등의 수공예품이 전시되어 있다.

지도 P.262 **가는 방법** 알람브라 버스 C34번 Cno. del Sacromonte - Fte 89 정류장에서 도보 5분
주소 Barranco de los Negros Sacromonte
문의 958 21 51 20 **운영** 3/15~10/14 10:00~20:00, 10/15~3/14 10:00~18:00 **휴무** 1/1, 12/25
요금 €5 **홈페이지** www.sacromontegranada.com

04 사크로몬테 전망대
Mirador de la Vereda de Enmedio

적막한 공간, 아름다운 풍경

사크로몬테 언덕에서 사크로몬테 쿠에바 박물관과 사크로몬테 수도원만 보고 가려는 이들의 발목을 붙잡는 곳. 이름하여 사크로몬테 전망대이다. 새하얀 알바이신 지구와 알람브라 궁전을 함께 조망할 수 있어 그냥 지나치기엔 아쉬운 곳이다. 지역 자체가 고지대에 위치해 사실 어디서 바라봐도 좋으나 박물관 서쪽 전망대에서 보는 조망이 가장 좋다. 많이 알려져 있지도 않아 소수의 현지인만 방문할 뿐이다. 고요한 분위기에서 전망을 즐기고자 한다면 가장 좋은 선택지이다.

TIP

구글에서 'sacromonte sunset'을 검색하면 그날의 일몰 시간을 확인할 수 있다. 이 시간대에 맞춰 방문하면 몽환적 분위기의 석양을 감상할 수 있다.

지도 P.262
가는 방법 알람브라 버스 C34번 Cno. del Sacromonte - Fte 39 정류장에서 도보 4분
주소 Calle Verea de Enmedio, 55

⑤

산니콜라스 전망대

Mirador San Nicolas

추천

지도 P.202 **가는 방법** 알람브라 버스 C31 · 32번 Plaza San Nicolás 정류장에서 도보 2분
주소 Plaza Mirador de San Nicolás, 2

알람브라 궁전 감상에 최적의 장소

이슬람 왕국이 함락되고 마지막 왕 보압딜은 알람브라 궁전에서 쫓겨나 모로코로 망명길에 오른다. 다시는 알람브라 궁전을 볼 수 없다는 슬픔에 잠겨 하염없이 눈물만 흘렸는데, 그가 떠나기 전 알바이신의 어느 언덕에서 그라나다를 내려다보며 한숨을 쉬었다 하여 '무어인의 탄식Suspiro del Moro'이라는 말이 탄생하게 된다. 어디서 바라보았는지 정확한 위치는 알 수 없지만 그곳이 산니콜라스 전망대라면 이 이야기가 아주 공감이 된다. 여기서 바라보는 알람브라 궁전의 모습은 감탄이 절로 나올 만큼 아름답기 때문이다. 이미 소문이 날 대로 나 많은 이들로 북적거리지만 그 자체도 그림이 되는 신기한 곳이다. 틈새를 공략해 과감히 사진 촬영을 해봐도 좋다. 치안이 그리 좋은 편은 아니니 석양과 야경을 감상하고 싶다면 여러 명이 무리 지어 방문할 것. 여름에는 음료를 파는 가판대가 설치되기도 한다.

FABRICA
DESDE 19
Cruzca

⑥ 산크리스토발 전망대

Mirador de San Cristóbal

언덕배기에서 바라보는 알바이신

하얀 집이 옹기종이 모여 있는 알바이신 지구를 탁 트인 전경으로 감상할 수 있는 곳이다. 산니콜라스 전망대에서 비탈진 언덕과 좁은 골목길을 따라 15분 정도 올라가면 십자가가 달린 비석이 나타나면서 이곳의 모습이 드러난다. 애써 올라온 걸음이 후회되지 않을 만큼 멋스러운 풍광이 펼쳐지는데 기왕이면 산니콜라스 전망대와 함께 둘러보는 것이 좋다. 알바이신을 내려다보기에 충분히 좋은 위치이다.

지도 P.262 **가는 방법** 버스 N8 · N9번 Mirador San Cristóbal-Albaicín 정류장에서 도보 1분 **주소** Ctra. de Murcia, 47

TRAVEL TALK

이슬람 왕국이 남긴 세계문화유산

알람브라 궁전과 인접한 언덕에 하얀 집이 옹기종기 모여 있는 마을이 알바이신 지구입니다. 8세기에 정착한 무어인이 1492년 그라나다가 기독교도들에게 함락되기 전까지 살았던 성채 도시로 적의 침입을 막기 위해 조성한 꼬불꼬불하고 비탈진 길이 이어져 있어요. 보압딜 왕이 항복할 당시 가톨릭 국왕 부부에게 제시한 조건에는 이슬람교도의 생명과 재산, 종교를 보호해준다는 내용이 있었지만 이후에 약속은 깨지고 무자비한 학살과 약탈이 자행되었어요. 그라나다를 떠나지 못한 이슬람교도 중 일부는 가톨릭으로 개종했으며 대다수는 알바이신에 모여 살았죠. 여전히 무어인이 살던 옛 건물이 남아 있습니다. 중세부터 예술가와 장인이 모여 살면서 활동했는데, 이곳을 대표하는 공예는 다양한 나무를 이용해 정교한 상감기법으로 제작하는 목공예 타라세아Taracea입니다.

07 다로강 변
Carrera del Darro

낭만이 서린 산책로

소형차 한 대 겨우 지나갈 만한 좁은 골목길 옆으로 유유히 흐르는 강물과 아치형 다리가 운치를 자아내는 곳이다. 보통 알함브라 버스를 타고 지나치기 일쑤지만 의외로 많은 현지인과 여행객이 이 길을 거닐며 동네를 둘러본다. 해 질 녘부터 밤까지 조명에 비친 알람브라 궁전의 풍경을 구경하려고 나온 이들로 붐비는 편이다. 길이 워낙 좁기 때문에 차가 지나갈 때는 벽 쪽으로 바짝 다가서야 한다.

지도 P.262
가는 방법 누에바 광장에서 도보 3분
주소 Calle Puente Espinosa

08 칼데레리아 누에바 거리
Calle Caldereria Nueva

골목에 펼쳐지는 아랍풍 세상

다로강 변을 걷다 보면 골목 사이사이로 보이는 현란한 색이 궁금증을 자아낸다. 호기심에 이끌려 발을 옮기면 이국적 색채가 물씬 풍기는 기념품 거리가 나타난다. 200m 골목길에 늘어선 각종 아랍풍 장식과 물건 덕에 잠시 다른 나라에 온 듯한 착각이 든다. 그라나다 대성당 옆 알카이세리아 재래시장과 함께 기념품을 구입하기 좋은 곳으로 알려져 있으며, 군데군데 아랍풍 찻집이 있어 이슬람 문화를 만끽할 수 있다. 늦은 오전부터 문을 열어 저녁때까지 영업하니 알바이신 지구에 올라가기 전이나 석양이나 야경을 감상한 후에 들르면 좋다. 에스닉 스타일의 제품을 사고 싶다면 반드시 가보자. 벽걸이 장식품, 테이블보, 방석, 의류, 슬리퍼 등 실용적인 상품을 판매해 지갑이 절로 열린다.

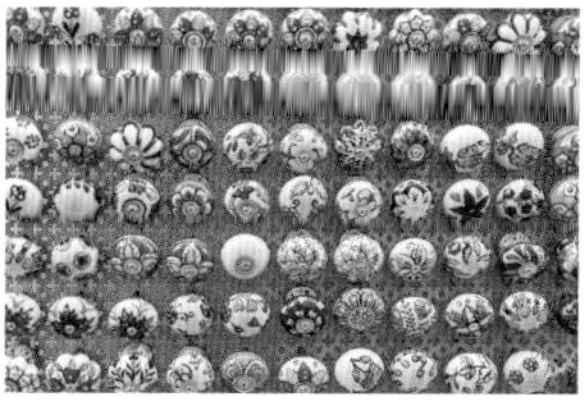

지도 P.262
가는 방법 다로강 변에서 도보 2분
주소 Calle Caldereria Nueva

그라나다 대성당 주변

그라나다 여행의 시작은 이곳에서!

그라나다는 언덕이 많은 도시이지만 시내 중심부의 센트로Centro만큼은 대부분 평지로 이루어져 있다. 이슬람 세력을 함락한 후 가톨릭 국왕 부부는 이 주변을 중심지로 삼고 부흥의 신호탄인 그라나다 대성당을 필두로 역사적 건축물을 하나하나 쌓아 올렸다. 이슬람의 흔적을 지우려 애쓴 노력에도 불구하고 일부는 여전히 남아 있다. 가톨릭과 이슬람 문화의 오묘한 조화도 그라나다의 특징이라 할 수 있다.

01 그라나다 대성당
Catedral de Granada

신앙과 예술의 결합체

그라나다 도심 한가운데에 자리한 성당. 본래 이슬람 사원이 있던 것을 허물고 그 자리에 건설했다. 이슬람 왕국의 통치를 받은 가톨릭교도의 명성을 되찾고자 커다란 성당으로 짓고자 한 것이다. 1523년 엔리케 에가스가 건축을 맡아 고딕 양식으로 공사를 시작했고, 이후 건축가 디에고 데 실로에가 이어받아 1703년까지 180여 년의 공사 기간을 거쳐 르네상스 양식이 결합된 건물로 완성했다. 성당 정면의 파사드는 17세기 '스페인의 미켈란젤로'로 불리는 알론소 카노의 작품으로 섬세함과 정교함이 돋보인다. 성당 내부의 별 무늬로 꾸민 돔 천장과 그 아래 예수의 삶을 표현한 스테인드글라스도 놓쳐서는 안 된다. 성당 내 소성당과 제단도 각기 다른 시대에 다른 양식으로 지어 개성 있는 모습이다.

지도 P.288 **가는 방법** 이사벨 라 카톨리카 광장에서 [illegible]
주소 Calle Gran Vía de Colón, 5 **문의** 958 22 29 59 **운영** 월~토요일 10:00~18:15, 일요일 15:00~18:15 ※문 닫기 30분 전 입장 마감
휴무 1/1, 부활절 기간(목·금·일요일), 12/25
요금 일반 €6, 13~25세 학생 €4.50, 12세 이하 무료
※일요일 무료(온라인 사전 예약 필수)
홈페이지 catedraldegranada.com

02 왕실 예배당
Capilla Real de Granada

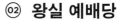

가톨릭 국왕 부부가 잠든 곳

그라나다에서 이슬람 세력을 몰아낸 가톨릭 군주인 페르난도 2세와 이사벨 1세 여왕, 그리고 이들의 둘째 딸 후아나, 펠리페 왕자 부부의 영묘가 있는 곳이다. 그라나다 대성당보다 오래된 건물로 역사적, 예술적 가치가 있으며 왕관과 왕홀 등을 전시한 예배당 내 성물 박물관Sacristia Museo도 볼만하다. 내부 사진 및 동영상 촬영은 금지된다. 캐리어 등 부피가 큰 물건은 가지고 들어갈 수 없다.

지도 P.288
가는 방법 그라나다 대성당 바로 옆
주소 Calle Oficios, s/n
문의 958 22 78 48
운영 월~토요일 10:15~18:30, 일요일·공휴일 11:00~18:00
※수요일 14:30~18:30 무료(온라인 사전 예약 필수)
휴무 1/1, 부활절 전 금요일, 12/25
요금 일반 €5, 학생 €3.50
홈페이지 capillarealgranada.com

(03)

알카이세리아 재래시장

Alcaicería

추천

좁은 미로 속에서 기념품 찾기

그라나다는 과거 이슬람 세력의 영향으로 진한 아랍 정취가 배어 있는 곳이다. 이국적인 풍경은 멀리 갈 것도 없이 거리 한복판에서도 만나볼 수 있다. 그라나다 대성당 맞은편에 자리한 알카이세리아 재래시장 역시 아랍 색이 강하게 풍기는 곳. 이슬람 통치 시절 주로 비단과 향신료를 취급하던 이곳은 현재 아랍풍 기념품을 파는 상점들이 들어서 있다. 외관은 비단이 젖는 것을 방지하고자 천막을 쳤던 이슬람 전통 시장 바자르Bazaar에 가까웠으나 현재는 지붕이 뚫린 형태이다. 조명, 지갑, 방석, 향신료 등 이슬람 색채가 강한 품목이 많으며 간혹 그라나다의 상징이 들어간 자석, 스카프, 의류 등의 기념품도 판매한다. 잘만 고르면 합리적인 가격에 구입할 수 있어 한 번쯤 둘러볼 것을 추천한다.

지도 P.288 **가는 방법** 그라나다 대성당에서 도보 1분
주소 Calle Alcaicería, 1, 3
문의 958 22 90 45
운영 10:00~21:00
휴무 매장마다 다름
홈페이지 www.alcaiceria.com

시장 건너편에 아랍인이 남긴 가장 오래된 유적지 코랄 델 카르본Corral del Carbón도 함께 둘러보세요. 1336년에 지은 건물로 곡물 저장소와 상인들이 묵는 여인숙으로 이용되었다고 해요. 내부의 안내소에서 알람브라 궁전 티켓을 교환할 수도 있답니다.
주소 Calle Mariana Pineda, 21

04 누에바 광장
Plaza Nueva

역사적 건축물로 둘러싸인 광장

구시가지 중앙에 위치한 광장으로, 스페인어로 새롭다는 뜻의 '누에바'라는 이름이 붙었지만 이곳에서는 꽤나 오래된 축에 속한다. 왕립 대법원인 찬시예리아Chancilleria와 산타아나 성당Iglesia de San Gil y Santa Ana을 비롯해 각종 식당과 호텔 건물로 둘러싸여 있다. 찬시예리아는 우리나라의 대법원과 같은 기능을 하던 곳으로, 그라나다가 스페인에서 매우 중요하고 특별했던 도시임을 증명하기도 한다. 산타아나 성당은 성모 마리아의 어머니 안나의 이름을 딴 것으로 파사드 한가운데에 안나의 조각상이 세워져 있다. 16세기 당시 모스크가 있던 자리에 건축했으며 모스크의 첨탑을 개조한 종루와 내부의 이슬람식 목제 천장이 특징이다.

지도 P.288
가는 방법 이사벨 라 카톨리카 광장에서 도보 2분
주소 Plaza Nueva

05 이사벨 라 카톨리카 광장
Plaza de Isabel la Catolica

위대한 역사적 순간

그라나다를 정복한 가톨릭 군주 페르난도 2세와 이사벨 1세 여왕 부부 거리(레예스 카톨리코스 거리Calle Reyes Católicos)와 콜럼버스 거리(그란 비아 데 콜론 거리Calle Gran Vía de Colón)가 만나는 지점에 위치한 광장. 광장 중앙에 있는 조각상의 인물은 이사벨 1세 여왕과 크리스토퍼 콜럼버스이다. 스페인 부흥의 시발점이 된 신대륙 항해와 관련한 후원 조건에 대한 산타페 협약을 협의하는 장면을 묘사한 것으로 이 협약은 2009년 유네스코 세계기록유산에 등재되었다.

지도 P.288
가는 방법 누에바 광장에서 도보 2분
주소 Fuente Isabel La Católica Y Cristobal Colón

(06)

산헤로니모 수도원

Real Monasterio de San Jerónimo

추천

신학학자 산 헤로니모를 기리는 수도원

가톨릭 군주인 페르난도 2세와 이사벨 1세 여왕 부부의 명으로 세운 그라나다 최초의 수도원. 처음에는 그라나다 인근 산타페에 세웠다가 이슬람 왕국의 마지막 왕 보압딜의 소유지였던 현재의 자리로 옮겼다. 나폴레옹군의 침입으로 파괴된 후 수도원 폐지령에 따라 오랫동안 폐허 상태로 있다가 19세기에 복원되었다. 수도원 정문 파사드에는 라틴어 성서를 번역한 신학학자 산 헤로니모의 모습이 새겨져 있다. 손에 돌과 십자가를 들고 있는 그의 발치에 사자가 앉아 있는 모습에는 사연이 담겨 있다. 십자가는 그가 수도사임을 알려주며, 돌은 인간의 욕망을 버리고 고행을 택했다는 의미이다. 또 사자는 발에 박힌 가시를 빼준 산 헤로니모에게 은혜를 갚고자 그 곁을 지키는 것이라고 한다.

지도 P.288 **가는 방법** 그라나다 대성당에서 도보 8분 **주소** Calle Rector López Argüeta, 9 **문의** 958 27 93 37 **운영** 여름철 월~토요일 10:00~13:00, 16:00~19:00, 일요일 11:00~13:00, 16:00~19:00 / 겨울철 월~토요일 10:00~13:00, 15:00~18:00 일요일 11:00~13:00, 15:00~18:00
휴무 1/1, 12/25 **요금** 일반 €6, 13~25세 학생 €4.50, 12세 이하 무료

07

카르투하 수도원

Monasterio de La Cartuja

기독교의 알람브라 궁전

사크로몬테 수도원, 산헤로니모 수도원과 함께 그라나다 3대 수도원으로 꼽히는 곳으로, 세계적으로 꽤 유명한 건축물이다. '기독교의 알람브라 궁전'이라 할 만큼 내부 전체가 놀라우리만치 경이롭고 호화롭게 꾸며져 있다. 이슬람교도가 사랑했던 아이나다마르Aynadamar 언덕에 위치하며, 16세기부터 18세기에 걸쳐 고딕, 바로크, 르네상스 등 다양한 건축양식이 융합된 형태로 완성되었다.

전쟁으로 일부가 파괴되어 작은 규모로 남은 회랑을 시작으로 한국어 오디오 가이드를 들으며 관람해보자. 수많은 종교 회화가 전시되어 있는데, 식당 정중앙에 걸려 있는 〈최후의 만찬〉과 상단 십자가는 꼭 눈여겨볼 것. 스페인 정물화의 선구자로 불리는 화가이자 수도사였던 후안 산체스 코탄Juan Sánchez Cotán이 제작했다. 사제관과 성구실은 수도원의 메인이라 할 수 있는 구역. 추리게라Churriguerra 양식의 전형을 보여주는 내부는 금박 장식, 대리석, 회화, 조각상 등으로 휘황찬란하게 꾸며져 있다.

[illegible] 대성당 부근 버스 정류장에서 시내버스 8번 Prof. Vicente Callao - Facultad 정류장에서 도보 1분(약 15분 소요)

주소 Paseo de Cartuja, s/n **문의** 958 16 19 32

운영 일~금요일 10:00~18:30, 토요일 10:00~12:15, 15:00~17:30 ※문 닫기 30분 전 입장 마감

휴무 1/1, 12/25

요금 일반 €6, 13~25세 학생 €4.50, 12세 이하 무료

홈페이지 cartujadegranada.com

그라나다 맛집

그라나다는 음료를 주문하면 무료로 타파스를 제공하는 문화가 남아 있다. 타파스 전문점이 밀집한 나바스 거리Calle Navas를 거닐며 여러 곳을 전전해도 좋고, 유명 전문점에서 진득하게 앉아 즐겨도 괜찮다. 이슬람 향기가 짙게 밴 음식점과 찻집도 필수 맛집이다.

바르 로스 디아만테스

Bar Los Diamantes

위치 이사벨 라 카톨리카 광장 주변
유형 대표 맛집
주메뉴 타파스

😊→ 해산물 요리가 특히 맛있다.
😟→ 발 디딜 틈 없이 붐빈다.

1942년 창업 후 한자리에서 약 80년 동안 그라나다 타파스 역사의 한 페이지를 장식한 전통 있는 음식점이다. 그라나다에서 가장 유명한 타파스 전문점이라 해도 과언이 아닐 정도이며 알람브라 궁전만큼 유명한 곳이다. 오픈과 동시에 밀려드는 손님으로 가게는 늘 북새통을 이루며 그 명성만큼이나 자리 잡기가 쉽지 않다. 현지인과 여행자가 뒤섞여 흥겨운 술판이 벌어지는 풍경은 여행자가 스페인에서 바라던 경험일지도 모른다.
주류를 주문함과 동시에 제공되는 무료 타파스는 종류가 그때그때 달라진다. 이곳이 자랑하는 해산물 요리는 싱싱한 맛조개, 새우, 오징어, 꼴뚜기 등을 다양한 방식으로 조리해 입을 즐겁게 한다. 대부분의 요리가 €10 선의 합리적인 가격이며 양도 넉넉한 편이다. 그라나다 시내에 3개의 지점을 운영하는데 어디든 붐비니 어느 정도 대기는 각오해야 한다.

가는 방법 이사벨 라 카톨리카 광장에서 도보 3분 **주소** Calle Navas, 28 **문의** 958 22 70 70
영업 12:00~16:30, 20:00~23:30
휴무 일 · 월요일
예산 새우튀김Gambas Fritas 하프 €14/풀 €18, 음료 €2~
홈페이지 www.barlosdiamantes.com

바르 아빌라
Bar Ávila

위치 이사벨 라 카톨리카 광장 주변
유형 대표 맛집
주메뉴 타파스

😊→ 무료 타파스 종류 선택 가능
😟→ 브레이크 타임이 있다.

무료 타파스를 직접 고를 수 있는 타파스 전문점. 보통 무료 타파스는 선택지가 아예 없거나 적은데 이곳은 예외이다. 음료를 주문할 때마다 메뉴판에서 타파스를 하나 고르면 함께 제공하며, 모든 타파스는 음료와 상관없이 개별 주문이 가능하다. 무료로 주는 타파스보다 더 많은 양을 원하면 플레이트로도 주문할 수 있다. 구운 하몽을 빵 위에 얹은 하몽 아사도Jamon Asado와, 토마토 잼을 바른 빵에 염소 치즈를 뿌린 소고기 패티를 얹은 아빌라 버거Avila Burger가 이곳의 간판 메뉴이다.

가는 방법 이사벨 라 카톨리카 광장에서 도보 10분
주소 Calle Verónica de la Virgen, 16
문의 958 26 40 80 **영업** 12:00~17:00, 20:00~24:00 **휴무** 일요일
예산 타파스 €3, 음료 €2.70~

라 보티예리아
La Botillería

위치 이사벨 라 카톨리카 광장 주변
유형 대표 맛집
주메뉴 타파스

😊→ 친절하고 빠른 서비스
😟→ 카운터 자리는 대기해야 한다.

음료를 주문할 때마다 타파스가 함께 나오는 전형적인 그라나다의 타파스 전문점. 서서 마시는 일반적인 술집이라기보다 테이블에서 하는 식사 위주의 음식점이라 편하게 먹을 수 있으며 분위기가 좋다. 술과 간단한 타파스를 원하면 카운터, 식사만 한다면 테이블로 안내한다. 단, 테이블석은 타파스를 제공하지 않는다. 타파스는 무료로 제공하지만 놀라울 만큼 성의가 엿보인다. 다른 곳과 차별되는 인기 메뉴는 파르메산 치즈와 애호박을 듬뿍 넣은 새우 리소토Risotto de Gambas이다.

가는 방법 이사벨 라 카톨리카 광장에서 도보 4분
주소 Calle Varela, 10 **문의** 958 22 49 28
영업 12:30~23:45 **휴무** 부정기
예산 새우 리소토 €17, 음료 €2.50~
홈페이지 www.labotilleriagranada.es

예루살렘 레스토랑
Jerusalem Restaurant

위치 칼데레리아 누에바 거리 주변
유형 신규 맛집
주메뉴 중동 음식

😊→ 저렴한 가격
😞→ 가게가 협소하다.

싸고 맛있고 빠르게 배를 채울 수 있는 중동식 패스트푸드 전문점. 이슬람 정취가 느껴지는 그라나다다운 음식점이다. 케밥처럼 불에 구운 고기를 채소와 함께 빵에 넣은 샌드위치 샤와르마Shawarma, 병아리콩을 으깨 경단으로 만들어 튀긴 팔라펠Falafel, 병아리콩을 삶아 으깬 후무스Hummus 등 이슬람 할랄 음식을 맛볼 수 있다.

가는 방법 칼데레리아 누에바 거리에서 도보 1분
주소 C. Elvira, 43, Albaicín
영업 일~목요일 14:00~02:00, 금 · 토요일 14:00~06:00
휴무 부정기
예산 샤와르마 €5~, 팔라펠 €3~

카페 풋볼
Café Fútbol

위치 이사벨 라 카톨리카 광장 주변
유형 로컬 맛집
주메뉴 추로스

😊→ 추로스 1인분의 양이 많다.
😞→ 여름에 추로스 주문 시간 제한

1922년에 문을 열어 4대째 가업으로 이어오는 음식점 겸 카페. 아침부터 늦은 밤까지 항상 사람들로 북적이는 곳이다. 간판 메뉴는 걸쭉한 초코라테와 따끈한 추로스. 추로스는 1인분에 5개인데, 기본 3개인 다른 곳보다 양이 많아 식사 대용으로도 제격이다. 여름에는 오후 1시 30분부터 6시 사이에는 추로스를 주문받지 않는다.

가는 방법 이사벨 라 카톨리카 광장에서 도보 6분
주소 Plaza de Mariana Pineda, 6
문의 958 22 66 62
영업 07:30~23:30
예산 추로스+초콜라테 €4.50
홈페이지 cafefutbol.com

파스텔레리아 카사 이슬라
Pastelería Casa Ysla

위치 그라나다 분수 주변
유형 로컬 맛집
주메뉴 피오노노

😊→ 지칠 때 완벽한 당 충전
😞→ 취향이 갈리는 피오노노의 달달함

그라나다 근교 산타페Santa-Fé 본점에서 탄생한 전통 명과 피오노노Piononо를 선보인다. 로마 교황 피오 9세의 즉위를 기념해 만든 유서 깊은 디저트로, '피오노노'는 피오 9세를 뜻한다. 롤케이크 위에 커스터드 크림을 얹어 한입에 쏙 들어가는 크기로 만든다. 오리지널 맛 외에 초코, 바닐라, 오렌지 등 달콤함을 더한 다양한 맛을 즐길 수 있다.

가는 방법 그라나다 분수에서 도보 1분 **주소** Carrera de la Virgen, 27
문의 958 22 24 05
영업 08:00~21:00
휴무 부정기
예산 피오노노 €1.50~
홈페이지 pionono.com

그랑 카페 비브 람블라
Gran Cafe Bib Rambla

위치 그라나다 대성당 주변
유형 로컬 맛집
주메뉴 추로스

→ €5 이하의 저렴한 아침 세트
→ 자리마다 가격이 조금씩 다르다.

그라나다에서 가장 오래된 카페로 1907년에 문을 열었다. 아르데코 양식으로 꾸민 실내가 제법 운치 있다. 추로스만 맛볼 거라면 카운터에 서서 간단히 즐기는 것이 일반적이다. 현지인처럼 사람들 틈바구니에 끼어 기분을 내보는 것도 좋다. 식사를 하는 경우는 가게 앞 비브 람블라 광장에 마련된 야외 테이블에서 여유롭게 즐기자.

가는 방법 그라나다 대성당에서 도보 2분
주소 Plaza de Bib-Rambla, 3
문의 958 25 68 20
영업 08:00~23:00
예산 추로스+초콜라테 야외 테라스 €5.20, 실내 테이블 €4.80

라 테테리아 델 바뉴엘로
La Tetería del Bañuelo

위치 다로강 변
유형 로컬 맛집
주메뉴 아랍식 음료

→ 야외 테라스석에서 알람브라 궁전 감상 가능
→ 전체적으로 달달한 맛

그라나다에서 가장 오래된 아랍식 찻집. 가게명의 '테테리아'는 아랍식 목욕탕을 의미하며, 실제 과거 목욕탕이 있던 바뉴엘로 거리에 위치한다. 입구부터 실내가 온통 아랍 분위기를 풍기며, 홍차와 커피 등의 음료에 곁들여 먹기 좋은 과자도 모두 아랍식으로 제공한다. 메뉴 대부분이 설탕 함유량이 높아 무척 달달한 편이다.

가는 방법 [illegible]
주소 Calle Bañuelo, 5 **문의** 666 02 63 78 **영업** 월~목요일 13:00~22:00, 금요일 13:00~23:00, 토요일 12:00~23:00, 일요일 12:00~22:00 **휴무** 부정기
예산 음료 €1.90~, 과자 €2~

라 핀카 커피
La Finca Coffee

위치 그라나다 대성당 주변
유형 신규 맛집
주메뉴 커피

→ 고퀄리티 커피를 저렴한 가격에 즐긴다.
→ 신용카드 사용 불가

그라나다 대성당 앞 좁은 골목길은 언제나 진한 커피 향이 진동한다. 참새가 방앗간을 그냥 지나치지 못하는 것처럼 그 향에 이끌려 저절로 매장 안으로 들어서게 되는데, 커피 맛을 음미하는 순간 제대로 찾아왔다는 사실을 알게 된다. 한국인의 입맛을 만족시키는 커피와 무더위를 식혀주는 차가운 음료가 준비되어 있다.

가는 방법 그라나다 대성당에서 도보 1분 **주소** [illegible]
문의 658 85 25 73
영업 월~금요일 08:30~20:00, 토·일요일 09:30~20:00
휴무 부정기
예산 카페라테 €2

MÁLAGA

말라가

말라가는 스페인 남부 말라가산맥 기슭에 자리 잡은 항구도시이자 안달루시아 최대의 관광도시다. 36년간 이 나라를 통치했던 독재자 프란시스코 프랑코가 스페인을 관광 대국으로 만들기 위해 '태양의 해변'이란 의미의 '코스타델솔Costa del Sol'을 모토로 하여 남부 해안 지역에 대규모 리조트와 휴양 단지를 조성했다.
그중 말라가가 대표적으로, 1년에 300일 이상 온난한 기후를 자랑한다.
스페인이 낳은 세계적인 화가 파블로 피카소가 태어나 유년기를 보낸 곳이기도 하다.
이러한 이유에서인지 말라가는 스페인에서 문화 · 예술을 즐기기 좋은 도시로 손꼽힌다.
피카소의 유언에 따라 세운 미술관과 세계적인 미술관 별관 등이 자리하며,
2800년의 역사를 가진 도시인 만큼 곳곳에 유적지도 산재해 있다.

말라가 들어가기

말라가는 교통 인프라가 잘 갖춰져 있어 유럽 각지와 스페인 지방에서 들어가기 편리하다. 국제공항이 있어 항공편으로 이동할 수 있으며, 버스와 열차도 운행 편수가 많아 선택의 폭이 넓다. 공항, 버스 터미널, 기차역이 시내에서 가까운 편이다.

비행기

주소 Av. del Comandante García Morato
홈페이지 www.aena.es/en/malaga-airport/index.html

우리나라에서 말라가로 가는 직항편은 없다. 마드리드나 바르셀로나로 입국해 유럽 저가 항공을 이용해야 한다. 이베리아항공과 탑포르투갈, 부엘링항공, 라이언에어, 이지젯 등 유럽 항공사가 취항한다. 마드리드, 바르셀로나, 빌바오, 마요르카 등과 연결하는 국내선은 물론 리스본, 포르투, 런던, 파리 등 유럽 주요 도시와 연결하는 국제선도 운항한다. 이 항공사들이 이용하는 말라가코스타델솔 공항Málaga-Costa del Sol Airport은 말라가 시내에서 남서쪽으로 약 8km 떨어져 있다. 터미널은 총 3개로 규모가 큰 편이다. 제2터미널을 이용하는 이지젯과 라이언에어를 제외한 대부분의 항공사가 제3터미널을 이용한다. 각 터미널 간 이동은 도보로 가능하다.

공항에서 시내로 이동하기

공항에서 시내까지는 A 공항버스A Exprés Aeropuerto(75번)나 렌페 세르카니아스Renfe Cercanías C1선, 또는 택시를 이용하는 방법이 있다. A 공항버스는 말라가 관광의 중심인 구시가지까지 가는 유일한 교통수단이라 대부분의 여행자가 이용한다. 공항 밖으로 나가면 버스 정류장이 있다. 요금은 승차 시 운전기사에게 직접 현금으로 낸다. 렌페 세르카니아스 C1선은 목적지가 말라가 센트로-알라메다Málaga Centro-Alameda역이나 말라가 마리아 삼브라노Málaga María Zambrano역 등 기차역에서 가깝다면 이용할 만하다. 입국장 밖으로 나와 'Tren' 표지판을 따라가면 기차역과 연결된다. 티켓은 자동 발매기에서 구입할 수 있으며 현금만 사용 가능하다. 택시는 구시가지까지 약 20분 소요되며 요금은 €17 이상(심야 할증이 붙으면 최소 €19.01) 나온다.

● A 공항버스

운행 공항 → 시내 06:25~23:30, 시내 → 공항 07:00~24:00(배차 간격 30분) **요금** €4 **소요 시간** 35분
주요 노선 공항Aerpuerto → 아얄라-로스아르코스Ayala - Los Arcos → 말라가 버스 터미널Estación Autobuses → 알라메다 프린시팔Alameda Principal → 파세오 데 파르케Paceo de Parque

● 렌페 세르카니아스

운행 06:30~23:00(배차 간격 20분) **요금** €1.80 **소요 시간** 12분
주요 노선 C1선 말라가 센트로-알라메다Málaga Centro-Alameda역(출발역) → 말라가 마리아 삼브라노Málaga María Zambrano역 → 공항Aeropuerto역 → 토레몰리노스Torremolinos → 베날마데나아 데 라 미엘Benalmádena-A. de la Miel → 푸엥히롤라Fuengirola역(종착역)

버스

말라가와 각 도시를 연결하는 구간은 스페인 최대 버스 회사인 알사ALSA를 중심으로 아반사AVANZA, 다마스DAMAS, 플릭스버스FLiXBUS 등 다양한 버스 회사가 운행을 담당한다. 버스는 말라가 구시가지에서 시내버스로 15~20분 거리에 있는 말라가 버스 터미널Estación de Autobuses de Málaga에서 발착한다. 세비야, 그라나다, 코르도바, 론다 등 안달루시아 지방의 주요 도시는 물론이고 바르셀로나, 발렌시아, 리스본, 포르투 등 장거리 구간까지 운행한다. 또 미하스, 네르하 같은 근교 도시로도 운행한다. 버스 터미널에서 구시가지로 가려면 터미널 앞 버스 정류장에서 시내버스 4 · 19번을 타면 된다. 요금은 버스 승차 시 운전기사에게 직접 낸다.

주소 Paseo de los Tilos, s/n
홈페이지 알사 www.alsa.es / 아반사 www.avanzabus.com
다마스 www.damas-sa.es / 플릭스버스 www.flixbus.de

말라가-주요 도시 간 버스 운행 정보

목적지	운행 회사	1일 운행 편수	소요 시간	요금(편도)
그라나다	ALSA	10편 이상	1시간 30분~2시간	€13~
세비야	ALSA · DAMAS	7편	2시간 30분~4시간	€20~
코르도바	ALSA	5편	2시간 30분~3시간	€13~
론다	DAMAS	9편	1시간 45분~2시간	€11~
마드리드	INTERBUS	3~7편	6~7시간	€18~
바르셀로나	ALSA	3편	15~17시간	€94~

열차

스페인의 국영 철도 회사 렌페Renfe가 말라가와 주요 도시를 연결하는 열차를 운행한다. 마드리드, 코르도바, 바르셀로나와 말라가 사이를 초고속 열차 아베AVE가 연결해 빠르고 쾌적하게 이동할 수 있다. 세비야와 그라나다 구간은 일반 열차가 연결하는데 운행 편수가 적어 이 구간은 버스를 타는 것이 효율적이다. 모든 열차는 말라가의 중앙역 역할을 하는 말라가 마리아 삼브라노역Estación de Málaga-María Zambrano에서 발착한다. 대형 쇼핑몰 마리아삼브라노Mariazambrano 건물과 연결돼 있어 각종 편의 시설을 이용하는 데 불편함이 없다. 기차역에서 구시가지로 가려면 렌페 세르카니아스 C1선을 이용하거나 터미널 밖으로 나가서 1 · 3번 시내버스를 탄다.

주소 Calle Explanada de la Estación
홈페이지 www.renfe.com

말라가-주요 도시 간 열차 운행 정보

목적지	열차 종류	1일 운행 편수	소요 시간	요금(편도)
그라나다	AVE · AVANT	4편	1시간 30분~2시간	€24~
세비야	AVANT · MD	4~10편	2시간~4시간 30분	€25~
코르도바	AVE · AVANT	10편~	1시간	€27~
마드리드	AVE · AVANT	10편~	2시간 30분~4시간	€68~

※초고속 열차 AVE, 고속 열차 AVANT, 중장거리 일반 열차 MD

말라가 시내 교통

말라가의 주요 명소는 구시가지에 모여 있어 대부분 도보 관광이 가능하다. 타 지역으로 이동 시 이용하게 되는 버스 터미널과 기차역은 중심가에서 20분 정도 떨어져 있어 시내버스를 타고 가야 한다. 메트로는 시내에서 2개 노선을 운행하나 여행자가 탈 일은 거의 없다.

시내버스
EMT Bus

여행자들은 버스 터미널이나 기차역으로 갈 때 이용한다. 구글 맵에서 목적지를 검색하면 가까운 정류장과 시내버스 번호가 표기되어 어렵지 않게 이용할 수 있다. 요금은 승차 시 운전기사에게 직접 현금으로 낸다. 소액권 화폐만 받으니 미리 잔돈을 준비해야 한다. 타르헤타 트란스보르도Tarjeta Transbordo는 버스 승차 10회권이 탑재된 교통카드로 1장으로 여러 명이 사용할 수도 있으며 1시간 이내에는 무료로 환승된다. 담배 가게나 키오스크에서 판매한다.

주의 구글 맵의 버스 배차 간격 정보를 맹신하지 말 것 **운행** 일반 06:30~23:00, 심야 23:30~06:00 **요금** 1회 €1.40, 타르헤타 트란스보르도 €8.30(카드 발급비 별도 €1.90)
홈페이지 www.emtmalaga.es

도시 광역버스
Consorcio de Transporte

말라가 시내와 근교 도시를 연결하는 전용 버스. 미하스Mijas나 푸엥히롤라Fuengirola로 이동할 때 이용하는 M으로 시작하는 버스이다. 여행자가 주로 이용하는 미하스행 M-112번은 1일 4편, 푸엥히롤라행 M-122번은 1일 36편 운행한다. 푸엥히롤라에서 환승해 미하스를 가는 방법도 있다.

주의 일요일과 공휴일은 운행 편수가 줄어든다. **운행** 목적지마다 다름
요금 €1.55~2.35 **홈페이지** siu.ctmam.ctan.es

렌페 세르카니아스
Renfe Cercanias

말라가 시내와 근교 도시를 연결하는 열차 렌페 세르카니아스는 말라가 시내 마리아 삼브라노역에서 말라가코스타델솔 공항을 거쳐 푸엥히롤라로 가는 C1선과 말라가 시내를 출발해 근교 도시 알로라Álora까지 이어지는 C2선을 운행한다.

주의 메트로 노선과 헷갈릴 수 있으니 주의하자. **운행** 06:30~23:00 **요금** €1.80~2.30
홈페이지 www.renfe.com/viajeros/cercanias/malaga

택시
Taxi

흰색 바탕에 파란색 선이 있다. 말라가 택시는 빈 차일 때 초록 불이 켜져 있으며, 모바일 배차 서비스 우버와 캐비파이를 이용할 수도 있다.

주의 구글 맵으로 목적지를 미리 검색해보면 바가지요금을 막을 수 있다.
요금 일반 기본 €1.55~, km당 €0.86 / 심야(22:00~06:00) · 주말 기본 €1.89, km당 €1.06

Málaga **Best Course**

말라가 추천 코스

일정별 코스

놀고, 쉬고, 걷고! 유유자적 말라가 1박 2일 코스

스페인의 도시 가운데 여유를 즐기며 관광하기에 가장 적합한 곳이 말라가이다. 인근 도시에서 정신없는 일정을 소화하고 휴식이 필요할 때쯤 방문하기 좋은 곳이다. 하루에 방문하는 관광 명소는 최소화하고 카페에 가거나 해변을 산책하는 등 여유로운 시간을 가져보자.

TRAVEL POINT

- **이런 사람 팔로우!** 피카소를 좋아한다면, 여유를 즐기고 싶다면
- **여행 적정 일수** 여유롭게 움직이는 1박 2일
- **주요 교통수단** 도보, 버스
- **여행 준비물과 팁** 일요일에 무료 입장 가능한 관광지 체크
- **사전 예약 필수** 피카소 미술관

DAY 1

로마 시대 유적지 둘러보기

소요 시간 5시간

예상 경비
입장료 €12.50 + 교통비 €1.40 + 식비 €15~
= Total €28.90~

점심 식사는 어디서 할까?
구시가지 주변 식당에서

기억할 것 히브랄파로성으로 가는 오르막길이 버겁다면 버스를 이용해도 좋다.

말라가 로마 극장 P.306

도보 1분

말라가 알카사바 P.304

도보 15분

히브랄파로성 P.305

버스 10분

말라게타 해변 P.311

도보 5분

말라가 퐁피두 센터 P.310

도보 15분

저녁 식사
추천 카사 롤라 P.312

DAY 2

피카소와 함께하는 예술 산책

소요 시간 6시간

예상 경비
입장료 €30.50 + 식비 €25~
= Total €55.50~

점심 식사는 어디서 할까?
아타라사나스 중앙시장 내에 있는 식사 코너에서

기억할 것 일요일 오후에 무료 입장 가능한 명소를 미리 체크해두면 여행 경비를 아낄 수 있다.

엥카르나시온 대성당 P.307

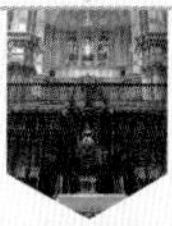

도보 4분

말라가 카르멘 티센 미술관 P.310

도보 10분

아타라사나스 중앙시장 P.311

도보 6분

점심 식사
추천 시장 내 식사 코너 P.311

도보 14분

말라가 피카소 미술관 P.308

도보 4분

피카소 생가 P.309

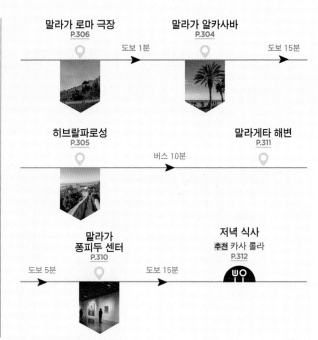

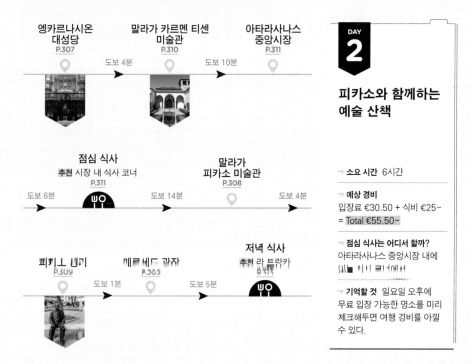

도보 1분

메르세드 광장 P.309

도보 5분

저녁 식사
추천 라 트랄카 P.313

말라가 관광 명소

말라가 해변에서 가까운 구시가지에는 고대와 중세 시대의 로마 유적지를 중심으로 다양한 관광지가 모여 있다. 또한 피카소의 고향답게 피카소 미술관은 물론 세계적인 작가의 작품을 감상할 수 있는 미술관이 곳곳에 포진해 있다.

01

말라가 알카사바

Málaga Alcazaba

추천

이슬람 통치 시대의 유산

이슬람 세력의 지배를 받던 시기에 무어인이 세운 성채. 고대 로마 시대의 요새 터에 건축한 건물로 이중으로 두른 방어벽과 적의 침입을 감시하는 용도의 높은 탑 등 군사기지에 가까운 구조물로 이루어졌다. 또한 정원, 연못, 분수 등을 정비해 궁전과 요새의 면모를 두루 갖추고 있다. 중정을 비롯해 천장과 아치 형태, 기하학 모양의 디자인, 대리석 기둥 등 건물을 구성하는 요소마다 무데하르 건축양식의 특징이 눈에 띈다. 이런 포인트를 확인하며 차근차근 둘러보는 재미가 있다. 히브랄파로성만큼 높은 지대는 아니지만 꽤나 만족스럽게 말라가 시내 전경을 조망할 수 있다. 페니키아인, 로마인, 무어인이 남긴 고고학 자료를 전시한 박물관과 잠시 쉬어 갈 수 있는 카페도 운영한다. 현존하는 알카사바 중 보존 상태가 좋은 편에 속한다고 한다.

가는 방법 말라가 로마 극장에서 도보 1분 **주소** Calle Alcazabilla, 2
문의 630 93 29 87 **운영** 4~10월 09:00~20:00, 11~3월 09:00~18:00
※문 닫기 45분 전 입장 마감, 일요일 14:00부터 무료 입장 **휴무** 1/1, 2/28, 12/25
요금 일반 €3.50, 학생 · 6~16세 · 65세 이상 €1.50 / 알카사바+히브랄파로성 통합권 일반 €5.50, 학생 · 6~16세 · 65세 이상 €2.50 ※5세 이하 무료
홈페이지 www.alcazabamalaga.com

(02)

히브랄파로성

Castillo de Gibralfaro

추천

전망대가 된 옛 요새

929년에 건설한 요새로, 14세기 나스르 왕조의 초절정기를 누린 유수프 1세가 말라가 알카사바를 방어할 군대를 주둔시킬 목적으로 확장 공사를 해 지금의 형태를 갖추었다. 히브랄파로는 아랍어로 산을 뜻하는 '자발Jabal'과 그리스어로 등대를 뜻하는 '파로스Faros'에서 파생한 말로, 이 자리에 성이 세워지기 전부터 망루로 사용되었다는 것을 짐작할 수 있다. 1487년 가톨릭 군주 페르난도 2세와 이사벨 1세 여왕에 맞서 대항했던 무어인이 3개월간 포위되었던 곳이기도 하다. 지금은 말라가에서 가장 높은 전망대 역할을 하며, 정상에 오르면 말라가 항구를 포함해 시내 전경과 푸른 지중해를 감상할 수 있다.

가는 방법 말라가 공원 앞 버스 정류장에서 35번 버스 타고 종점에서 하차
주소 Camino Gibralfaro, 11 **문의** 951 92 60 20 **운영** 4~10월 09:00~20:00, 11~3월 09:00~18:00 ※문 닫기 45분 전 입장 마감, 일요일 오후 14:00부터 무료 입장
휴무 1/1, 12/24~26 **요금** 일반 €3.50, 학생 · 6~16세 · 65세 이상 €1.50 / 알카사바+히브랄파로성 통합권 일반 €5.50, 학생 · 6~16세 · 65세 이상 €2.50 ※5세 이하 무료 **홈페이지** alcazabaygibralfaro.malaga.eu

TIP

히브랄파로성을 오르는 방법 두 가지

❶ 구시가지에서 35번 버스를 타고 종점에서 내리는 방법. 비용이 저렴하고 쉽게 오를 수 있지만 버스가 빙 돌아서 올라가기 때문에 시간이 걸린다. 또 버스가 시간당 1대만 운행해 시간 제약이 따른다.

❷ 말라가 알카사바를 지나 경사진 길을 걸어 올라가는 방법. 가볍게 트레킹하듯 걸어야 하는데 무더위가 기승을 부리면 체력적으로 힘들다. 대신 가는 도중에 전망 포인트가 있어 히브랄파로성에서 보는 것 못지않은 멋진 풍경을 감상할 수 있다.

03

말라가 로마 극장

Teatro Romano de Málaga

잠들어 있던 유적지

안달루시아 지방 유일의 고대 로마 유적이자 말라가에 남아 있는 유적 가운데 가장 오래된 곳. 반경 31m, 높이 16m 정도의 반원형 공간으로 1세기 로마 초대 황제인 아우구스투스 시대에 만들어 3세기까지 사용했다. 로마제국 멸망 후 무어인들이 채석장으로 사용하다가 숱한 세월과 전쟁을 거치면서 오랜 기간 묻혀 있었다. 1951년 문화센터 건립 공사 중 발견해 27년간 발굴 작업 끝에 1978년 완전한 모습으로 공개했다. 원형극장 뒤로 말라가 알카사바의 성벽이 병풍처럼 둘러져 있다.

가는 방법 말라가 알카사바에서 도보 1분
주소 Calle Alcazabilla **문의** 951 50 11 15
운영 화~토요일 10:00~18:00, 일요일 · 공휴일 10:00~16:00
휴무 월요일, 1/1, 1/6, 5/1, 12/24~25, 12/31
요금 무료 **홈페이지** www.juntadeandalucia.es

TIP

구시가지 곳곳에 자리한 역사적 건축물

❶18세기 말라가를 대표하는 건축물 세아 살바티에라 저택Palacio de Zea Salvatierra, ❷19세기 말라가풍 주택의 파사드가 보존된 건물, ❸1600년대 샛길, ❹거리에 설치된 패널을 눈여겨볼 것.

1

2

3

4

04 엥카르나시온 대성당 추천
Catedral de la Encarnación de Málaga

미완성 건축물로 말라가의 랜드마크

'말라가 대성당'으로 더 많이 알려진 말라가 구시가지의 기준점. 안달루시아 지방에 남아 있는 르네상스 건물 중 가장 훌륭하다는 평가를 받고 있다. 스페인의 건축가이자 조각가인 디에고 데 실로에의 설계로 1528년 건축을 시작해 1782년에 완성했다. 원래는 탑을 2개 세우려고 했으나 재정 부족으로 하나만 건설해 '외팔이 여인'이란 뜻의 '만키타La Manquita'라 불리게 되었다.

외벽은 온통 정교한 조각으로 장식되어 있고 내부는 르네상스 양식과 바로크 양식이 적절히 조화를 이루며 많은 작품으로 꾸며져 있다. 중앙의 대규모 신도석 앞에 놓인 17세기 삼나무 성가대석과 조각가 페드로 데 메나가 제작한 일련의 조각상은 예술적으로 뛰어나다고 알려져 있다. 예배당 안에는 성당 이름에서 유래한 성육신(엥카르나시온)과 관련된 작품도 있다.

가는 방법 말라가 피카소 미술관에서 도보 4분
주소 Calle Molina Lario, 9 **전화** 952 22 [illegible]
운영 월~금요일 10:00~18:30, 토요일 · 공휴일 전날 10:00~18:00, 일요일 · 공휴일 14:00~18:00 ※문 닫기 45분 전 입장 마감, 월~토요일 08:30~09:00 · 일요일 08:30~09:30 무료 입장 **휴무** 부정기
요금 일반 €10, 65세 이상 €9, 18~25세 €7, 13~17세 €6, 12세 이하 무료
홈페이지 malagacatedral.com

⑤ 말라가 피카소 미술관 추천

Museo Picasso Málaga

가는 방법 말라가 로마 극장에서 도보 2분 **주소** Palacio de Buenavista, Calle San Agustín, 8
문의 952 12 76 00
운영 3~6월 · 9~10월 10:00~19:00, 7~8월 10:00~20:00, 11~2월 10:00~18:00
※문 닫기 20분 전 입장 마감, 일요일 문 닫기 2시간 전 · 2/28 · 5/18 · 9/27 무료 입장
휴무 1/1, 1/6, 12/25
요금 일반 €9.50, 26세 이하 학생 · 65세 이상 €7, 17세 이하 무료
※특별전은 전시마다 다름
홈페이지 www.museopicasso malaga.org

피카소의 고향에서 만나는 미공개 작품

피카소의 작품을 감상할 수 있는 곳은 파리, 상트페테르부르크, 바르셀로나, 마드리드 등 세계 곳곳에 있지만 말라가는 피카소가 태어나 10세 때까지 살았던 고향이라 더 큰 의미가 있다. 유대인 거주 구역에 1542년에 건립한 부에나비스타 궁전Bien de Interés Cultural을 개조해 만든 말라가 피카소 미술관은 르네상스 양식과 무데하르 양식이 조화를 이룬 전형적인 스페인 건축물이다. 1901~1972년에 피카소가 남긴 작품 중 소품, 미완성 작품을 포함해 200여 점을 소장하고 있다.
독재자 프랑코는 살바도르 달리를 무척 아꼈지만 피카소는 퇴폐 화가로 규정해 멀리했다. 피카소 역시 독재 정권에 저항하는 작품을 남기며 프랑코가 살아 있는 한 스페인으로 돌아가지 않겠다고 선언했고 결국 눈을 감는 날까지 고국 땅을 밟지 못했다. 고향에 미술관을 만들어달라는 피카소의 유언에 따라 스페인 왕가와 안달루시아 지방 정부가 수신하고 피카소의 유족이 작품을 기증해 2003년 이곳이 문을 열었다. 미술관 내부 촬영은 금지되며, 무료 오디오 가이드를 제공한다. 단, 한국어는 지원되지 않는다.

TRAVEL TALK

말라가 피카소 미술관에서 이 작품은 놓치면 안 돼요!

전시된 그림 대다수가 피카소 유족의 소장품이었기에 다른 도시의 피카소 미술관과 달리 지극히 개인적인 작품을 만나볼 수 있습니다. 특히 가족의 초상화를 통해 피카소의 사생활을 간접적으로나마 알 수 있는데요. 일부는 피카소의 화풍이 확고히 형성되기 전인 초기 작품임에도 그의 천재성을 발견할 수 있답니다.

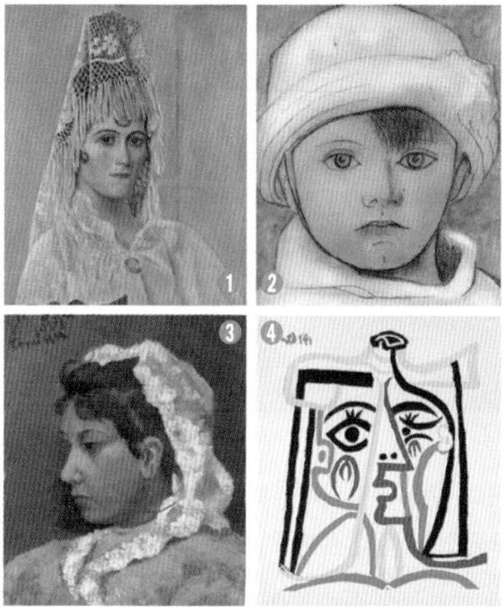

❶ 롤라의 초상Retrato de Lola(1894년)
1번 방, 피카소의 여동생
❷ 파울로의 초상화Portrait of Paulo(1923년)
2번 방, 피카소의 아들
❸ 만티야를 쓴 올가Olga in a Mantilla(1917년)
9번 방, 피카소의 첫 번째 부인
❹ 밀짚모자를 쓴 재클린Jacqueline in a Straw Hat(1962년)
11번 방, 피카소의 두 번째 부인

06 피카소 생가

Museo Casa Natal de Picasso

천재 화가 피카소의 탄생지

1881년 피카소가 태어나 10세 때까지 거주했던 생가가 현재까지 그대로 남아 있다. 19세기 주택의 거실을 재현한 공간을 비롯해 미술학교 교사였던 아버지의 회화 작품, 피카소의 세례식 의상, 어린 시절 사진 등을 전시하고 있다. 생가가 자리한 메르세드 광장Plaza de la Merced은 피카소가 어릴 적 놀이터로 삼았던 곳이다. 당시와 변함없이 비둘기가 자주 보이는데, 피카소는 어릴 적 보았던 비둘기를 그리워해 이와 관련한 다양한 작품을 남겼고 딸 이름도 비둘기라는 뜻의 스페인어 '팔로마'로 지었다고 한다. 메르세드 광장에는 벤치에 앉아 있는 피카소 동상이 있으며, 건너편에는 피카소가 세례받은 산티아고 성당Parroquia Santiago Apóstol Málaga이 있다.

가는 방법 말라가 피카소 미술관에서 도보 4분
주소 Plaza de la Merced **문의** 951 92 60 60
운영 09:30~20:00 ※일요일 16:00~20:00, 2/28 · 5/18 · 9/27 · 10/25 무료 입장
휴무 1/1, 12/25 **요금** 생가 €3(오디오 가이드 포함), 기획전 €3, 생가+기획전 €4
홈페이지 fundacionpicasso.malaga.eu

⑦ 말라가 카르멘 티센 미술관
Museo Carmen Thyssen Málaga

그림 속 스페인 풍경

마드리드의 명소로 꼽히는 티센보르네미사 미술관Museo Nacional Thyssen-Bornemisza의 자매관이다. 16세기 르네상스 양식의 궁전을 개조해 티센 보르네미사 남작의 세 번째 부인의 소장품을 토대로 한 회화 작품을 전시하고 있다. 티센보르네미사 미술관이 전 세계에서 수집한 13~20세기의 작품을 모아놓았다면 이곳은 18~19세기의 스페인 회화, 특히 안달루시아를 중심으로 한 작품을 전시하고 있다. 상설전 〈낭만적인 풍경과 습관〉(1층)과 〈귀여움과 내추럴리스트 회화〉(2층)에는 스페인의 풍경과 일상생활을 엿볼 수 있는 작품이 다수 전시되어 있어 흥미를 끈다.

가는 방법 말라가 피카소 미술관에서 도보 6분
주소 Calle Compañía, 10 **문의** 902 30 31 31
운영 10:00~20:00 ※일요일 16:00~20:00 무료 입장
휴무 월요일, 1/1, 1/6, 12/25
요금 일반 €11, 26세 이하 학생 · 65세 이상 €7, 18세 이하 무료
홈페이지 www.carmenthyssenmalaga.org

⑧ 말라가 퐁피두 센터
Centre Pompidou Málaga

바다 앞에서 펼쳐지는 예술 한마당

프랑스 파리의 퐁피두 센터 별관으로 2015년에 개관했다. 당초 2020년까지 운영할 예정이었으나 2025년으로 기간을 연장했다. 지붕 위의 알록달록한 투명 큐브는 프랑스 예술가 다니엘 뷔랑의 작품이다. 피카소, 호안 미로, 칸딘스키, 샤갈, 마티스 등 친숙한 화가부터 21세기에 주목받는 신진 화가까지 다채로운 작품을 선보인다. 정기적으로 개최하는 기획전도 흥미로운 내용이 많다. 독특하고 창의적인 예술 관련 기념품을 파는 숍도 미술관 못지않은 즐거움을 준다. 말라가항 앞에 위치해 분위기가 색다른 것도 장점이다.

가는 방법 말라게타 해변에서 도보 5분 **주소** Pasaje Doctor Carrillo Casaux **문의** 951 92 62 00
운영 09:30~20:00 ※일요일 16:00~20:00 무료 입장
휴무 화요일(공휴일이거나 공휴일 전날인 경우는 예외), 1/1, 12/25 **요금** 상설전+기획전 일반 €9, 26세 이하 학생 · 65세 이상 €5.50 / 상설전 일반 €7, 26세 이하 학생 · 65세 이상 €4 / 기획전 일반 €4, 26세 이하 학생 · 65세 이상 €2.50
홈페이지 centrepompidou-malaga.eu

⑨ 말라게타 해변
Playa de la Malagueta

말라가인을 위한 코스타델솔

'말라가인의 해변'이라는 뜻을 지녔지만 스페인은 물론이고 유럽 각지에서 관광객이 몰려들 만큼 인기 있는 곳이다. 말라가가 휴양지로 인기가 높아진 이유에는 이 해변의 존재가 컸다. 관광 명소가 밀집한 구시가지에서 가까워 부담 없이 찾아가기 좋고, 이른 봄부터 늦가을까지 해수욕을 즐길 수 있어 물놀이를 좋아하는 이들에게 최고의 선택지가 될 수 있다. 가족, 연인, 친구 등 다양한 연령대가 삼삼오오 모여 해변을 만끽하는 모습은 보는 이들까지 훈훈한 기분을 느끼게 한다. 태양이 매우 강렬한 편이므로 자외선에 대한 대비책도 반드시 마련해두자.

가는 방법 말라가 로마 극장에서 도보 15분
주소 Paseo Marítimo Pablo Ruiz Picasso

⑩ 아타라사나스 중앙시장
Mercado Central Atarazanas

현지인처럼 장보기

싱싱한 농수산물을 저렴하게 판매해 현지인이 즐겨 찾는 재래시장이다. 정면의 스테인드글라스가 아름다운 19세기 건물은 역사적 건축물로 지정되어 있는데, 내부는 현대식으로 깔끔하게 정돈되어 있다. 식사 코너도 있어 간단하게 끼니를 해결하기에도 좋다. 채소, 과일, 생선, 육고기 등 식재료가 풍부해 직접 음식을 만들어 먹을 경우 이 시장에서 모든 것을 해결할 수 있다. 오후 2시까지 영업하지만 판매할 물건이 소진되면 문을 닫는 곳이 많아 오후 1시면 이미 파장하는 분위기이다. 찬찬히 둘러보며 장을 보고 싶다면 오전 중에 방문하도록 하자.

가는 방법 엥카르나시온 대성당에서 도보 6분
주소 Calle Atarazanas, 10 **문의** 951 92 60 10
운영 08:00~15:00 **휴무** 일요일

말라가 맛집

대표적인 스페인 음식 하면 떠오르는 타파스와 추로스는 말라가에서도 인기이다. 어느 도시 못지않은 맛을 추구해 만족스러운 한 끼를 즐길 수 있다. 현지인의 삶 속에 들어간 듯 오랜 세월을 품은 맛집도 많고 커피 한잔 즐기기 좋은 카페도 빼놓을 수 없다.

카사 롤라

Casa Lola

위치 말라가 피카소 미술관 주변
유형 대표 맛집
주메뉴 타파스

☺ → 합리적인 가격의 다양한 타파스 메뉴
☹ → 붐비는 시간에는 테이블 잡기가 어렵다.

말라가 관광의 중심지에 자리한 인기 타파스 전문점. 새우, 연어, 문어 등을 재료로 한 해산물 요리와 더불어 이베리코 돼지고기, 하몽 등을 바게트 빵 위에 얹은 핀초스 메뉴가 주를 이룬다. 접시에 담겨 나오는 타파스 메뉴도 50가지가 넘을 만큼 선택의 폭이 넓다. 영어 메뉴판도 있어 주문이 어렵지 않으며 빵과 올리브는 추가로 돈을 내지 않아도 기본으로 제공한다. 뛰어난 접근성과 합리적인 가격으로 손님들의 발길이 끊이질 않는데, 특히 점심시간(오후 12~1시)과 저녁 시간대(오후 8시 이후)에 많이 붐빈다. 전화 또는 홈페이지(최소 48시간 전)를 통해 테이블 예약이 가능하니 대기 시간을 줄이고 싶다면 이용할 것을 추천한다. 예약하지 않은 경우에는 오픈 시간에 맞춰 가거나 식사 시간을 피해 가는 게 좋다.

가는 방법 말라가 피카소 미술관에서 도보 1분
주소 Calle Granada, 46
문의 95 222 38 14
영업 12:30~24:00
예산 핀초스 €2.40~
홈페이지 grupocasalola.es/casa-lola-malaga

라 트랑카 *La Tranca*

위치 피카소 생가 주변
유형 로컬 맛집
주메뉴 타파스

☺ → 이곳이 바로 로컬 타파스 전문점
☹ → 예약을 받지 않는다.

로컬 분위기를 제대로 느낄 수 있는 타파스 전문점. 관광 중심지에서 살짝 벗어난 곳에 있으며 여행자보다는 현지인 손님 비율이 높다. 카운터 뒤 벽면을 가득 메운 음반 재킷에는 우리에게 익숙지 않은 옛 스페인 가수들의 모습이 담겨 있어 이국의 정취가 물씬 풍긴다. 이곳의 계산 방식 또한 예사롭지 않다. 카운터 위에 분필로 메뉴 가격을 써 내려가며 빠르게 암산하는 종업원의 계산 방식에 혀를 내두르게 될 것이다. 스페인식 미트볼 요리인 알본디가스Albóndigas, 감자 샐러드 엔살라디야Ensaladilla, 새우 꼬치구이 핀초 데 랑고스티노스Pincho de Langostinos 등이 이곳의 주력 메뉴이다. 음료를 주문하며 기본 안주로 나오는 보카브와, 타파스 메뉴를 주문할 때마다 함께 나오는 빵을 무료로 즐길 수 있어 가성비까지 겸비한 곳이다. 영어 메뉴판은 없지만 바에 있는 메뉴를 손가락으로 짚으면서 주문할 수 있어 어렵지 않다. 늦게까지 영업하는 것도 장점이다.

가는 방법 피카소 생가에서 도보 5분
주소 Calle Carretería, 92
문의 61 502 96 69
영업 일~목요일 12:00~01:00, 금요일 12:00~02:00, 토요일 12:00~24:30
예산 알본디가스 €10(타파스 €2.60), 엔살라디야 €7(타파스 €2.20)
홈페이지 www.latranca.es

카사 아란다

Casa Aranda

위치 아타라사나스 중앙시장 주변
유형 대표 맛집
주메뉴 추로스

☺ → 이른 아침부터 영업 시작
☹ → 오후 1~4시 브레이크 타임이 있다.

1932년에 영업을 시작한 말라가 추로스 대표 맛집. 스페인의 다른 도시보다 두껍고 식감이 몰랑몰랑한 안달루시아식 추로스인 포라스Porras를 맛볼 수 있다. 추로스+초콜라테 세트를 주문하면 추로스 3개가 기본으로 나오며 1개(€0.5)씩 추가 주문도 가능하다. 살롱 및 테라스 테이블에 앉아서 먹으면 바에 서서 먹을 때보다 가격이 조금 더 비싸다. 주변에 '카사 아란다'라는 간판을 단 매장이 여럿 있는데, 실은 모두 같은 가게이니 어느 쪽을 선택해도 상관없다.

가는 방법 아타라사나스 중앙시장에서 도보 1분
주소 Calle Herrería del Rey, 2
문의 95 222 28 12
영업 08:00~13:00, 17:00~21:00
예산 추로스 €0.70, 초콜라테 €1.55

카사 미라

Casa Mira

위치 엥카르나시온 대성당 주변
유형 대표 맛집
주메뉴 아이스크림

☺ → 밤늦게까지 즐길 수 있는 아이스크림
☹ → 테이블이 없어 서서 먹어야 한다.

말라가 구시가지 중심이자 쇼핑 메카인 마르케스 데 라리오스 거리Calle Marqués de Larios에 있는 130년 전통의 아이스크림 전문점. 번호표를 뽑고 전광판에 자신의 번호가 표시되면 카운터에서 주문하는 방식이다. 아이스크림 전문점이라고는 생각하지 못할 만큼 간판이 단조로우며, 디스플레이된 것을 보고 메뉴를 고르는 일반 전문점과 달리 스페인어 메뉴판만 있을 뿐이다. 시식은 가능하며 피스타치오, 아몬드, 헤이즐넛 등 견과류 맛을 추천한다.

가는 방법 엥카르나시온 대성당에서 도보 2분 **주소** Calle Marqués de Larios, 5 **문의** 95 222 30 69 **영업** 일~목요일 10:30~22:00, 금요일 10:30~01:00, 토요일 10:30~24:00, 공휴일 10:30~23:00 **예산** 쿠쿠루초Cucurucho(콘) €2.80~, 타리나스Tarrinas(컵) €3.10~

엘 울티모 모노 주스 & 커피
El Último Mono Juice & Coffee

위치 엥카르나시온 대성당 주변
유형 대표 맛집
주메뉴 커피, 생과일 주스

☺ → 시원하고 맛있는 무설탕 주스
☹ → 스페인어 메뉴판만 있다.

말라가의 뜨거운 태양 아래서 관광하다가 지쳤을 때 들르기 좋은 카페. 그늘진 테라스의 테이블에 앉아 오가는 사람들을 구경하며 시원한 주스 한잔으로 휴식을 취하기에 더할 나위 없다. 한 사람 한 사람을 단골손님 대하듯 친근하게 대하는 직원의 친절함과 유쾌함에 기분이 더욱 좋아진다. 자가 배전한 스페셜티 커피를 내며 생과일로 만든 착즙 주스 리쿠아도스Licuados, 셰이크 바티도스Batidos, 스무디 등 산뜻한 주스 계열 메뉴도 다양해 선택의 폭이 넓다.

가는 방법 엥카르나시온 대성당에서 도보 2분
주소 Calle Sta. Maria, 9
문의 95 100 00 00
영업 09:00~19:30 **휴무** 일요일
예산 커피 €1.40~, 착즙 주스 €3.40~

미아 커피 하우스
Mia Coffee House

위치 말라가 카르멘 티센 미술관 주변
유형 신규 맛집
주메뉴 커피

☺ → 저렴하고 맛 좋은 스페셜티 커피
☹ → 테이블 수가 적다.

말라가 시내 중심부에 위치한 이곳은 동네 인기 카페로 사랑받고 있다. 가게 앞은 커피를 테이크 아웃하려는 손님들로 늘 붐빈다. 인기 비결은 단연 뛰어난 커피 맛에 있다. 과테말라, 에티오피아, 케냐, 콜롬비아 등에서 엄선한 원두를 자가배전한 스페셜티 커피는 맛에 한 번 놀라고 저렴한 가격에 또 한 번 놀라게 한다. 쿠키, 케이크, 브라우니 등 커피에 곁들여 먹기 좋은 베이커리 메뉴도 있고 무더위를 날려줄 아이스커피도 준비되어 있어 더욱 반갑다.

가는 방법 말라가 카르멘 티센 미술관에서 도보 1분
주소 Plaza de los Mártires Ciriaco y Paula, 4
문의 67 144 76 79 **영업** 화~금요일 09:30~18:00, 토요일 10:00~18:00 **휴무** 일 · 월요일
예산 플랫 화이트 €2.20, 카페라테 €2.70

Another Trip

안달루시아의 에센스처럼 촉촉한 도시

미하스 MIJAS

산 중턱에 자리해 평균 고도가 400m에 이르는 도시가 여행자를 끌어당기는 이유는 뭘까? 마을 전체가 하얀 집으로 가득한, 그림엽서에서나 볼 듯한 아기자기하고 예쁜 풍경이 눈앞에서 펼쳐지기 때문이다.

가는 방법

말라가에서 미하스를 가는 방법은 두 가지. 첫 번째는 말라가 버스 터미널에서 버스 회사 아반사AVANZA가 운행하는 미하스행 버스 M-112번을 타고 가는 방법이 있다. 1일 2~4편 운행하고 1시간~1시간 40분 소요된다. 두 번째는 말라가 센트로-알라메다Málaga Centro-Alameda역 또는 말라가 마리아 삼브라노Málaga Maria Zambrano역에서 세르카니아스Cercanias C1선 열차를 타고 종점 푸엥히롤라Fuengirola에서 하차한 다음, 역 부근 버스 정류장에서 말라가 광역버스 M-122번을 타면 미하스에 도착한다. 운행 편수가 적은 직행버스 시간을 맞추기 어렵다면 환승을 한 번 하더라도 열차를 이용하는 것이 좋다. 푸엥히롤라에서 미하스로 가는 버스는 자주 있다.

- **말라가 버스 터미널** 주소 Calle Eguiluz, 5 요금 편노 €2.40
- **말라가 센트로-알라메다역** 주소 Málaga Centro-Alameda 요금 €2.30
- **푸엥히롤라 버스 정류장** 주소 Av. Matías Sáenz de Tejada, 6 요금 €1.55

놓치면 아쉬운 미하스의 명소

자그마한 마을 속 지형지물을 이용해 적재적소에 자리 잡고 있는 건물들이 저마다 개성을 뽐내고 있다. 거리를 충분히 만끽한 후 잠시나마 여유가 생긴다면 미하스의 랜드마크와 마스코트를 만나러 가보자.

① 산세바스티안 거리 *Calle San Sebastián*

미하스의 상징적인 모습은 이 거리에서 정점을 찍는다. 파란 하늘과 푸른 산이 배경이 되면서 줄지어 서 있는 새하얀 건물이 삼위일체를 이룬다. 여기에 건물 밖으로 무심하게 내걸린 화분이 악센트가 되어 눈을 즐겁게 해주는 풍경을 연출한다. 이 지역은 겨울에도 기온이 최고 20℃ 정도로 연중 온화한 지중해기후이다. 사계절 내내 내리쬐는 강렬한 햇볕을 견뎌내기 위해 건물 외벽을 하얀색으로 칠해 빛을 반사시킨다고 한다. 하얀색 외벽은 벌레의 접근을 막기 위한 목적도 있다고 알려져 있다. 매년 세 번씩 정기적으로 도색해 언제 방문해도 새하얀 풍경을 만끽할 수 있다.

거리 초입에 자리한 산세바스티안 성당Ermita de San Sebastián에서 이 거리의 이름이 유래했다. 1674년 왕족의 보시로 세워진 이 성당은 외벽과 마찬가지로 내부도 새하얗게 칠해 통일감을 주었으며 전체적으로 아담하면서 소박한 분위기를 자아낸다. 성당 주변은 각종 음식점과 기념품점이 들어서 있으며 마을의 중심지 역할을 한다. 세련된 문패와 가로등으로 장식한 건물, 벽에 걸어둔 컬러풀한 수공예품은 거리 풍경을 더욱 풍성하게 만들어준다. 단 몇 초 만에 마음을 빼앗기는 풍경은 이곳을 방문해야 하는 분명한 이유가 된다.

가는 방법 미하스 푸에블로Mijas Pueblo 버스 정류장에서 도보 4분
주소 Calle San Sebastián

② 페냐 성모 성당 *Ermita de la Virgen de la Peña*

'바위 성모 은둔지'라 불리는 동굴 성당. 17세기 카르멜 수도회의 한 수도사가 바위를 뚫고 지은 작은 성당이다. 미하스 수호 성녀인 페냐 성녀를 모시고 있다. 이슬람교도 세력이 수백 년이 넘도록 이베리아반도를 지배하던 시절, 당시 성모 마리아상의 행방이 묘연한 상태였다. 1586년 마을의 양치기 형제가 비둘기 한 마리에 이끌려 어떤 성에 도달했다. 그들의 아버지인 석수장이가 우연히 성벽에 숨겨져 있던 성모 마리아상을 발견했고 이를 모시고자 성당을 짓게 되었다는 전설이 전해 내려온다. 마을 주민과 여행자가 평안을 얻을 수 있는 작은 예배당이 마련되어 있어 마음의 안식처로 인기가 높다. 성당 앞에서는 미하스의 아름다운 경치를 조망할 수 있다.

가는 방법 산세바스티안 거리에서 도보 5분 **주소** Av. del Compás, 7

③ 미하스 투우장 *Plaza de Toros de Mijas*

현존하는 세계에서 가장 작은 투우장이다. 500명을 수용할 수 있는 규모로 직사각형에 가까운 타원형을 이루며, 하얀색 외벽으로 둘러싸여 있다. 커다란 암석 위에 세우느라 이러한 형태로 지을 수밖에 없었다고 한다. 매주 일요일에 투우 경기가 열리는데, 규모가 작아 가까운 거리에서 경기를 지켜볼 수 있다. 경기를 관람하지 않더라도 경기장에서 바라보는 마을 풍경이 멋지니 일부러 들어가보는 것도 좋다.

가는 방법 산세바스티안 거리에서 도보 2분 **주소** Calle Cuesta de la Villa, 0, 29650 **운영** 여름철 월~금요일 11:00~21:00, 토 · 일요일 11:00~19:00 / 겨울철 10:30~19:00 **요금** €4

④ 당나귀 택시 *Paseo Burros Taxi*

1960년대까지 산마을 사람들이 출퇴근에 이용하던 당나귀를 관광용으로 활용한 미하스의 명물. 좁은 골목을 구석구석 편안하게 누비고 다니며 추억을 쌓을 수 있다. 당나귀를 직접 타는 것은 €15(1인), 당나귀가 끄는 마차를 타는 것은 €20(2인)로 15~20분간 동네 한 바퀴를 돈다. 당나귀와 함께 사진을 찍으려면 €2를 더 지불해야 된다.

가는 방법 라 페냐 성모 광장에 위치
주소 Av, Plaza Virgen de la Peña, 29650

새하얀 마을 풍경을 탁 트인 시야로 감상할 수 있는 뷰 포인트를 놓치지 마세요. 마을에서 가까이 바라보는 것 못지않게 멀찍이 바라보는 풍경도 장관을 이룬답니다. 투우장 뒤편의 무로스 거리Calle Muros와 칸테라스 거리Calle Canteras를 걷다 보면 파노라마 뷰가 펼쳐져요. 음식점 라 보데가 델 플라멩코La Boveda del Flamenco에서 길이 시작됩니다.

주소 Plaza de la Constitución, 15

《 Another Trip 》

천국보다 아름다운 휴양 도시

네르하 NERJA

지중해 끄트머리에 자리한 안달루시아 남부 지방의 대표적인 휴양지이자 마을이 온통 새하얗게 칠해진 네르하. 해안에 불쑥 튀어나온 지형에서 바라보는 끝없는 수평선이 아름다워 이 도시를 '유럽의 발코니'라 불린다.

가는 방법

말라가와 그라나다에서 모두 버스가 연결되어 쉽게 이동할 수 있으나 요금과 소요 시간을 고려하면 말라가에서 출발하는 것이 좋다. 각 버스 터미널에서 티켓을 구매할 수 있으며, 스페인 최대 버스 회사인 알사ALSA 홈페이지나 애플리케이션으로 예약이 가능하다.

홈페이지 www.alsa.es

• 말라가에서 들어가기

말라가 버스 터미널에서 네르하행 알사 버스를 타고 50분~1시간 20분쯤 가면 네르하 버스 정류장에 도착한다. 티켓은 편도보다 왕복으로 구매하는 것이 조금 더 저렴하다. 말라가 중심가에서 가까운 푸에르토 말라가 Puerto Málaga 시외버스 정류장에서도 이 버스를 탈 수 있다.

주소 말라가 버스 터미널 Calle Eguiluz, 5 / 푸에르토 말라가 시외버스 정류장 Avenida de Manuel Agustín Heredia, 1

요금 편도 €5.20, 왕복 €9.41

• 그라나다에서 들어가기

그라나다 버스 터미널에서 네르하행 알사 버스를 타면 2시간 소요된다. 1일 5편 운행하며 네르하에서 오후 7시에 마지막 버스가 출발하므로 이를 염두에 두고 일정을 계획하면 좋다.

주소 그라나다 버스 터미널 Av. de Juan Pablo II, 33

요금 편도 €12.37, 왕복 €22.31

TIP

네르하 시내를 오가는 버스는 터미널이 아닌 대로변의 정류장에서 정차한다. 티켓은 길 한쪽에 있는 판매소에서 구매하고 승차 시 운전기사에게 직접 돈을 내도 된다. 정류장에서 발콘 데 에우로파까지 도보 15분 정도 소요된다.

주소 네르하 버스 정류장 Calle Antonio Jiménez, 4

발콘 데 에우로파

지중해를 향해 돌출된 벼랑 위에 세워진 전망대 발콘 데 에우로파 Balcón de Europa는 네르하의 대명사로 불린다. 9세기 무렵 이슬람 세력의 지배를 받던 시절 해적의 공격을 감시하기 위해 세운 요새가 있던 자리이다. 1812년 전쟁으로 인해 요새가 파괴되었으나 대포 2대가 현재까지 그 자리를 지키고 있다. 이후 1884년 스페인 남부 지방에 지진이 발생해 당시 스페인 국왕 알폰소 12세가 이 도시를 방문하게 되었다. 이곳의 풍경에 큰 감동을 받은 왕은 "이것이 유럽의 발코니다"라며 감탄했고, 네르하는 안달루시아의 대표 도시로 떠오르게 되었다. 야자수가 즐비한 거리와 아치형 테라스를 지나면 길 끝에 자리한 원형 광장에 도착하게 된다. 이곳에서 드넓은 지중해를 180도로 조망할 수 있으며, 사람들이 한가로이 물놀이를 즐기는 해변 풍경은 시원하고 상쾌한 기분을 안겨준다. 발코니 난간에 서 있는 동상은 이곳을 '유럽의 발코니'라 명명한 알폰소 12세를 기념하고자 세운 것이다.

가는 방법 네르하 버스 정류장에서 도보 15분 **주소** Plaza Balcón de Europa

TIP

발콘 데 에우로파에서 부리아나 해변으로 향하는 카라베오 거리Calle Hernando de Carabeo를 끝까지 걸으면 또 다른 전망 포인트인 벤디토 테라스Mirador Del Bendito가 나온다.

주소 Calle Hernando de Carabeo

《 Another Trip 》

네르하에서 놓치면 아쉬운 해변

코스타델솔에서 즐기는 물놀이만큼 지중해를 만끽하는 방법도 없다. 촉박한 일정 때문에 보고만 지나쳐야 하는 '그림의 떡'이라 하더라도 잠깐의 틈을 타 찰나의 망중한을 누려보자. 당장 뛰어들고 싶은 푸른 바다와 따사로운 햇살이 여행자를 반긴다.

① 부리아나 해변 *Playa de Burriana*

네르하에서 가장 길고 규모가 큰 해변이다. 주변에 호텔과 리조트가 밀집해 있으며 음식점과 쇼핑 시설도 있고 접근성이 좋기로 알려져 있다. 사계절 내내 온난한 기후를 자랑하는 네르하는 바닷물 역시 물놀이를 즐기기에 딱 좋은 온도를 유지한다. 제트스키, 카약, 보트 등 해양 스포츠도 가능하다. 화장실, 탈의실, 샤워 시설도 갖추어진 더할 나위 없이 완벽한 해변이라 할 수 있다. 라이프가드가 상주해 정기적으로 순회하는 것도 안심되는 부분이다. 여름 성수기에는 이른 아침에 가서 자리를 잡아야 할 만큼 인기가 높다. 해양 스포츠를 즐기고 싶다면 주변 업체에 문의하자.

② 그 외 해변

발코 데 에우로파를 사이에 두고 서쪽에는 살롱 해변Playa el Salón이, 동쪽에는 칼라온다 해변Playa Calahonda이 자리한다. 두 곳 모두 모래사장이 작은 아담한 해변으로 부리아나 해변에 비해 방문자가 적어 한적하다. 살롱 해변은 해변을 둘러싸고 있는 거대한 바위가 바람을 차단해 파도가 잔잔하다. 칼라온다 해변은 스페인의 인기 드라마 시리즈를 촬영한 곳이라 현지인의 발길이 끊이지 않는다. 카라베오 해변Playa Carabeo은 규모는 작지만 샤워 시설, 파라솔과 선베드 대여점 등이 알차게 갖추어져 있다.

TRAVEL TALK

크로마뇽인이 살았던 동굴

네르하는 고대 페니키아인이 개척하면서 마을이 시작되었다고 알려져 있다가 1959년 인근에서 네르하 동굴Cueva de Nerja이 발견되면서 크로마뇽인이 살았던 선사시대에도 이미 존재했음이 증명되었어요. 몇백 년에 걸친 물의 침식으로 형성된 동굴에서 선사시대의 벽화와 석기가 발견되었으나 아쉽게도 이 부분은 공개하지 않고 있어요. 하지만 종유석과 석순이 조명과 어우러진 모습만으로도 방문할 가치가 있으니 시간 여유가 있다면 들러보세요.

가는 방법 네르하 버스 정류장에서 네르하(쿠에바스)Nerja(Cuevas)행 알사 버스를 타고 종점에서 하차한다. 10분 소요, 버스 요금은 편도 €1.20 **주소** Ctra. de Maro **문의** 952 52 95 20
운영 09:30~16:30(부활절 · 여름철 09:30~19:00) ※문 닫기 1시간 전 입장 마감
휴무 1/1, 5/15 **요금** 현장/온라인 일반 €17.50/€15.50, 6~12세 · 65세 이상 €15.50/€13.50
※온라인 예매 수수료 €1 **홈페이지** www.cuevadenerja.es

다양한 문화를 간직한 스페인의 산토리니

프리힐리아나 FRIGILIANA

스페인 사람들이 선정한 '가장 아름다운 마을'의 영예는 알미하라Almijara산맥에 걸쳐 있는 자그마한 산간 마을에 돌아갔다. 동화 속 같은 순백의 마을 풍경 덕에 '스페인의 산토리니'라는 별명이 붙었지만 아름다운 풍경 이면에 감추어진 기나긴 역사는 마을이 지닌 반전 매력이다.

가는 방법

대중교통을 이용하는 여행자라면 네르하를 통해서만 갈 수 있다는 점을 명심하자. 말라가나 그라나다에서 네르하로 이동한 뒤 버스 정류장에서 버스 회사 그루포 파하르도GRUPO FAJARDO가 운행하는 프리힐리아나행 직행버스를 타고 20~30분 가면 도착한다. 1일 7~13회 운행하는데 일요일과 공휴일은 편수가 매우 적다. 요금은 승차 시 운전기사에게 직접 현금으로 내면 된다.

주소 네르하 버스 정류장 Av. de Pescia, s/n
요금 편도 €1.50 **홈페이지** grupofajardo.es/nerja

역사 간단히 살펴보기

기원전 6세기경 지중해 무역을 독점했던 페니키아인에 의해 이곳에 처음 마을이 형성되었다. 206년 이 마을에 정착한 로마인 중 거부 프렉시니우스Frexinius의 이름을 따 프렉시니우사나Frexiniusana라 부르다가 점차 변형되어 프리힐리아나가 되었다고 한다. 이후 711년에 이곳에 온 북아프리카의 이슬람교도 무어인은 장기간 마을 주민과 평화롭게 지냈다고 전해진다.

약 800년간 지배를 받던 이슬람으로부터 벗어나기 위한 스페인 투쟁의 역사 레콩키스타(국토회복운동)는 프리힐리아나에도 큰 영향을 미쳤다. 그라나다에서 쫓겨난 무어인이 프리힐리아나의 무어인과 힘을 합쳐 이곳에서 반란을 일으켰으나 스페인의 승리로 막을 내렸다. 이렇듯 이 마을은 유대교, 이슬람교, 기독교 세 종교의 영향권 아래 있었기 때문에 다양한 문화가 공존하게 되었다. 서로를 존중하는 관습이 그대로 이어져 오늘날에도 함께 공존하며 살자는 뜻에서 매년 8월 마지막 주에 축제를 열기도 한다.

« Another Trip »

놓치면 아쉬운 프리힐리아나의 명소

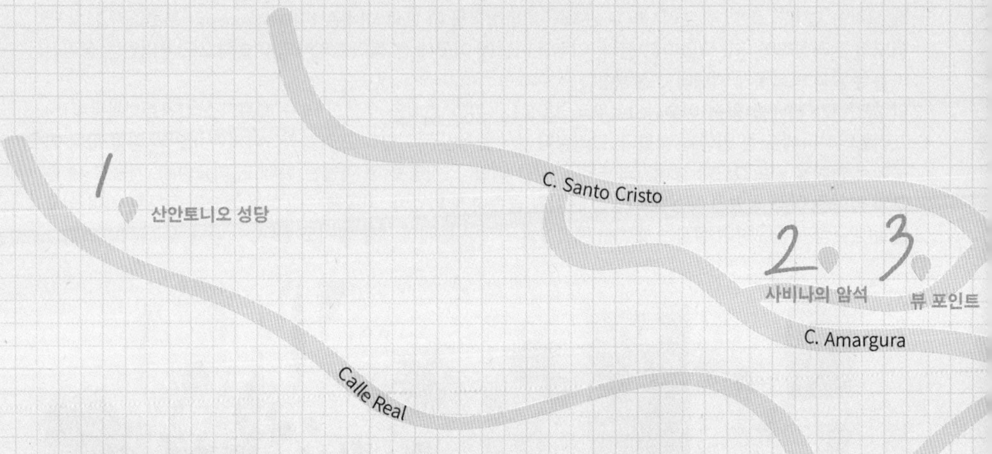

❶ 산안토니오 성당 Parroquia de San Antonio de Padua

15세기까지 이슬람교의 예배당인 모스크였으나 16세기 기독교도에 의해 르네상스 양식의 성당으로 재건되었다. 건물의 종루에만 모스크의 옛 자취가 남아 있다.

주소 Calle Real, 100 **문의** 952 53 30 80 **운영** 여름철 12:30~20:00, 겨울철 12:30~19:00 **휴무** 월 · 목 · 토요일

❷ 사비나의 암석 Peñon de La Sabina

1936년 1월 27일 내린 폭우로 암석이 쓸려 내려왔는데 이를 철제 밧줄로 고정한 후 경계심을 늦추지 말자는 의미에서 철거하지 않고 그대로 두었다.

주소 Callejon del Peñon, 25

❸ 뷰 포인트 Vista Panorámica

꼬불꼬불한 골목길을 따라 언덕을 올라가다 보면 나오는 작은 전망대로, 구시가지에서 신시가지의 풍경을 볼 수 있는 곳이다. 곳곳에 피어 있는 부겐빌레아가 마을에 화려한 색감을 더한다.

주소 Callejon del Peñon, 14

TIP

마을을 핑크빛으로 물들이는 부겐빌레아꽃은 프리힐리아나의 또 다른 상징이다. 개화 시기는 4~5월, 9~10월로 마을의 하얀 집과 어우러져 그림 같은 풍경을 연출한다.

④ 곡물 저장고
Los Reales Pósitos

풍년으로 넘쳐나는 곡물을 저장하기 위해 1767년에 건축한 건물이다. 건축 당시의 모습이 보존된 부분은 건물 정면에 벽돌로 만든 아케이드와 저장고이다.

주소 Calle Real, 1

⑤ 프리힐리아나 백작 궁전
Palacio de los Condes de Frigiliana o El Ingenio

16세기 말 프리힐리아나의 영주이자 스페인 귀족 라라Lara 가문의 대저택. 현재는 프리힐리아나 특산품인 아랍식 사탕밀 공장으로 운영하고 있다.

주소 Calle Real, 2

⑥ 고고학 박물관
Museo Arqueológico

프리힐리아나의 역사와 문화 관련 자료를 전시한 자그마한 박물관으로 관광 안내소 2층에 자리해 있다. 건물 자체도 17세기에 건축한 역사 유산이다.

주소 Calle Cuesta del Apero, 12
요금 무료 **홈페이지** www.museodefrigiliana.org

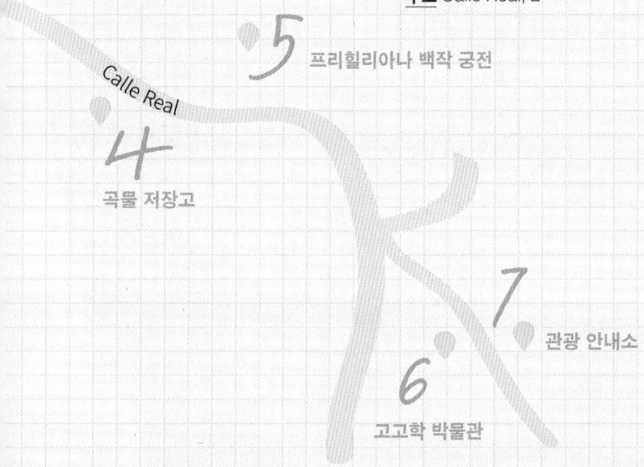

⑦ 관광 안내소
Oficina de Turismo

신시가지 초입에 위치한 관광 안내소 1층에서 마을 지도와 버스 시간표 등을 확인할 수 있다. 한쪽에 프리힐리아나의 모습을 미니어처로 만들어 전시하고 있다. 건물 옥상 전망대에서 구시가지 풍경을 바라볼 수 있다.

주소 Calle Cuesta del Apero
문의 952 53 42 61
운영 7/1~9/15 월~토요일 10:00~14:30, 17:30~21:00, 일요일·공휴일 10:00~14:30 / 9/16~6/30 월~금요일 10:00~18:00, 토요일 10:00~14:00, 16:00~20:00, 일요일 10:00~14:00
홈페이지 www.turismofrigiliana.es/en

마을 외벽 곳곳에 부착된 아트 타일은 16세기 스페인의 무어인 박해 정책에 시달리는 무어인의 모습을 담아낸 것입니다. 그라나다에서 시작된 반란이 프리힐리아나까지 이어져 큰 싸움으로 번졌는데 이러한 역사를 그림으로 담아낸 것이지요.

FOLLOW

빌바오와 주변 도시

빌바오
BILBAO
P.328
P.348
산세바스티안
SAN SEBASTIÁN
P.357
사라고사
ZARAGOZA

BILBAO

빌바오

20세기 중반까지 철강과 조선으로 번영을 누렸지만 1980년대에 접어들어 철강 산업이 쇠퇴하면서 활기를 잃게 된 도시 빌바오. 그러나 1990년대 정부가 거물급 건축가를 영입한 대규모 건축물 건설과 도시 전반부를 갈고 닦는 기초공사 프로젝트를 진행, 성공적인 모델로 자리 잡아 바스크 지방의 대표 도시로 거듭났다. 뉴욕의 구겐하임 미술관 분관 건립을 시작으로 건축과 미술을 접목시킨 훌륭한 건물이 들어서면서 공업을 내세웠던 도시가 점차 예술을 테마로 한 아트 시티로 변모해 세계적인 명성을 얻게 되었다. 이에 전 세계 수많은 여행자를 불러들여 어마어마한 경제적 부가가치를 창출하자 '빌바오 효과'라는 용어까지 생겨났다. 미식에도 일가견이 있는 바스크 지방에 속해 있는 만큼 맛집이 많은 곳으로도 알려져 있다

IBERDROLA

빌바오 들어가기

스페인 북부 지역 교통의 허브이자 중심지 역할을 하는 빌바오는 다양한 교통수단을 이용해 들어갈 수 있다. 빌바오 공항은 스페인의 대표적인 저가 항공인 부엘링항공의 허브 공항으로 이용되며, 스페인 국내는 물론이고 유럽 주요 도시와 연결되는 항공편이 많은 편이다.

비행기

주소 Aeropuerto Bilbao, Puerta Embarque 5
홈페이지 www.aena.es/es/aeropuerto-bilbao/index.html

우리나라에서 빌바오로 가는 직항편은 없다. 스페인 마드리드나 바르셀로나 또는 유럽 주요 도시를 거쳐 들어갈 수 있다. 시내에서 북동쪽으로 약 13km 떨어져 있는 빌바오 공항Aeropuerto de Bilbao(BIO)은 이지젯, 이베리아항공, 볼로테아항공 등 주요 항공사가 취항하며 저가 항공사 부엘링항공의 허브 공항 기능을 한다. 빌바오 공항은 스페인의 대표 건축가 산티아고 칼라트라바가 설계해 2000년에 문을 열었다. 날개를 편 새 모양을 한 외관이 디자인 도시의 면모를 여실히 보여준다. 터미널은 1개이며 관광 안내소, ATM, 환전소, 카페 등 각종 편의 시설이 갖춰져 있다.

공항에서 시내로 이동하기

빌바오 시내로 이동하는 대중교통은 비스카이부스Bizkaibus 회사에서 운영하는 A3247번 버스가 유일하다. 빌바오 구겐하임 미술관 주변을 거쳐 빌바오 버스 터미널까지 연결한다. 공항 도착 로비에 있는 빌바오 교통국 비스카이아Bizkaia 매표소에서 승차권이나 충전식 교통카드인 바리크 카드Barik Card를 구입해 사용한다. 짐이 많거나 숙소로 이동하기 번거롭다면 택시나 모바일 차량 배차 서비스인 우버를 이용하자.

• A3247번 버스

운행 공항 → 시내 06:00~24:00, 시내 → 공항 05:20~22:00(배차 간격 20분)
요금 편도 현금 €3, 바리크 카드 €1.14
소요 시간 12~15분
노선 공항 → 시내 빌바오 공항Aeropuerto → 빌바오 구겐하임 미술관 부근(Alameda Recalde 14) → 그란 비아 46Gran Vía 46 → 그란 비아 74Gran Vía 74 → 빌바오 버스 터미널Termibus
시내 → 공항 빌바오 버스 터미널Termibus → 그란 비아 79Gran Vía 79 → 모유아 광장 부근Moyua Plaza → 빌바오 구겐하임 미술관 부근(Alameda Recalde 11) → 빌바오 공항Aeropuerto
홈페이지 web.bizkaia.eus/es/web/bizkaibus

• 택시

운행 24시간
요금 €25~30 ※주말 22:00~07:00, 공휴일, 야간에는 할증 요금이 부과된다.
소요 시간 시내 중심가까지 13~15분

버스

대대적인 공사를 마치고 2019년 11월 새롭게 문을 연 빌바오 버스 터미널 Termibus Bilbao은 산마메스 경기장 부근에 있다. 알사, 플릭스버스, 블라블라버스, 위버스 등 다양한 회사에서 스페인 주요 도시 간 장 · 단거리 버스를 운행한다. 버스 터미널이 시내 중심부와 가까워 이동하기 쉽다. 시내버스 · 트램 정류장, 렌페 세르카니아스역과 메트로역이 인접해 있어 목적지에 따라 어느 교통수단을 이용해도 편리하다. 정류장과 역명은 모두 '산마메스San Mamés'이다.

주소 Bilbobus, Kalea Luis Briñas, 27 **홈페이지** 알사 www.alsa.es / 페사 www.pesa.net

빌바오-주요 도시 간 버스 운행 정보

출발지	운행 회사	운행 편수(1일)	소요 시간	요금(편도)
산세바스티안	ALSA · PESA	10편	1시간 20분~2시간 5분	€8~
사라고사	ALSA	7편	3시간 35분~4시간 20분	€22~
마드리드	ALSA	10편~	4시간 5분~5시간	€34~

열차

빌바오는 교통의 요지답게 시내에 2개의 기차역이 있다. 스페인 국영 철도 렌페Renfe의 주요 열차가 발착하는 아반도 인달레시오 프리에토역Estación Abando Indalecio Prieto, 산탄데르Santander와 레옹León 등을 연결하는 협곡 열차 페베Feve의 전용 역인 라 콩코르디아역Estación de La Concordia을 비롯해 산세바스티안 등 바스크 지방을 운행하는 에우스코트렌Euskotren 열차의 전용 역인 마티코역 Matiko, 카스코비에호역Casco Viejo 등이 있다. 여행자가 주로 이용하는 역은 아반도 인달레시오 프리에토역이다. 페베나 에우스코트렌은 버스보다 소요 시간이 긴 편이라 시간이 중요한 여행자에게는 적합하지 않다. 역 주변에는 메트로, 트램, 버스가 정차하는 역과 정류장이 많아 이동 수단의 선택지가 다양하다. 아반도 인달레시오 프리에토역과 가까운 정류장과 역명은 모두 '아반도Abando'이다.

주소 아반도 인달레시오 프리에토역 48008 Bilbao, BI / 라 콩코르디아역 Bailén Kalea, 2 마티코역 Tiboli Kalea, 21 / 카스코비에호역 San Nicolas Plaza, 2 **홈페이지** www.renfe.com

빌바오-주요 도시 간 열차 운행 정보

출발지	열차 종류	운행 편수(1일)	소요 시간	요금(편도)
산세바스티안	Euskotren	10편~	2시간 35분	€24~
사라고사	ALVIA	3편	4시간 30분	€34~
마드리드	ALVIA	2편	4시간 30분	€25~

※고속 열차 ALVIA, 협곡 열차 Euskotren

TRAVEL TALK

빌바오의 아름다운 기차역, 놓치지 마세요!

전 스페인 국방장관이자 바스크 분리 독립운동의 선봉자인 인달레시오 프리에토에서 이름을 따온 아반도 인달레시오 프리에토역은 1902년 모데르니스모 양식으로 지은 건물로 이국적이면서 고풍스러운 분위기를 풍깁니다. 빌바오의 산업과 역사를 테마로 한 거대한 스테인드글라스와 프리에토의 청동상을 눈여겨보세요.

빌바오 시내 교통

스페인 북부 최대 도시인 만큼 시내를 잇는 교통수단이 여러 가지 있지만 관광 명소가 모여 있는 중심지는 넓은 편이 아니라 걸어 다녀도 무리가 없다. 빌바오에서 교통수단을 자주 이용할 계획이라면 충전식 교통카드인 바리크 카드를 구입하는 게 좋다.

메트로
Metro

메트로는 3개 노선을 운영한다. 빌바오 버스 터미널과 연결되는 산마메스San Mamés역과 구시가지인 카스코비에호와 연결되는 사스피 칼레아크Zazpi Kaleak역 구간은 1 · 2호선 모두 지나간다. 요금은 3개 존으로 나뉘는데 시내 중심가는 1존에 속한다. 관광 명소는 대부분 메트로역과 거리가 멀어서 많이 걸어야 하므로 이동 시 다른 교통수단을 추천한다. 버스 터미널이나 아반도 인달레시오 프리에토역, 카스코비에호로 이동할 때는 메트로를 이용하는 게 좋다.

주의 메트로역에서 관광 명소까지 도보로 한참 이동해야 한다.
운행 월~목요일 06:00~23:00, 금~일요일 06:00~02:00
요금 1회권 €1.70~1.95, 바리크 카드 €0.96~1.23
홈페이지 www.metrobilbao.eus/en

트램
Tranvía

에우스코트렌이 운행하는 트램은 단 1개 노선이다. 빌바오 버스 터미널을 비롯해 빌바오 구겐하임 미술관, 수비수리, 누에바 광장, 리베라 시장, 아반도 인달레시오 프리에토역까지 관광 명소가 몰려 있는 시내 중심가에 각각 정류장이 있어 걷고 싶지 않은 여행자에게 고마운 교통수단이다.

주의 1회권은 탑승하기 전에 자동 발매기 옆 초록색 개찰기에 티켓을 넣어 개시하고 승차해야 한다.
운행 월~금요일 05:58~22:58, 토 · 일요일 · 공휴일 06:58~22:43
요금 1회권 €1.50, 바리크 카드 €0.73
홈페이지 www.euskotren.eus/tranvia

TIP

빌바오 교통카드, 바리크 카드

바리크 카드Barik Card는 빌바오의 대중교통 이용 시 사용하는 충전식 교통카드이다. 교통수단마다 운영 회사는 다르지만 카드는 공통으로 사용할 수 있다. 개찰 후 45분 이내에 환승 가능하며 이 경우 1회권을 사용할 때보다 요금이 훨씬 저렴하다. 또 1장의 카드로 최대 10명까지 이용할 수 있어 일행이 많을 때 편리하다. 대중교통을 자주 이용하는 경우에는 바리크 카드를 구입하는 게 유용하다. 공항 내 매표소, 메트로역, 관광 안내소에서 판매한다. 처음 카드를 구입할 때 카드 발급비를 포함해 최소 €5이며 이후 1회 최소 충전 금액도 €5이다. 카드 발급비와 잔액은 환급되지 않으니 얼마나 이용할지 따져본 후에 충전하는 게 좋다.

요금 €5~(보증금 €3 포함)

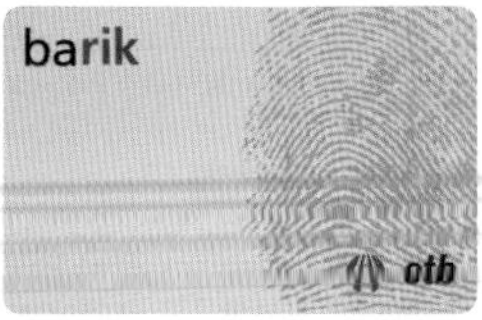

렌페 세르카니아스
Renfe Cercanías

빌바오와 근교 도시를 연결하는 렌페 세르카니아스는 국영 철도 렌페가 운행한다. 총 3개 노선이 있는데 여행자가 이용하는 노선은 시내 중심가에서 비스카야 교로 가는 C1선이다.

주의 시내에서는 이용할 일이 없다. **운행** 05:18~23:18 **요금** €1.65~3.35(1~5존, 존마다 다름) **홈페이지** www.renfe.com/es/es/cercanias/cercanias-bilbao

---

버스
Bus

빌바오 시내를 달리는 버스는 번호가 네 글자인 초록색 버스 비스카이부스BizkaiBus와 두 글자인 빨간색 버스 빌보부스Bilbobus 두 종류가 있다. 두 버스 모두 시내에 정류장이 많지만 구글 맵을 이용한 위치 검색이 능숙하지 않으면 이용이 조금 어려울 수 있다. 버스 정류장에서 1회권을 구입하거나 버스 단말기에 바리크 카드를 태그하고 타면 된다.

주의 노선이 복잡해 구글 맵으로 정류장 위치를 잘 확인해야 한다. **운행** 06:15~24:00 (버스마다 다름) **요금** 비스카이부스 1회권 €1.35~3.35, 바리크 카드 €0.99~2.45 / 빌보부스 1회권 €1.35, 바리크 카드 €0.66(1존 기준)
홈페이지 비스카이부스 web.bizkaia.eus/es/web/bizkaibus
빌보부스 www.bilbao.eus/bilbobus

택시
Taxi

공항에서는 택시 승강장에서 쉽게 택시를 탈 수 있지만 빌바오 시내에서는 택시 잡기가 어렵다. 호텔 카운터에 콜택시를 불러달라고 요청하거나 모바일 차량 배차 서비스 우버를 이용하는 게 좋다.

주의 시내에서는 일반 택시 잡기가 매우 어렵다. **운행** 24시간 **요금** 일반 기본요금 €4.60, km당 €0.85 / 심야(22:00~07:00) 기본요금 €5.60, km당 €1.05

시티 투어 버스
City Tour Bus

빌바오의 주요 관광 명소를 도는 시티 투어 버스를 이용해도 좋다. 빌바오 구겐하임 미술관 앞에서 매일 오전 10시 30분부터 30분~1시간 간격으로 출발해 산마메스 경기장, 빌바오 순수 미술관, 아스쿠나 센트로아, 리베라 시장, 수비수리 등을 거쳐 다시 빌바오 구겐하임 미술관 앞으로 돌아오는 1시간짜리 루트이다. 모든 정류장에서 자유롭게 승하차할 수 있으며 영어 오디오 가이드를 지원한다.

운행 10:30~19:30(배차 간격 6~9월 30분, 10~5월 1시간)
요금 일반 €16, 6~12세 €7, 5세 이하 무료 **홈페이지** bilbaocityview.es

TRAVEL TALK

분리 독립을 원하는 바스크 지방의 투쟁

스페인에서 1인당 국내총생산이 가장 높은 바스크 지방은 카탈루냐만큼 분리 독립을 원한답니다. 프랑코 집권 시절 바스크어 사용 금지와 자치권 박탈 등 많은 탄압을 받았지요. 이때 결성한 ETA(바스크 조국과 자유)는 2018년 해산되기까지 스페인 정부와 맞서 싸웠습니다. 현재는 격렬한 운동이 진정되었으나 이들은 여전히 독립을 원하고 있답니다.

Bilbao **Best Course**

빌바오 추천 코스

일정별 코스

핵심 관광 명소만 쏙! 빌바오 1일 코스

빌바오는 양질의 예술을 소개하는 미술관과 멋스러운 건축물이 시내 곳곳에 자리해 있어 하루 온종일 시간을 투자해도 아깝지 않은 도시이다. 여유롭게 미술 산책을 즐기고 시내를 조망할 수 있는 언덕과 옛 모습이 남아 있는 구시가지도 함께 둘러보자.

TRAVEL POINT

- **이런 사람 팔로우!** 미술과 건축에 관심이 많다면
- **여행 적정 일수** 1일
- **주요 교통수단** 도보
- **여행 준비물과 팁** 대중교통을 많이 이용한다면 충전식 교통카드 바리크 카드 구입
- **사전 예약 필수** 빌바오 구겐하임 미술관

DAY 1

- **소요 시간** 8시간
- **예상 경비** 입장료 €25 + 식비 €30~ = Total €55~
- **점심 식사는 어디서 할까?** 아스쿠나 센트로아 부근 식당에서
- **기억할 것** 빌바오 구겐하임 미술관과 빌바오 순수 미술관은 월요일이 휴무이므로 두 곳을 모두 둘러볼 계획이라면 주 초반에 여행 일정을 잡아서는 안 된다. 또 하루에 두 미술관을 모두 둘러보려면 체력 안배를 잘해야 한다.

빌바오 구겐하임 미술관 P.339

→ 도보 9분

빌바오 순수 미술관 P.342

→ 도보 10분

아스쿠나 센트로아 P.342

→ 도보 6분

점심 식사 추천 엘 글로보 타베르나 P.346

→ 도보 13분+푸니쿨라르 3분

아르찬다 언덕 P.343

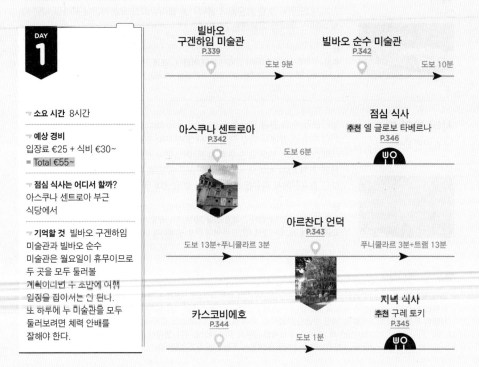

→ 푸니쿨라르 3분+트램 13분

카스코비에호 P.344

→ 도보 1분

저녁 식사 추천 구레 토키 P.345

SPECIAL THEME

세계 건축가들의 남다른 스케일

빌바오 건축 산책

1997년 빌바오 구겐하임 미술관이 완성된 이후 네르비온Nervión강을 중심으로 빌바오의 재개발이 더욱 활발해졌다. 세계적인 건축가들이 너도나도 참가한 굵직한 프로젝트로 멋들어진 작품이 하나둘씩 등장하고 도시는 점점 혁신적으로 변화해 오늘날의 모습을 갖추게 되었다.

1 에우스칼두나 *Euskalduna*
조선소 자리에 세운 종합 시설로 콘서트홀과 영화관으로 사용한다. 스페인의 두 건축가가 설계했으며 스페인의 각종 건축상을 수상했다.

2 이소자키 아테아 *Isozaki Atea*
빌바오 구겐하임 미술관 공모에서 최종적으로 탈락한 일본 건축가 이소자키 신이 설계한 복합 시설로 일반 사무실과 주거용 오피스텔, 상업 시설이 들어서 있다.

3 이베르드롤라 타워 *Torre Iberdrola*
높이 165m로 스페인 북부에서 가장 높은 건축물이다. 겨울을 제외하고 매주 주말과 공휴일에는 25층 전망대를 개방한다(요금 €9).

4 수비수리 *Zubizuri*
스페인이 낳은 최고 현대건축가이자 빌바오 공항을 설계한 산티아고 칼라트라바의 작품. 바스크 언어로 '하얀 다리'를 의미하는 보행자 전용 다리이다.

5 바스크 건강관리국 *Sede de Sanidad del Gobierno Vasco*
건물 전면을 유리로 울퉁불퉁하게 감싼 독특한 디자인의 위생 · 보건 관련 시설. 다양한 각도로 설치된 유리가 주변 경치를 반사시키면서 재미난 풍경을 보여준다.

6 메트로 *Metro*
영국의 대표적인 건축가 노먼 포스터가 메트로 역사 입구부터 역사 내, 플랫폼, 메트로 모양까지 전부 디자인에 참여해 쏠쏠한 볼거리를 제공한다.

TRAVEL TALK

세계문화유산으로 지정된 세계 최초의 운반교

비스카야교Bizkaiko Zubia는 1893년 항만도시 빌바오 하구 부근에 세계 최초로 설치한 운반교예요. 현재도 사용 중인데, 다리 교각에 곤돌라를 달아 사람이나 차량을 2분 만에 이동시킵니다.
가는 방법 렌페 세르카니아스 포르투갈레테Portugalete역에서 도보 7분 **주소** Puente de Vizcaya Zubia, Getxo, Bizkaia

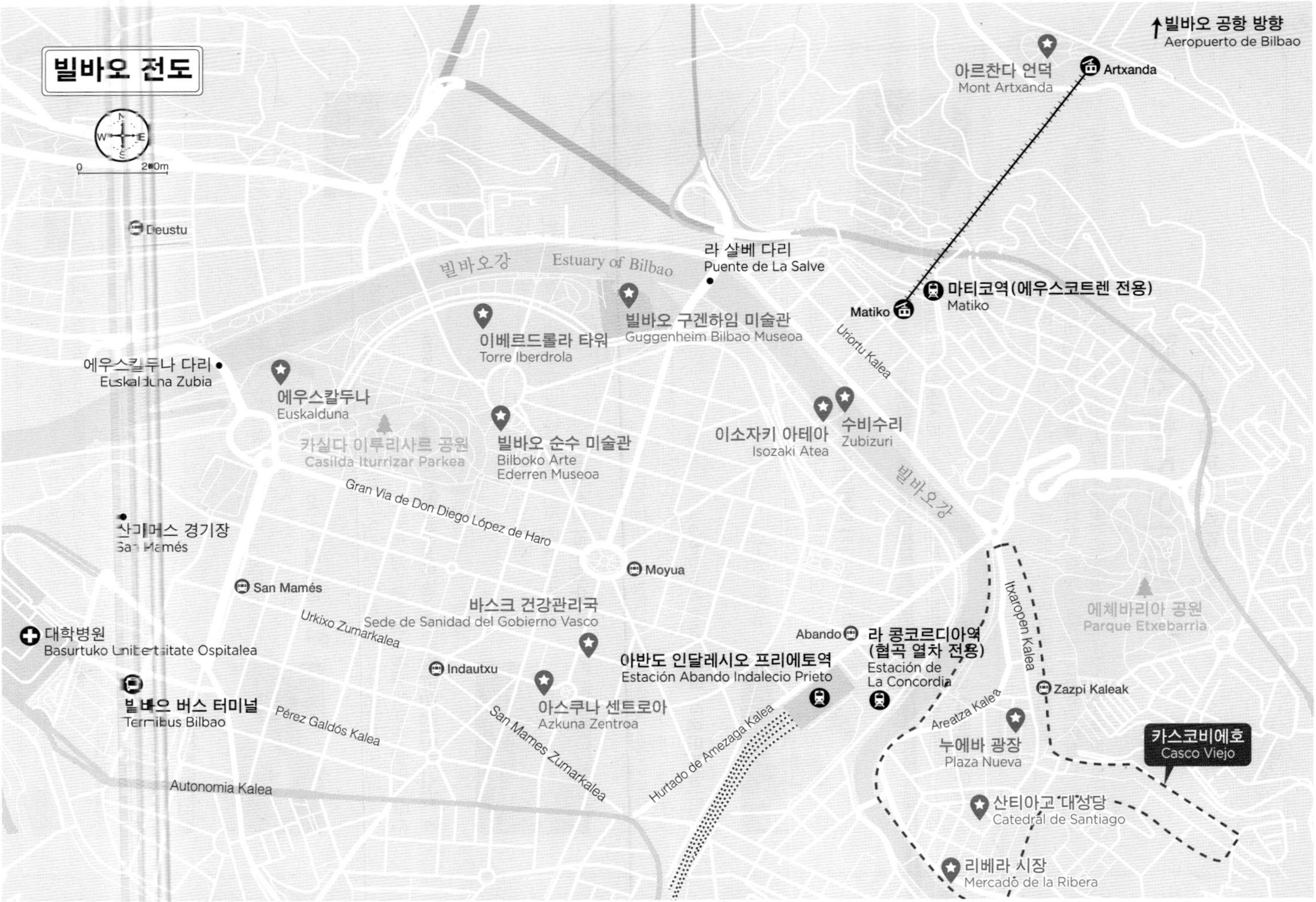

빌바오 전도
0 200m
빌바오 공항 방향
Aeropuerto de Bilbao
아르찬다 언덕
Mont Artxanda
Artxanda
마티코역(에우스코트렌 전용)
Matiko
Matiko
라 살베 다리
Puente de La Salve
빌바오강
Estuary of Bilbao
빌바오 구겐하임 미술관
Guggenheim Bilbao Museoa
이베르드롤라 타워
Torre Iberdrola
Deustu
에우스칼두나 다리
Euskalduna Zubia
에우스칼두나
Euskalduna
카실다 이투리사르 공원
Casilda Iturrizar Parkea
빌바오 순수 미술관
Bilboko Arte
Ederren Museoa
Uriortu Kalea
이소자키 아테아
Isozaki Atea
수비수리
Zubizuri
빌바오강
Gran Via de Don Diego López de Haro
산마메스 경기장
San Mamés
Moyua
San Mamés
바스크 건강관리국
Sede de Sanidad del Gobierno Vasco
Urkixo Zumarkalea
대학병원
Basurtuko Unibertsitate Ospitalea
Indautxu
아반도 인달레시오 프리에토역
Estación Abando Indalecio Prieto
Abando
라 콩코르디아역
(협곡 열차 전용)
Estación de
La Concordia
Itxaropen Kalea
Zazpi Kaleak
에체바리아 공원
Parque Etxebarria
빌바오 버스 터미널
Termibus Bilbao
Pérez Galdós Kalea
San Mames Zumarkalea
아스쿠나 센트로아
Azkuna Zentroa
Hurtado de Amezaga Kalea
Areatza Kalea
누에바 광장
Plaza Nueva
카스코비에호
Casco Viejo
산티아고 대성당
Catedral de Santiago
리베라 시장
Mercado de la Ribera
Autonomia Kalea

빌바오 관광 명소

도시 부흥에 결정적 계기가 된 미술관을 시작으로 빌바오 구석구석을 둘러보자. 빌바오의 중심부인 아반도Abando 지역을 돌아본 다음 외곽에 위치한 아르찬다 언덕을 오르고 마지막으로 구시가지인 카스코비에호 지역을 들르면 하루를 알차게 보낼 수 있다.

01

빌바오 구겐하임 미술관

Guggenheim Bilbao Museoa

추천

도시 재생의 신호탄

쇠퇴한 공업 도시를 되살릴 도시 재생 사업의 일환으로 시행한 프로젝트가 막대한 경제 효과를 불러오면서 '빌바오 효과'란 용어가 생겨났다. 뉴욕의 유명 현대미술관 분관 건립 유치라는 프로젝트로 훗날 이만큼 성공하리라는 것은 아무도 예측하지 못했을 것이다. 이 미술관은 건축계의 노벨상이라 불리는 프리츠커상을 수상한 미국의 거장 건축가 프랭크 게리가 설계했다. 정형화되지 않은 곡면을 겹겹이 쌓은 형태와 석회석과 티타늄, 유리를 조합해 만든 물고기 비늘 같은 신비로운 질감이 특징이다. 네르비온강 변에 마치 거대한 한 척의 배가 떠 있는 듯한 모습의 이 건물은 1997년 세상에 공개되었다. 이후 인구 35만 명의 중소 도시 빌바오는 연간 100만 명 이상의 관광객이 찾는 국제 도시로 변모했다. 상설전과 함께 매년마다 전시 내용이 바뀌는 기획 전시를 개최한다.

지도 P.338 **가는 방법** 트램 구겐하임Guggenheim 정류장에서 도보 4분
주소 Abandoibarra Etorb., 2 **문의** 944 35 90 80 **운영** 10:00~19:00
휴무 월요일, 1/1, 12/25 **요금** 일반 €18, 18~26세 · 65세 이상 €9 ※17세 이하 무료 **홈페이지** www.guggenheim-bilbao.eus

FOLLOW UP

알고 보면 더 재미있다!
빌바오 구겐하임 미술관을 빛내는 작품

빌바오 구겐하임 미술관은 굳이 입장료를 내고 들어가지 않더라도 바깥에 전시된 세계적인 작품을 무료로 관람할 수 있어 더없이 반갑다.

● 퍼피 Puppy

입구에 떡하니 자리한 빌바오 구겐하임 미술관의 상징물. 형형색색의 생화로 뒤덮인 커다란 개는 미국의 현대미술가 제프 쿤스가 1992년 행복을 주제로 제작한 것이다. 미술관 방문객들에게 포토 스폿으로 인기가 높다.

● 마망 Maman

프랑스 조각가 루이즈 부르주아의 대표작. 한때 삼성미술관 리움에 전시했던 이 작품은 빌바오를 비롯해 런던, 오타와, 도쿄 등 세계 여러 도시를 순회하며 존재감을 드러냈다. 알을 품은 어미 거미를 통해 모성애를 표현한 작품이다.

● 튤립 Tulip

제프 쿤스의 작품으로 어릴 적 생일잔치와 같은 즐거운 추억을 상기시키는 시리즈 '셀러브레이션Celebration'의 연작이다. 풍선으로 만든 튤립을 형상화한 이 작품은 9년에 걸쳐 완성했으며 무게 3톤의 스테인리스강으로 제작했다.

● 안개의 조각 Fog Sculpture

눈이 많이 오는 일본 홋카이도 출신의 예술가 후지코 나카야의 작품. 오브제 형태가 아닌, 매시 정각에 분무되는 안개가 바로 작품이다. 주변 작품과 어우러져 오묘한 분위기를 자아낸다.

● 큰 나무와 눈 Tall Tree And the Eye

인도 출신으로 영국에서 활동하는 예술가 아니쉬 카푸어의 작품. 공 모양의 스테인리스강 73개를 15m 높이로 쌓은 이 작품은 그리스 신화에 나오는 음유시인 오르페우스를 소재로 한 릴케의 시에서 영감을 얻었다고 한다.

● 빌바오를 위한 설치미술
Installation for Bilbao

증권거래소에서나 볼 법한 LED 전광판에 영어, 스페인어, 바스크어로 번역된 'I love you', 'I touch you' 등의 간단한 문장이 흘러내려오는 작품. 제작자이자 미국의 미디어 아티스트 제니 홀저가 오로지 텍스트만을 사용해 표현했다.

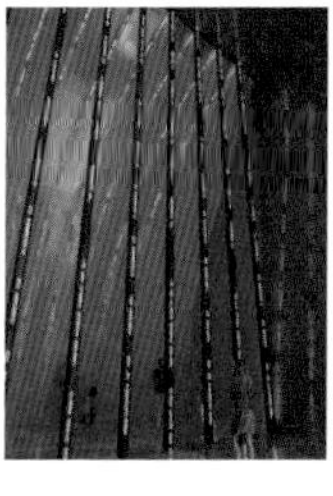

● 시간의 문제 The Matter If Time

수백 톤의 철을 사용한 8개의 대형 조형물로 1994년부터 2005년까지 11년에 걸쳐 완성했다. 철강업이 중심이었던 빌바오에 어울리는 작품으로 미국 조각가 리처드 세라가 제작했다. 철제 조각 사이를 걸으며 작품 속으로 들어갈 수 있다. 실제 작품은 사진 촬영이 불가하고 내부 전시실에 작은 모형을 제작해놓았다.

● 빌바오 구겐하임 미술관의 구조

철골 구조에 도금한 아연을 붙이고 전체 표면은 티타늄으로 덮은 다음 채광을 위해 일부를 유리로 메운 탈구조주의의 대표적인 작품이다. 프랑스의 항공기 제조 회사 컴퓨터 프로그램을 사용해 상상 속에서만 그렸던 건물을 실현했다.

⓪② 빌바오 순수 미술관
Bilboko Arte Ederren Museoa

수준 높은 작품들이 한자리에

빌바오 구겐하임 미술관에 이어 빌바오에서 두 번째로 큰 규모의 미술관으로, 12세기부터 현대까지 순수 미술 위주로 전시한다. 엘 그레코, 폴 고갱, 고야, 프랜시스 베이컨, 수르바란, 무리요 등 이름난 화가의 작품을 접할 수 있어 많은 이들이 찾는 곳이다. 중세부터 근대미술을 중심으로 한 구관과 현대미술을 중심으로 한 신관으로 나뉘어 있다. 방문 전 홈페이지의 '마스터피스 Masterpieces' 페이지를 참고하면 더욱 재미있게 관람할 수 있다. 페이지 하단에 있는 영어 오디오 가이드도 클릭해서 들어볼 것.

지도 P.338
가는 방법 빌바오 구겐하임 미술관에서 도보 9분
주소 Museo Plaza, 2 **문의** 944 39 60 60
운영 월·수~토요일 10:00~20:00, 일요일 10:00~15:00
휴무 화요일, 1/1, 1/6, 12/25 **요금** 무료
홈페이지 www.museobilbao.com

⓪③ 아스쿠나 센트로아
Azkuna Zentroa

건물 기둥과 천장에 주목

빌바오 시민을 위해 만든 시설로 문화, 스포츠, 오락을 한 장소에서 즐길 수 있는 복합 문화 공간이다. 1909년에 완공한 와인 저장고의 외벽은 그대로 둔 채 산업 디자인의 거장 필립 스탁이 설계해 2010년 새로운 공간으로 재탄생했다. 각기 디자인이 다른 43개의 기둥과 유리 천장이 인상적인데, 특히 유리 천장을 올려다보면 4층 수영장 물속이 그대로 보이면서 환상적인 분위기를 자아낸다. 건물 내부에는 영화관, 체육관, 전시관, 음식점 등이 자리해 있다.

지도 P.338
가는 방법 빌바오 순수 미술관에서 도보 10분
주소 Arriquíbar Plaza, 4
문의 944 01 40 14
운영 09:00~21:00
요금 무료
홈페이지 www.azkunazentroa.eus

04 아르찬다 언덕 추천

Mont Artxanda

탁 트인 시야로 감상하는 빌바오 시내

네르비온강을 등지고 있는 해발 800m 언덕으로 빌바오 시내를 조망할 수 있는 최고의 전망대이다. 빌바오 구겐하임 미술관 옆으로 이베르드롤라 타워Iberdrola Tower가 우뚝 서 있는 도시 풍경은 고풍스러운 스페인의 여타 도시와는 다른 세련되면서도 현대적인 분위기를 띤다. 빌바오가 세계에서 가장 성공한 재개발 사례로 평가되며 도시 재생의 정석으로 꼽히는 이유를 충분히 이해하게 될 것이다.

언덕까지는 푸니쿨라르 케이블카를 이용한다. 1915년에 설치한 빨간색 케이블카를 타고 편하게 3분간 올라가면 정상 부근에 도달한다. 언덕에서 내려다보는 시내 조망뿐만 아니라 푸니쿨라르 탑승 자체도 많은 여행자들에게 인기를 얻고 있다. 전망대에 설치된 빨간색 BILBAO 문자 행렬 앞은 사진 촬영 장소로 인기가 많다. 또 다른 설치품인 〈아테르페Aterpe〉는 스페인 내전의 아픔을 표현한 후앙호 노베야Juanjo Novella의 작품이다.

지도 P.338 **가는 방법** 메트로 · 푸니쿨라르 마티코Matiko역에서 도보 1분
주소 Enekuri Artxanda Errepidea, 70 **운영** 푸니쿨라르 6~9월 월~목요일 07:15~22:00, 금 · 토요일 · 공휴일 전날 07:15~23:00, 일요일 · 공휴일 08:15~22:00 / 10~5월 월~금요일 07:15~22:00, 토요일 · 공휴일 08:15~22:00 **휴무** 부정기 **요금** 푸니쿨라르 1회권 편도 €2.50, 왕복 €4.30, 바리크 카드 편도 €0.65 **홈페이지** funiculorartxanda.bilbao.eus/en/home

⑮ 카스코비에호

Casco Viejo

옛 정취를 풍기는 구시가지

빌바오의 기원이자 빌바오에서 가장 오래된 지구. 1300년에 세운 건축물이 즐비한 중세 시대 풍경을 즐기고자 많은 이들이 방문한다. 도시가 건설될 당시에는 거리가 3개밖에 없었지만 15세기에 들어 4개의 거리가 추가되었다. 거리가 촘촘하게 연결되어 있어 마치 미로 속을 헤매는 기분이 든다. 구시가지는 보행자 전용 도로로 이루어져 있으며, 역사적 건축물은 물론이고 다양한 명소가 있어 즐길 거리가 가득하다. 1851년에 생긴 신고전주의 양식의 누에바 광장Plaza Nueva은 분위기 좋은 음식점이 모여 있어 시도 때도 없이 북적인다. 오랜 역사와 전통을 자랑하는 바르가 많아 핀초스를 즐기기에도 그만이다. 구시가지 중심에 우뚝 솟은 커다란 성당은 14세기에 완성한 산티아고 대성당Catedral de Santiago이다. 높은 천장에 수놓은 듯한 아름다운 스테인드글라스와 거대한 파이프오르간도 눈여겨보자. 유럽 최대 규모의 식품 도매시장인 리베라 시장Mercado de la Ribera은 다채로운 농수산물만 구경해도 시간이 금방 지나간다. 푸드 코트도 있어 간단히 요기하기에 좋다.

지도 P.338 **가는 방법** 메트로 사스피 칼레아크Zazpi Kaleak역에서 도보 1분

• **누에바 광장** **주소** Kale Barria, 14

• **산티아고 대성당** **주소** Done Jakue Plazatxoa, 1 **문의** 944 15 36 27
운영 10:00 10:00 **휴무** 일요일 **요금** 일반 €6, 65세 이상 €5, 학생 €4.50
홈페이지 catedralbilbao.com

• **리베라 시장** **주소** Erribera Kalea, s/n **문의** 944 79 06 95
영업 월요일 08:00~14:30, 화~금요일 08:00~14:30, 17:00~20:00, 토요일 08:00~15:00 **휴무** 일요일 **홈페이지** mercadodelaribera.biz

빌바오 맛집

바스크 지방은 미식으로 알려져 있어 맛집을 빼놓고선 빌바오를 충분히 즐겼다고 할 수 없다. 바르의 카운터를 가득 채운 이 지역 전통 타파스 핀초스Pintxos를 체험하며 배를 채운 다음 후식으로 빌바오의 전통 디저트를 맛보자.

구레 토키
Gure Toki

위치 누에바 광장 내
유형 대표 맛집
주메뉴 핀초스

→ 독특하고 개성 있는 핀초스를 맛볼 수 있다.
→ 카운터석, 테이블석, 테라스석의 메뉴 가격이 조금씩 다르다.

구시가지 중심인 누에바 광장의 인기 핀초스 전문점. 1982년에 영업을 시작해 2015년 지금의 자리로 이전하고 지금까지 쉴 새 없이 손님을 맞이하고 있다. 전통 바스크 요리를 현대식으로 재해석해 참신하고 독창적인 창작 핀초스를 선보인다. 바게트 위에 토핑을 얹고 꼬챙이를 꽂은 전형적인 핀초스처럼 보이지만 푸아그라, 망고 소스, 고르곤졸라 치즈 등 주재료와 소스의 조합이 예사롭지 않다. 핀초스 외에 미슐랭 레스토랑에서나 볼 법한 [illegible] 요리를 표방한 디저트 메뉴도 독특한 모양부터 식욕을 자극한다. 스페인 최고의 생산지인 리오하 지역의 각종 와인을 비롯해 다양한 주류도 구비해놓고 있다. 자리마다 메뉴 가격이 달라지는데, 바깥 테라스석이 가장 비싸지만 누에바 광장의 탁 트인 조망 덕분에 인기가 높다.

가는 방법 누에바 광장
주소 Plaza Nueva, 12
문의 94 415 80 37
영업 월~토요일 10:00~23:00, 일요일 10:00~16:00 **휴무** 수요일
예산 핀초스 €2~
홈페이지 www.guretoki.com

엘 글로보 타베르나
El Globo Taberna

위치 아스쿠나 센트로아 주변
유형 대표 맛집
주메뉴 핀초스

😊 → 타파스 종류가 다양하다.
😞 → 식사 시간에 대기 줄이 길다.

신시가지를 대표하는 인기 타파스 전문점. 바 위에 진열된 색다르고 개성 넘치는 타파스가 손님을 기다리고 있다. 특히 새우, 참치, 연어, 대구, 캐비아, 해조류 등 해산물 핀초스 종류가 많고, 다양한 식재료를 튀겨 토핑한 핀초스 종류도 풍부하다. 주말이면 광장 쪽 테이블석은 물론이고 테라스석까지 음주를 즐기는 이들로 발 디딜 틈이 없다.

가는 방법 아스쿠나 센트로아에서 도보 6분 **주소** Diputazio Kalea, 8 **문의** 94 415 42 21 **영업** 월~목요일 09:00~23:00, 금요일 09:00~24:00, 토요일 11:00~24:00 **휴무** 일요일 **예산** 핀초스 €2~ **홈페이지** barelglobo.es

카페 바르 빌바오
Café Bar Bilbao

위치 누에바 광장 내
유형 로컬 맛집
주메뉴 핀초스

😊 → 4인석 테이블이 많다.
😞 → 음식을 직접 받아 와야 한다.

누에바 광장 내 또 하나의 인기 타파스 전문점으로 1911년에 영업을 시작했다. 어둑어둑한 일반 핀초스 바와는 달리 밝고 안락한 가정집 분위기이지만 저렴한 타파스 메뉴와 주류를 제공하는 점은 동일하다. 가게 안팎으로 4인석 테이블이 많아 일행이 3명 이상이거나 앉아서 천천히 타파스를 즐기고 싶다면 추천한다.

가는 방법 누에바 광장 내 **주소** Plaza Nueva, 6 **문의** 94 415 16 71 **영업** 월~금요일 06:30~23:00 토 · 일요일 09:00~23:00 **예산** 핀초스 €2~ **홈페이지** bilbao-cafebar.com

플로리다
Florida

위치 빌바오 순수 미술관 주변
유형 로컬 맛집
주메뉴 햄버거

😊 → 정성이 느껴지는 손맛
😞 → 내부가 협소하다.

1981년에 창업한 패스트푸드 전문점. 샌드위치, 햄버거, 팬케이크 등 조리가 간단해 빠르게 제공할 수 있는 메뉴가 주를 이룬다. 패스트푸드라 해서 인공적인 맛을 상상하기 쉽지만 정성과 손맛이 느껴지는 음식 솜씨에 이곳의 인기를 실감하게 될 것이다. 치즈, 양파튀김, 양상추, 토마토, 소고기 패티 등을 넣은 햄버거를 추천한다.

가는 방법 빌바오 순수 미술관에서 도보 5분 **주소** Rodríguez Arias Kalea, 20 **문의** 94 441 12 47 **영업** 화~목요일 13:00~15:30, 19:30~22:30, 금 · 토요일 13:00~16:00, 19:30~23:55 **휴무** 월 · 일요일 **예산** €7~

파스텔레리아 돈 마누엘
Pastelería Don Manuel

위치 아스쿠나 센트로아 주변
유형 대표 맛집
주메뉴 베이커리, 디저트

☺ → 질 좋은 베이커리 메뉴를 갖췄다.
☹ → 테이블 수가 많지 않다.

다채로운 빵과 디저트가 마련된 제과점. 미식의 고장 바스크에 왔다면 핀초스와 더불어 기억해야 할 것은 바로 디저트이다. 그중 카롤리나Carolina와 버터빵Bollo de Mantequilla은 빌바오의 명물 디저트이다. 카롤리나는 100년도 훨씬 전에 한 파티시에가 딸을 위해 만든 것으로 길쭉한 소프트아이스크림 모양의 초콜릿이 발린 머랭이 그 아래 깔린 타르트와 조화를 이룬다. 식사 대용으로도 손색이 없는 버터빵은 빵 속에 버터크림만 바른 바스크 지방의 전통 빵이다.

가는 방법 아스쿠나 센트로아에서 도보 1분
주소 Urkixo Zumarkalea, 39
문의 94 443 86 72
영업 화~토요일 09:00~20:30, 일요일 09:00~14:30
휴무 월요일
예산 카롤리나 €3, 버터빵 €2.35
홈페이지 www.pasteleriadonmanuel.com

알라스카
Alaska

위치 아스쿠나 센트로아 주변
유형 로컬 맛집
주메뉴 아이스크림, 베이커리

☺ → 현지 분위기를 물씬 풍긴다.
☹ → 자리 잡기가 어렵다.

동네에 마실 나온 듯한 현지인들로 가득 차 빈자리를 찾기 힘든 인기 카페. 1952년에 문을 연 이래 지역민들의 사랑방 역할을 톡톡히 하고 있다. 아이스크림 가게지만 빵, 케이크, 샌드위치 등 요기가 될 만한 베이커리 종류가 다양해 아이스크림보다는 커피와 빵을 즐기는 손님이 더 많다. 인기 메뉴 중 하나인 버터빵은 소박한 모양새와 달리 달콤한 수제 버터크림과 담백한 빵의 조화가 일품이다. 케이크류는 바석에 진열되어 있어 메뉴를 고르기가 편하다.

가는 방법 아스쿠나 센트로아에서 도보 5분
주소 Partikular Markosaren Kalea, 10
문의 94 415 97 01
영업 월~목요일 07:00~22:00, 금요일 07:00~24:00, 토요일 08:00~24:00
휴무 일요일 **예산** 빵 €1~
홈페이지 www.heladeriaalaska.com

SAN SEBASTIÁN

산세바스티안

19세기 스페인 왕후와 귀족, 부유층의 여름 피서지로 각광받아 '여름의 수도'라 불린 산세바스티안. 한여름에도 평균기온 25℃를 유지하는 온화한 날씨와 프랑스 서해안에서 스페인 북부로 이어지는 비스케이Biscay만의 멋진 바다 경치가 이곳의 인기에 한몫한다. 유럽 각지에서 바캉스를 즐기려고 모여드는 피서객들로 작은 도시는 언제나 활기가 넘친다. 또한 지리적으로 프랑스 국경과 인접해 있어 '미식의 고장', '바르의 성지', '1m²당 미슐랭 별이 가장 많은 도시' 등의 수식어가 붙은 스페인의 대표적인 음식 천국이기도 하다. 특히나 바스크 지방 고유의 타파스인 핀초스를 합리적인 가격에 먹을 수 있으며, 다채로운 식재료를 조합한 양질의 음식을 즐길 수 있다. 거리 곳곳에 적혀 있는 '도노스티아Donostia'는 산세바스티안의 바스크식 이름이다.

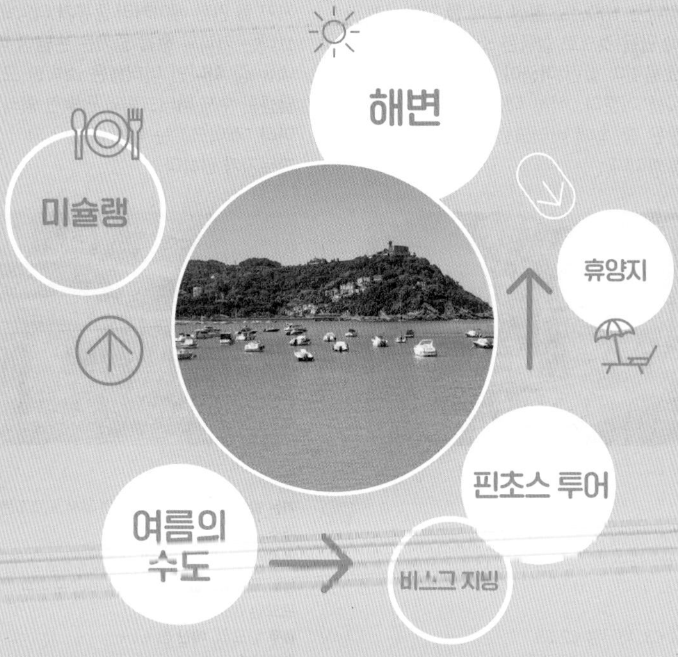

산세바스티안 들어가기 & 시내 교통

비행기는 바르셀로나와 마드리드만 연결하므로 선택지를 넓혀 버스나 열차를 이용하는 것이 좋다. 빌바오와 사라고사로 이동하는 경우 열차보다 소요 시간이 짧고 저렴한 버스를 추천한다.

비행기

산세바스티안 시내에서 동쪽으로 약 20km 떨어진 산세바스티안 공항Aeropuerto San Sebastián(EAS)을 이용하는 직항편은 부엘링항공의 바르셀로나행과 이베리아 항공의 마드리드행 단 2편뿐이다. 운항 편수가 많은 빌바오 공항으로 들어가 공항 앞 버스 정류장에서 21번 시내버스를 타고 산세바스티안 시내로 간다.

주소 Gabarrari Kalea, 5, 20280 Hondarribia, Gipuzkoa
홈페이지 www.aena.es/es/aeropuerto-san-sebastian/index.html

버스

바스크 지방과 스페인 중부의 주요 도시를 알사ALSA, 페사PESA, 플릭스버스FLiXBUS사의 버스가 연결하며, 산세바스티안 버스 터미널Estación de Autobuses Donostia에서 발착한다. 터미널이 지하에 위치하니 출입구를 잘 확인할 것.

주소 Pasadizo de Egia
홈페이지 버스 터미널 www.estaciondonostia.com / 알사 www.alsa.es
페사 www.pesa.net / 플릭스버스 www.flixbus.de

열차

스페인 국영 철도 렌페와 바스크 지방의 전용 열차 에우스코트렌은 산세바스티안역Donostia San Sebastián Adif에서 발착한다. 기차역이 시내 중심부에 있어 이동이 편리하다.

주소 De Francia Ibilbidea, 22 **홈페이지** www.renfe.com

산세바스티안-주요 도시 간 버스 · 열차 운행 정보

교통수단	출발지	종류	운행 편수(1일)	소요 시간	요금(편도)
버스	빌바오	ALSA · PESA	10편	1시간 20분~2시간 5분	€8~
열차	빌바오	Euskotren	10편~	2시간 35분	€24~
	사라고사	ALVIA	1편	3시간 50분	€22~

※고속 열차 ALVIA, 협곡 열차 Euskotren

시내 교통

산세바스티안의 주요 관광 명소는 대부분 도보로 이동할 수 있다. 몬테 이겔도 전망대까지는 16번 시내버스 드부스Dbus가 연결한다(요금 주간 €1.85, 야간 €2.50). 택시는 공항과 시내 간 운행을 제외하고는 이용이 어렵고 모바일 차량 공유 서비스 우버Uber는 운행하지 않는다.

San Sebastián **Best Course**

산세바스티안 추천 코스

일정별 코스

유럽인의 여름 휴양지에서 평생 잊지 못할 휴식 즐기기

북쪽 해안선의 아름다운 자연 풍경을 누리면서 맛있는 음식도 즐기는 여행은 스페인에서라면 산세바스티안만큼 적절한 곳도 없을 것이다. 눈과 배를 풍족하게 채워줄 다양한 명소와 맛집이 도시 곳곳에 자리하고 있기 때문이다.

TRAVEL POINT

- **이런 사람 팔로우!** 여행에서 음식을 중요하게 여기는 미식가라면, 스페인 북부에서 휴양을 즐기고 싶다면
- **여행 적정 일수** 1일
- **주요 교통수단** 도보, 버스
- **여행 준비물과 팁** 겨울을 제외하고는 수영복 필수
- **사전 예약 필수** 없음

DAY 1

- **소요 시간** 7~8시간
- **예상 경비**
교통비 €4.50 + 식비 €30~
= Total €34.50~
- **점심 식사는 어디서 할까?**
몬테 우르구 전망대에 오르기 전 타파스 골목 식당에서
- **기억할 것** 타파스 식당은 일・월요일에 휴무인 경우가 흔하니 여행 계획을 짤 때 방문할 식당 휴무일을 체크해두자.

몬테 이겔도 전망대 P.353
→ 푸니쿨라르 3분+ 도보 5분 →
온다레타 해변 P.351

→ 도보 5분 →
미라마르 궁전 P.353
→ 도보 10분 →
라 콘차 P.351
→ 도보 10분 →
점심 식사 추천 바르 체페차 P.355
→ 도보 20분 →
몬테 우르구 P.352

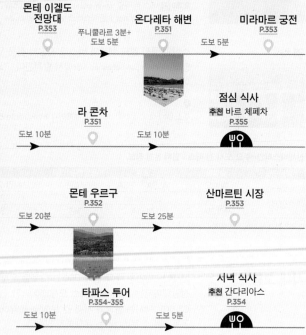

→ 도보 25분 →
산마르틴 시장 P.353
→ 도보 10분 →
타파스 투어 P.354~355
→ 도보 5분 →
저녁 식사 추천 간다리아스 P.354

산세바스티안 관광 명소

혹자는 관광 대국의 필수 조건으로 자연, 기후, 문화, 음식 네 가지를 꼽는다. 연중 내내 따스한 기후는 물론 아름다운 바다와 산 풍경, 독자적인 문화, 그리고 맛있는 음식까지 산세바스티안은 어느 하나 빠지지 않는 스페인의 대표 관광도시이다.

01 라 콘차 추천

La Concha

비스케이만의 진주와도 같은 곳

스페인의 이사벨 2세 여왕과 프랑스 왕족들의 피서지로 사랑받아 산세바스티안을 '여름의 수도'라는 별칭으로 불리게 만든 해안가. 프랑스 서해안에서 스페인 북쪽으로 이어지는 비스케이만과 마주 보는 해안으로 활처럼 휜 형태가 조개(스페인어로 라 콘차)와 비슷하다고 해서 붙은 이름이다. 투명한 바닷물이 넘실대는 해변의 하얀 모래사장은 해수욕과 일광욕을 즐기러 온 인파로 가득 차 있다. 특히 여름철에는 발 디딜 틈조차 없어 '물 반, 사람 반'이라 표현해도 모자랄 정도다. 물놀이도 좋지만 해변을 둘러싼 산책로를 걸어보는 것도 좋다. 1920년대에 세운 아르데코 양식의 멋진 가로등 아래서 절경에 한껏 취해보자. 또 해변 중간쯤에는 산세바스티안 출신 조각가 에두아르도 칠리다의 조각상 〈플레밍에 대한 찬사 Homenaje a Fleming de Chillida〉가 있다.

가는 방법 산마르틴 시장에서 도보 3분
주소 Kontxa Pasealekua

02 온다레타 해변

Ondarreta Hondartza

편의 시설과 전망대를 갖춘 해변

라 콘차 서쪽에 위치한 자그마한 해변. 무료 화장실을 비롯해 샤워 시설과 물품 보관함 등 편의 시설이 잘 갖추어져 있어 편리하게 물놀이를 즐길 수 있다. 또 이곳은 수온이 높아 11월 상순까지 해수욕을 즐길 수 있다. 라 콘차로 넘어가는 해변의 동쪽 끄트머리에는 자그마한 전망대가 있으니 주변 전망도 놓치지 말자. 전망대 한쪽에는 에두아르도 칠리다의 조각상 〈바람의 빗El Peine del Viento〉이 설치되어 있다.

가는 방법 라 콘차 바로 옆
주소 Ondarreta Pasealekua

⓪③ 수리올라 해변
Zurriola Hondartza

서퍼가 사랑하는 해변

산세바스티안에 있는 세 곳의 해변 중 가장 동쪽에 위치한다. 다른 해변과 달리 파도가 세고 높아서 해수욕보다는 서핑에 적합한 곳으로 특히 가을, 겨울에 서핑하기 좋다고 알려져 있다. 해변 서쪽은 초보자, 동쪽은 상급자가 서핑하기 좋은 파도가 오는데 지정된 구역에서만 서핑하도록 주의를 요한다. 각지에서 많은 서퍼들이 찾아오지만 라 콘차나 온다레타 해변에 비하면 한적한 편이다. 해변가에는 서핑 [illegible]이 많다.

가는 방법 라 콘차에서 도보 15분
주소 Zurriola Ibilbidea, s/n

⓪④ 몬테 우르구 추천
Monte Urgull

한눈에 담는 라 콘차

산세바스티안 시내와 라 콘차의 탁 트인 풍경을 한눈에 조망할 수 있는 작은 언덕. 12세기 나바라 왕국 시절에 지은 요새 모타성Castillo de la Mota과 1950년 마을을 지키고자 세운 예수상Sagrado Corazón이 주요 볼거리다. 1813년 스페인과 연합군의 전투가 벌어진 장소이기도 한데 당시 사용했던 대포가 그대로 남아 있다. 가볍게 하이킹하는 기분으로 해발 123m 정상까지 걸어 올라가도 좋고 언덕을 오가는 39번 미니버스를 이용해도 된다. 단, 미니버스는 오전 11시부터 오후 1시 30분까지, 오후 5시부터 8시까지 30분 간격으로 운행하며 그 외 시간에는 운행하지 않는다.

가는 방법 산세바스티안 시청에서 도보 20분
주소 Subida al Castillo Kalea, 6
문의 943 48 11 66
운영 모타성 월~토요일 11:00~14:00, 16:00~18:00, 일요일 11:00~14:00
휴무 부정기

05 몬테 이겔도 전망대
Mirador del Monte Igueldo

산세바스티안 시내 풍경 조망

라 콘차에서 서쪽으로 보이는 산 정상에는 산세바스티안 시내 풍경이 펼쳐지는 전망대가 있다. 초승달과 같은 곡선을 이루는 해변과 함께 반짝거리는 바다가 한눈에 내려다보인다. 걸어 올라갈 필요 없이 1912년에 운행을 시작해 100년 넘은 빨간색 푸니쿨라르를 타면 정상에 쉽게 도달할 수 있다. 1778년에 등대로 세운 탑이 보이면 정상에 도착한 것이다.

가는 방법 정상까지 푸니쿨라르로 3분
주소 Itsasargi Pasealekua, 134
문의 943 21 35 25 **운영** 푸니쿨라르 11:00~21:00(시기마다 다름, [illegible] 11:00~[illegible])
요금 푸니쿨라르 편도 일반 €3.05, 7세 이하 €1.50 / 왕복 일반 €4.50, 7세 이하 €2.50
홈페이지 www.monteigueldo.es/funicular

06 미라마르 궁전
Miramar Jauregia

바다 조망이 탁월한 궁전

1893년에 건축한 스페인 왕실의 여름 궁전. 네오고딕 양식의 요소를 더한 영국풍 건물로 궁전다운 화려함은 없지만 소박하고 따스한 분위기의 영국 전원 풍경을 연상시킨다. 평소 건물 내부는 공개하지 않으나 궁전 앞 정원은 항상 개방되어 있다. 이곳에서 조망하는 빼어난 바다 풍경 때문에 찾는 사람이 많다. 정원 벤치에 앉아 휴식을 취하며 감상해보자.

가는 방법 [illegible] 3분
주소 48 Paseo Miraconcha
문의 943 21 90 22
운영 07:00~21:00
요금 무료

07 산마르틴 시장
Mercado de San Martín

미식 도시를 지탱하는 시장

현대적인 건물에 자리한 깔끔한 분위기의 시장이지만 1884년에 문을 연 유서 깊은 곳이다. 1층과 지하 1층으로 이루어졌으며 인근 연안에서 잡아 올린 싱싱한 해산물을 중심으로 육류, 채소, 생화 등 다양한 상품을 판매한다. 1층에는 카페, 지하 1층에는 큰 슈퍼마켓이 입점해 있으며 무료 공중화장실도 있다.

가는 방법 [illegible]
주소 Urbieta Kalea, 9
문의 943 42 75 45
영업 월~토요일 07:30~23:30, 일요일 08:00~14:00
홈페이지 sanmartinmerkatua.com

산세바스티안 맛집

스페인의 타파스 거리 중에서도 굴지의 미식 거리로 꼽히는 산세바스티안의 구시가지 파르테 비에하Parte Vieja. 한곳에서만 즐기기보다는 몇 군데를 도는 타파스 투어를 추천한다. 바스크식 타파스인 핀초스 삼매경에 빠지면 시간 가는 줄 모를 것이다.

간다리아스
Gandarias

위치 구시가지 타파스 골목
유형 대표 맛집
주메뉴 핀초스

😊→ 한국인 입맛에 간이 잘 맞는다.
😐→ 핀초스는 서서 먹어야 한다.

타파스 거리의 명물. 핀초스를 전문으로 하는 카운터 바, 식사를 전문으로 하는 레스토랑으로 나뉘어 있다. 술잔과 접시를 들고 핀초스를 즐기는 사람들로 북적인다. 빵 위에 두툼한 안심 스테이크를 얹은 솔로미요Solomillo, 새우 꼬치Brocheta de Gambas, 게살 타르트Tartaleta de Txangurro, 양송이 버섯 꼬치Pincho Champiñón 등이 인기 메뉴.

가는 방법 산세바스티안 시청에서 도보 4분
주소 31 de Agosto Kalea **문의** 943 42 63 62
영업 11:00~24:00
휴무 부정기 **예산** 핀초스 €2~
홈페이지 www.restaurantegandarias.com

바르 스포르트
Bar Sport

위치 구시가지 타파스 골목
유형 대표 맛집
주메뉴 핀초스

😊→ 이른 아침부터 영업한다.
😐→ 축구 중계가 있는 날은 더욱 붐빈다.

해산물 핀초스가 맛있기로 정평이 난 타파스 전문점. 부드러운 성게 크림수프Crema de Erizo와 속을 게살 크림으로 채운 꼴뚜기Chipirón Relleno de Txangurro가 인기 메뉴이다. 해산물은 아니지만 구운 푸아그라 핀초스Foie a la Plancha도 이곳의 대표 메뉴다. 아침 식사 시간대에 영업을 시작해 핀초스 투어의 출발점으로 적합하다.

가는 방법 산세바스티안 시청에서 도보 4분
주소 Fermin Calbeton Kalea, 10 **문의** 943 42 68 88
영업 월~금요일 09:00~24:00, 토요일 10:00~24:00, 일요일 11:00~24:00
휴무 부정기 **예산** 핀초스 €2~

바르 체페차
Bar Txepetxa

위치 구시가지 타파스 골목
유형 로컬 맛집
주메뉴 핀초스

☺ → 영어 메뉴판 구비
☹ → 카운터 바에 앉기가 쉽지 않다.

안초비를 비롯한 생선 관련 핀초스로 유명한 타파스 전문점으로 전통적인 핀초스 메뉴를 제공한다. 스페인 국내는 물론이고 해외에서도 꽤나 알려져 할리우드 배우와 유명 인사의 방문 인증 사진을 곳곳에서 볼 수 있다. 종업원이 적극 추천하는 짭짤한 생선 핀초스를 안주 삼아 바스크 와인 차콜리Txakoli도 즐겨볼 것.

가는 방법 산세바스티안 시청에서 도보 4분 **주소** Arrandegi Kalea, 6
문의 943 42 22 27 **영업** 화요일 19:00~23:00, 수~토요일 12:00~15:00, 19:00~23:00, 일요일 12:00~15:00
휴무 월요일 **예산** 핀초스 €2~

고리티 타베르나
Gorriti Taberna

위치 구시가지 타파스 골목
유형 로컬 맛집
주메뉴 핀초스

☺ → 원하는 메뉴를 직접 집을 수 있다.
☹ → 자리가 잘 나지 않는다.

여느 타파스 전문점과 비교해 눈에 띄게 현지인 손님의 비율이 높은 곳. 메뉴를 주문하면 직원이 접시에 음식을 담아 건네는 일반 핀초스 전문점 방식이 아닌, 손님이 직접 진열대에서 먹고 싶은 음식을 접시에 담아 먹는 방식으로 모든 메뉴의 가격이 동일하다. 해산물과 육류 핀초스는 어떤 메뉴를 선택해도 맛있으니 과감히 도전해보자.

가는 방법 산세바스티안 시청에서 도보 [illegible]
주소 De la Brecha Enparantza, 2
문의 943 42 83 53
영업 07:00~22:00
휴무 일요일
예산 핀초스 €2.50~

보데가 도노스티아라
Bodega Donostiarra

위치 수리올라 해변 주변
유형 대표 맛집
주메뉴 핀초스

☺ → 좌석이 많다.
☹ → 아침 시간에는 타파스 가짓수가 적다.

일반 음식점처럼 밝고 가정적인 분위기의 타파스 전문점. 넓은 공간과 넉넉한 테이블 수, 가게 앞 테라스석까지 갖춰 비교적 자리 잡기가 수월하다. 문어, 감자, 연어, 초리조 등 전형적인 타파스 재료를 이용한 익숙한 맛의 음식을 선보인다. 사과로 만든 발효주로 바스크 지방의 명물인 시드라Sidra를 주문해 타파스와 함께 즐겨보자.

가는 방법 수리올라 해변에서 도보 [illegible] **주소** [illegible] y Goñi Kalea, 13
문의 943 01 13 80
영업 월~토요일 12:00~23:00, 일요일 12:00~03:00
휴무 부정기
예산 핀초스 €2~

라 비냐
La Viña

위치 구시가지 타파스 골목
유형 대표 맛집
주메뉴 치즈 케이크

☺ → 원조 바스크 치즈 케이크를 경험할 수 있다.
☹ → 종종 계산이 틀린다.

타파스 전문점이지만 바스크식 치즈 케이크의 원형을 만든 곳으로 손님 중 대다수가 치즈 케이크Tarta de Queso를 목적으로 방문한다. 치즈 케이크 1개를 주문하면 두 조각이 나오는데 치즈 향이 약하고, 부드러운 푸딩에 가까운 맛으로 바스크식 와인 차콜리를 곁들여 먹으면 궁합이 좋다. 늦은 시간에는 품절되는 경우가 많다.

가는 방법 산세바스티안 시청에서 도보 5분 **주소** 31 de Agosto Kalea, 3 **문의** 94 342 74 95
영업 화·수·금~일요일 11:00~15:45, 19:00~22:30, 목요일 09:00~17:00 **휴무** 월요일
예산 치즈 케이크 €6
홈페이지 lavinarestaurante.com

올드 타운 커피
Old Town Coffee

위치 산마르틴 시장 주변
유형 로컬 맛집
주메뉴 커피

☺ → 저렴하고 맛있는 커피
☹ → 일요일에는 오전에만 영업한다.

라 콘차로 해수욕을 나서기 전이나 아침에 커피 한잔 즐기기 좋은 카페. 자가 배전한 신선한 원두를 사용해 커피 맛이 보장되며 가격도 저렴한 편이라 부담 없이 즐길 수 있다. 실내 테이블석과 카운터석은 물론 야외 테라스석까지 마련되어 있다. 커피 외에 빵, 요구르트, 토스트, 베이글 등 간단한 식사 메뉴도 제공한다.

가는 방법 산마르틴 시장에서 도보 1분 **주소** Reyes Catolicos Kalea, 6 **문의** 61 501 07 50
영업 월~토요일 09:00~18:00, 일요일 09:00~13:00
휴무 부정기 **예산** 카페라테 핫 €3/아이스 €3.50

젤라테리아 보울레바르드
Gelateria Boulevard

위치 산세바스티안 시청 주변
유형 대표 맛집
주메뉴 아이스크림

☺ → 늦은 시간까지 영업한다.
☹ → 컵 아이스크림과 콘 아이스크림 가격 동일

구시가지 입구 가로수 길에 있는 인기 아이스크림 전문점. 과일, 초코, 바닐라 맛 등 종류가 다양하고 맛이 진한 편이다. 한 스쿠프의 양이 많아 제일 작은 사이즈를 주문해도 만족할 만하다. 가로수 길에 2개 지점이 있고 수리올라 해변 입구에도 지점이 있다. 라 콘차의 여름을 완성시키는 최고의 간식임에 틀림없다.

가는 방법 산세바스티안 시청에서 도보 2분 **주소** Alameda del Blvd., 10 **문의** 94 384 80 06
영업 일~목요일 12:30~23:00, 금·토요일 12:00~24:00
휴무 부정기 **예산** €3.20~4
※1~4가지 맛 중 선택 가능

ZARAGOZA

사라고사

1118년 알폰소 11세가 이슬람 왕국을 정복한 후 아라곤 왕국의 수도로 삼아 번성한 도시로 당시 명맥이 그대로 이어져 현재도 아라곤 자치주의 주도로 존재한다. 한국인에게는 인지도가 낮지만 스페인에서 다섯 번째로 큰 대도시이며, 마드리드와 바르셀로나의 중간 지점에 위치해 스페인 국내에서는 꽤나 중요한 역할을 한다. 사라고사는 고대 로마제국부터 서고트족, 이슬람 왕국, 가톨릭 세력에 이르기까지 다양한 지배 세력이 거쳐갔으며 그 영향으로 다양하면서도 독특한 문화를 이루고 있다. 유네스코 세계문화유산에 등재될 정도로 가치를 인정받은 무데하르 양식 건축물과 매우 드문 경우인 '한 도시에 두 대성당'을 만나볼 수 있는 곳이다.

사라고사 들어가기 & 시내 교통

마드리드와 바르셀로나 사이에 위치한 덕분에 다양한 교통수단이 연결된다. 비행기는 노선이 적어 산티아고데콤포스텔라 등으로 가는 것 외에는 직항편이 없다. 열차는 초고속 열차를 운행해 빠르게 갈 수 있고, 버스는 조금 느리지만 저렴한 것이 장점이다.

비행기

스페인 국내 직항 노선은 마요르카섬, 산티아고데콤포스텔라뿐이라 이용률이 적지만 유럽 주요 도시와 연결하는 직항편도 운항한다. 사라고사 공항Aeropuerto de Zaragoza은 시내 중심에서 서쪽으로 약 16km 떨어져 있다. 공항에서 시내로 가려면 1층 입국장 밖 버스 정류장에서 604번 버스를 탄다. 이 버스는 알하페리아 궁전 부근까지만 운행한다.

주소 Carr. del Aeropuerto, s/n
홈페이지 www.aena.es/es/aeropuerto-zaragoza/index.html

버스 · 열차

버스 터미널과 기차역이 한 건물에 있다. 지상층은 국영 철도 렌페가 운행하는 델리시아스역Estación Delicias이며, 지하층은 버스 회사 알사ALSA가 운행하는 버스 터미널Estación Central Autobuses de Zaragoza이다. 시내버스 34 · 51 · Ci1번을 타면 구시가지까지 30분 정도 걸린다.

주소 Av. Navarra, 80 **홈페이지** 버스 터미널 www.estacion-zaragoza.es / 렌페 www.renfe.com / 알사 www.alsa.com

사라고사-주요 도시 간 버스 · 열차 운행 정보

교통수단	출발지	종류	운행 편수(1일)	소요 시간	요금(편도)
버스	빌바오	ALSA	7편	3시간 35분~4시간 20분	€22~
	마드리드	ALSA	10편	3시간 45분~4시간	€18~
	바르셀로나	ALSA	8편	3시간 30분~4시간	€17~
열차	빌바오	ALVIA	3편	4시간 30분	€34~
	산세바스티안	ALVIA	1편	3시간 50분	€22~
	마드리드	iryo · OUIGO · ALVIA	10편~	1시간 15~25분	€9~
	바르셀로나	AVE · iryo · OUIGO · ALVIA	10편~	1시간~1시간 40분	€9~

※초고속 열차 AVE · iryo · OUIGO, 고속 열차 ALVIA

시내 교통

사라고사의 주요 대중교통은 버스와 트램이지만 여행자는 대부분 도보로 이동한다. 공항, 기차역 · 버스 터미널에서 구시가지 혹은 구시가지에서 알하페리아 궁전을 오갈 때 대중교통을 이용한다. 요금은 승차 시 운전기사에게 직접 낸다.

버스
운행 06:00~23:00(노선마다 다름) **요금** €1.40 **홈페이지** zaragoza.avanzagrupo.com

Zaragoza **Best Course**

사라고사 추천 코스

일정별 코스

스페인 북부 지방의 원석 사라고사 1일 코스

사라고사의 주요 관광 명소 대부분이 구시가지에 모여 있어 부지런히 움직이면 하루에 전부 둘러볼 수 있다. 단, 구시가지에서 조금 떨어져 있다고 해서 알하페리아 궁전을 빠뜨리면 안 된다. 일부러 버스를 타고 찾아가야 할 정도로 충분한 가치가 있다.

TRAVEL POINT

- **이런 사람 팔로우!** 스페인에서 희소가치 있는 도시를 탐방하고 싶다면, 성지 순례를 하고 싶다면
- **여행 적정 일수** 1일
- **주요 교통수단** 도보, 버스
- **여행 준비물과 팁** 시에스타 시간대를 확인할 시계
- **사전 예약 필수** 없음

DAY 1

- **소요 시간** 7~8시간
- **예상 경비**
  입장료 €15 + 교통비 €2.80 + 식비 €30~ = Total €47.80~
- **점심 식사는 어디서 할까?**
  살바도르 대성당 부근 식당에서
- **[illegible]**
  시에스타(낮잠 시간)를 엄격히 지키는 편이라 4~7시 사이에는 브레이크 타임인 경우가 많다. 오후 2시에 맞춰 점심을 먹도록 하자.

필라르 광장 P.362
→ 도보 1분 →
필라르 성모 대성당 P.360

→ 도보 2분 →
피에드라 다리 P.363
→ 도보 3분 →
라 론하 P.363
→ 도보 1분 →
살바도르 대성당 P.362
→ 도보 3분 →
점심 식사 추천 멜리 멜로 P.364
→ 도보 3분 →
고야 미술관 P.362

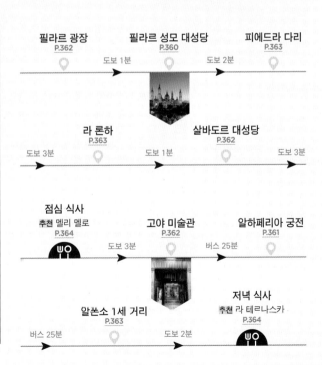

→ 버스 25분 →
알하페리아 궁전 P.361
→ 버스 25분 →
알폰소 1세 거리 P.363
→ 도보 2분 →
저녁 식사 추천 라 테르나스카 P.364

사라고사 관광 명소

사라고사는 한국인에게는 다소 생소하지만 이 도시를 알면 알수록 가치 있는 원석을 발견한 느낌이 들 것이다. 세계 최초로 성모 마리아를 모신 대성당과 안달루시아 못지않게 뛰어난 무데하르 양식의 건축물, 고야의 흔적이 남아 있는 박물관까지 볼거리가 놀라우리만치 풍성하다.

01

필라르 성모 대성당

Basílica de Nuestra Señora del Pilar

추천

가는 방법 필라르 광장 내 **주소** Plaza del Pilar, s/n **문의** 976 39 74 97 **운영** 탑 월~목요일 10:00~14:00, 15:00~19:30, 금~일요일 10:00~19:30 / 박물관 10:00~13:30, 16:30~20:00 **휴무** 부정기 **요금** 탑 일반 €5, 12~18세 · 25세 이하 대학생 · 65세 이상 €0 / 박물관 일반 €3, 12~18세 · 25세 이하 대학생 €2, 65세 이상 €2.50 **홈페이지** www.basilicadelpilar.es

성모 마리아의 기적이 가져다준 성당

'필라르'는 스페인어로 기둥을 뜻하며 이 성당의 유래가 된 전설이 있다. 약 2000년 전인 40년 1월 2일, 예수 그리스도의 12사도 중 한 사람으로 이베리아반도에서 포교 활동을 하던 성 야고보 앞에 성모 마리아가 나타나 기둥 하나를 건네며 성당을 세우라고 했다. 이 기둥을 초석으로 삼아 지은 성당이 성모 마리아에게 바치는 최초의 성당이 되었다. 성당 내부에는 직경 24cm, 높이 2m의 대리석으로 된 '기적의 기둥'이 보관되어 있다. 이 기둥을 만지거나 입을 맞추면 소원이 이루어진다고 한다. 화재로 인한 소실로 재건축을 반복하다가 17세기에 완성한 것이 현재에 이른다. 돔 천장의 프레스코화 〈순교자들의 여왕Regina Martyrum〉은 스페인의 자랑이자 사라고사 인근 소도시 출신인 프란시스코 고야의 작품이다. 제작을 총괄했던 그는 그림을 수정해달라는 선납 측 요청에 작업을 중단하고 말았다. 만약 고야가 원하는 대로 그리게 했더라면 성당 내 프레스코화 전체가 그의 작품으로 이루어졌을 것을 생각하니 아쉬운 마음이 든다.

TIP

성당의 탑 4개 가운데 에브로강에 인접한 탑은 시내를 내려다보는 전망대로도 운영한다.

02 알하페리아 궁전 추천

Palacio de la Aljafería

이슬람 건축의 정수

11세기 이슬람 왕국 시절 휴양지로 지은 무데하르 양식의 궁전으로 유네스코 세계문화유산에 등재되었다. 이베리아반도에 존재하는 이슬람 건축물로 그라나다의 알람브라 궁전, 코르도바의 메스키타 대성당과 함께 거론되는 곳이다. 14세기 알람브라 궁전이 이곳을 모방해 건축했다는 설이 있을 만큼 중정, 회랑, 천장 등 이슬람 건축의 정수만을 뽑아낸 것 같다. 가톨릭 세력에 의한 레콩키스타(국토회복운동)가 성공해 이슬람교도를 쫓아낸 후에는 아라곤 왕국과 가톨릭 국왕의 거처, 그리고 종교재판소로 사용되다가 현재는 아라곤 자치주 의회소가 되었다.

가는 방법 버스 21 · 32 · 33 · 34 · 36 · 51 · 52 · N3번 Aljaferia 정류장에서 바로 연결 **주소** Calle de los Diputados, s/n **문의** 976 28 96 83
운영 4~10월 10:00~14:00, 16:30~20:00, 11~3월 10:00~14:00, 16:00~18:30 **휴무** 부정기
요금 일반 €5, 학생 · 65세 이상 €1, 12세 이하 무료 ※일요일 무료

TRAVEL TALK

또 하나의 세계문화유산

사라고사에는 유네스코 세계문화유산으로 지정된 명소가 세 군데 있어요. 스페인 중세 시대에 이슬람 문화의 영향을 받은 독특한 건축양식과 장식을 사용한 건축물들 '아라곤의 무데하르 양식 건축물'로 지정했는데 알하페리아 궁전, 살바도르 대성당과 함께 산파블로 성당Iglesia Parroquial de San Pablo이 포함됩니다. 13세기 고딕 무데하르 양식의 화려한 건물 내부를 놓치지 마세요.

가는 방법 필라르 성모 대성당에서 도보 10분 **주소** Calle San Pablo, 42
문의 976 28 36 46 **운영** 09:30~11:30, 18:30~19:30 **휴무** 일요일
요금 €3 **홈페이지** sanpablozaragoza.org

⓪③ 필라르 광장

Plaza del Pilar

사라고사 관광의 중심

길이 930km로 스페인에서 가장 긴 강인 에브로Ebro강 남쪽 구시가지에서 역사적 건축물이 한데 모여 있는 메인 광장. 사라고사의 상징인 필라르 성모 대성당을 시작으로 살바도르 대성당, 라 론하, 시청사로 둘러싸인 광장에는 스페인 화가 프란시스코 고야를 비롯해 여러 인물의 조각상과 분수가 설치되어 있다. 기념품을 파는 상점이 많아 쇼핑을 즐기기에도 좋다. 매년 10월이면 수호성인 필라르를 기리는 필라르 축제Fiestas del Pilar에서 다채로운 행사가 펼쳐진다.

TIP

필라르 광장 내에
관광 안내소가 있다.

가는 방법 필라르 성모 대성당 바로 앞
주소 Plaza Ntra. Sra. del Pilar, s/n

⓪④ 살바도르 대성당

Catedral del Salvador de Zaragoza

다양한 건축양식의 융합

아리곤이로 대성당을 뜻하는 '라 세오La Seo'로 더 많이 불린다. 이슬람 양식의 기하학 형태로 꾸민 외관은 어딘가 대성당답지 않은 분위기를 풍긴다. 당초 이슬람 사원으로 설계했으나 이후 무데하르, 로마네스크, 고딕, 르네상스 등 다양한 건축양식이 더해져 독특한 건축물로 완성되었다. 한 도시에 대성당이 2개인 점도 특이하다. 내부에는 15~18세기에 제작한 유명 태피스트리만 모아둔 박물관이 있다.

가는 방법 필라르 성모 대성당에서 도보 4분 **주소** Plaza de la Seo, 4
문의 976 29 12 31
운영 일~금요일 10:00~14:00, 15:00~18:30, 토요일 10:00~18:30, 일요일 · 공휴일 10:00~12:00, 14:00~18:30
휴무 부정기 **요금** 일반 €7, 12~18세 · 대학생 €5, 65세 이상 €6

⓪⑤ 고야 미술관

Museo Goya

고야 커리어의 출발점

사라고사 인근인 푸엔데토도스Fuendetodos에서 태어난 불세출의 화가 프란시스 고야를 주제로 한 미술관. 그의 커리어가 시작된 사라고사에 세운 미술관으로 실제로 그가 그린 작품 수는 많지 않으나 그가 젊었을 때 그린 자화상과 투우 관련 작품 등 중요한 작품이 전시되어 있다. 노년에도 끊임없이 다양한 시도를 했던 그의 작품을 2층에서 만나보자.

가는 방법 필라르 성모 대성당에서 도보 5분 **주소** Calle Espoz y Mina, 23 **문의** 976 39 73 87
운영 화~토요일 10:00~14:00, 16:00~20:00, 일요일 · 공휴일 10:00~14:00
휴무 월요일, 1/1, 1/6, 12/25
요금 일반 €8, 13~18세 · 65세 이상 €4, 12세 이하 무료 ※매월 첫째 수요일 무료 **홈페이지** museogoya.fundacionibercaja.es

⑥ 라 론하
La Lonja

곡물 거래소에서 전시장으로

16세기에 곡물 거래소로 건축한 건물이다. 사라고사는 바르셀로나, 발렌시아와 함께 무역이 번성했던 지역으로 이른바 교역소 역할을 했다. 견고한 르네상스풍 건물은 현재 전시장으로 바뀌었다. 건물 상단에 촘촘하게 박힌 오브제를 자세히 들여다보면 사람 얼굴 모습을 확인할 수 있다. 건물 앞에는 사라고사 출신인 고야의 동상이 있다.

가는 방법 필라르 성모 대성당 바로 옆
주소 Plaza Ntra. Sra. del Pilar, s/n
문의 976 72 49 12
운영 화~토요일 10:00~14:00, 17:00~21:00, 일요일 · 공휴일 10:00~14:30
휴무 월요일, 1/1, 12/25
요금 무료

⑦ 피에드라 다리
Puente de Piedra

사라고사 최고의 풍경

에브로강에 놓인 고딕 양식 돌다리이다. 필라르 성모 대성당을 아름다운 한 장의 사진으로 담아내기에 최적의 장소로 알려져 있다. 다리 초입 부분 양쪽 기둥에는 사라고사를 상징하는 용맹한 동물인 사자가 자리를 지키고 있다. 이 때문에 사자다리라는 별칭으로 불리기도 한다. 늦은 시간에 방문하면 낮 풍경만큼이나 환상적인 야경을 감상할 수 있다.

가는 방법 필라르 성모 대성당에서 도보 2분
주소 Puente de Piedra

⑧ 알폰소 1세 거리
Calle de Alfonso I

걷는 재미가 있는 번화가

필라르 광장에서 구시가지를 살짝 비켜 가는 코소Coso 거리까지 이어지는 사라고사 최대 번화가. 주로 쇼핑 매장과 음식점이 들어서 있으며 길거리 공연도 자주 열려 늦은 밤까지 사람들의 발길이 끊이지 않는다. 알폰소 1세 거리 중앙에서 보이는 필라르 성모 대성당의 풍경이 아름다워 포토 스폿으로도 인기가 높다. 거리에서 버스킹하는 모습도 볼 수 있다.

가는 방법 필라르 광장에서 바로 연결
주소 Calle de Alfonso I

사라고사 맛집

스페인에서 타파스 거리로 이름난 도시 중에는 사라고사도 포함되어 있다. 구불구불한 좁은 골목길 엘 투보El Tubo 거리에서 사라고사 스타일의 타파스를 즐겨보자. 소박하면서도 정겨운 분위기의 맛집과 가볍게 즐길 수 있는 푸드 코트도 있다.

멜리 멜로
Restaurante Méli Mélo

위치 살바도르 대성당 주변
유형 대표 맛집
주메뉴 타파스

☺ → 타파스 외 식사 메뉴도 있다.
☹ → 식사 시간에 손님이 많다.

현지인들의 압도적인 지지를 받는 타파스 전문점. 식사 시간대에 가면 엄청난 수의 손님으로 입이 딱 벌어질 정도이다. 사람들 틈을 비집고 가까스로 자리를 잡으면 타파스 맛과 저렴한 가격이 수고를 보상해준다.

가는 방법 살바도르 대성당에서 도보 3분 **주소** Calle Mayor, 45
문의 976 29 46 95
영업 월~금요일 13:00~16:00, 20:00~24:00, 금~일요일 13:00~24:00
휴무 부정기 **예산** 타파스 €3.50~

라 테르나스카
La Ternasca

위치 알폰소 1세 거리 주변
유형 로컬 맛집
주메뉴 양고기 타파스

☺ → 향토 음식을 맛볼 수 있다.
☹ → 호불호가 갈린다.

실내 군데군데에 그려진 양 그림으로 알 수 있듯 양고기 타파스를 선보이는 음식점. 사라고사가 위치한 아라곤 지방은 양고기를 사용한 전통 요리가 많은데 아라곤 고유의 향토 음식을 접하기에 제격인 곳이다.

가는 방법 알폰소 1세 거리에서 도보 1분 **주소** Calle Estébanes, 9
문의 876 11 58 63
영업 12:00~16:00, 20:00~24:00
휴무 부정기
예산 타파스 €2.50~
홈페이지 laternasca.com

크로케트 아르테
Croquet Arte

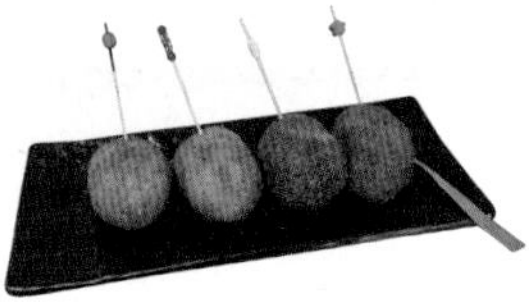

위치 알폰소 1세 거리 주변
유형 로컬 맛집
주메뉴 크로켓

☺ → 영어 메뉴판 구비
☹ → 오로지 크로켓만 취급한다.

좋은 간식이자 안줏거리가 되는 크로켓 전문점. 대구, 새우, 문어, 연어 등 해산물과 이베리코 하몽, 프랑크 소시지 등 육류 그리고 버섯, 피망 등 채소까지 각양각색이다. 주문 후 바로 튀겨 내 늘 바삭하다.

가는 방법 알폰소 1세 거리에서 도보 1분 **주소** Calle del Coso, 14
문의 976 79 60 60 **영업** 월~목요일 12:00~15:30, 19:00~22:00, 금·토요일 12:00~15:30, 19:00~23:00, 일요일 12:00~15:30
휴무 부정기 **예산** 크로켓 €2.50~
홈페이지 www.croquetarte.es

가스트로노미카 메르카도
Gastronómica Mercado

위치 알폰소 1세 거리 주변
유형 로컬 맛집
주메뉴 타파스

☺ → 메뉴 선택의 폭이 넓다.
☹ → 브레이크 타임이 있다.

파에야, 타파스 등 스페인 전통 요리부터 피자, 팔라펠 등 다양한 나라의 요리까지 다채로운 음식을 제공하는 푸드 코트 형식의 식당가. 사라고사 대표 맥주인 암바르Ambar를 내세운 주류 코너를 비롯해 커피, 디저트 등 전체 요리부터 후식까지 풀코스로 즐길 수 있다. 넓은 매장 안에 테이블과 의자도 충분히 마련되어 있다.

가는 방법 알폰소 1세 거리에서 도보 2분
주소 Puerta Cinegia Gastronómica, Calle del Coso, 35, 1ª Planta
문의 976 11 90 03 **영업** 일~목요일 12:00~16:30, 19:00~24:00, 금 · 토요일 12:00~16:30, 19:00~02:00
휴무 부정기 **예산** €15~

수레리아 라 파마
Churrería La Fama

위치 필라르 광장 주변
유형 대표 맛집
주메뉴 추로스

☺ → 이른 아침부터 영업한다.
☹ → 브레이크 타임이 있다.

사라고사 관광이 시작되는 필라르 광장 가까이에 있는 추로스 전문점. 뛰어난 접근성과 훌륭한 맛으로 현지인과 여행자 모두의 마음을 사로잡는다. 우리에게 익숙한 별 모양 추로스는 물론이고 안달루시아식 두꺼운 추로스인 포라스Porras도 있어 취향에 따라 골라 먹으면 된다. 달콤하고 걸쭉한 초콜라테는 추로스 최고의 파트너이다.

가는 방법 필라르 광장에서 도보 1분
주소 Calle Prudencio, 25
문의 976 39 37 04
영업 08:00~13:00, 17:00~21:00
휴무 부정기
예산 추로스+초콜라테 €4

카페 보타니코
Café Botánico

위치 필라르 광장 주변
유형 로컬 맛집
주메뉴 커피

☺ → 새벽까지 영업한다.
☹ → 한 번에 찾기 어려운 위치다.

현지인의 도심 속 쉼터가 되어주는 카페. 곳곳에 놓인 화분과 아기자기한 소품은 잘 가꾼 누군가의 정원에 놀러 온 듯한 느낌을 준다. 카운터에 진열된 다양한 종류의 수제 케이크를 보는 순간 어느 것을 골라야 할지 즐거운 고민이 시작될지도. 매장 안이 넓고 안팎으로 테이블 수가 많아 손님들로 붐비더라도 자리 잡기가 어렵지 않다.

가는 방법 필라르 광장에서 도보 1분
주소 Calle Santiago, 5
문의 976 29 60 48
영업 월~수요일 09:30~23:00, 목요일 09:30~01:00, 금 · 토요일 10:00~03:00, 일요일 10:00~23:00 **휴무** 부정기
예산 커피 €1.20~, 케이크 €2~

SURVIVAL

SOS

스페인 여행 중 위기 탈출

SOS ❶

여권을 잃어버렸을 때

가까운 재외공관을 방문해 귀국 또는 스페인 출국을 위한 단수여권을 발급받아야 한다. 반드시 신청자 본인이 직접 방문해야 하며, 소요 시간은 2시간 이내이나 대기 신청자 수에 따라 유동적이다. 단, 주말 및 공휴일은 발급 신청을 받지 않는다.

단수여권 발급 준비물

- 주민등록증이나 운전면허증(사진, 주민등록번호 13자리, 성명이 정확히 기재된 신분증)
- 대사관 또는 총영사관에 비치된 여권 발급 신청서, 긴급 여권 신청 사유서, 여권 분실 신고서
- 6개월 이내에 촬영한 여권용 사진 1매(가로 3.5cm×세로 4.5cm) 또는 대사관이나 총영사관에서 촬영 가능
- 발급 수수료 €50(2024년 상반기 기준, 카드 또는 현금 결제 가능)

영사관 연락처

- **주마드리드 대한민국 대사관**
  주소 C/ González Amigó, 15, 28033 Madrid
  문의 913 53 20 00, 긴급 648 92 46 95
  운영 월~금요일 09:00~14:00, 16:00~18:00
- **주바르셀로나 대한민국 총영사관**
  주소 Passeig de Gracia 103, 3rd floor, 08008 Barcelona
  문의 934 87 31 53, 긴급 682 86 24 31
  운영 09:00~14:00, 15:30~17:30

SOS ❷

신용카드를 도난당하거나 잃어버렸을 때

도난 사실을 확인한 즉시 신용카드사에 전화하거나 인터넷을 통해 신고해야 한다(24시간 대응). 여러 개의 신용카드를 분실했을 때는 신용카드사 중 한 곳의 고객센터에 신용카드 분실 일괄 신고를 하면 타사 카드까지 분실 등록된다. 사고 신고 접수일로부터 60일 전 이후에 결제된 금액에 대해 본인에게 과실이 있는 경우를 제외하고는 신용카드사가 보상해준다. 단, 서명이 없는 카드는 제3자가 부정 사용하더라도 손해배상을 받을 수 없으므로 카드 뒷면 서명란에 반드시 서명해둔다.

주요 카드사 문의처

카드 발급사	연락처	홈페이지	카드 발급사	연락처	홈페이지
롯데카드	+82-2-2280-2400	www.lottecard.co.kr	하나카드	+82-2-3490-1000	www.hanacard.com
삼성카드	+82-2-2000-8100	www.samsungcard.com	현대카드	+82-2-3015-9000	www.hyundaicard.com
신한카드	+82-2-1544-7000	www.shinhancard.com	BC카드	+82-2-330-5701	www.bccard.com
씨티카드	+82-2-2004-1004	www.citicard.co.kr	KB국민카드	+82-2-6300-7300	card.kbcard.com
우리카드	+82-2-2169-5001	www.wooricard.com	NH농협카드	+82-2-1644-4000	card.nonghyup.com

SOS 3 현금이나 가방, 카메라를 도난당했을 때

소매치기 또는 차량 도난으로 소지품을 도난당했을 때는 인근 경찰서에 신고해야 한다. 의사소통이 어렵다면 무료 전화 앱을 통해 영사콜센터 통역 서비스를 이용한다. 카카오톡에서도 상담을 진행하는데 채널에서 '영사콜센터'를 친구 추가 후 채팅하기를 시작하면 된다.

영사콜센터 통역 서비스

+82-2-3210-0404 → 2번 외국어 통역 서비스 → 7번 스페인어 통역(스피커폰을 이용한 3자 통역)

여행자보험 보상 청구

여행자보험에 미리 가입해두어 보상 청구를 하려면 반드시 '폴리스 리포트Police Report'라는 경찰 신고 확인증을 발급받아야 한다. 스페인은 인터넷으로 신고 접수 후 72시간, 전화로는 48시간 내에 경찰서를 방문하면 확인증을 발급해준다.

영어 신고 접수 사이트 denuncias.policia.es/OVD/?lang=en_GB

영어 신고 접수 문의 +34-90-210-2112(09:00~21:00)

신고 시 필요한 정보(스페인어)

❶ 인적 사항 : Nombre(이름), Apellido(성), Fecha de nacimiento(생년월일), Número de documento(여권 번호), Número de contacto(연락처), Nombre del padre y de la madre(성을 제외한 부모님 이름), Nacionalidad(국적), Domicilio(거주지 영문 주소)

❷ 사건 경위 : Localización(장소), Fecha y hora(날짜 및 시간), Descripción del hecho(사건 설명), Seguro(보험 가입 여부), Objetos perdidos o robados(분실 · 도난 물품)

※휴대폰의 경우 IMEI(국제전화 식별 번호) 제출 필요

※IMEI 조회는 휴대폰 설정-일반-정보-물리적인 SIM-IMEI 확인(사전에 미리 메모해둘 것)

주요 경찰서

바르셀로나

- **람블라스 거리 경찰서** Comissaria Mossos d'Esquadra Ciutat Vella - La Rambla
  주소 Carrer Nou de la Rambla, 76-78 **문의** 933 06 23 00
- **사그라다 파밀리아 경찰서** Comissaria Mossos d'Esquadra - La Sagrada Familia
  주소 Carrer de la Marina, 347 **문의** 933 26 82 00

마드리드

- **레티로 경찰서** District Police Station Madrid Retiro
  주소 C. de las Huertas, 76-78 **문의** 913 22 10 17
- **북중앙 경찰서** Distrito Centro Norte
  주소 Plaza Sta. María Soledad Torres Acosta, 2 **문의** 915 32 94 12

SOS 4 휴대폰을 분실했을 때

휴대폰을 도난당했다면 소지품을 도난당했을 때와 같이 즉시 가까운 경찰서에 방문해 도난 신고를 하고 여행자보험 청구용 확인증을 발급받는다. 보상 금액은 보험사마다 다르므로 보험 가입 전에 확인해두는 것이 좋다. 도난이 아닌 분실인 경우에는 보험사로부터 보상받을 수 없다. 지도 앱에서 메디아 마르크트Media Markt, 프낙Fnac 등을 검색하면 다양한 브랜드와 기종을 판매하는 종합 전자 전문점을 쉽게 찾을 수 있다. 카메라 성능은 뛰어나지 않지만 인터넷 검색, 전화 등 기본적인 기능에 충실한 저렴한 보급형 기종을 선택하는 것도 나쁘지 않다. 전자 제품 전문 매장에서 구입할 경우 대부분 택스 리펀드가 가능하므로 면세 절차를 밟아 비용을 절감할 수 있다.

SOS 5

갑자기 아파서 병원에 가야 할 때

자치주별로 24시간 운영하는 공립 병원Hospital Público에서 치료받을 수 있다. 병원마다 진료비 청구 방식이 다르며 치료 후 한국과 동일한 방식으로 진료비를 지불하거나 사후에 지불하는 경우도 있다. 사후 지불 방식은 응급 상황 시 우선 치료받은 다음 추후에 우편, 이메일 등으로 보낸 청구서에 적힌 진료비(기본 €100~200, 자치주별로 다름)를 은행 계좌로 송금한다. 의사소통이 어렵다면 24시간 운영하는 영사콜센터(영사콜센터 무료 전화 앱 또는 전화)로 연락해 통역 서비스를 이용한다(포르투갈어는 미지원). 구글 맵 검색창에 'urgencias'를 검색하면 주변 응급실을 찾을 수 있다.

영사콜센터 통역 서비스 이용 시

+82-2-3210-0404 → 2번 외국어 통역 서비스 → 7번 스페인어 통역(스피커폰을 이용한 3자 통역)

주요 병원

바르셀로나

- **클리닉 병원 Hospital Clinic**
  주소 Calle de Villarroel 170 문의 932 27 54 00
- **산트파우 병원 Hospital Sant Pau**
  주소 Calle de Sant Quinti 87 문의 935 53 76 00
- **도스 데 마이그 병원 Hospital Dos de Maig**
  주소 Calle del Dos de Maig 301
  문의 935 07 27 00

마드리드

- **산타크리스티나 대학 병원 Hospital Universitario Santa Cristina**
  주소 C. del Maestro Vives, 2
  문의 915 57 43 00
- **산호세 종합병원 Quirónsalud San José Hospital**
  주소 C. de Cartagena, 111
  문의 910 68 70 00

SOS 6

약국을 이용해야 할 때

몸이 아픈데 비상약이 없다면 인근 약국을 이용한다. 바르셀로나, 마드리드 등 대도시에는 24시간 운영하는 약국이 많다. 구글 검색창에 'farmacia'를 쳐서 검색하면 현위치에서 가장 가까운 약국을 찾을 수 있다.

알아두면 편리한 스페인어

한국어	스페인어	한국어	스페인어
약국	farmacia 파르마시아	일사병	insolación 인솔라시온
약	medicina 메디시나	설사	diarrea 디아레아
감기	resfriado 레스프리아도	화상	quemadura 께마두라
두통	dolor de cabeza 도로르 데 까베사	어지러움	vértigo 베르띠고
복통	dolor de estómago 도로르 데 에스또마고	가려움	prurito 프루리또
열	fiebre 피에브레	기침	tos 또스
소화불량	dispepsia 디스펩시아	해열제	antifebril 안티페브릴
식중독	intoxicación alimenticia 인톡시카시온 알리멘티시아	빈대 (베드버그)	los bichos de cama 로스 비쵸스 데 까마

SOS 7

불볕더위에 여행할 때

온도가 높은 환경에 오랜 시간 노출되었을 때 수분을 적절히 보충하지 않으면 두통, 어지러움, 메스꺼움, 피로감 등 일사병이나 열사병의 온열 질환 증상이 나타난다. 온열 질환은 건강 수칙을 잘 지키는 것만으로도 예방이 가능하므로 아래 내용을 잘 숙지해 대비하도록 하자.

건강 수칙

- 가장 더운 낮 시간대에는 활동을 줄이고 시원한 그늘에서 휴식을 취한다. 여름철 햇빛이 가장 강렬한 오후 2~5시는 40℃가 넘는 폭염이 이어질 때도 있으므로 야외 명소를 둘러보기보다는 미술관이나 박물관 등 실내 명소를 찾는다.
- 항상 물을 가지고 다니면서 갈증이 나지 않더라도 물을 충분히 섭취해 탈수되지 않도록 한다.
- 부득이하게 낮 시간대에 활동해야 할 경우에는 챙 넓은 모자, 양산, 선글라스 등으로 뜨거운 햇빛을 차단하고, 몸에 꽉 끼지 않고 통풍이 잘되는 옷을 입어 체온이 발산되도록 한다.

SOS 8

수하물 도착이 지연될 때

유럽 공항에서 수하물 도착이 지연되는 일은 의외로 빈번하게 일어나며 주로 경유 항공편을 이용할 때 발생한다. 이에 대비해 수하물을 부치기 전에 사진을 찍어두면 이런 상황이 발생했을 때 신속하게 처리할 수 있다. 목적지 도착 후 수하물 찾는 곳에서 자신의 수하물이 보이지 않으면 먼저 수하물 신고소Baggage Claim에 가서 분실 접수를 해야 한다. 탑승권, 수하물 확인표Baggage Claim Tag를 제시하고 접수 번호를 받는다. 다음 여권과 탑승권을 지참하고 항공사 카운터를 찾아가 신고서를 작성하고(수하물을 수령할 호텔명과 주소, 연락받을 전화번호 등 기입) 신고 절차를 밟는다. 항공사에 수하물 지연에 대한 보상을 청구할 수 있는데 여행자보험에 가입했다면 보험으로도 보상받을 수 있다. 항공사로부터 발급받은 지연 도착 확인서로 추후에 보상을 청구하면 된다. 이때 지연으로 인해 발생한 지출 영수증을 첨부해야 하니 잘 보관하도록 한다(보상 금액과 청구 방법은 회사마다 다름).

지연이 잦은 항공사 연락처

부엘링Vueling +34 902 486 648

라이언에어Ryanair

- 마드리드 +34 661 419 079
- 헤로나(바르셀로나) +34 972 186 735
- 말라가 +34 952 974 530
- 세비야 +34 954 449 232

이지젯Easyjet

- 마드리드 +34 626 170 187
- 바르셀로나 +34 932 984 562
- 말라가 +34 952 048 160
- 세비야 +34 954 449 151

SOS 9

비행기를 놓쳤을 때

본인 과실로 비행기를 놓친 경우 우선 항공사 카운터를 찾아가 비행기를 놓쳤다는 사실을 말한다. 다음 항공권을 다시 예약하고 결제해야 하는데, 비행편이 많지 않으면 바로 탑승이 불가능해 1~2일 기다려야 하는 경우도 있다. 미탑승 항공권의 환불은 불가능한 경우가 많으니 비행기를 놓치지 않도록 주의한다. 환승 시 항공사 문제로 지연되어 환승 편을 놓친 경우는 수수료 없이 다음 시간대로 연결해준다.

INDEX

□ 가고 싶은 도시와 관광 명소를 미리 체크해보세요.

도시명

관광 명소

ㅇ

ㅈ

ㅊ

ㅋ

위급 시 도움받을 곳

Spain+Portugal

follow

팔로우 시리즈는 여행의 새로운 시각과 즐거움을 추구하는 가이드북입니다.

팔로우 시리즈가 제안하는 스페인 여행 버킷 리스트

- 스페인 인기 도시의 매력 탐구하기
- 가우디와 피카소의 예술 세계 엿보기
- 일몰&야경 뷰 포인트에서 낭만 즐기기
- 아름다운 해변에서 유러피언처럼 휴식하기
- 타파스 바에서 1만 원의 행복 누리기

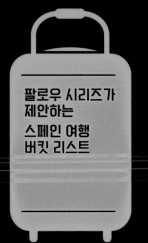

2024-2025
최신 개정판

follow PORTUGAL

정꽃나래 · 정꽃보라 지음

리스본
포르투

3 실시간 최신 정보 완벽 반영! 포르투갈 실전 가이드북

Travelike

CONTENTS

포르투갈 실전 가이드북

2024-2025
최신 개정판

팔로우 스페인·포르투갈

팔로우 스페인·포르투갈

1판 1쇄 발행　2023년 5월　2일
2판 1쇄 인쇄　2024년 5월 20일
2판 1쇄 발행　2024년 5월 28일

지은이 | 정꽃나래·정꽃보라
발행인 | 홍영태
발행처 | 트래블라이크
등　록 | 제2020-000176호(2020년 6월 24일)
주　소 | 03991 서울시 마포구 월드컵북로6길 3 이노베이스빌딩 7층
전　화 | (02)338-9449
팩　스 | (02)338-6543
대표메일 | bb@businessbooks.co.kr
홈페이지 | http://www.businessbooks.co.kr
블로그 | http://blog.naver.com/travelike1
ISBN　979-11-987272-1-3　14980
　　　979-11-982694-0-9　14980(세트)

* 잘못된 책은 구입하신 서점에서 바꾸어 드립니다.
* 책값은 뒤표지에 있습니다.
* 트래블라이크는 ㈜비즈니스북스의 임프린트입니다.
* 비즈니스북스에 대한 더 많은 정보가 필요하신 분은 홈페이지를 방문해 주시기 바랍니다.

팔로우
스페인
포르투갈

정꽃나래·정꽃보라 지음

follow
SPAIN
PORTUGAL

Travelike

책 속 여행지를 스마트폰에 쏙!

《팔로우 스페인·포르투갈》 지도 QR코드 활용법

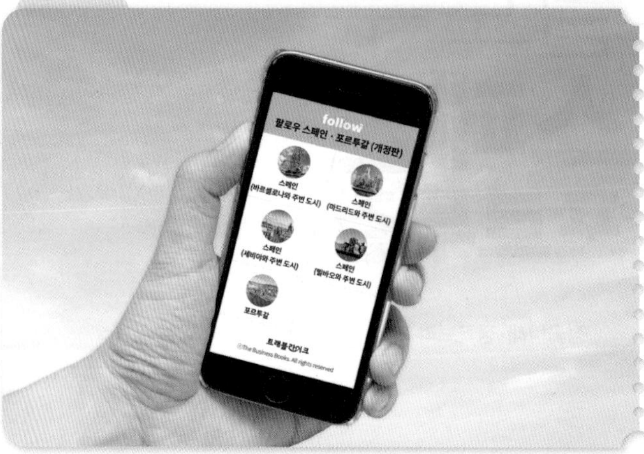

QR코드를 스캔하세요.
구글맵 앱 '메뉴-저장됨-지도'로 들어가면 언제든지 열어볼 수 있습니다.

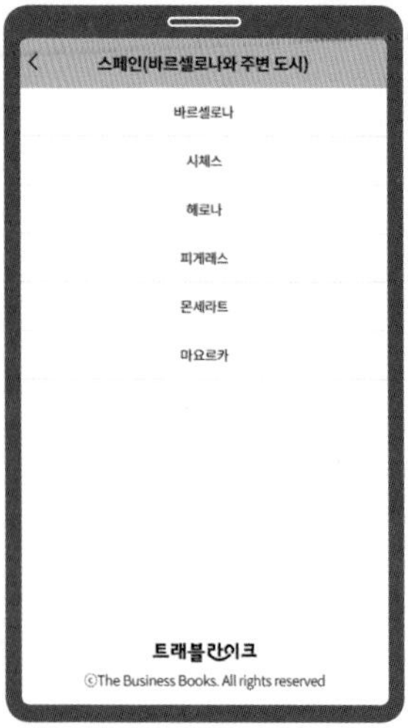

1

스마트폰으로 오른쪽 상단의 QR코드를 스캔합니다. 연결된 페이지에서 원하는 지역을 선택합니다.

2

선택한 지역의 지도로 페이지가 이동됩니다. 화면 우측 상단에 있는 ⛶ 아이콘을 클릭합니다.

3

지도가 구글맵 앱으로 연동되고, 내 구글 계정에 저장됩니다. 본문에 소개된 장소들의 위치를 확인할 수 있습니다.

《팔로우 스페인·포르투갈》 본문 보는 법

HOW TO FOLLOW SPAIN·PORTUGAL

포르투갈 인기 여행지의 최신 여행 정보를 담았습니다.

※이 책에 실린 정보는 2024년 5월 초까지 수집한 자료를 바탕으로 하며 이후 변동될 가능성이 있습니다.

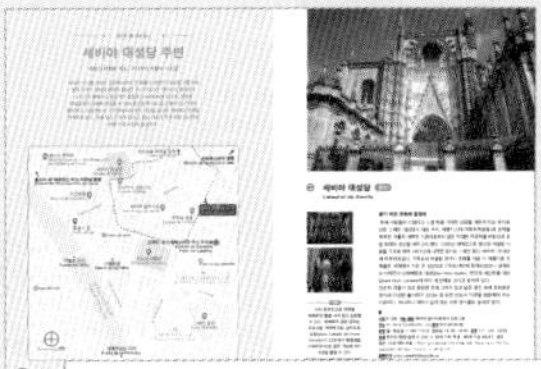

- **대도시는 관광 명소로 구분**

  볼거리가 많은 대도시의 핵심 명소를 중심으로 주변 명소를 연계해 여행자의 동선이 편리하도록 안내했습니다. 핵심 볼거리는 매력적인 테마 여행법으로 세분화하고 풍부한 읽을거리, 사진, 지도 등을 함께 소개해 알찬 여행을 할 수 있습니다.

- **일자별 · 테마별로 완벽한 추천 코스**

  추천 코스는 일자별 평균 소요 시간은 물론 아침부터 저녁까지의 이동 동선과 식사 장소, 꼭 기억해야 할 여행 팁을 꼼꼼하게 기록했습니다. 어떻게 여행해야 할지 고민하는 초보 여행자를 위한 맞춤 일정으로 참고하기 좋으며 효율적인 여행이 가능하도록 도와줍니다.

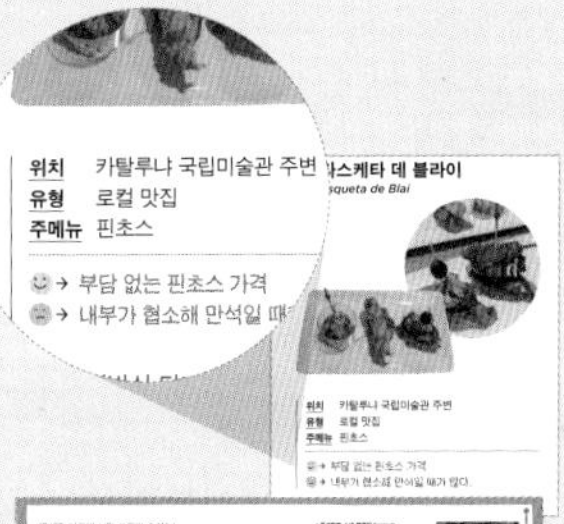

- **실패 없는 현지 맛집 정보**

  한국인의 입맛에 맞춘 대표 맛집부터 현지인의 단골 맛집, 인기 카페 정보와 이용법, 대표 메뉴, 장 · 단점 등을 한눈에 보기 쉽게 정리했습니다. 스페인 · 포르투갈의 식문화를 다채롭게 파악할 수 있는 전통 요리와 미식 정보도 다양하게 실었습니다.

  위치 해당 장소와 가까운 명소 또는 랜드마크
  유형 유명 맛집, 로컬 맛집, 신규 맛집 등으로 분류
  주메뉴 대표 메뉴나 인기 메뉴
  ☺☹ 좋은 점과 아쉬운 점에 대한 작가의 견해

- **알고 보면 더 재미있는 문화 이야기 대방출**

  도시별 관광 명소와 건축물, 거리, 음식, 미술품에 얽힌 풍부한 이야깃거리는 물론 역사 속 인물과 관련한 스토리를 페이지 곳곳에 실어 읽는 즐거움과 여행의 흥미를 더합니다. 또한 여행 전 알아두면 좋은 여행 꿀팁도 콕콕 찍어 알려줍니다.

지도에 사용한 기호 종류

관광 명소	공항	기차역	버스 터미널	메트로역	버스 정류장	트램 정류장
푸니쿨라르 정류장	항구	관광안내소	공원	분수대	와이너리	병원

스페인·포르투갈 전도

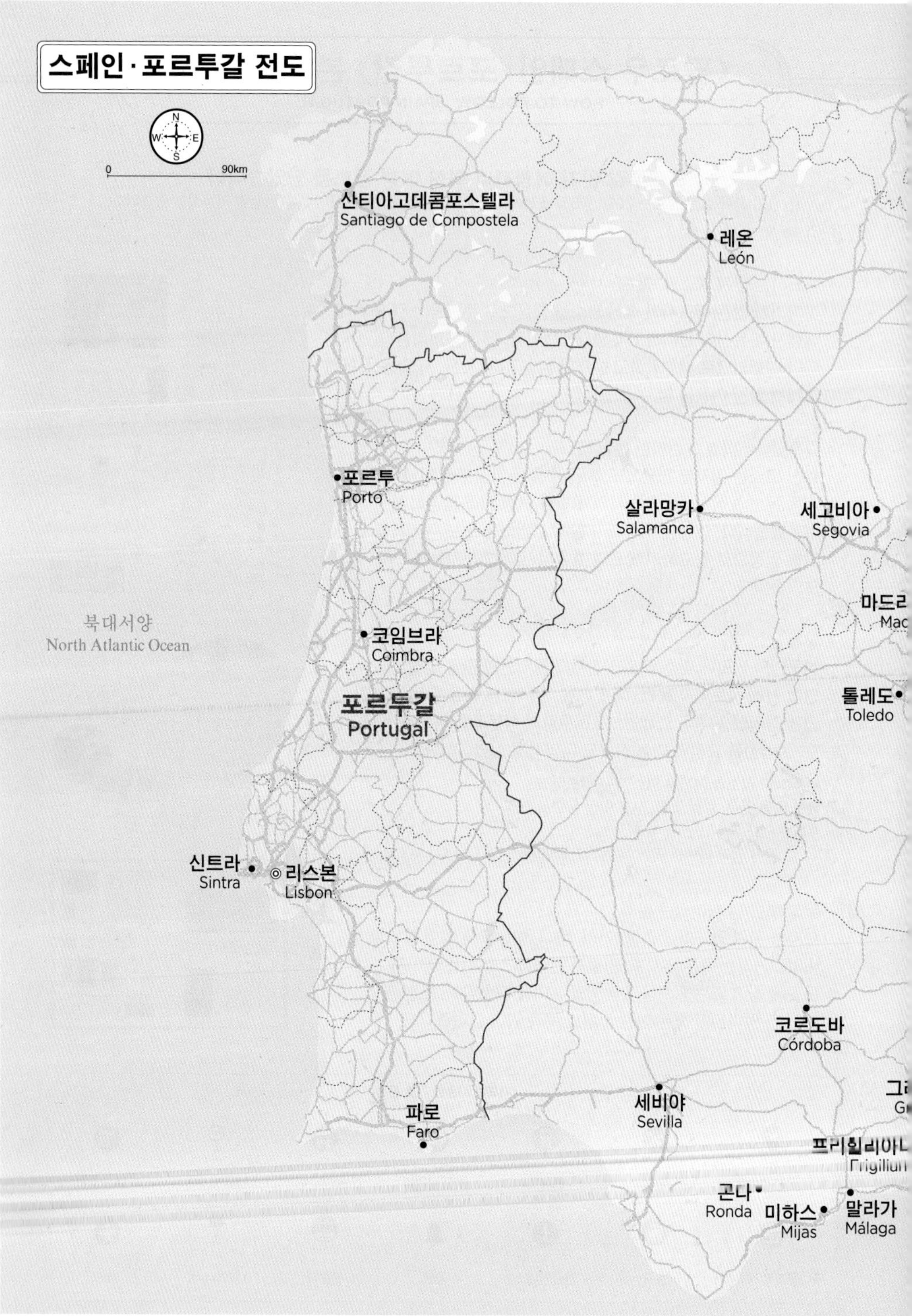

N
W
E
S
0
90km
산티아고데콤포스텔라
Santiago de Compostela
레온
León
포르투
Porto
살라망카
Salamanca
세고비아
Segovia
북대서양
North Atlantic Ocean
코임브라
Coimbra
포르투갈
Portugal
톨레도
Toledo
신트라
Sintra
리스본
Lisbon
코르도바
Córdoba
세비야
Sevilla
파로
Faro
론다
Ronda
미하스
Mijas
말라가
Málaga

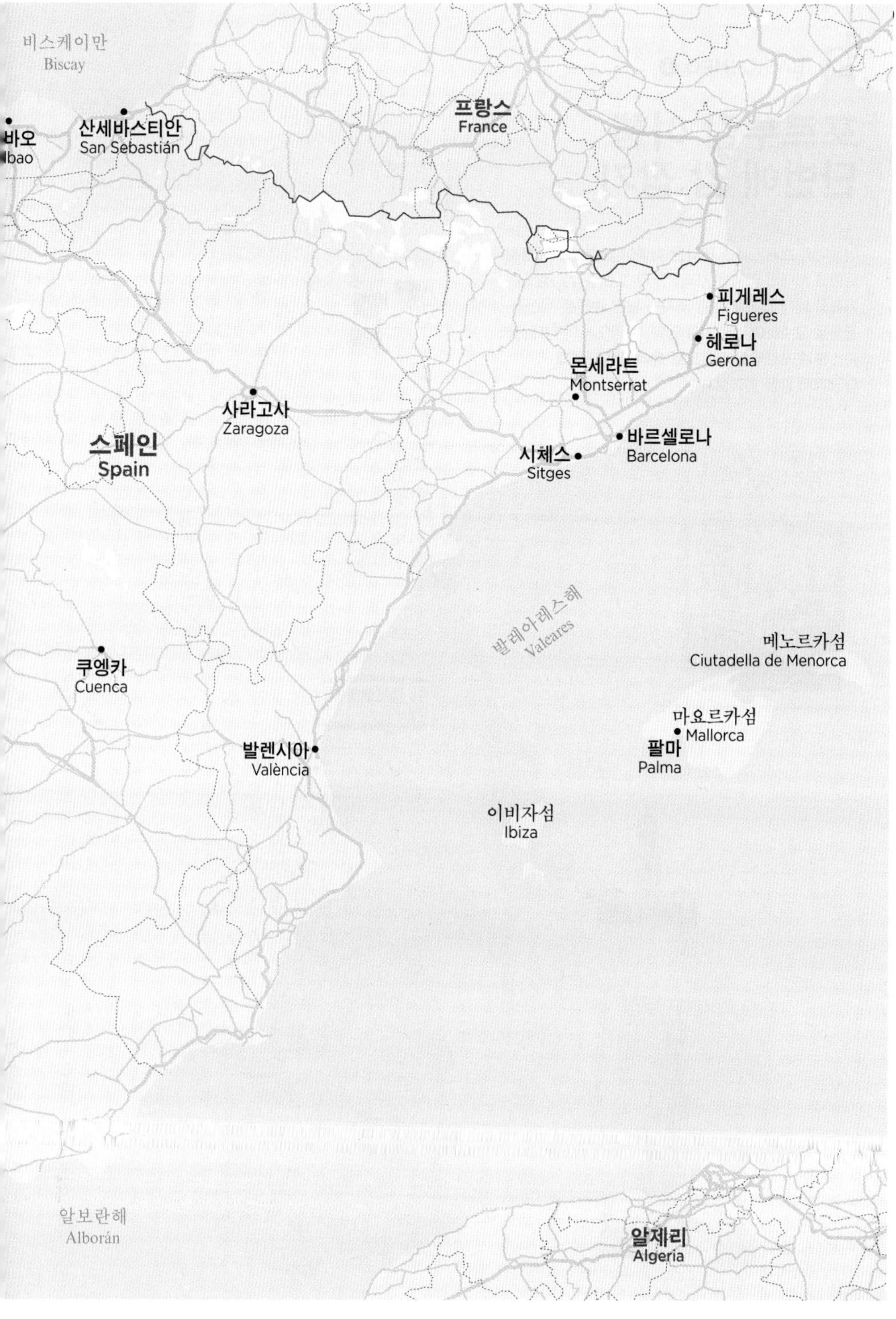
비스케이만
Biscay
바오
lbao
산세바스티안
San Sebastián
프랑스
France
피게레스
Figueres
헤로나
Gerona
몬세라트
Montserrat
사라고사
Zaragoza
스페인
Spain
바르셀로나
Barcelona
시체스
Sitges
발레아레스해
Valcares
메노르카섬
Ciutadella de Menorca
쿠엥카
Cuenca
마요르카섬
Mallorca
팔마
Palma
발렌시아
València
이비자섬
Ibiza
알보란해
Alborán
알제리
Algeria

BASIC INFO ❶

포르투갈 여행 단번에 감 잡기

이웃나라 스페인과는 또다른 매력이 넘치는 포르투갈. 대항해 시대의 영광은 사라졌지만 포르투갈 사람들은 기품을 잃지 않고 기나긴 역사가 남긴 수많은 유산과 전통을 고수하며 살아가고 있다. 관광도시의 양대산맥 리스본과 포르투를 주축으로 유라시아 대륙의 땅끝까지 발을 뻗어보자.

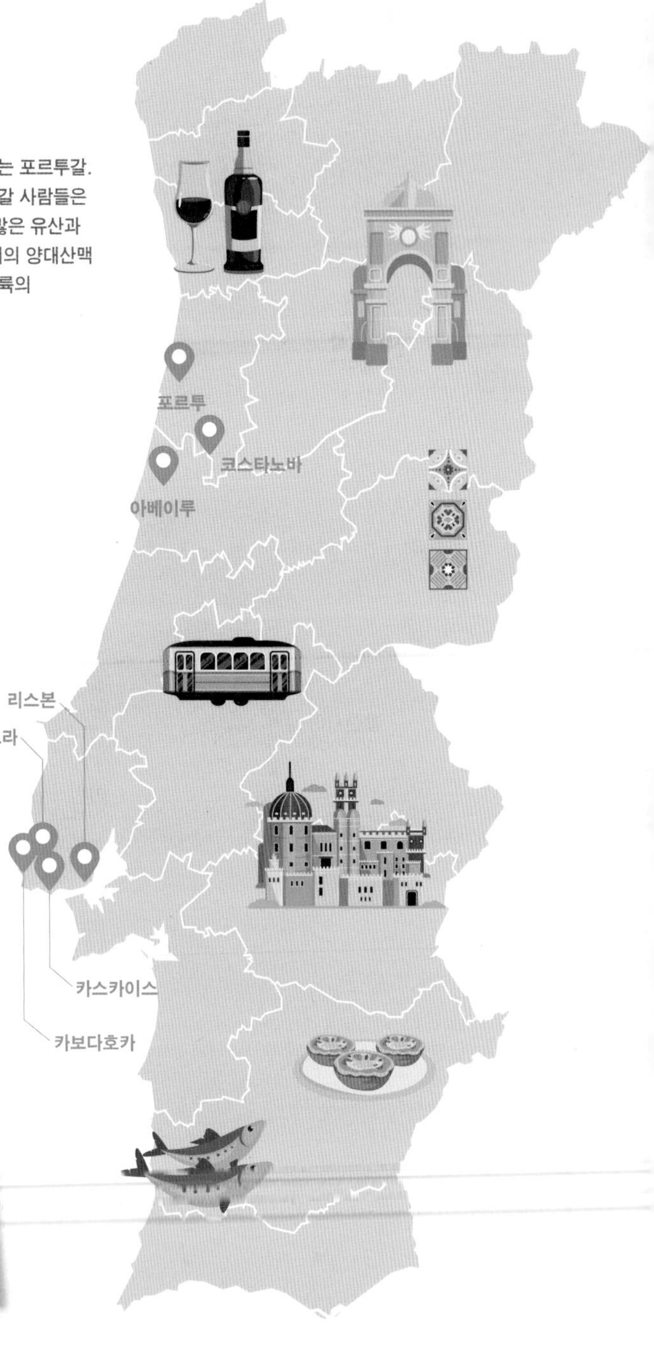

리스본 Lisbon

#포르투갈수도 #노란색트램 #7개의언덕
#세계탐험가의출발점 #에그타르트 #신선한해산물

관광 ★★★★★ 미식 ★★★★★
쇼핑 ★★★★☆ 휴양 ★☆☆☆☆

대항해시대의 번영을 나타내는 제로니무스 수도원과 벨렝 탑만이 리스본을 설명할 수 없다. 높다란 언덕배기에 자리 잡은 전망대가 셀 수 없이 많으며 붉은색 지붕과 푸른 하늘의 강렬한 대비는 한 폭의 그림 같아 보는 이로 하여금 감탄을 불러일으킨다. 도시 이곳저곳을 종회무진 달리는 노란색 트램과 경사진 비탈길을 천천히 오르내리는 푸니쿨라르 또한 리스본을 상징하는 정겨운 풍경이다.

신트라

#눈부시게아름다운도시 #왕족들의여름궁전
#마을전체가세계문화유산

관광 ★★★★☆
미식 ★☆☆☆☆
쇼핑 ☆☆☆☆☆
휴양 ☆☆☆☆☆

카보다호카

#유럽의최서단 #호카곶 #땅끝마을
#석양맛집 #바다가시작되는곳

관광 ★★☆☆☆
미식 ☆☆☆☆☆
쇼핑 ☆☆☆☆☆
휴양 ☆☆☆☆☆

카스카이스

#대서양의숨은보석 #왕실의여름휴가지
#예쁜바다 #수영과일광욕

관광 ★☆☆☆☆
미식 ☆☆☆☆☆
쇼핑 ☆☆☆☆☆
휴양 ★★☆☆☆

포르투 Porto

#세계문화유산 #포트와인 #아줄레주
#해리포터의영감이된서점

관광 ★★★★★ 미식 ★★★★★
쇼핑 ★★★☆☆ 휴양 ★★★☆☆

도시에 들어서자마자 햇빛으로 반짝이는 도루강과 묵직한 존재감을 자랑하는 거대한 동 루이스 1세 다리가 반기는 포르투. 건물 벽 전체를 가득 메운 화려한 아줄레주 타일과 아기자기한 건물이 줄지어 선 풍경은 낯선 여행자에게 마음의 여유와 편안함을 선사한다. 붉은 빛을 머금은 석양과 은은한 조명을 받은 듯한 근사한 야경을 눈에 담고 오래 묵혀 한층 진해진 와인 향에 취하다 보면 어느새 시간이 금방 지나가버릴 것이다.

아베이루

#포르투갈의베네치아
#곤돌라체험
#파스텔톤건물

관광 ★★☆☆☆
미식 ★☆☆☆☆
쇼핑 ☆☆☆☆☆
휴양 ★★☆☆☆

코스타노바

[illegible]
#포토제닉여행지
#싱싱한해산물

관광 ★★☆☆☆
미식 ☆☆☆☆☆
쇼핑 ☆☆☆☆☆
휴양 ★☆☆☆☆

BASIC INFO ❷

포르투갈 국가 정보

포르투갈은 이베리아반도 서쪽 끝자락에 위치하며, 이베리아반도의 많은 부분을 차지하는 스페인과 이웃한 작은 나라이다. 바다와 맞닿아 있는 지리적 특성 덕에 예부터 적극적으로 해외로 진출해 대항해 시대를 연 주인공이다. 그때의 영광을 간직한 태양의 나라로 떠나보자.

국명
포르투갈
Portugal

수도
리스본
Lisbon

면적
9만 2212km²
대한민국보다 약간 작음

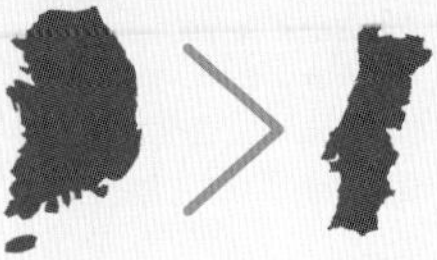

정치체제
내각책임제

언어
포르투갈어

시차
9시간 느림
한국 오전 9시 →
스페인 오전 12시
※서머타임 적용 시
8시간 느림

비자
관광 무비자 최대 **90일**
※2025년부터 유럽여행정보인증제도(ETIAS) 시행 예정

인구
약 **1024만** 명

환율
€1 = 1470원
※2024년 5월 초 기준

통화
유로 EUR

종교

비행시간
인천-리스본(1회 경유 시)
약 **18시간**

전압
220V,
50Hz

물가

다양한 변수로 인해 최근 몇 년 사이 물가가 많이 올랐다고는 하나 식당, 쇼핑, 호텔 등 여행에서 쓰는 비용은 아직까지는 한국보다 저렴한 편이다. 수도 리스본보다 포르투 물가가 더 저렴하며 근교 소도시로 갈수록 물가가 저렴해진다. 마트나 시장 물가는 더욱 싸다.

인터넷

한국보다 인터넷 속도는 느린 편이나 공항, 호텔, 관광 명소, 음식점, 백화점 등 주요 시설에서 무료 와이파이를 제공한다. 다만 길 찾기나 가는 방법 검색 등 이동하면서 와이파이를 사용하는 경우가 많으므로 현지에서 이용 가능한 심카드를 구입하는 것이 좋다. ※심카드 정보 1권 P.165

팁 문화

반드시 팁을 내야 할 의무는 없다. 유럽에서 팁은 기분 좋은 경험을 제공받은 서비스에 대한 감사의 표시이자 맛있는 음식을 칭찬하는 의미로 건네는 성의의 표현이다. 고급 음식점이나 누구나 즐기는 바르 등에서 고마움을 표하고 싶을 때 소액의 팁을 지불하면 된다.

영업시간

관공서는 보통 평일 8시 30분부터 18시까지, 은행은 8시 30분부터, 15시에서 15시 30분까지 운영한다. 주말과 공휴일은 휴무이다. 주말과 공휴일 휴무이다. 음식점과 상점은 보통 11시나 12시에 문을 열며 늦은 시간까지 영업하고 바르와 카페는 좀 더 이른 시간에 문을 연다.

전화

전화번호가 부여된 심카드를 구매하면 포르투갈 내 현지 통화가 가능하다. 한국으로 전화하려면 한국 유심으로 갈아 끼운 다음 로밍으로 전화를 걸거나 스카이프 같은 전화 앱을 이용해야 한다. 로밍보다는 전화 앱 요금이 더 저렴하다.

한국 → 포르투갈 00(국제전화 식별 번호) 또는 0을 길게 눌러 + 버튼 표시 + 351(포르투갈 국가 번호) + 0을 제외한 포르투갈 전화번호 입력
포르투갈 → 한국 00(국제전화 식별 번호) 또는 0을 길게 눌러 + 버튼 표시 + 82(한국 국가 번호) + 0을 제외한 한국 전화번호 입력

긴급 연락처

현지에서 여권 분실 및 도난, 범죄, 사고 등의 긴급 상황 발행 시 정부 기관에 도움을 청한다.

주리스본 대한민국 대사관
주소 Av. Miguel Bombarda 36-7, 1050-165 Lisboa
운영 월~금요일 09:00~12:30, 14:00~17:00
문의 21 793 7200, 긴급 91 079 5055

공휴일 (2024년)

1/1	새해	5/30	성체축일	10/5	공화국 선포 기념일
3/29	성금요일	6/10	포르투갈의 날	11/1	모든 성인의 날
3/31	부활절	6/13	리스본시 성 안토니우 성인의 날	12/1	독립기념일
4/25	혁명기념일			12/8	성모수태일
5/1	근로자의 날	8/15	성모승천일	12/25	성탄절

간단 포르투갈어

아침 인사 Bom dia(봄 디아)
점심 인사 Boa tarde(보아 타르데)
저녁 인사 Boa noite(보아 노이테)
부탁드립니다 Faz favor(파슈 파보르)
감사합니다 Obrigado(오브리가도, 남성), Obrigada(오브리가다, 여성)
네 Sim(씸)
아니오 Não(나운)

BASIC INFO ❸

포르투갈 여행 시즌 한눈에 살펴보기

※리스본 기준

일출 시간 · 일몰 시간 · 최저 평균 기온 · 최고 평균 기온 · 강수량

	1월	2월	3월	4월	5월	6월 (Best Season)
일출 시간	07:55	07:42	07:09	06:21	05:39	05:13
일몰 시간	17:26	17:58	18:29	19:00	19:29	19:56
강수량	110mm	111mm	69mm	64mm	39mm	21mm
최고 평균 기온	14℃	15℃	18℃	20℃	22℃	25℃
최저 평균 기온	8℃	8℃	10℃	11℃	13℃	16℃

날씨

한국보다 겨울이 따뜻해 코트와 두꺼운 재킷, 경량 패딩만으로도 충분히 겨울을 보낼 수 있다. 1년 중 가장 비가 많이 내리는 시기이지만 하루 종일 비가 내리진 않는다. 그러나 간혹 기록적인 폭우가 올 때도 있다.

겨울에서 벗어나 날씨가 비교적 온화한 봄이지만 하루 중에도 비가 내렸다 개었다 반복하는 불안정한 날씨가 계속된다. 날씨 변화가 크므로 걸칠 수 있는 겉옷을 준비하고 갑작스러운 비에 대비해 접는 우산을 챙겨 다니는 것이 좋다.

본격적인 여름에 진입하면서 점차 더워진다. 하지만 아침저녁으로 기온차가 커서 아직은 쌀쌀함을 느낄 수도 있다.

대표 축제(2024년)

6/12~13 성 안토니우 축제 Festas de Santo Antonio

매년 6월 리스본의 수호성인 성 안토니우를 기리는 축제가 열린다. 정어리를 나눠 먹어 '정어리 축제'로도 불리며, 알파마 지구 광장에는 정어리구이를 파는 매대가 줄지어 있다. 마지막 날 전야에는 리베르다지 거리에서 성대한 퍼레이드가 펼쳐진다.

옷차림과 준비물

10~15℃ — 머플러, 장갑, 코트나 패딩 등 외투, 긴소매, 긴바지, 내복, 우산

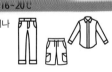

16~20℃ — 긴소매, 긴바지, 카디건이나 재킷 등 걸칠 옷

남북으로 길쭉한 지형인 포르투갈은 여름은 기온이 높아 무덥지만 습도가 낮아 건조하고, 겨울은 비가 자주 내리지만 비교적 온난한 지중해성기후이다. 특히 북쪽에서 남쪽으로 흐르는 차가운 해류의 영향으로 포르투가 속한 북부 지방은 여름에도 시원하며 일교차가 적은 편이다.

Best Season	Best Season	Best Season			
7월	**8**월	**9**월	**10**월	**11**월	**12**월
☀ 05:15 🌙 20:05	☀ 05:38 🌙 19:47	☀ 06:05 🌙 19:07	☀ 06:32 🌙 18:19	☀ 07:03 🌙 17:36	☀ 07:36 🌙 17:15
5mm	6mm	26mm	80mm	114mm	108mm

30℃　30℃　26℃　23℃　18℃　15℃

17℃　17℃　17℃　14℃　11℃　8℃

비가 거의 내리지 않고 청명한 날이 계속된다. 기온이 30℃를 넘나들지만 습도가 낮은 편이며, 그늘에 가면 더위를 피할 수 있다.

시원한 바람이 불면서 가을 느낌이 물씬 나지만 갈수록 비가 잦아지고 아침저녁으로 갑작스럽게 기온이 뚝 떨어지면서 일교차도 커진다.

겨울보다는 늦가을이라 여겨지는 날씨로, 얇은 외투가 필요한 시기이다. 비도 빈번하게 내릴 정도로 흐린 날씨가 계속된다.

6/23~24 성 요한 축제 Festas de Sao Joao

600년 이상 이어져온 포르투의 유서 깊은 전통 축제. 축제 전야에 장난감 망치를 들고 다니면서 사람들 머리를 때리는 거리 행진을 한다. 와인을 마시며 정어리구이를 즐기다 보면 밤 12시가 되는데, 이때 불꽃 축제로 더욱 화려한 밤을 보낸다.

20~25℃	26~35℃ 이상
반소매, 반바지, 원피스, 얇은 긴소매, 자외선 차단제, 모자	모자, 선글라스, 반소매, 반바지, 원피스, 자외선 차단제, 수영복

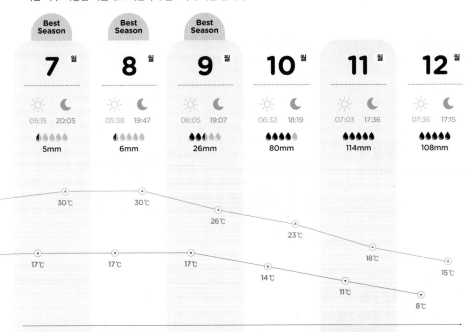

BASIC INFO ❹

포르투갈 문화, 이 정도는 알고 가자

로마에 가면 로마법을 따르라는 말이 있듯이 포르투갈 여행 전 알아두면 좋은 매너와 에티켓을 소개한다. 식사를 즐길 때 지켜야 할 매너와 성당 출입 시 주의해야 할 옷차림, 엘리베이터 층수, 낮잠 문화 등 유념해야 할 사항을 모아보았다.

포르투갈의 식사 에티켓

포르투갈 사람들은 일반적으로 천천히 시간을 들여 식사하기 때문에 주문이 늦거나 음식이 늦게 나와도 종업원을 재촉해서는 안 된다. 숟가락은 수프를 먹을 때만 사용하고 메인 요리에는 포크와 나이프를 사용한다. 쌀밥으로 만든 요리가 많은 편인데도 나이프로 음식을 긁어 모아 포크에 올려 먹는다. 수프나 커피를 소리 내어 마시거나 그릇을 들고 먹는 행위도 매너에 어긋난다.

한국의 1층 = 포르투갈의 2층

포르투갈에서는 건물 층수를 한국과 달리 0층부터 표기한다. 즉 우리나라의 1층에 해당하는 0층은 지상층을 뜻하는 '테헤우Térreo'로 부른다. 엘리베이터에는 0 또는 RC로 표기되어 있다. 숫자 오른쪽 상단에는 '~층'을 뜻하는 작은 동그라미를 붙인다. 예를 들어 1층은 '1°', 2층은 '2°'로 표기한다.

성당 출입 시 긴옷 착용

성당 등 종교 기관을 방문할 때는 옷차림에 신경 쓰도록 한다. 여름철이라도 일반 치마나 짧은 바지, 민소매는 피하고 긴바지나 긴치마, 원피스를 착용한다. 성당에 들어갈 때는 스카프로 노출된 팔이나 다리를 가린다. 특히 미사에 참가할 때는 화려하고 튀는 복장은 삼가고 깔끔하고 단정한 복장을 하는 것이 좋다.

포르투갈의 낮잠 문화

시에스타라 불리는 낮잠 문화는 스페인 고유의 풍습이라고 알려져 있지만 이웃 나라인 포르투갈도 '세스타Sesta'라는 이름으로 낮 시간대에 긴 휴식을 취하는 풍습이 있다. 하지만 장기적인 경기 침체로 인해 노동 환경이 바뀌면서 이런 풍습이 점차 사라져 지방 소도시를 제외하고 찾아보기 어렵게 되었다. 단, 브레이크 타임을 가지는 음식점이 꽤 있으므로 영업시간을 확인하고 방문하도록 한다.

BASIC INFO ❺

포르투갈 역사 가볍게 훑어보기

유럽 대륙 최서단에 위치한 포르투갈은 레콩키스타(국토회복운동)를 거쳐 1179년 현재의 이름으로 건국하기까지 수많은 민족의 이주와 침략, 독립이 반복되었다. 15세기 말 대항해 시대의 전성기 후 스페인에 합병되고 영국의 지배를 받는 등 극명한 역사의 명암이 공존한다.

1~11세기

페키니아인, 그리스인, 켈트족, 로마인, 서고트족 등 다양한 민족이 이주해 살다가 711년 무어인이 정복하면서 이슬람 세력의 지배를 받게 되었고 718년 국토를 되찾기 위한 전쟁(레콩키스타)이 시작되었다.

12~14세기

레콩키스타 과정에서 탄생한 카스티야 왕국이 이슬람 세력을 물리치면서 포르투갈 북부가 그 지배하에 들어갔다. 레콩키스타를 이끌던 아폰수 엔히케스가 1143년 포르투갈 왕국을 건국해 초대 국왕이 되고 1249년 포르투갈의 레콩키스타가 막을 내렸다.

15~17세기

이곳으로 타임슬립!

벨렝 탑 P.049
제로니무스 수도원 P.050

1415년 포르투갈은 북아프리카 교역의 교두보 역할을 하는 세우타를 시작으로 다른 나라보다 앞서 본격적인 해외 진출을 위한 항로를 개척하면서 17세기까지 계속되는 대항해 시대를 열었다. 1498년 바스코 다가마의 인도 항로 발견은 포르투갈에 막대한 부를 안겨다 주었으며 다수의 식민지를 거느리게 되었다. 이후 60년 가까이 스페인에 통치되었으며 영국의 지배를 받는 등 쇠퇴의 길을 걸었다.

18~19세기

1755년 대지진이 강타한 수도 리스본은 화재와 해일로 큰 피해를 입어 대대적인 도시 재건에 힘썼다. 1806년 나폴레옹이 정복하지만 스페인과의 협력으로 독립을 회복했다. 다시 영국의 지배를 받았으나 1840년 포르투에서 영국의 통치에 반발하는 자유주의 혁명이 일어나고 이것이 포르투갈 최대 식민지였던 브라질의 독립운동으로 이어지면서 국내 정세는 큰 혼란을 겪었다.

20세기

공화제를 요구하는 움직임이 강해지다가 결국 1908년 공화국이 설립되었지만 정당 간 다툼이 그치지 않고 정세가 극도로 혼란스러웠다. 1932년 공화제가 붕괴되고 안토니우 살라자르가 총리에 취임해 36년간 독재 정권이 계속되다가 1974년 4월 25일 소장 장교단이 무혈 혁명으로 민주주의를 회복했다. 리스본 거리는 혁명의 성공을 축하하는 카네이션으로 장식되었고 이 꽃을 병사들의 총구에 꽂았다고 해 '카네이션 혁명'이라 불린다.

포르투갈 들어가기

인천국제공항에서 포르투갈 리스본으로 가는 직항편은 운항하지 않는다. 보통 1회 경유하는 유럽계 항공사를 이용하거나 스페인에서 리스본, 포르투로 들어간다.

인천국제공항에서 포르투갈로 가기

인천국제공항에서 수도 리스본으로 가는 직항편이 없다. 대한항공을 비롯해 에어프랑스, KLM네덜란드항공, 루프트한자 등 유럽계 항공사나 에미레이트항공, 카타르항공 등 중동계 항공사가 1회 경유편을 운항하며 17~20시간 정도 걸린다.

● 리스본 움베르토 델가도 국제공항
Aeroporto Humberto Delgado(LIS)

리스본에 위치한 국제공항으로 시내 중심에서 북쪽으로 약 8km 떨어진 곳에 있다. 처음에는 공항이 위치한 지역명에 따라 리스본 포르텔라 국제공항으로 부르다가 2016년 민간항공 설립을 주도한 이의 이름을 붙여 움베르토 델가도 국제공항으로 개칭했다. 터미널은 총 2개로 주요 항공사가 이용하는 제1터미널과 저가 항공사(LCC) 전용인 제2터미널로 나뉘어 있으며, 두 터미널 사이는 무료 셔틀버스가 운행한다. 공항에서 시내까지는 메트로가 연결되어 있어 편리하게 이동할 수 있다.

주소 Alameda das Comunidades Portuguesas
홈페이지 www.aeroportolisboa.pt/en/lis/home
셔틀버스 운행 03:00~01:30(10분 간격, 3분 소요)

• 리스본 공항 터미널별 이용 항공사
제1터미널 아시아나항공, 탑포르투갈, 에어프랑스, 터키항공, 이베리아항공, 에미레이트항공 등
제2터미널 이지젯, 라이언에어, 트랜스아비아, 위즈에어, 블루에어

● 포르투 프란시스쿠 드 사 카르네이루 공항
Aeroporto de Francisco Sá Carneiro(OPO)

포르투에 위치한 국제공항으로 시내 중심에서 북서쪽으로 약 11km 떨어진 곳에 있다. 마드리드, 바르셀로나 등 스페인의 주요 도시는 물론 파리, 런던, 프랑크푸르트 등 유럽 주요 도시의 항공편이 운항한다. 터미널은 단일 터미널로 운영하며 공항에서 시내까지 메트로가 연결되어 있다.

주소 4470-558 Vila Nova da Telha
홈페이지 www.aeroportoporto.pt/en/opo/home

• 포르투 공항 이용 항공사
탑포르투갈, KLM네덜란드항공, 루프트한자, 터키항공, 라이언에어, 트랜스아비아, 부엘링항공, 에어유로파 등

FOLLOW UP

리스본 공항과 포르투 공항의 편의 시설 파악하기

리스본 공항과 포르투 공항은 모두 편의 시설이 잘 갖춰져 있다. 입국장 밖으로 나와 공항을 나서기 전 이용하게 되는 주요 시설을 미리 알아두면 편리하다.

• 관광 안내소

입국장 밖으로 나오면 1층에 포르투갈 여행 정보를 안내하고 숙소, 투어 예약을 대행하는 관광 안내소가 있다. 궁금한 사항이 있으면 언제든지 도움을 받을 수 있으며, 관광 지도도 구비되어 있으니 챙겨 가자.

운영 리스본 07:00~24:00

• 환전소

공항 내 환전소는 부득이하게 환전을 해야 하는 경우 편리하게 이용할 수 있다. 리스본 공항은 제1터미널, 제2터미널 각각 한 군데, 포르투 공항은 한 군데에 환전소가 있다. 환전을 의미하는 포르투갈어 'Câmbio'나 영어 'currency exchange'라고 쓰인 안내판을 찾으면 된다.

운영 리스본 제1터미널 05:00~01:00, 제2터미널 05:00~20:00 / 포르투 07:00~24:00

• ATM

환전소 부근에 ATM이 설치되어 있다. 포르투갈 시내에 설치된 물티방쿠보다 수수료가 비싸니 당장 사용해야 할 금액만 소액 인출할 것을 권장한다.

• 통신사 대리점

유럽에서 널리 사용하는 통신사 브랜드 보다폰Vodafone 대리점이 있다. 포르투갈에서만 이용할 수 있는 데이터 전용 요금제와 유럽 대부분의 지역에서 이용할 수 있는 전화+데이터 요금제로 나뉜다. 사용 날짜와 용량에 따라 다양한 요금제로 분류되어 있어 일정에 맞춰 선택할 수 있다.

운영 리스본 07:00~23:00

• 렌터카 사무실

허츠Hertz, 아비스AVIS, 유럽카Europcar, 식스트SIXT, 버짓Budget 등의 업체가 영업 중이다. 극성수기를 제외하면 현장에서 예약 가능하지만 인터넷으로 미리 예약하는 게 더 저렴하다. 통신사 대리점 부근에 있다.

운영 리스본 06:00~01:00

• 짐 보관

리스본 공항에는 주차장 2층에 짐 보관소가, 포르투 공항에는 3층에 짐 보관소와 1층 도착 로비에 코인 라커가 있다.

운영 및 요금 리스본 공항 3시간 기준 소형 €3, 중형 €5, 대형 €7, 초대형 €9 / 3시간 초과 시 요금 별도 부과

포르투갈 공항에서 시내로 이동하기

공항에서 시내로 가는 데는 다양한 방법이 있다. 목적지까지 조금 비싸지만 빠르고 편하게 가든지 다소 느리지만 저렴하게 가든지 자신의 상황에 맞게 동선을 파악한 후 교통수단을 선택하면 된다.

리스본 공항에서 시내로 가기

공항버스
Aerobus

공항버스는 라인 1Line 1과 라인 2Line 2 두 종류가 있다. 라인 1은 폼발 후작 광장, 리베르다지 거리, 호시우 광장, 코메르시우 광장 등 주요 관광 명소와 숙소가 밀집한 리스본 중심가를 거쳐 카이스 두 소드레Cais do Sodré역까지 이어진다. 라인 2는 세테히우스 버스 터미널Estação Sete-Rios로 가는데 막차가 오후 7시에 일찍 끊긴다는 단점이 있다. 도착층 오른쪽 끝에 있는 출구로 나오면 공항버스 정류장이 보인다. 버스 앞에 서 있는 직원에게 직접 티켓을 구입하면 된다. 온라인 사전 예약 시 10% 할인된다. 2024년 5월 기준 운행 중단 중이다. 여행 직전에 확인해 볼 것.

노선 라인 1 공항 ↔ 카이스 두 소드레역 / 라인 2 공항 ↔ 세테히우스 버스 터미널
운행 라인 1 08:00~21:00(20분 간격) / 라인 2 08:00~19:00(60분 간격)
요금 편도 일반 €4, 4~10세 €2 / 왕복 일반 €6, 4~10세 €3 / 48시간 일반 €8, 4~10세 €4 **소요 시간** 25~35분 **홈페이지** www.aerobus.pt

---

메트로
Metro

시내까지 가는 가장 저렴한 교통수단이지만 짐이 많으면 환승할 때 번거롭다. 도착층 출구로 나오면 보이는 알파벳 M이 적힌 붉은색 건물이 메트로 역사다. 공항과 연결되는 역은 빨간색Vermelha 라인의 종착역인 아에로포르투Aeroporto역이다. 이른 시간에 도착해 바로 리스본 관광을 시작할 예정이라면 24시간 승차권을 개시해 사용하는 것이 좋다(교통카드 구매 필수).

운행 06:40~23:52 **요금** 1회권 €1.45, 24시간권 €6.30+교통카드 €0.50
소요 시간 30~40분 **홈페이지** www.metrolisboa.pt/en

택시
Taxi

요금이 비싸지만 목적지까지 가장 빠르고 편하게 갈 수 있는 교통수단으로 일행이 3명 이상이거나 짐이 많을 경우 추천한다. 단, 짐은 €1~2 정도 요금이 추가된다. 일반 택시 외에 모바일 차량 공유 서비스도 많이 이용한다. 과거 우버Uber와 마이택시MyTaxi를 많이 사용하다가 최근에는 주로 프리나우Free Now와 볼트Bolt를 이용한다. 일반 택시보다 요금이 €5~10 정도 저렴해 여행자들이 선호한다. 우리나라에서 미리 앱을 다운받아 회원 등록해두면 좋다.

운행 24시간 **요금** 호시우 광장 기준 일반 택시 €10~15, 프리나우 €8~10
소요 시간 15분

포르투 공항에서 시내로 가기

메트로
Metro

공항 지하와 연결되는 아에로포르투Aeroporto역을 출발해 종점인 트린다지Trindade역까지 가는 메트로 E라인을 이용하면 포르투 시내 중심까지 가장 빠르게 갈 수 있다. 자동 티켓 발매기에서 시내 중심부가 속한 존 4Zone 4를 선택하면 포르투 전용 교통카드인 안단테 카드Andante Card에 티켓이 내장되어 발권된다. 존 4 구간 내 요금은 €2.15이며 카드 보증금 €0.60를 추가로 내야 한다. €20 이하의 지폐나 동전 또는 신용카드로 구입할 수 있다. 승차 전 반드시 티켓을 노란색 개찰기에 태그해야 한다. 태그하지 않을 경우 적발되면 벌금을 내야 한다.

운행 공항 출발 월~금요일 06:06~00:42, 토 · 일요일 · 공휴일 05:57~00:42 / 시내 출발 월~금요일 05:58~00:44, 토 · 일요일 · 공휴일 06:22~00:44 **요금** €2.85(메트로 €2.25+안단테 카드 €0.60) ※95분간 유효 **소요 시간** 32분(공항 출발 트린다지 도착 기준) **홈페이지** en.metrodoporto.pt

노선 버스
Bus

도착층 밖으로 나오면 포르투 시내까지 가는 601 · 602번 버스 정류장이 있다. 클레리구스 성당, 카르무 성당, 렐루 서점 등 관광 명소가 집중된 코르도아리아Cordoaria 정류장까지 환승 없이 한 번에 간다. 하지만 중간에 정차하는 정류장이 많아 시간이 오래 걸린다는 단점이 있다. 늦은 시간 공항에 도착했다면 심야에만 운행하는 M3번을 이용해보자. 메트로 알리아도스Aliados역과 트린다지Trindade역에 정차한다. 요금은 탑승 시 운전기사에게 현금으로 지불한다.

운행 601 · 602번 05:30~00:30(25분 간격) / M3번 공항 출발 00:30~05:30, 시내 출발 01:30~05:00(1시간 간격) **요금** €2.25 **소요 시간** 50~70분 **홈페이지** stcp.pt/en/travel

공항버스
Getbus

비교적 최근에 생긴 공항버스로, 포르투 버스 터미널까지 25분 만에 가는 직통 버스. 타 지역 간 연결 버스를 탑승할 계획이라면 추천하지만 운행 편수가 적고 막차가 일찍 끊긴다. 요금은 탑승 시 운전기사에게 현금으로 지불한다. 2024년 5월 기준 운행 중단 중이다. 여행 직전에 확인해볼 것.

운행 공항 출발 09:00~18:30, 터미널 출발 08:30~18:00(배차 간격 1시간)
요금 일반 €2.80, 4~13세 €1.40, 3세 이하 무료 **소요 시간** 25분
홈페이지 www.getbus.eu/en/porto-airport-porto

택시
Taxi

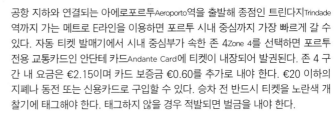

가장 편리하고 빠르지만 요금이 비싼 교통수단이다. 일행이 3명 이상이거나 짐이 많다면 택시를 이용하는 게 좋다. 포르투 시내는 비탈길이 많고 대부분 돌길인 점을 고려하면 무거운 짐을 끌고 체력 소모하기 싫은 여행자에게는 현명한 선택일 수 있다. 최근에는 포르투에서도 모바일 차량 공유 서비스 이용이 활발하다. 우버와 신생 업체 볼트Bolt를 이용할 수 있다. 일반 택시보다 요금이 €5~10 저렴해 여행자들이 선호한다. 우리나라에서 미리 앱을 다운받아 회원 등록해두면 좋다.

운행 24시간 **요금** 구시가지 중심가 기준 일반 택시 €20~30, 우버 · 볼트 €12~23
소요 시간 15~25분

포르투갈 각 지역으로 이동하기

포르투갈은 지역 간 교통 시스템이 잘 갖추어진 편이라 편하게 이동할 수 있다.
대도시를 제외한 대부분의 도시는 이동 방법이 정해져 있어 어떤 방법이 효율적인지 크게 고민할 필요 없다.

비행기

포르투갈의 대표 도시인 리스본과 포르투에는 유럽의 주요 도시를 연결하는 국제공항이 있다. 두 도시 간 비행편도 국제공항을 통해 도착하며, 비행시간은 1시간 이내다. 리스본을 본거지로 둔 포르투갈 항공사 탑포르투갈이 두 도시를 잇는 항공편을 운항하고 있다. 하지만 비행기를 이용하는 경우 공항이 시내 중심가에서 다소 떨어져 있어 열차나 버스를 이용할 때보다 이동 시간이 조금 더 걸리고, 입국 수속 절차 시간도 필요해 오히려 시간이 더 오래 걸릴 수도 있다.

홈페이지 탑포르투갈 www.flytap.com/en-pt

열차

포르투갈의 국영 철도 회사 CPComboios de Portugal는 여행자가 이용하는 주요 도시를 대부분 연결해 편리하게 이동할 수 있다. 두 도시 간 열차 이용 시 주의해야 할 것은 바로 도착할 목적지에 따라 승차하는 역이 다르다는 점이다. 리스본에는 총 5개, 포르투에는 총 2개의 역이 있다. 우리나라의 서울역처럼 주요 역명이 해당 지역명으로 되어 있는 것이 아니라 구분이 쉽지 않다. 탑승 전 반드시 역명을 확인할 것. 아래 내용을 참고하자.

리스본의 주요 역

● 오리엔테Oriente역

포르투 등 포르투갈 도시를 연결하는 국영 철도 CP와 스페인, 프랑스 등 유럽 주요 국가 간 고속열차가 발착한다. 스페인의 세계적인 건축가 산티아고 칼라트라바Santiago Calatrava가 설계한 역사는 국제 철도 디자인상인 브루넬 상을 수상했을 만큼 멋지다.

주소 Av. Dom João II

● 리스보아 산타아폴로니아 Lisbos Santa Apolónia역

오리엔테역과 마찬가지로 장거리 노선을 운행한다. 이곳에서 출발한 열차 대부분은 오리엔테역을 거쳐 간다.

주소 Av. Infante Dom Henrique 1

● 호시우Rossio역

리스본 도심 한가운데에 위치하여 최고의 접근성을 자랑하는 기차역. 신트라로 이동하는 여행자라면 대부분 이 역에서 출발한다.

주소 R. 1° de Dezembro 125

● 카이스 두 소드레Cais do Sodré역

카스카이스로 향할 때 이용하게 되는 기차역. 코메르시우 광장 서쪽 타임 아웃 마켓 건너편에 위치한다.

주소 Cais do Sodré

● 세테히우스Sete Rios역

리스본 중심지 북서쪽에 위치한 기차역. 리스본-신트라 구간을 운행하고 있으나 대다수 여행자는 호시우역을 이용한다.

주소 CP Sete Rios

포르투의 주요 역

● 캄파냥Campanhã역

포르투의 중앙역 역할을 하는 기차역. 리스본으로

가는 포르투갈 국영 철도 CP나 스페인으로 가는 장거리 고속열차 렌페 이용 구간을 운행한다.
주소 Rua da Estação

● 상벤투São Bento역

캄파냐역이 생기기 전까지 주요 구간을 연결하는 기차역이었다. 아베이루로 이동하거나 캄파냐역으로 향할 때 이용하는 정도로만 기능이 축소되었다.
주소 Praça de Almeida Garrett

주요 도시 간 이동 시 역명 확인

출발지	역명	도착지
리스본	오리엔테Oriente역	포르투
	산타아폴로니아Santa Apolónia역	포르투
	호시우Rossio역	신트라
	카이스 두 소드레Cais do Sodré역	카스카이스
	세테히우스Sete Rios역	신트라
포르투	캄파냐Campanhã역	리스본
	상벤투São Bento역	아베이루

버스

리스본-포르투 간 이동 시 가장 저렴한 교통수단으로 다양한 노선과 편수를 자랑한다. 포르투갈의 대표적인 장거리 버스 회사인 헤지 에스프레소스Rede Expressos가 버스를 운행한다. 이 외에도 시외버스를 이용할 기회가 몇 번 있는데, 스코트유알비ScottURB가 운행하는 신트라-카보다호카, 카보다호카-카스카이스 간 시외버스 노선은 포르투갈 여행자라면 반드시 이용한다. 또한 트란스데브Transdev가 운행하는 아베이루-코스타노바 간 연결 버스도 자주 이용한다.

리스본의 주요 버스 터미널

● 세테히우스Sete-Rios 버스 터미널

포르투, 브라가, 라구스 등 포르투갈의 주요 도시를 잇는 대표 장거리 버스 헤지 에스프레소스가 주로 이용하는 터미널. 기차역 바로 맞은편에 있다.
주소 Praça Marechal Humberto Delgado

● 오리엔테Oriente 버스 터미널

마드리드, 그라나다, 세비야, 말라가 등 스페인의 주요 도시를 연결하는 알사ALSA와 플릭스버스FLiXBUS가 발착한다.
주소 Av. Dom João II

포르투의 주요 버스 터미널

● 캄포 24 아구스투Campo 24 de Agosto 버스 터미널

포르투갈의 주요 도시를 연결하는 장거리 버스 헤지 에스프레소스가 주로 이용하는 터미널로 볼량 시장에서 도보 10분 거리에 위치한다.
주소 Campo 24 de Agosto 130

● 가라젱 아틀라티코Garagem Atlântico 버스 터미널

유럽 전역에 걸쳐 운행하는 플릭스버스FLiXBUS의 전용 터미널로 상벤투São Bento역 동쪽에 있다.
주소 R. de Alexandre Herculano

● 카사 다 무지카Casa Da Musica 버스 터미널

스페인 전역을 다니는 버스 알사ALSA의 전용 터미널. 중심지에서 조금 떨어진 메트로 카사 다 무지카Casa da Música역 앞에 위치한다.
주소 Rua do Capitão Henrique Galvão

TRAVEL TALK

우버 타고 리스본 근교 여행하기

다양한 교통 서비스의 발달로 새로운 시도를 하는 여행자들이 등장했습니다. 우버나 프리나우를 이용해 근교 여행을 즐기는 것이지요. 예를 들면 리스본에서 출발해 신트라 명소를 둘러보고 다시 리스본으로 돌아오거나, 신트라에서 카보다호카, 카스카이스까지 여정을 이어갑니다. 버스보다 훨씬 편하게 둘러볼 수 있으며 버스 시간을 걱정하지 않아도 되지요. 일행 4명이 모이면 버스비 정도로 이용할 수 있어 경제적이에요.

FOLLOW

리스본과 주변 도시

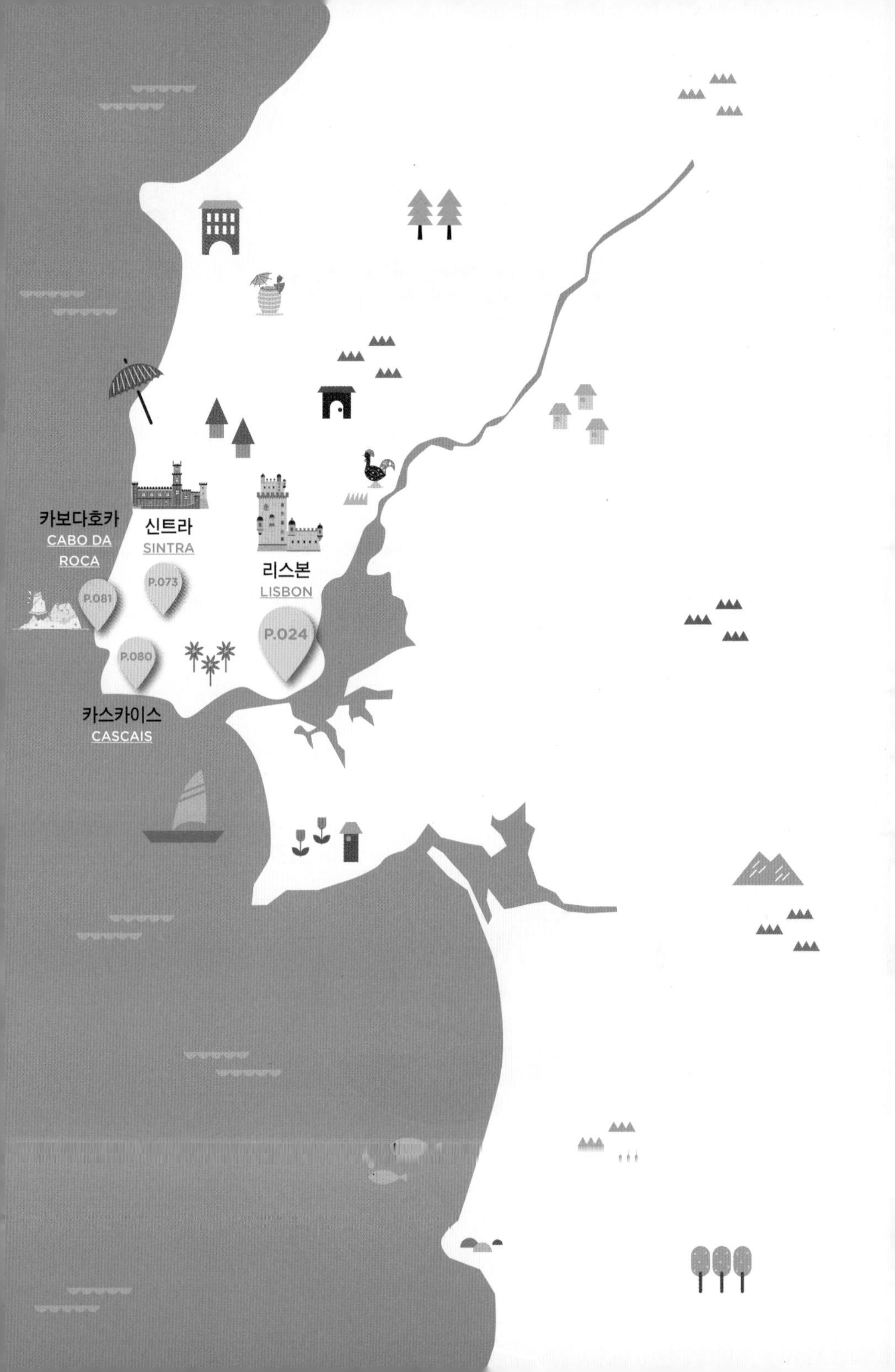
카보다호카
CABO DA ROCA
P.081
신트라
SINTRA
P.073
리스본
LISBON
P.024
P.080
카스카이스
CASCAIS

LISBON

리스본

유라시아 대륙 최서단을 장식하는 포르투갈의 수도이자 일찍이 대서양을 건너 신대륙을 꿈꿨던 모험가들의 출발점이기도 했던 리스본은 이베리아반도를 가로지르는 테주강 하구에 위치한다. 세계를 주름잡던 대항해 시대의 유산이 고스란히 남은 역사적 도시에 향수를 자극하는 풍경이 도시를 감싸고 있다. 과거 포르투갈의 번영을 증명하는 건축물과 더불어 리스본을 상징하는 것은 바로 언덕이다. 도시 전체가 7개의 언덕으로 둘러싸여 있어 '언덕의 도시'로 불리기도 하는데, 언덕 위에 들어선 짙은 주황색 지붕을 얹은 집은 단정하면서도 아기자기한 분위기를 자아낸다. 장난감 같은 집들 사이로 빼꼼히 모습을 드러내는 노란색 트램과 높은 지대를 오가는 푸니쿨라르도 리스본에서 빼놓을 수 없는 풍경이다.

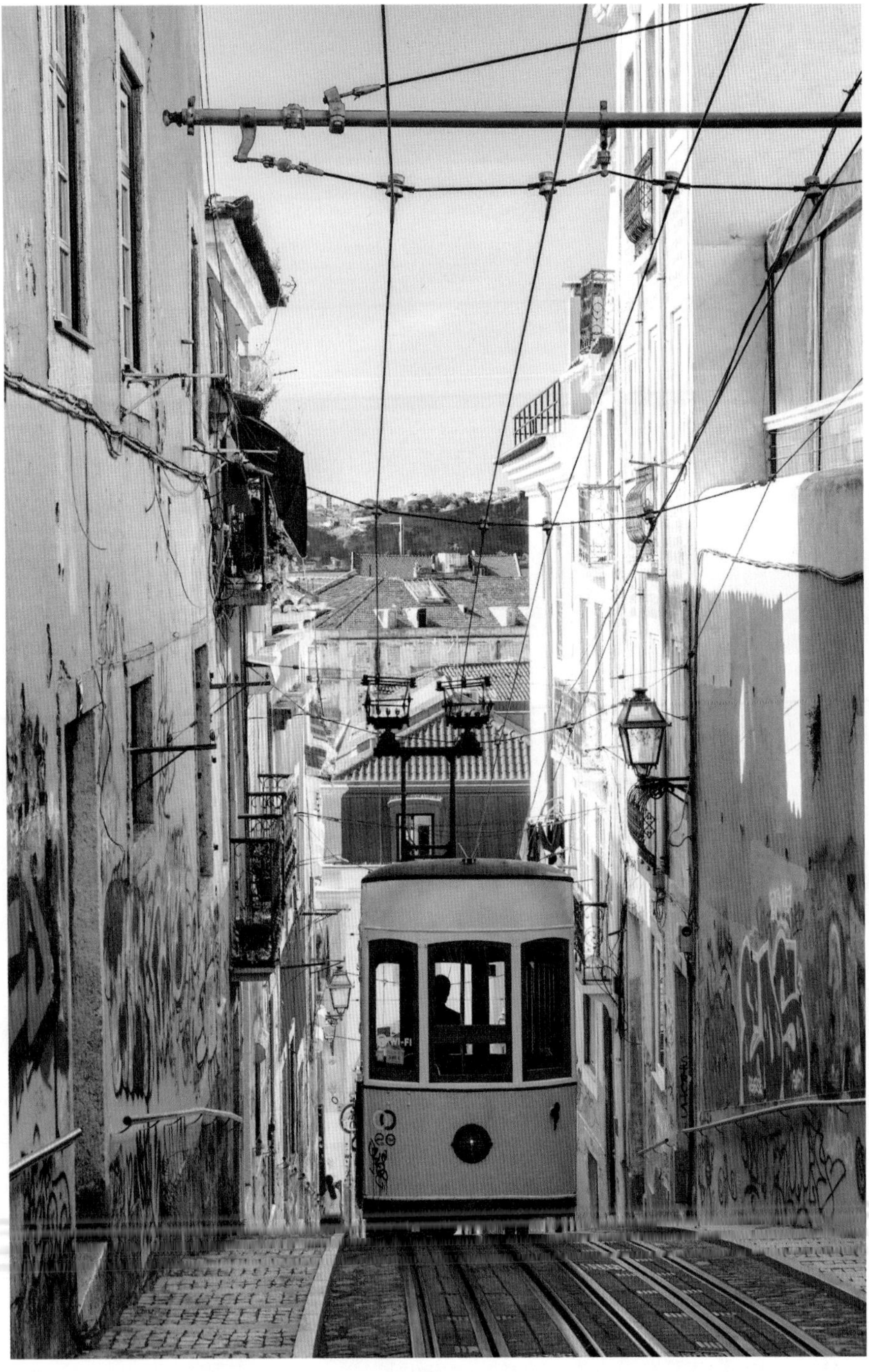
WI-FI

3

리스본 들어가기

유럽 여행의 시작을 리스본에서 하는 경우는 많지 않다. 스페인을 비롯해 유럽의 주요 국가를 돌고 리스본으로 가는 경우가 대부분이다. 포르투갈은 국경이 모호한 유럽연합에 속해 있어 다양한 교통수단을 이용해 손쉽게 리스본으로 들어갈 수 있다.

포르투에서 리스본 가기

비행기, 열차, 버스 중 소요 시간과 요금, 효율성을 고려해 가장 적당한 방법을 선택하면 된다. 일반적으로 이용하는 교통수단은 열차와 버스이다. 열차는 포르투갈 국영 열차 CP를 이용해 대부분 리스본 산타아폴로니아Santa Apolonia역에 도착한다. 버스는 헤지 에스프레소스Rede Expressos, 집시GIPSYY, 플릭스버스FLiXBUS 등의 회사에서 운행한다. 대부분의 버스가 리스본 오리엔테Oriente 터미널 또는 세테히우스Sete-Rios 터미널에 도착한다.

교통수단별 소요 시간과 요금

교통수단	포르투 출발	리스본 도착	소요 시간	요금(편도)
비행기	프란시스쿠 드 사 카르네이루 국제공항 Aeroporto Francisco de Sá Carneiro	움베르토 델가도 국제공항 Aeroporto Humberto Delgado	40분	€30~
열차	캄파냥Porto-Campanhã역	리스보아 산타아폴로니아 Lisbos Santa Apolónia역	3시간 30분	€19~
버스	캄포 24 아구스투Campo 24 de Agosto 버스 터미널	세테히우스Sete-Rios 버스 터미널 또는 오리엔테Oriente 버스 터미널	4시간	€12~

스페인에서 리스본 가기

바르셀로나, 마드리드, 빌바오, 발렌시아, 말라가, 세비야, 사라고사, 마요르카섬 등 스페인의 주요 지역에서 직항편 비행기가 취항해 경유하지 않고 편하게 이동할 수 있다.

스페인의 대표 버스 회사 알사ALSA에서 마드리드, 세비야와 리스본을 잇는 버스를 운행한다. 유럽의 시외버스 회사인 플릭스버스FLiXBUS에서는 마드리드, 세비야, 말라가, 살라망카, 코르도바, 그라나다 등과 리스본을 잇는 버스를 운행한다.

소설 《리스본행 야간열차》의 제목처럼 열차 이동도 편리하지만 2024년 5월 기준 운행 중단 중이므로 여행 직전에 운행 여부를 확인해 볼 것.

홈페이지
비행기 www.skyscanner.com
열차 www.renfe.com
버스 알사 www.alsa.com / 플릭스버스 global.flixbus.com

리스본 시내 교통

리스본의 주요 관광지는 트램, 버스, 메트로 등 대중교통을 이용한 접근성이 좋은 편이다. 한 가지 교통수단만 이용하기보다는 다양한 교통수단을 효율적으로 이용하길 추천한다. 하루에 5회 이상 교통수단을 이용하는 경우에는 24시간 승차권을 구입하자.

메트로
Metro

리스본의 메트로는 빨간색Vermelha, 파란색Azul, 초록색Verde, 노란색Amarela 총 4개 노선이 있다. 탑승 방법은 우리나라 지하철과 비슷하다. 리스본 공항은 물론 오리엔테 기차역, 산타아폴로니아 기차역, 오리엔테 버스 터미널, 세테히우스 버스 터미널 등 주요 역과 메트로가 연결되어 있어 편리하다.

주의 승차권을 태그한 다음 60분 이내에 환승해야 한다. **운행** 06:30~01:00
요금 €1.80 **홈페이지** www.metrolisboa.pt/en

트램
Tram

단순한 교통수단을 넘어 리스본의 상징으로 자리 잡은 트램. 12E·15E·18E·24E·25E·28E번 총 6개 노선이 있다. 트램은 주로 현지인이 이용하지만 여행자에게는 리스본에서 즐길 수 있는 하나의 액티비티가 되었다. 여행자에게 인기 있는 노선은 주요 관광지를 연결하는 황금 노선인 15E · 28E번이다. 정류장에서 타야 할 트램이 오면 손을 들어 승차 표시를 한다. 우리나라와 마찬가지로 승차 후 문 근처에 있는 단말기에 승차권을 태그하면 된다.

주의 트램 내에서 소매치기가 기승을 부리므로 소지품에 각별히 신경 쓰자.
운행 06:00~23:00(노선마다 다름) **요금** €3.10 **홈페이지** www.carris.pt/en

버스
Bus

노선이 다양해 메트로나 트램으로는 가기 힘든 구간을 운행하는 경우가 많다. 구글 맵으로 이동 경로를 검색했을 때 버스 루트를 추천할 경우 이용할 것을 권장한다. 트램과 마찬가지로 버스 정류장에서 버스가 오면 손을 들어 승차 표시를 한다. 승차 후 문 근처에 있는 단말기에 승차권을 태그하면 된다.

주의 구글 맵에 표시되는 버스 도착 시간이 정확하지 않으니 맹신하지 말 것 **운행** 일반 이른 아침~23:00, 심야 00:00~05:00 **요금** €2.10 **홈페이지** www.carris.pt/en

택시
Taxi

포르투갈 물가를 기준으로 택시비는 비교적 저렴하다. 단, 트렁크에 짐을 싣거나 톨게이트를 이용할 경우 추가 비용이 발생할 수 있으며, 신용카드 결제가 불가능한 택시도 있다. 우버가 택시보다 저렴하다.

주의 구글 맵으로 목적지까지 예상 루트를 검색하면 바가지를 피할 수 있다.
운행 24시간 **요금** €3.25~

리스본 메트로 노선도
Azul 라인
Amarela 라인
Verde 라인
Vermelha 라인
철도 라인
오디벨라스
Odivelas
아마도라
Amadora
신트라 Sintra 방면
아잠부자 Azambuja/
포르투 Porto 방면
카스카이스 Cascais 방면
Setúbal/Faro
테주강
Rio Tejo
Reboleira
Amadora Este
Alfomelos
Pontinha
Carnide
Colégio Militar/Luz
Alto dos Moinhos
Laranjeiras
Jardim Zoológico
(세테히우스 버스 터미널)
Sete Rios
(세테히우스역)
Praça de Espanha
São Sebastião
Parque
Marquês de Pombal
Avenida
Restauradores
Rossio
(호시우역)
Baixa-Chiado
Terreiro do Paço
Santa Apolónia
(리스보아 산타아폴로니아역)
Benfica
Campolide
Alcantara-Terra
Alcantara-Mar
Belém
Santos
Cais do Sodré
(카이스 두 소드레역)
Odivelas
Senhor Roubado
Ameixoeira
Lumiar
Quinta das Conchas
Campo Grande
Telheiras
Cidade Universitária
Entre Campos
Campo Pequeno
Saldanha
Picoas
Rato
Alvalade
Roma
Roma/Areeiro
Areeiro
Alameda
Arroios(정차 안 함)
Anjos
Intendente
Martim Moniz
Rossio(호시우역)
Aeroporto
(리스본 움베르토
델가도 국제공항)
Encarnação
Moscavide
Oriente
(오리엔테역,
오리엔테 버스 터미널)
Cabo Ruivo
Olivais
Chelas
Bela Vista
Olaias
Chelas
Marvila
Barço de Parata

아센소르
Ascensor

7개의 언덕이 있는 '언덕의 도시' 리스본의 고지대와 저지대 사이를 연결하는 교통수단. 트램과 비슷해 보이지만 산악 케이블카에 가까운 형태이다. 글로리아 Glória, 라브라Lavra, 비카Bica 총 3개 노선이 운행한다. 이 중 1892년에 개통한 비카는 저 멀리 테주강을 배경으로 좁은 골목을 서서히 올라가는 풍경이 예뻐 포토 스폿으로 알려져 있으며, 글로리아는 알칸타라 전망대를 갈 때 이용한다. 요금이 다소 비싸지만 여행 기분을 흠뻑 내고 싶다면 경험해보자.

주의 요금이 매우 비싸므로 24시간 승차권이 있을 때 이용할 것
운행 글로리아 월~목요일 07:15~23:55, 금요일 07:15~00:25, 일요일 · 공휴일 08:45~00:25 / 라브라 월~토요일 07:00~19:55, 일요일 · 공휴일 09:00~19:55 / 비카 월~토요일 07:00~21:00, 일요일 · 공휴일 09:00~21:00
요금 €4.10 **홈페이지** www.carris.pt/en

투어 버스
Tour Bus

리스본의 관광 명소 주변에 전용 정류장을 두고 시내를 한 바퀴 도는 투어 버스. 여러 노선 중 벨렝 지구를 도는 루트가 대표적인데, 유명 관광 명소 위주로 도는 노선이므로 오로지 관광 목적으로 리스본을 둘러볼 경우 추천한다. 오디오 가이드는 영어, 포르투갈어, 독일어 등 다양한 언어로 제공한다. 정류장마다 자유롭게 승하차할 수 있어 원하는 명소는 어디든 내려서 둘러볼 수도 있다. 산타주스타 엘리베이터, 푸니쿨라르, 트램 탑승도 무료이다. 자세한 정보는 홈페이지를 참고하자.

주의 종류가 다양해 자신에게 맞는 노선을 잘 골라야 한다. **주요 탑승 위치** 호시우역 부근 피게이라 광장, 코메르시우 광장, 벨렝 탑, 에드아르두 7세 공원 등 **요금** €21~
홈페이지 옐로 버스 www.yellowbustours.com
홉온홉오프 www.hop-on-hop-off-bus.com

툭툭
Tuktuk

동남아시아에서나 볼 법한 교통수단 툭툭이 포르투갈에도 상륙했다. 관광 명소 부근에 정차해 있는 차량을 쉽게 볼 수 있는데, 운전기사와 직접 요금을 협상해 루트를 정하는 방식이다. 약 1시간 동안 알파마 지구의 좁은 골목길을 달리며 리스본 구석구석을 편하게 둘러볼 수 있다. 좀 더 범위를 넓히거나 시간을 늘리는 것도 가능하다. 도보 여행에 지친 여행자라면 툭툭에 몸을 맡기고 편하게 둘러볼 것을 추천한다.

주의 요금이 다소 비싼 편이라 탑승자가 3~4명 이상일 때 이용해야 부담이 덜하다.
요금 60분 €80

TRAVEL TALK

포르투갈의 통합 인출 시스템, 물티방쿠
Multibanco

은행이나 신용카드사와 관계없이 이용할 수 있는 ATM입니다. 한국에서 발행한 신용카드나 체크카드로 유로화(€)를 인출할 수 있어 편리합니다. 단말기에 MB 로고가 적혀 있어 찾기 쉽고 수수료가 저렴해요. 단, 인출 시 한국에서 사용하는 비밀번호 마지막 다음에 숫자 00을 붙여 6자리를 입력해야 돼요. 한 번에 €200, 하루 최대 €400까지 인출 가능합니다.

MB
MULTIBANCO

FOLLOW UP

리스본 교통카드 비교 분석 비바 비아젬 vs 리스보아 카드

리스본의 대중교통 이용 시 필요한 교통카드는 두 종류가 있다. 우리나라의 티머니와 같은 충전식 교통카드인 비바 비아젬과 교통카드 기능에 일부 관광 명소 입장권이 포함된 리스보아 카드이다.

> **이렇게 사용하세요!**
> 리스본을 처음 방문한 여행자라면 리스보아 카드를 구입해 1~2일 정도 명소를 중심으로 둘러보고 나머지 기간은 비바 비아젬 1회권이나 24시간권을 구입해 이용할 것을 권장한다.

• 비바 비아젬 Viva Viagem

충전식 교통카드로 리스본 시내 교통수단인 메트로, 버스, 트램, 아센소르, 엘리베이터 모두 사용할 수 있다. 티켓 자동 발매기에서 구입할 수 있는데 플라스틱 카드가 아닌 종이로 발권된다. 1회권과 24시간권이 있으며, 카드 발급비를 포함한 금액을 투입하면 발급된다. 카드 구입 후 €3에서 €40까지 원하는 만큼 금액을 충전해 사용한다. 한 번 태그할 때마다 €1.61씩 결제되어 1회권을 하나씩 사는 것보다 경제적이다. 사용 개시한 1회권은 60분간 유효하며 메트로와 버스 간 환승도 가능하다. 하루에 5회 이상 대중교통을 이용할 때는 24시간권을 구입하는 게 더 유리하다.

24시간권은 시내 교통수단에 페리 또는 열차가 각각 포함되는 티켓도 있으니 여행 일정에 맞게 선택한다. 1회권은 24시간권으로도 충전 가능해 24시간권을 별도로 구입할 필요가 없다. 비바 비아젬은 산타주스타 엘리베이터에서도 이용 가능하다. 단, 카드 구매일로부터 1년간 유효하다.

주의 대중교통 이용 시 티켓을 반드시 단말기에 태그할 것. 태그하지 않은 승차권을 소지하고 있다가 적발 시 무임승차로 간주해 €30~350의 벌금을 부과한다.
요금 카드 발급비 €0.50, 1회권 €1.61, 24시간권 일반 €6.80, 페리 추가 €9.80, 근교 철도 추가 €10.80
유효 기간 1년 **홈페이지** www.carris.pt/en

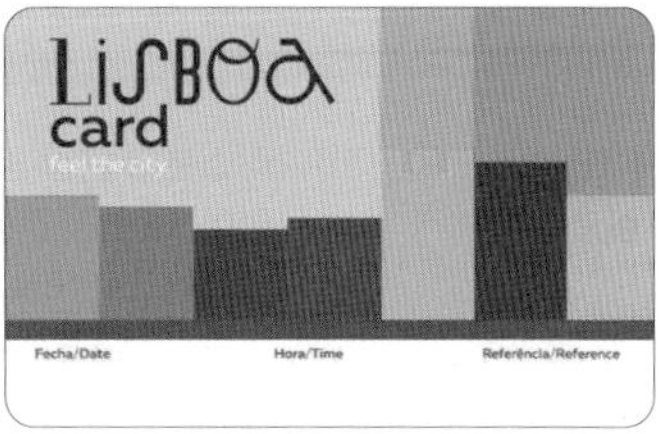

• 리스보아 카드 Lisboa Card

비바 비아젬의 24시간권 기능과 더불어 리스본의 일부 관광 명소를 무료 또는 할인된 요금에 입장할 수 있는 여행자용 카드. 메트로, 버스, 트램, 아센소르, 엘리베이터를 무제한 이용 가능한 24시간권 승차권에 신트라, 카스카이스행 근교 철도 이용권도 포함되어 있어 교통수단 이용 면에서는 비바 비아젬과 크게 다른 점이 없다. 하지만 제로니무스 수도원, 벨렝 탑, 산타주스타 엘리베이터, 아우구스타 개선문 전망대, 아줄레주 박물관 등 주요 관광 명소를 무료 입장할 수 있고 발견 기념비, 상조르즈성, 굴벤키안 미술관 입장 시 입장료가 20% 할인된다. 리스보아 카드는 24시간권, 48시간권, 72시간권 세 종류로 나뉜다. 리스본 공항 내 관광 안내소, 호시우역과 코메르시우 광장 부근 관광 안내소 '애스크 미 리스보아Ask Me Lisboa'에서 구매 가능하다. 리스본을 처음 방문한 여행자라면 리스보아 카드를 구입해 1~2일 정도 명소를 중심으로 둘러보고 나머지 기간은 비바 비아젬을 충전해 이용할 것을 권장한다.

주의 리스보아 카드 구매 시 여권 제시를 요구하기도 하므로 여권을 지참해야 한다.
요금 일반/어린이 24시간권 €22/ €15, 48시간권 €37/€21, 72시간권 €46/€26
홈페이지 www.lisboacard.org

FOLLOW UP

알아두면 유용한 리스본 실용 정보

리스본 여행 시 이용하는 관광 안내소와 환전소 등의 편의 시설이 주요 기차역과 호시우 광장에 모여 있다. 자주 거쳐 가게 되는 장소이니 필요할 때 방문해 도움을 받자.

• 관광 안내소

리스본 관광청이 운영하는 공식 관광 안내소 '애스크 미 리스보아Ask Me Lisboa'에서 다양한 여행 정보를 얻을 수 있다. 많은 여행자가 이용하는 리스보아 카드 구입도 가능하다.

위치 코메르시우 광장, 호시우 광장, 호시우역 앞 **운영** 09:00~20:00

• 환전소

예상치 못한 지출이 발생해 소지한 원화나 달러화 등을 유로화로 환전할 경우 노바캄비오스NovaCâmbios나 유니캄비오Unicambio 같은 사설 환전소를 이용하면 된다.

위치 호시우역, 카이스 두 소드레역, 호시우 광장, 피게이라 광장 등
운영 10:00~18:00경 ※환전소마다 조금씩 다름

• ATM

환전소보다 저렴하게 환전할 수 있는 방법은 국내 체크카드를 통한 현금 인출이다. 포르투갈 통합 인출 시스템인 물티방쿠Multibanco를 이용하면 비교적 수수료가 저렴하다. 리스본 시내 곳곳에 설치되어 있다.

위치 구글 맵에서 'multibanco'를 검색하면 가까운 ATM을 알려준다. **운영** 24시간

• 통신사 대리점

유심 카드는 글로벌 통신사 브랜드 보다폰Vodafone 매장에서 구매 가능하다. 요금제는 포르투갈 한정 데이터 전용과 유럽 전역에서 사용 가능한 전화+데이터 요금이 있다.

위치 호시우 광장, 아르마젠스 두 시아두Armazéns do Chiado 백화점 내
운영 호시우 광장 월~금요일 09:00~19:00, 토요일 10:00~13:00(일요일 휴무) / 아르마젠스 두 시아두 10:00~22:00

• 짐 보관소

리스본 시내에서 운영 중인 사설 보관소로 바운스Bounce, 러기지 히어로Luggage Hero, 버토Vertoe, 스태셔Stasher 등이 있다. 구글 맵 검색창에 브랜드명을 입력하면 현 위치에서 가장 가까운 짐 보관소가 검색된다.

Lisbon **Best Course**

리스본 추천 코스

일정별 코스

대표 명소만 알차게 둘러보자! 리스본 정통 코스 2박 3일

리스본은 다른 대도시와 비교해 중심가 규모가 큰 편이 아니며, 반드시 봐야 할 명소도 손에 꼽을 정도다. 동선만 잘 잡으면 단기간에 많은 곳을 효율적으로 돌아볼 수 있다. 대표적인 명소만 꼽아 둘러보더라도 리스본의 매력을 충분히 느낄 수 있다.

TRAVEL POINT

- **이런 사람 팔로우!** 리스본을 처음 여행한다면
- **여행 적정 일수** 꽉 채운 3일
- **주요 교통수단** 버스, 트램, 아센소르
- **여행 준비물과 팁** 스마트폰 보조 배터리
- **사전 예약 필수** 리스보아 카드

DAY 1

언덕에서부터 천천히 내려오며 즐기는 도보 관광

- **소요 시간** 8시간
- **예상 경비** 입장료 €18 + 교통비 €3.22 + 식비 €40~ = Total €61.22~
- **점심 식사는 어디서 할까?** 리스본 대성당 주변에서
- **기억할 것** 상조르즈성 입장권을 사전 예매해 입장 대기 시간을 절약하자.

상조르즈성 P.055

→ 도보 10분

산투안토니우 성당 P.056

→ 도보 1분

리스본 대성당 P.056

→ 도보 1분

점심 식사
추천 레스토란테 알펜드레 P.065

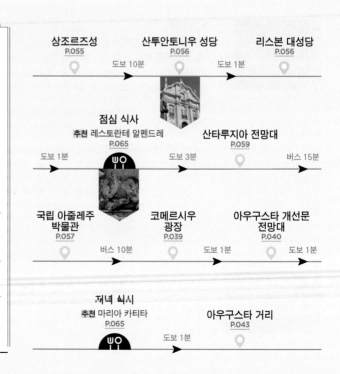

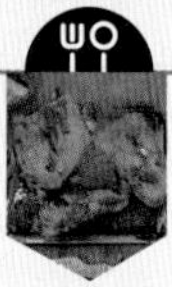

→ 도보 3분

산타루지아 전망대 P.059

→ 버스 15분

국립 아줄레주 박물관 P.057

→ 버스 10분

코메르시우 광장 P.039

→ 도보 1분

아우구스타 개선문 전망대 P.040

→ 도보 1분

저녁 식사
추천 마리아 카티타 P.065

→ 도보 1분

아우구스타 거리 P.043

DAY
2

분위기, 전망, 맛까지 삼박자가 완벽한 하루

소요 시간 10시간

예상 경비
입장료 €18.50 + 교통비 €3.22 + 식비 €30~
= Total €51.72~

점심 식사는 어디서 할까?
제로니무스 수도원 주변에서

기억할 것 제로니무스 수도원, 벨렝 탑, 발견 기념비(겨울만) 모두 월요일 휴무

파스테이스 드 벨렝
P.068

도보 3분

제로니무스 수도원
P.050

도보 10분

발견 기념비
P.052

도보 10분

벨렝 탑
P.049

도보 10분

점심 식사
추천 아 마리티마 두 헤스텔루
P.064

트램 20분

LX팩토리
P.053

버스 · 트램 15분

타임 아웃 마켓 리스본
P.046

도보 3분

아센소르 다 비카
P.031

도보 7분

카르무 수도원
P.044

도보 1분

산타주스타 엘리베이터
P.042

도보 5분

저녁 식사
추천 두케
P.066

파두 박물관
1권 P.049

메트로 20분

굴벤키안 미술관
P.062

버스 15분

점심 식사
추천 아 발렌시아나
P.066

도보 10분

에드아르두 7세 공원
P.062

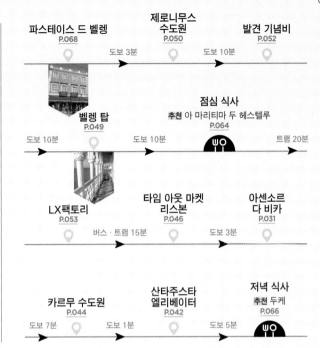

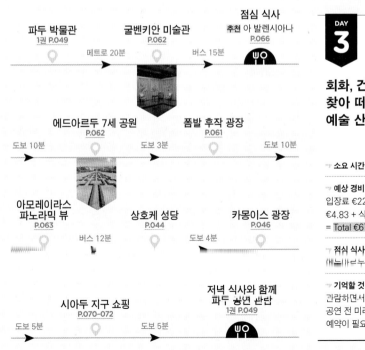

도보 3분

폼발 후작 광장
P.061

도보 10분

아모레이라스 파노라믹 뷰
P.063

버스 12분

상호케 성당
P.044

도보 4분

카몽이스 광장
P.046

도보 5분

시아두 지구 쇼핑
P.070~072

도보 5분

저녁 식사와 함께 파두 공연 관람
1권 P.049

DAY
3

회화, 건축, 음악 명소 찾아 떠나는 예술 산책

소요 시간 10시간

예상 경비
입장료 €22.50 + 교통비 €4.83 + 식비 €40~
= Total €67.33~

점심 식사는 어디서 할까?
에드아르두 7세 공원 주변에서

기억할 것 파두를 관람하면서 식사하는 음식점은 공연 전 미리 자리 확보나 예약이 필요하다.

리스본 전도

N
W
E
S
0
450m
리스보아 야영장
Lisboa Camping
벨렝 탑 주변 P.048
아주다 국립 궁전
Palácio Nacional da Ajuda
R. dos Jerónimos
LX팩토리
LXFactory
제로니무스 수도원
Mosteiro dos Jerónimos
R. de Junqueira
Av. Brasília
마트
Padrão dos Descobrimentos
벨렝 탑
Torre de Belém
테주강
Río Tejo

세테히우스역
Sete-Rios
세테히우스 버스 터미널 방향
Terminal Rodoviário Sete-Rios
리스본 움베르토 델가도 국제공항 방향
Aeroporto Humberto Delgado
Praça de Espanha
Alameda
오리엔테역 · 오리엔테 버스 터미널 방향
Estação do Oriente
굴벤키안 미술관
Museu Calouste Gulbenkian
São Sebastião
Saldanha
Picoas
Parque
에두아르두 7세 공원
Parque Eduardo Ⅶ
퐁발 후작 광장
Praça Marquês de Pombal
Marquês de Pombal
Anjos
아모레이라스 파노라믹 뷰
Amoreiras 360˚ Panoramic View
Intendente
퐁발 후작 광장 주변 P.060
Rato
Avenida
리스본 식물원
Jardim Botânico de Lisboa
리스본 대성당 주변 P.054
알칸타라 전망대
Miradouro de Sao Pedro de Alcantara
Martim Moniz
Restauradores
국립 아줄레주 박물관 방향
Museu Nacional do Azulejo
Jardim da Estrela
호시우역
Rossio
Rossio
상조르즈성
Castelo de S. Jorge
리스보아 산타 아폴로니아역
Lisboa Santa Apolónia
Baixa-Chiado
산타카타리나 전망대
Miradouro de Santa Catarina
카몽이스 광장
Praça Luís de Camões
Av. Infante Santo
리스본 대성당
Sé de Lisboa
코메르시우 광장
Praça do Comércio
Terreiro do Paço
카이스 두 소드레역
Cais do Sodré
코메르시우스 광장 주변 P.038
국립 고대 미술관
Museu Nacional de Arte Antiga
테주강
Rio Tejo

코메르시우스 광장 주변

리스본 여행의 중심이자 최대 번화가

이 지역에 속한 바이샤Baixa 지구는 포르투갈어로 저지대를 의미하며 언덕으로 이루어진 도시에서 유일하게 평지이다. 리스본을 엄습한 대지진 발생 후 파리를 모델로 한 도시계획에 따라 새롭게 재건했다. 바이샤 지구 서쪽에 자리하며 예부터 상업 지구였던 시아두Chiado 지구를 포함해 이 일대는 리스본의 대표적인 두 광장인 코메르시우 광장, 카몽이스 광장과 함께 음식점, 쇼핑 명소가 한데 모여 있다.

01 코메르시우 광장 추천

Praça do Comércio

TIP

12월이면 광장 한편에서 초록빛으로 물든 초대형 트리가 여행자를 반긴다. 크리스마스의 낭만적인 분위기를 느끼고 싶다면 저녁 시간대에 방문한다.

리스본 해안의 관문

리스본 테주강 변에 자리한 널찍한 광장으로 현지인은 물론 관광객도 반드시 거쳐 가는 인기 명소. 항만을 통한 활발한 교역으로 막대한 부를 축적한 덕분에 무역을 뜻하는 '코메르시우'라는 이름이 붙었다. 1755년 리스본에서 발생한 대지진 이전에는 히베이라 왕궁이 있던 자리라 하여 '궁전 광장Terreiro do Paco'이라고도 불린다. 지진으로 폐허가 된 궁전은 벨렝 지구로 이전하고 정부 청사와 항만 무역 관련 시설을 건설해 기능적인 면이 두드러진다. 광장을 둘러싼 노란 건물들은 지진 직후에 건립한 것이며, 중앙에 있는 아우구스타 개선문은 19세기에 완성했다. 광장 한가운데에는 18세기에 제작한 것으로, 포르투갈 대지진 당시 왕이었던 주제 1세의 기마상이 서 있다. 시인 페르난두 페소아가 자주 찾기도 했으며, 광장 북쪽에는 그의 단골 음식점이었던 마르티뉴 다 아르카다Martinho da Arcada가 있다.

지도 P.038 **가는 방법** 트램 15E · 25E번 Praça do Comércio 정류장에서 바로 연결 **주소** Praça do Comércio

(02)

아우구스타 개선문

Arco da Rua Augusta

추천

광장과 거리를 한눈에 담다

코메르시우 광장의 시작점이자 아우구스타 거리의 종점에 자리한 아우구스타 개선문 최상부에는 일대를 조망할 수 있는 전망대가 있다. 아우구스타 개선문은 리스본 대지진 이후 재건을 진두지휘한 건축가 에우제니오도스 산토스Eugeniodos Santos가 재앙에서 벗어나 부흥을 이루게 된 것을 기념해 건설한 것으로 '승리의 아치Arco da Vitoria'라는 별칭도 있다. 전망대까지는 산타주스타 엘리베이터를 타고 이동한 후 수십 개의 계단을 올라야 도달할 수 있다. 엽서에서 보던 코메르시우 광장과 아우구스타 거리, 그리고 장난감 같은 주황색 지붕의 집들로 이루어진 풍경을 360도 파노라마로 감상할 수 있어 관광객들에게 인기가 높다. 개선문의 조각도 가까이에서 볼 수 있다. 전망대 입장은 유료이지만 리스보아 카드 소지자는 무료로 올라갈 수 있다.

지도 P.038 **가는 방법** 트램 15E · 25E번 Praça do Comércio 정류장에서 바로 연결 **주소** R. Augusta 2 **문의** 21 099 8599 **영업** 10:00~19:00 ※문 닫기 30분 전 입장 마감
요금 일반 €3.50, 5세 이하 무료

TIP

전망대로 가는 계단은 한 사람이 겨우 오를 수 있을 정도로 폭이 좁아 통행 가능 여부를 램프로 표시한다. 오르기 전 버튼을 눌러 램프 색이 빨간색에서 초록색으로 바뀌면 올라간다.

FOLLOW UP

알고 보면 더 잘 보이는
개선문의 조각상의 의미 살펴보기

조각가 아나톨르 칼멜스Anatole Calmels(상단 조각)와 빅토르 바스투스Victor Bastos(하단 조각)가 완성한 개선문의 조각과 문장을 살펴보면 포르투갈의 역사가 보인다. 역사상 가장 중요한 인물과 함께 국가가 지향하는 가치가 담겨 있어 포르투갈이란 나라를 이해하는 데 도움이 될 것이다.

① **글로리아** Gloria : 영광의 여신
② **제니우** Genio : 수호신
③ **발로르** Valor : 아테나
④ **VIRTVTIBVS MAIORVM** : 라틴어로 '가장 위대한 미덕'을 의미한다. 포르투갈 애국심의 가치를 나타내며 과거의 영웅에게 경의를 표하고자 새긴 말이다.
⑤ **바스코 다가마** Vasco da Gama : 인도 항로를 개척한 탐험가
⑥ **비리아투스** Viriathus : 고대 루시타니아Lusitânia족의 우상
⑦ **히우 테주** Rio Tejo : 테주강을 의인화한 조각상
⑧ **이스쿠두 헤알** Escudo Real : 포르투갈 왕실의 문장
⑨ **폼발 후작** Marqués de Pombal : 리스본 대지진 후 부흥에 힘쓴 인물
⑩ **누누 알바레스 페레이라** Nuno Alvares Pereira : 스페인으로부터 포르투갈을 지켜낸 군인
⑪ **히우 도루** Rio Douro : 도루강을 의인화한 조각상

⓪③ 산타주스타 엘리베이터 추천

Elevador de Santa Justa

지도 P.038 **가는 방법** 메트로 호시우Rossio역에서 도보 3분
주소 R. do Ouro
문의 21 413 8679
운영 엘리베이터 5~10월 07:30~23:00, 11~4월 07:30~20:40 / 전망대 5~10월 07:30~23:00, 11~4월 09:00~21:00
요금 엘리베이터 왕복+전망대 €0.00, 전망대 €1.50 ※리스보아 카드 소지자는 엘리베이터와 전망대 무료, 비바 비아젬 24시간권 소지자는 엘리베이터만 무료

45m 철탑에서 즐기는 리스본 전경

19세기 말부터 20세기 초까지 언덕이 많은 리스본을 편하게 이동할 수 있도록 엘리베이터와 푸니쿨라르를 설치했다. 이 엘리베이터도 지대가 낮은 바이샤 지역과 시아두 언덕을 연결하는 역할을 한다. 1902년 완성한 네오고딕 양식의 철탑이 파리의 에펠탑을 연상시키는데, 엘리베이터를 설계한 라울 메스니에 뒤 퐁사르Raoul Mesnier du Ponsard가 에펠탑 설계자 귀스타브 에펠과 함께 일한 사이라 그 영향을 받았다는 설이 있으나 정확히 알려진 바는 없다. 건립 당시에는 증기로 운행했으며 이후 전기로 바뀌었다.
엘리베이터 꼭대기에 전망대가 있어 관광객들에게 인기가 있다. 주변 건물보다 높은 곳에서 탁 트인 시야로 리스본 시내를 조망할 수 있다. 엘리베이터 2대를 운영하는데 탑승 가능 인원이 25명이고 전 세계 관광객이 필수로 찾는 명소라 엘리베이터를 타기까지 꽤 오랜 기다림을 각오해야 한다. 특히 야경을 보려는 방문객들로 저녁 시간대에는 더욱 붐빈다. 엘리베이터에서 내려 계단을 올라가면 전망대에 도착한다.

굳이 엘리베이터를 타지 않아도 카르무 수도원 옆길을 이용하면 전망대 입구까지 갈 수 있어요.

04 아우구스타 거리

Rua Augusta

리스본의 맛과 멋을 충족시키는 번화가

코메르시우 광장에서 아우구스타 개선문을 지나면 나타나는 기다란 보행자 전용 거리로 리스본 최대의 번화가. 비탈진 언덕길이 대부분인 리스본에서 찾아보기 힘든 평탄한 지형에 음식점과 카페는 물론 기념품점과 부티크 등이 즐비하다. 철저히 상업적인 점포가 줄지어 있으나 고대 로마 시대의 중심가였던 만큼 이 지역을 공사하다 보면 유물이 출토되곤 한다고. 거리 사이사이에서 펼쳐지는 길거리 공연도 수준 높은 편이라 막간을 이용해 즐겨보는 것도 좋다. 한산한 거리 풍경을 기대한다면 오전 시간대에 찾도록하자. 오후부터 밤까지는 인파로 북적거려 분위기가 어수선하다. 이때 소매치기를 당하지 않도록 소지품 관리에 신경 쓰자.

지도 P.038
가는 방법 메트로 호시우Rossio역에서 도보 1분

⑤ 카르무 수도원

Convento do Carmo

대지진의 흔적을 보존한 옛 수도원

천장이 시원스럽게 뚫린 형태가 마치 고대 신전 같은 분위기를 자아내는 이 건물은 수도원 겸 성당이었다. 1389년 포르투갈의 자존심으로 불리는 주앙 1세 시대의 군인 누누 알바레스 페레이라가 건립했다. 1755년 대지진으로 건물 대부분이 붕괴되어 폐허가 되었지만 수도원 본당과 성당 부분은 현재까지 남아 고고학 박물관으로 사용되고 있다. 수도원 바로 옆길이 산타주스타 엘리베이터 전망대 통로와 이어져 있어 함께 둘러보기 좋다. 박물관에는 9대 포르투갈 왕인 페르난두 1세의 석관, 아줄레주, 미이라 등이 전시되어 있다.

지도 P.038 **가는 방법** 메트로 바이샤-시아두Baixa-Chiado역에서 도보 4분
주소 Largo do Carmo **문의** 21 347 8629
운영 5~10월 · 12/26~1/6 · 부활절 기간 10:00~19:00,
11~4월 10:00~18:00
휴무 일요일, 1/1, 5/1, 12/25
요금 일반 €7, 65세 이상 · 학생 €5, 14세 이하 무료
홈페이지 www.museuarqueologicodocarmo.pt

⑥ 상호케 성당

Igreja de São Roque

화려한 금빛으로 번쩍이는 성당

대지진의 피해를 입지 않은 성당으로 겉모습은 단순해 보이지만 내부는 리스본에서 가장 화려한 성당이다. 16세기의 아줄레주, 나뭇조각에 금박을 입힌 탈랴 도라다Talha Dourada, 실물로 착각할 만큼 정교한 트롱프뢰유 기법의 천장화 등 화려한 성당의 면모를 엿볼 수 있다. 성당 내부에 있는 세례자 요한 예배당은 18세기 이탈리아에서 제작해 교황의 축복을 받은 후 포르투갈에서 재조립한 것이다. 실내는 이탈리아의 모자이크와 다양한 돌로 마감했다. 성당 옆 박물관에는 18세기에 제작한 금 세공품과 종교 수집품 등이 전시되어 있다.

지도 P.038 **가는 방법** 트램 24E번 Largo Trindade Coelho 정류장에서 바로 옆
주소 Largo Trindade Coelho
문의 21 040 0361
운영 4~11월 10:00~19:00, 10~3월 10:00~18:00
휴무 월요일, 1/1, 부활절 일요일, 5/1, 12/25
요금 박물관 15세 이상 €10, 12세 이하 무료
홈페이지 museusaoroque.scml.pt

07

호시우 광장

Praça Dom Pedro IV

지도 P.038 **가는 방법** 메트로 호시우Rossio역에서 바로 연결
주소 Praça Dom Pedro IV

모두를 위한 공공 휴식 공간

13세기부터 공식적인 행사와 종교재판이 열리면서 리스본의 중심지 역할을 톡톡히 해온 광장. 정식 명칭은 '동 페드루 4세 광장Praça Dom Pedro IV'이다. 중앙에 우뚝 선 동상의 주인공은 포르투갈로부터 독립한 브라질의 초대 왕 동 페드루 4세이다. 동상과 같은 시기에 설치한 바로크 양식의 분수는 프랑스에서 수입한 것이다. 1450년대 광장 북쪽에 자리했던 에스타우스궁Palácio dos Estaus이 종교재판소로 이용되었으며, 호시우 광장은 처형장으로 쓰였는데 대지진으로 대부분 무너졌다고 한다. 현재는 분수를 기준으로 정면에서 바라보면 도나 마리아 2세 국립극장Teatro Nacional D. Maria II이 우뚝 서 있으며, 왼쪽으로 카르무 수도원이 빼꼼히 모습을 드러내고 있다. 광장 주변은 오페라극장과 오래된 카페들로 둘러싸여 있다.

옛 포르투갈 사람들은
바닥의 생김새가 파도와
흡사해 '넓은 바다'라
불렀다고 해요.

TRAVEL TALK

리스본의
심벌 [illegible]
블랙 & 화이트

리스본 시내에서는 하얀 석회암과 까만 현무암이 촘촘하게 깔린 돌길을 자주 볼 수 있어요. 검은색은 죽음과 까마귀를, 흰색은 리스본의 수호성인 상 비센테의 순수함을 상징합니다. 비센테가 순교 후 야생동물의 먹잇감이 되는 것을 막아냈으며 유골이 운반될 때 지키고 있던 것이 바로 까마귀라고 해요. 19세기 중반에 정착한 돌길은 현재까지도 장인의 손길로 하나하나 정성 들여 만든다고 합니다.

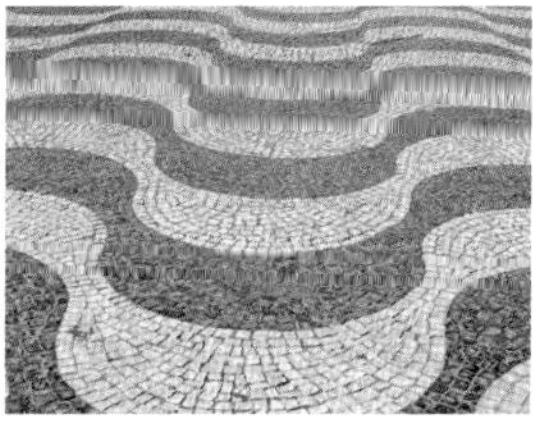

⑧ 카몽이스 광장

Praça Luís de Camões

국민 시인의 기념 공원에서 휴식을

포르투갈이 사랑하는 국민 시인 루이스 드 카몽이스의 이름을 딴 광장. 바닥에 깔린 흑백의 돌길은 그가 지은 대서사시 《우스 루지아다스》를 테마로 디자인했는데, 대항해 시대에 활약한 항해사 바스코 다가마를 중심으로 포르투갈인의 위업을 담았다. 광장 한쪽에 서 있는 카몽이스 동상은 아우구스타 개선문의 하단 조각을 담당한 빅토르 바스투스가 1867년에 제작한 것이다. 동상 아래 카몽이스를 받치고 있는 8개의 석상도 실존 인물들로 포르투갈을 빛낸 수학자, 역사학자, 시인 등이다.

지도 P.038

가는 방법 트램 24E · 28E번 Pç Luis Camões 정류장에서 바로 연결
주소 Largo Luís de Camões

⑨ 타임 아웃 마켓 리스본

Time Out Market Lisbon

다채로운 음식의 향연

1882년에 문을 연 유럽에서 가장 유명한 어시장 '히베이라 시장Mercado da Ribeira'을 영국 매체 《타임 아웃》이 사들였다. 이후 2014년 푸드 코트를 갖춘 현대 시장으로 거듭나면서 문전성시를 이루고 있다. 한편에는 현지인의 부엌 역할을 하는 시장이, 다른 한편에는 푸드 코트가 자리해 색다른 풍경이 펼쳐진다. 싱싱한 채소, 과일, 해산물을 판매하는 코너는 일반 시장보다 3시간 빠른 오전 7시에 문을 열어 오후 2시에 닫는다.

지도 P.038

가는 방법 메트로 카이스 두 소드레Cais do Sodré역에서 도보 1분 **주소** Av. 24 de Julho s/n
문의 21 060 7403 **영업** 10:00~24:00 **휴무** 부정기
홈페이지 www.timeoutmarket.com/lisboa/en

SPECIAL THEME

고풍스러운 골목 구석구석을 달리다

노란색 트램 타고 리스본 한 바퀴

리스본 시내 곳곳을 요리조리 누비는 노란색 트램은 보기만 해도 사랑스럽다. 이 낭만적인 교통수단을 이용해 리스본을 둘러보는 건 어떨까. 온갖 관광지를 거쳐 가니 투어 버스를 탄 것도 같고, 창문 밖 풍경이 잡힐 듯 말 듯 아슬아슬하게 지나가니 마치 자전거를 탄 듯도 하다.

리스본을 도는 6개 노선 가운데 관광객에게 최적화된 루트는 28E번 트램이다. 호시우 광장 인근에 있는 마르팅 모니스Martim Moniz는 트램 종점으로 이곳에서 대부분의 여행자가 트램 여행을 시작한다. 28E번 트램을 타고 리스본을 둘러보는 코스는 전 세계 여행자에게 이미 널리 알려져 새벽 시간대가 아닌 이상 기나긴 대기 줄을 서야 한다. 워낙 많은 인원이 몰려들기도 하고, 트램 내부에 새겨진 '20명 착석, 38명 입석 가능(LUGARES 20 SENTADOS, 38 DE PÉ)'이라는 문구에서도 알 수 있듯 수용 인원이 적다. 또한 트램 내부는 호시탐탐 여행자를 노리는 소매치기 소굴이기도 해서 소지품 보관에 각별히 주의해야 하며, 가방은 되도록 손에 쥐고 있는 것이 좋다. 그럼에도 많은 이들이 이 코스를 일정에 포함시키는 이유는 노란색 트램에서 느껴지는 특유의 낭만을 오직 리스본에서만 체험할 수 있기 때문이다. 승차할 때는 비바 비아젬 24시간권이나 리스보아 카드를 소지하도록 하자. 마음이 가는 명소가 나타났을 때 바로 내려 관광을 한 뒤 다시 트램에 승차해도 되고 다른 길로 빠져 여행을 즐겨도 좋다. 그저 트램에 몸을 맡기고 종점까지 달리는 것도 괜찮다.

TIP

대기할 자신이 없다면 피게이라 광장Praça da Figueira 정류장에서 루트가 비슷한 12번 트램을 승차하거나, 중심지의 종점이 아닌 외곽의 반대편 종점에서 승차한다.

28E번 트램 노선과 리스본 명소가 닿는 주요 정류장

Martim Moniz(트램 종점) → R. Graça(세뇨라 두 몬테 전망대) → Graça(그라사 전망대) → Lg. Portas Sol(포르타스 두 솔 전망대) → Miradouro Sta. Luzia(산타루지아 전망대) → Sé(리스본 대성당) → R. [illegible] → Chiado(맛집과 숍이 밀집한 가헤트 거리Rua Garrett) → Pç. Luis Camões(카몽이스 광장) → Calhariz(Bica)([illegible]) → [illegible]) Campo Ourique(Prazeres)(또 다른 트램 종점)

가는 방법 메트로 호시우Rossio역에서 도보 3분 **주소** Praça Martim Moniz 39(마르팅 모니스 정류장 기준)
운행 08:30~23:00(배차 간격 약 10분) **요금** 현금 €3.10, 비바 비아젬 €1.61 ※리스보아 카드 소지자 무료
홈페이지 www.carris.pt

벨렝 탑 주변

대항해 시대의 영광을 간직한 관광지를 둘러보다

예수가 태어난 도시 베들레헴의 포르투갈어인 벨렝Belém 지구는 중심가에서 다소 떨어져 있지만 리스본 여행에서 절대 빠뜨릴 수 없는 곳이다. 대항해 시대의 영광을 간직한 필수 관광 명소가 자리해 포르투갈 역사를 이해하는 데 중요하기 때문이다. 여행에 낭만을 더하고자 한다면 테주강 변을 따라 이어지는 15E번 트램을 타보자. 창문 밖으로 보이는 명소를 감상하는 것만으로도 색다른 기분이 들 것이다.

01

벨렘 탑

Torre de Belém

추천

TIP

탑 꼭대기에 오르려면 좁은 계단을 이용해야 한다. 계단 입구 위쪽의 화살표 램프가 빨간색이면 대기, 초록색이면 올라갈 수 있다는 표시이다. 리스보아 카드 소지자는 반드시 티켓 판매소에서 리스보아 카드 제시 후 입장권을 발권 받아야 한다.

테주강의 귀부인

1519년 마누엘 1세가 탐험가 바스코 다가마의 원정을 기념해 테주강 하구에 세운 탑으로 유네스코 세계문화유산이다. 높이 35m이며 제로니무스 수도원과 마찬가지로 마누엘 양식을 대표하는 건축물이다. 레이스 장식의 새하얀 드레스를 입은 귀부인과 닮았다 하여 '테주강의 귀부인'이라고도 부른다. 건축 당시 선박을 감시하고 보호하는 요새로 사용했다. 탐험가들이 원정을 떠나기 전 기도를 마친 다음 배를 타고 출발했고, 살아 돌아온 사람은 이곳에서 왕을 알현했다. 군사적 기능을 상실한 후에는 세관과 전보국으로 사용했고, 스페인 통치 시절에는 지하를 감옥으로 사용했다고 알려져 있다. 탑 꼭대기에 오르면 테주강과 벨렘 지구를 360도로 관람할 수 있다.

지도 P.048 **가는 방법** 트램 15E번 Centro Cultural Belém 정류장에서 도보 5분
주소 Av. Brasília **문의** 21 362 0034
운영 5~9월 09:30~18:00, 10~4월 10:00~17:30 ※문 닫기 30분 전 입장 마감
휴무 월요일, 1/1, 부활절, 5/1, 6/13, 12/25
요금 일반 €8, 학생 · 65세 이상 €4, 12세 이하 무료 ※리스보아 카드 소지자 무료
홈페이지 www.torrebelem.pt

TRAVEL TALK

코뿔소 장식 속 숨은 이야기

보루 바깥 부분에 장식한 코뿔소 조각에는 전해져오는 이야기가 있습니다. 1514년 포르투갈령 인도 고아 지역 총독이 캄베이 왕국의 디우Diu라는 곳에 요새를 세우고자 리스본 마누엘 왕에게 사신을 보내달라고 요청했어요. 사신이 캄베이 왕을 찾아갔으나 건설을 불허한 대신 코뿔소 한 마리를 선물로 주었습니다. 총독은 선물을 마누엘 왕에게 보냈고, 왕이 왕궁에서 코뿔소를 키우면서 유명해졌다고 해요. 이후 포르투갈의 아시아 진출에 대한 교황의 지지를 얻기 위해 이 코뿔소를 배에 실어 이탈리아로 보내던 중 제노바 근처에서 배가 난파되면서 코뿔소가 바다에 빠져 죽고 말았어요. 훗날 이 코뿔소의 모습을 탑에 남겼습니다.

02

제로니무스 수도원

Mosteiro dos Jerónimos

추천

대항해 시대의 영광을 상징하는 건축물

인근에 있는 벨렝 탑과 함께 유네스코 세계문화유산으로 등재된 리스본의 대표적인 건축물이다. 1502년 마누엘 1세의 의뢰로 산타마리아 성당 자리에 포르투갈 왕실의 묘비를 세웠다. 훗날 내항해 시대의 막을 연 엔히케스 왕자와 인도에서 귀환한 탐험가 바스코 다가마를 기념하기 위한 목적으로 바뀌면서 예배당과 합창석을 추가하고 2층짜리 수도원 건물로 완공했다.

해외 교역으로 포르투갈의 부흥을 이끌면서 황금기를 열었으며 하는 일이 잘 풀려 '행운왕O Venturoso'이라는 별명이 붙은 마누엘 1세. 그가 통치했던 시절 꽃피운 건축양식이 바로 그의 이름을 딴 마누엘 양식이다. 제로니무스 수도원은 마누엘 양식의 최고 걸작으로 꼽힌다. 후기 고딕 양식과 스페인 플라테레스코Plateresco 양식을 혼합한 형태로, 세심하기 그지없는 장인들의 기술로 완성한 파사드와 실내가 빼어나다고 평가받는다. 이 화려한 건물에 예배당, 수도원, 성당, 국립 고고학 박물관, 포르투갈 군주들의 묘가 들어서 있는데, 포르투갈의 셰익스피어라 불리는 루이스 드 카몽이스와 포르투갈의 대표 작가 페르난도 페소아 같은 문인들의 묘도 있다.

TIP

리스보아 카드 소지자는 줄을 설 필요 없이 전용 패스트 트랙으로 입장 가능하다.

지도 P.048

가는 방법 트램 15E번 Mosteiro Jerónimos 정류장에서 바로 연결

주소 Praça do Império **문의** 21 362 0034 **운영** 09:30~18:00

※문 닫기 30분 전 입장 마감 **휴무** 월요일, 1/1, 부활절 일요일, 5/1, 12/25

요금 일반 €12, 학생 · 65세 이상 €6, 12세 이하 무료 ※리스보아 카드 소지자 무료

홈페이지 www.patrimoniocultural.gov.pt/en

FOLLOW UP

이것만은 놓치지 말자!
톨레도 대성당의 관광 포인트

수도원 입구는 크게 정문, 남문, 해양 박물관 문으로 나뉘어 있다. 건물을 정면에서 바라볼 때 가장 왼편에 있는 것이 해양 박물관 문이고, 해양 박물관을 지나 보이는 문이 정문, 정문 왼쪽이 국립 고고학 박물관, 정면이 수도원, 오른쪽이 산타마리아 성당 입구이다.

• 웅장한 수도원 회랑

중정을 사방으로 둘러싼 회랑은 석회암으로 제작한 기둥과 아치가 포인트. 산호, 밧줄, 천구의 등 대항해 시대를 상징하는 것을 모티브로 하여 조각했다. 1층과 2층을 각각 다른 건축가가 설계했다. 대지진 때 피해를 입지 않아 잘 보존되어 있다.

• 식당의 아줄레주와 초상화

수도사들의 식사 공간으로 사용하던 식당 벽은 18세기에 제작한 아줄레주로 꾸몄으며, 끄트머리에는 마누엘 1세의 수호성인 제로니무스의 초상화가 걸려 있다.

• 산타마리아 성당

수도원 오른쪽에 있는 성당으로 바스쿠 다가마가 대항해를 떠나기 전에 기도를 드린 곳이다. 내부에 성 제로니무스의 일대기를 그린 유화와 6개의 기둥이 있다.

• 그리스도 십자가상

산타마리아 성당 상층부 성가대석 부근에는 십자가에 매달려 형벌을 받는 예수를 묘사한 조각상이 걸려 있다. 상층부는 제로니무스 수도원을 통해 입장한 사람만 들여다 볼 수 있다.

• 2개의 석관

산타마리아 성당 안에 바스코 다가마(왼쪽)와 시인 루이스 드 카몽이스(오른쪽)의 석관이 있다. 바스코 다가마의 석관에는 십자가와 배, 혼천의가 새겨져 있고, 루이스 드 카몽이스의 석관에는 월계관과 악기, 펜이 새겨져 있다. 또 바스코 다가마의 석관 근처에는 밧줄을 쥐고 있는 그의 손이 조각되어 있다. 이 손을 만지면 안전한 여행을 한다고 전해진다.

⓪③ 발견 기념비
Padrão dos Descobrimentos

비석에 새겨진 포르투갈의 영웅들

대항해 시대를 연 위대한 인물들의 공적을 칭송하고자 1940년에 건립했으며 1960년 항해왕 엔히케스 왕자 탄생 500주년을 기념해 재건축했다. 높이 56m의 범선 형태 비석으로 테주강이 바라다보이는 전망대와 전시실을 갖추고 있다. 탑에 등장하는 인물은 엔히케스와 인도로 가는 바닷길을 개척한 바스쿠 다가마 외 탐험가 9명, 아폰수 곤살베스 발다이아를 비롯한 항해사와 도신사, 신장 등 7명, 프란치스코 하비에르 등 선교사 3명, 화가 누누 곤살베스, 작가 주앙 드 바후스, 그 외 여행가와 수학자 등으로 총 33명이 좌우로 조각되어 있다. 발견 기념비 뒤 대리석 바닥에는 '바람의 장미'라 불리는 커다란 나침반이 새겨져 있는데 가운데에 세계 지도가 있다.

지도 P.048 **가는 방법** 트램 15E번 Lg. Princesa 정류장에서 도보 8분
주소 Av. Brasília **문의** 21 303 1950
운영 3~9월 10:00~19:00, 10~2월 10:00~18:00
※문 닫기 30분 전 입장 마감
휴무 10~2월 월요일, 1/1, 5/1, 12/25
요금 전망대+전시실 일반 €10, 65세 이상 €8.50, 13~25세 €5 / 전시실 일반 €5, 65세 이상 €4.30, 13~25세 €2.50
홈페이지 padraodosdescobrimentos.pt

⓪④ 4월 25일 다리
Ponte 25 de Abril

리스본 테주강 위의 금문교

리스본과 남해안 알마다Almada를 잇는 총길이 2277m의 현수교. 1966년 8월 6일 완공해 당시 권좌에 있던 독재자 살라자르의 이름을 따서 '살라자르 다리'로 부르다가, 1974년 4월 25일에 일어난 무혈 혁명을 기념해 지금의 이름을 얻었다. 1999년 철도 층이 추가되면서 위층은 6차선 고속도로가, 아래층은 복선 철도가 지나간다. 이 다리는 미국의 금문교를 연상시키기도 한다.

지도 P.048 **주소** Ponte 25 de Abril, Lisboa

TRAVEL TALK

저 멀리 구세주 그리스도상을 보세요!

4월 25일 다리 너머로 그리스도상Santuário Nacional de Cristo Rei이 보입니다. 받침대까지 포함해 총높이 110m(예수 그리스도상은 28m), 펼친 팔 길이는 28m로 테주강을 바라보며 서 있어요. 엘리베이터를 타면 82m 높이의 전망대에 이릅니다.

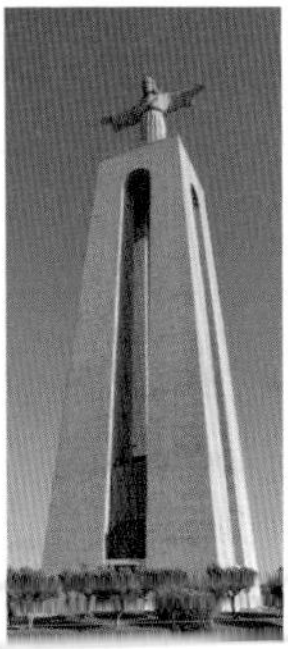

지도 P.048 **주소** 2800-058 Almada **문의** 21 275 1000
운영 엘리베이터 7/1~14, 9/1~20 09:30~18:45, 7/15~8/31 09:30~19:30, 9/21~6/30 09:30~18:00
휴무 12/24 13:00~
요금 일반 €6, 어린이 €3 **홈페이지** cristorei.pt

⑤ 마트
MAAT

벨렝 지구의 새로 떠오른 심벌

2017년 10월 문을 연 현대미술관으로 MAAT는 'Museum of Art, Architecture and Technology'의 약자이다. 예술과 건축, 공학 기술을 다루는데 재생 가능한 에너지와 전기현상에 관한 내용이 주를 이룬다. 테주강 변에 자리한 발전소 건물을 활용했으며, 영국 건축가 어맨다 리베트의 설계로 가오리 모양의 우주선을 연상시키는 건물을 증축했다. 외벽은 스페인 바르셀로나 사그라다 파밀리아의 타일을 담당하는 세라미카 쿠메야가 제작한 특수 타일을 사용했다. 미술관에 입장하지 않더라도 이 건물 옥상에서 주변 경관을 감상할 수 있다.

지도 P.048 **가는 방법** 트램 15E번 Altinho(Maat) 정류장에서 도보 6분
주소 Av. Brasília **문의** 21 002 8130
운영 10:00~19:00
휴무 화요일, 1/1, 5/1, 12/25
요금 일반 €11, 64세 이상 · 학생 €8
홈페이지 www.maat.pt/en

⑥ LX팩토리
LXFactory

방적 공장의 화려한 변신

알칸타라 지구의 방적 공장을 개조한 복합 시설. 공장 문을 닫은 후 방치되다가 1846년에 지은 건물의 역사를 되살려 음악, 예술, 패션 등 다양한 문화의 발신지로 새 출발했다. 2만 3000m²의 면적에 호스텔, 잡화점, 가구점, 카페, 음식점 등이 자리한다. 특히 레르 데바가르Ler Devagar는 과거 섬유 회사와 인쇄소 등이 자리했던 공간이 서점으로 변신한 것이다. 천장에 매달린 자전거 탄 사람을 형상화한 작품 덕분에 포토 스폿으로 인기를 끌고 있다.

TIP
일요일 오전 10시~오후 6시에는 수제품, 골동품, 구제 옷 등을 파는 마켓이 열린다.

지도 P.048 **가는 방법** 트램 15E · 18E번 Calvário 정류장에서 도보 3분
주소 R. Rodrigues de Faria 103 **문의** 21 314 3399
영업 09:00~02:00(매장마다 다름)
휴무 매장마다 다름 **홈페이지** lxfactory.com

리스본 대성당 주변

옛 리스본의 모습을 엿보다

1755년 리스본을 덮친 대지진의 피해를 면한 행운의 알파마Alfama 지구.
옛 모습이 고스란히 남아 있어 다른 지역과는 차별된 독특한 분위기를 자아낸다.
구불구불한 좁은 골목 사이로 펼쳐지는 서민의 삶을 의도치 않게 목격하며
정신없이 거리를 배회하다 보면 인기 있는 관광 명소가 눈앞에 나타나기도 한다.
언덕 위에 자리한 성과 높은 지대를 활용한 전망대는 리스본의 명소이므로 일정에
반드시 포함하도록 한다.

01 상조르즈성 추천
Castelo de S. Jorge

빼어난 경치를 자랑하는 언덕 위의 성

테주강이 내려다보이는 언덕 위에 우뚝 서 있는 성이다. 11세기 중반 이베리아반도를 점령한 이슬람계 무어인이 건설했으며, 이후 도시 방어를 위한 군사시설로 활용했다. 포르투갈의 첫 번째 왕 아폰수 엔히케스Afonso Henriques가 무어인을 몰아내고 리스본을 점령한 후 포르투갈의 수도로 삼자 성은 자연스레 왕의 보금자리가 되었다. 이슬람 문화가 깃든 옛 건축물을 활용하면서 큰 규모로 증축해 16세기 초까지 궁정 생활의 황금기를 맞이했으나 1755년 대지진 때 무너져 더 이상 그 모습을 볼 수 없게 되었다.
이후 복구 작업을 하면서 이곳의 역사적 가치가 드러났고 1910년 국가 유산으로 지정되었다. 곳곳에 남아 있는 고고학 유물 주변에 가이드가 상주해 방문객에게 상세한 설명을 해준다. 이곳이 인기 관광지가 된 것은 역사 때문만이 아니다. 리스본 시내가 한눈에 내려다보이는 훌륭한 조망도 한몫한다. 주변에 무료 전망대가 있음에도 성에서 바라보는 파노라마 전경은 모두가 극찬할 만큼 훌륭해 방문할 가치가 있다.

TIP

상조르즈성으로 쉽게 올라갈 수 있는 엘리베이터가 있으니 이용해보자. 구글 맵에서 'Pingo Doce Chao do Loureiro'로 검색하면 된다.

지도 P.054 **가는 방법** 버스 737번 Castelo 정류장에서 도보 5분
주소 R. de Santa Cruz do Castelo **문의** 21 880 0620 **운영** 3~10월 09:00~21:00, 11~2월 09:00~18:00 ※문 닫기 30분 전 입장 마감
휴무 1/1, 5/1, 12/24, 12/25 **요금** 일반 €15, 65세 이상 €12.50, 13~25세 €7.50, 12세 이하 무료 **홈페이지** castelodesaojorge.pt/en

⓶ 리스본 대성당
Sé de Lisboa

대지진을 견딘 리스본의 상징

코메르시우 광장에서 알파마 언덕으로 오르면 2개의 탑으로 이루어진 대성당이 자리하고 있다. 1147년 포르투갈 최초의 왕인 엔히케스가 로마네스크 양식으로 건립했다. 리스본에서 가장 오래된 성당으로, 요새로도 이용했다고 한다. 1755년에 발생한 대규모 지진을 견뎌낸 성당으로도 유명하다. 내부에는 성모 마리아 어머니인 안나의 석관이 안치되어 있다. 대항해 시대에 수집한 보물과 포르투갈의 예술 작품을 전시한 보물 전시관, 고대 로마 시대와 중세 시대의 유적이 남아 있는 회랑은 유료로 감상할 수 있다.

지도 P.054 **가는 방법** 트램 12E · 28E번 Limoeiro 정류장에서 바로 연결 **주소** Largo da Sé
문의 21 886 6752 **운영** 6~10월 09:30~19:00, 11~5월 10:00~18:00 **휴무** 일요일, 공휴일
요금 일반 €5, 7~12세 €3, 6세 이하 무료
홈페이지 www.sedelisboa.pt

⓷ 산투안토니우 성당
Igreja de Santo António de Lisboa

리스본이 사랑하는 수호성인의 터

리스본의 수호성인 성 안토니우를 모시는 성당으로 그가 나고 자란 자리에 세웠다. 성 안토니우는 잃어버린 물건이나 찾고 싶은 사람이 있는 이, 결혼할 상대를 찾는 이, 불임으로 고생하는 이 등 어려움에 처한 이들을 지켜주는 성인으로 리스본에서 오랜 기간 동안 사랑받고 있다. 성당 매점에서는 성당에서 직접 만든 빵을 판매하는데, 이 빵을 먹지 않고 보관해두었다가 6월 13일에 우유나 커피에 적셔 먹으면 소원이 이루어진다고 한다. 6월 13일은 성 안토니우가 선종한 날로 매년 성당 인근에서 큰 행사가 열린다.

지도 P.054 **가는 방법** 트램 12E · 28E번 Sé 정류장에서 바로 연결
주소 Largo de Santo António da Sé
문의 21 886 9145
운영 10:00~19:00 **요금** 무료
홈페이지 stoantoniolisboa.com

⓪④ 국립 아줄레주 박물관

Museu Nacional do Azulejo

아줄레주의 아름다움을 간직한 곳

15세기부터 오늘날에 이르기까지 포르투갈의 전통 장식 타일인 아줄레주의 변천사를 시대별로 감상할 수 있는 곳이다. 주앙 2세의 부인이자 마누엘 1세의 누이인 레오노르 왕비가 1509년에 설립한 마드레 드 데우스Madre de Deus 수도원 건물에 자리 잡고 있다. 수도원의 실내장식은 17세기에서 18세기 초반에 이루어졌으며, 당시 사회상과 유행을 반영해 꾸민 도금 처리한 벽 장식, 브라질산 나무로 깐 바닥, 네덜란드산 아줄레주 등을 볼 수 있다. 잘 보존된 아줄레주 작품 가운데 리스본의 대지진 전 풍경을 담은 거대한 작품을 비롯해 귀중한 작품이 다수 전시되어 있다.

1834년 포르투갈에서 종교 단체의 재산을 국유화함에 따라 수도원이 국가에 귀속되었다. 1871년 수도원의 마지막 수녀가 사망함에 따라 폐쇄되었다가 1958년 레오노르 왕비 탄생 500주년을 맞아 이곳에서 열린 아줄레주 특별전을 계기로 아줄레주 박물관으로 새롭게 태어났다.

지도 P.054 **가는 방법** 버스 210 · 718 · 742 · 759번 Igreja Madre Deus 정류장에서 바로 연결 **주소** R. Me. Deus 4 **문의** 21 810 0340
운영 10:00~13:00, 14:00~18:00 ※문 닫기 30분 전 입장 마감
휴무 월요일, 1/1, 부활절 일요일, 5/1, 6/13, 12/25 **요금** 일반 €8, 학생 · 65세 이상 €4, 12세 이하 무료 ※리스보아 카드 소지자 무료
홈페이지 www.museudoazulejo.gov.pt

SPECIAL THEME

아침, 점심, 저녁 언제 봐도 예쁜 풍경

리스본 뷰 포인트 베스트 6

7개의 언덕으로 이루어진 리스본에서 자신 있게 추천하는 즐길 거리는 바로 전망대를 돌아다니며 풍경을 감상하는 것이다. 시간적 여유가 부족하다면 한 군데만이라도 꼭 들르자. 하지만 리스본은 그러기엔 너무나 아까운 도시이다. 전망대마다 보이는 풍경은 물론이고 특색이 각각 다른 데다 시간대별로 분위기도 달라지니 어찌 한 군데만으로 만족할 수 있겠는가. 모처럼 먼 곳으로 떠나온 여행인 만큼 욕심내어 다양한 리스본 풍경을 모두 눈에 담아 가자.

TIP

치안이 좋지 않으므로 노을 진 풍경이나 야경을 감상하고 싶다면 혼자 가지 말고 동행을 구해 무리 지어 다닐 것을 권한다.

#Morning

① 그라사 전망대 *Miradouro da Graca*

현재는 전망대 옆에 있는 성당 이름으로 불리는데 본래는 살라자르 독재정치에 항거한 시인 소피아 드멜루 브레이네르 안드레센Sophia de Mello Breyner Andresen의 이름으로 불렸다고 한다. 전망대 한쪽에 있는 흉상의 주인공이 바로 시인이다. 소나무 숲과 노천카페가 있어서 오전에 커피 한잔의 여유를 즐기기 좋다.

피하자! 역광이 심한 오후
지도 P.054 **가는 방법** 트램 28E Graça 정류장에서 도보 4분
주소 Calçada da Graça

② 세뇨라 두 몬테 전망대 추천
Miradouro da Senhora do Monte

리스본의 전망대 가운데 가장 높은 곳에 있어 탁 트인 시야로 시내 전경을 감상할 수 있다. 덕분에 방문하는 사람마다 감탄사를 날리며 강력 추천을 외치기도 한다. 그라사 전망대에서 위쪽으로 도보 10분이면 도착하니 번거롭더라도 힘을 내어 언덕길을 올라보자.

피하자! 사람이 많이 붐비는 오후
지도 P.054 **가는 방법** 트램 28E R. Graça 정류장에서 도보 5분 **주소** Largo Monte

Afternoon

3 산타루지아 전망대 *Miradouro de Santa Luzia*

리스본 대성당을 지나 상조르즈성으로 가는 트램 길을 따라 올라가면 오른편으로 테주강이 바라다보이는 테라스가 바로 산타루지아 전망대이다. 담벼락에 무어인과 싸우는 모습을 담은 아줄레주가 이곳의 포인트. 전망대 분위기가 좋아 사진 촬영 장소로도 인기 있다.

피하자! 역광이 심한 오전
지도 P.054 **가는 방법** 트램 28E번 Miradouro Sta. Luzia 정류장에서 바로 연결 **주소** Largo Santa Luzia

4 포르타스 두 솔 전망대 *Miradouro Portas do Sol*

산타루지아 전망대를 지나 상조르즈성으로 향하는 골목길을 오르다 보면 '태양의 문'을 의미하는 포르타스 두 솔 전망대가 나온다. 리스본의 수호성인인 성 비센테 석상이 있으며 맞은편에 장식미술 박물관도 있어 함께 둘러보기 좋다.

피하자! 역광이 심한 오전 **지도** P.054 **가는 방법** 트램 12E · 28E번 Lg. Portas Sol 정류장에서 도보 1분 **주소** Largo Portas do Sol

Sunset

5 알칸타라 전망대
Miradouro de Sao Pedro de Alcantara

노란색 케이블카 아센소르 다 글로리아Ascensor da Glória를 타고 급경사 언덕을 오르다 보면 알칸타라 전망대가 나온다. 영화 〈리스본행 야간열차〉의 촬영지로도 알려져 있다. 작은 정원과 야외 카페의 분위기가 좋다.

피하자! 역광이 심한 오전 **지도** P.038 **가는 방법** 아센소르 다 글로리아 정류장에서 바로 연결 **주소** R. de São Pedro de Alcântara

6 산타카타리나 전망대
Miradouro de Santa Catarina

테주강 위에 시원스럽게 뻗어 있는 4월 25일 다리가 바라다보이는 전망대로 관광객보다 현지인이 많다. 매점이 있어 간식이나 음료를 즐길 수 있다. 해 질 녘에는 버스킹하는 이들의 노래를 들으며 감상에 빠질 수 있다.

피하자! 역광이 심한 오후 **지도** P.038 **가는 방법** 아센소르 다 비카 정류장에서 도보 4분 **주소** R. de Santa Catarina s/n

폼발 후작 광장 주변

현지인들이 즐겨 찾는 번화가

중심가 북쪽에 위치해 목적이 없다면 찾아갈 일이 없는 지역으로 여행자보다는 현지인이 자주 찾는 번화가 느낌이 물씬 풍긴다. 메트로 상세바스티앙São Sebastião역을 기준으로 백화점, 대형 슈퍼마켓, 부티크, 쇼핑센터가 몰려 있어 관광을 마친 후 쇼핑하기에 좋다. 커다란 공원에서의 휴식도 여행의 추억이 될 것이다. 또한 포르투갈에서 가장 큰 크리스마스 축제인 원더랜드 리스보아Wonderland Lisboa가 매년 12월 한 달간 에두아르두 7세 공원에서 펼쳐진다. 대형 관람차, 아이스링크, 푸드트럭, 크리스마스 마켓 등이 설치되고 다채로운 이벤트가 열려 크리스마스 분위기가 물씬 풍긴다.

(01)

폼발 후작 광장
Praça Marquês de Pombal

리스본 재건의 주인공이 우뚝 서 있는 광장

리스본 시내 중앙 사거리 아베니다 다 리베르다지Avenida da Liberdade 대로가 시작되는 지점에 자리한 광장. 에두아르두 7세 공원을 배경으로 높이 40m 탑 위에 서 있는 폼발 후작 동상은 이곳의 상징이다. 폼발 후작은 1750년에 즉위한 주제 왕자가 임명한 3명의 총리 중 한 명이다. 1755년 대지진으로 리스본이 잿더미가 되자 리스본 재건의 총책임자로서 건축가 에우제니우 두스산투스를 기용해 리스본을 국제적인 도시로 탈바꿈시켰다.

지도 P.060 **가는 방법** 메트로 마르케스 드 폼발Marquês de Pombal역에서 바로 연결 **주소** Praça Marquês de Pombal

TRAVEL TALK

리스본을 재건한 폼발 후작

1755년 11월 1일 리스본 대지진으로 리스본 건물의 85%에 달하는 1만여 채의 건물이 무너졌습니다. 당시 포르투갈 총리였던 폼발 후작은 유럽 최초로 내진 설계를 적용하는 새로운 건축 기술을 도입하고 현대적인 도시계획을 추진해 리스본 재건에 힘썼습니다. 기존 목조 건물을 대신해 벽돌과 석재를 사용해 화재와 지진에 더욱 강한 건물을 건축했으며, 안정성을 높이고자 지하심을 만들어 건물 기반을 보강했습니다. 리스본의 모든 건물에 내진 설계를 의무화한 것도 그였습니다. 또한 폼발 광장과 리베르다지 대로를 중심으로 건물들이 잘 보이도록 설계했습니다. 훗날 포르투갈의 다른 도시들도 리스본의 도시계획을 따르는 등 포르투갈 역사상 가장 중요한 도시개발 프로젝트로 평가받고 있습니다.

⓪② 에두아르두 7세 공원

Parque Eduardo VII

탁 트인 도시 전망을 즐길 수 있는 공원

리스본 중앙에 자리한 시민 공원으로, 폼발 후작 광장 뒤편의 경사면 약 26만 5000m² 면적에 조성한 프랑스풍 정원이다. 1902년 영국 왕 에드워드 7세가 방문한 것을 기념해 '자유공원'에서 지금의 이름으로 변경했다. 공원 안에 있는 건축물 카를루스 로페스 파빌리온Carlos Lopes Pavillion은 1922년 리우데자네이루 만국박람회 때 지은 포르투갈 전시관을 그대로 옮겨 온 것으로 이곳에서 매년 리스본 도서전이 열린다. 공원 맨 위쪽에는 세계에서 가장 큰 포르투갈 국기가 걸려 있다. 언덕 위에서 시원하게 뻗은 공원 전경을 보고 싶다면 파르케Parque역 부근의 입구를, 공원을 산책하거나 크리스마스 이벤트를 구경하고 싶다면 마르케스 드 폼발Marquês de Pombal역을 이용하자.

지도 P.060 **가는 방법** 메트로 파르케Parque역에서 도보 1분 **주소** Parque Eduardo VII

⓪③ 굴벤키안 미술관

Museu Calouste Gulbenkian

석유왕의 화려한 컬렉션

아르메니아 출신의 석유 관련 사업가 칼루스트 굴벤키안이 리스본에 세운 미술관이다. 유럽 회화와 조각을 비롯해 중국과 일본의 도자기, 페르시아 카펫, 중세 필사본과 상아 조각 등 세계 각국에서 수집한 6000여 점의 다양한 소장품이 있다. 여기에는 루벤스, 모네, 렘브란트, 터너, 르누아르 등 회화 거장들의 작품도 포함되어 있다. 미술관 부지에 미술 전문 도서관과 콘서트홀, 정원, 연못, 카페 등이 들어서 있다.

TIP
일요일 오후 2시부터는 무료 입장이다.

지도 P.060 **가는 방법** 메트로 상세바스티앙São Sebastião역에서 도보 2분 **주소** Av. de Berna 45A **문의** 21 782 3000 **운영** 10:00~18:00 ※문 닫기 30분 전 입장 마감 **휴무** 화요일, 1/1, 부활절 일요일, 5/1, 12/24~25 **요금** 일반 €10, 30세 이하 €7.50, 65세 이상 €9, 12세 이하 무료 **홈페이지** gulbenkian.pt

(04)

아모레이라스 파노라믹 뷰

Amoreiras 360° Panoramic View

주황색 지붕에 물드는 석양

폼발 후작 광장 서쪽에 위치한 아모레이라스 쇼핑센터 최상층에 리스본 전경을 360도 파노라마로 즐길 수 있는 전망대가 등장했다. 리스본의 아름다운 풍경을 조망할 수 있는 무료 전망대가 이미 차고 넘칠 정도로 많은데 새로운 명소가 전망대라니 다소 의아할 수도 있을 것이다. 이곳의 풍경은 중심가 전망대에 비하면 시시하게 느껴질지도 모르지만, 해 질 녘 석양에 물드는 건물 모습은 어느 곳 못지않게 아름답다. 게다가 유료 입장이라 비교적 한적하다는 것도 장점이 될 수 있다. 보고 싶은 만큼 마음껏 석양을 즐겨보자.

지도 P.060 **가는 방법** 트램 24번 R. Amoreiras 정류장에서 도보 3분
주소 Av. Eng. Duarte Pacheco **문의** 21 381 0240
[illegible] 10:00~[illegible], 14:30~22:00, 토 · 일요일 10:00~22:00 / 10~3월 월~금요일 10:00~12:30, 14:30~18:00, 토 · 일요일 10:00~18:00 ※문 닫기 30분 전 입장 마감
휴무 1/1, 12/24~25, 12/31
요금 일반 €5, 65세 이상 · 6~16세 €3, 5세 이하 무료, 일반 2인+16세 이하 3인 €14
홈페이지 amoreiras360view.com

TIP

여름철이면 그늘이 없어 땡볕에 그대로 노출된 채 감상하게 되므로 해 질 녘에 방문하기를 권한다.

리스본 맛집

리스본에서는 도시 어디서든 대서양 앞바다에서 건져 올린 신선한 해산물을 맛볼 수 있다. 또한 고급 품종인 스페인 이베리코 돼지의 산지 에스트레마두라가 인근에 있어 맛있는 돼지고기를 쉽게 접할 수 있다.

아 마리티마 두 헤스텔루
A Marítima do Restelo

위치 제로니무스 수도원 주변
유형 대표 맛집
주메뉴 해산물 요리

😊→ 육고기 스테이크와 해산물 메뉴가 충실하다.
😣→ 점심시간대는 많이 붐벼 기다려야 한다.

가는 방법 트램 15E번, 버스 729번 Centro Cultural Belém 정류장에서 도보 3분
주소 R. Bartolomeu Dias 110
문의 21 301 0577
영업 화~토요일 12:15~15:30, 19:15~22:30, 일요일 12:15~15:30 **휴무** 월요일
예산 해물밥 하프 €21/풀 €41

현지인과 여행자 모두에게 사랑받는 해산물 레스토랑. 가게 이름에 '바다, 해상'을 뜻하는 단어(Marítima)가 들어가 있어 해산물 전문점임을 짐작케 하지만 인기 메뉴에 돼지고기와 소고기 스테이크도 있을 만큼 다양한 입맛을 충족한다. 추천 메뉴는 해물밥Arroz de Garoupa com Gambas으로, 자연스레 국밥이 떠오르는 비주얼이다. 싱싱한 흰 살 생선과 새우가 듬뿍 들어가고, 쌀과 고수가 오묘하게 어우러져 고수를 싫어하는 사람이라도 이질감 없이 즐길 수 있다.
해물밥은 조리 시간이 다소 걸리므로 빵, 올리브, 치즈 등의 식전 메뉴나 해산물 전채 요리를 주문해 와인과 함께 입맛을 돋우면서 기다리자. 해물밥을 비롯한 일부 메뉴는 1~2인분인 하프 사이즈와 3~4인분인 풀 사이즈로 제공한다. 제로니무스 수도원에서 가까워 관광 전후 식사 코스로도 제격이다.

레스토란테 알펜드레
Restaurante Alpendre

위치 리스본 대성당 주변
유형 대표 맛집
주메뉴 해산물 요리, 스테이크

→ 한국어 메뉴가 있다.
→ 일부 종업원의 접대가 부담스럽다.

리스본 대성당에서 도보 1분 거리에 있는 유명 맛집. 영어는 물론 스페인어, 한국어, 프랑스어 등 다국어 메뉴판이 구비되어 있다. 인기 메뉴는 합리적인 가격의 돌판구이 스테이크Bife na Pedra. 뜨겁게 달군 철판 위에 소금 간을 한 생고기와 마늘을 얹어 점원이 눈앞에서 직접 구워준다. 마요네즈와 스테이크 소스가 함께 나오지만 소스 없이도 맛있게 먹을 수 있다. 또 다른 인기 메뉴인 새우 요리Gambas ao Alho까지 곁들이면 더욱 만족스러운 식사가 될 것이다.

가는 방법 트램 12E · 28E번, 버스 737번 Limoeiro 정류장에서 바로 연결
주소 R. Augusto Rosa 32/34
문의 21 886 2421
영업 12:00~23:00 **휴무** 일요일
예산 돌판구이 스테이크 €16, 새우 요리 €15~

마리아 카티타
Maria Catita

위치 코메르시우 광장 주변
유형 대표 맛집
주메뉴 해산물 요리

→ 음식의 양이 많고 메뉴가 풍부하다.
→ 테이블 간격이 좁다.

코메르시우 광장을 살짝 벗어나 리스본 대성당으로 향하는 길목에 자리한 레스토랑. 오후 12시부터 문을 열어 브레이크 타임 없이 늦은 밤까지 영업하며 연말을 제외하고는 쉬는 날 없이 운영해 식사 시간 제약이 없다는 것이 여행자에게 더욱 큰 장점으로 다가온다. 농어, 연어, 대구, 정어리, 참치 등 생선구이 메뉴가 다양하다는 점과 성인 남성도 배부르게 먹을 만큼 양이 넉넉하다는 것이 이곳의 자랑거리. 점원의 활기차고 상냥한 서비스로 기분 좋게 식사할 수 있다는 점도 매력이다.

가는 방법 버스 711B · 714 · 730 · 760번 Praça do Comércio 정류장에서 도보 1분 **주소** R. dos Bacalhoeiros 30 **문의** 21 133 1313 **영업** 월요일 12:00~15:00, 18:30~22:30, 화~수요일 12:00~22:30, 목요일 12:00~17:00, 18:30~23:00, 금 · 토요일 12:00~23:00, 일요일 12:00~23:00 **예산** 참치 스테이크 €16.90

두케
Duque

위치 카르무 수도원 주변
유형 로컬 맛집
주메뉴 해산물 요리

☺ → 현지인에게 인기 폭발
☹ → 공간이 다소 협소

깔끔한 포르투갈 요리를 선보이는 세련된 레스토랑. 주메뉴는 해산물 요리이지만 소, 돼지, 오리, 양 등 육고기 메뉴도 미식가들의 눈길을 끈다. 포르투갈 문어를 감자, 마늘, 올리브 오일과 함께 오븐에 구운 문어 스테이크Polvo Assado no Forno가 간판 메뉴로 부드러운 식감을 자랑한다. 포르투갈 현지인 집에 초대받은 듯한 느낌의 공간과 친절한 점원의 서비스는 덤이다.

가는 방법 버스 711 · 759 · 794번 Rossio 정류장에서 도보 3분
주소 R. do Duque 5 **문의** 21 342 8579 **영업** 월~금요일 12:00~23:00, 토요일 18:00~23:00, 일요일 13:00~16:00, 18:00~23:00 **예산** 문어 스테이크 €16

아 발렌시아나
A Valenciana

위치 에두아르두 7세 공원 주변
유형 로컬 맛집
주메뉴 포르투갈 전통 요리

☺ → 저렴한 가격에 푸짐한 양
☹ → 중심가에서 먼 위치

포르투갈의 전통 그릴 요리를 맛볼 수 있는 음식점. 닭고기, 돼지고기, 생선, 새우 등 어느 것을 구워도 감자튀김, 쌀밥, 샐러드 중 하나와 함께 제공해 포만감 있게 식사할 수 있다. 닭고기는 한국인이 사랑하는 통닭이, 돼지고기는 삼겹살이 연상되는 맛이라 더욱 인기가 높다. 양이 많으므로 2명 이상 방문한다면 하프 사이즈를 주문해 나눠 먹도록 하자.

가는 방법 트램 202번 Campolide 정류장 건너편 **주소** Rua Marquês de Fronteira 107 103A **문의** 21 047 8451 **영업** 11:30~23:00
휴무 월요일 **예산** 로스트 치킨 하프 €9.50/풀 €19 **홈페이지** www.restauranteavalenciana.pt

메르카두 오리엔탈
Mercado Oriental

위치 마르팅 모리스역 주변
유형 신규 맛집
주메뉴 아시아 요리

☺ → 리스본에서 맛보는 정통 한식
☹ → 아침 영업은 하지 않는다.

아시아 지역 식료품을 파는 슈퍼마켓과 함께 운영하는 베트남, 태국, 한국, 중국, 일본 등 아시아 음식점. 결제와 동시에 주문이 들어가고 진동 벨이 울리면 손님이 직접 음식을 가져와 식사하는 푸드 코트 형식으로 운영한다. 2층에 자리한 케이밥K-BOB에서는 순두부찌개, 돌솥비빔밥, 라볶이 등 반가운 한국 음식을 만날 수 있다. 기본 반찬으로 국과 김치를 제공한다.

가는 방법 트램 28E번 Martim Moniz 정류장에서 바로 연결
주소 R. da Palma 41-41A
문의 21 888 4365
영업 10:00~21:30(점포마다 상이)
휴무 12/25, 12/31
예산 비빔밥 €12, 순두부찌개 €11

아스 비파나스 두 아폰수
As Bifanas do Afonso

위치 상조르즈성 주변
유형 로컬 맛집
주메뉴 비파나

☺ → 저렴한 가격에 끝내주는 맛
☹ → 매장 내 식사 불가

포르투갈식 돼지고기 샌드위치인 비파나Bifana 전문점으로 언제나 손님들로 가득하다. 비파나는 마늘, 화이트 와인, 라드(돼지비계) 등을 함께 넣고 푹 삶은 돼지고기를 두꺼운 빵 사이에 넣어 만든 샌드위치. 취향에 따라 머스터드 소스나 피리피리 소스(매운 소스)를 가미해 먹는다. 치즈를 추가하고 싶다면 비파나 콩 케이주Bifana com Queijo를 주문하자.

가는 방법 트램 28E번, 버스 737번 Igreja Sta. Maria Madalena 정류장에서 도보 3분 **주소** R. da Madalena 146 **문의** 21 888 4365 **영업** 월~금요일 08:00~18:30, 토요일 09:00~13:30 **휴무** 일요일 **예산** 비파나 €2.50

파브리카 커피 로스터스
Fábrica Coffee Roasters

위치 호시우역 주변
유형 로컬 맛집
주메뉴 커피

☺ → 자가 배전한 스페셜티 커피
☹ → 타 카페에 비해 비싼 가격

훌륭한 커피 맛으로 입소문 난 카페로 스페셜티 커피를 전문으로 한다. 브라질, 콜롬비아, 에티오피아, 케냐, 과테말라 등 여러 나라의 커피 농장에서 직접 100% 아라비카 원두만을 수입해 자가 배전한다. 에그타르트, 브라우니, 타르트 등 커피에 곁들여 먹기 좋은 베이커리 메뉴도 있다. 또 로스팅된 원두를 판매하기도 한다. 아쉽게도 무료 와이파이는 제공하지 않는다.

가는 방법 버스 702 · 736 · 746 · 783번 Restauradores 정류장에서 도보 2분 **주소** R. das Portas de Santo Antão 136 **문의** 21 139 9261 **영업** 08:00~18:00 **휴무** 12/31 **예산** 아메리카노 €2.30, 카페라테 €3.30

알코아
Alcôa

위치 카르무 수도원 주변
유형 로컬 맛집
주메뉴 양과자

☺ → 눈이 즐거워지는 비주얼
☹ → 디저트 가격대가 높은 편

1957년 문을 연 60년 전통의 양과자 전문점. 각종 디저트 대회에서 수상했으며 훌륭한 맛과 질로 정평이 나 있다. 알코바사 수도원의 레시피를 재현했으며, 리스본에서 열린 에그타르트 대회에서 우승한 에그타르트 '파스텔 드 나타'와 원뿔 모양의 파이 속에 커스터드 크림을 채운 코르누코피아스Cornucópias는 반드시 먹어볼 것. 멋진 아줄레주 타일 벽면이 눈에 띈다.

가는 방법 메트로 바이샤-시아두 Baixa-Chiado역에서 도보 1분 **주소** R. Garrett 37 **문의** 21 136 7183 **영업** 10:00~20:00 **예산** 에그타르트 €1.30, 코르누코피아스 €3.85 **홈페이지** pastelaria-alcoa.com

SPECIAL THEME

겉은 바삭, 속은 촉촉! 달콤함에 빠지다

포르투갈 에그타르트 맛집 베스트 4

포르투갈 여행에서 꼭 맛봐야 할 것 중 하나가 에그타르트이다. 18세기 제로니무스 수도원의 수녀들이 남은 달걀노른자로 만들기 시작한 것이 에그타르트의 시초이다. 현지에서는 파스텔 드 나타Pastel de Nata 또는 파스텔 드 벨렝이라 부른다. 셀 수 없이 많은 에그타르트 전문점 중 놓치면 안 될 맛집 네 곳을 소개한다.

겉이 얇고 바삭!
단맛이 덜하고 담백!

파스테이스 드 벨렝

Pastéis de Belém

☺ → 원조 에그타르트를 맛볼 기회

☹ → 엄청난 대기 시간을 감수해야 한다.

1837년에 창업한 곳으로 파스텔 드 나타의 발상지. 제로니무스 수도원의 수녀들이 수도복을 희고 빳빳하게 만들기 위해 달걀흰자를 사용했는데, 남은 달걀노른자를 활용해 파스텔 드 나타를 개발했다. 이후 수도원에 설탕을 보급하던 제당공이 제조법과 판매 권리를 얻어 수도원 옆 제당 공장 자리에 카페를 열어 오늘에 이르고 있다. 카페 이용은 매장 안, 포장은 매장 밖으로 대기 줄이 나뉘어 있으니 주의하자.

가는 방법 트램 15E, 버스 714번 Mosteiro Jerónimos 정류장에서 도보 1분 **주소** R. de Belém 84 92 **문의** 21 363 7423 **영업** 08:00~21:00(12/24·25·31, 1/1 08:00~17:00) **예산** 파스텔 드 나타 €1.40, 밀크커피(갈랑Galão) €1.50 **홈페이지** pasteisdebelem.pt

✓ 파스텔 드 나타 맛있게 먹는 법

❶ 카페 이용은 점포 안, 포장은 점포 밖으로 대기 줄이 나뉘어 있으니 주의하자.

❷ 테이크아웃은 식지 않은 상태에서 포장해 눅눅해지기 쉬우니 되도록 점포에서 즐기자.

❸ 끊임없이 만들기 때문에 우선 2개만 주문해 먹고 나서 추가로 주문하며 계속 바삭하고 따끈한 에그타르트를 즐길 수 있다.

만테이가리아
Manteigaria

☺ → 시내 중심지라 접근성이 좋다.
☹ → 테이블이 없어 서서 먹는다.

파스테이스 드 벨렝과 더불어 리스본을 대표하는 파스텔 드 나타 전문점. 오로지 파스텔 드 나타만 취급한다. 카몽이스 광장 부근에 있는 매장 외에 히베이라 시장 안에도 매장이 있어 접근성이 뛰어나다. 포장은 최소 2개부터 가능하다.

가는 방법 트램 22B · 28E Pç. Luis Camões 정류장에서 도보 1분
주소 R. do Loreto 2
문의 21 347 1492
영업 08:00~24:00
예산 파스텔 드 나타 €1.30, 밀크커피(갈랑) €1.90

파브리카 다 나타
Fábrica da Nata

☺ → 실내가 예쁘게 꾸며져 있다.
☹ → 아이스커피가 양이 적다.

가성비 좋은 맛집으로 포트와인 또는 진지냐 1잔과 파스텔 드 나타 1개로 구성된 세트 메뉴 데구스타상Degustação이 €3.90이다. 뛰어난 맛과 더불어 화려한 샹들리에와 고풍스러운 소파, 아줄레주 타일로 꾸민 실내 공간이 눈을 즐겁게 한다.

가는 방법 버스 744번 Restauradores 정류장에서 바로 연결 **주소** Praça dos Restauradores 62-68 **문의** 21 132 5435 **영업** 08:00~23:00
예산 데구스타상 €3.90, 파스텔 드 나타 €1.30, 카페라테 €1.70

파스텔라리아 산투안토니우
Pastelaria Santo António

☺ → 2층 카페 공간이 넓다.
☹ → €5 이하 카드 결제 불가

2017년에 오픈한 곳이다. 아줄레주 타일로 꾸민 외관부터 눈길을 사로잡는다. 상조르즈 성을 둘러본 뒤 잠시 쉬어 가기 좋은 곳에 위치해 있다. 2019년 리스본의 미식 축제에서 주최한 파스테이스 드 나타 콘테스트에서 우승을 차지했다.

가는 방법 버스 737번 Costa Castelo 정류장에서 도보 1분
주소 R. Milagre de Santo António N.10 **문의** 21 887 1717
영업 08:00~19:00
예산 파스텔 드 나타 €1.30, 밀크커피(갈랑) €2.20

리스본 쇼핑

바이샤 지구의 아우구스타 거리에서 시아두 지구의 가헤트 거리Rua Garrett로 이어지는 리스본 최대 쇼핑 지구에는 기념품점, 패션 부티크, 잡화점 등 여행자가 즐겨 찾는 매장이 모여 있다. 목적 없이 어슬렁거리며 즐기는 아이쇼핑만으로도 충분한 재미를 느낄 수 있다.

베르트란드 서점

Livraria Bertrand

위치 카몽이스 광장 주변
유형 서점
특징 세계에서 가장 오래된 서점

가는 방법 메트로 바이샤-시아두 Baixa-Chiado역에서 도보 1분
주소 R. Garrett 73 75
문의 21 030 5590
영업 09:00~22:00
홈페이지 www.bertrand.pt

포르투갈 서점이라 하면 소설《해리 포터》의 작가 조앤 K. 롤링이 영감을 받은 곳으로 알려진 포르투의 렐루 서점이 떠오를 것이다. 리스본에 이에 만만찮은 이력을 가진 서점이 있다. 1732년에 설립한 세계에서 가장 오래된 서점으로 2010년《기네스북》에 등재된 베르트란드 서점이다. 포르투갈과 스페인에 50여 개의 지점을 둔 서점 체인의 대표 주자로, 리스본 시내 중심가에 본점이 있다. 목조 서가에 빽빽이 꽂힌 책과 그 사이에서 책을 고르는 손님들의 모습이 지극히 평범하고 차분한 풍경을 이룬다. 포르투갈이 사랑하는 시인 페르난두 페소아와 노벨 문학상 수상자인 주제 사라마구를 주제로 꾸민 특집 코너에서 포르투갈의 자부심이 느껴진다. 서점 안쪽 끝에는 잠시 쉬어 갈 수 있는 카페도 마련되어 있다.

아 비다 포르투게사
A Vida Portuguesa

위치 카몽이스 광장 주변
유형 잡화점
특징 포르투갈 제품만 판매

포르투갈 제품을 전문으로 판매하는 잡화점. 포르투갈의 저널리스트 카타리나 포르타스가 취재 중 알게 된 포르투갈 전통 제품의 위기를 극복하고자 창업했다. 매장에서 판매하는 모든 제품이 포르투갈에서 생산한 것이다. 기능이 뛰어나지만 인지도가 낮아 판매에 어려움을 겪고 있는 제품을 발굴해 전통 제품이 계속 이어질 수 있도록 돕고 있다. 진열된 상품 중 유독 눈에 띄는 것은 복고풍 패키지의 각종 잡화이다. 포르투갈 각지에서 생산되는 제품 대부분이 초창기의 포장을 그대로 사용하는데, 지금 시대에도 걸맞은 세련되고 멋스러운 디자인에 감탄이 절로 나온다. 화장품, 문구, 주방용품, 욕실용품, 통조림, 장식품 등 구매 욕구를 자극하는 제품이 매장을 가득 메우고 있어 구경만 하는데도 시간 가는 줄 모른다. 가격은 제품에 따라 천차만별. 디자인이 뛰어나다고 해서 비싼 것만은 아니며, 합리적인 가격의 제품도 종종 보인다. 리스본에만 5개 매장이 있다.

가는 방법 메트로 바이샤-시아두Baixa-Chiado역에서 도보 2분 **주소** R. Anchieta 11 **문의** 21 346 5073 **영업** 월~토요일 10:00~19:30, 일요일 11:00~19:30 **홈페이지** www.avidaportuguesa.com

토란자
Toranja

위치 아우구스타 거리
유형 기념품점
특징 포르투갈의 상징을 모티브로 한 제품 다수

노란색 트램, 페르난두 페소아, 파두, 아줄레주 등 포르투갈의 상징을 모티브로 한 제품을 주로 판매하는 기념품점. 다른 기념품점과 차별화된 부분은 토란자만의 오리지널 디자인으로 선보인다는 점이다. 포르투갈 디자이너들의 창의적인 아트워크를 기념품으로 소장할 수 있는 절호의 기회이다. 동루이스 1세 다리, 히베이라 광장 등 포르투갈의 대표적인 풍경을 아기자기한 그림으로 만나볼 수 있다. 핸드폰 케이스, 티셔츠, 에코백, 파우치, 노트, 장식 그림 등 제품이 다양해 구경하는 재미가 있다. 거리에서 쉽게 보는 뻔한 기념품보다 가격은 높으나 흔하지 않은 독특한 제품을 원한다면 그다지 비싼 편도 아닐 것이다. 원하는 디자인이나 종류를 말하면 점원이 친절하게 안내해준다. 홈페이지에 많은 상품이 게시되어 있으니 미리 확인해두는 것도 좋은 방법이다. 여행을 추억할 만한 나만의 소소한 기념품이나 선물용으로 특별한 아이템을 골라보도록 하자.

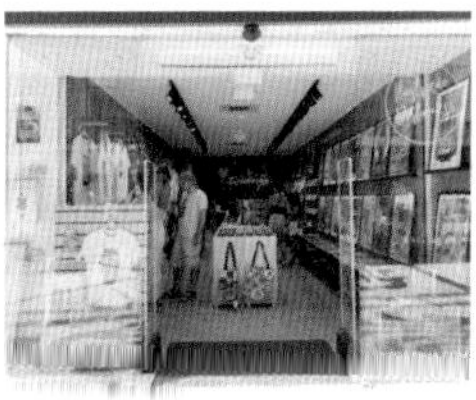

가는 방법 메트로 바이샤-시아두Baixa-Chiado역에서 도보 2분 **주소** R. Augusta 231 **문의** 21 013 9949 **영업** 10:00~22:00 **홈페이지** toranja.com

사르디냐 포르투게사
Sardinha Portuguesa

위치 호시우 광장 주변
유형 식료품점
특징 통조림 전문점

포르투갈에서 가장 큰 통조림 브랜드인 코무르Comur 상품만 전문으로 판매하는 매장이다. 거리를 걷다가 화려한 인테리어를 보는 순간 홀린 듯이 들어가게 되는데, 매장 안에서 기념 촬영을 하는 여행자도 많다. 통조림 디자인 역시 눈길이 갈 만큼 예쁘고 독특해 선물용으로 제격이다. 포르투갈 인근 해안에서 잡은 싱싱한 해산물을 재료로 24종류의 통조림을 생산한다. 대구Bacalhau, 새우Gambas, 문어Polvo, 정어리Sardinha 등이 인기 품목이다. 가격은 좀 비싸지만 재미난 선물용으로 가치가 있다.

가는 방법 메트로 호시우Rossio역에서 도보 2분 **주소** Praça Dom Pedro IV 09 **문의** 21 134 9044
영업 일·월요일 09:30~21:00,
화~목요일 10:00~21:00,
금·토요일 09:30~22:00 **홈페이지** www.portuguesesardine.com

클라우스 포르투
Claus Porto

위치 코메르시우 광장 주변
유형 뷰티
특징 포르투갈 비누 겸 향수의 시초

1887년 포르투에 거주하던 2명의 독일인이 설립한 포르투갈 최초의 비누 겸 향수 브랜드. 매력적인 향, 장식 기능을 더한 패키지 디자인, 전통적인 장인 기술을 내세워 창립 후 1세기가 지난 지금도 포르투갈을 대표하는 브랜드로 자리매김하고 있다. 브랜드의 간판 상품인 비누는 예부터 사용해온 기계로 생산하면서 창업 당시와 변함없는 품질을 유지한다. 계승된 제조 노하우를 바탕으로 향초, 핸드크림, 홈 디퓨저, 보디용품 등의 새로운 라인도 선보이고 있다. 2층에는 비누의 역사에 관해 전시되어 있다.

가는 방법 트램 54E Sta. Justa - R. Ouro 정류장에서 도보 1분
주소 R. do Carmo 82
문의 910 154 046
영업 10:00~19:00
휴무 부정기
홈페이지 clausporto.com

루이 루이
Louie Louie

위치 메트로 바이샤-시아두역 주변
유형 음반점
특징 파두 음반 판매

포르투의 유명 음반점이 리스본에 지점을 냈다. 리스본 쇼핑의 메카인 바이샤-시아두 지구에 자리하며 메트로역에서 나오면 바로 보일 만큼 접근성이 좋다. 무엇보다도 이곳을 방문해야 하는 이유는 포르투갈 전통 민요인 파두Fado 관련 음반을 쉽게 찾아볼 수 있다는 점이다. 현재 가장 잘나가는 파두 가수 카르미뉴Carminho를 비롯해 주인장이 엄선한 가수와 음악을 소개해 식견이 부족하더라도 소통이 가능하다면 구매에 별문제 없다. 파두 공연에 감동받은 이라면 꼭 한번 방문해볼 것을 추천한다.

가는 방법 메트로 바이샤-시아두 Baixa-Chiado역에서 바로 연결
주소 Escadinhas do Santo Espirito da Pedreira 3 **문의** 21 347 2232
영업 월~토요일 11:00~19:30,
일요일 15:00~19:30
홈페이지 www.louielouie.biz

FOLLOW

SINTRA

신트라

아랍어로 '빛나는 천체', '태양'을 의미하는 신타라 또는 샨타라로 불렸던 신트라는 이베리아반도를 지배했던 아랍계 이슬람교도 무어인에 의해 발전한 도시이다. 이후 포르투갈이 국토회복운동인 레콩키스타Reconquista에 성공하면서 다시 국왕의 지배를 받았는데 수도원, 군 관련 시설을 확충하며 더욱 큰 발전을 이루었다. 다양한 문화가 혼합된 이국적인 분위기와 따뜻한 기후 덕에 19세기 들어 포르투갈을 넘어 유럽 전체에 알려졌고 철도가 개통되면서 여름 피서지로 인기를 끌게 되었다. 영국 시인 바이런이 장편 서사시 《차일드 해럴드의 순례》에서 신트라를 "눈부시게 아름다운 에덴"으로 표현했으며, 친구에게 쓴 편지에는 세계에서 가장 아름다운 곳이라고 칭송했을 정도라고 하니 그 자태를 직접 눈으로 확인해보기 바란다.

리스본 근교

유네스코 세계문화유산

포르투갈의 에덴

세계에서 가장 아름다운 도시

여름 궁전

무어인

신트라 들어가기 & 시내 교통

신트라는 리스본에서 당일치기로 다녀오기 좋은 여행지이다. 국철로 1시간 이내면 닿을 수 있다. 신트라역에서 구시가지까지는 도보로 20여 분 걸리며 순환 버스를 이용해도 된다.

리스본에서 신트라 가기

리스본 호시우 광장 인근에 있는 호시우Rossio역에서 신트라행 열차를 정기적으로 운행하며 약 45분 소요된다. 표는 호시우역 2층 매표소에서 판매한다. 보통 신트라와 함께 카보다호카, 카스카이스를 둘러보는 여행자가 많다.

요금 편도 €2.40 ※리스보아 카드 소지자 무료

신트라 시내 교통

신트라역 앞이나 포르텔라 드 신트라Portela de Sintra역 앞 버스 정류장에서 주요 명소로 향하는 순환 버스가 운행한다. 카보다호카, 카스카이스 두 곳을 모두 거치는 버스도 있어 함께 둘러보기 좋다. 대부분 명소 바로 앞에 버스 정류장이 있어 편리하지만, 배차 간격이 큰 편이라 반드시 미리 버스 출발 시각을 체크하고 나서야 한다.

●주요 버스 노선과 운행 시간

434번 버스

노선 신트라역(Sintra Estação) → Sintra Vila → 페나성(Palácio da Pena) → 무어성(Castelo dos Mouros) → Sintra Vila → 신트라 국립 궁전(São Pedro de Sintra) → 신트라역

운행 보통 10:00~17:00(시간당 4대)

435번 버스

노선 신트라역(Sintra Estação) → 신트라 국립 궁전(São Pedro de Sintra) → Sintra Vila → 헤갈레이라 별장(Quinta da Regaleira) → Palácio de Seteais → 몬세라트 궁전(Palácio de Monserrate) → Colares → Rib. Sintra → Montes Santos → 신트라역

운행 보통 10:00~17:00(시간당 3대)

1253번 버스

노선 신트라역(Sintra Estação) → 헤갈레이라 별장(Quinta Da Regaleira) → 몬세라트 궁전(Palácio de Monserrate) → 카보다호카(Cabo Da Roca) → 신트라역 **운행** 09:00~20:00(시간당 2~3대)

1024번 버스

노선 포르텔라 드 신트라역(Portela de Sintra Estação Norte) → 카보다호카(Cabo Da Roca) → 카스카이스 터미널(Cascais Terminal)

운행 09:00~18:40(시간당 1~2대)

요금 1회권 434번 €4.55, 435번 €6, 1253번 · 1624번 €2.60 / 통합 1일권 €13.50(1253번, 1624번 제외)

홈페이지 scotturb.com

Sintra **Best Course**

신트라 추천 코스

일정별 코스

왕족의 피서지에서 신비로운 자연에 취하는 하루

신트라는 사실 반나절만 둘러보기에는 아쉬운 곳이다. 도시 분위기가 독특한 데다 각 명소의 매력이 남달라 하루 정도는 투자해야 신트라를 제대로 경험했다고 할 수 있다. 명소마다 볼거리가 넘쳐나니 한곳을 진득하게 둘러보자.

TRAVEL POINT

- **이런 사람 팔로우!** 왕족의 여름 피서지가 궁금하다면, 독특한 자연 경관을 경험하고 싶다면
- **여행 적정 일수** 꽉 채운 1일
- **주요 교통수단** 리스본에서 신트라까지 열차, 신트라 시내는 버스 이용
- **여행 준비물과 팁** 운동화
- **사전 예약 필수** 없음

DAY 1

- **소요 시간** 8~9시간
- **예상 경비** 입장료 €47.20 + 교통비 €16.30 + 식비 €20~ = Total €83.50~
- **점심 식사는 어디서 할까?** 신트라 국립 궁전이 있는 광장 주변에서
- **기억할 것** 신트라 일정을 줄이고 카보다호카 또는 카스카이스를 돌아보는 일정을 추가하는 것도 좋다.

신트라역 P.074 → 버스 5분 → **페나성** P.076 → 도보 10분 → **무어성** P.077

→ 버스 5분 → **신트라 국립 궁전** P.079 → 도보 5분 → **점심 식사** 추천 궁전 인근 번화가 식당

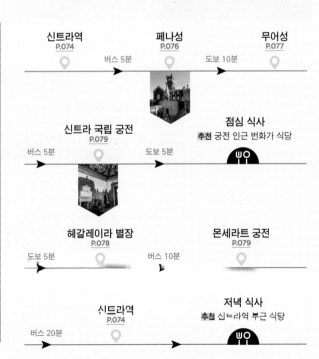

→ 도보 5분 → **헤갈레이라 별장** P.078 → 버스 10분 → **몬세라트 궁전** P.079

→ 버스 20분 → **신트라역** P.074 → **저녁 식사** 추천 신트라역 부근 식당

신트라 관광 명소

과거 왕족의 성전이었던 궁전과 탁 트인 자연 경관, 바다가 어우러져
마을 전체가 유네스코 세계문화유산으로 등재될 만큼 역사적 가치가 있는 곳이다.

⓪① 페나성 추천

Parque e Palácio Nacional da Pena

가는 방법 버스 434번 Palácio de Pena 정류장에서 바로 연결
주소 Estrada da Pena
문의 21 923 7300
운영 궁전 09:30~18:30, 정원 09:00~19:00
※문 닫기 30분 전 입장 마감
휴무 1/1, 부활절, 5/1, 12/25
요금 궁전 · 정원 통합권 일반 €20, 6~17세 · 65세 이상 €18, 6세 이하 무료, 일반 2인+6~17세 2인 €65
홈페이지 www.parquesdesintra.pt

각종 양식이 혼재된 꿈의 성

왕족의 피서지 신트라에 있는 여름 궁전. 이곳의 시작은 수도원이었다. 중세 시대 마누엘 1세가 세운 건물이 대지진으로 폐허가 되었다가 독일에서 온 마리아 2세 여왕의 부마 페르난도 2세의 지시로 재건축했다. 고딕 · 이슬람 · 르네상스 양식과 포르투갈의 마누엘 양식이 혼합된 독특한 설계는 독일인 빌헬름 루트비히 폰 에슈베게가 맡았다. 그는 페르난도 2세의 사촌으로 디즈니성의 모티브가 된 독일 퓌센의 노이슈반슈타인성을 설계하기도 했다.
신트라산 꼭대기 바위에 기대듯 아슬아슬하게 서 있는 컬러풀한 외관의 페나성에 가면 마치 놀이공원에 온 듯한 착각이 든다. 노란색과 빨간색의 대비가 돋보이는 성벽, 이슬람에서 영향받은 돔과 아치 모양, 어디를 가도 화려하게 장식된 아줄레주 등 곳곳이 눈에 띈다. 내부 또한 외부 못지않게 초호화로 꾸며져 있다. 페나성 건설 때 함께 조성했으며 지질학적이나 식물학적으로도 가치가 높은 정원은 시간이 된다면 찬찬히 둘러보도록 하자. 오전 11시에는 인파로 붐비니 오픈 시간에 맞춰 방문하는 것이 좋다.

TIP

신트라 관광 명소 중 페나성, 무어성, 신트라 국립 궁전, 몬세라트 궁전은 방문일 3일 전까지 공식 홈페이지에서 예약하면 각 15% 할인된 가격으로 구매 가능하다. 2곳을 함께 예약하면 추가로 5%, 3곳을 함께 예약하면 추가로 6%, 4곳을 함께 예약하면 추가로 7% 할인 받는다.

02 무어성

Castelo dos Mouros

성에서 내려다보는 신트라 전경

아프리카의 베르베르족과 아라비아반도의 아랍인의 혼혈인 무어인이 8~9세기경 산 위에 구축한 요새이다. 산 정상에서 능선을 따라 건설했으며 길을 내고, 망루를 세우고, 전투에 대비해 빗물을 모아 식수로 쓸 수 있는 물 저장고와 식량 보관 창고를 지었다. 1755년 대지진으로 크게 붕괴되었다가 페르난도 2세에 의한 수복과 1990년대까지 이어진 복구 작업으로 지금의 모습이 되었다. 기다란 성벽은 언뜻 보기에는 만리장성 같기도 하다. 길을 따라 해발 450m에 자리한 성 정상 부근에 다다르면 건축물이 오밀조밀 모여 있는 신트라 풍경이 눈앞에 펼쳐진다.

가는 방법 버스 434번 Castelo dos Mouros 정류장에서 바로 연결 **주소** Castelo dos Mouros
문의 21 923 7300
운영 09:30~18:30 ※문 닫기 30분 전 입장 마감
휴무 1/1, 부활절, 5/1, 12/25
요금 일반 €12, 6~17세 · 65세 이상 €10, 6세 이하 무료, 일반 2인+6~17세 2인 €33
홈페이지 www.parquesdesintra.pt

03

헤갈레이라 별장

Quinta da Regaleira

추천

신비롭고 비밀스러운 공간

20세기 초에 지은 건축물로 알록달록 겉모습이 화려한 다른 궁전과 비교해 확연히 다른 모습을 보여주는 별장. 1995년 유네스코 세계문화유산으로 지정되었다. 본래 포르투갈 왕족의 별장이었으나 여러 번 주인이 바뀐 뒤 1892년 브라질의 안토니우 몬테이루가 구입하면서 현재의 모습을 갖추게 되었다. 1910년 이탈리아 무대 디자이너 루이지 마니니를 고용해 대대적인 보수 공사에 착공, 단테의《신곡》에서 영감을 받아 환상적인 분위기로 사후 세계를 표현했다. 여러 차례 소유주가 바뀌었다가 1997년 신트라시에서 인수해 일반에 개방했다.

특히 높이 27m의 9층 원통형 타워는 보는 순간 크기에 압도될 정도이다.《신곡》에 등장하는 9개의 지옥, 연옥, 천국에서 착안해 위에서 아래로 내려가면서 점점 좁아지는 깔때기 형태로 설계했다. 울창한 숲속에 동굴, 우물, 연못, 폭포 등 다양한 요소가 자리하고 여러 갈림길로 되어 있는 것은 우주를 형상화해 이곳을 만들었기 때문이다.

가는 방법 버스 435번 Quinta da Regaleira 정류장에서 바로 연결
주소 R. Barbosa du Bocage 5 **문의** 21 910 6650
운영 4~9월 10:00~19:30, 10~3월 10:00~18:30 ※17:30 입장 마감
휴무 1/1, 12/24~25, 12/31
요금 일반 €12, 6~17세 · 65세 이상 €7, 5세 이하 · 80세 이상 무료
홈페이지 regaleira.pt

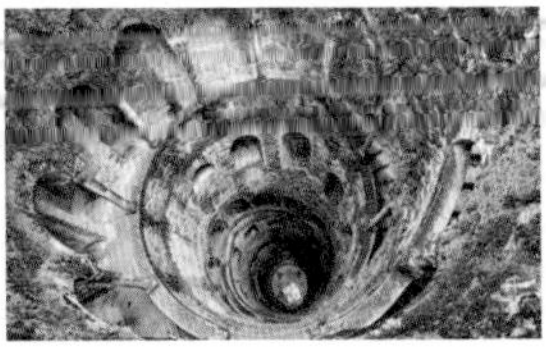

⓪④ 신트라 국립 궁전
Palácio Nacional de Sintra

포르투갈의 번영이 담긴 여름 별궁

14세기 초 엔히케스 왕자의 아버지 주앙 1세가 건축했다. 주방 위에 세운 33m 높이의 원뿔 모양 굴뚝 2개가 특징으로 고딕 · 마누엘 · 무어 양식이 혼재돼 있다. 실내에는 '백조의 방', '까치의 방', '아라비아의 방', '문장의 방' 등이 있다. 다양한 양식으로 꾸몄으나 다른 궁전에 비해 인테리어가 단조롭다. 하지만 천장만큼은 눈을 뗄 수 없을 만큼 화려하다. 16세기에 마누엘 1세가 증축한 건물은 마누엘 양식의 특징이 두드러진다. 특히 문장의 방의 휘황찬란한 아줄레주와 왕실 가문의 문장 75개는 유럽에서 가장 위대한 것으로 칭송받으며 1910년 국가기념물로 지정되었다. 1940년대에 건축가 하울 리누가 다른 궁전에 있던 오래된 가구를 이곳으로 옮겨 오고 타일을 추가했다.

가는 방법 버스 434 · 435번 São Pedro de Sintra 정류장에서 바로 연결 **주소** Largo Rainha Dona Amélia
문의 21 923 7300
운영 09:30~18:30 ※문 닫기 30분 전 입장 마감
휴무 1/1, 부활절, 5/1, 12/25
요금 일반 €13, 6~17세 · 65세 이상 €10, 6세 이하 무료, 일반 2인+6~17세 2인 €35
홈페이지 www.parquesdesintra.pt

⓪⑤ 몬세라트 궁전
Palácio de Monserrate

어느 영국인의 여름 궁전

대지진으로 무너진 성당 터를 영국 상인 제라드 드 비스메가 구입해 건축한 신고딕 양식의 궁전. 비스메가 세상을 떠난 후 궁전은 방치되어 폐허인 상태였으나 1809년 몬세라트 궁전을 방문한 영국 시인 바이런이 그의 명작《차일드 해럴드의 순례》에서 이곳의 아름다움을 언급하면서 유명해졌다. 그는 이곳을 '요정이 사는 곳'이라 비유하며 황량하지만 낭만적이라고 표현했다. 1863년에는 영국 부호 프랜시스 쿡이 여름 별장으로 사용하고자 이 건물을 구입했으며, 건축가 제임스 놀스의 설계로 기존의 신고딕 양식에 이슬람의 무데하르 양식을 혼합해 개축했다. 궁전 옆에는 예배당과 다양한 열대식물이 자라는 커다란 정원이 있으니 함께 둘러보자.

가는 방법 버스 435번 Palácio Monserrate 정류장에서 바로 연결 **주소** Estrada de Monserrate, 2710-405
문의 21 923 7300 **운영** 궁전 09:30~18:30, 정원 09:00~19:00 ※18:00 입장 마감
휴무 1/1, 부활절, 5/1, 12/25
요금 일반 €12, 6~17세 · 65세 이상 €10, 6세 이하 무료, 일반 2인+6~17세 2인 €33
홈페이지 www.parquesdesintra.pt

《 **Another Trip** 》

잠시 쉬어가는 곳, 어디가 더 좋을까?

신트라와 함께하는 당일치기 여행지

신트라와 함께 둘러보기 좋은 근교 도시 2곳을 소개한다.
북위 38도 47분, 서경 9도 30분으로 포르투갈에서 가장 서쪽에 위치한
작은 마을 카보다호카와 포르투갈의 여름휴양지로 손꼽히는 카스카이스는
빡빡한 일상을 제쳐두고 잠시 평온을 즐기기 좋은 곳이다.

카스카이스의
포르투갈 현지 발음은
'카슈카이슈'랍니다.

TRIP 01

대서양의 숨은 보석 같은 해변을 찾아서!

카스카이스 *CASCAIS*

리스본에서 서쪽으로 약 30km 떨어져 있는 해변 도시. 포르투갈의 대서양 해안을 '코스타 두 솔Costa do Sol'이라 부르는데, 이 해안에 속해 있다. 기암절벽이 있는 해안과 더불어 석양이 아름답기로 유명하며, 유럽 각지에서 몰려든 관광객으로 연중 붐비는 휴양지이다. 1364년에 자치단체가 된 이곳은 1870년부터 포르투갈 왕실의 여름휴가지였으며, 1889년 리스본과 철도가 연결되면서 명성을 날리기 시작했다. 제2차 세계대전 당시에는 포르투갈이 중립을 선언함에 따라 유럽의 많은 망명객이 몰려들었고, 1946년에는 이탈리아의 마지막 왕인 움베르토 2세가 이곳에서 망명 생활을 했다. 루마니아의 카롤 2세, 영국의 에드워드 8세도 이곳으로 몸을 피했다고 전해진다. 카스카이스를 제대로 느끼려면 카스카이스의 보석 같은 해변으로 가야 한다. 접근성이 매우 좋은 콘세이상 해변Praia da Conceição과 두케사 해변Praia da Duquesa은 각각 버스 터미널과 기차역 바로 앞에 있다. 한가로이 일광욕을 즐기는 이들과 바다 위에 동동 떠 있는 하얀 요트들이 펼치는 풍경은 보기만 해도 힐링이 된다. 포르투갈의 마지막 왕비인 아멜리아가 즐겨 찾던 곳이라 하여 이름에 '여왕'의 뜻이 담긴 하이냐 해변Praia da Rainha도 작지만 따뜻한 수온과 잔잔한 물결 덕분에 물놀이를 즐기기에 좋은 곳이다.

가는 방법 리스본 카이스 두 소드레Cais do Sodré역에서 카스카이스행 열차를 타거나 카보다호카 버스 정류장에서 403번 버스를 탄다. 열차로는 약 40분, 버스로는 약 30분 소요된다.

TRIP 02

유럽 최서단에서 자유를 외치다!

카보다호카 *CABO DA ROCA*

북위 38도 47분, 서경 9도 30분. 유라시아 대륙 끝자락인 포르투갈에서도 가장 서쪽에 위치하는 곳이 리스본 부근이라는 사실! 신트라에서 버스를 타고 40분만 달리면 땅끝마을 카보다호카에 도착한다. 버스에서 내려 대서양에서 불어오는 세찬 바람을 맞으며 바다를 향해 걷다 보면 높이 140m의 십자가 모양 기념비가 먼저 눈에 들어온다. 기념비에는 포르투갈이 자랑하는 대문호 루이스 카몽이스가 포르투갈의 역사를 쓴 애국적 서사시《우스 루지아다스》의 한 구절 "여기, 땅이 끝나고 바다가 시작되는 곳"이라 새겨져 있다. 카몽이스는 시를 통해 대항해 시대에 탐험을 떠나 위업을 달성한 포르투갈의 영웅을 찬양했다. 기념비 뒤로 시야에 들어오는 것은 18세기에 세운 이래 현재까지도 제 기능을 충실히 하는 빨간색 등대. 절벽 위에 아슬아슬하게 선 채 바다의 시작을 알리고 있다. 바위산을 의미하는 호카Roca가 지명에 사용된 이곳에 등대가 서 있는 단애 절벽은 바위로 이루어진 산처럼 느껴지기도 한다.

카보다호카의 잔재미는 '석양'과 '증명서' 두 단어로 대표된다. 우선 이곳은 대륙 끄트머리에서 바라보는 석양이 아름답기로 유명하다. 여름 평균 일몰 시간이 오후 8시 30분, 겨울은 오후 5시 30분으로 버스 막차 시간을 고려하면 겨울에 석양을 볼 수 있는 확률이 크다. 12월은 강수량이 많아 못 보는 경우도 있다. 한편 버스 정류장 앞 관광 안내소에서는 유라시아 최서단에 도착했다는 증명서를 발급해준다. 발행 번호와 자신의 이름이 적힌 공식 증명서 한 장의 값(€11)이 다소 비싸게 느껴지지만, 쉽게 구할 수 없는 것이니 희소성을 따지면 기념품으로 좋은 선택이 될 수 있다.

가는 방법 리스본에서 직통버스는 없고 신트라 또는 카스카이스를 거쳐 가야 한다. 반드시 일정에 두 도시 중 한 곳은 넣어야 한다. 403번 버스를 타면 신트라에서는 약 40분, 카스카이스에서는 약 20분 소요된다.

운영 관광 안내소

[illegible]

겨울 09:00~19:30

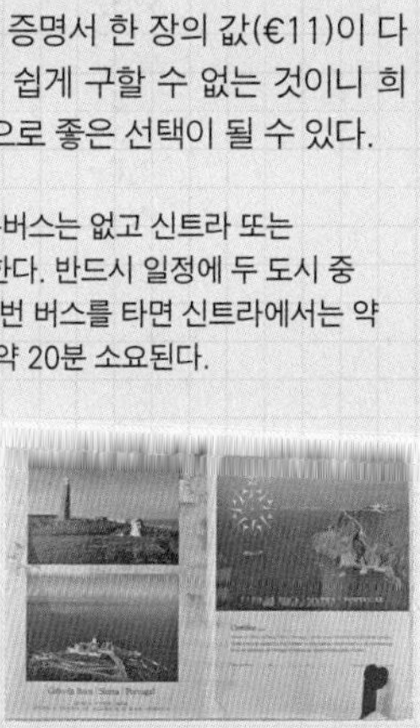

FOLLOW

포르투와 주변 도시

포르투
PORTO
P.084
코스타노바
COSTA NOVA
P.119
P.118
아베이루
AVEIRO

포르투

PORTO

포르투

국명인 포르투갈이 '포르투'에서 연유되었을 만큼 오래된 도시 포르투.
도시 이름은 라틴어로 항구를 뜻하는 'Portus'와 '옮기다'라는 의미의 'Porto'에서 유래했다.
상공업의 중심지가 되면서 수도 리스본에 이어 포르투갈에서 두 번째로 큰 도시로 성장했다.
북부 도루Douro강 어귀에 위치해 있으며 대서양 해안선을 향해 뻗어 있는 지리적 특성 덕분에 고대 로마의
전초기지로 활약했고 중세 시대에는 무역으로 번성했다. 이 영향으로 도시 곳곳에 남은 여러 유적이 역사적 가치를
인정받아 1996년 도시 일부가 유네스코 세계문화유산으로 지정되었다.
전 세계 와인 애호가들에게 큰 지지와 사랑을 받고 있는 포르투산 포트와인Port Wine은
포르투갈을 대표하는 특산품으로, 포르투를 방문하는 중요한 이유가 되고 있다.

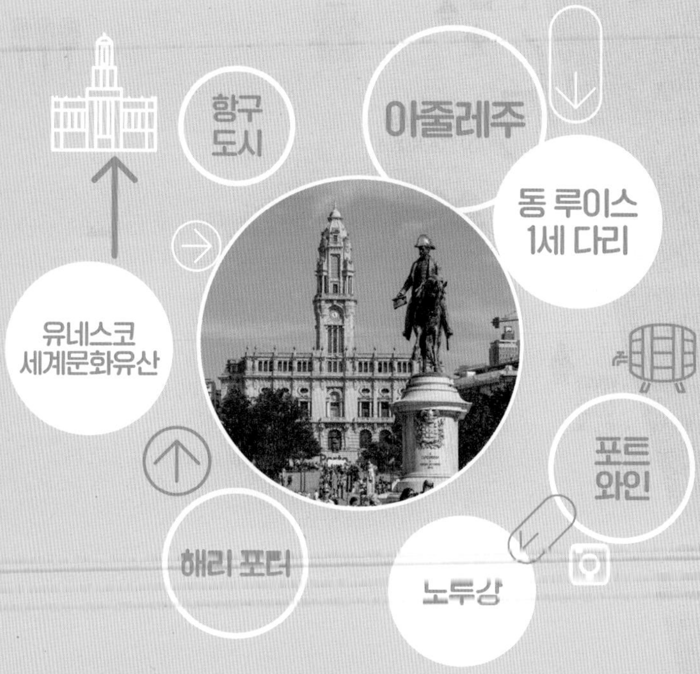
항구
도시
아줄레주
동 루이스
1세 다리
유네스코
세계문화유산
포트
와인
해리 포터
도루강

AVE MARIA
GRATIA PLENA

포르투 들어가기

항로가 아닌 육로를 이용하는 일반적인 여행자 동선은 리스본을 들른 다음 포르투로 이동하는 것이다. 리스본과 포르투 간 교통편이 발달해 있어 이동하는 데 어려움은 없다. 스페인 쪽에서도 다양한 교통편을 이용할 수 있어 선택지가 넓은 편이다.

리스본에서 포르투 가기

교통편은 비행기, 열차, 버스 중에서 선택할 수 있다. 요금, 소요 시간, 출발 시간, 도착지를 모두 고려해 자신에게 최선인 방법을 고른다. 포르투갈 국적의 항공사인 탑포르투갈 항공을 이용하면 리스본에서 포르투까지 1시간 정도 걸리며 열차나 버스를 이용하면 3~4시간 걸린다. 공항에서 시내를 오가는 시간까지 감안하더라도 비행기가 열차나 버스보다 소요 시간이 더 적게 걸리며, 요금도 비싸지 않아 여행자들이 선호한다. 미리 예약할수록 저렴하다. 비행기와 버스는 상시, 열차는 출발일 기준 약 2달 전부터 판매를 시작한다.

홈페이지 열차 www.cp.pt

교통수단별 소요 시간과 요금

교통수단	리스본 출발	포르투 도착	소요 시간	요금(편도)
비행기	프란시스쿠 드 사 카르네이루 국제공항 Aeroporto Francisco de Sá Carneiro	움베르토 델가도 국제공항 Aeroporto Humberto Delgado	1시간	€30~
열차	산타아폴로니아 Lisboa-Santa Apolónia역 또는 오리엔테Oriente역	캄파냥Campanhã역	3시간 30분	€19~
버스	세테히우스Sete-Rios 버스 터미널 또는 오리엔테Oriente 버스 터미널	캄포 24 아구스투 Campo 24 de Agosto 버스 터미널	4시간	€12~

스페인에서 포르투 가기

인접 국가인 스페인에서 포르투로 이동하는 데 그다지 어렵지 않다. 마드리드, 바르셀로나, 세비야, 말라가, 빌바오, 발렌시아, 마요르카섬(팔마)에서 포르투와 연결하는 항공편을 운항하고 있다. 버스는 마드리드, 빌바오, 산세바스티안, 세비야, 살라망카, 산티아고데콤포스텔라에서 출발하는 직행편이 있다. 알사ALSA, 플릭스버스FLiXBUS, 유로라인Eurolines 등에서 운행한다. 단, 열차는 마드리드나 살라망카에서 코임브라행 또는 리스본행 야간열차를 타고 이동 후 포르투행으로 갈아타야 하는 번거로움이 있다. 열차는 2024년 5월 기준 운행 중단 중이므로 여행 직전에 운행 여부를 확인해 볼 것.

홈페이지
비행기 www.skyscanner.com
열차 www.renfe.com
버스 알사 www.alsa.com
플릭스버스 global.flixbus.com
유로라인 www.eurolines.eu

포르투 시내 교통

포르투는 주요 관광 명소가 대부분 도루강 주변에 몰려 있어 도보로 이동하는 것이 일반적이다. 공항이나 버스 터미널로 가는 경우, 또는 숙소 위치에 따라 간혹 메트로나 버스를 이용하기도 한다. 이동 중 컨디션이 좋지 않을 때는 적절히 대중교통을 이용하는 게 좋다.

메트로
Metro

포르투의 메트로는 총 6개 노선으로 이루어져 있다. 여행자가 주로 이용하는 역은 포르투 국제공항을 연결하는 아에로포르투Aeroporto역, 공항과 시내 중심가를 잇는 노선의 종점인 트린다지Trindade역, 모후 정원이 있는 자르딩 두 모후Jardim do Morro역, 기차역과 연결되는 상벤투São Bento역과 캄파냥Campanhã역 등이다. 우리나라처럼 개찰구 없이 자유롭게 플랫폼으로 들어가 탑승하면 된다.

주의 탑승 전 반드시 플랫폼에 있는 노란색 개찰기에 티켓을 태그할 것. 하차할 때는 문에 있는 동그란 버튼을 눌러야 문이 열린다.
운행 05:50~00:40 **요금** €1.40~3.20(안단테 카드 별도 €0.60)
홈페이지 en.metrodoporto.pt

트램
Tram

포르투 시내를 달리는 트램은 단 3개 노선만 있다. 상프란시스쿠 성당과 도루강 부근을 잇는 1번, 카르무 성당에서 포르투 대학교가 있는 마사렐루스까지 운행하는 18번, 시내 중심부를 달리는 22번이다. 이 중 상벤투역, 클레리구스 성당, 렐루 서점을 지나는 22번이 여행자들에게 인기 있는 노선이다. 요금은 탑승할 때 운전기사에게 직접 내면 된다. 요금이 비싼 편이나 포르투의 정취를 느끼고 싶다면 이용해보자.

주의 요금은 현금으로만 내야 하며 잔돈이 필요하다(안단테 카드 사용 불가).
운행 08:00~21:00 **요금** 1회권 €6, 2회권 €8, 2일권 €12
홈페이지 www.stcp.pt/en/tourism/porto-tram-city-tour

버스
Bus

포르투 시민의 다리 역할을 톡톡히 하는 교통수단으로 시내 곳곳을 촘촘하게 연결한다. 여러 교통수단 중 이용할 확률이 가장 적지만 포르투 공항이나 캄포 24 아구스투 버스 터미널을 갈 때 대중교통으로 움직이고 싶다면 선택지가 될 수 있다. 하지만 시내버스의 [illegible] 것이 [illegible] 않기 때문에 불편을 감수해야 한다.

주의 구글 맵이 정확한 것은 아니니 맹신하지 말 것
운행 06:00~01:00 **요금** 안단테 카드 1회권 €1.40
홈페이지 www.stcp.pt/en/travel

택시
Taxi

대중교통을 이용하기에 위치가 애매하거나 지쳐서 곧장 숙소로 가고 싶을 때 택시를 이용하는 것도 나쁘지 않다. 우리나라와 비교해 요금이 크게 비싼 편도 아닐뿐더러 우버, 볼트 등의 차량 배차 서비스를 이용하면 더욱 저렴해 여행자들이 많이 이용한다.

주의 경우에 따라 바가지를 쓰기도 한다. 이럴 땐 애플리케이션 내 고객센터에 항의하자.
운행 24시간 **요금** 기본요금 €3.25~

투어 버스
Tour Bus

관광 명소 주변에 있는 전용 정류장에서 승차해 시내를 한 바퀴 도는 투어 버스는 포르투 여행 준비가 부족하거나 목적지까지의 동선을 알아보기 귀찮은 여행자에게 유용한 교통수단이다. 작은 열차 모양의 매직 트레인Magic Train과 시티 투어 버스인 홉온홉오프Hop-on-Hop-off 버스가 대표적이다. 매직 트레인은 와이너리 투어, 점심 식사, 크루즈 등이 포함된 다양한 상품을 선보인다. 영어, 포르투갈어, 스페인어, 프랑스어 등의 오디오 가이드를 제공하는데 홈페이지에서 미리 예약하면 이용할 수 있다. 홉온홉오프 버스는 레드 라인Red Line과 블루 라인Blue Line 2개 노선이 있다. 투어 시간은 1시간 40분 정도 걸린다.

주의 한국어 오디오 가이드는 지원되지 않는다.
운행 홉온홉오프 여름 09:00~18:30, 겨울 09:15~17:15(30분마다 출발)
※노선마다 운행 시간이 조금씩 다름
요금 매직 트레인 일반 €12~ / 홉온홉오프 1일권 €18, 2일권 €20 ※매직 트레인은 선택하는 상품에 따라 요금이 다름 **홈페이지** www.magictrain.pt

TRAVEL TALK

포르투의 교통카드 알아보기

● 안단테 카드 Andante Card

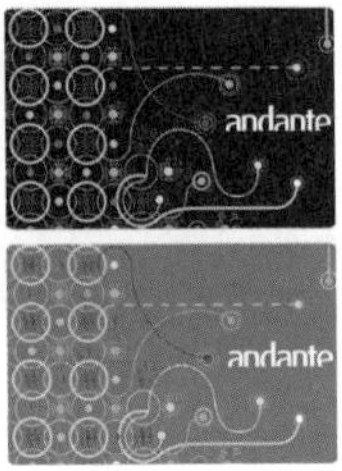

포르투 시내에서 대중교통을 이용할 때 사용하기 편리한 카드입니다. 메트로, 버스, 포르투갈 철도 근교선에 공용으로 사용하며 60분 이내에 환승이 가능해요. 단, 트램과 투어 버스는 이용하지 못합니다. 티켓은 포르투 교통국(STCP) 지정 매표소나 공항, 기차역 내 자동 발매기, 관광 안내소 등에서 구입할 수 있어요. 메트로, 버스를 횟수에 상관없이 하루 종일 이용할 수 있는 24시간권과 이용 횟수를 선택하는 충전식 트립 티켓으로 나뉘어요. 처음 구매 시 카드 발급비가 포함돼 계산되며 카드 하나당 1명만 이용 가능합니다. 처음 안단테 카드와 함께 1회권 구매 시 구역(ZONE)마다 요금이 다르므로 반드시 존을 선택해야 해요. 다시 안단테 카드를 충전할 때는 존을 새로 선택할 수 있습니다.
주의 자동 발매기에서 안단테 카드를 구입할 경우 €10 이상의 단위가 큰 지폐는 사용할 수 없어요.
요금 안단테 카드 발급비 €0.60

● 포르투 카드 Porto Card
무제한 승차권과 함께 11개 박물관 무료 입장 또는 할인 혜택이 있는 카드입니다. 하지만 여행자가 반드시 방문하는 관광 명소의 할인이 적은 편이라 그다지 효율적이지 못해요. 티켓은 국내 예약 플랫폼 사이트에서 미리 구입한 바우처를 가지고 현지에서 실물 카드로 교환하거나 포르투 시내 관광 안내소에서 직접 구입할 수 있습니다.
요금 포르투 카드 1일권 €13

FOLLOW UP

포르투를 색다르게 즐기는 방법 3

도루강을 건너거나 높은 지대로 올라가야 하는 경우가 생기기도 한다. 이럴 때 편하게 이동하면서 관광 기분도 한껏 느낄 수 있는 포르투만의 교통수단을 이용해보자. 아름다운 포르투 풍광이 새롭게 보일 것이다.

01 가이아 케이블카 Teleférico de Gaia

빌라노바드가이아 지구와 모후 정원 부근을 연결하는 케이블카. 티켓을 구입하면 근처 와인 바에서 와인을 마실 수 있는 무료 음료권을 준다. 해 질 녘 케이블카를 타고 올라가면서 노을 지는 풍경을 감상하거나, 모후 정원의 야경을 즐길 때 이용하면 좋다.

주소 하층부 Av. de Ramos Pinto 331, 상층부 R. Rocha Leão 236
운행 4/26~9/24 10:00~20:00, 3/24~4/25 · 9/25~10/24 10:00~19:00, 10/25~3/23 10:00~18:00 **휴무** 12/25 **요금** 일반 편도 €7, 왕복 €10 / 5~12세 편도 €3.50, 왕복 €5 / 일반 2인+5~12세 2인 왕복 €22.50
홈페이지 www.gaiacablecar.com

02 구인다이스 푸니쿨라르 Funicular dos Guindais

히베이라 광장 인근 동 루이스 1세 다리 부근(히베이라Ribeira역)에서 포르투 대성당 부근(구인다이스 푸니쿨라르Guindais Funicular역)까지 한 번에 올라갈 수 있는 푸니쿨라르. 아래에서 위까지 도보로 가려면 꽤 많은 계단을 올라가야 하므로 체력에 자신 없으면 고민할 필요 없이 이용하는 게 좋다.

주소 하층부 R. da Ribeira Negra 314, 상층부 R. de Arnaldo Gama 54
운행 08:00~22:00 **휴무** 1/1, 부활절, 6/23, 6/24, 12/24~25, 12/31
요금 일반 편도 €4, 왕복 €6 / 5~12세 편도 €3, 왕복 €3
홈페이지 en.metrodoporto.pt

03 도루 크루즈 Douro Cruise

도루강을 낭만적으로 즐기는 최고의 방법! 크루즈에 몸을 맡긴 채 살랑살랑 부는 바람을 맞으며 그저 풍경을 바라보기만 하면 된다. 50분~1시간 동안 이어지는 선상 산책은 포르투를 제대로 느끼기에 충분하다. 강변 부근에 여러 여행사가 있어 즉석에서 티켓을 구매하거나 관광 안내소에서 예약하면 된다.

운행 업체마다 운행 시간 다름 **요금** €15~

TIP

관광 안내소 정보

상벤투 기차역 부근 관광 안내소 Porto Official Tourism Office - Centre
주소 R. de Mouzinho da Silveira 326 360 **운영** 10:00~19:00

포르투 대성당 부근 관광 안내소 Tourism Point - Sé
주소 Calçada Dom Pedro Pitões 15 **운영** 09:00~18:00

Porto **Best Course**

포르투 추천 코스

일정별 코스

와인에 취하고, 풍경에 취하다!
포르투 완전 정복 1박 2일 코스

포르투 여행 버킷 리스트로 반드시 언급되는 역사 지구 탐방과 와인 투어에 중점을 둔 코스이다. 하루는 휴식을 취하며 여유롭게 둘러보고, 남은 하루는 전날 비축해둔 에너지를 쏟아내어 빡빡하게 돌아본다. 힐링과 관광 두 마리 토끼를 동시에 잡는 일정이라 할 수 있다.

TRAVEL POINT

- **이런 사람 팔로우!** 포르투를 분위기 있게 여행하고 싶다면
- **여행 적정 일수** 오후부터 시작하는 1박 2일
- **주요 교통수단** 도보와 케이블카
- **여행 준비물과 팁** 정원에서의 미니 피크닉을 위한 돗자리, 와인 병따개, 약간의 간식
- **사전 예약 필수** 렐루 서점

DAY 1

와이너리 투어와 전망을 즐기며 보내는 반나절

소요 시간 5시간

예상 경비
와이너리 투어 €14+ 입장료 €4 + 교통비 €6 + 식비 €15~ = Total €39~+와인 구입비

점심 식사는 어디서 할까?
빌라노바드가이아 내 식당에서

기억할 것 가이아 케이블카를 타고 올라가는 시간과 일몰 시간을 미리 알아두고 계획을 세울 것

빌라노바드가이아 포트와인 투어
P.103

도보 10분

동 루이스 1세 다리
P.095

도보 10분

세하 두 필라르 수도원
P.101

도보 5분

모후 정원
P.100

도보 1분

가이아 케이블카
P.091

케이블카 10분

저녁 식사
추천 메르카두 베이라히우
P.112

DAY 2

포르투 역사 지구에서 보내는 하루

소요 시간 10시간

예상 경비
입장료 €21 + 교통비 없음 + 식비 €35~ = Total €56~

점심 식사는 어디서 할까?
상벤투역 인근 식당에서

기억할 것 클레리구스 성당과 렐루 서점은 관광객들의 대기 행렬이 길다. 투어 시간이 정해져 있는 볼사 궁전은 미리 시간대를 확인해두자.

클레리구스 성당
P.108

도보 5분

상벤투 기차역
P.105

도보 10분

볼량 시장
P.110

도보 6분

점심 식사
추천 카페 산티아구
P.113

도보 14분

렐루 서점
P.106

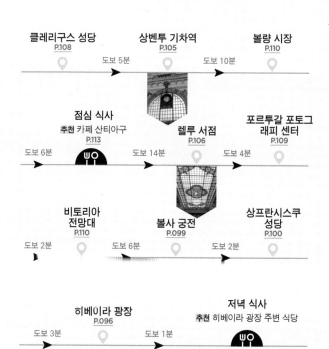

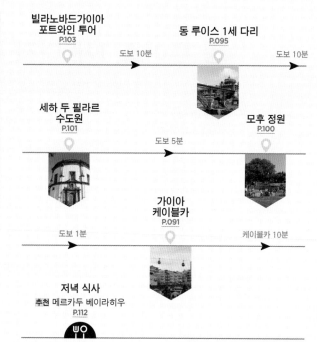

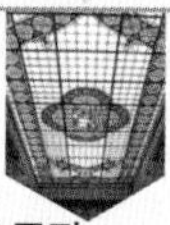

도보 4분

포르투갈 포토그래피 센터
P.109

도보 2분

비토리아 전망대
P.110

도보 6분

볼사 궁전
P.099

도보 2분

상프란시스쿠 성당
P.100

도보 3분

히베이라 광장
P.096

도보 1분

저녁 식사
추천 히베이라 광장 주변 식당

동 루이스 1세 다리 부근

포르투 시내에서 가장 오래된 마을

대항해 시대를 이끈 엔히케스 왕자가 태어난 북쪽의 카이스다히베이라Cais da Ribeira와 포르투갈을 대표하는 특산품 포트와인의 생산지인 남쪽의 빌라노바드가이아Vila Nova de Gaia. 포르투를 가로지르는 도루강 하구에 자리 잡은 두 마을은 비슷하면서도 색다른 분위기를 풍기는 대표적인 관광 지구이다. 멀어 보이지만 동 루이스 1세 다리가 두 마을을 연결해 도보로 쉽게 오갈 수 있다. 카이스다히베이라 부둣가에는 도루강과 동 루이스 1세 다리를 바라보며 음식을 즐길 수 있는 식당과 카페가 모여 있으며, 빌라노바드가이아에는 샌드맨Sandeman, 칼렘Cálem 등 60여 곳의 포트와인 셀러가 줄지어 있다.

01

동 루이스 1세 다리

Ponte Luís I

추천

지도 P.094
가는 방법 메트로 자르딩 두 모후Jardim do Morro역에서 도보 1분
주소 Pte. Luiz I

우아한 철교의 위엄

포르투 역사 지구와 빌라노바드가이아 마을을 연결하는 아치형 철교. 1층은 보행자와 자동차 전용, 2층은 보행자와 메트로 전용이다. 파리의 에펠탑을 설계한 귀스타브 에펠의 학교 후배이자 회사 공동 설립자인 독일 디자이너 테오필레 세이리그Théophile Seyrig가 에펠과 결별 후 참가한 다리 공모전에서 우승해 설계한 다리이다. 1868년 완성 당시 길이 395m로 세계에서 가장 긴 철교였다고 한다.

이 다리는 포르투를 상징하는 건축물이자 도루강이 흐르는 포르투의 빼어난 풍경을 한눈에 담기에 가장 적합한 곳으로 꼽힌다. 1층에서는 도루강 위에 떠오른 듯한 다리 자체의 아름다움을 감상할 수 있으며, 2층에서는 포르투의 유명 건축물이 군데군데 자리한 마을 전경을 조망할 수 있다. 2층은 꽤나 높은 곳에 위치하니 고소공포증이 있다면 다리 시작 부분에서 지켜보거나 1층 부근에서 감상하는 것이 좋겠다.

TIP

히베이라 광장 부근에서 계단을 오르지 않고 동 루이스 1세 다리 2층으로 곧장 가고 싶다면 푸니쿨라르를 타고, 건너편 빌라노바드가이아에서 동 루이스 1세 다리 2층으로 오를 때는 케이블카를 이용하면 된다(자세한 방법은 P.091 참고).

ⓞ2

히베이라 광장

Praça da Ribeira

추천

강변을 수놓은 멋진 풍경

도루강을 사이에 두고 포트와인 저장고가 집결된 빌라노바드가이아를 마주하는 강변에 자리한 광장. 히베이라는 포르투갈어로 '강변'을 뜻한다. 중세 시대 포르투의 상업 거점으로 번성했던 곳으로 빵, 육고기, 해산물을 취급하는 업자들의 보금자리 역할을 했다. 1491년에 일어난 화재로 대부분의 건물이 소실되면서 위기를 겪었으나 이후 전통적인 형태의 건물이 건축되면서 옛 모습을 잃지 않고 활기를 이어가고 있다. 광장 주변에는 도루강과 동 루이스 1세 다리를 감상하면서 각종 음식을 즐길 수 있는 식당과 카페가 밀집해 있으며 포르투의 자랑인 포트와인을 음미할 수 있는 바도 영업 중이다.

광장 북쪽의 주사위 모양 분수 '오 쿠부O Cubo'는 포르투갈의 예술가 조제 호드리게스Jose Rodrigues가 설계한 것이다. 이 분수 앞에서 TV 예능 프로그램 〈비긴 어게인〉을 촬영해 한국인 여행자들에게 널리 알려졌다. 평소에도 길거리 공연이 자주 열리는 이곳은 포르투에서 가장 낭만적인 장소라 해도 과언이 아니다. 잠시 걸음을 멈추고 사람들 틈바구니에서 광장 그 자체를 느껴보도록 하자.

지도 P.094 **가는 방법** 버스 11M · 900 · 901 · 906번 Ribeira 정류장에서 도보 2분 **주소** Praça Ribeira

03

포르투 대성당

Sé do Porto

지도 P.094 **가는 방법** 메트로 상벤투São Bento역에서 도보 5분
주소 Terreiro da Sé
문의 22 205 9028
운영 4~10월 09:00~18:30, 11~3월 09:00~17:30
휴무 부활절, 12/25
요금 일반 €3, 학생 €2, 10세 이하 무료
홈페이지 www.diocese-porto.pt

뜻밖의 포토제닉 명소

로마네스크 양식을 대표하는 건축물로 포르투에서 가장 오래된 건물이다. 포르투 역사 지구의 중심에 자리하고 있다. 1110년경 우구Hugo 주교의 후원으로 짓기 시작해 13세기에 완공했지만 이미 5~6세기부터 존재했다는 기록이 있다. 성당을 여러 차례 개축하면서 다양한 양식이 혼합되었다. 1333년경 고딕 양식의 장례용 예배당, 14~15세기 회랑, 1732년 이탈리아 건축가 니콜라우 나소니Nicolau Nasoni가 설계해 증축한 성당 외관 측면의 바로크 양식 로지아Loggia 등 몇 번의 증축 공사를 거쳐 현재의 모습을 갖추게 되었다. 높은 천장으로 웅장해 보이는 예배당 내부와 18세기 들어 푸른 아줄레주로 꾸민 회랑은 성당의 아름다움이 돋보이는 공간이다. 특히 아줄레주를 배경으로 방문객의 기념 촬영이 끊이질 않는다. 성당 앞 광장 서쪽에는 '펠로리뉴 다 포르투Pelourinho da Porto'라는 기념비가 있는데 죄수를 벌하고자 묶어두는 용도로 사용했다는 기록이 있다. 광장은 탁 트인 포르투 시내를 감상하기에 좋고, 지대가 높은 회랑 2층 또한 풍광을 즐기기에 탁월하다.

TIP

매주 일요일 오전 11시 미사 시간에는 무료 입장이다.

04

볼사 궁전

Palácio da Bolsa

지도 P.094 **가는 방법** 버스 11M · 900 · 901 · 906 · ZR번 Ribeira 정류장에서 도보 3분
주소 R. de Ferreira Borges
문의 22 339 9013
운영 09:00~18:30
휴무 부정기(홈페이지 참고)
요금 일반 €12, 학생 · 65세 이상 €7.50, 12세 이하 무료
홈페이지 palaciodabolsa.com

예상 밖 화려함의 절정

포르투를 방문하는 귀빈을 위한 행사장, 일반 시민의 결혼식장, 가이드 투어로 내부를 둘러보는 관광 명소 등 다목적으로 사용되는 홀. 원래는 상프란시스쿠 수도원이 있던 자리인데, 포르투갈 내전 중 발생한 화재로 폐허가 되었다가 왕권을 되찾은 여왕 마리아 2세의 명으로 상업 협회에 기증되었고, 1842년부터 약 70년에 걸쳐 볼사 궁전으로 완성되었다. 그 후 상공회의소, 재판소, 증권거래소 등으로 사용되었다. 볼사Bolsa는 포르투갈어로 '주식'을 의미한다.

높은 유리 천장 아래 19개국의 문장이 새겨져 있는 국가 중정Pátio das Nações이 투어의 시작점이다. 2층으로 이동해 재판소의 방Sala do Tribunal, 대통령의 방Sala do Presidente 등 여러 방을 둘러본 후 볼사 궁전 최고의 하이라이트인 아랍 홀Salão Árabe에 도달한다. 아랍 홀 실내는 건축가 구스타보가 1862~1880년에 스페인 그라나다의 알람브라 궁전을 모델로 하여 무어 리바이벌 방식으로 장식해 당시 풍요로움의 극치를 보여준다.

내부는 궁전에서 실시하는 가이드 투어로만 둘러볼 수 있다. 가이드 투어는 도착 순서대로 영어, 프랑스어, 스페인어, 포르투갈어 네 가지 언어로 나뉘어 30분 동안 진행한다. 투어 인원이 한정되어 있으니 미리 티켓을 구매하도록 하자.

⑤ 상프란시스쿠 성당

Igreja Monumento de São Francisco

황금으로 뒤덮인 세계문화유산

나뭇조각에 금박을 입힌 탈랴 도라다Talha Dourada로 장식한 내부 천장과 벽이 인상적인 성당으로 포르투의 대표적인 고딕 건축물 중 하나이다. 1910년 유네스코 세계문화유산으로 등재되었다. 13세기 프란치스코 수도회에서 작은 규모로 지은 것을 1383년 페르난두 1세의 후원으로 확장 공사가 시작되어 1425년에 비로소 완성되었다. 입구의 메인 파사드를 장식한 고딕 양식의 정교한 장미꽃 무늬 창과 전형적인 바로크 양식의 주 출입구 등 다양한 양식이 혼재되어 있다. 17~18세기 바로크 양식의 금박 세공으로 된 내부 장식은 포르투갈에서 가장 뛰어나다. 특히 제단 왼편 예배당에 나뭇가지로 예수의 가계도를 표현한 〈이새의 나무Árvore de Jessé〉는 주목할 만하다. 관련 유물이 전시된 박물관과 지하 묘지도 있다.

지도 P.094 **가는 방법** 트램 1번 Intante 정류장에서 바로 연결 **주소** Rua do Infante D. Henrique **문의** 22 206 2100 **운영** 4~9월 09:00~20:00, 10~3월 09:00~19:00 **휴무** 12/25 **요금** 일반 €8, 학생 €6.50

⑥ 모후 정원

Jardim do Morro

포르투의 낭만적인 일몰 명소

상벤투역에서 동 루이스 1세 다리를 건너 정차하는 메트로역 이름이기도 하지만, 인근에 있는 세하 두 필라르 수도원과 더불어 최근 한국인 여행자 사이에서 필수 코스로 꼽히는 일몰 명소이다. 모후는 포르투갈어로 '언덕'이라는 뜻으로 언덕의 정원을 의미한다. 이름처럼 언덕에서 도루강 하구와 포르투 역사 지구의 풍경을 내려다볼 수 있다. 입소문으로 이어진 인기 덕분에 노을이 지기 전부터 사람들이 자리를 가득 메운다. 빌라노바드가이아에서 구입한 포트와인을 들고 부지런을 떨어 미리 자리를 잡은 후 저무는 해를 안주 삼아 와인 한 잔 기울이는 것이 이곳을 즐기는 방법. 단, 분위기에 취해 인파 속에 숨어 있는 소매치기를 망각하고 즐기다 보면 큰코다칠지도 모르니 주의할 것. 정원은 1927년에 지었으며 호수와 전망대, 산책로 등이 갖춰져 있다.

지도 P.094 **가는 방법** 메트로 자르딩 두 모후Jardim do Morro역에서 바로 연결

주소 Av. da República

07

세하 두 필라르 수도원

Claustros do Mosteiro da Serra do Pilar

TIP

2024년 5월 현재 유지 · 보수 공사로 인해 임시 휴업 중으로 수도원 앞 난간에서만 전경을 감상할 수 있다.

언덕 위 동그란 수도원

도루강 변을 거닐다 문득 고개를 들어 하늘을 바라보면 동그란 원형 건물이 눈에 들어온다. 무심코 카메라 셔터를 누르게 되는 대상은 포르투 역사 지구에 이어 1996년 동 루이스 1세 다리와 함께 유네스코 세계문화유산으로 등재된 세하 두 필라르 수도원이다. 16세기에 건축해 19세기에는 요새로, 20세기에는 군 관련 병사로 사용되는 등 이력이 다양하다. 기나긴 역사를 간직한 만큼 수도원 내부도 볼거리를 제공한다. 전망대와 일부 시설은 관리인의 안내에 따라 둘러볼 수 있는데, 사실 일부를 공개한 수도원 내부보다는 동그란 돔 전망대에서 바라보는 경치가 장관을 이루어 더 인기 있다. 도루강과 포르투 시내를 탁 트인 시야로 감상할 수 있다. 해 질 녘은 문을 닫는 시간대라 석양을 감상하지 못하는 점이 아쉽다. 대신 인근의 모후 정원에서 아쉬움을 달래보자. 붉게 물드는 수도원의 풍경도 무척 아름답다. 밤이 되면 건물 외부의 조명이 켜지며 또 다른 분위기가 연출된다.

지도 P.094 **가는 방법** 메트로 자르딩 두 모후Jardim do Morro역에서 도보 5분
주소 Largo Aviz **문의** 22 014 2425
운영 4~9월 10:00~18:30, 10~3월 10:00~17:30 ※문 닫기 15분 전 입장 마감
휴무 매월 둘째 토 · 일요일
요금 수도원 일반 €2, 학생 · 65세 이상 €1 / 수도원+돔 전망대 일반 €4, 학생 · 65세 이상 €2 ※12세 이하 무료

SPECIAL THEME

‘액체의 보석’에 취하다

포트와인 제대로 즐기기

도루강 상류 계곡의 언덕 밭에서 재배한 포도는 가을에 수확한 후 겨울 한 철 나무통에 보관한다. 이후 포르투 중심가 건너편에 위치한 빌라노바드가이아의 와이너리로 옮겨 숙성을 거친 다음 항구 주변 업체를 통해 판매하는 것이 바로 포르투의 포트와인이다.

#포트와인 투어 과정

포트와인과 와이너리 역사에 대한 설명, 포트와인 시음으로 이어지는 투어는 약 1시간 동안 진행된다. 와이너리마다 투어 내용이 약간 다르며, 직원이 직접 안내하는 투어와 오디오 가이드를 통해 개인적으로 둘러보는 투어가 있다. 여기서는 테일러스가 진행하는 오디오 투어(P.103)를 소개한다.

STEP 01 →

안내 데스크에서 투어 신청하기

빌라노바드가이아Vila Nova de Gaia 언덕에 자리하는 테일러스 본사에서 투어가 진행된다. 건물에 들어서면 바로 보이는 안내 데스크에서 투어를 신청하면 된다. 한국어 오디오 가이드 기기를 대여해준다.

STEP 02 →

포트와인 저장고 둘러보기

온도와 습도가 적절하게 유지된 저장고에서 세계에서 가장 큰 와인 저장 나무통과 가지런히 진열된 수많은 와인 통을 둘러본다. 커다란 와인 통 앞에 기념 촬영할 수 있는 기계가 설치되어 있다.

STEP 03 →

포트와인의 역사 알아보기

포트와인의 제조 과정과 테일러스가 걸어온 기나긴 역사에 대해 알아본다. 실제 사용했던 와인 관련 장치와 옛 물건이 그대로 전시되어 있으며, 다양한 자료를 통해 와인이 완성되는 과정을 보여준다.

STEP 04

포트와인 시음하기

투어 마지막에는 테이스팅 룸에서 레드 와인과 화이트 와인을 각각 한 잔씩 시음하는 시간을 가진다. 추가로 안주와 와인 주문도 가능하다. 시음한 와인이 마음에 들면 바로 옆 숍에서 구매할 수 있다.

#현지에서 즐기는 포트와인 투어

도루강 유역에서 공정을 거친 포도는 강 건너 빌라노바드가이아 항구 주변 유명 와인업체의 와이너리로 옮겨진다. 항구 주변은 포도 저장고가 밀집한 지역으로 이곳에서 생산한 와인만 포트와인이라 한다. 와이너리에서 진행하는 투어에 참가해 포트와인을 더욱 깊이 음미해보자.

1 샌드맨 *Sandeman*

1790년 스코틀랜드인이 런던에 설립한 와인 브랜드로, 포르투갈 코임브라 대학교의 전통 교복인 검은 망토를 둘러쓰고 스페인의 챙 넓은 모자를 쓴 '동Don'이라는 캐릭터가 트레이드마크이다. 포르투갈의 포트와인과 스페인의 셰리 와인을 모두 생산해 두 나라의 심벌을 함께 사용한다고 한다. 포르투에서 가장 큰 규모를 자랑하는 브랜드이다. 영어, 포르투갈어, 스페인어 등으로 진행하는 일반 가이드 투어는 와인 2잔 시음이 포함되어 있다.

지도 P.094 **가는 방법** 버스 11M · 900 · 901 · 906번 Ponte Luiz I 정류장에서 도보 5분 **주소** Largo Miguel Bombarda 3 **문의** 22 374 0533 **영업** 월~토요일 10:00~12:30, 14:00~18:00, 일요일 10:00~12:30, 14:00~19:30 **휴무** 부정기 **요금** 시음 투어 €21~ **홈페이지** www.sandeman.com

---

2 칼렘 *Cálem*

포르투갈 와인 시장점유율 1위를 차지하는 와인 브랜드로 소유주가 영국인인 여느 와이너리와 달리 포르투갈인이 소유하고 있다. 포트와인을 맛보며 포르투갈 전통 음악인 파두를 즐길 수 있는 투어가 여행자들에게 큰 인기를 끌고 있다.

지도 P.094 **가는 방법** 버스 11M · 900 · 901 · 906번 Ponte Luiz I 정류장에서 도보 2분 **주소** Av. de Diogo Leite 344 **문의** 916 113 451 **영업** 월~토요일 10:00~19:00, 일요일 10:00~18:00 **휴무** 연말연시 **요금** 시음 투어 일반 €18, 6~17세 €9, 5세 이하 무료 / 파두 쇼 포함 투어 €25 **홈페이지** tour.calem.pt

---

3 테일러스 *Taylor's*

1692년 영국의 와인 상인이 설립한 브랜드로 현재까지 창립자 일가가 계승해 운영하고 있는 포트와인 하우스이다. 장기간 숙성한 토니 포트의 주요 생산자로 오랜 명성을 얻고 있다. 와인 2잔 시음이 포함된 한국어 음성 가이드 투어를 실시한다. 레스토랑을 함께 운영해 식사도 할 수 있다.

가는 방법 메트로 제네랄 토레스General Torres역에서 도보 15분 **주소** R. do Choupelo 250 **문의** 22 377 2973 **영업** 저장고 10:00~18:15 / 시음 겸 숍 10:00~19:30 / 음식점 12:30~15:00, 19:00~22:00 **휴무** 부정기 **요금** 일반 €20, 8~17세 €7.50, 7세 이하 무료 **홈페이지** www.taylor.pt

상벤투 기차역 부근

마을 전체가 유네스코 세계문화유산

포르투 역사의 산증인이자 포르투 시내의 중심지이다. 상벤투 기차역을 기점으로 클레리구스 성당, 렐루 서점 등 오랜 기간 도시를 지켜온 명소가 곳곳에 자리해 있다. 또 포르투갈 전통 공예인 아줄레주로 장식한 건축물과 벽 장식으로 마을이 예쁘게 꾸며져 있어 이곳의 풍경을 카메라에 담으려는 여행자들이 많이 모여든다. 유네스코 세계문화유산으로 등재된 곳으로 긴 세월을 간직한 포르투 역사 지구Centro Histórico do Porto를 산책하면서 옛것의 아름다움을 감상하고, 그 속에 조화롭게 녹아든 포르투의 현재를 느껴보자.

01 상벤투 기차역 추천

Estação de Porto São Bento

하나의 작품이 된 기차역

포르투 시내 한가운데 알메이다 가헤트 광장Praça de Almeida Garrett에 있는 기차역으로 포르투를 대표하는 관광 명소이기도 하다. 열차를 이용할 목적 없이도 이곳을 방문해야 하는 이유는 바로 역사적인 건축물 때문이다. 19세기 파리의 건축물에서 영감받은 건축가 조제 마르케스 다 실바José Marques da Silva의 설계로 1900~1916년에 건립한 건축물의 외관도 멋스러우나 더욱 중요한 부분은 따로 있다.

2만여 장의 푸른빛 타일로 화려하게 장식한 내부 벽면은 타일 화가 조르주 콜라수Jorge Colaço가 11년간 공들여 제작한 작품이다. 주앙 1세의 포르투 입성과 그의 셋째 아들 엔히케스 왕자의 아프리카 세우타 정복 등 포르투갈의 중요한 역사적 사건이 그려져 있다. 마주하는 순간 예상치 못한 예술과의 만남에 놀라움을 금치 못하다가 서서히 밀려오는 감동을 주체할 수 없게 된다. 분주하게 오가는 사람들 속에서 감상하는 감회 또한 남다르다. 아줄레주로 표현한 포르투갈의 역사적 순간과 다양한 지역의 농촌 풍경은 가히 이곳을 '세계에서 가장 아름다운 기차역 중 하나'로 꼽게 만들 정도이다.

지도 P.104 **가는 방법** 메트로 상벤투São Bento역에서 바로 연결
주소 Praça de Almeida Garrett

02

렐루 서점 추천

Livraria Lello

포르투에서 체험하는 가상의 《해리 포터》

더 이상의 설명이 필요 없는 인기 소설 《해리 포터》 시리즈가 탄생하기까지 저자 조앤 롤링은 포르투갈에서의 경험을 바탕으로 다양한 힌트와 아이디어를 얻었다. 렐루 서점 역시 그중 하나로, 작가가 포르투에서 영어를 가르치던 시절, 작품에 대한 영감을 얻고자 자주 들른 곳으로 알려지면서 전 세계 여행자들이 방문하는 인기 관광 명소로 거듭났다.

아르누보 양식의 아기자기한 건물 외관은 마치 동화책을 펼쳐놓은 것 같다. 하지만 아직 놀라기엔 이르다. 내부는 더욱 화려한데, '천국으로 가는 계단'으로 칭송되는 나선형 계단이 서점 한가운데를 차지하며 시선을 압도한다. 우아한 계단 곡선을 따라 시선을 위로 향하다 보면 햇빛 사이로 선명하게 색을 드러내는 스테인드글라스 천장에 또 한 번 마음을 뺏긴다.

정교하게 다듬은 1층 목조 천장도 매력 포인트. 또한 군데군데 진열된 《해리 포터》 관련 서적을 발견하는 재미도 놓칠 수 없다. 방문객 모두 일심동체가 되어 서점 구석구석을 하나라도 놓칠세라 카메라에 담는 모습도 재미난 풍경이다. 《해리 포터》를 사랑하는 팬이라면 성지순례 코스로 반드시 포함시켜야 하는 곳이다.

TIP

렐루 서점 입장권 예매 방법

서점 안에 들어가려면 반드시 입장권을 구매해야 한다. 인터넷을 통한 사전 예매만 가능하므로 홈페이지(www.livrarialello.pt/en/store/ticket-voucher, 영어 지원)에서 방문 전 미리 티켓을 구매하도록 한다. 예매 시 방문 날짜와 시간을 지정해야 결제가 가능하다. 입장권은 서점에서 책을 구매할 때 €8 할인권으로 이용할 수 있다. 문 열기 전부터 긴 줄이 늘어서 있어 미리 가지 않으면 대기 시간이 그만큼 길어진다.

지도 P.104 가는 방법 트램 22번 Carmo 정류장에서 도보 1분 주소 R. das Carmelitas 144 문의 22 200 2037 운영 09:00~19:00 휴무 1/1, 부활절 일요일, 5/1, 6/24, 12/25 요금 일반 €8, 3세 이하 무료 ※책 구매 시 €8 할인 쿠폰 또는 렐루 서점 공식 책자 교환권 제공 홈페이지 www.livrarialello.pt/en/home

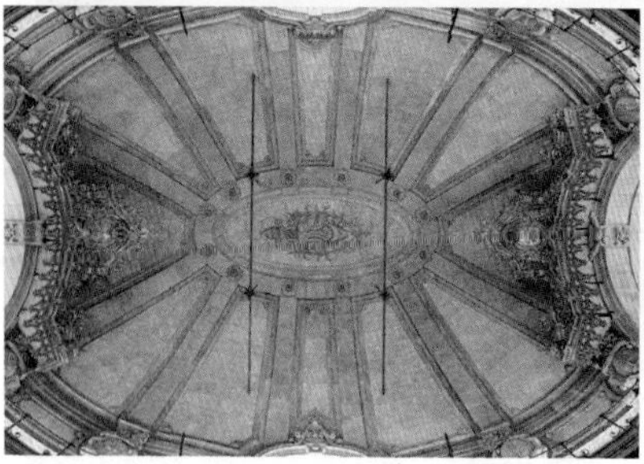

03

클레리구스 성당

Igreja dos Clérigos

지도 P.104 가는 방법 트램 22번 Cléfigos 정류장에서 바로 연결
주소 R. de São Filipe de Nery
문의 22 014 5489
운영 09:00~19:00 요금 박물관 가이드 투어+탑+성당 €9.50, 박물관+탑 €8 ※10세 이하 무료
홈페이지 www.torredosclerigos.pt/en

포르투의 랜드마크

포르투의 상징인 종탑, 클레리구스 탑Torre dos Clérigos이 있는 바로크 양식의 성당이다. 18세기의 뛰어난 이탈리아 건축가 니콜라우 나소니가 클레리구스 수도사들의 의뢰를 받아 1732~1750년에 세운 것이다. 포르투갈 최초로 전형적인 바로크 타원형 평면도를 채용했다. 건물 외관은 17세기 초 로마 건축양식을 기본으로 해 화환과 조개 모양을 모티브로 정밀하게 장식했다. 나소니는 무보수로 일할 만큼 이 건물에 애정이 깊었다고 전해지며, 사후 이곳에 묻히길 원한 그의 소원도 이루어졌다고 한다.

빌라노바드가이아 쪽 높은 지대에서 포르투 역사 지구를 바라볼 때 불쑥 튀어나와 존재감을 자랑하는 성당의 탑은 높이 75.6m로 6층 정상에 닿으려면 225개의 계단을 올라가야 한다. 오밀조밀한 역사 지구 풍경을 가까이에서 내려다보기 위해 아침부터 기나긴 대기 줄을 이룬다. 또한 매일 오후 12시부터 성당의 커다란 파이프오르간을 연주하는 작은 음악회가 열려 소소한 재미를 준다.

04

포르투갈 포토그래피 센터

Centro Português de Fotografia

옛 감옥에서 만나는 사진 예술

포르투갈 정부 문화부가 관리하는 사진 전문 기관. 18세기 중반 감옥으로 지은 건물을 1996년 사진 박물관으로 탈바꿈시켰다. 건물의 본래 목적을 알고 내부를 살펴보면 간담이 서늘해지면서도 전시 사진과 건물 분위기가 묘하게 어우러져 저절로 집중이 된다. 큼직한 공간을 활용해 한 번에 2~3가지 테마로 기획전을 전시하므로 지루할 틈이 없다. 상층부에는 옛 카메라가 진열되어 있어 마지막까지 흥미롭게 감상할 수 있다. 이 모두가 무료라는 점도 놀랍다.

지도 P.104 **가는 방법** 버스 200 · 201 · 207 · 208 · 301 · 303 · 501 · ZM번 Cordoaria 정류장에서 도보 2분 **주소** Largo Amor de Perdição **문의** 22 004 6300 **운영** 화~금요일 10:00~18:00, 토 · 일요일 · 공휴일 15:00~19:00 **휴무** 월요일, 1/1, 부활절 일요일, 5/1, 12/25 **요금** 무료 **홈페이지** cpf.pt

05 비토리아 전망대
Miradouro da Vitoria

무료로 즐기는 마을 전경

시내 중심부에서 도루강 변을 향해 내리막길을 걷다 보면 마주하게 되는 공터가 여행자들이 극찬하는 숨은 전망대라는 사실. 이곳이 속한 역사 지구는 물론이고 저 멀리 동 루이스 1세 다리 부근의 빌라노바드가이아 지구까지 조망할 수 있어 인기 있다. 빌라노바드가이아 부근 전망 명소에 비하면 어수선한 분위기이지만 순수하게 경치 감상을 목적으로 한다면 한 번쯤 들러도 좋다. 게다가 무료라는 점도 반갑다. 깜깜한 늦은 밤보다는 낮이나 해 질 녘 풍경이 더욱 예쁘다. 히베이라 광장에서 거슬러 올라가는 방법도 있으나 오르막길이므로 상벤투 기차역이나 클레리구스 성당에서 내려가는 것이 더 편하다.

지도 P.104 **가는 방법** 버스 ZM번 Palácio de Bolsa 정류장에서 도보 2분 **주소** R. de São Bento da Vitória 11 **운영** 09:00~21:00

06 볼량 시장
Mercado do Bolhão

포르투 시민의 부엌

겉보기에는 평범한 재래시장이지만 포르투 시민의 먹거리를 책임지는 든든한 곳으로 2013년 포르투 공공 기념물로 지정되었다. 식재료점과 음식점을 비롯해 기념품점, 수공예품점, 잡화점 등 다양한 섹션으로 나뉘어 있으며 시장 주변에도 의류, 향수, 직물 등의 상점이 즐비할 만큼 상권이 크게 형성되어 있다. 재개발로 밝고 깨끗한 분위기의 시장으로 새로 태어났다. 포르투 시민은 물론이고 관광객도 솔깃할 다양한 상품을 판매해 눈이 즐겁다.

지도 P.104
가는 방법 버스 200 · 300 · 305 · 401 · 700 · 000번 Mercado do Bolhão 정류장 건너편
주소 R. Formosa 322, 4000-248
운영 월~금요일 08:00~20:00, 토요일 08:00~18:00
휴무 일요일 · 공휴일 **홈페이지** mercadobolhao.pt

SPECIAL THEME

푸른빛 타일의 매력 속으로

포르투 아줄레주 산책

아줄레주는 푸른색 타일을 이용한 포르투갈의 전통 공예이다.
상벤투역에서 아줄레주의 매력에 빠졌다면 조금만 더 깊이 들어가 아줄레주의 아름다움에 심취해보자.
타일로 호화롭게 치장된 건물을 포르투 중심가에서도 쉽게 찾아볼 수 있다.

① 알마스 예배당 *Capela das Almas de Santa Catarina*

'영혼을 위한 예배당'이라는 뜻이 담긴 이곳의 본래 이름은 산타카타리나 예배당Capela de Santa Catarina이다. 1929년에 부착한 아줄레주는 타일 세공사 에두아르두 레이테의 작품으로 이탈리아 아시시의 성 프란체스코와 시에나의 성녀 카테리나의 생애를 묘사한 것이다. 파사드의 스테인드글라스도 눈여겨볼 것.

가는 방법 메트로 볼량Bolhão역에서 바로 연결
주소 Rua de Santa Catarina 428

② 카르무 성당 *Igreja do Carmo*

포르투갈 최대 규모의 아줄레주를 볼 수 있는 곳이다. 건물 오른쪽 전체를 가득 메운 아줄레주는 카르멜 수도회의 발상지인 이스라엘 북동쪽 하이파 지역의 카르멜Carmel산을 그린 것이다. 카르멜 수도회는 1617년 포르투에 뿌리를 내려 카르무 성당을 짓고 정착했다.

가는 방법 트램 18번 Carmo 정류장에서 바로 연결
주소 R. do Carmo

③ 산투안토니우 콘그레가도스 성당 *Igreja de Santo António dos Congregados*

노란색 테두리의 창문과 아줄레주 장식이 잘 어우러져 있는 성당. 교통량이 많은 상벤투역 앞 거리에 있어 감상하기 좋은 자리를 찾아야 한다. 상벤투역과 함께 둘러보면 된다.

가는 방법 메트로 상벤투São Bento역에서 도보 1분 **주소** R. de Sá da Bandeira 11

④ 산투일데폰수 성당 *Igreja de Santo Ildefonso*

건물 양쪽으로 2개의 종탑이 우뚝 솟은 건물로 정면을 아줄레주로 꾸몄다. 상벤투 역사 내부의 아줄레주를 담당한 화가 조르주 콜라수의 작품이다. 마제스틱 카페Majestic Café 건너편에 있다.

가는 방법 트램 22번 Batalha 정류장에서 바로 연결
주소 R. de Santo Ildefonso 11

포르투 맛집

항구도시답게 인근 해안에서 잡은 신선한 해산물 요리가 포르투의 자랑거리이다.
그뿐 아니라 포르투의 향토 요리, 조앤 롤링이 《해리 포터》를 집필한 카페, 세계에서
가장 아름다운 맥도날드 등 오직 포르투에서만 경험할 수 있는 맛집이 포진해 있다.

메르카두 베이라히우

Mercado Beira-Rio

위치 가이아 케이블카 주변
유형 대표 맛집
주메뉴 포르투갈 전통 요리

☺ → 메뉴 선택의 폭이 넓다.
☹ → 붐비는 시간대에는 테이블 자리를 찾기 어렵다.

과일과 채소를 파는 청과 코너가 있으나 식료품을 파는 시장보다는 여러 종류의 음식점이 입점해 있는 푸드 코트 성격이 강하다. 분위기, 주문 방식 그리고 옛 시장을 개조해 새롭게 단장할 곳이라는 점에서 타임아웃 마켓 리스본(P.046)과 흡사하다. 해산물 요리는 인근 해안에서 건져 올린 싱싱한 재료를 사용하며, 다채로운 포르투갈 음식을 한곳에서 즐길 수 있다. 중앙에 있는 주류 카운터에서 포르투갈 대표 맥주 슈퍼 복Super Bock을 다양한 종류 중 선택해 주문할 수 있고 매장별로 포트와인, 탄산음료 등을 판매한다. 추천 메뉴는 포르투갈식 대구 요리를 선보이는 바칼라우 두 포르투Bacalhau do Porto. 담백하고 부드러운 식감의 요리를 낸다. 식사를 끝낸 뒤 디저트로는 청과 코너에서 판매하는 과일 모둠을 먹어보자.

가는 방법 버스 901 · 906번 Lgo. Aljubarrota 정류장에서 도보 1분
주소 Avenida de Ramos Pinto 148
문의 93 041 5404
영업 11:00~22:00
휴무 부정기
예산 바칼라우 아 브라스 €9.50, 슈퍼 복 맥주 €1.50~3.50, 과일 모둠 €2~3
홈페이지 mercadobeirario.pt

카페 산티아고 *Cafe Santiago*

위치 상벤투역 주변
유형 대표 맛집
주메뉴 프란세지냐

☺ → 1인 1프란세지냐를 주문하지 않아도 된다.
☹ → 혼자서 다 먹기에는 벅찬 느끼함

포르투에서 탄생한 요리 프란세지냐Francesinha를 전문으로 하는 음식점. 프란세지냐 하면 '카페 산티아구'라는 공식이 있을 정도로 유명한 프란세지냐 맛집이다. 프란세지냐는 포르투갈어로 '프랑스의 작은 소녀'란 뜻이며 프랑스의 크로크무슈를 포르투갈식으로 재해석한 음식이다. 식빵에 소고기 패티, 소시지, 햄, 치즈, 달걀 등을 겹겹이 쌓아 구운 다음 특제 소스를 뿌리고 감자튀김을 곁들인다. 혼자서 하나를 다 먹기에는 칼로리가 높고 많이 느끼한 편이다. 2~3명에 하나가 적당하며, €1를 추가하면 반으로 나누어 두 접시로 제공해준다. 가까운 거리에 2호점 '카페 산티아구 F'가 있다.

가는 방법 트램 22번 Marcolino Santa Catarina 정류장에서 도보 1분
주소 Rua de Passos Manuel 226
문의 22 205 5797
영업 12:00~22:45
휴무 일요일
예산 프란세지냐 산티아구 €11.80
홈페이지 www.cafesantiago.pt

TRAVEL TALK

세계에서 가장 아름다운 맥도날드 가보실래요?

상벤투역 부근에 남다른 인테리어로 명성을 날리는 맥도날드가 있어요. 옛 카페를 개조한 '맥도날드 임페리얼McDonalds Imperial'인데요, 출입문 위로 보이는 독수리 동상부터 분위기가 예사롭지 않답니다. 매장 내 샹들리에와 주문대 뒤 스테인드글라스는 이곳이 맥도날드 매장이라고는 믿기지 않을 만큼 호화스러워요. 식사를 하지 않더라도 한 번쯤 방문해 [illegible]
가는 방법 상벤투São Bento 기차역에서 도보 1분
주소 Praça da Liberdade 126
문의 22 201 3248
영업 08:00~04:00

마제스틱 카페
Majestic Café

위치 상벤투역 주변
유형 대표 맛집
주메뉴 커피

😊→ 눈을 즐겁게 하는 화려한 분위기
😞→ 포르투갈 물가 대비 높은 가격

1921년에 문을 연 포르투 굴지의 카페로 관광 명소 못지않은 인기를 누린다. 입구부터 고전적이고 우아한 기품이 넘치며 화려한 조명과 장식으로 꾸민 아르누보 양식의 실내는 아련한 향수를 불러일으킨다. 예술가들이 모여드는 곳으로도 잘 알려져 있는데《해리 포터》시리즈의 저자 조앤 롤링도 영어 강사로 포르투에 체류하던 시기에 이곳에서 1권을 집필했다고 알려져 더 많은 인기를 끌고 있다. 음료뿐 아니라 간단한 식사 메뉴도 있는데 전반적으로 가격이 꽤 높은 편이다.

가는 방법 트램 22번 Marcolino Santa Catarina 정류장에서 도보 1분
주소 Rua Santa Catarina 112 **문의** 22 200 3887
영업 09:00~23:00 **휴무** 일요일 **예산** 아메리카노 €6
홈페이지 www.cafemajestic.com

콘페이타리아 두 볼량
Confeitaria do Bolhão

위치 볼량 시장 주변
유형 로컬 맛집
주메뉴 빵

😊→ 저렴한 가격과 다양한 메뉴
😞→ 이른 아침부터 붐빈다.

1896년에 영업을 시작해 120년이 훌쩍 넘는 세월 동안 변함없는 맛으로 많은 사랑을 받아온 빵집이다. 매장 안은 이른 아침부터 빵을 사려는 손님들로 문전성시를 이룬다. 수프, 샐러드, 샌드위치 등 가벼운 요깃거리부터 커피, 오렌지 주스 같은 음료를 판매하는 카페 코너도 있다. 가격이 저렴해 이것저것 맛보기에 부담이 없다. 관광하기 전 이곳에 들러 간단하게 아침 식사를 해결하기에 좋다. 손바닥만 한 크기의 하얀색 머랭 쿠키도 인기가 높다.

가는 방법 메트로 볼량Bolhão역에서 도보 1분
주소 Rua Formosa 339 **문의** 22 339 5220
영업 월~금요일 06:00~20:00, 토요일 07:00~19:00
휴무 일요일 **예산** 빵 €0.80~
홈페이지 www.confeitariadobolhao.com

데제마 암부르게리아
DeGema Hamburgueria

위치 상벤투역 주변
유형 신규 맛집
주메뉴 수제 버거

☺→ 맛과 가성비 모두 최고
☹→ 점심시간대는 특히 붐빈다.

합리적인 가격에 훌륭한 맛이 매력인 수제 버거 전문점. 햄버거 가격은 €10.40~14.55이며 모든 햄버거 메뉴에 감자칩 또는 감자튀김이 포함되고 음료는 별도로 주문해야 한다. 채식주의자를 위해 콩고기 패티를 사용한 채식Vegetarianos 버거 메뉴도 구비되어 있다.

가는 방법 메트로 알리아두스Aliados 역에서 도보 1분 **주소** Rua do Almada 249 **문의** 22 322 7432 **운영** 일요일 12:00~23:00, 월~금요일 12:00~15:30, 19:00~23:00, 토요일 12:00~23:30 **예산** 햄버거 €10.40 **홈페이지** www.degema.pt

볼타리아
Voltaria

위치 상벤투역 주변
유형 신규 맛집
주메뉴 포르투갈 전통 요리

☺→ 한국인 입맛에 맞는 음식
☹→ 적은 테이블 수

최근 한국인 여행자 사이에서 맛있다는 입소문이 퍼져 인기 음식점으로 떠오른 곳. 알고 보니 현지인과 스페인, 이탈리아에서 온 여행자들에게도 꽤나 알려진 맛집이었다. 감자를 곁들인 포르투갈식 문어와 대구 요리 등 해산물 요리가 특히 유명하며, 스테이크와 프란세지냐도 맛있다고 하니 다양한 맛에 도전해보자.

가는 방법 버스 500 · 900번 Est. S.Bento 정류장에서 도보 1분
주소 R. Afonso Martins Alho 109
문의 22 325 6593
영업 12:00~16:00, 19:00~22:00
휴무 화 · 수 · 일요일
예산 문어 요리 €23, 대구 요리 €14

7g 로스터
7g Roaster

위치 샌드맨 주변
유형 신규 맛집
주메뉴 커피

☺→ 세련된 분위기
☹→ €5 이하는 카드 결제 불가

원두를 자가 배전해 스페셜티 커피를 제공하는 카페. 매장 안이든 테라스든 공간이 널찍해 개방감이 뛰어나다. 브라질, 코스타리카, 과테말라, 에티오피아, 르완다 등 남미와 아프리카 각지에서 엄선한 원두를 사용한다. 스피리투 컵케이크 & 커피에 원두를 납품하기도 한다. 간단한 식사 메뉴와 베이커리류, 원두도 판매한다.

가는 방법 버스 901 · 906번 Lgo. Aljubarrota 정류장에서 도보 1분
주소 Pua de França 26
문의 96 378 1916
영업 09:30~19:00
예산 아메리카노 €2.50~, 카페라테 €3.20~ **홈페이지** 7groaster.pt

포르투 쇼핑

포르투갈 제2의 도시다운 면모는 쇼핑가에서 드러난다. 포르투 오리지널 브랜드나
오로지 포르투에만 있는 다양한 상점이 아담한 중심가 곳곳에 자리해 있다.
리스본을 고집할 필요 없이 포르투에서도 충분히 쇼핑을 즐길 수 있다.

클라우스 포르투
Claus Porto

위치 포르투 대성당 주변
유형 뷰티
특징 메이드 인 포르투

130여 년 전 시작된 전통의 뷰티 브랜드 본점. 천연 원료에서 추출한 우아한 향과 고급스러운 포장 디자인이 특징이다. 향료를 듬뿍 사용하고 피스타치오와 망고 오일을 혼합한 원료로 제작하는 비누와 디퓨저 등은 19세기부터 전해 내려오는 전통 방식을 그대로 따른 것이다. 2층에는 브랜드의 역사를 소개하는 작은 박물관이 있다.

가는 방법 버스 1M · 500 · 910번 Mouzinho Silveira 정류장에서 도보 2분 **주소** R. das Flores 22
문의 914 290 359
영업 10:00~19:00
홈페이지 www.clausporto.com

카스텔벨
Castelbel

위치 볼사 궁전 주변
유형 생활용품
특징 포르투에서 탄생한 천연 비누

화학과 교수가 개발한 천연 비누를 선보이는 브랜드. 민감성 피부에도 안심하고 사용할 수 있어 기념품이나 선물용으로 인기가 많다. 원료 배합부터 포장까지 수작업으로 진행한다. 인기 상품인 정어리 모양 비누는 포르투갈의 유명 셰프 비토르 소브랄의 아이디어로 탄생한 주방용 비누로, 요리 중 손에 밴 식재료 냄새를 제거해준다.

가는 방법 버스 1M · 500 · 910번 Mouzinho Silveira 정류장에서 도보 2분 **주소** R. de Ferreira Borges
문의 22 208 3488
영업 10:00~18:00
홈페이지 www.castelbel.com

로자 코투
Loja Couto

위치 카르무 성당 주변
유형 생활용품
특징 포르투갈의 국민 치약

1932년에 탄생한 포르투갈 국민 치약의 첫 전문점. 멋스러운 패키지 디자인과 입안 가득 퍼지는 상쾌함이 한국인 여행자 사이에서 화제가 되어 '쿠토 치약'으로 불리며 인기를 얻고 있다. 불소와 파라벤이 첨가되지 않은 민트 향 치약으로 시중에서 찾아보기 힘든 다양한 용량으로 선보인다. 핸드크림, 보디로션, 립밤, 가글액 등도 판매한다.

가는 방법 버스 301번 Torrinha 정류장에서 바로 연결 **주소** R. de Cedofeita 330 **문의** 22 112 7382
영업 10:00~14:00, 15:00~19:00
휴무 일 · 화요일
홈페이지 www.couto.pt/loja

페르난디스 마토스 카
Fernandes, Mattos & Ca., Lda.

위치 렐루 서점 주변
유형 기념품점
특징 유서 깊은 건물

135년 전에 지어 일류 원단을 취급하던 점포로 현재는 기념품점으로 탈바꿈했다. 1층은 포르투갈의 기념품 위주로 판매하며, 2층에는 포르투갈 전통 제품을 다루는 '아 비다 포르투게자A Vida Portuguesa' 지점이 들어서 있다. 옛 시절의 흔적이 남아 있는 고풍스러운 인테리어와 차곡차곡 진열된 상품들의 뛰어난 디자인에 감탄하게 된다. 포르투갈 전통 장난감, 복고풍 장식품, 귀여운 모양의 패션 잡화 등 엄선한 제품들로 구성되어 있다. 아 비다 포르투게자는 근처(R. de Cândido dos Reis 36)에 지점이 하나 더 있다.

[illegible] 정류장에서 도보 2분
주소 R. das Carmelitas 108 114
문의 22 200 5568
영업 월~토요일 10:00~19:00, 일요일 10:00~18:00 **홈페이지** www.fernandesmattos.pt/en

카사 오리엔탈
Casa Oriental

위치 클레리구스 성당 주변
유형 식료품점
특징 포르투갈 전통 통조림

포르투갈의 전통 통조림 브랜드 코무르Comur 전문점. 올리브 오일을 함께 담은 정어리, 대구, 홍합 등의 해물 통조림이 유명하다. 매장 안을 가득 채운 통조림에는 화려한 그림과 함께 연도가 적혀 있는데, 각 연도별 역사적 사건과 그해 태어난 세계적인 유명 인사가 소개되어 있다. 자신이 태어난 연도가 적힌 제품을 기념으로 간직할 수 있도록 한 디자인이라고.

[illegible] 정류장에서 바로 연결 **주소** Campo dos Mártires da Pátria 111
문의 21 134 9044
영업 일~목요일 09:30~19:00, 금 · 토요일 09:30~20:00
홈페이지 www.comur.com

메이아 두지아
Meia Dúzia

위치 상벤투역 주변
유형 식료품점
특징 물감 모양의 튜브 잼

튜브에 담긴 잼 전문점. 디자인 시상식에서 수상한 튜브 패키지는 그림 그릴 때 사용하는 물감에서 영감을 받아 제작한 것이라고 한다. 포르투갈산 과일을 55% 이상 함유한 수제 잼은 배, 사과, 블루베리, 딸기, 오렌지, 바나나 등 26가지 맛을 선보인다. 그 밖에 초콜릿 소스, 리큐어, 꿀, 홍차 등을 판매하는데 선물용으로 구매하기 좋으며 시식도 가능하다.

[illegible] Bento역에서 도보 3분
주소 R. das Flores 171
문의 22 203 1064
영업 10:00~20:00
홈페이지 www.meiaduzia.com

이국적인 풍경을 찾아 떠나는

포토제닉 여행지

SNS의 발달로 그 어느 때보다 중요해진 여행지에서의 기념 촬영! 맘먹고 떠나온 여행이니만큼 더 좋은 사진을 남기고 싶은 마음은 누구나 똑같을 것이다. 성능이 뛰어난 카메라와 예쁜 옷이 없어 고민이라면 오직 '풍경발'로 승부할 수 있는 곳으로 떠나보자.

TIP

포르투에서 코스타노바로 직행하는 방법은 없다. 포르투에서 아베이루를 거쳐 코스타노바로 가는 동선이 효율적이므로 하루에 두 도시를 둘러보면 된다.

TRIP 01

포르투갈의 베네치아, 곤돌라 타고 마을 한 바퀴

아베이루 *AVEIRO*

운하를 유유히 떠도는 곤돌라는 이탈리아 베네치아에서만 볼 수 있다고 알고 있을지도 모르겠다. 하지만 포르투에서 열차로 약 1시간만 달리면 어설프게 베낀 모습이 아닌 여행자가 진짜 원하는 모습을 만날 수 있다. 운하를 사이에 둔 아담한 마을 아베이루는 소금을 생산하고 해조류를 채취해 생활하는 포르투갈의 중요한 어촌이다.

끝부분이 활처럼 휜 작은 배 몰리세이루Moliceiro가 운하를 떠다니는 풍경은 베네치아와 매우 흡사하다. 본래는 비료용 해초를 운반할 목적으로 몰리세이루를 사용했다고 한다. 이후 아베이루가 관광지로 각광받으면서 몰리세이루를 타고 주변을 둘러보는 코스가 하나의 관광 코스로 정착했다. €13 정도의 합리적인 가격으로 약 45분간 즐길 수 있다. 마을을 천천히 걸으며 운하를 둘러싼 파스텔 톤 건물들을 살펴보는 재미도 놓칠 수 없다. 달걀노른자로 만든 달콤한 크림을 모나카 사이에 넣은 물고기 모양의 전통 과자 오보슈 몰르스Ovos Moles를 미리 구입해두었다가 음미하며 둘러보는 것도 좋다.

가는 방법 포르투 상벤투São Bent역 또는 캄파냥 Campanhã역에서 열차로 43분~1시간 정도 소요된다. 열차 종류에 따라 요금과 소요 시간이 조금씩 다르다. 티켓은 역내 매표 창구, 자동 발매기에서 구입하거나 국영 철도 홈페이지(www.cp.pt)에서 예약할 수 있다.

주소 Av. Dr. Lourenço Peixinho 3800

《 Another Trip 》

TRIP 02 마을 전체가 스트라이프 티셔츠를 입다
코스타노바 *COSTA NOVA*

마을 전체가 줄무늬 건물로 가득한 동화 같은 풍경이 영화 세트장이 아닌 실제 상황이라면 믿어질까? 아베이루에서 버스에 올라타 약 30분을 달리니 정말 꿈같은 현실이 눈앞에 펼쳐진다. 이러한 풍경이 연출된 데에는 단순히 관광객 유치를 위한 지자체의 노력이 아닌, 뜻밖의 이야기가 숨어 있다. 사연의 주인공은 코스타노바의 어부들.

예부터 안개가 잦은 탓에 집 찾기에 애로를 겪던 그들이 고안한 방법은 바로 알아보기 쉽도록 자신의 집 외벽을 줄무늬로 꾸미는 것이었다. 초기에는 어부의 집에만 표시했다가 음식점, 기념품점, 숙박 시설 등 여기저기 줄무늬 건물이 늘어나면서 마을 전체가 파자마를 입은 듯한 독특한 모습으로 변모했다. 생활의 지혜에서 나온 아이디어가 마을 분위기까지 바꿔놓은 것이다. 현재는 귀엽고 깜찍한 관광도시로 탈바꿈해 오로지 이 풍경을 보기 위해 이곳을 방문하는 이도 적지 않다. 바다에 인접한 지역인 만큼 싱싱한 해산물도 여행을 더욱 즐겁게 해준다. 단, 건물은 모두 실제 주민이 거주하고 있으니 그들의 삶에 방해가 되지 않도록 조심한다.

TIP
주요 건물이 동쪽을 향해 있으므로 역광을 피해 깨끗한 사진을 남기고 싶다면 오전 시간대에 방문한다.

가는 방법 아베이루Aveiro 기차역 앞 버스 정류장이나 운하 부근 버스 정류장에서 트란스데브Transdev에서 운행하는 코스타노바행 버스를 탄다. 요금은 운전기사에게 직접 내면 된다. 일행이 3명 이상이면 배차 간격이 긴 버스보다 택시나 우버를 이용하는 것이 효율적이다.
주소 Av. José Estevão 3830

줄무늬 집만큼 예쁜 해변가가 마을 건너편에 있으니 해변가도 함께 거닐어보세요.

SURVIVAL

SOS

포르투갈 여행 중 위기 탈출

SOS ①

여권을 잃어버렸을 때

재외공관을 방문해 귀국 또는 포르투갈 출국을 위한 단수여권을 발급받아야 한다. 반드시 신청자 본인이 직접 방문해야 하며, 소요 시간은 2시간 이내이나 대기 신청자 수에 따라 유동적이다. 단, 주말 및 공휴일은 발급 신청을 받지 않는다. 필수는 아니나 분실 여권의 불법 이용이 자주 적발되므로 현지 경찰서 신고를 권장한다.

단수여권 발급 준비물

- 주민등록증이나 운전면허증(사진, 주민등록번호 13자리, 성명이 정확히 기재된 신분증)
- 대사관에 비치된 여권 발급 신청서, 긴급 여권 신청 사유서, 여권 분실 신고서
- 6개월 이내에 촬영한 여권용 사진 1매(가로 3.5cm×세로 4.5cm) 또는 대사관에서 촬영 가능
- 발급 수수료 €50(2024년 상반기 기준, 현금 결제만 가능)

대사관 연락처

- **주포르투갈 대한민국 대사관(리스본)**
  주소 Av. Miguel Bombarda 36-7, 1050-165 Lisboa
  문의 21 793 7200, 긴급 91 079 5055
  운영 월~금요일 09:00~12:00, 14:00~16:30

SOS ②

신용카드를 도난당하거나 잃어버렸을 때

도난 사실을 확인한 즉시 신용카드사에 전화하거나 인터넷을 통해 신고해야 한다(24시간 대응). 여러 개의 신용카드를 분실했을 때는 신용카드사 중 한 곳의 고객센터에 신용카드 분실 일괄 신고를 하면 타사 카드까지 분실 등록된다. 사고 신고 접수일로부터 60일 전 이후에 결제된 금액에 대해 본인에게 과실이 있는 경우를 제외하고는 신용카드사가 보상해준다. 단, 서명이 없는 카드는 제3자가 부정 사용하더라도 손해배상을 받을 수 없으므로 카드 뒷면 서명란에 반드시 서명해둔다.

주요 카드사 문의처

카드 발급사	연락처	홈페이지	카드 발급사	연락처	홈페이지
롯데카드	+82-2-2280-2400	www.lottecard.co.kr	하나카드	+82-2-3489-1000	www.hanacard.com
삼성카드	+82-2-2000-8100	www.samsungcard.com	현대카드	+82-2-3015-9000	www.hyundaicard.com
신한카드	+82-2-1544-7000	www.shinhancard.com	BC카드	+82-2-330-5701	www.bccard.com
씨티카드	+82-2-2004-1004	www.citicard.co.kr	KB국민카드	+82-2-6300-7300	card.kbcard.com
우리카드	+82-2-2169-5001	www.wooricard.com	NH농협카드	+82-2-1644-4000	card.nonghyup.com

SOS ③

현금이나 가방, 카메라를 도난당했을 때

소매치기 또는 차량 도난으로 소지품을 도난당했을 때는 인근 경찰서에 신고해야 한다. 의사소통이 어렵다면 구글 번역이나 파파고와 같은 번역 애플리케이션을 이용하면 된다. 상대방의 음성을 인식하여 통역해주는 기능이 있어 기본적인 의사소통은 어렵지 않게 할 수 있다.

여행자보험 보상 청구

여행자보험에 미리 가입해두어 보상 청구를 하려면 인근 관광 경찰서를 방문하여 분실 신고 후 반드시 '폴리스 리포트Police Report'라는 경찰 신고 확인증을 발급받아야 한다.

신고 시 필요한 정보(포르투갈어)

❶ 인적 사항 : Nome(이름), Sobrenome(성), Data de Nascimento(생년월일), Número do Passaporte(여권 번호), Número do Contato(연락처), Nacionalidade(국적), Endereço(거주지 영문 주소)

❷ 사건 경위 : Localização(장소), Data e hora(날짜 및 시간), Descrição do incidente(사건 설명), Seguro(보험 가입 여부), Itens perdidos e roubados(분실 · 도난 물품)

※휴대폰의 경우 IMEI(국제전화 식별 번호) 제출 필요

※IMEI 조회는 휴대폰 설정-일반-정보-물리적인 SIM-IMEI 확인(사전에 미리 메모해둘 것)

주요 경찰서

리스본

- **헤스타우라도르스 관광 경찰서 Esquadra de Turismo - Restauradores**
  주소 Praça dos Restauradores - Palácio Foz,1250-187 문의 21 880 4030
- **산타아폴로니아 관광 경찰서 Esquadra de Turismo - Santa Apolónia**
  주소 Largo Museu da Artilharia, nº1, 1100-366 문의 21 342 1623

포르투

- **포르투 관광 경찰서 Esquadra de Turismo do Porto**
  주소 Praça Pedro Nunes, nº16, 4050-466 문의 22 209 2006

SOS ④

휴대폰을 분실했을 때

휴대폰을 도난당했다면 소지품을 도난당했을 때와 같이 즉시 가까운 경찰서에 방문해 도난 신고를 하고 여행자보험 청구용 확인증을 발급받는다. 보상 금액은 보험사마다 다르므로 보험 가입 전에 확인해두는 것이 좋다. 도난이 아닌 분실인 경우에는 보험사로부터 보상받을 수 없다. 지도 앱에서 메디아 마르크트Media Markt, 프낙Fnac 등을 검색하면 다양한 브랜드와 기종을 판매하는 종합 전자 전문점을 쉽게 찾을 수 있다. 카메라 성능은 뛰어나지 않지만 인터넷 검색, 전화 등 기본적인 기능에 충실한 저렴한 보급형 기종을 선택하는 것도 나쁘지 않다. 전자제품 전문 매장에서 구입할 경우 대부분 택스 리펀드가 가능하므로 면세 절차를 밟아 비용을 절감할 수 있다.

SOS ⑤

갑자기 아파서 병원에 가야 할 때

24시간 운영하는 국립 병원과 사립병원에서 치료받을 수 있다. 병원마다 진료비 청구 방식이 다르며 치료 후 한국과 동일한 방식으로 진료비를 지불하거나 사후에 지불하는 경우도 있다. 사후 지불 방식은 응급 상황 시 우선 치료받은 다음 추후에 우편, 이메일 등으로 보낸 청구서에 적힌 진료비(기본 €80~100)를 은행 계좌로 송금한다. 의사소통이 어렵다면 구글 번역이나 파파고 같은 번역 애플리케이션을 이용하면 된다. 상대방의 음성을 인식하여 통역해주는 기능이 있어 기본적인 의사소통은 어렵지 않다. 구글 맵 검색창에 'urgência'를 검색하면 주변 응급실을 찾을 수 있다.

주요 병원

리스본

- **성주제 국립 병원 Hospital de São José**
  주소 Rua José António Serrano, 1150-333
  문의 21 884 1000
- **산타마리아 국립 대학 병원 Hospital de Santa Maria**
  주소 Avenida Professor Egas Moniz, 1649-035
  문의 21 780 5000

포르투

- **산투안토니우 국립 대학 병원 Hospital de Santo António**
  주소 Largo Prof. Abel Salazar 4099-001
  문의 22 207 7500
- **라파 사립 종합병원 Hospital da Lapa**
  주소 Largo da Lapa 1, 4050-069
  문의 22 550 2828

SOS ⑥

약국을 이용해야 할 때

몸이 아픈데 비상약이 없다면 인근 약국을 이용한다. 리스본, 포르투 등 대도시에는 24시간 운영하는 약국이 있다. 구글 검색창에 'farmácia'를 쳐서 검색하면 현위치에서 가장 가까운 약국을 찾을 수 있다.

알아두면 편리한 포르투갈어

한국어	포르투갈어	한국어	포르투갈어
약국	farmácia 파르마시아	일사병	insolação 인솔라싸웅
약	remédio 헤메지우	설사	diarréia 지아헤이아
감기	gripe 그리삐	화상	queimar 께이마르
두통	dor de cabeça 도르 지 카베사	어지러움	tonto 똔뚜
복통	dor de estômago 도르 지 에스또마구	가려움	coceira 꼬쎄이라
열	febre 페브리	기침	tosse 또씨
소화불량	indigestão 인지제스타웅	해열제	remédio para febre 헤메지우 빠라 페브리
식중독	intoxicação alimentar 인톡시카상 알리멘타르	빈대 (베드버그)	percevejo 뻬르쎄베죠

SOS 7

불볕더위에 여행할 때

온도가 높은 환경에 오랜 시간 노출되었을 때 수분을 적절히 보충하지 않으면 두통, 어지러움, 메스꺼움, 피로감 등 일사병이나 열사병의 온열 질환 증상이 나타난다. 온열 질환은 건강 수칙을 잘 지키는 것만으로도 예방이 가능하므로 아래 내용을 잘 숙지해 대비하도록 하자.

건강 수칙

- 가장 더운 낮 시간대에는 활동을 줄이고 시원한 그늘에서 휴식을 취한다. 여름철 햇빛이 가장 강렬한 오후 2~5시는 40℃가 넘는 폭염이 이어질 때도 있으므로 야외 명소를 둘러보기보다는 미술관이나 박물관 등 실내 명소를 찾는다.
- 항상 물을 가지고 다니면서 갈증이 나지 않더라도 물을 충분히 섭취해 탈수되지 않도록 한다.
- 부득이하게 낮 시간대에 활동해야 할 경우에는 챙 넓은 모자, 양산, 선글라스 등으로 뜨거운 햇빛을 차단하고, 몸에 꽉 끼지 않고 통풍이 잘되는 옷을 입어 체온이 발산되도록 한다.

SOS 8

수하물 도착이 지연될 때

유럽 공항에서 수하물 도착이 지연되는 일은 의외로 빈번하게 일어나며 주로 경유 항공편을 이용할 때 발생한다. 이에 대비해 수하물을 부치기 전에 사진을 찍어두면 이런 상황이 발생했을 때 신속하게 처리할 수 있다. 목적지 도착 후 수하물 찾는 곳에서 자신의 수하물이 보이지 않으면 먼저 수하물 신고소Baggage Claim에 가서 분실 접수를 해야 한다. 탑승권, 수하물 확인표Baggage Claim Tag를 제시하고 접수 번호를 받는다. 다음 여권과 탑승권을 지참하고 항공사 카운터를 찾아가 신고서를 작성하고(수하물을 수령할 호텔명과 주소, 연락 받을 전화번호 등 기입) 신고 절차를 밟는다. 항공사에 수하물 지연에 대한 보상을 청구할 수 있는데 여행자보험에 가입했다면 보험으로도 보상받을 수 있다. 항공사로부터 발급받은 지연 도착 확인서로 추후에 보상을 청구하면 된다. 이때 지연으로 인해 발생한 지출 영수증을 첨부해야 하니 잘 보관하도록 한다(보상 금액과 청구 방법은 회사마다 다름).

지연이 잦은 항공사 연락처

탑포르투갈TAP Air Portugal +351 21 123 4400
부엘링Vueling +351 21 002 0080
라이언에어Ryanair +351 21 841 3500
이지젯Easyjet +351 21 122 2210

SOS 9

비행기를 놓쳤을 때

본인 과실로 비행기를 놓친 경우 우선 항공사 카운터를 찾아가 비행기를 놓쳤다는 사실을 말한다. 다음 항공권을 다시 예약하고 결제해야 하는데, 비행편이 많지 않으면 바로 탑승이 불가능해 1~2일 기다려야 하는 경우도 있다. 미탑승 항공권의 환불은 불가능한 경우가 많으니 비행기를 놓치지 않도록 주의한다. 환승 시 항공사 문제로 지연되어 환승 편을 놓친 경우는 수수료 없이 다음 시간대로 연결해준다.

INDEX

□ 가고 싶은 도시와 관광 명소를 미리 체크해보세요.

도시명

관광 명소